热点专利技术分析与运用

（第1辑）

国家知识产权局专利局专利审查协作江苏中心◎主编

知识产权出版社
全国百佳图书出版单位

图书在版编目（CIP）数据

热点专利技术分析与运用. 第1辑 / 国家知识产权局专利局专利审查协作江苏中心主编. —北京：知识产权出版社，2015.10

ISBN 978-7-5130-3754-9

Ⅰ.①热… Ⅱ.①国… Ⅲ.①专利—研究—世界 Ⅳ.①G306.71

中国版本图书馆CIP数据核字（2015）第212414号

内容提要

为了深入实施创新驱动发展战略，加强地方知识产权服务，助力创新发展，特编写本书。

本书的专利技术分析与运用涉及机械、电学、化学三大领域，通过对国内外专利数据库的检索和分析，对相关领域内的热点技术的专利申请状态、国内外申请人、技术演进路线等方面进行了细致的梳理与研究，对于相关领域的科研机构与企业具有一定的参考价值。

本书适合专利实务工作者、高校及科研院所相关专业研究人士、企业技术管理与研发人员。

责任编辑：杨晓红　李　瑾　　　**责任出版：**孙婷婷

封面设计：李志伟

热点专利技术分析与运用（第1辑）

国家知识产权局专利局专利审查协作江苏中心　主编

出版发行：知识产权出版社有限责任公司	**网　　址：**http://www.ipph.cn
社　　址：北京市海淀区马甸南村1号	**天猫旗舰店：**http://zscqcbs.tmall.com
责编电话：010-82000860转8114	**责编邮箱：**1152436274@qq.com
发行电话：010-82000860转8101/8102	**发行传真：**010-82000893/82005070/82000270
印　　刷：北京中献拓方科技发展有限公司	**经　　销：**各大网上书店、新华书店及相关专业书店
开　　本：787mm×1092mm　1/16	**印　　张：**28
版　　次：2015年10月第1版	**印　　次：**2015年10月第1次印刷
字　　数：600千字	**定　　价：**68.00元

ISBN 978-7-5130-3754-9

编委会

序　言

为了深入实施创新驱动发展战略，加强地方知识产权服务，助力创新发展，专利审查协作江苏中心开展了专利技术分析工作。

专利技术分析有助于本领域技术人员了解现有技术水平，对专利申请的技术方案作出准确理解和客观评判，同时有助于企业技术研发人员了解专利技术的发展脉络和重点技术。

本书分为机械领域、电学领域以及化学领域三大部分，通过对国内外专利数据库的检索和分析，对相关领域内的热点技术的专利申请状态、国内外申请人、技术演进路线等方面进行了细致的梳理与研究，对于相关领域的科研机构与企业具有一定的参考价值。

本书的研究和撰写，得到了中心各部门的大力支持，感谢全体人员为书稿的形成所付出的辛勤努力，再次表示最诚挚的感谢。

希望《热点专利技术分析与运用》的出版能为促进地方知识产权服务起到积极作用。由于时间仓促、水平有限，本书中的内容难免存在偏颇和不足之处，希望读者批评指正，提出宝贵的意见和建议。

国家知识产权局专利局专利审查协作江苏中心

2015 年 7 月 29 日

目 录

第一部分

机械领域

还原法制备石墨烯专利技术分析

吴莹莹

一、概　述

石墨烯是一种由单层碳原子以 sp^2 杂化轨道组成的六角形呈蜂巢晶格的二维晶体结构，厚度仅为单层碳原子直径。自2004年Geim等[1]将石墨烯成功从石墨中剥离出以来，这种材料所具有的高模量（约1 100 GPa）、高强度（125 GPa）、良好的导热性［约5 000 W/（m·K）］、优异的载流子迁移率［200 000 cm^2/（V·s）］以及超大的比表面积（计算值为2 630 m^2/g）等[2-3]性能使其在电子器件、传感器、储能器件以及复合材料等领域展示出了广阔的应用前景。目前石墨烯的制备方法可分为物理法（包括微机械剥离法、液相/气相直接剥离法、化学气相沉积法、外延生长法、纵向切割碳纳米管法等）和化学法（主要包括还原法和有机合成法等）。

石墨烯/石墨用于表示碳氧（C/O）比率≥4的碳质材料，氧化石墨烯/氧化石墨用于表示C/O比率＜4的材料。石墨本身是一种憎水物质，经化学氧化后，边缘或表面含有羧基（—COOH）和羟基（—OH），层间含有环氧基（C—O—C）及羰基（C ═O、O—C ═O）等含氧基团，这些基团的亲水性使其容易与其他试剂发生反应，但这些基团的生成改变了C—C之间的结合方式，使其导电性急剧下降，所具有的各种优异性能也随之消失；另外，这些基团使石墨层间距从0.35 nm增大到约0.7～1 nm，有利于其他物质分子的插层。

还原法制备石墨烯是指从氧化石墨或氧化石墨烯出发，采用还原剂还原、高温热处理还原、电化学还原、水热/溶剂热还原、辐射还原等方法将其进行还原得到石墨烯。氧化石墨或氧化石墨烯一般采用Brodie法、Staudenmaier法（含改进的Staudenmaier法）、Hummers法（含改进的Hummers法）三种方法制备。

图1为各类还原法制备石墨烯的技术演进路线图，从图中可以看出，普林斯顿大学和美国西北大学在2005年分别申请了涉及高温热处理还原法和还原剂还原法的专利US20050249404、US20050738334；CN200910050333为首件涉及溶剂热还原法制备石墨烯的申请；EP09161106为首件涉及水热还原法制备石墨烯的申请；同时在2009年提出的新技术还有CN200910052042、US20090285271，前者利用电子束辐照将氧化石墨还原，后者将氧化石墨暴露于紫外光、可见光或红外线下脱氧还原成石墨烯；最早涉及电化学还原法的专利申请为CN201010159976。

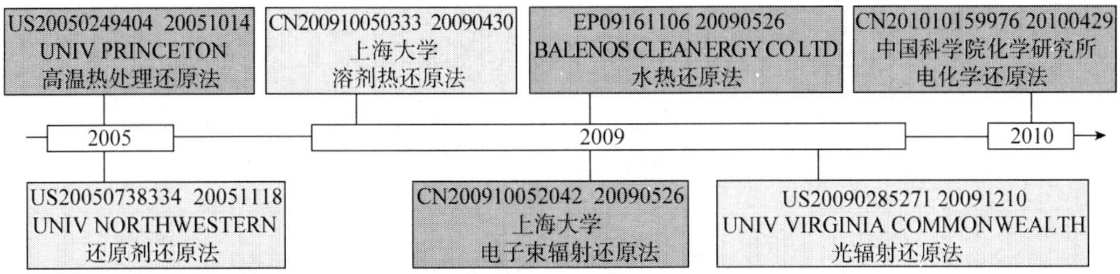

图 1　各类还原法制备石墨烯的技术演进路线

图 2 为各类还原法历年专利申请量的变化趋势。

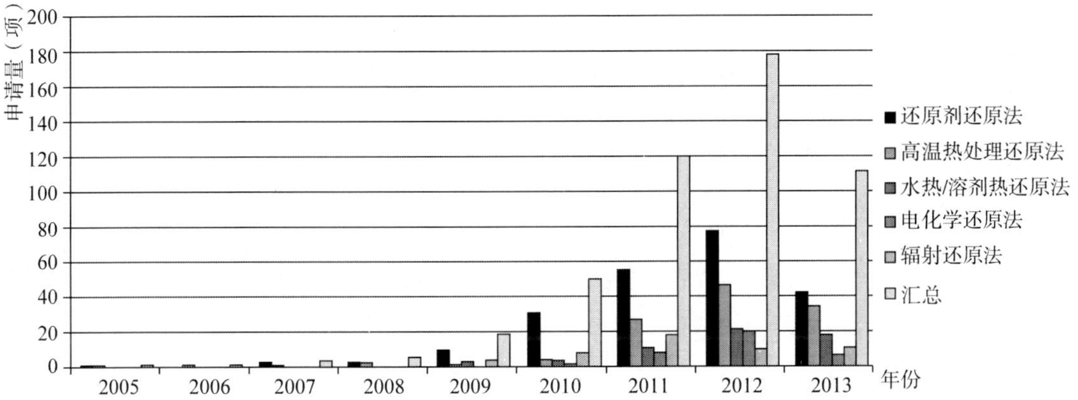

图 2　各类还原法历年专利申请量变化趋势

注：期末统计数量下降是某些专利申请尚未公开所致，并非申请量下降，本文中所有数据统计截止到 2013 年 12 月 31 日.

还原法制备石墨烯的申请人主要为科研机构、研究院所，且申请人分布分散，2008 年以前各类还原法制备石墨烯的专利均为外国申请，仅涉及高温热处理还原法和还原剂还原法，申请量较少；2009 年开始出现涉及水热/溶剂热还原法和辐射还原法的申请，申请量较少；2010 年各类还原法制备石墨烯的国内外专利申请较之前均有了明显的增长，但 2009—2010 年主要的研究热点依然集中在还原剂法，其所占的比重分别为 52.6%和 62%；从 2011 年开始各类还原法制备石墨烯的国内外专利申请都出现了爆发式的增长，申请量总和达到 120 件，2012 年各类还原法制备石墨烯的专利申请总和为 178 件，由于部分申请未公开的原因，截至 2013 年 12 月 31 日，各类还原法制备石墨烯的专利申请总和为 112 件。

图 3 为各类还原法制备石墨烯专利申请量比重变化图。从图中可以看出，自 2009 年以来还原剂法始终为制备石墨烯的研究重点，2010 年该类申请的比重达到 62%，但之后呈下降趋势；对高温热处理还原法的研究呈平稳上升趋势，到 2013 年该类申请的比重达到 30.4%；2009 年出现的水热/溶剂热还原法在该年的比重为 15.8%，2010 降至 8%，之后该类申请的比重逐年增加；电化学还原法申请自 2009 年起逐渐平稳上升，由于统计不完全，2013 年比重下降为 6.3%；2009 年出现的辐射还原法在该年的比重为 21.1%，之

后该类申请整体来说呈现下降趋势。

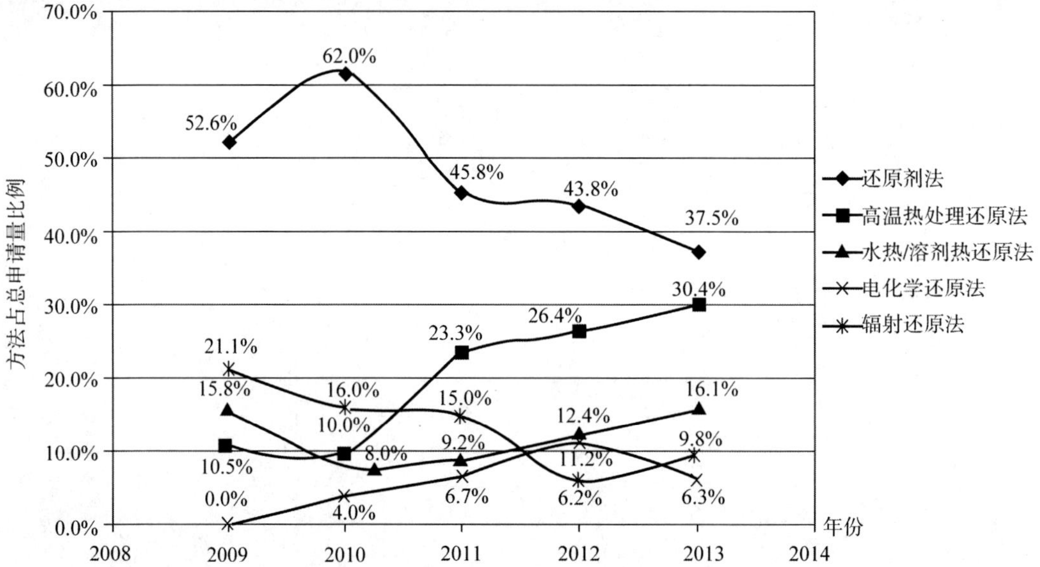

图3　各类还原法制备石墨烯历年专利申请量比重变化趋势

从图4可以看出，无论哪种方法，中国申请都占据了大部分。具体而言，水热/溶剂热法专利申请中中国申请的比重达到91.4%，还原剂法专利申请中中国申请的比重为61.3%，高温热处理法专利申请中中国申请的比重为72.4%；韩国申请量排在第二位，其中还原剂法为22.2%，高温热处理法11.4%，辐射还原法15.4%；美国申请量为第三，主要涉及还原剂法、高温热处理法和辐射还原法，几乎不涉及水热/溶剂热法和电化学还原法。日本申请主要的研究重点为电化学还原法，所占比重为10.8%。

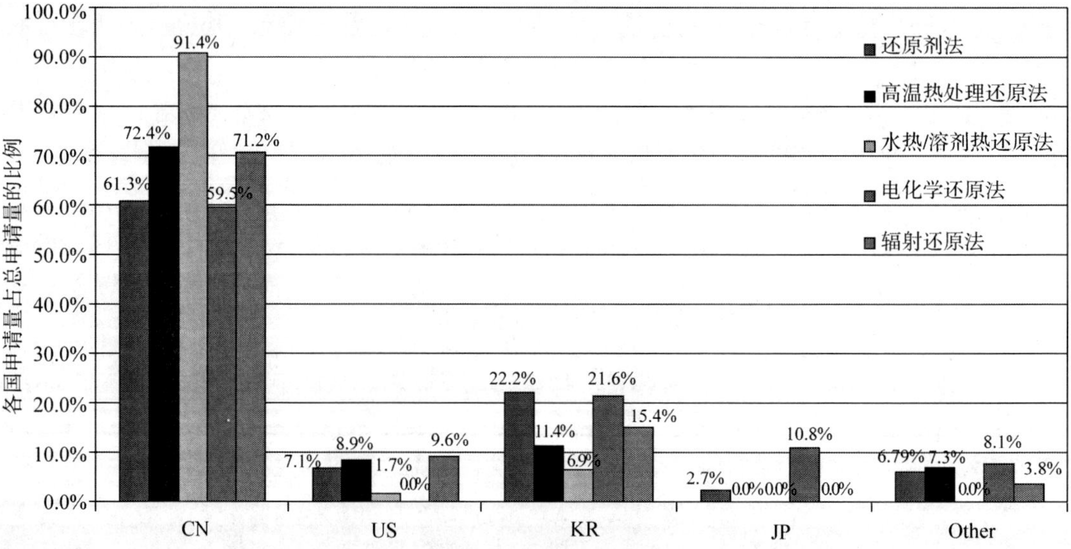

图4　各类还原法制备石墨烯各国申请量比重变化趋势

下面分别阐述还原剂还原法、高温热处理还原法、水热/溶剂热还原法、电化学还原法、辐射还原法的技术路线演进情况。

二、化学还原剂还原法技术路线演进

还原剂还原法，是在适当的温度下利用还原剂与氧化石墨烯的反应制备石墨烯，该方法具有成本低廉、产量高、易实现、应用范围广等优点。图 5、图 6、图 7 列出了 2005—2013 年还原剂法制备石墨烯的代表性专利。

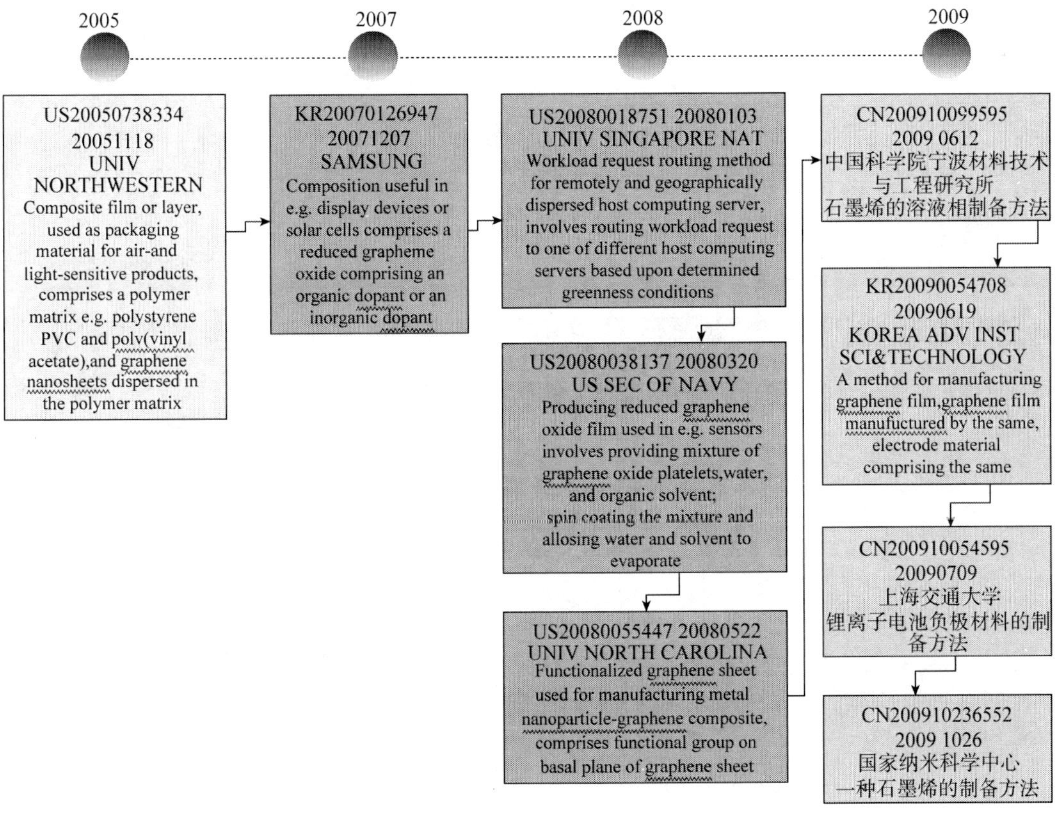

图 5　2005—2009 年化学还原剂还原法技术路线演进

2005—2008 年涉及还原法制备石墨烯的专利申请均为国外申请，采用的还原剂主要有肼类、碱金属氢化物，如硼氢化钠、氢化锂铝等，代表性专利有 US20050738334、KR20070126947、US20080018751、US20080038137、US20080055447 等。这几篇专利对后续还原法制备石墨烯的技术发展产生了深远的影响，制备思路主要为先采用 Brodie 法、Staudenmaier 法、Hummers 法制备氧化石墨或氧化石墨烯后再利用还原剂进行还原。肼类还原剂可以得到还原程度较高的石墨烯，但其成本高、本身具有剧毒性，存在环境污染的危险。硼氢化钠类还原剂的还原效率不太理想，这些还原剂制备过程中石墨烯团聚较严重，为此可通过原位功能化来解决，如 US20080018751 披露了将石墨氧化后剥离并原位功能化，之后用还原剂进行还原；US20080055447 先将超声剥离后的氧化石墨烯用还原剂还原后，用含磺酸基团的有机物进行功能化修饰以改善其分散性能。

韩国三星公司 2007 年提出的申请 KR20070126947 率先提出了利用还原法制备石墨烯膜的技术构思：将氧化石墨烯与水、有机溶剂旋涂后得到氧化石墨烯膜，用还原剂还原后得到石墨烯膜，可用于制造透明电极、显示器、太阳能电池等，所述还原剂为 $NaBH_4$、N_2H_2、$LiAlH_4$、TBAB、乙二醇、聚乙二醇、金属钠；随后 US20080038137 披露了将氧化石墨烯片、水、有机溶剂旋涂在基底上干燥形成氧化石墨烯膜，将其用水合肼蒸气或稀有气体退火或 H_2 气氛下退火还原得到石墨烯膜。

2009 年起还原剂法的研究热点主要为寻找新类型的还原剂、提高石墨烯的分散性能等，代表性专利 CN200910099595 采用吐温类等表面活性剂，水合肼为还原剂将氧化石墨烯还原为石墨烯，并能稳定分散于水溶液中；KR20090054708 将氧化石墨烯膜置于氨溶液中或置于 H_2 吹扫下还原制备石墨烯膜；CN200910054595 采用抗坏血酸、甲醛、聚合醇或连二亚硫酸钠作为还原剂；CN200910236552 以金属或其盐作为催化剂，在反应溶剂中通入氢气作为还原剂还原氧化石墨烯。

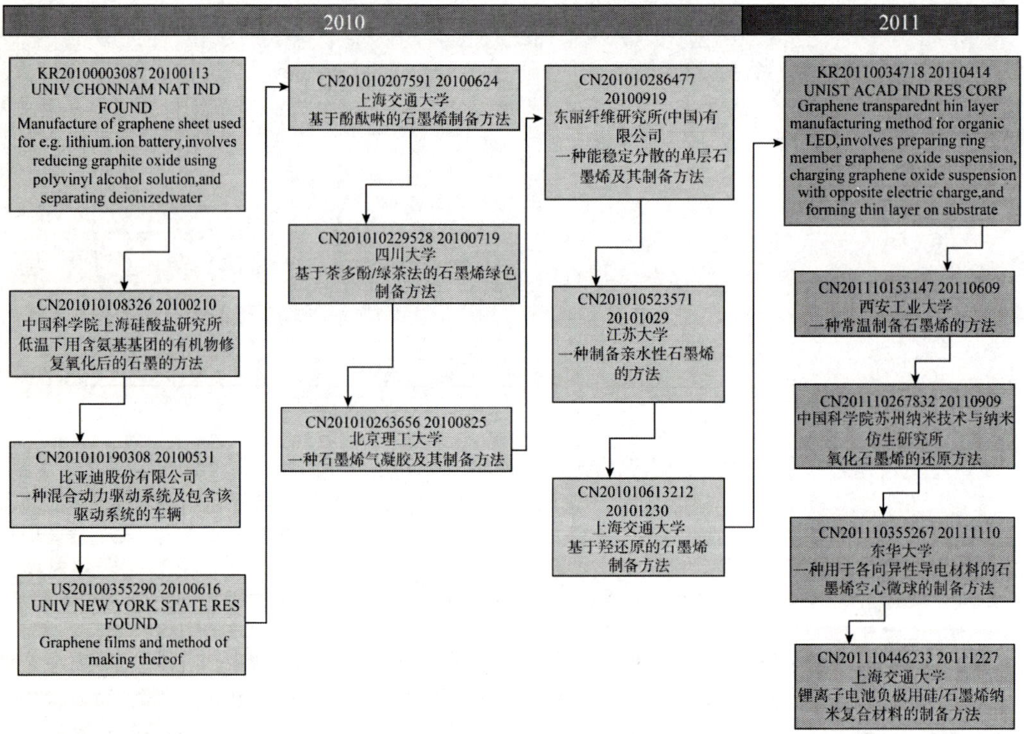

图6　2010—2011 年化学还原剂还原法技术路线演进

2010 年该领域的研究热点除了寻找绿色环保还原剂、提高石墨烯分散性能之外，还涉及石墨烯的功能化、特殊形貌的石墨烯如石墨烯气凝胶的制备。代表性专利 KR20100003087 将氧化石墨烯置于聚乙二醇溶液中，在超声条件下还原制备石墨烯；CN201010108326 提出氧化还原石墨烯的还原剂为尿素；CN201010190308 披露了以碘化铝作为还原剂；US20100355290 披露了还原剂为氨水、硫酸、盐酸、一氧化碳、氢氧化钾、萘基钾、萘基锂、萘基钠、菲基钾、菲基锂、菲基钠、联二苯钾、联二苯锂、联二苯钠、金属、金属锂、金属钾或上述之组合；CN201010207591 采用酚酞啉作为氧化还原石墨烯的还原剂和稳定剂；CN201010229528 采用茶多酚或绿茶汁作为还原剂；CN201010263656 以甲醛、糖类化合物、氨基酸等作为还原剂还原氧化石墨烯后冷冻干燥制备石墨烯气凝胶；CN201010286477 采用酚基胺类化合物还原制备石墨烯；CN201010523571 以铁粉作为还原剂回流反应得到在水中稳定分散的石墨烯分散液；CN201010613212 采用盐酸羟胺作为还原剂。

基于实际应用的考虑，2011 年起该领域的研究热点明显转向特殊形貌的石墨烯以及石墨烯复合物的制备。KR20110034718 利用静电插层氧化石墨后用水合肼还原，之后在基体上自组装形成石墨烯膜；CN201110153147 将氧化石墨烯的溶液经过旋涂或者提拉工艺在基片表面获得氧化石墨烯薄膜，之后在常温和真空环境中，利用荷能氢原子/离子/分子将其还原；CN201110267832 将二异氰酸酯修饰的双亲性聚合物和氧化石墨烯在有机溶剂中反应，一步完成氧化石墨烯的还原和功能化；CN201110355267 利用 W/O 乳液自组装法制备氧化石墨烯空心微球，最后将其原位还原为石墨烯空心微球；CN201110446233 在表面活性剂的条件下，制备二氧化硅/石墨烯复合材料，然后通过镁热还原反应，制备硅/石墨烯复合材料用于锂离子电池负极。

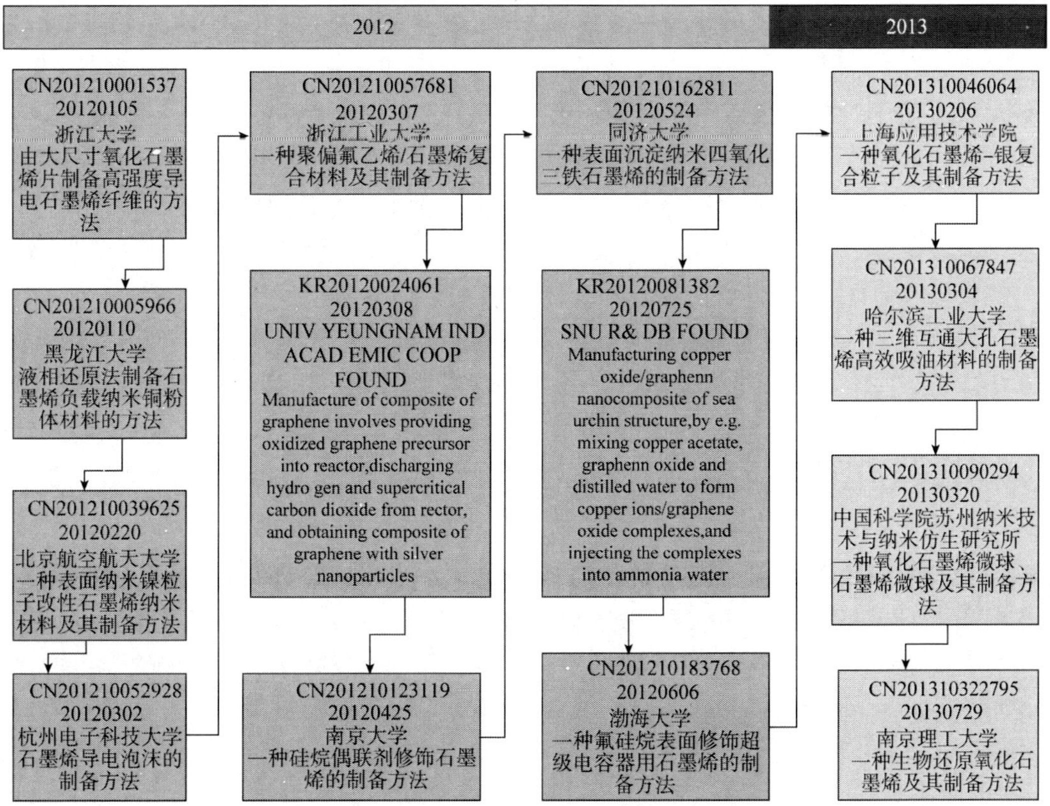

图 7　2012—2013 年化学还原剂还原法技术路线演进

进入2012年后，研究人员关注石墨烯实际应用、复合的趋势更加明显。CN201210001537将氧化石墨烯分散于水或极性有机溶剂中，转入纺丝装置中，将纺丝液从纺丝头毛细管中连续匀速挤出，进入凝固液，凝固后的初级纤维干燥后得到氧化石墨烯纤维，经化学还原，得到石墨烯纤维；CN201210005966制备了石墨烯负载纳米铜粉体复合材料；CN201210039625通过化学镀法制备出表面纳米镍粒子改性的石墨烯；CN201210052928将泡沫分散于氧化石墨烯的水溶液中，将氧化石墨烯涂覆在泡沫表面，捞出泡沫后浸入含有还原剂的水溶液中进行还原，获得表面涂覆石墨烯导电层的导电泡沫；CN201210057681将还原后的石墨烯与聚偏氟乙烯在N，N—二甲基乙酰胺溶剂中实现溶液共混，干燥、热压后获得聚偏氟乙烯/石墨烯复合材料；KR20120024061制备了含银纳米粒子的石墨烯复合物；CN201210123119制备了硅烷偶联剂修饰的石墨烯；CN201210162811利用双氧水作为氧化剂在碱性溶液中于石墨烯表面沉积Fe_3O_4；KR20120081382将醋酸铜/氧化石墨烯混合物注射至氨水中制备氧化铜/石墨烯复合物；CN201210183768制备了氟硅烷表面修饰的石墨烯；CN201310046064将表面包覆氧化石墨的核壳结构复合粒子与硝酸银溶液混合后加入还原剂在氮气气氛下进一步还原反应得到氧化石墨烯－银复合粒子；CN201310067847向氧化石墨烯溶液中加入聚苯乙烯微球和抗坏血酸，制备三维互通大孔石墨烯高效吸油材料；CN201310090294将前驱体溶液经静电喷雾处理形成微球状液滴，将所述微球状液滴输入凝固液，制得氧化石墨烯微球，之后采用还原剂还原、光化学还原或热化学还原法还原得到石墨烯微球；CN201310322795将分散好的氧化石墨烯在反硝化细菌的作用下去除含氧官能团形成石墨烯。

三、高温热处理还原法技术路线演进

经氧化插层的石墨层间含有大量含氧官能团（羟基、羰基、环氧基、羧基等），使石墨层间距增加，石墨层间结合力被弱化，形成氧化石墨，氧化石墨在特定温度下进行热解，使层间的含氧基团（主要为羟基和环氧基）裂解气化，在片层间产生瞬时高气压，使氧化石墨片层分离。高温热退火具有还原效果好、污染少、效率高等优点，是高质量还原石墨烯的理想方法之一。但是，该方法通常要求温度很高，甚至高达1 000 ℃以上，且需要稀有或还原气氛，成本较高，工艺要求很高，因而不利于该方法的推广应用。

如图8所示，US20050249404在300～2 000 ℃的温度下加热氧化石墨得到热剥离型石墨烯（TEGO），具有60/40～95/5的C/O比例，500～2 600 m^2/g的比表面积，并指出热剥离型石墨烯可以用于高分子复合材料，尤其是用于导电性高分子复合材料，作为弹性体材料的添加剂、弹性体扩散阻挡层，作为储氢介质、超电容器材料，用于柔性电极，作为吸附剂材料，作为分散剂、润滑剂，用于涂料，尤其是用于要求UV稳定性的涂料等。US20060543872披露了将TEGO与作为填料与聚合物复合制备官能性石墨烯－橡胶纳米复合材料；US20060543871披露了用于阻气应用的官能性石墨烯－橡胶纳米复合材料；

US20080026264 披露了还原性气氛可为氢气。上述专利的申请人均为普林斯顿大学，均涉及热剥离型石墨烯的制备。在普林斯顿大学提出了高温热处理还原氧化石墨烯之后，该方法得到了迅速的普及和发展，特别是涉及石墨烯膜或特殊形貌石墨烯的制备，并在制备方法中还具有涉及其他类还原方法的特点，如在热处理的同时通入还原性气体或同时进行微波、红外辐射以增强还原效果：US20080038137 将氧化石墨烯片、水、有机溶剂旋涂在基底上鼓风干燥形成氧化石墨烯膜，将其在稀有气体退火或 H_2 气氛下退火的方法还原以得到石墨烯膜；US20080315701 将氧化石墨烯气凝胶在稀有气氛下 300 ℃还原成石墨烯气凝胶；KR20100132532 将氧化石墨烯的乙醇溶液旋涂成膜后在 500～1 200 ℃氢气或氨气气氛下还原制备石墨烯薄膜。

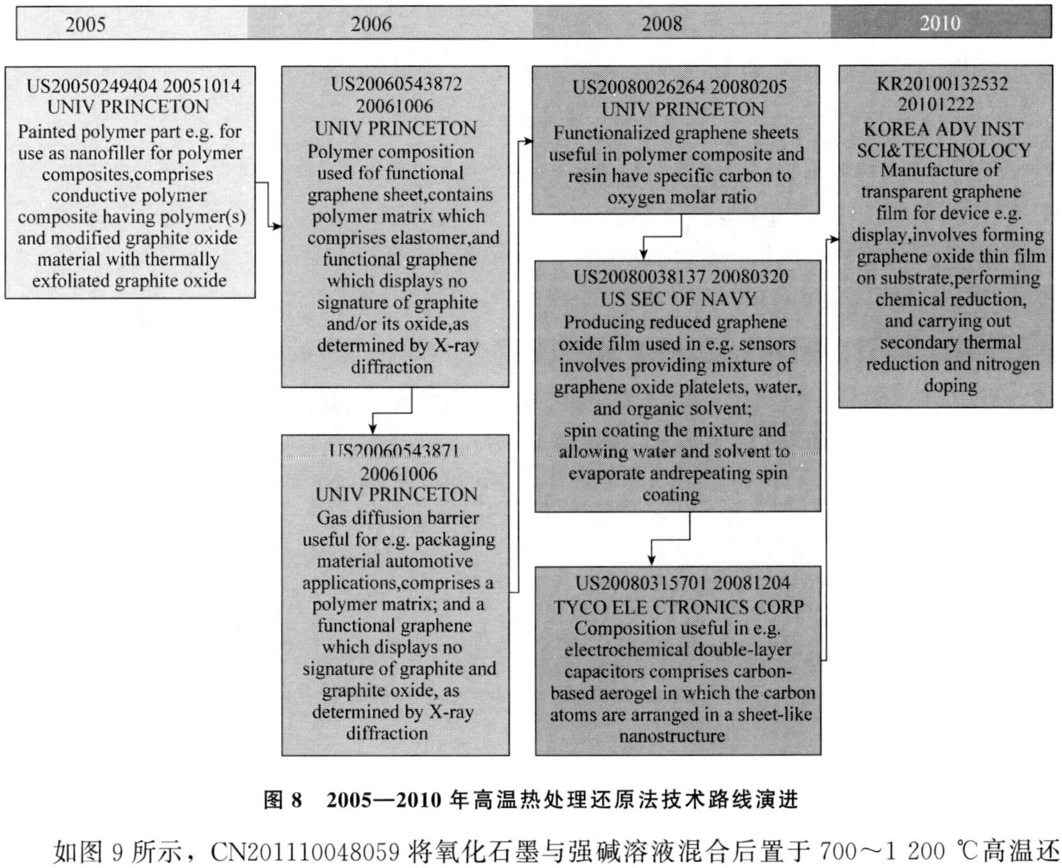

图 8 2005—2010 年高温热处理还原法技术路线演进

如图 9 所示，CN201110048059 将氧化石墨与强碱溶液混合后置于 700～1 200 ℃高温还原石墨烯，可快速、大批量地在石墨烯表面腐蚀出纳米量级的微孔，提高石墨烯的比表面积；CN201110205508 将氧化石墨烯薄膜置于管式炉中抽真空后再充满还原性气体和稀有气体，之后加热至 500～1 000 ℃获得石墨烯导电薄膜；CN201210017773 在管线反应器中注入氧化石墨烯溶液并封口，在 100～300 ℃将氧化石墨烯还原组装为含水石墨烯纤维；CN201210034168 将钛合金基片放入稀土改性的氧化石墨烯分散液中，在其表面制备稀土改性氧化石墨烯复合薄膜，加热还原制备成稀土改性还原氧化石墨烯复合薄膜；CN201210084427 将氧化石墨烯/Pluronic F－127 混合物置于稀有气体与氨气的混合气体氛围下，加热至800～1 000 ℃得到氮掺杂石墨烯；CN201210123313将氧化石墨烯－碳纳米管分散液进行冷冻干燥或超临界干燥，得到氧化石墨烯－碳纳米管复合气凝胶，采用化学还原法还原或高温热还原法还原，得到石墨烯－碳纳米管复合全碳超轻弹性气凝胶；CN201210148114将得到的磷酸铁/氧化石墨烯前驱体与锂盐配料后加入碳源球磨，然后在还原性气氛条件下于600～700 ℃烧结，得到石墨烯基 $LiFePO_4/C$ 复合材料；CN201210171362将氧化石墨置于稀有气体与硼源气体构成的混合气体氛围中，升温至800～1 100 ℃保温处理0.5～2 h，得到硼掺杂石墨烯；US201213483297将凹凸的物体浸渍在氧化石墨烯溶液中之后，从溶液中取出该物体干燥，通过在真空或还原气氛中对物体进行加热，使氧化石墨烯还原而得到石墨烯；CN201210312056将氧化石墨粉末置于炉管内在真空度下通过红外辐照，加热至350～1 000 ℃保温，冷却后获得比表面积为400～1 500 m^2/g的功能化石墨烯；CN201310235331以水溶性淀粉和氧化石墨为原料，先后经淀粉水解、超声分散氧化石墨，两步升温合成炭微球，再经炭化活化，制得电化学性能优异的石墨烯/炭微球复合材料。

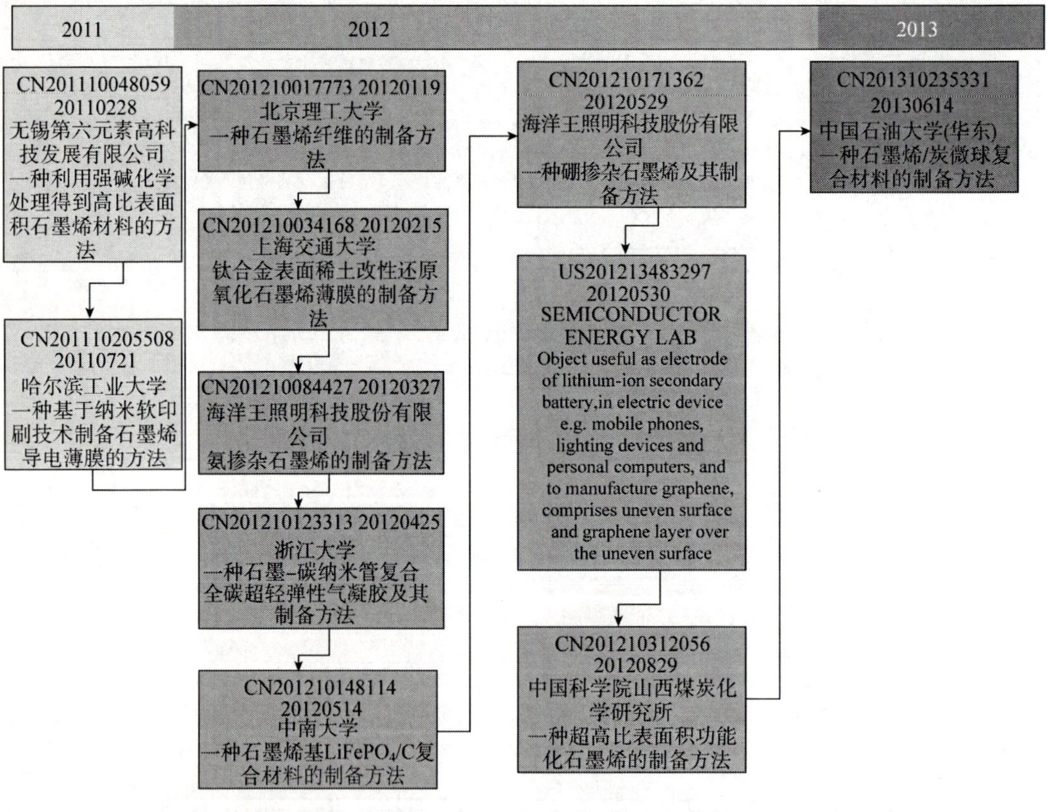

图9　2011—2013年高温热处理还原法技术路线演进

四、水热/溶剂热还原法技术路线演进

水热/溶剂热还原法是指以水/有机溶剂作为反应介质，在密闭反应器（如高压釜）

中，通过将反应体系加热至临界温度（或接近临界温度），使反应体系自身产生高压而完成石墨烯材料的制备。该过程简单、易控、高效，且在密闭体系中可以有效防止有毒物质挥发，该方法的缺点是还原效率不高且由于使用了大量的有机溶剂，易对环境造成污染，长时间加热能耗高。

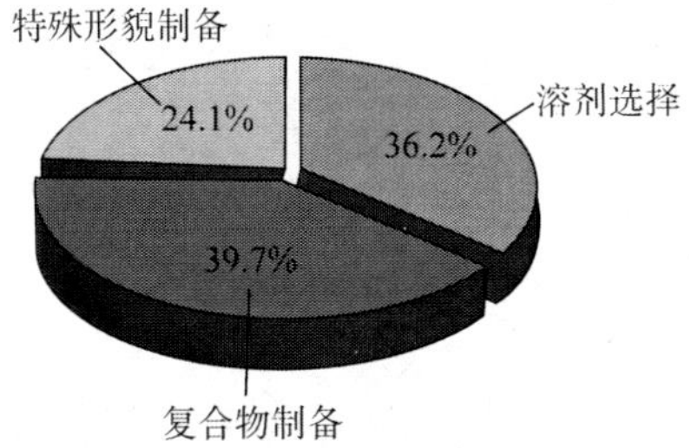

图 10　水热/溶剂热还原法研究方向

如图 10 所示，该领域专利申请主要涉及溶剂选择（占 36.2%）、复合物制备（占 39.7%）、特殊形貌石墨烯制备（占 24.1%）三个方向。

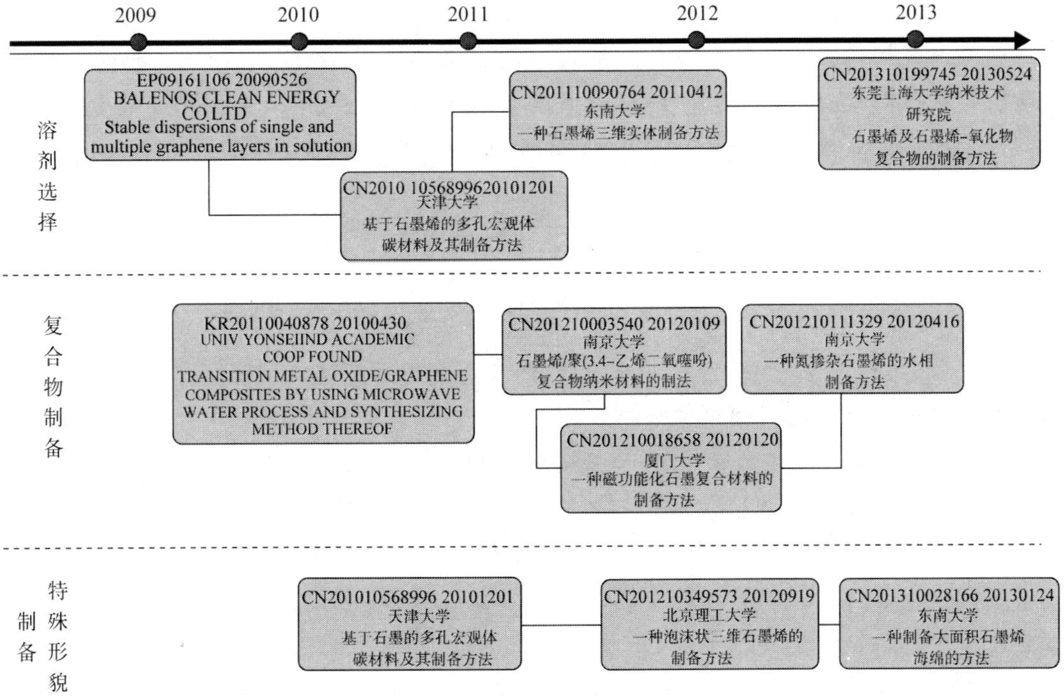

图 11　水热/溶剂热还原法技术路线演进

溶剂的选择又可以分为传统还原剂如水合肼、硼氢化钠，绿色环保型溶剂如 CN201010568996 采用的聚乙烯醇、CN201310199745 采用的儿茶酚或其衍生物；功能性溶剂如 CN201110090764 将氧化石墨烯水溶液中加入碱溶液，之后在水热反应釜内反应得到石墨烯三维实体，所述碱为氨水、氢氧化钠、氢氧化钾、碳酸钠中的一种或几种组合，碱除了还原剂的作用外，还使得石墨烯三维实体的颗粒尺寸间隙缩小，表面粗糙度下降，致密度提高。水热/溶剂热还原法制备石墨烯复合物主要涉及与金属化合物的复合，如CN201210018658将氧化石墨和乙酰丙酮合铁的乙二胺/水分散液转移至反应釜中反应，得到磁功能化的石墨烯复合材料；与有机化合物的复合如CN201210003540向石墨烯氧化物的水溶液中加入3，4-乙烯二氧噻吩单体微波水热反应得到石墨烯/聚（3，4-乙烯二氧噻吩）复合物纳米材料；或制备元素掺杂石墨烯材料如CN201210111329将氧化态石墨烯和尿素水热反应制备氮掺杂石墨烯。水热/溶剂热还原法制备特殊形貌石墨烯有石墨烯凝胶（CN201010568996）、石墨烯泡沫（CN201210349573）、石墨烯海绵（CN201310028166）和多孔石墨烯（CN201010568996）等。

五、电化学还原法技术路线演进

电化学还原法的还原效率较高，比其他还原法更易制备高纯度的石墨烯，是一种简单、绿色、可大规模生产的方法，但该方法主要有以下不足，因而限制了其应用推广：需要组装还原设备、需要高电压来激活还原反应、还原反应对空气湿度非常敏感等。该类申请相比其他方法数量较少，申请国家主要集中在中国、韩国和日本。代表性的专利有：CN201010159976以金属电极为间隙电极，在氧化石墨烯膜上通电，随着电子流经氧化石墨烯膜，可以修复其表面的缺陷使其还原；JP2011095542将含有氧化石墨烯层的电极浸入含有机溶剂的电解液中施加电压使其还原；KR20120027329、KR20120034278、KR20120034950披露了与JP2011095542类似的还原方案；CN201110103270用交流电源对氧化石墨进行电场剥离，再用直流电源对氧化石墨进行分离，最后用直流电源对氧化石墨进行电化学还原；WO2011IN00623披露了将CNT在控制的压力下的氧化，然后被还原，以形成具有平滑边缘和更少缺陷的石墨烯纳米带。

该类方法也可获得特殊形貌的石墨烯或石墨烯复合物，如IN2010DEL002176将碳纳米管沉积到导电基底上，施加正电压选择性地氧化CNT，继续施加负电压完全还原CNT氧化物，获得石墨烯，该方法的产物可是以下形式：带、层、卷、花状和海胆状；CN201310328072将导电聚合物单体与石墨烯氧化物水悬浮溶液混合，采用恒电压电镀法将导电聚合物单体/石墨烯氧化物导电复合物电化学聚合沉积在阳极表面，再采用循环伏安法，在电极上原位电还原制得微生物燃料电池用石墨烯/导电聚合物阳极；CN201310400147利用电化学还原制备纳米金和石墨烯修饰金电极，并将带有活性基团联吡啶钌连接的肽自组装在修饰电极上，构成电化学发光传感器；CN201310402107利用电化学还原制备聚吡咯/还原氧化石墨烯修饰玻碳电极；CN201310537925通过调节金属Pb^{2+}浓度等条件，使吸附在氧化石墨烯表面的Pb^{2+}离子均匀分布，通过电化学还原及贵金属离子置换反应，最终得到石墨烯—二维贵金属复合材料。

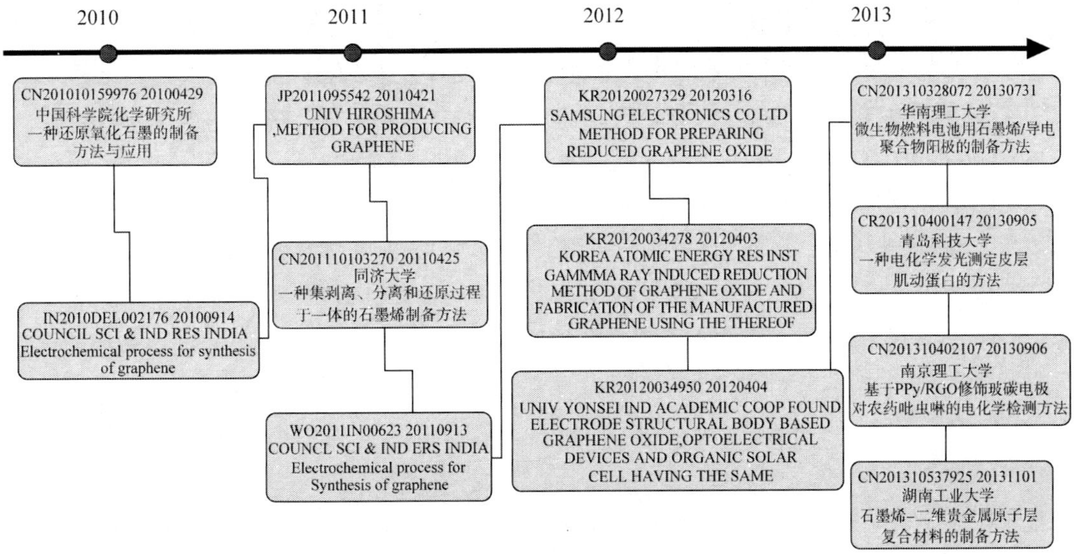

图 12　电化学还原法技术路线演进

六、辐射还原法技术路线演进

辐射还原法同样是一种简单、绿色的方法，过程简单实用，重复性好，对环境污染小，易于大量制备石墨烯。该类申请相比其他方法数量较少，申请国家主要集中在中国、美国和韩国。

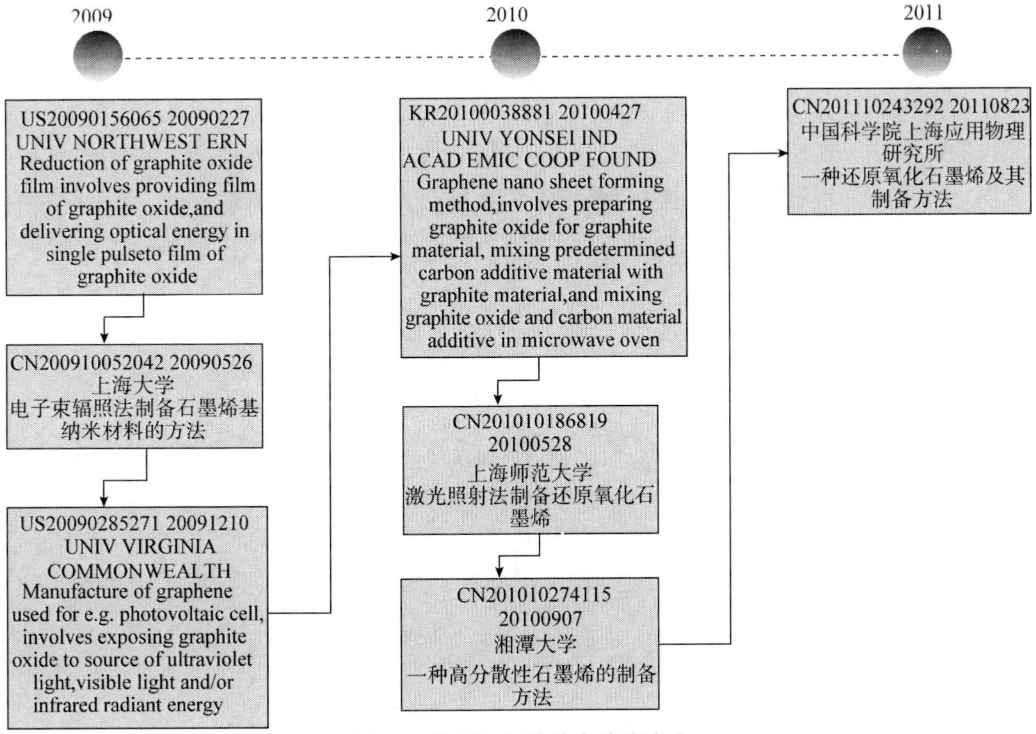

图 13　辐射还原法技术路线演进

US20090156065 利用单脉冲闪光灯辐照 1×10^{-5} s 将氧化石墨烯还原为石墨烯；CN200910052042 采用一定剂量的电子束辐照将氧化石墨还原，得到石墨烯纳米材料；US20090285271 将氧化石墨暴露于紫外光、可见光或红外线下脱氧还原成石墨烯；KR20100038881 在氢气气氛下用微波辐射氧化石墨烯将其还原；CN201010186819 将制得的氧化石墨溶液置于频率 1 Hz 以上、波长 157～353 nm、能量密度 40 MJ/cm^2 以上的准分子激光下照射得到还原氧化石墨烯；CN201010274115 将氧化石墨烯加入水溶性的高聚物分散剂后在紫外光辐射下还原得到高聚物修饰的高分散性石墨；CN201110243292 用高能射线钴-60γ 射线源照射氧化石墨烯将其还原。

七、结 论

还原法制备石墨烯技术领域从还原剂法、高温热处理法开始起步，研究人员随后发展了水热/溶剂还原法、电化学还原法、辐射还原法甚至多种方法并存；制备的产物也由最初的石墨烯片逐渐演变为石墨烯膜、多孔石墨烯、石墨烯纸、石墨烯纤维、石墨烯海绵、石墨烯微球、石墨烯量子点等多种形态；产物的组成根据实际应用的需要由纯石墨烯的制备逐步发展为石墨烯的官能化、与有机物的复合、与金属/金属氧化物的复合、元素掺杂、与纳米材料/量子点的复合等；应用领域由电子器件、电容器、储氢材料、太阳能电池，拓展至分散剂、润滑剂、吸附剂、催化剂、传感器检测、生物医药等领域。无论是大批量的制备以实现产业化还是通过复合以拓展应用领域，石墨烯技术领域目前已进入应用阶段，笔者认为各类还原法中，还原剂法制备技术已趋成熟，但其产业化应用需重点关注成本以及对环境的污染问题；高温热处理法与辐射还原法有利于纯石墨烯的产业化批量制备，在石墨烯复合材料的制备领域研究较少；电化学还原法适合制备高纯的石墨烯产物，溶剂热法可方便地制备各种石墨烯复合材料，这两种方法在石墨烯产物的产业化批量制备方向仍有待研究。相信随着研究的不断深入，必将研制出性能更加优越的新型石墨烯材料，更好地发挥其在众多领域的独特作用，并尽快实现工业化、大规模的生产与应用。

参考文献

[1] NOVOSELOV K S，GEIM A K，MOROZOV S V. Electric Field Effect in Atomically Thin Carbon Films. 2004（306）：666-669.

[2] BOLOTIN K I，SIKES K，JIANG G，et al. Ultrahigh Electron Mobility in Suspended Graphene [J]. Solid State Communications，2008，1416（9—10）：351-355.

[3] MOROZOV S，NOVOSELOV K，KATSNELSON M，et al. Giant Intrinsic Carrier Mobilities in Graphene and its Bilayer [J]. Physics Review Letters，2008，100（1）：16602.

真空电弧法制备石英坩埚专利技术分析

朱晓燕

一、引　言

近年来，开发可再生能源，发展低碳经济，是全球能源发展的共识，其中太阳能光伏系统的应用有很广阔的发展空间，目前得到工业界、研究单位及高等院校的重视。而单晶硅制造业是光伏产业链的首端，是影响整个产业发展规模的重要环节。其中直拉法生产单晶硅，必须使用石英坩埚，这种坩埚是用于盛装熔融硅并制成后续工序所需硅锭的一种容器，是拉制大直径单晶硅的消耗性器皿，工作温度在 1 500 ℃以上，并且每生产一炉硅产品就可能会用掉一只坩埚，属于易耗品[1]。目前，石英坩埚的主要制备方法是采用真空电弧法，它以电弧为热源，离心成型以制造坩埚，这也是目前国内外生产石英坩埚的主流技术（如图 1、图 2 所示）。

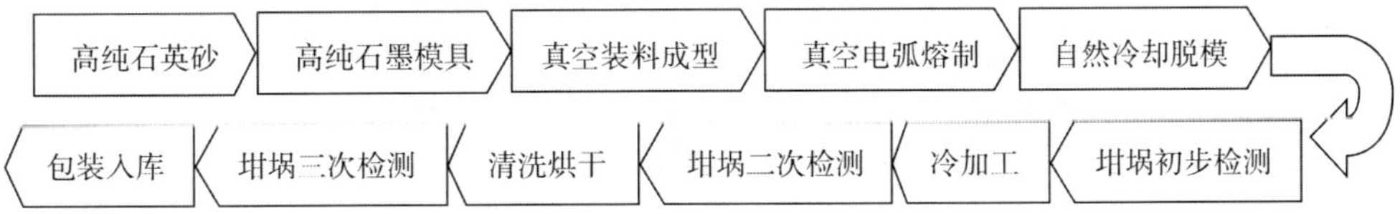

图 1　电弧法制备石英坩埚的传统工艺

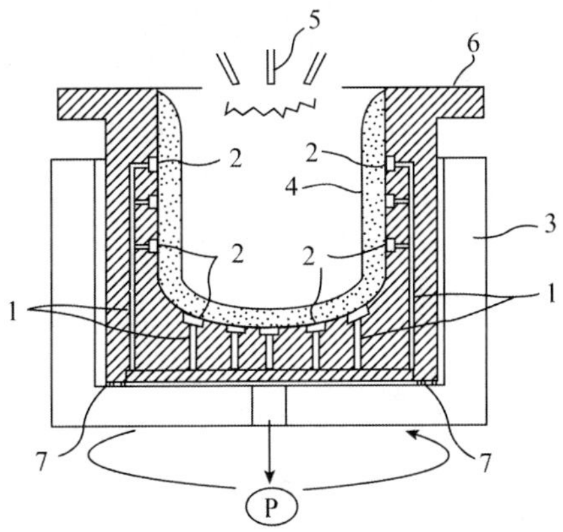

1—真空通道；2—填料；3—套体；4—石英粉；5—电极；6—模具；7—密封圈

图 2　真空电弧法示意图[2]

虽然真空电弧法生产石英坩埚已被大家了解，但由于其受到多种因素的影响，使得其生产条件苛刻、控制难度高，要得到高品质的石英坩埚并非易事。就国内企业而言，虽然近年来石英坩埚的工艺技术、产品质量都得到了长足的进步，石英坩埚部分替代进口，而且批量出口，为国产坩埚争得了一席之地[3]。但是应该看到国产石英坩埚与国外高品质的石英坩埚还存在一定差距。从全球发展来看，石英坩埚相关技术的发展经历了三个阶段（如图 3 所示），在这三个阶段中，日本超精石英株式会社在石英坩埚领域一直处于领先地位（如图 4 所示）。它对石英坩埚技术进行了系统的研发、保护和应用，经过几十年的积累和沉淀，其成为在石英坩埚领域掌握着全面、先进技术的公司。因此，该公司的技术发展状况引领着该行业的发展。

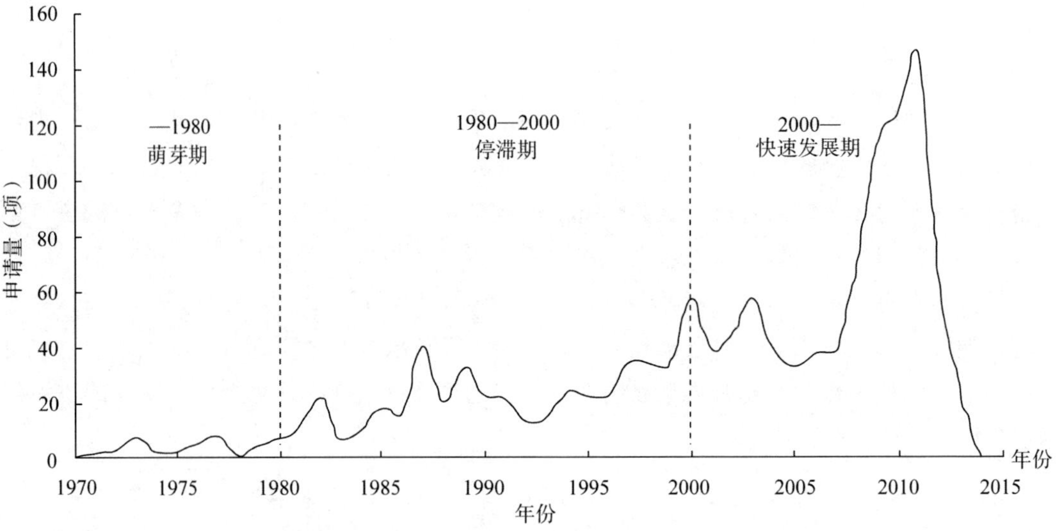

图 3　石英坩埚技术专利申请发展阶段

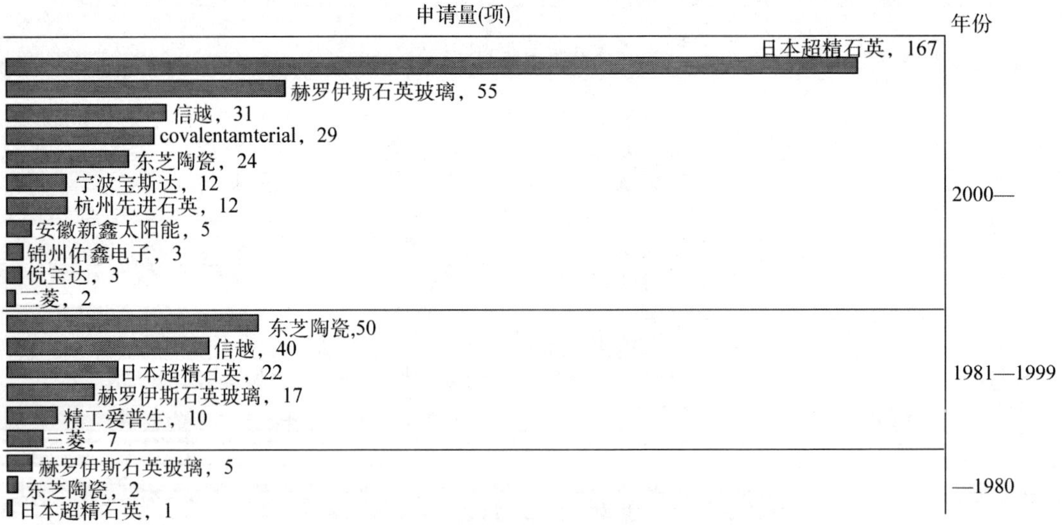

图 4　石英坩埚技术专利申请各阶段主要申请人排名

如图 5 所示，从中国来看，2000 年后日本超精石英株式会社针对石英坩埚领域在中国已经提出了近 59 件发明专利申请，领先优势明显，而且专利申请授权率高，在专利布局方面已形成较大规模。

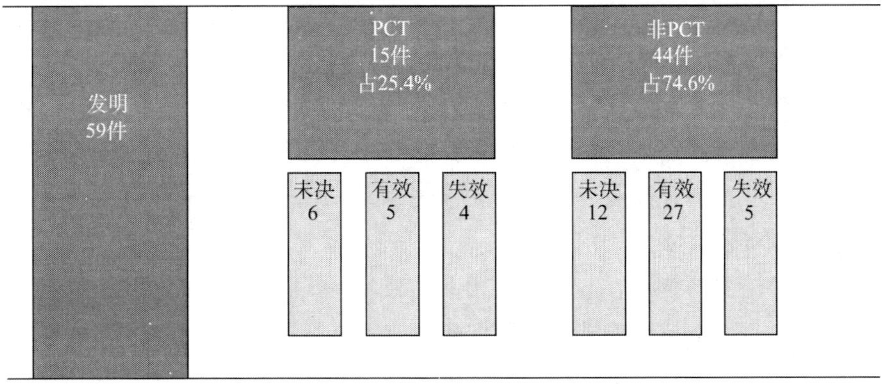

图 5　日本超精石英株式会社专利申请

二、真空电弧法技术定义

真空电弧法的结构示意图如图 2 所示，真空电弧法制备石英坩埚的技术定义为：在旋转的模具内供应高纯石英粉，形成坩埚形状的成形体；然后用电弧为热源，离心成型为基础，一边旋转坩埚形成形体，一边以由内面至外面的方向抽真空并进行电弧加热熔化预先成型过的高纯石英粉料，从而制造高纯度内层透明、外层乳白的石英坩埚。根据真空电弧法制备石英坩埚的工艺特点，如表 1 所示，本文主要研究的五个技术分支分别是：石英坩埚模具、电弧电极、石英坩埚本体、检测控制、附属部件。

表 1　技术分支

一级技术分支	二级技术分支
真空电弧法	电弧电极
	石英坩埚模具
	石英坩埚本体
	检测控制
	附属部件

上述技术分支简要介绍如下：

石英坩埚本体：涉及坩埚外观结构设计（如形状、构造）、外观结构参数设计（如凹槽、壁厚、圆度）、内层结构设计（如层结构分布、位置、厚度、形状）、内层参数设计（如气泡分布与含量，OH 分布与含量，掺杂元素分布、组成及含量，性能参数）、坩埚表面改质（如涂钡技术、掺入杂质、形成结晶化层）、坩埚表面处理（如刻蚀、研磨、热处理、火焰抛光）、坩埚材料选择（原料种类、粒度）。

电弧电极：涉及电极位置分布（如角度、高度、数量、安装）、放电方式和装置（如环形放电、分割元件）、电极结构设计（如前端部设计、直径、密度）、温度反馈控制。

石英坩埚模具：涉及模具结构设计（冷却、外形构造、性能参数）、材料选择（热导率、材质）、操作方式（顺序、抽真空方式、控制）。

检测控制：涉及计算电弧法制造坩埚的温度分布、测量加热熔化石英粉的温度、测量坩埚内表面三维形状、测量坩埚内气泡分布、标记缺陷位置、评估硅熔液振动。

附属部件：涉及坩埚升降装置、后续包装的密封部件（如盖子）、附加检测设备（如检测烟尘、控制电极、喷吹空气机构）。

按照专利文件记载的技术方案对应的技术效果，将获得技术效果分为：

涉及石英坩埚本体的技术分支：简单低成本地制造双层坩埚、防止内倒；提高坩埚强度、抑制压曲或内倒；纯化石英原料、减少杂质/气泡/针孔、提高单晶硅结晶率；形成结晶促进剂层和/（或）改性层、提高坩埚强度、抑制单晶硅产生位错、提高单晶硅结晶率；抑制硅熔液振动，减少坩埚厚度变化、加热不均，提高单晶硅结晶率；抑制坩埚内壁被腐蚀。

涉及电弧电极的技术分支：扩大电极加热范围，防止加热不均匀；电极不易损坏，提高单晶硅结晶率，抑制杂质污染坩埚；抑制高温气体内循环导致的局部过热，实现均匀加热；实现坩埚上部边缘加热，防止弯曲部或底部过热，减少内部气泡；减少坩埚内表面气泡等缺陷，提高结晶率；抑制电极振动，稳定电弧，防止坩埚特性恶化；抑制上下通道气流交换，抑制杂质掉落，减少坩埚磨损。

涉及坩埚模具的技术分支：减少坩埚内壁气泡；隔片容易更换，防止石英粉阻塞；减少坩埚变形；实现制备平底坩埚；提高水冷式模具的质量；减少坩埚上部的小直径薄部，节约材料及成本。

涉及检测控制的技术分支：精确计算坩埚的温度分布；正确预测氧化硅玻璃坩埚的结晶化容易性；制造与设计数据的三维形状匹配度高的坩埚；防止制造中拿错坩埚；抑制产生褐色环和硅熔液液面振动；提高评估石英玻璃表面熔硅振动级的精度；得到不同厚度方向的气泡分布；非破坏或无污染地测量坩埚三维形状。

涉及附属部件的技术分支：提高坩埚制造密封程度，减少杂质进入；去除内层合成石英层的杂质；减少石英烟尘和杂质，抑制杂质剥落，降低坩埚损坏；实现坩埚自动化、无破损地取出；电极稳定地产生电流；准确检测坩埚制造中的温度；抑制电极振动，减少烟尘掉落；避免坩埚后续包装搬运时被污染、损坏。

三、真空电弧法技术功效分布

截至2014年，日本超精石英株式会社涉及真空电弧法制备石英坩埚的全球专利申请总计139项。图6展示了超精石英株式会社石英坩埚全球主要专利申请的技术功效分布。

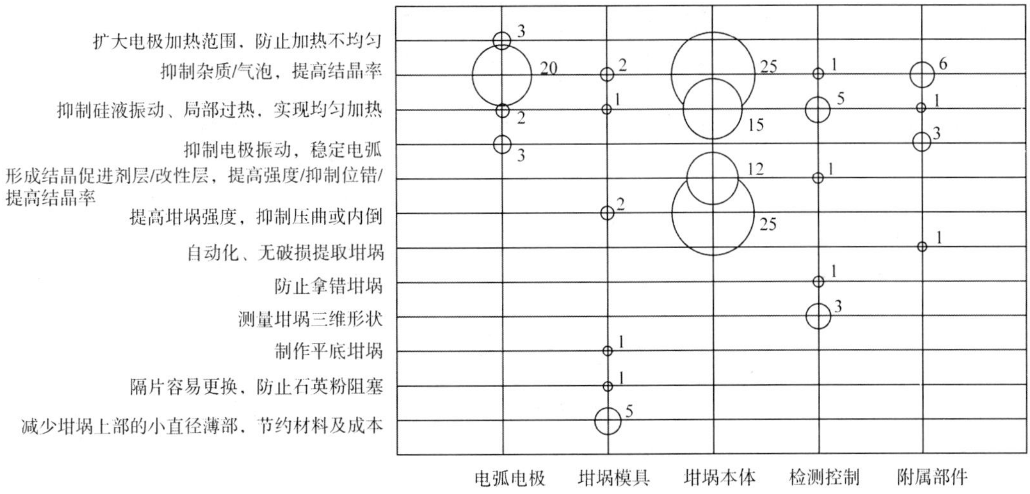

图 6　技术功效分布

从图中可以发现在五个技术分支中，关于电弧电极的申请为 28 件，关于坩埚模具的申请为 12 件，关于坩埚本体的申请为 77 件，关于检测控制的申请为 11 件，关于附属部件的申请为 11 件。可见，从技术分支来看，该领域的研究主要集中在关于“坩埚本体”和“电弧电极”这两个技术分支；从技术功效来看，研究相对集中在“抑制杂质/气泡，提高结晶率”“提高坩埚强度，抑制压曲或内倒”“抑制硅液振动、局部过热，实现均匀加热”以及“形成结晶促进剂层/改性层，提高强度/抑制位错/提高结晶率”四个方向；综合来看，研究相对集中在“电弧电极”“坩埚本体”和“附属部件”三个方面“抑制杂质/气泡，提高结晶率”。

四、技术演进

参考图 7～图 12，分别针对各技术分支，按照横轴为年代（最早优先权日），纵轴为技术分支描述了该分支的整体技术路线，同时在图中采用不同标号对每件专利申请的技术功效进行了标注。

（一）坩埚本体技术演进路线

从图 8、图 9 来看，石英坩埚本体的技术演进过程主要涉及六种技术功效：处理石英粉原料、减少杂质/气泡（内层）/针孔、提高结晶率（25 件）；提高坩埚强度、抑制压曲或内倒（21 件）；抑制硅液振动、减少坩埚厚度变化、加热不均、提高结晶率（15 件）；形成结晶促进剂层/改性层、提高强度、抑制位错、提高结晶率（12 件）；简单低成本地制造双层坩埚、防止内倒（3 件）；抑制坩埚内壁被腐蚀（2 件）。整体来看，77 件专利申请中涉及前四种技术功效的申请最多，为主要研究方向；涉及后两种技术功效的申请较少。其中，对于“处理石英粉原料，减少杂质/气泡（内层）/针孔，提高结晶率”的研究几乎是一直存在的研究方向，每一年都有相关的专利申请出现；2001—2008 年，还伴随着关于“形成结晶促进剂层/改性层，提高强度，抑制位错/提高结晶率”研究；从 2003 年开始，陆续出现涉及“抑制硅液振动、减少坩埚厚度变化、加热不均、提高结晶率”的研究；从 2007 年开始，研究范围开始扩展，尤其是 2009—2011 年，对于“提高坩埚强度，抑制压曲或内倒”的研究较多。

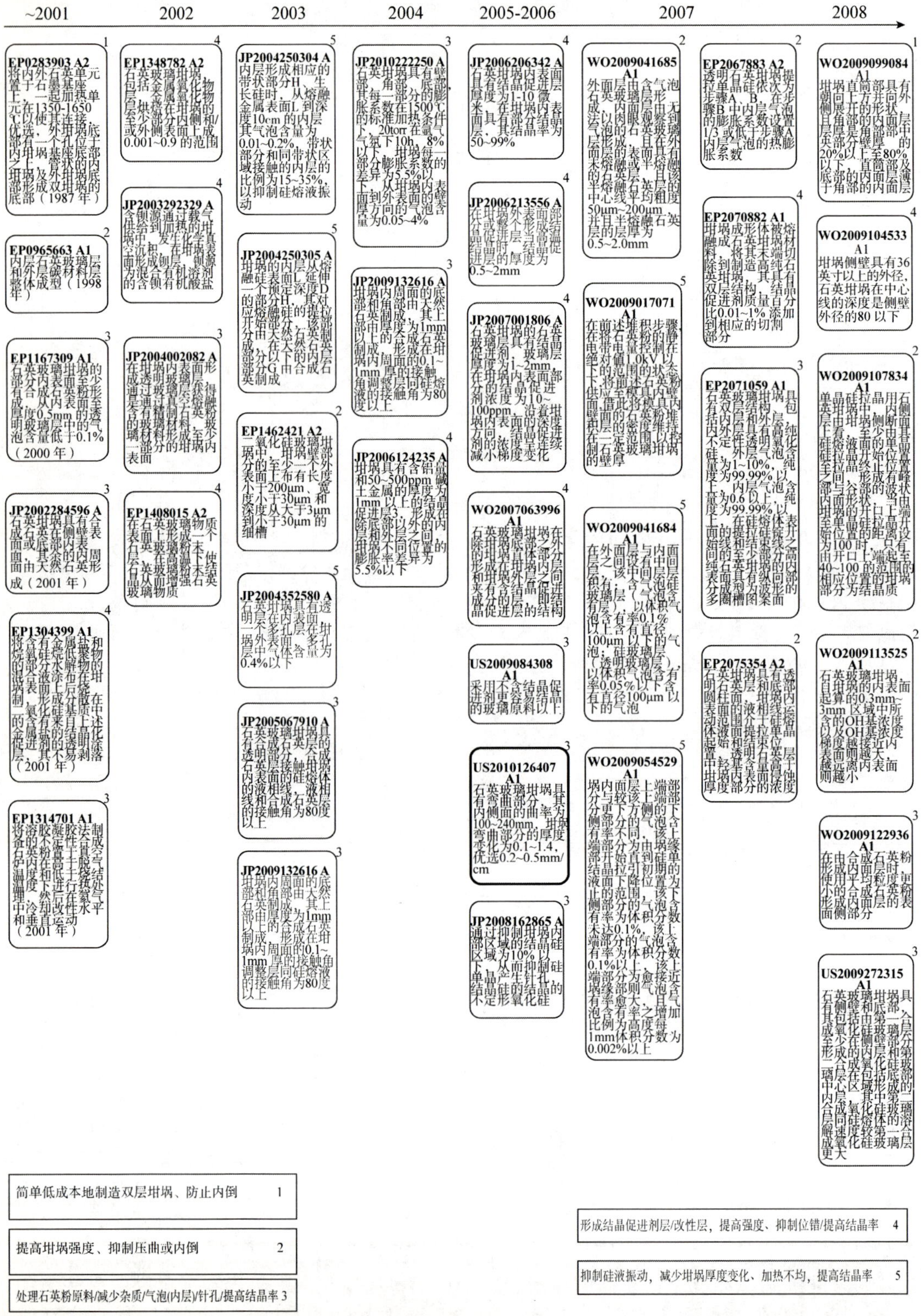

图 7　石英坩埚本体技术演进路线（一）

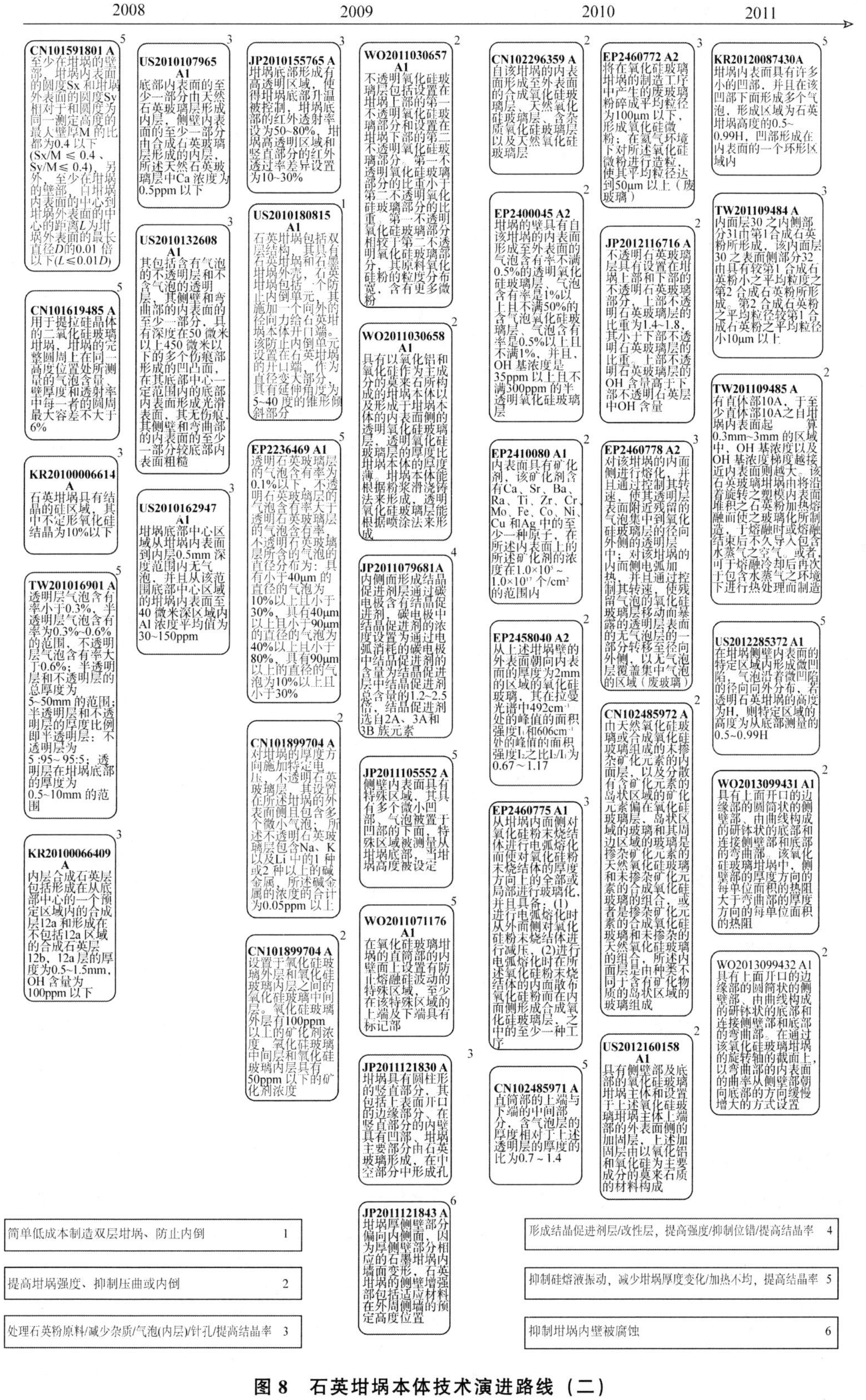

图 8 石英坩埚本体技术演进路线（二）

该分支的技术发展可以总结如下：

（1）在“处理石英粉原料、减少杂质/气泡（内层）/针孔，提高结晶率”方面，研究总体涉及三个方面：① 对于石英粉原料的选择和处理，包括对石英原料进行纯化、去除杂质和气泡，控制结晶、粒度（如2001年EP1314701A1、2004年JP2006016240A、2005年US2009084308A1和JP2008162865A、2008年WO2009122936A1、KR20100006614A和US2010107965A1、2010年EP2460772A2、2011年TW201109484A）；②对于石英坩埚内层结构的设计，包括内/外层分布、层内气泡/组分含量、层内性能参数控制（如2000年EP1167309A1、2001年JP2002284596A、2007年EP2071059A1、2008年US2009272315A1、KR20100066409A、US2010107965A1和US2010162947A1、2009年JP2010155765A、2010年EP2460775A1和EP2460778A2）；③ 对于石英坩埚外观结构的设计，包括坩埚形状、曲率、开槽等（如2003年JP2005067910A和JP2009132616A、2006年US2010126407A1、2007年EP2071059A1、2008年US2010132608A1、2009年JP2011121830A）。这三个方面的研究均分布在2000—2011年的整个研究阶段，并无明显的时间分段，即各个年代都存在这三个方面的相关研究和专利申请。

（2）在“提高坩埚强度，抑制压曲或内倒”方面，研究主要经历了两个阶段：① 在2008年以前，主要通过控制坩埚的外观结构和内层结构来提高坩埚强度，如双层结构（1999年EP0965663A1）、开槽（2003年EP1462421A2）、波状内面形状（2008年WO2009107834A1）、内层分布与参数控制（2007年WO2009041685A1和EP2067883A2）；②从2008年以后，尤其是研究相对集中的2009—2011年，主要通过对坩埚内层掺杂矿化剂（如碱金属、Al）及控制OH含量来提高坩埚强度。当然2010—2011年也有少数专利通过控制坩埚的曲率（如2011年WO2013099431A1、WO2013099432A1）、设置加固层来提高坩埚强度（2010年US2012160158A1）。

（3）在“抑制硅液振动，减少坩埚厚度变化、加热不均，提高结晶率”方面，其出现在2003年，研究并不集中，而是分散在2007—2011年的申请中。其研究主要分为两个方面：① 对于坩埚外观形状的改进，以抑制硅液振动（如2003年JP2004250304A和JP2004250305A、2008年CN101591801A和CN101619485A、2009年JP2011105552A和WO2011071176A1、2011年US2012285372A1和KR20120087430A）；②对于坩埚内层结构和组成的控制，如气泡含量、分布（如2003年JP2004352580A、2007年WO2009017071A1、WO2009041684A1和WO2009054529A1、2008年TW201016901A、2009年EP2236469A1）。

（4）在“形成结晶促进剂层/改性层，提高强度/抑制位错/提高结晶率”方面，研究主要集中在2001—2008年，其主要是通过对石英坩埚的内层、外层或中间层设置结晶促进剂层或改性层，抑制褐色环出现，抑制单晶硅出现位错，提高单晶硅结晶率，同样也能改善坩埚强度。其中，对于结晶促进剂层，主要包括涂钡、Al 等物质。

（5）该分支中还涉及两个研究较少的单元“简单低成本制造双层坩埚和抑制坩埚内壁被腐蚀”，其涉及的技术方案都在于对坩埚外观形状的改进，以达到其技术功效。

（二）电弧电极技术演进路线

从图 9 来看，电弧电极的技术演进过程主要涉及七种技术功效：实现坩埚上部边缘加热、防止弯曲部或底部过热、减少内部气泡（6 件）；抑制上下通道气流交换、抑制杂质掉落、减少坩埚磨损（6 件）；减少坩埚内表面气泡等缺陷、提高结晶率（5 件）；抑制电极振动、稳定电弧、防止坩埚特性恶化（3 件）；电极不易损坏、提高单晶硅结晶率、抑制杂质污染坩埚（3 件）；扩大电极加热范围、防止加热不均匀（3 件）；抑制高温气体内循环流导致的局部过热，实现均匀加热（2 件）。整体来看，28 件专利申请中涉及这七种技术功效的申请分布较均匀，都有所涉及，但申请量都不大。其中，在 2008 年以前，研究主要涉及“扩大电极加热范围、防止加热不均匀”“电极不易损坏、提高单晶硅结晶率、抑制杂质污染坩埚”“抑制高温气体内循环流导致的局部过热，实现均匀加热”及“实现坩埚上部边缘加热、防止弯曲部或底部过热、减少内部气泡”方面；2009—2011 年，研究主要涉及“减少坩埚内表面气泡等缺陷、提高结晶率”“抑制电极振动、稳定电弧、防止坩埚特性恶化”及“抑制上下通道气流交换、抑制杂质掉落、减少坩埚磨损”。

该分支的技术发展总结如下：

（1）在“实现坩埚上部边缘加热、防止弯曲部或底部过热、减少内部气泡”方面，申请集中在 2006 年和 2008 年，均涉及的技术方案是：调整电极的加热位置，典型方案包括：① 将电极设置在旋转模具的偏心位置（2006 年 JP2008162840A、2008 年 KR20100006613A 和 EP2141130A1、CN101618941A）；② 加热石英成形体边缘（2006 年 JP2008162839A、2008 年 KR20100006613A）。

（2）在“抑制上下通道气流交换、抑制杂质掉落、减少坩埚磨损”方面，研究集中在 2009—2011 年，其典型方案均涉及：通过设置分割元件，将电极部分和模具安装部分分割成两个区域，从而防止烟尘附着在电极上，造成杂质掉落到坩埚中而导致坩埚磨损（如 2009 年 JP2011093775A、2010 年 EP2460777A1、2011 年 KR20120087431A、US2012272682A1、JP3174262U 和 JP3174263U）。

（3）在“减少坩埚内表面气泡等缺陷、提高结晶率”方面，研究始于 2008 年，其提供的技术方案包括调整电极的位置（如 2009 年 WO2011019012A1、2011 年 KR20120117366A）、电弧对坩埚内表面进行火焰抛光（如 2009 年 JP2011088761A、2010 年 EP2460776A1）、电极促使气泡移动（如 2008 年 TW201016622A）。

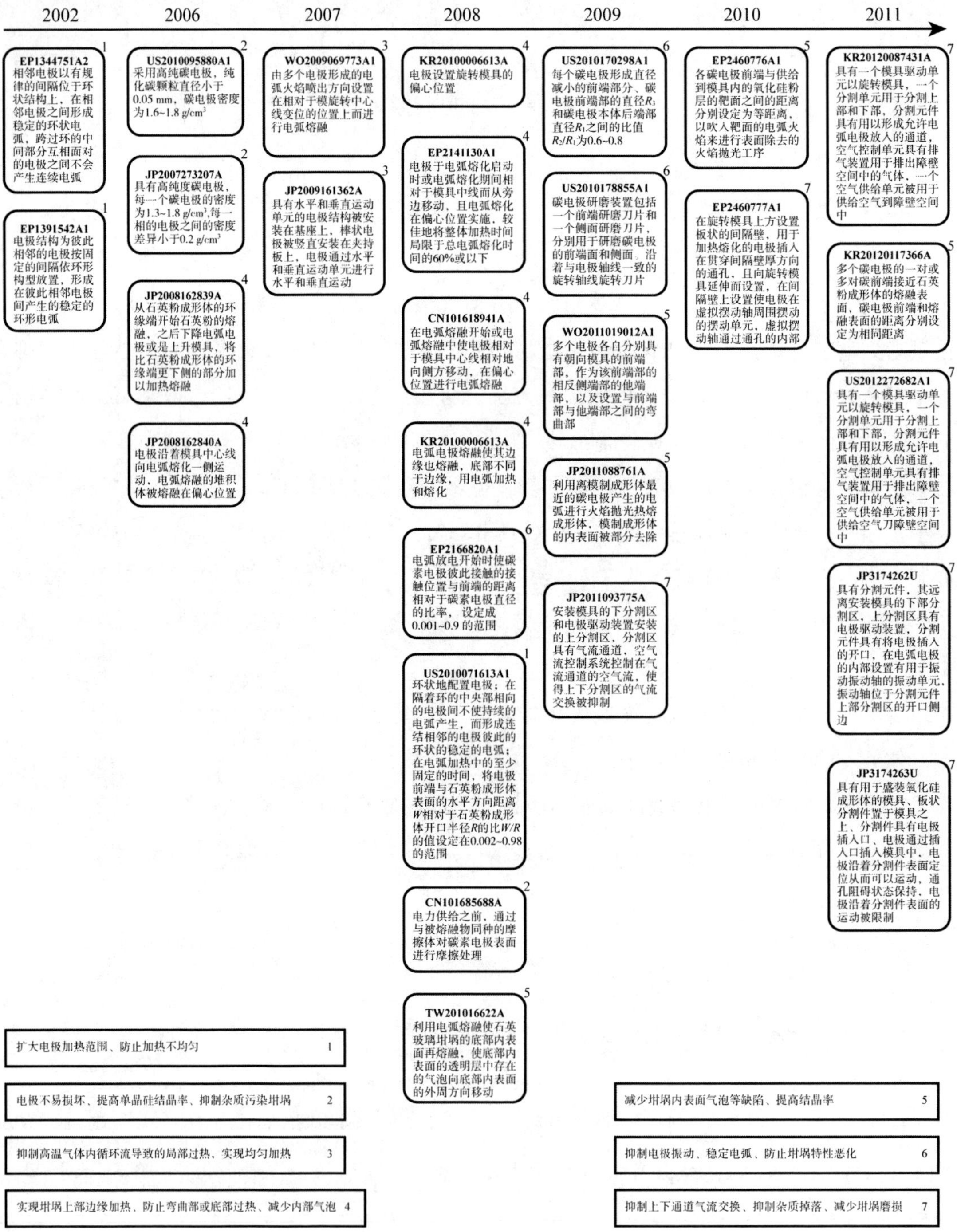

图9 电弧电极技术演进路线

（4）在“抑制电极振动、稳定电弧、防止坩埚特性恶化”方面，申请集中在2008—2009年，涉及技术方案包括：对碳电极前端位置（2008年EP2166820A1）和前端结构的设计（2009年US2010170298A1和US2010178855A1）。

（5）在“电极不易损坏、提高结晶率、抑制杂质污染坩埚”方面，涉及的技术方案包括：① 对碳电极密度和原料颗粒的选择（如 2006 年 US2010095880A1、JP2007273207A）；② 对碳电极表面摩擦处理（2008 年 CN101685688A）。

（6）在“扩大电极加热范围、防止加热不均匀”方面，主要涉及方案为：相邻电极以有规律的间隔位于环状结构上，在相邻电极之间形成稳定的环状电弧，跨过环的中间部分互相面对的电极之间不会产生连续电弧（2002 年 EP1344751A2 和 EP1391542A1、2008 年 US2010071613A1）。

（7）在“抑制高温气体内循环流导致的局部过热，实现均匀加热”方面，其研究在 2007 年，技术方案为：电弧火焰喷出方向设置在相对于模旋转中心线变位的位置上（2007 年 WO2009069773A1）、电极通过水平和垂直运动单元进行水平和垂直运动（2007 年 JP2009161362A）。

（三）坩埚模具技术演进路线

从图 10 来看，坩埚模具的技术演进过程主要涉及六种技术功效：减少坩埚上部的小直径薄部、节约材料及成本（5 件）；减少坩埚变形（2 件）；减少坩埚内壁气泡（2 件）；隔片容易更换、防止石英粉阻塞（1 件）；实现制备平底坩埚（1 件）；提高水冷式模具的质量（1 件）。整体来看，12 件专利申请中涉及“减少坩埚上部的小直径薄部、节约材料及成本”的申请较多，涉及其他几种技术功效的申请较少。

该分支技术发展总结如下：

（1）在“减少坩埚上部的小直径薄部、节约材料及成本”方面，其研究集中在 2008—2009 年，其涉及的技术方案包括：对模具上部结构进行改型，设置环形隔热组件/垫圈（2008 年 TW201016902A、2009 年 US2010176530A1、US2010178374A1 和 US2010178375A1）；设计模具上部材料的结构和热导率（2009 年 JP2011126726A）。

（2）在“减少坩埚变形”方面，其技术方案涉及：选择模具的直径、热导率、比重（2003 年 JP2004323338A、2008 年 CN101660199A）。

（3）在“减少坩埚内壁气泡”方面，其技术方案涉及：控制模具抽真空方式（1988 年 JPH0255285A）、控制模具结构和性能参数（2009 年 JP2011079679A ）。

（4）在“实现制备平底坩埚”和“隔片容易更换、防止石英粉阻塞”方面，都是早期针对模具结构的改型（2002 年 JP2004026609A、2003 年 JP2005162499A）。

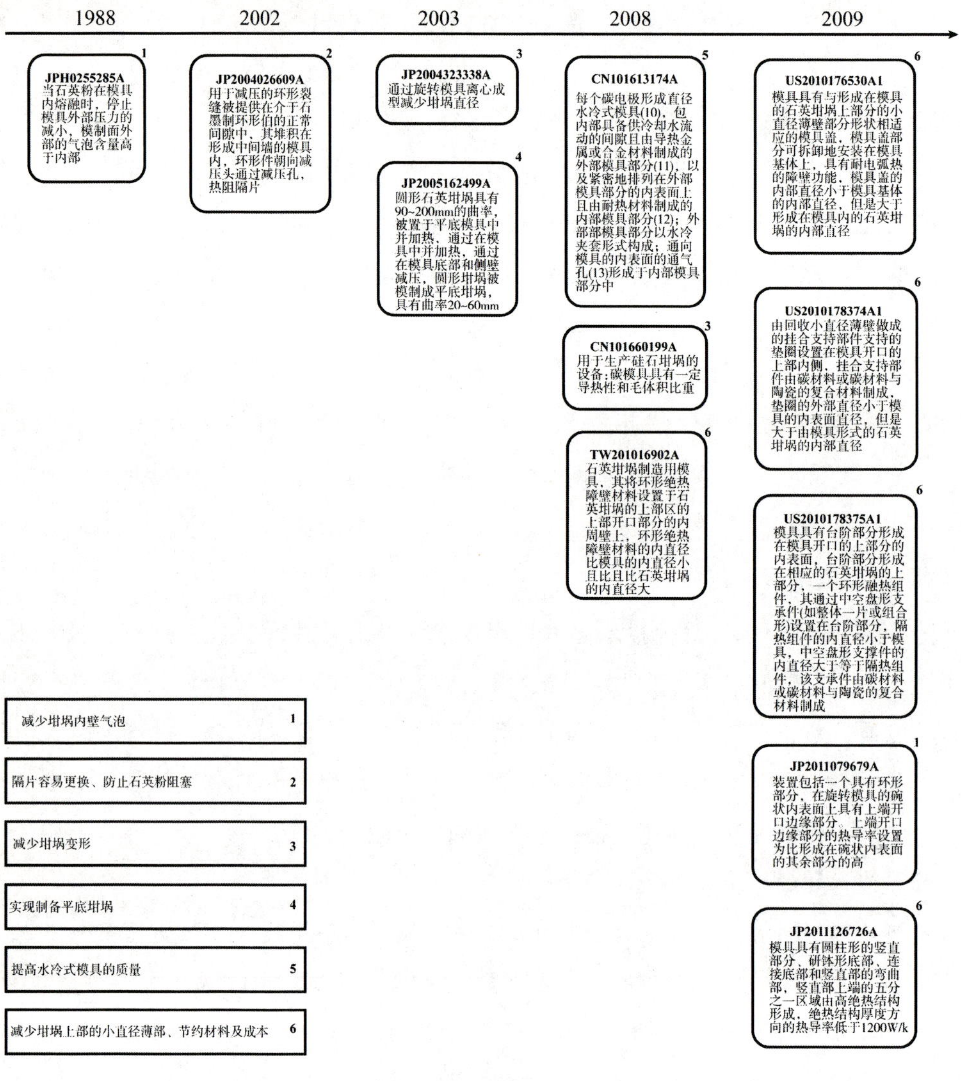

图 10 坩埚模具技术演进路线

（四）检测控制技术演进路线

从图 11 来看，检测控制的技术演进过程主要涉及八种技术功效：抑制产生褐色环和硅熔液液面振动（3 件）；非破坏或无污染地测量坩埚三维形状（2 件）；制造与设计数据的三维形状匹配度高的坩埚（1 件）；精确计算坩埚的温度分布（1 件）；正确预测氧化硅玻璃坩埚的结晶化容易性（1 件）；防止制造中拿错坩埚（1 件）；提高评估石英玻璃表面熔硅振动级的精度（1 件）；得到不同厚度方向的气泡分布（1 件）。整体来看，11 件专利申请中涉及这几种技术功效的申请都较少。

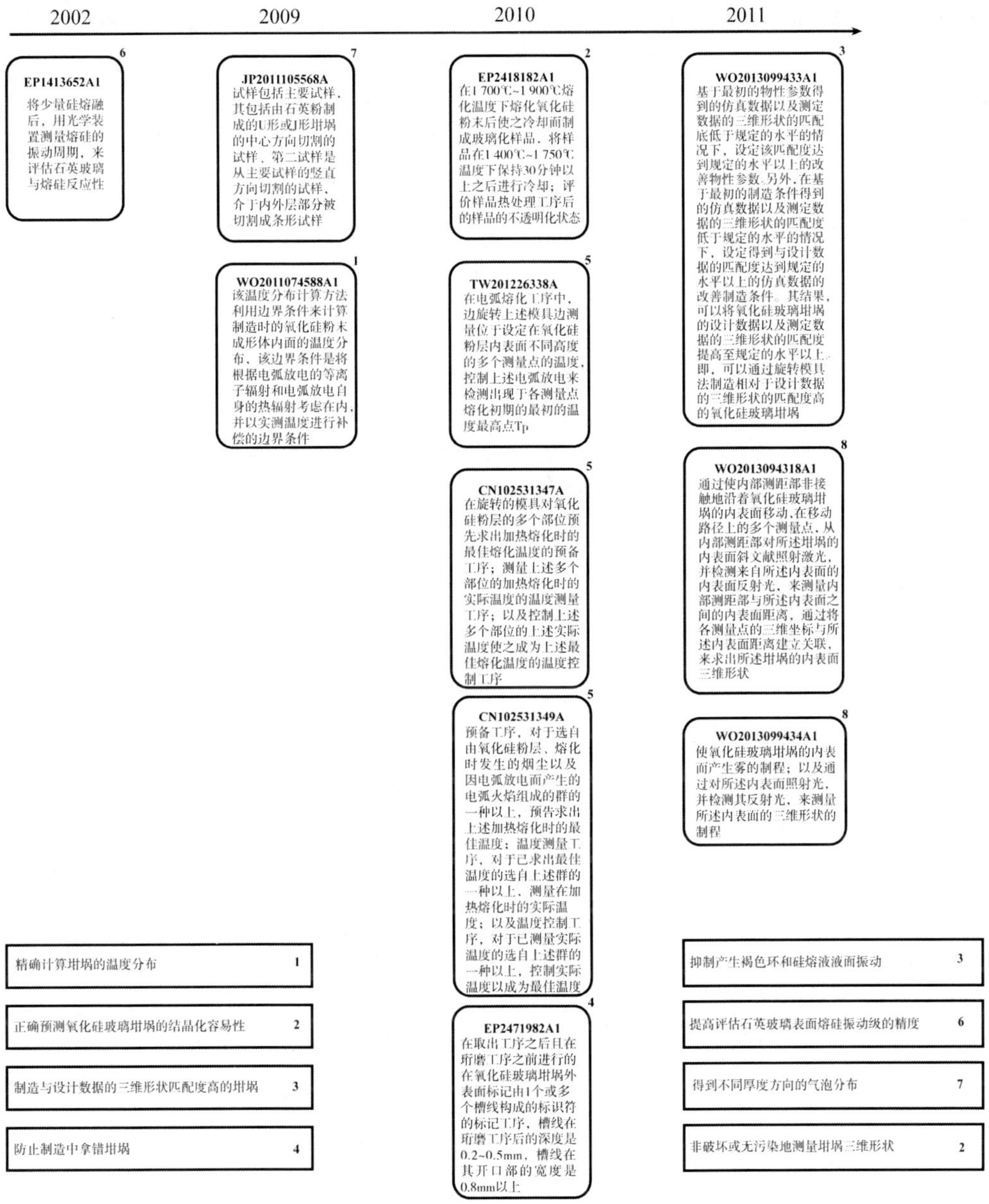

图 11　检测控制技术演进路线

该分支的技术发展可以总结如下：

(1) 在“抑制产生褐色环和硅熔液液面振动”方面，申请集中在 2010 年，主要通过对氧化硅粉层内表面的温度进行测量，并进行控制，使之成为所需的最佳温度（2010 年 TW201226338A、CN102531347A 和 CN102531349A）。

(2) 在“非破坏或无污染地测量坩埚三维形状”和“制造与设计数据的三维形状匹配度高的坩埚”方面，均涉及对坩埚三维形状进行测量，从而控制其形状（2011 年 WO2013099433A1、WO2013094318A1 和 WO2013099434A1）。

(3) 在“精确计算坩埚的温度分布”“正确预测氧化硅玻璃坩埚的结晶化容易性”“防止制造中拿错坩埚”“提高评估石英玻璃表面熔硅振动级的精度”“得到不同厚度方向的气泡分布”方面，均只涉及一件专利申请，对应的技术方案分别为：通过有限元计算得到坩埚温度分布（2009 年 WO2011074588A1）、对玻璃化试验进行热处理以评价其结晶状态（2010 年 EP2418182A1）、对坩埚外表面进行表面标识以防止拿错（2010 年 EP2471982A1）、利用光学装置测量熔硅的振动周期来评估石英玻璃与熔硅反应性（2002 年 EP1413652A1）、由石英粉制成的 U 形或 J 形坩埚的中心方向切割的试样测量气泡分布（2009 年 JP2011105568A）。

（五）附属部件技术演进路线

从图 12 来看，附属部件的技术演进过程主要涉及八种技术功效：避免坩埚后续包装搬运时被污染、损坏（3 件）；电极稳定地产生电流（2 件）；提高坩埚制造密封程度、减少杂质进入（1 件）；去除内层合成石英层的杂质（1 件）；减少石英烟尘和杂质、抑制杂质剥落、降低坩埚损坏（1 件）；实现坩埚自动化、无破损地取出（1 件）；准确检测坩埚制造中的温度（1 件）；抑制电极振动、减少烟尘掉落（1 件）。整体来看，11 件专利申请中涉及这几种技术功效的申请都较少。

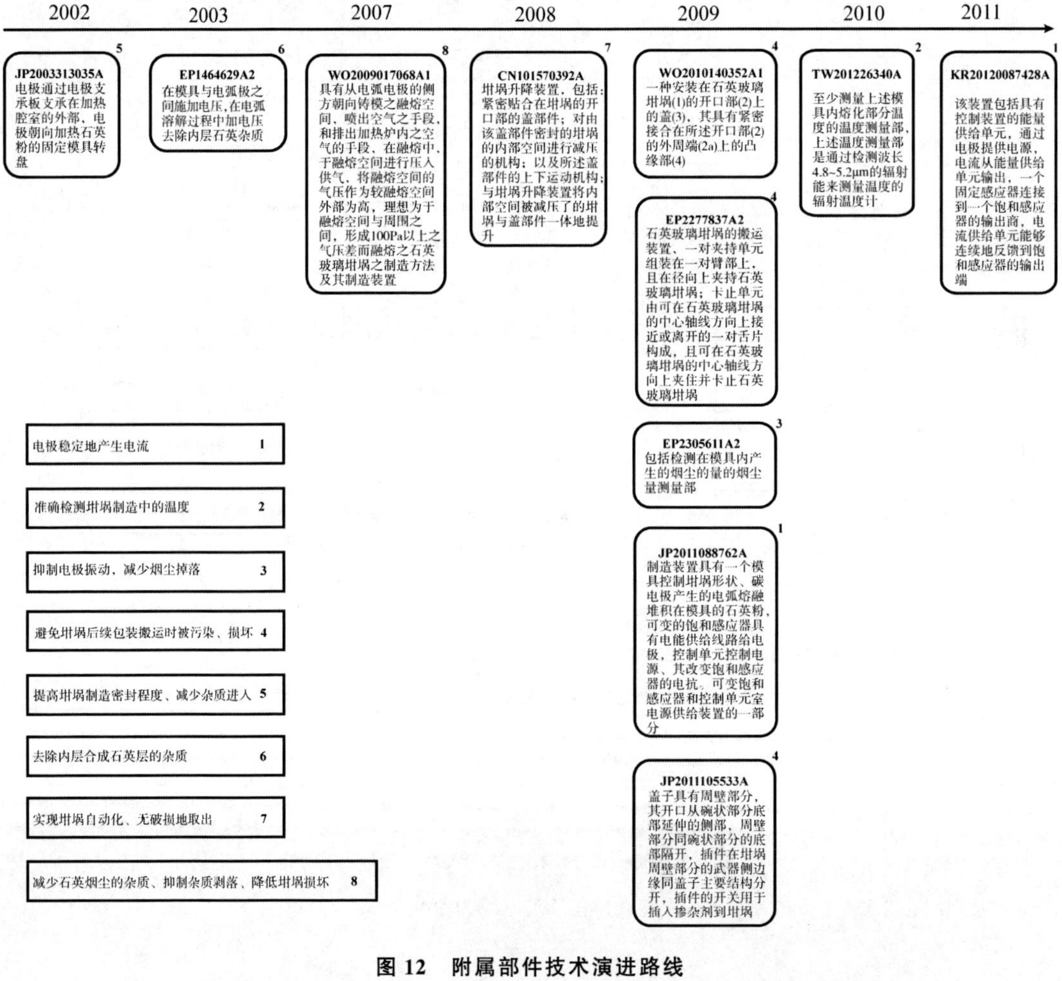

图 12　附属部件技术演进路线

该分支的技术发展可以总结如下：

（1）在“避免坩埚后续包装搬运时被污染、损坏”方面，其研究集中在2009年，技术方案包括在坩埚上设置盖子（2009年WO2010140352A1和JP2011105533A）、夹持装置（2009年EP2277837A2）。

（2）在“电极稳定地产生电流”方面，其技术方案均涉及采用一个饱和感应器控制对电极的电源供给，以控制电极产生的电流（2009年JP2011088762A、2011年KR20120087428A）。

（3）在“提高坩埚制造密封程度、减少杂质进入”“去除内层合成石英层的杂质”“减少石英烟尘和杂质、抑制杂质剥落、降低坩埚损坏”“实现坩埚自动化、无破损地取出”“准确检测坩埚制造中的温度”“抑制电极振动、减少烟尘掉落”方面，均涉及1件专利申请，其相应的技术方案分别为：设计电极支承板和模具转盘（2002年JP2003313035A），在模具与电弧极之间施加电压、在电弧溶解过程中加电压去除内层石英杂质（2003年EP1464629A2），从电弧电极的侧方朝向铸模的融熔空间设置喷出空气手段和排出加热炉内空气的手段（2007年WO2009017068A1）、设置坩埚升降装置对坩埚进行提升（2008年CN101570392A）、设置至少测量模具内熔化部分温度的温度测量部（2010年TW201226340A）、设置烟尘检测部（2009年EP2305611A2）。

五、结束语

真空电弧法是目前制备石英坩埚的热点技术，也是制约石英坩埚产业发展的瓶颈。本文从真空电弧法制备石英坩埚的基本概念出发，通过对该技术领域的国内外专利文献的统计、分析和归纳，重点研究了该领域日本超精石英株式会社专利技术的演进路线，可为国内科研选题、企业发展和政府决策提供一定的参考。

可以看到，日本超精石英株式会社在石英坩埚生产过程中实现了精细化的设计和控制，这也是国内相关企业亟待改进的，国内相关企业可根据自身的发展阶段和发展目标选择不同的途径对相关失效专利进行利用，抑或投入研究，从而实现其专利价值最大化。

参考文献

[1] 朱纯. 石英坩埚企业在光伏产业链中发展的策略研究 [J]. 科教导刊，2013（3）.

[2] 王玉芬，等. 石英玻璃 [M]. 北京：化学工业出版社. 2007：（0）－（1）.

[3] 姜益群，等. 集成电路硅单晶用石英坩埚的现状和改进建议. 第二届高新技术用石英制品及相关材料技术与市场研讨会论文集 [C]. 2004. 10.

连续平压热压机专利技术分析

曹俊静

一、前　言

在人造板的生产中，热压工序是人造板生产线的咽喉部位，也是整个生产线产量设计的基点，对人造板的产品质量起决定性作用。热压工序一旦失误，其损失将无法挽回和弥补，因此，热压工序总是处于最重要的位置，热压工序的执行机构——热压机就备受重视[1]。

20世纪70年代，世界热压机主要制造商大多通过增加热压机层数，扩大热压机幅面或两者兼而用之来扩大生产能力。但是随着热压机层数的增加和幅面的加大，设计制造、维护使用和安装的难度明显加大。无论单层热压机或多层热压机怎样进步和发展，其间歇式的生产方式造成的非工作时间损失总是比较大的，成为生产线提高产量和自动化的一个瓶颈。而且间歇式压机还具有生产的产品厚度偏差大、原材料消耗高、能耗大、砂光余量大等自身无法克服的缺陷，在这种情况下，迫切需要一种能够连续化生产的压机[2]。

世界上真正实现连续化工艺生产的连续压机是连续辊压机，主要用于薄板的生产。世界上第一台连续辊压机首先由德国的贝尔斯托夫（Berstorff）公司研制成功，并在德国的门德（Mende）刨花板厂试验成功，因此也把连续辊压机称为门德压机（DE2034853A，19700714）。门德压机的主要特点是：使用一条连续的钢带通过铺装机，由钢带牵引铺装好的板坯到连续辊压机。通过钢带把板坯压向主压辊，在加热的主压辊和3个压力辊的作用下，完成对板坯的加热加压过程。已压制成型的毛板，通过驱动辊进入板材运输机。由于其在生产薄板方面的这些优势，连续辊压机很快在世界人造板市场上占有了一席之地[2]。

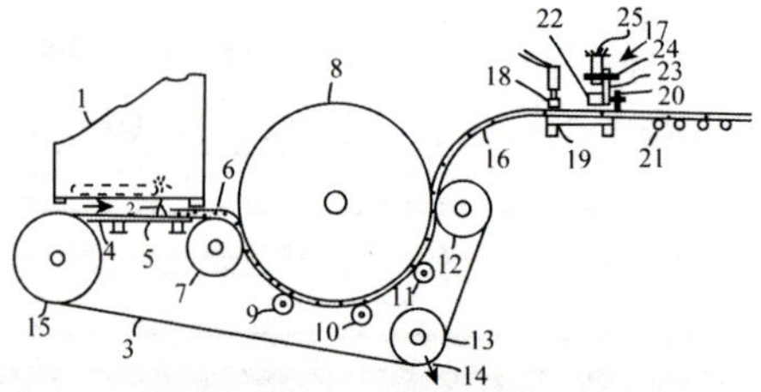

图1　早期门德公司申请的门德压机示意图

注释：8表示主压辊，7、12、13表示压力辊但是，连续辊压机也有自身的缺陷：一方面钢带在生产过程中既要经受高压和高温的考验，又要能够弯一定的角度，必须具有较好的抗弯能力，因此，在制造水平一定的情况下，钢带的寿命有限，而且更换钢带造成生产线较长时间的停顿，导致生产成本的增加。而另一方面由于铺装好的板坯在加热加压过程中也要弯转很大的角度，要承受很大的弯曲应力和压力，因此连续辊压机生产的产品厚度具有一定的限制。通常其产品厚度为 2～8 mm，最厚可达 12 mm（但生产效率不高），因此其不适合生产中厚板。随着生产的发展，它不能满足社会对大规模工业化人造板生产的要求[1]。

门德压机尽管实现了人造板的连续化生产，但其在生产厚板方面的劣势是显而易见的。而且其产量有限。在这种情况下，为了满足人们对中厚板的大规模连续生产的要求，连续平压热压机问世了。

二、连续平压热压机的结构和特点

（一）连续平压热压机的结构组成

连续平压热压机主要由板坯进给部分、板坯加热加压和保压定尺部分、成品板出板部分和运输传动部分等组成（见图 2）。进给部分是连续压机的关键，在该部分要将板坯大量且快速压缩，并在压缩过程中要有利于板坯中大量气体的逸出，而不至于破坏板坯的铺装结构。另外，还要考虑不同铺装厚度的板坯能顺利进入压机，因此进给部分的进入角度必须能按板坯不同厚度进行合理调节。进给部分主要有进给传动轴、钢带被动辊（回转辊）、进给头调节机构等组成[3]。

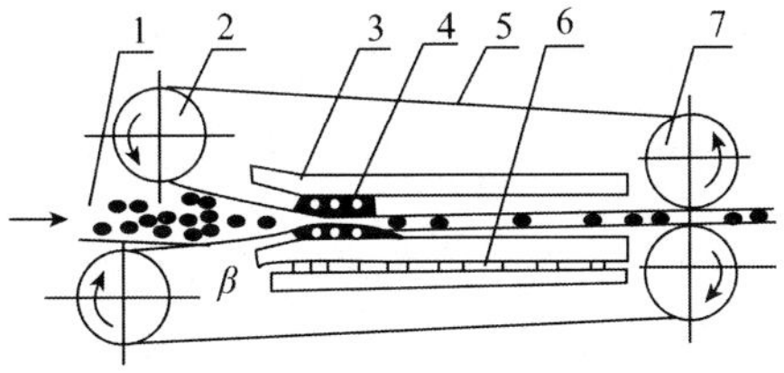

1. 板坯，2. 张紧辊筒，3. 热压板，4. 链毯，5. 钢带，6. 油缸，7. 钢带驱动辊

图 2　连续平压热压机结构示意图

加热加压和保压定尺部分主要由独立的带有加压油缸的框架单元和带隔热层的热压板等组成。油缸产生的压力直接加到热压板上，通过辊柱（链毯）、钢带传到板坯上。加热介质直接进入热压板，通过链毯、钢带直接传到板坯上。通过加热加压和保压定尺来满足板材的生产工艺，热压板长度取决于双钢带连续压机的产量。

成品板出板部分的作用是将从热压机出来的成品板输送到运输机上，同时出板部分又是驱动钢带的动力所在。运输传动部分主要由钢带、钢带主动辊（钢带驱动辊）、链毯及链毯带动链和链条导向等组成。链毯以钢带一半的速度运行，且必须保证其相对速度。运输传动部分在板坯加热加压成为成品板过程中起到传递压力、传递热量和运输板坯的作用[3]。

（二）连续平压机的特点

连续平压热压机板坯的压制过程是完全连续的，完成了生产过程的连续化，这是最显著的特点；整个热压工序压机无开启、闭合和装卸板等动作产生的辅助时间损失，因而生产效率高；整个系统无液压冲击和机械冲击，噪声低、运行平稳，整机寿命长；板材质地细密、板面平整，产品质量好；加热与加压同步，板材预固化层极薄，砂光量小，粉尘少，原材料消耗低；无横向裁边损失，可节约原料 17%，无频繁启动和空载运行等能耗损失，能耗低，可节电、节热 20% 以上[4]。

（三）连续平压热压机的技术分解

技术分解是对所分析技术领域做进一步的细化和分类，对于行业状况、检索专利信息以及检索结果处理都具有非常重要的意义，有利于了解行业的整体技术发展趋势并对后续的研究重点提供参考方向。一般情况下，可按照技术特征、工艺流程、解决的技术问题、技术效果或者实际用途等进行技术分解。具体到连续平压热压机，目前通用的连续平压热压机，几乎全部为钢带型，按照其减磨结构的不同可以分为钢带滚柱链毯型和钢带油膜型，而钢带油膜型连续平压热压机因其使用条件苛刻，综合效益不佳，目前已很少采用。对于目前普遍采用的钢带滚柱链毯型连续平压热压机，从其一般结构上可以分为三大块：板坯入口结构、板坯热压部位、板坯运输传动部位。其中，板坯入口结构包括上下钢带回转辊、上下进给头、上下进给热压板以及上下钢带等结构；板坯热压部位包括带有加压油缸的框架单元、带隔热层的热压板等结构；板坯运输传动部位包括上下钢带、钢带驱动辊、滚柱链毯等结构。根据各个部位所要实现的技术效果，可以对各个部位进行进一步细分，例如，板坯入口结构，其进料口的角度要能够调节以适应不同厚度板坯的压制需求，并且根据进料口角度的调节方式又可进一步细分，以形成二级分类和三级分类，最终结果参见图 3。

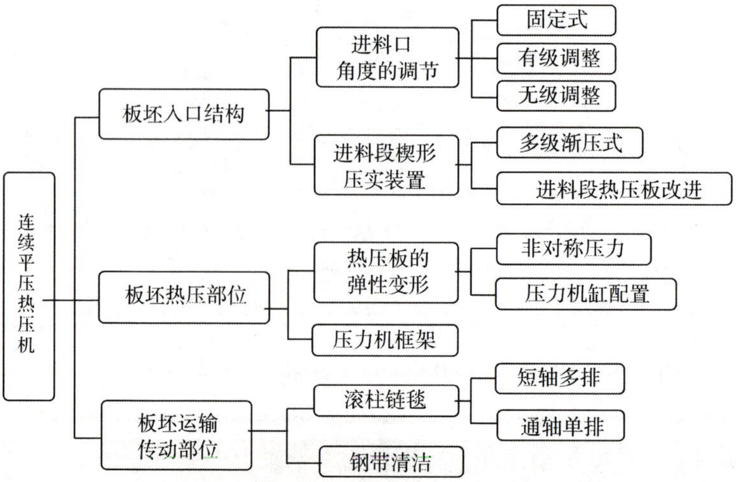

图 3　连续平压热压机技术分解表

三、连续平压热压机技术发展历程

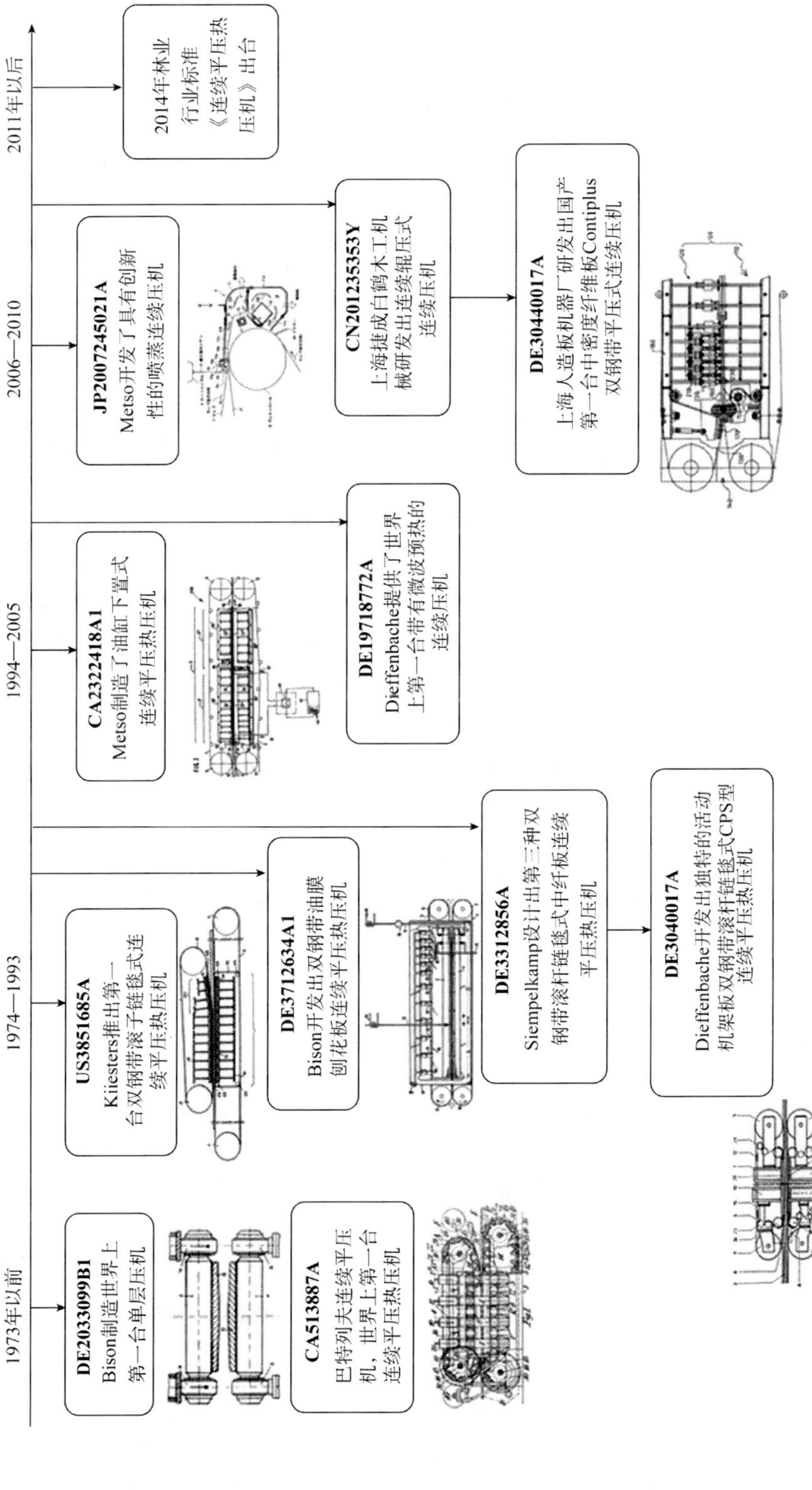

图 4　连续平压热压机的技术发展路线图

纵观人造板行业热压机的发展历程，不难发现，连续平压热压机领域的技术发展大体可分为五个阶段：

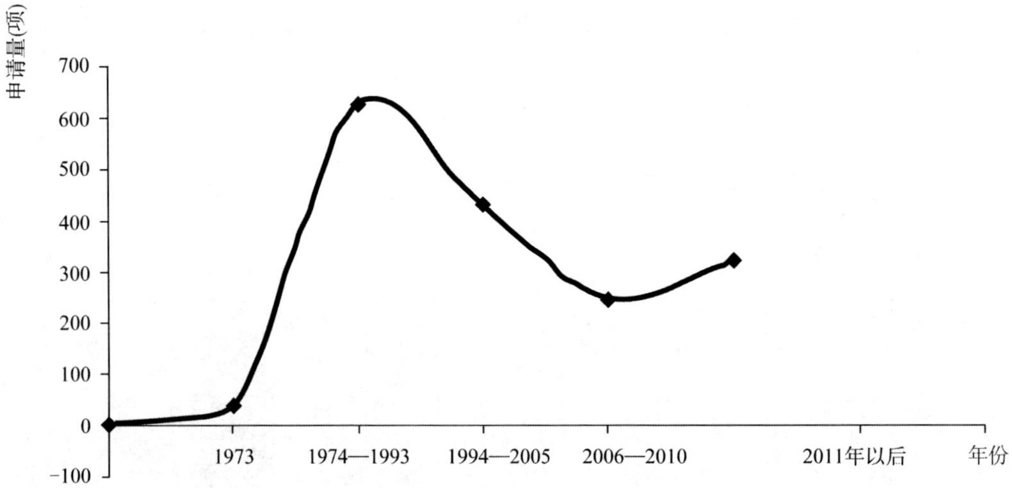

1973年之前——萌芽期；1974—1993年——第一发展阶段；1994—2005年——平稳发展阶段；2006—2010年——第二发展阶段；2011年以后——发展趋缓期

图5　全球申请趋势图

（一）缓慢发展的萌芽期（1973年以前）

这一时期，全球每年仅有零星的专利申请。20世纪70年代的专利申请主要涉及多层压机结构的改进，例如，热压板制造、加热系统、压机闭合开启装置、装卸板系统等。

最早在人造板行业出现的热压机是多层压机，最初人造板多层压机的制造商主要集中在欧洲，包括比松公司（Bison）、西姆佩尔坎普（Siempelkamp）、贝克—冯赫伦公司、迪芬巴赫公司（Dieffenbacher）以及顺智公司等。

继多层压机之后，世界上第一台人造板单层压机出现了。第一台单层压机由德国的比松公司（Bison）制造，是一种主要用于刨花板生产的半自动系统，于1957年正式交付使用（DE2033099B1，19711111）。

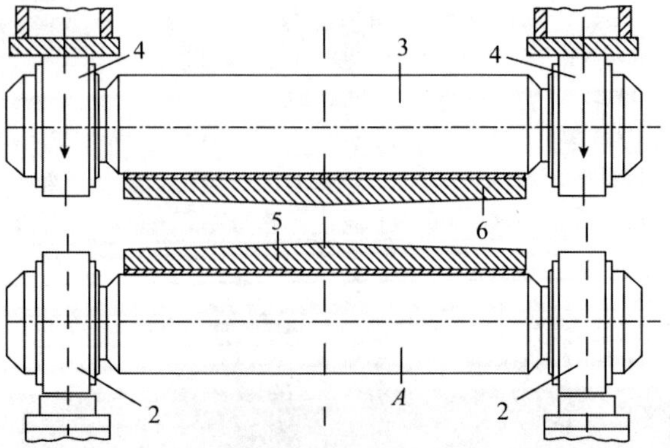

1. 下压辊　2. 下支座　3. 上压辊　4. 上支座　5、6 矩形板

图6　比松公司早期申请的单层压机示意图

连续平压热压工艺最先由英国提出，世界上第一台连续平压热压机于 1953 年在 MARK TEY 投入刨花板的生产，由英国的 W. J. Fischbein 设计制造，人们习惯把这种压机称为巴特列夫连续平压机（Bartrev press）。自此，巴特列夫连续平压机载入了人造板机械的发展史（CA513887A，19550621）。

巴特列夫压机的压板布置采用环形板式链，板链支撑在两侧的滚轮上，在压机中旋转。在压板上面覆盖钢带，通过钢带实现对板坯的加热和加压，因此是一种履带式压机。巴特列夫连续压机的出现本有望开创人造板生产的一个历史性的纪元，但是由于其设备比较笨重并且价格昂贵，因而未能在市场中存活下来。

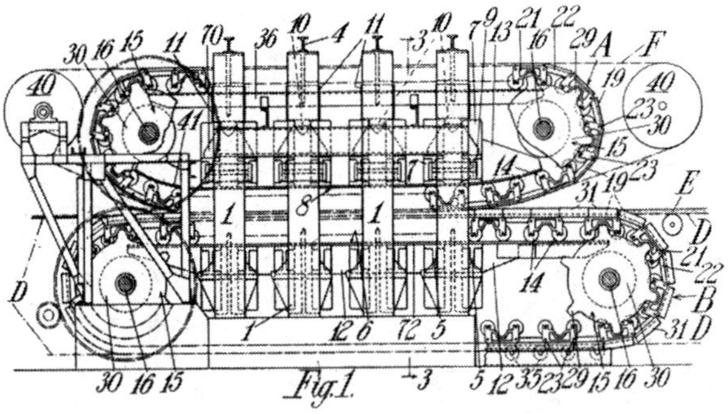

图 7　巴特列夫连续平压热压机示意图

（二）第一发展阶段（1974—1993 年）

1977 年原库斯特公司（Küesters，现合并于美卓公司）推出第一台双钢带滚子链毯式连续平压热压机（US3851685A，19741203），供比利时 Spano 地区用于刨花板的生产。

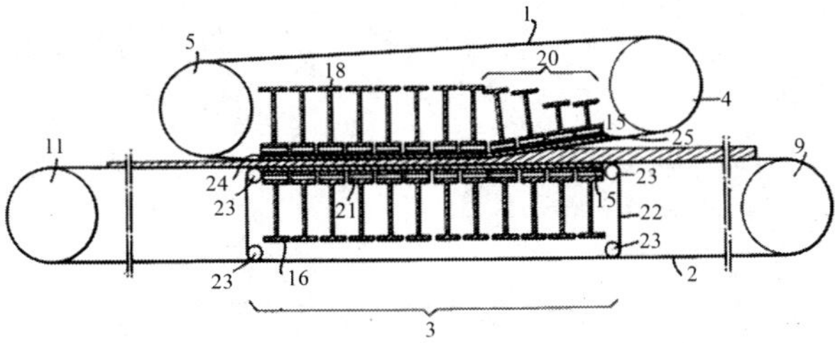

图 8　库斯特公司早期申请的双钢带滚子链毯式连续平压热压机示意图

1981 年比松公司（Bison，现合并于美卓公司）开发出双钢带油膜刨花板连续平压热压机（DE3712634A1，19881103），三年后的 1984 年西姆佩尔坎普公司（Siempelkamp）很快跟进，设计制造第三种形式的双钢带滚杆链毯式 Contiroll 中纤板连续平压热压机（DE3312856A，19841018），由于这两家公司具有全套人造板生产线设备的供货能力，因此很快占领了市场，并在这一阶段申请了大量的专利。

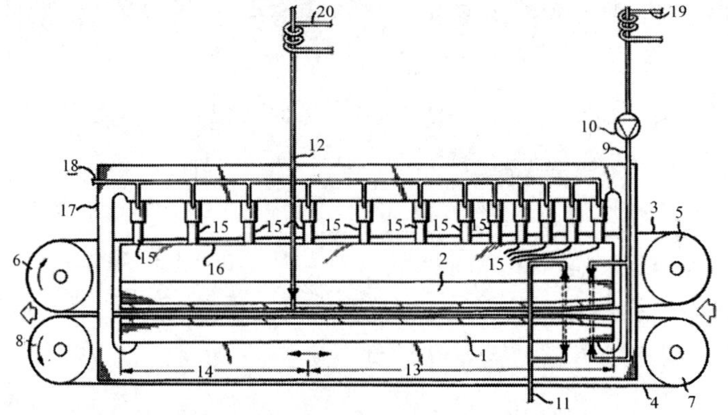

图9　比松公司早期申请的双钢带油膜刨花板连续平压热压机示意图

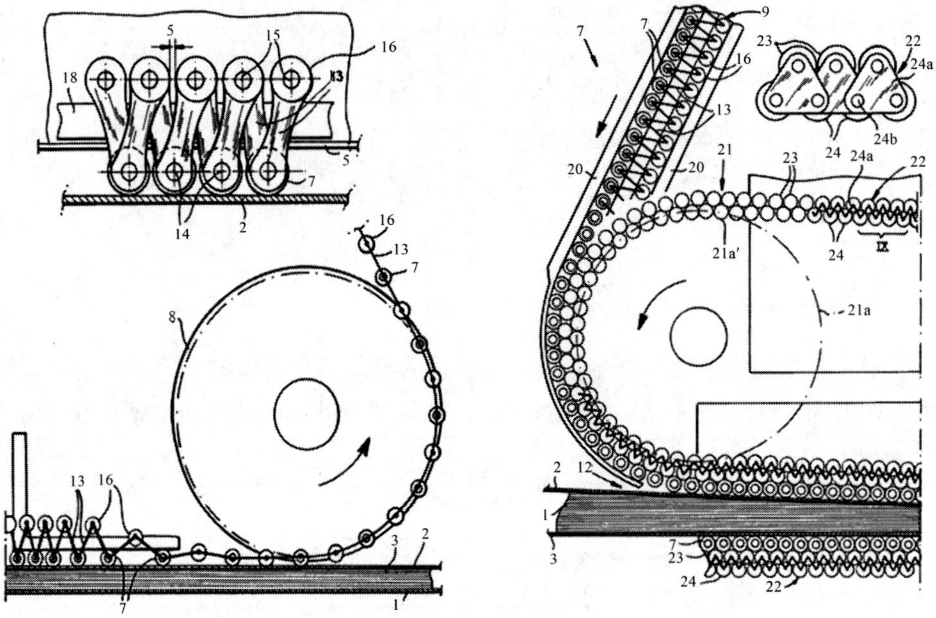

图10　西姆佩尔坎普公司早期申请的双钢带滚杆链毯式中纤板连续平压热压机

一向以生产多层压机见长的迪芬巴赫公司（Dieffenbacher）也看到了连续压机的巨大市场，于1990年为丹麦生产出了独特的活动机架板双钢带滚杆链毯式CPS型连续平压热压机，并申请了相关的专利，例如DE3040017A1、US4417865A、DE3901366A1和DE3936945A1等。

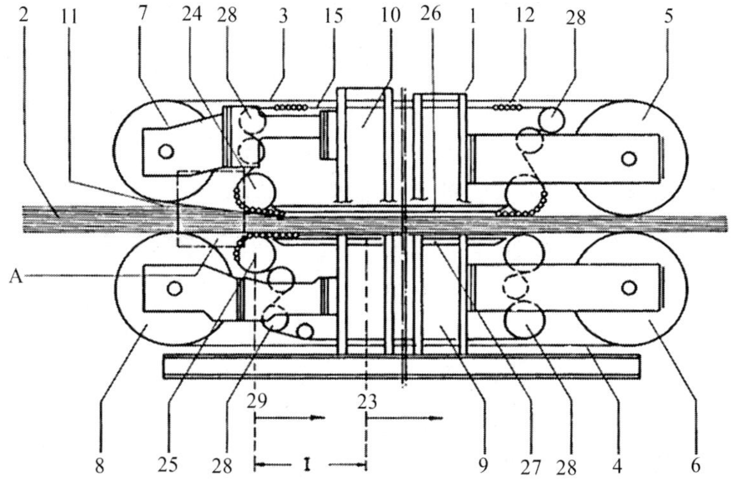

图 11　迪芬巴赫早期申请的活动机架板双钢带滚杆链毯式连续平压热压机

连续平压热压机优势明显，在很短的时间内，以上公司在生产超大型的热压机机组时，大部分转变为选择连续平压热压机。这一时期，连续平压热压机的申请量实现了从每年的几十件到每年数百件的突破。

（三）平稳发展期（1994—2005 年）

1996 年 2 月，原库斯特公司（现合并于美卓公司）共生产连续平压机 67 台（用于 MDF 生产 36 台），它最大的连续平压机 MDF 生产能力已达 28 万 m^3/a（也是迄今为止世界上最大的连续平压机）。20 世纪 90 年代后期，美卓公司（Metso）制造了油缸下置式连续平压热压机（CA2322418A1，19990916）。

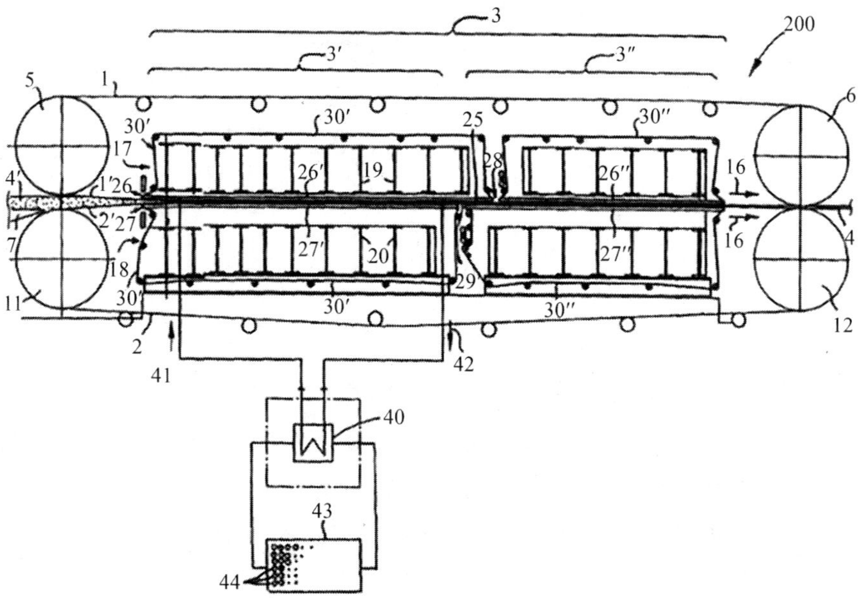

图 12　美卓公司早期申请的油缸下置式连续平压热压机示意图

1997 年迪芬巴赫提供了世界上第一台带有微波预热的连续压机，用于单板层积材生产（DE19718772A，19981105）；1998 年提供了 2 000 m^3/d、长度达 50 m 的连续压机，用于木质刨花板生产；2000 年提供了世界上最大的 2 100 m^3/d、63 m 长、12 英尺宽定向刨花板连续压机，安装在加拿大爱贝塔一条 70 万 m^3/a 的定向刨花板生产线上。

我国从 20 世纪 80 年代末开始引进连续压机生产线。1994 年福建永安林业股份（集团）公司引进我国的第一条由辛北尔康普公司生产的年产 3 万 m^3 连续平压热压机中密度纤维板生产线。

2003 年年底，我国已建和在建的 444 条中高密度纤维板生产线中，连续平压生产线 26 条，其中最大的是广西三威林产工业（集团）有限公司的年产 24 万 m^3 连续平压式中高密度纤维板生产线；2004 年德国迪芬巴赫公司又向我国提供了 4 条连续压机生产线，其中最大的是提供给亚洲创建（惠州）木业有限公司的年产 22 万 m^3 刨花板生产线。2005 年国内新增的连续平压式中高密度纤维板生产线 3 条，合计产能 45 万 m^3，新增连续辊压式中高密度纤维板生产线 1 条，产能 10 万 m^3[5]。

（四）第二发展阶段（2006—2010 年）

美卓公司开发了具有创新性的喷蒸连续压机，以提供更高产量和更加灵活的产品（JP2007245021A，20070927）。在同一台压机上可实现板材密度从 250 kg/m^3 到 1 000 kg/m^3 范围内的变化；在压机进料线上喷射 130 ℃的蒸汽；允许使用更加环保的胶粘剂，而不需要较长的热压时间。

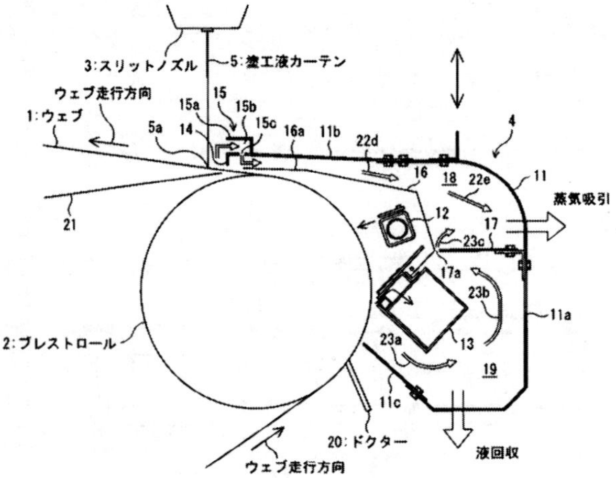

图 13　美卓公司早期申请的喷蒸连续压机

由于进口一台连续压机的投资数额相当大，许多人造板制造商难以承受，以致国人对国产连续压机的呼声愈来愈强烈，进入 21 世纪，我国研制连续平压热压机的步伐加快，在消化吸收国外技术的基础上，南京林业大学和多家机械制造企业都相继进行了技术研发。继上海捷成白鹤木工机械有限公司研发的年产 3 万 m^3 连续辊压式压机试产以后（CN201235353Y，CN201253895Y），上海人造板机器厂有限公司经过 6 年努力，研发的国产第一台年产 15 万 m^3 中密度纤维板 Contiplus 双钢带平压式连续压机于 2006 年 6 月问世，技术水平与国际先进水平同步（CN102259374A）。

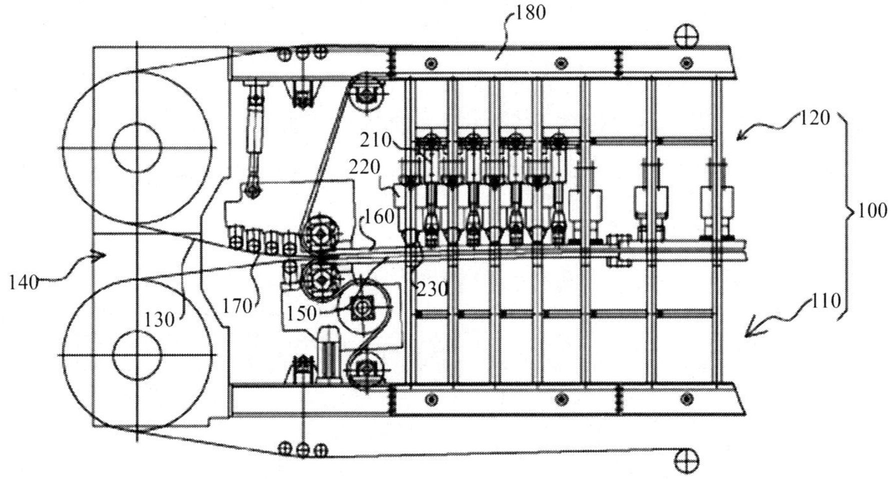

图 14　上海人造板机器厂生产的连续平压热压机部分结构示意图

在第一台 4×32 m 连续压机样机的基础上，上海人造板机器厂（简称上海板机）进一步完善连续压机关键技术的专利开发，并对一些关键的零部件进行试验。上海板机在连续压机的进一步开发研制过程中，采用了无故障运行的设计理念，采用了大量的新技术、许多新材料和当代国际上最新的电气控制技术，终于在 2007 年成功研制了全智能电液一体化的人幅面刨花板连续压机及其生产线，这是我国第一套拥有自主知识产权的年产 45 万 m^3 刨花板连续压机生产线，并申请了相关的专利，但以实用新型居多，主要涉及进给装置、热压板、钢带或皮带等部件的改进，如 CN1931541A、CN2885541A、CN200981271Y 和 CN200939591Y 等。

上海板机开发的双钢带平压式中纤板及刨花板连续压机，定位于国际先进水平，在连续压机的关键结构上拥有自己的创新技术，所有连续压机均采用导热油加热，压机的最大面压为 5.0 MPa。

（五）发展趋缓期（2011 年以后）

这一时期，连续平压热压机的申请量趋于平缓，国内相应的标准法规出台。2014 年 5 月 29—30 日，林业行业标准《连续平压热压机》项目首次研讨会在中国福马机械集团有限公司北京总部召开。中国福马机械集团有限公司为标准的第一制定单位，共同参与单位包括上海人造板机器厂有限公司和上海捷成企业管理集团有限公司。相信随着国内关于连续平压热压机的标准法规日趋完善，国内连续平压热压机技术的发展将逐渐走向标准化和成熟化。

四、连续平压机领域的重点生产研发企业及其特点

（一）连续平压机领域的重点生产研发企业

通过对连续平压热压机在国内和国际的申请量排名，能够了解哪些公司在连续平压机领域的专利申请处于领先地位，从而推断出这些公司在连续平压热压机领域研发处于领先优势地位，引领市场和技术的发展方向。

表1　连续平压热压机专利申请人排名表

排名	公司名称（括号中表示公司代码）	申请数量（项）	国家或地区
1	迪芬巴赫（DIFF）	161	德国
2	西姆佩尔坎普（SIEA）	184	德国
3	美卓（MTSO）	67	芬兰
4	库特·海尔德（HELD－I）	37	德国
5	上海人造板（SWPM）	35	中国
6	三门峡市易兴人造板设备有限公司	14	中国
7	敦化亚联机械	11	中国
8	福马机械（FOMA）	10	中国
9	中国林业科学研究院	4	中国
10	上海捷成白鹤木工机械	3	中国

进入20世纪90年代以来，国外人造板工业发展十分迅速，为了面对激烈竞争的国际市场，国外人造板机械企业进一步实现了大型化、集团化重组。德国Bison公司被德国Kvaener公司收购后又转让给Valmet公司，最终被国际造纸及矿山行业跨国公司美卓（Metso）收购，形成了美卓人造板部，可提供中密度纤维板、刨花板和定向结构刨花板成套设备；德国的西姆佩尔坎普（Siempelkamp ）公司于近年来收购兼并了Buttner、SHS及ATR等人造板设备生产厂，形成了整条生产线设备的加工生产能力。特别值得一提的是，该公司收购了著名的Sicoplan人造板设计院，增强了公司的工程设计和安装调试指导能力；以制造连续压机而出名的德国迪芬巴赫（Dieffenbacher ）公司也不甘示弱，收购了德国的卡尔申克（CarlSchenck）公司的人造板部，并在加拿大安大略省建立了迪芬巴赫北美公司，接管了精密工具制造商卡尔强（Karle及Jung）公司。这样便形成了目前的国际人造板机械行业的三大巨头：美卓（Metso）、迪芬巴赫（Diefenbacher）和西姆佩尔坎

普（Siempelkamp）[6]。

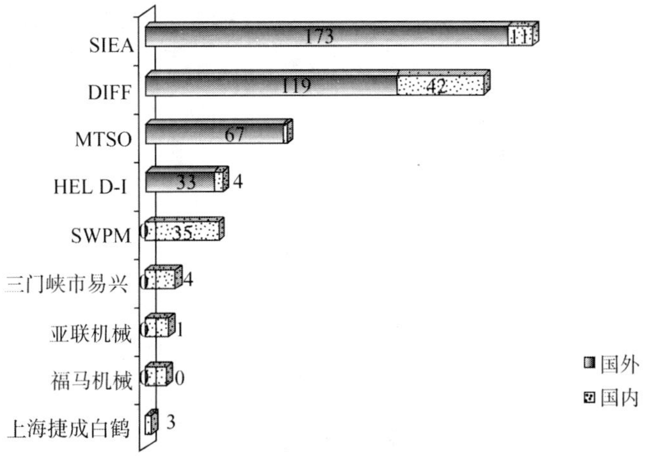

图 15　国内外连续平压热压机的主要申请人排名

如表 1 和图 15 所示，无论是国外还是国内，申请量排名前三的分别是德国两大压机公司和芬兰压机公司：西姆佩尔坎普（SIEA）、迪芬巴赫（DIFF）和美卓（MTSO）。在全世界现有的连续平压热压机中，西姆佩尔坎普公司的产品所占的份额最多，迪芬巴赫公司居中，美卓公司紧随其后，但就在中国的专利申请来说，迪芬巴赫公司在中国的申请量相对最多。从国内人造板设备企业的制造水平来看，采用德国迪芬巴赫（DIFF）公司的 CPS 连续平压热压机的机架形式较为理想，机架的布局采用变间距排列方式则有利于降低成本。迪芬巴赫公司对中国的市场影响会大一些，并且从宏观上来讲，德国是中国重要的贸易伙伴，研究和分析德国企业的技术发展，更加具有代表性和价值性，下面会重点研究迪芬巴赫公司的申请特点。

（二）国内申请人概况简析

国内对于连续压机的研发起步较晚，我国企业研制的连续平压热压机，比联邦德国 KUST 公司的连续平压热压机晚了 29 年，比现在市场上主流机型的连续平压热压机晚了 16～22 年，一方面受到欧洲知识产权的约束，另一方面受国产材料以及控制技术与元器件的制约。我国企业研制的连续平压热压机，主要以西姆佩尔坎普（SIEA）、迪芬巴赫（DIFF）公司机型为样板，走模仿的道路。根据表 1 可以看出，国内的主要连续平压热压机的申请人有上海人造板、三门峡市易兴人造板设备有限公司、敦化亚联机械、福马机械、中国林业科学研究院和上海捷成白鹤木工机械等。

从图 16 可以看出，国内对于连续平压热压机的申请呈现三个阶段：

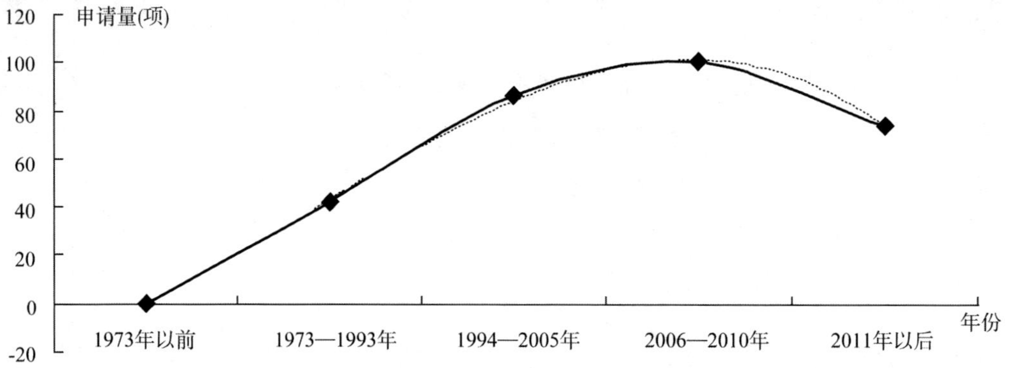

图 16　国内连续平压热压机的申请量变化趋势

（1）1973—2005 年的快速增长阶段。这一阶段，国内对于连续平压热压机的申请量快速稳步增长，但申请人以国外申请人或中外合资的申请人为主体，这与国内对于连续平压热压机的研制起步较晚有直接关系。

（2）2006—2010 年的平稳发展阶段，这一阶段，随着国内研制连续平压热压机的步伐加快，在消化吸收国外技术的基础上，国内开始“产、学、研”单位的联合攻关，面对欧洲企业的专利等知识产权的制约，我国企业在连续压机的创新道路上，逐渐形成自主知识产权，扩展自己的生存空间。

（3）2011 年以后的缓慢发展阶段。这一阶段，国内对于连续平压热压机的申请趋于平缓，但不意味着技术的停滞，经历了快速增长、平稳增长之后的国内市场，迫切需要相关的行业标准、规范来更好地引导国内连续平压热压机市场良性发展。当然，要有大的突破，还依赖于新的工艺的出现，新的液压、电气元器件和密封、特种钢材等新材料的出现和行业技术人员的创新这些硬性条件。

从图 17 可知，国内申请中，国内申请人的主体是企业，其次是科研机构，个人申请较少。其中，企业申请以上海人造板公司为主，科研机构主要是中国林业科学研究院。连续平压热压机因其较高的技术含量以及较高的技术成本令大多数中小型企业以及个人申请望而却步。

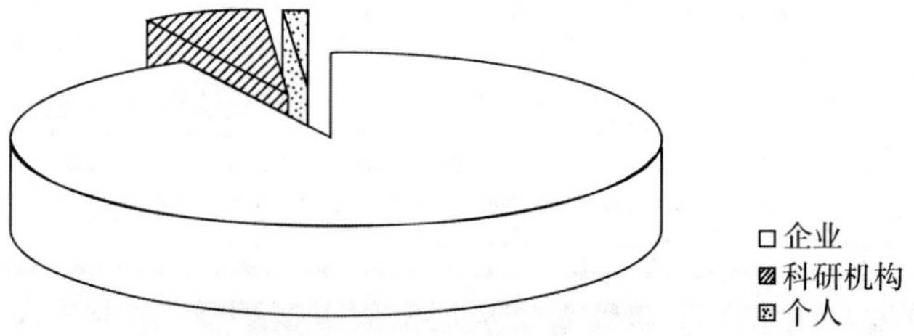

图 17　国内申请人类型

根据图 18 和图 19 可知，国内申请人中，除福马机械之外，大多数企业申请以实用新型居多；科研机构虽然申请量较少，但以发明专利为主。大多数企业申请主要体现在连续平压热压机的局部结构的改进，不论是局部原创，还是移花接木，从其大量的实用新型专利申请不难看出部分企业在技术创新上信心不足，存在畏难情绪。而一向以连续辊压机为主的福马机械，虽然对于连续平压热压机的申请量不多，但其近年来越发重视发明专利申请，主要方向在于优化结构，提高连续平压生产线的产能以及智能化。

纵观国内连续平压热压机的申请以及国内申请人的概况，我国连续平压热压机的研制方式大致有三种：拿来主义、联合设计和借助国外技术。其发展道路一定会经过模仿、创新和超越三个阶段。随着欧洲企业的专利陆续进入失效期，无疑给国内的企业提供研制连续平压热压机的历史机遇。

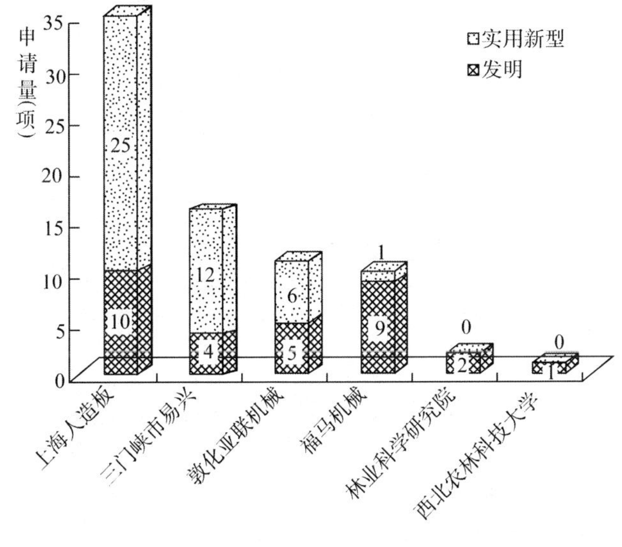

图 18　国内申请人的申请类型 1

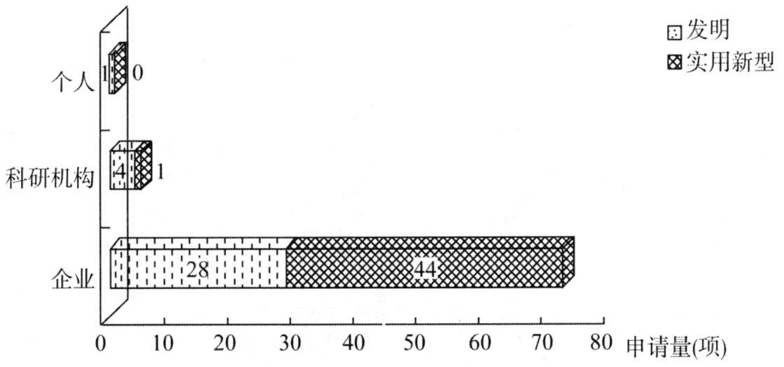

图 19　国内申请人的申请类型 2

（三）国内外几家主要公司连续压机的特点

表 2　国内外主要公司连续压机特点

公　司	特　点
MTSO (Küsters)	立柱式，短滚柱链毯为热压板与钢带之间的滚动摩擦副，工艺过程和参数全自动控制 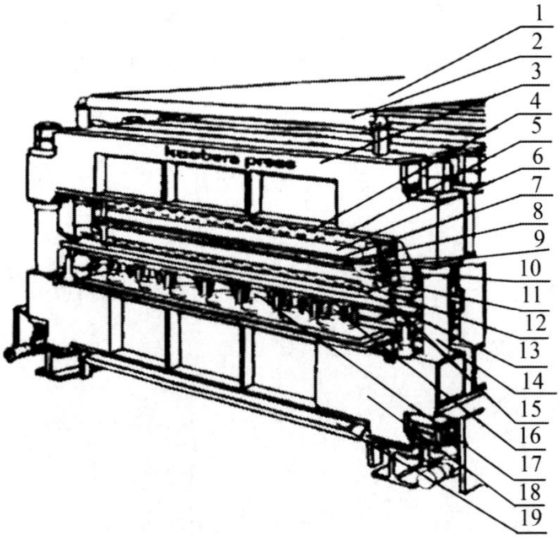
MTSO (Bison)	框架式，钢带与热压板之间以油膜传热与润滑，但油膜的建立、密封等技术尚未过关 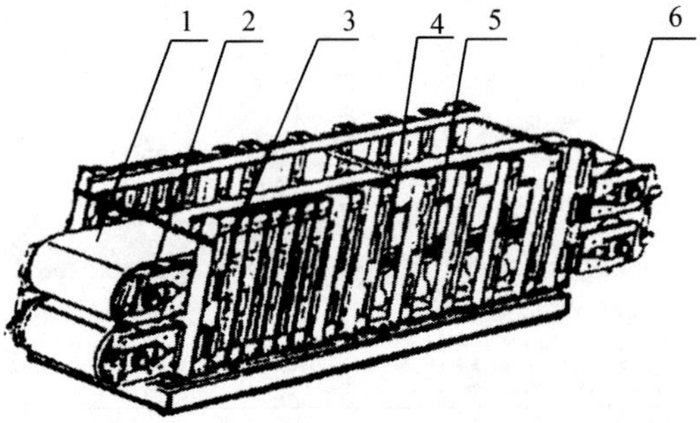
SIEA	框架式，长滚柱链毯作为热压板与钢带之间滚动摩擦副，工艺过程和参数全自动控制 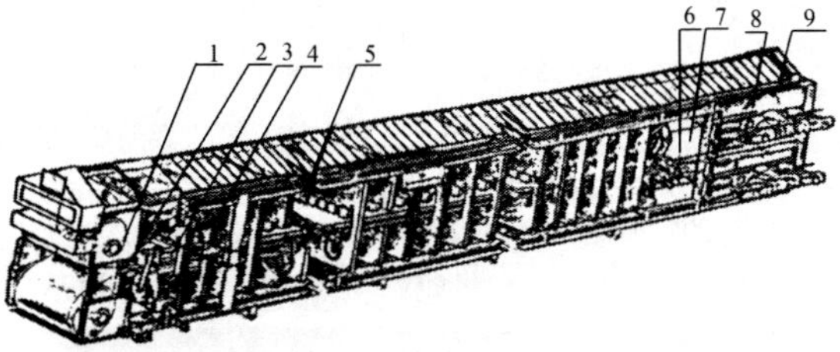
DIFF	框架式，侧向可打开，便于维修和更换热压板，热压板设有耐磨板，可延长热压板寿命，滚柱毯作为钢带与热压板上耐磨板之间的滚动摩擦副，工艺过程和参数全自动控制 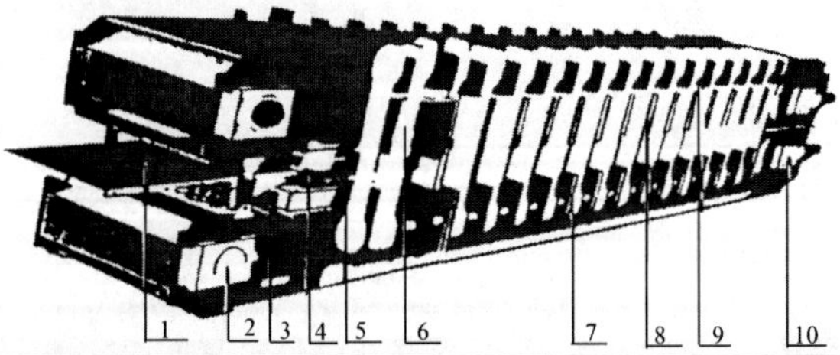

续表

公 司	特 点
SWPM	框架式，长滚柱毯滚动摩擦副，进给头轴承组合外置式，液压组合远离加热区，热压板材料完全国产化，工艺过程和参数实现计算机总线全自动化控制 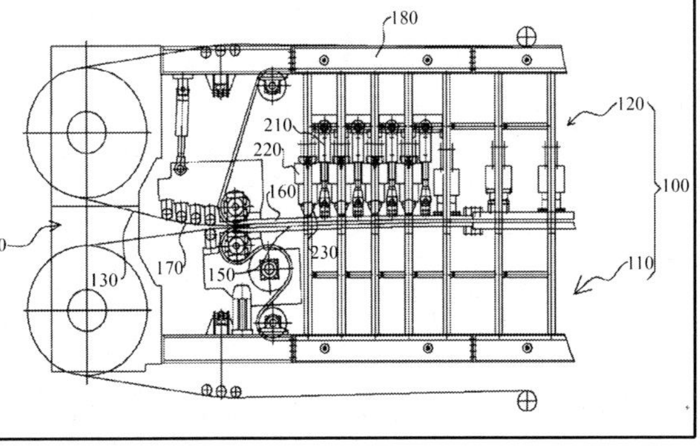

纵观欧洲企业，不管它们进入连续平压机制造时间的早晚，都在刻意回避先于它们问世的连续平压机的形式和特点，追求差异化。库斯特公司采用链毯作为载体；比松公司就选择了油膜的方式；西姆佩尔坎普公司采用辊杆链毯，为了回避库斯特分段式的辊杆，就采用整体通长的辊杆形式；迪芬巴赫为了回避库斯特、比松、西姆佩尔坎普公司的制造技术，设计了新形式的机架和油缸布置方式，辊杆采用分段式，但又区别于库斯特，热压板采用了覆耐磨板的方式；美卓公司将通常的压力缸上置方式，改成了下置式。即使同行的专利失效了，欧洲企业还是坚持自己产品的特点，就像现在，西姆佩尔坎普公司不会采用迪芬巴赫公司的机架和油缸的布置形式；迪芬巴赫公司也不会采用西姆佩尔坎普公司的通长辊杆[7]。

(四) 连续平压热压机申请特点分析

根据国内外连续平压热压机的重要申请人的专利申请，可以得出连续平压热压机的技术侧重点为：进料口角度的调节、与热压板相关装置的结构改进和压力机框架的配置等，较少涉及压制工艺、产品用途等方面。在专利申请的分类号分布方面，更多地体现在与连续平压热压机相关的主题分类上，对于连续平压热压机涉及的具体结构，如热压板、机架等，没有较细分的分类号，对于这种笼统的分类，在检索的时候，更多地采用多种检索策略的综合应用。国内的压机技术起步较晚，还处于发展阶段，而德国的压机技术已经趋于成熟，常见的申请人为以西姆佩尔坎普（SIEA）、迪芬巴赫（DIFF）和美卓三大压机公司为代表的龙头企业，在检索时如果能优先以本领域的重要申请人为入口进行检索，能够在一定程度上提高获取对比文件的效率和准确度。在以本领域重要申请人为入口检索未果时，需要采用分类号结合关键词进行全面检索。连续平压热压机的专利申请涉及内部结构的改进时，对于发明点较细的申请，可以采用全文库补充检索，以防止漏检，对于全文库的选择，优先选择 USTXT 数据库。

五、迪芬巴赫的技术发展趋势和研发重点

连续平压热压机的主要部件有滚子链、钢带、热压板、机架、进料口结构等。迪芬巴赫对这些部件的研发投入力度不同。通过了解一些典型的专利，有助于把握迪芬巴赫的研发动向。

从图20可以看出迪芬巴赫在世界市场的专利布局，其研发重点集中在进料口部件、热压板、钢带和机架等部件。迪芬巴赫在进料口部件和热压板这两个领域的专利申请数量最多，投入研发的力度最大。以下将针对迪芬巴赫公司的典型技术进行分析。

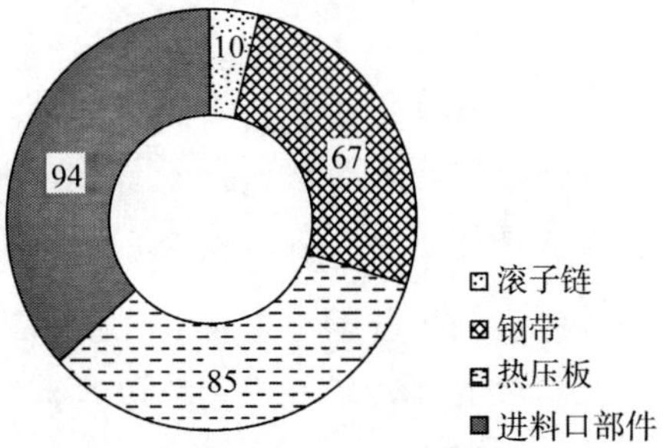

图20　迪芬巴赫在主要部件上的研发动向

（一）进料部位的技术研发

带压板坯在进入进给部位进行压缩的过程中，由于板坯内有大量的气体逸出，因此进给部位的技术特性要求既能保证板坯在该部位快速完成压缩，又要不因气体上位逸出而破坏板坯的铺装结构，因此，连续平压热压机进给部位的进料口结构是保证板坯连续顺利平稳进入压机的关键所在，也是关系到成品板质量的重要环节[8]。

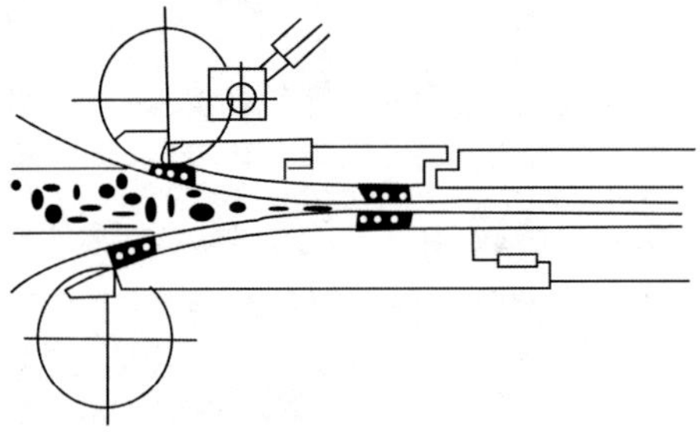

图21　连续平压热压机的进料口示意图

早期有两种原则上不同的解决方案。一种用于准确定义进料段曲线，早在1974—1982年间，KUST公司提出美国专利申请，公开号为US3851685A，VOE－L公司提出德国专利，公开号为DE2343427A1，BAHR/KERT－I提出美国专利，公开号为US4311550A，该连续平压热压机通过控制进料段区域的压力分配来准确控制待压制板坯的厚度。

随后，1983—1990年间，SIEA公司提出了多篇德国专利，对进料段区域的结构进行

了改进。1983 年，SIEA 提出德国专利，公开号为 DE3133792A，将进料段区域的上热压板设置成类似锥形的渐缩结构；1985 年，西姆佩尔坎普再次提出德国专利申请，公开号为 DE3413397A1，在进料段区域中布置可弯曲的进料段加热板，这些进料段加热板可借助液压调节装置来调节进料段倾斜度，通过进料段倾斜度的调节，可以适应不同厚度的板坯。

1992—1999 年间，DIFF 公司开始对进料段区域的结构进行改进，1995 年，DIFF 提出的德国专利，公开号为 US5454304A，该专利提供了具有一个带有柔性的闭式钢带的连续平压热压机，钢带通过驱动转鼓及倒向转鼓绕压机工作台和压块导向传动，并将物料送向压机，相对于压块和压机工作台的支座来支承随其一同运动的滚动杆，滚动杆轴线与钢带运行方向正交，通过一个调节装置可以改变进料口间隙处的加压角度的大小。

2000 年，SIEA 在现有技术的基础上，提出了针对调节装置的改进方案，公开号为 DE19824723C1，为实现在进料段区域中将板坯快速地夹紧在钢带之间并且借助朝进料板纵向的弯曲来引起受控制的排气等，在压机的上方布置双重地起作用的调节装置，这些调节装置沿生产方向将不同的弯曲力矩引入进料段加热板。

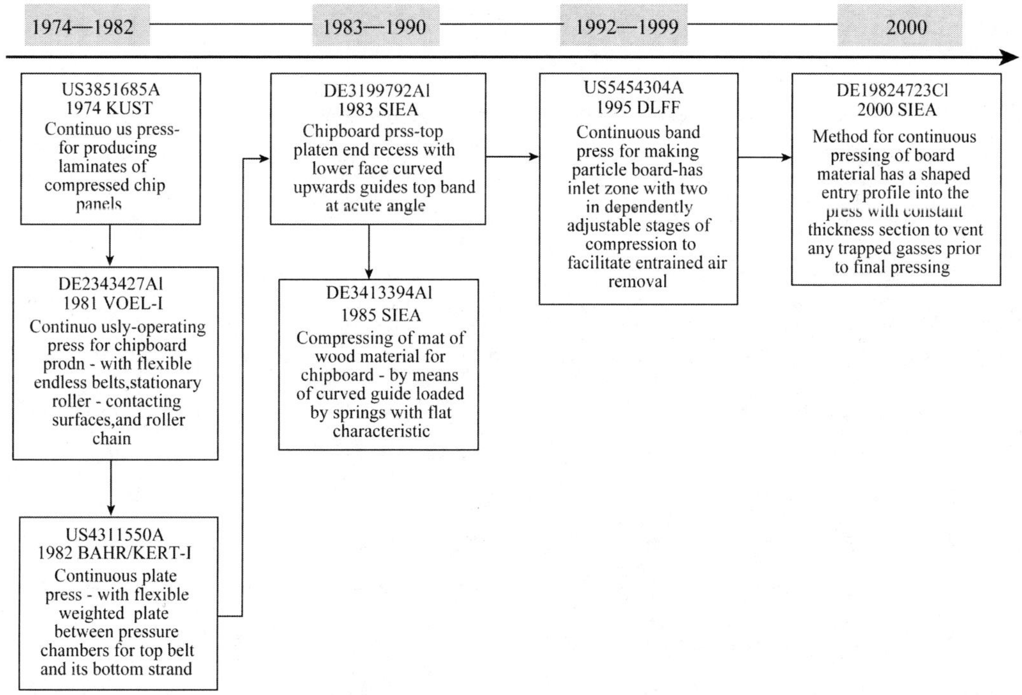

图 22　连续平压热压机进料口部件的技术发展路线 1

另一种方法描述了进料段区域的平行发展。1995 年 DIFF 提出德国专利申请，公开号为 US5454304A，该连续平压热压机在进料口间隙中对板坯的加压过程是在两个加压段（即两级进料段楔形压实装置）里，通过两个起到压制板作用的、相互灵活铰接在一起的支承板的可变的角度控制实现，该两级进料段楔形压实装置接受从输送带送来的板坯并且根据预定的主压实曲线在进料段中通过上钢带来强力地压实这些压制料坯。在此情况下，在进料段区域内分两个压制阶段来压实板坯，其中在第一压制阶段中对板坯进行轻微至强力的加压，并且在第二压制阶段中对压制材料进行强力加压或者卸去压力。在此情况下，从第一压制阶段到第二压制阶段以及从第二压制阶段到主压区的过渡段可以调整为凸出或者凹入形状。

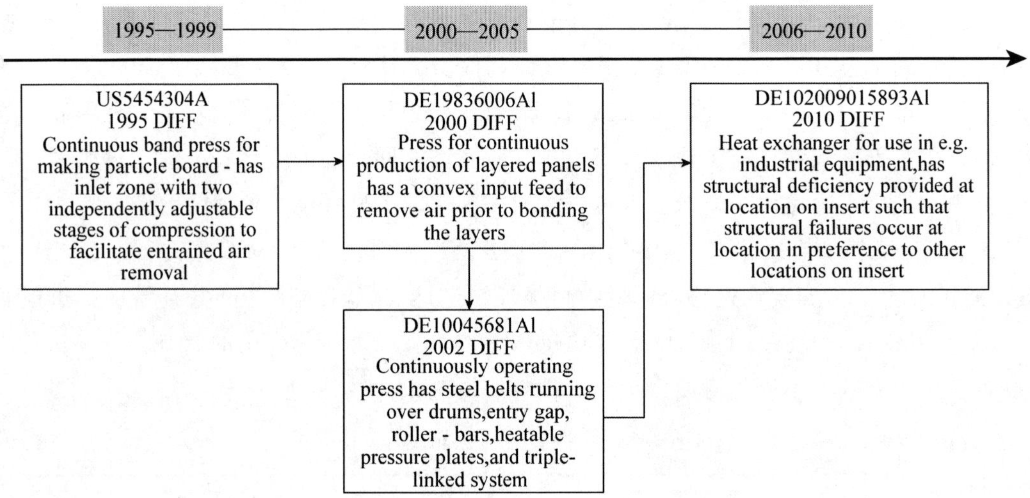

图 23　连续平压热压机进料口部件的技术发展路线 2

随后，2002 年，DIFF 提出德国专利申请，公开号为 DE10045681A1，对进料段楔形压实装置进行了改进，其中使用了进料段楔形压实装置的上部，其具有两个铰节以及两个分开的压实区域，但是下方进料段压板从接触板坯起直至主压区域开始，一体化地且固定地配备有过大的曲率半径，可借助液压短行程汽缸使其弯曲。因此当使用不同的压制料坯类型及厚度时，可以将进料段楔形压实装置灵活地调整到必需的参数。

2010 年，DIFF 再次提出德国专利，公开号为 DE102009015893A1，在通过进料段区域期间，在沿生产方向的一个区段中，从一个表面侧利用垂直于生产方向的、基本上直线的进料段加热板或者利用两个垂直于生产方向的、基本上直线的铰接板来夹紧和（或）压实压制料坯，并且从对侧的表面侧利用在沿压制料坯方向的纵向中心线的区域中垂直于生产方向弯曲的进料段加热板来夹紧和（或）压实该压制料坯。该专利能在进料段区域中朝与生产方向相反的方向实现板坯的优化排气，能简单地对进料段区域进行调整。

（二）压制间隙的技术改进

在连续平压热压机中，上加热板高度可调，用来调整压制间隙，下加热板则借助于沿着和垂直于压机纵轴成排设置的多个汽缸活塞装置或液压调整元件而可变形。在工作过程中，沿着压制路径在上下加热板之间纵向和横向的间隙距离因待压制坯料的诸多物理因素而不同，因此，沿着压制路径灵活调节上下加热板之间的纵横向间距是提高压机工作效率以及提高成品质量的关键因素。

早在1981—1989年间，SIEA提出多项德国专利，公开号为DE2915995B2、DE3133817C2，上述专利公开的连续工作压机中，通过上加热板以二维的方式对压制物料施加弧度作用。纵向变形是通过沿着压制路径在每一个压制框架中的液压调整元件系列来完成的，以板坯（具有一反向加热系统）为基础的变形受到较高的自身刚性系统条件的限制。横向变形基本上通过在板坯中的反向加热来实现，沿着压制路径，对反向加热温度等进行不同的调整。

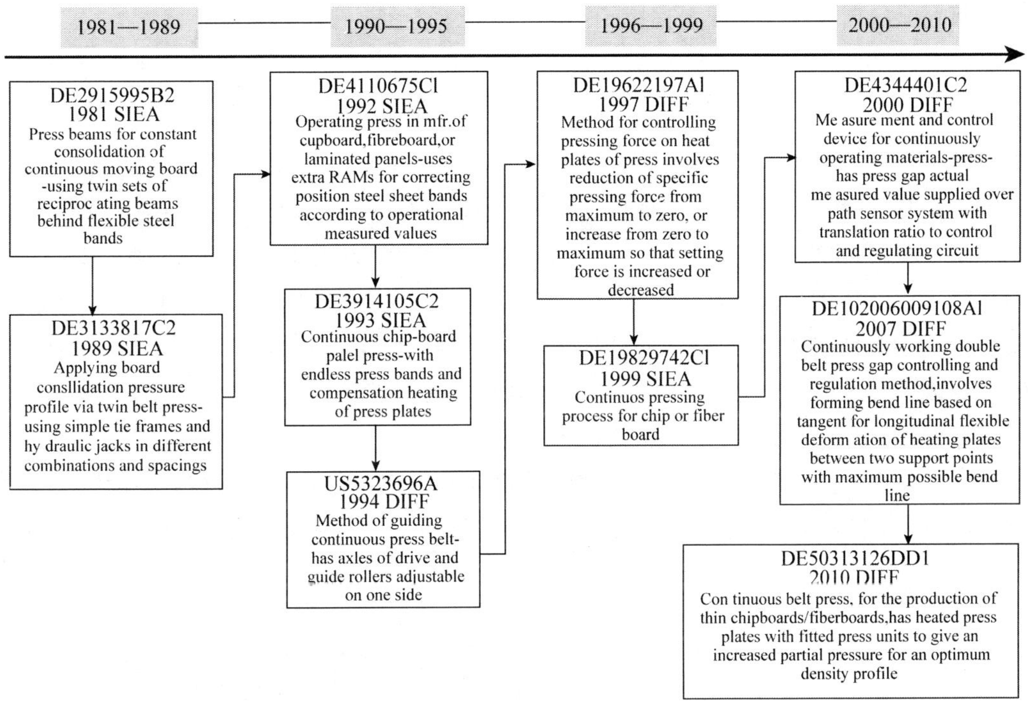

图24　压制间隙的技术发展路线

1990—1995年间，SIEA再次提出多项德国专利，公开号为DE4110678C1、DE3914105C2，在此期间，DIFF公开提出美国专利，公开号为US5323696A，上述专利所描述的带下活塞系统的连续工作压机中，下加热板受到二维变形。借助于许多液压下活塞，能够通过对每个压制框架的活塞调整不同压力作用来产生凸横向变形。为得到压制物品沿压制路径的不同压缩率或排气状态，纵向变形通过改变离开位置实现。对变化的纵向或横向变形的控制能够用在线方法实现。

1997年，DIFF提出德国专利，公开号为196221974A1，该专利公开了一种能够控制压制力的连续工作压机，该压机能沿压制路径在上下加热板之间纵向和横向变化压制间隙距离，既可在压制物料进入前（启动作业）空载作业时，又可在在线方法进行生产荷载作业时，在几秒钟内由液压机械控制或调整。

随后，1999年，DIFF提出美国专利，公开号为DE19829742Cl，该专利公开了一种连续工作压机上的压制力控制方法，该方法通过降低最大压制力增加每米压制长度上的压制间隙变化。在此，由零至最大之间单位压制力的增加使得压制加热板纵向变形的调整力相应降低。通过使用该方法，可得到各加热板纵向变形梯度的扩大，大约为现有技术的两倍。

2007 年，迪芬巴赫再次提出德国专利，公开号为 DE102006009108A1，该专利公开的连续压机，用渐进变形计算改变压制间隙，能在加热板厚度超过 100 毫米、满压强条件下，实现大的每米压制长度压制间隙变化。压制间隙宽度从小到大以及相反从大到小的改变能够在线实现，同时不会引起加热板的塑性变形。真正实现精确调整沿着压制路径在上下加热板之间纵向和横向不同的间隙距离，以适应多样化产品需求。

2010 年，DIFF 对之前的连续压机做了进一步的改进，提供了一种具有高挠度和高弹性的热压板，该结构对于高密度纤维板具有较短的压制时间。

（三）热压板的结构改进

热压板是连续压机的又一重要部件。对于多层和单层热压机的热压板来说，两者在工作原理以及压机幅面上有差异，对热压板的结构、供热、材质和制造等都有诸多要求。

连续平压热压机的热压板表面要有良好的耐磨性。提高热压板的耐磨性有两种方式，一种是提高表面硬度，如库斯特压机热压板表面，通过渗淬火达到 HRC62；另一种方式是增设耐磨板，如迪芬巴赫的 CPS 压机，在热压板表面紧贴一张耐磨板，滚子链在耐磨板上滚动而不与热压板接触[8]。

连续平压热压机的热压板表面在板坯反力范围内应具有一定的弹性。连续平压热压机在板坯运行过程中完成热压，板坯在热压过程中各区段的温度、压力和板坯的物理力学性能在热压板长度方向各个区段都不一样。因此，不允许热压板整体减压排气，而只能是部分减压排气。

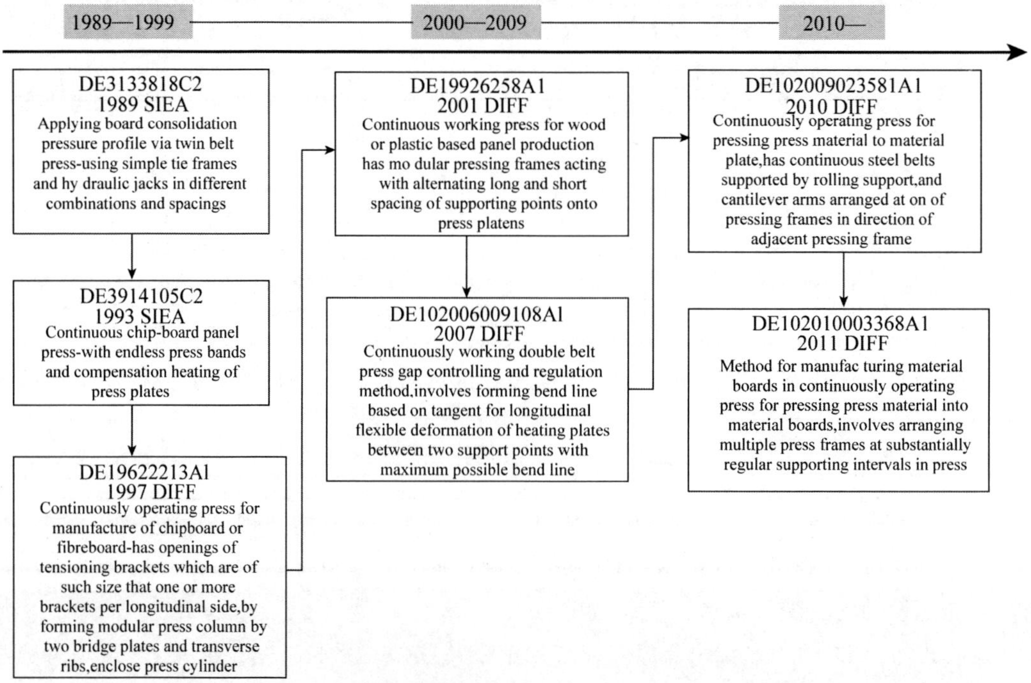

图 25　连续平压热压机热压板结构改进技术路线演进

早期 SIEA 提出德国专利，公开号为 DE3133817C2 和 DE3914105C2，该连续平压热压机对压制品的球面作用是借助于上压制、加热板二维地来实现的，纵向变形是通过沿压制段在每个压制范围内的液压调节元件组来实现的，横向变形主要通过在板坯上的对置加热来实现，因此，对置加热温度沿压制段能不同地被调节。

1997 年，DIFF 提出德国专利，公开号为 DE19622213A1，该连续平压热压机提供了更紧密的主压力机缸配置，使上下压力机加热板达到更紧密的力支点。采用新的上部拉紧夹板固定，压力机缸可直接并排放置，因而使更高的力密度和随之而来的几何上更好的力传导以及不仅在上部而且在下部都产生更大的压力机加热板变形成为可能。

2007 年，DIFF 提出德国专利，公开号为 DE102006009108A1，该连续平压热压机能在热压板厚度超过 100 mm、满压强条件下，实现大的每米压制长度间隙变化，压制间隙宽度从小到大以及从大到小的改变可能在线实现，同时不会引起热压板的塑性变形。通过渐进变形，在垂直片下的热压板中产生压应力并且在滚动轴或钢带侧上产生纵向（生产方向）张应力。

（四）机架

机架是连续平压热压机承受压力的主要部件，用于支承油缸、热压板、滚子链以及隔热板等各个基本部件，并在工作时承受较大的压力。机架形式有框架式、柱式和板式三种。

迪芬巴赫公司的连续压机采用框式机架，其 CPS 压机采用一种独特的活动韧性机架，解决了压机侧面空间的敞开问题，还解决了上热压板需要变形时上横梁的位移问题[9]。

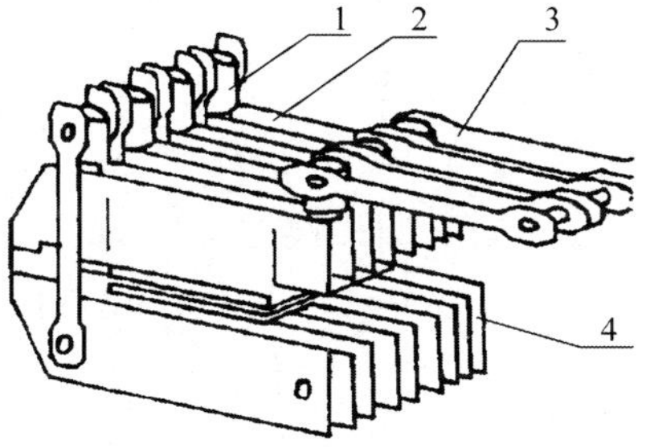

图 26　CPS 压机机架示意图

图 26 中，图 1 为主油缸，2 为机架板，两片机架拉板 3 的上下端分别与油缸和下横梁 4 铰接，由此组成一个活动的机架受力单元。松开下部销柱，拉板 3 即可向上掀起，上横梁则由复位油缸支撑，整个压机侧面全部敞开。下横梁上的副油缸、滚子链等都可由此抽出更换，这给维护、保养和修理工作带来了极大的方便。

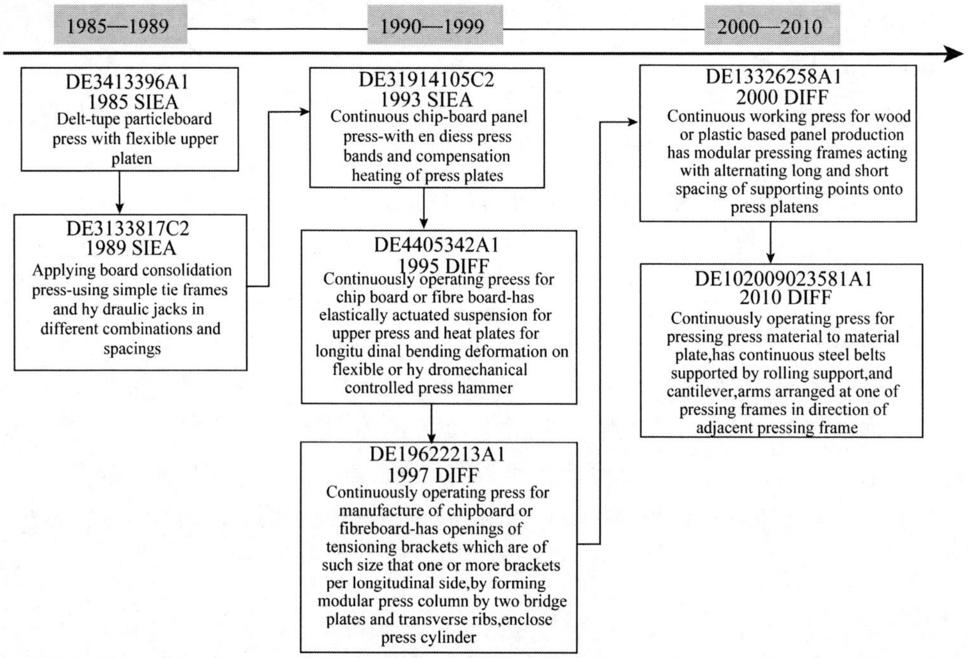

图 27　DIFF 连续平压机的机架技术路线演进

1985 年，DIFF 提出德国专利，公开号为 DE3413396A1，该专利公开的框架结构类型为一体化的压力机框架；1997 年 DIFF 提出另一个德国专利，公开号为 DE19622213A1，该专利公开了由多个部分（模块结构类型）组成的“拼装的”压力机框架，该压力机框架分别具有至少一个工作台板和滑块板，以及在两侧将它们连接起来的拉伸连接板。除了装配之外，这两种框架结构类型的主要区别在于，在一体化的压力机框架中必须将汽缸活塞装置直接布置在压板与压力机框架之间，与此相反，在拼装的压力机框架中还可以在例如拉伸连接板与工作台板和（或）滑块板之间的连接点上设置汽缸活塞装置。

随后，2010 年，迪芬巴赫提出德国专利，公开号为 DE102009023581A1，该连续工作式压力机能够在不影响压板刚度的情况下增大通过压力机框架的支承间距以及特别是在波动的或变化的负载情况下，以不依赖于所布置的压力机框架的支承间距的方式来支承压板接头。在至少一个压力机框架上基本上朝至少一个毗邻的压力机框架的方向布置一个或多个支架。

六、结　语

纵观连续平压热压机的发展现状，我国人造板机械制造企业基本走过了连续压机的“拿来”阶段，已经进入二次创新阶段，国内已经开始了“产、学、研”等单位的联合攻关，但这种连续平压热压机在中国的创新实践，更多地是体现在局部、结构和产能三个方面的创新实践，其中，最重要的是结构创新，结构创新则更多地体现在结构的优化上，结构优化的基础便是以三大压机公司为代表的龙头企业所涉及的连续平压热压机技术，因此，通过对国内外连续平压热压机的发展阶段进行分析，并对三个压机公司所涉及的连续平压热压机的特点以及对以迪芬巴赫公司为代表的龙头企业的技术发展趋势和研发重点的分析，能够帮助我们掌握国际同行的先进技术，更充分地去了解连续平压热压机的技术背景，熟悉连续平压热压机的发展脉络，更好地展望连续平压热压机的发展趋势。

参考文献

[1] 朱典想，王正. 连续平压热压机的进展 [J]. 林产工业，2003，30 (5)：14 - 18.

[2] 胡广冰. 人造板热压机的发展历程 [J]. 林产工业，2005，32 (1)：50 - 53.

[3] 张荣其. 双钢带连续压机的基本组成、要求和工作原理 [J]. 中国人造板，2011 (10)：19 - 22.

[4] 刘波. 连续平压热压机的发展 [J]. 人造板通讯，2005，(11)：5 - 7.

[5] 陆怀锋，张荣其. 我国人造板连续压机的现状和发展前景 [J]. 中国人造板，2007 (1)：5 - 7.

[6] 路健，等. 国外人造板机械发展状况与技术特点 [J]. 木材加工机械，2003 (5)：33 - 37.

[7] 俞敏. 连续压机的中国创新 [J]. 中国人造板，2012 (12)：7 - 14.

[8] 罗丽萍. 双钢带连续压机的板坯进给技术 [J]. 中国人造板，2011 (6)：21 - 26.

[9] 欧阳琳. 连续平压热压机 (之三) [J]. 木材工业，1997，11 (4)：34 - 37.

车辆乘员自动识别技术专利技术分析

俞观华

一、引　言

进入20世纪80年代，汽车逐渐步入电子化、智能化，汽车电子化的程度被看作衡量现代汽车水平的重要标志，是用来开发新车型，改进汽车性能最重要的技术措施。新兴的电子技术取代汽车原来单纯的机电液操纵控制系统以适应对汽车安全、排放、节能日益严格的要求，汽车电子技术最初有电子控制的燃油喷射、点火、排放、防抱死制动等，20世纪90年代以后，陆续出现了智能化的座椅位置、安全带、安全气囊、防碰撞、防盗、全球卫星定位等不胜枚举的智能化自动控制系统。智能化汽车一般装备有多种传感器，能充分感知驾驶员和乘客状况、交通设施和周边环境的信息，判断乘员是否处于最佳状态，车辆和人是否会有危险，并及时采取相应措施，车辆自动识别技术也因此逐渐发展起来，并成为一项比较成熟的技术。

乘员自动识别系统是指自动识别车内是否有乘员、乘员的类别、乘员的状态，以在车辆运行前、正常运行时、碰撞前、碰撞时、碰撞后等不同的时间段针对识别的不同结果对车辆设备采取不同的措施，以实现车辆的智能化，提升车辆的安全。乘员识别系统最早仅仅通过传感器或摄像头检测车座位上有人与否。随着技术的发展，人们对车辆安全的重视程度日渐提升，乘员识别技术有了进一步的发展，并结合不同的车辆设备有了不同的用途，其本身的结构也随之不断地改进。例如，英国捷豹公司2001年在XK系列各车型上采用了自适应约束系统（ARTS），该系统利用超声波感测技术监视前排乘员的坐姿，同时还采用一系列其他传感器探测乘员的重量、驾驶员相对转向盘的位置、安全带是否系好，以及发生碰撞时的强度等，这样ARTS就可以根据每个前排乘员的具体需要，利用控制算法的灵活性，确定安全气囊的触发时刻和展开强度，实现最佳的乘员保护。西门子VDO Automotive公司采用摄像机判断乘员坐姿以及通过座椅中的重量传感器识别坐在车内各座椅上的乘员的类型，在车辆发生碰撞事故时，如果乘员既重又高大，那么气囊将以全力迅速展开；如果乘员相对比较轻，气囊将以比较小的力度弹开。如果乘员坐在座椅上的坐姿不正确，气囊将适当地延迟触发，以免伤害乘员。

车辆乘员自动识别技术可以应用于多种用途：自动识别合法用户用于防盗，识别驾驶人员驾驶状态以确保安全驾驶，检测座椅座位上是否有乘客并对不同乘客进行分类用于控制安全设备或对车辆设备进行个性化配置等；此外车辆乘员自动识别技术可以有多种实现方式，应用比较广的是使用重量传感器、压力传感器、图像采集、电容电场传感器、超声波、雷达、红外线等，甚至融合多种技术手段、融合不同的算法来实现。车辆乘员自动识别技术经过种种演变，其所能实现的功能也越来越丰富，结构也越趋复杂化。

由上可知，车辆乘员自动识别技术涉及车辆防盗安全、主动碰撞安全和被动碰撞安全、车辆设备智能化等各个方面，其担任的角色也随着车辆安全要求的提升而日益重要，在现代化汽车技术中逐渐成为热门的研究领域。本文主要以德温特世界专利索引（DWPI）数据库以及中国专利文摘数据库（CNABS）中的检索结果为分析样本，从专利文献的视角对车辆乘员检测系统的发展进行了全面的统计分析，总结了与车辆乘员检测系统相关的国内和国外专利的申请趋势、主要申请人分布，此外还对车辆乘员检测系统的重点技术分支车辆乘员自动分类系统（Occupant Classification System）的专利申请状况和技术路线做了一定的分析。

二、车辆乘员自动识别技术的专利申请状况

（一）车辆乘员自动识别技术全球专利申请整体状况

为了研究车辆乘员识别技术的发展情况，本文对全球专利申请状况的整体趋势、申请人区域分布，以及全球专利重要申请人进行分析。

1. 全球专利申请整体趋势分析

通过统计德温特世界专利索引（DWPI）数据库1973—2013年车辆乘员识别技术领域的专利，得到全球范围内该领域的专利申请整体趋势，如图1所示。

从图1可以看出，大致可以分为四个时期，各时期划分以申请量增长率的变化为标准。

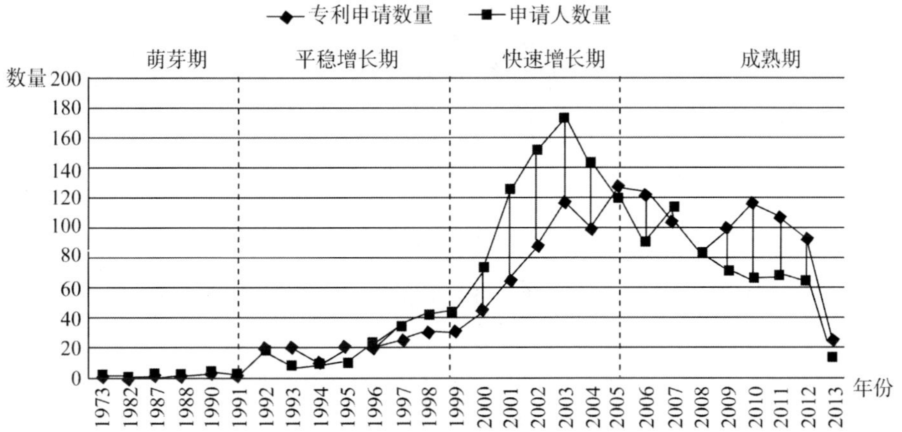

图1　车辆乘员自动识别技术全球专利申请趋势

（1）萌芽期（1991年之前）

德温特世界专利索引（DWPI）数据库中最早出现的该领域的相关专利申请在1973

年。从图1中可以看出，1973—1990年，申请量极少，申请人的数量也极少，这也是因为车辆出现的初期，人们关注点还在车辆行驶性能上。20世纪80年代，汽车电子技术才刚刚兴起，车辆行驶安全性能和智能化性能等与汽车电子技术相关的技术分支还处在萌芽阶段。

（2）平稳增长期（1991—1999年）

从1992年开始，关于车辆乘员自动识别技术的专利每年的申请量明显比1990年之前多，而且申请人数量相较之前也有大幅增长，申请数量和申请人数量的发展总体趋势趋于平稳增长，并且在该阶段，出现了申请人数量大于专利申请量的趋势，可见该阶段出现了多个企业合作申请的萌芽。

（3）快速增长期（1999—2005年）

1999—2005年，关于车辆乘员识别技术的申请量和申请人数量呈现跨越式增长，可谓该技术发展的爆发时期，这也是车辆电子技术产业在这段时间迅猛发展的一个侧面写照，各国申请人对于这方面的技术关注度也急剧提升，才会出现了量的飞跃。2004—2005年间还有一个小的量的提升，这与该阶段美国出台了新的车辆碰撞安全法规体系有关，该法规明确将车辆乘员分级系统做了硬性规定，从而导致该阶段申请量迅速上升。

同时从图1中可以看出，该阶段申请人数量明显多于申请量，由于各企业已经意识到专利共享的重要性，共同研发是多种因素促使的，有利于行业资源的重新整合。从图2可以看出，该领域中合作申请量高达44%，这也从一个方面进一步促进国外该技术领域的发展。

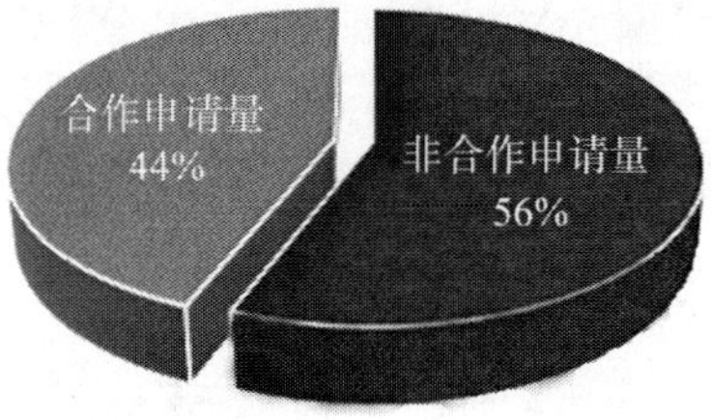

图2　车辆乘员自动识别技术多企业合作申请占比图

（4）成熟期（2005年至今）

由图1可以看出，车辆乘员自动识别技术专利申请量从2005年往后呈现缓步下降趋势，在2010年的一个小高峰过后就一直下降，而申请人数量也从2007年开始一路下滑，以至于远远低于申请量，表示各大车企都认为该技术已经发展到了成熟阶段，没有较大的突破口了，仅有个别支柱企业仍在做该方面的研究（其中，2013年的专利数据量由于部分专利申请未公开而不完整，因此，不纳入分析范围，下同）。

2. 全球专利申请中申请人国别/区域分布

图3为对全球专利申请按国别拆分进行分析时，车辆乘员自动识别技术国别总量分析图，其中，DE代表德国，GB代表英国，US代表美国，FR代表法国，JP代表日本，KR

代表韩国，LU代表卢森堡。根据图3所示，从总量上看，以德国、美国和日本申请量居多，其次是韩国，而卢森堡虽然不是汽车整车生产制造大国，但由于具有占有大量申请的IEE国际电子工程股份公司（IEE INT ELECTRONICS & ENG SARL），因而也在乘员识别技术领域占据一席之地。

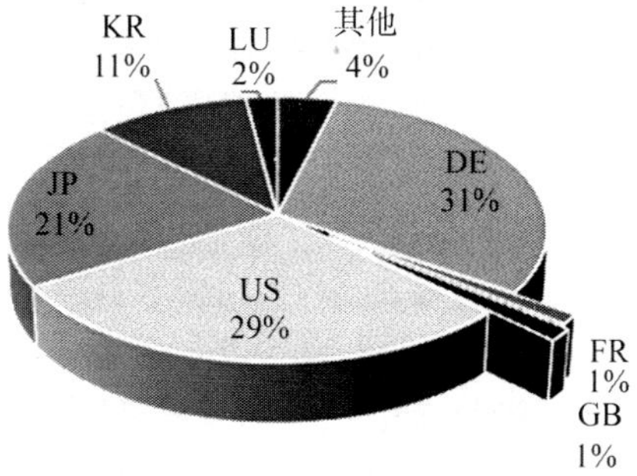

图3 车辆乘员自动识别技术国别总量分析

图4为车辆乘员自动识别技术按国别发展趋势分析图。根据图4所示，1973—1991年，专利申请量基本集中在英国、德国以及法国等欧洲国家。这个时期的专利技术内容比较简单，仅仅检测出座位上有人即可，而且这一时期每年的专利申请量均比较少，均是个位数的数量，主要是德国和美国的申请。1991—1999年，专利申请量分布的国家和地区相较之前大幅度增加，其中美国的申请量急速增长，并成为领军国，德国也占有大量的申请，需要说的是日本已经开始重视该领域的发展，从1995年开始申请量逐渐增加。各个国家陆陆续续从1999至2007年之间高速增长直到峰值，然后，很快申请量逐渐下降，从图上可以看出，快速增长期和到达峰值的时间以美国为首，其次依次是德国、日本、韩国和卢森堡，时间上基本上间隔了2～6年，这也是与这几个国家汽车整体发展的趋势吻合的。

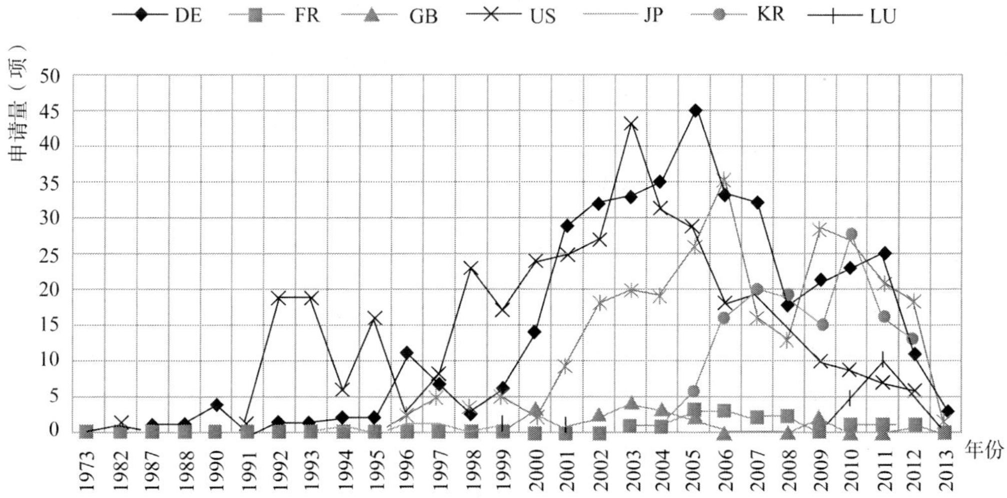

图4 车辆乘员自动识别技术国别发展趋势分析

3. 全球专利申请重要申请人分析

本小节从全球专利申请重要申请人方面对国外车辆乘员自动识别技术的专利申请做进一步分析，按照申请总量进行排名，取前 10 名申请人进行分析。

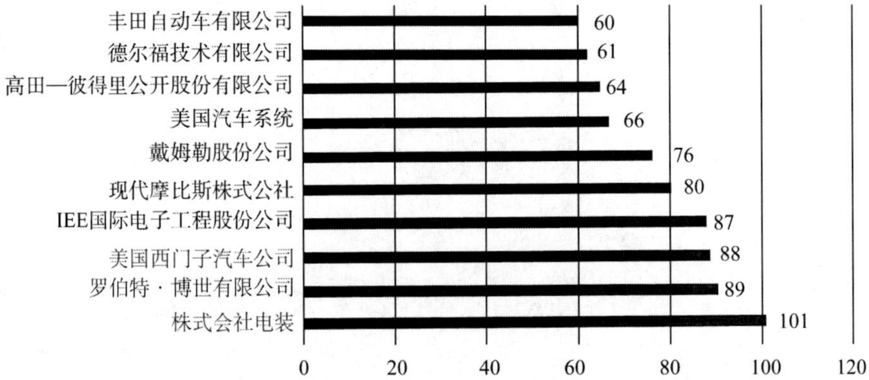

图 5 国外专利申请量排名前 10 名的申请人

从图 5 可以看出，排在前 10 名的申请人集中在德国、美国、日本、韩国。基本上集中在汽车工业最发达的几个国家，上述排名与全球汽车零部件企业排名整体也相一致，在 2011 年，世界汽车零部件百强企业排名中，来自德国、日本和美国的企业最多，其中德国和日本的汽车零部件生产企业包揽了前五位，其中德国的博世和日本电装分别排名第 1 和第 2，德尔福排名第 13，高田排名第 49。需要注意的是，2011 年现代摩比斯还没有排入前 50 名，2013 年已经跻身第 8 名，可见其发展之迅速。美国西门子和 IEE 未列在世界零部件车企前列，主要由于其专于电子工程技术，综合实力上稍弱，不过这两者都为汽车电子和传感器领域的领先企业，为汽车乘员识别技术的发展做出了较大的贡献。从世界百强零部件企业的排名和专业申请量排名的对比中也可以看出，实力越是强大的企业越注重专利战略，专利成为扩充其产业、与竞争对手抗衡的重要工具，最为显著的就是现代摩比斯企业，其从成立开始就一直注重专利战略，专利申请量居高不下，多年来通过独有的技术努力成为具备世界竞争水准的汽车零部件公司。

（二）车辆乘员自动识别技术中国专利申请整体状况

对中国专利文摘数据库（CNABS）中截至 2014 年 8 月 1 日已经收录公开的专利数据进行检索，并对检索结果进行分析，得到乘员自动识别技术中国专利申请整体现状。

1. 中国专利申请与全球专利申请整体趋势比较分析

在具体分析中国专利申请状况时，需要先了解中国专利申请与全球专利申请的整体趋势比较，图 6 为车辆乘员自动识别技术中国专利申请和全球专利申请比较图。

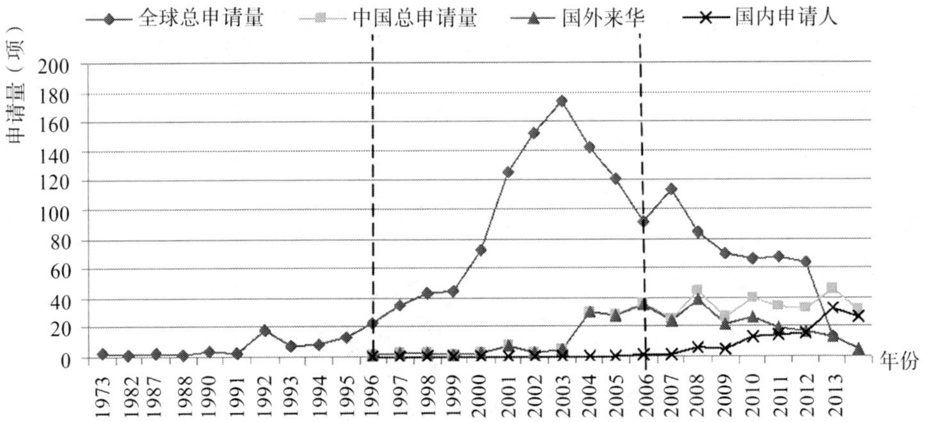

图 6　车辆乘员自动识别技术中国专利申请和全球专利申请比较图

从图 6 可以看出，全球该领域在 2003 年达到高峰，发展成熟之后申请量呈下降趋势，并在近年来平稳发展，可知国际上在这一领域的研究热度已经过去，只剩下该领域的支柱企业在研究，国外来华申请也是从 2003 年开始上升，而国内申请人的专利申请量从 2005 年才开始有第一件专利申请，并从 2007 年开始逐渐增长，可知比国外晚发展了 4～5 年，此外申请量也仅仅占据了很小一部分，不过从趋势图可以看出，国内申请在该领域的申请量一直呈上升趋势，这与近年来中国鼓励发明专利申请的大趋势有很大关系，另外也能体现国内在这一领域的重视程度在上升，虽然落后了全球一段时间，不过还是有一定的发展空间的。

2. 中国专利申请整体趋势

图 7 为关于车辆乘员识别技术中国专利申请整体趋势，以 2005 年为界，此前都为国外来华申请，2005 年比亚迪股份有限公司提交了该领域的第一件专利申请，此后国内申请人的相关专利数量呈逐渐上升趋势，其中以国内企业为主，2008—2011 年缓慢增长，2011 年以后开始迅速上升。

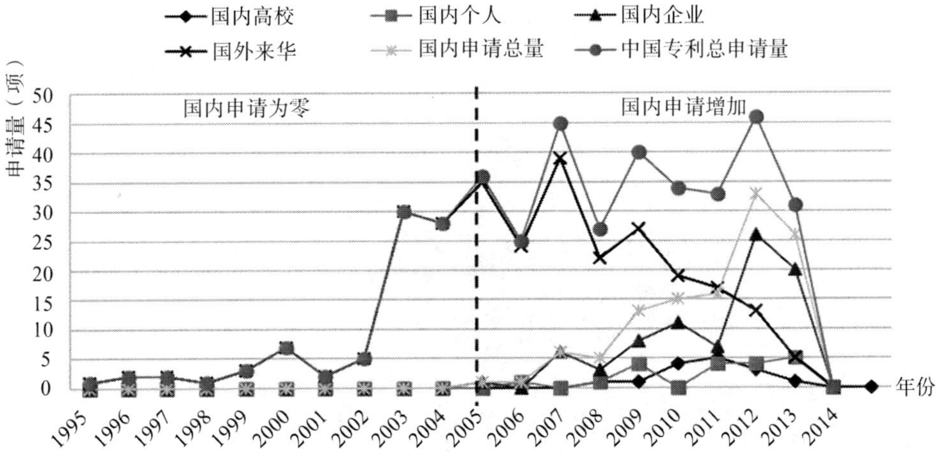

图 7　车辆乘员识别技术中国专利申请整体趋势

图8显示了国内专利申请总量中国内申请人和国外来华申请人占比，国外来华占据了70%之多，然而除了2013年和2014年数据未统计全外，近几年国外来华申请占比逐渐下降，其中很重要的一个原因在于国外在这一领域的研究本身呈下降的整体趋势，在国外该领域已经发展成熟的情况下，除非有新的重大的技术提出或者国际、国家有新的专利政策或者新的车辆安全法规规定等，否则以后仍会保持缓慢下降的趋势。

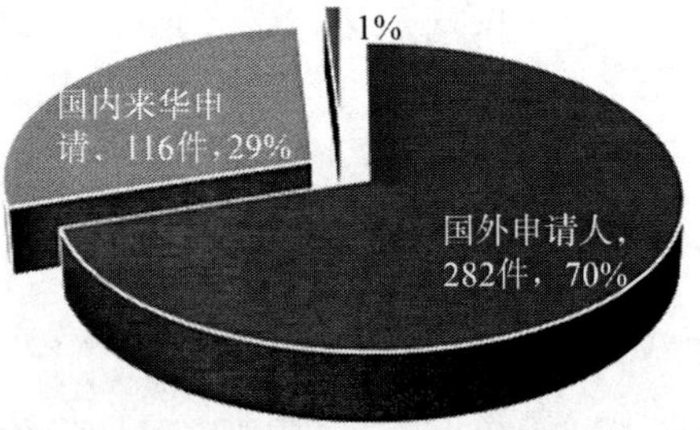

图8　车辆乘员识别技术中国专利申请总量占比图

另外一个原因在于2010—2012年之间中国车辆工业发展迅猛，自主车企发展较快，配套的零部件企业也得到了良好的发展，并且在此期间，国家鼓励发明创造，提倡自主创新，并颁布一定的规章制度和奖励政策，使得国内企业热衷于申请发明专利，进一步带动了汽车领域的深入发展。

图9将国内申请人进一步拆分，示出了国内申请人中国内企业、国内高校和国内个人申请量的比例，其中国内企业占了71%，可知，该领域和汽车其他领域一样，以企业申请为主，也是在于汽车技术领域技术含量较高、结构较复杂，发展又比较成熟的特点导致的，没有一定的专业背景或者从业经验的个人一般不尝试该领域的专利申请。国内高校中，申请量较多的主要为清华大学、吉林大学等，上述大学均有与汽车企业联合的研究机构，使得其在汽车电子技术领域具有较深入的研究。目前吉林大学主要致力于基于体压分布的模式识别和基于视觉图像的模式识别的算法研究。

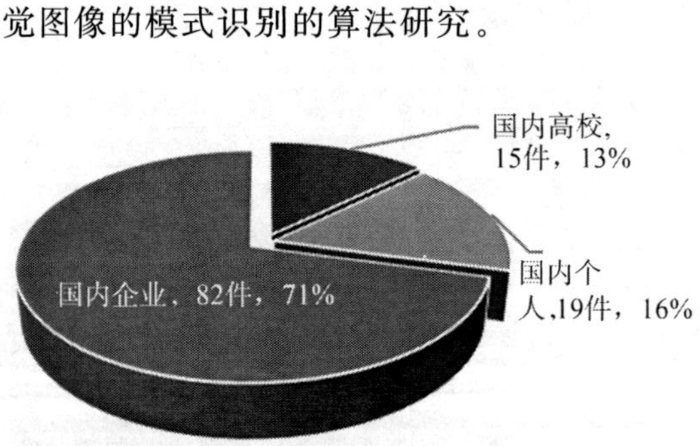

图9　车辆乘员识别技术国内申请人类型

3．中国专利申请重要申请人分析

此处从国内专利申请重要申请人方面对国外来华申请的申请人和国内申请人做进一步

分析，主要考虑申请人历年的申请总量，按照申请总量进行排名，分别取国外来华申请人前 10 名和国内前 10 名申请人进行分析，图 10 示出了国内专利申请量排名前 10 的国外来华申请人。

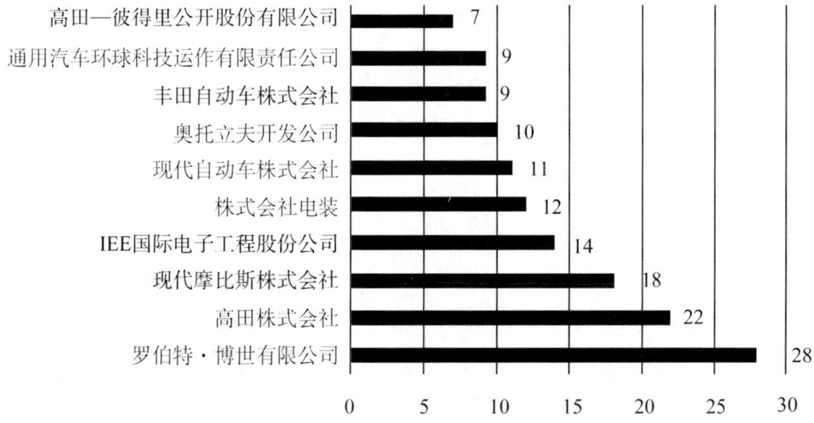

图 10　国内专利申请重要国外来华申请人

排名前 10 的国外申请人均为在车辆零配件领域占有一定地位的重要申请人，都是汽车电子工程或者零配件公司，并没有大型整车企业，如罗伯特·博世为电子工程行业的跨国公司，其在汽车电子技术方面掌握了较强的先进技术，工厂遍布全球，在中国苏州的工厂主要生产安全气囊控制单元等，实际上也包括了基于乘员检测传感器的智能安全气囊系统，可知其在该领域很重视中国市场，这也是其在中国该领域专利申请量居多的原因之一；高田公司也是主要从事安全气囊、方向和安全带等的生产，且高田公司在中国设立了多个工厂，因此在中国的申请量较多；而现代摩比斯前身为现代精工，从 1999 年开始从整车企业脱胎换骨为汽车零部件专业公司，近年来，摩比斯一直借助于产量的提升和海外网络进行海外业务的扩张，也在中国设有多个工厂，与中国本土车企和零部件企业构成了强烈的竞争。其中排名前 10 的申请人与在全球申请排名前 10 的申请人基本上相同，即各大汽车零部件生产商都对中国市场比较重视。

排名靠前的国内申请人中除了浙江吉利、华晨车辆、北京车辆和比亚迪等知名国内车企之外，以廊坊金色时光科技发展有限公司、江苏万工科技集团和上海奇谋能源技术开发有限公司申请量居多，这三个公司在车辆传感器领域的研究比较成熟，因而成为国内该领域的重要申请人。其中，廊坊市金色时光科技发展有限公司成立于 1997 年，主要从事安全带提醒器、座椅加热系统、人体乘员传感系统生产，可见该企业实际主要从事乘员识别技术，其技术发展水平虽然与国外大型车企和零部件企业有一定距离，但是已经达到了国内的先进水平，近年来在电容式传感器技术领域投入了较大研发精力，该类专利申请量逐渐上升，而上海奇谋能源技术和江苏万工科技集团均非专业的汽车零部件生产商，其生产的产品种类繁多，在乘员识别技术上仅仅数量上占据优势，技术上并没有突出的成就。

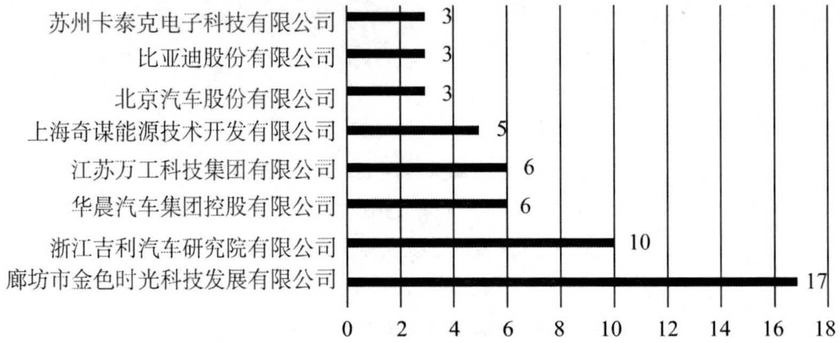

图 11　国内专利申请重要国内申请人

需要注意的是，在上述统计中，国内汽车零部件企业在该领域并不是很突出，国内整车企业反而在该领域申请量较多，可见国内零部件厂商具有国内整车厂的压力和国外的竞争压力，如世界排名靠前的著名汽车零部件公司德尔福、博世等大都在北京、上海设立了办事处和投资控股机构，对汽车保有量和各类经销商的市场活动进行调查，竞争非常激烈，中国汽车零部件产业如何尽快与国际接轨及自身发展成为一个重要问题。

此外，从上述统计中还可以明显地看出，国外来华申请中排名靠前的都是汽车零部件厂商，并没有整车厂商，而国内排名靠前的很大一部分是整车厂商，根本原因在于中国汽车零部件工业发展一直滞后于整车工业，汽车零部件和整车厂商之间没有一个科学的专业化分工与协作体系，没有一个有效的竞争和合作的协调机制，也因此导致国内整个汽车工业发展的低效。

（三）车辆乘员自动识别技术中国专利各技术分支发展趋势

1. 车辆乘员自动识别技术的技术分支分解

技术分解是对于所分析的技术领域做进一步的细化和分类，有助于了解行业整体情况以及选取研究重点，一般情况下，可按技术特征、工艺流程、产品或用途等进行技术分解。具体到汽车乘员识别技术领域而言，在现有技术中并没有体系化的技术分解可供参考，可以从乘员识别技术的应用和结构类型对乘员自动识别技术的中国专利申请进行技术分解。

（1）首先从应用的用途上，可以做出如图 12 所示的技术分解。

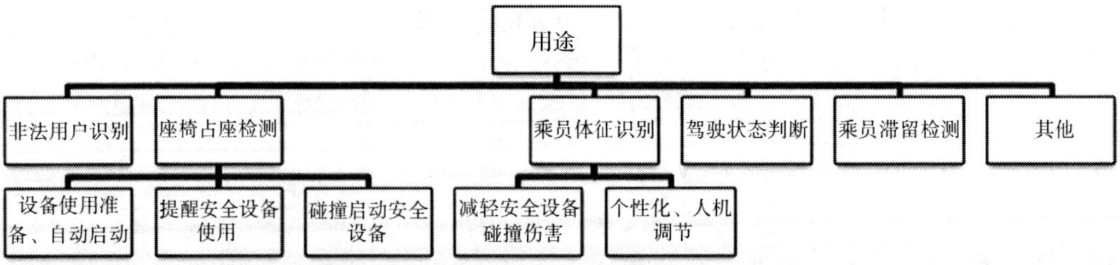

图 12　车辆乘员识别技术按用途技术分解

i. 识别非法用户主要是指：对于未经过授权认证的用户进行鉴别，以采取警告或禁止车辆设备被启用的方式防盗。

ii. 乘员占座检测是指仅检测车辆座位上是否有人，根据座位被占的分析结果来采取以下措施：在正常状态下，当检测到座位上有人时，相关设备处于使用状态或准备状态，如座椅加热、空调自动启用等；或者同样正常状态下，当检测到座位上有人时，提醒相应安全设备的佩戴，如对座椅上有乘员而安全带未佩戴的进行告警；在碰撞发生时有人的座位启动安全设备，如启动安全气囊，开启相应的逃生窗、相应门的门锁、相应座位的安全带的预紧力调节、主动式头枕自动调整等。

iii. 乘员体征识别主要指对乘员的体征、体格进行识别，分析乘员的类别，主要有以下两种用途：A. 鉴别出物品、儿童、小个子、妇女、孕妇等，还需鉴别出乘员的姿势；当分析结果为儿童、孕妇、不正确的姿势等，则在碰撞时不启用安全气囊或对安全气囊的展开方式进行控制，或针对不同类别对安全带预紧力进行调节，以防止由于气囊或安全带带来的更严重的伤害；B. 根据乘员的体征，调节相应的设备，如调整头枕的前后上下位置，自动调整座靠背、座椅前后位置等，实现设备的个性化配置。

iv. 驾驶状态判断主要是读取驾驶员信息，判断是否为醉驾、疲劳驾驶、驾驶员注意力不集中等，从而提出告警或采取相应措施以避免安全事故。

v. 乘员滞留检测是指检测是否有乘客滞留车内，如检测校车上是否有儿童滞留，从而避免发生危险事故。

vi. 除了上述用途外，乘员检测设备还能用来检测车辆乘员数量，从而判断是否超载等，还具有其他一些用途，而这类申请数量比较少，因此共同归入其他类别中。

在上述技术分解中，实际上乘员体征分类也属于占座识别用途下的一个分支，虽然乘员体征识别系统是在乘员占座识别的基础上发展起来的，但是到后期随着研究的深入，逐渐独树一帜，在乘员识别系统里占据了很大的分量，并且与仅仅检测乘员占座的应用最终目的存在一定的区别，因此将其从乘员占座识别中划分出来单独分析。

(2) 根据乘员识别系统的实现方式，还可以做出如图 13 所示的按照结构类型进行的技术分解。

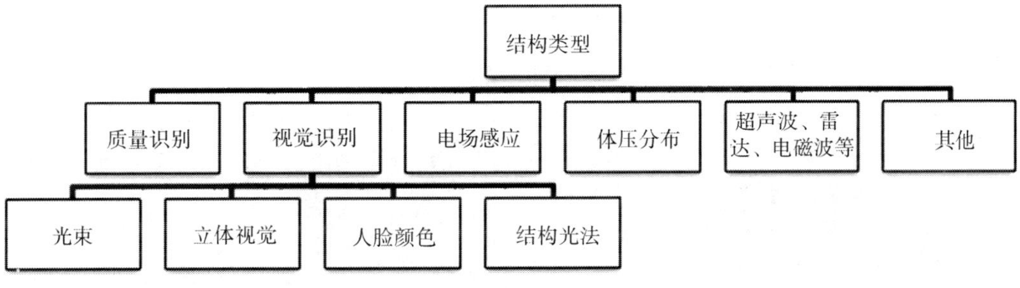

图 13　车辆乘员识别技术按结构技术分解

i. 质量识别的乘员检测系统，采用重量传感器、压力传感器等识别乘员质量，其有多种类型，最主要的是应变传感器，通过测量弹性体的变形来检测；

ii. 视觉识别主要采用摄像机等图像采集设备采集乘员的图像，并通过一定的算法分析座位上是否有人或乘员的体征；

iii. 电场感应包括电容式传感器和电磁感应式传感器，根据电容或磁通量的变化引起的电流的变化来判断乘员占座与否或分析乘员体征，在一些分类体系中，电容式传感器也被分入质量识别技术中，但本文为了更好地分析，将其列为单独一种传感器；

iv. 体压分布是根据乘员在座椅上的压力分布来判断乘员体格、乘员坐姿，如采用柔性压力传感器垫等；

v. 超声波、雷达、激光、电磁波等作为探测器已经被广泛应用，在乘员检测上也屡见不鲜；

vi. 此外还可以通过磁场、生命体征探测、安全带扣检测装置、安全带张力检测装置、液囊压力传感器、振动传感器、心率检测仪等各种方式来实现乘员的检测和分类。

2. 车辆乘员自动识别技术各技术分支专利申请分布

以图12和图13的技术分解为依据，将车辆乘员自动识别技术中国专利申请按照国内申请和国外来华申请在结构和用途上的分布的不同分别进行分析，如图14和图15所示。

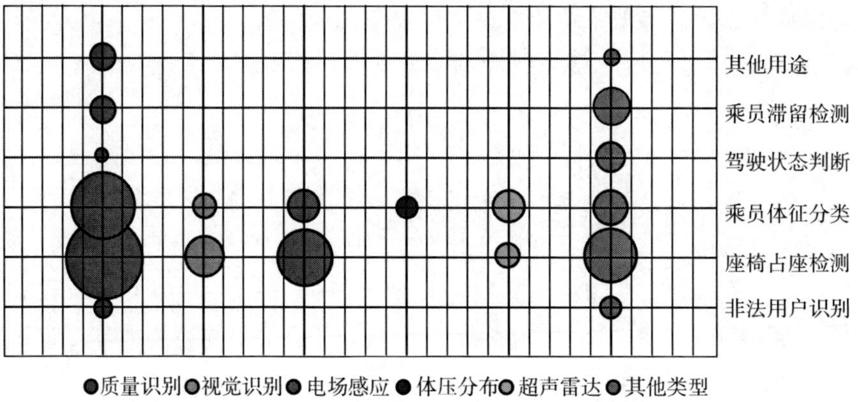

图14　国内申请结构和用途各分支分布图

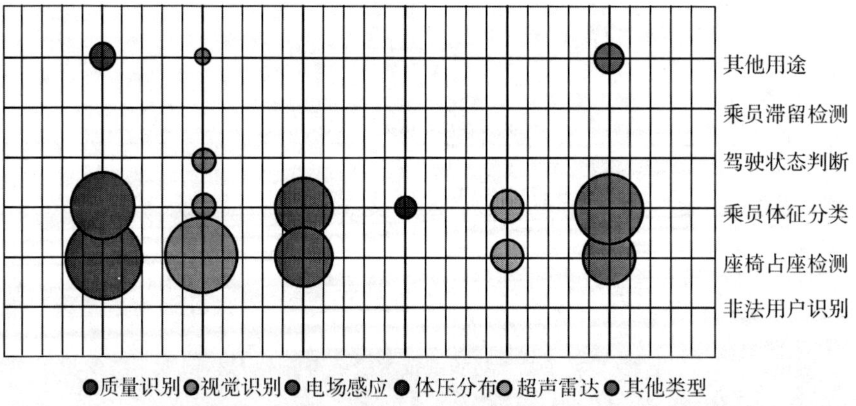

图15　国外来华申请结构和用途各分支分布图

由上述两图可知，国外来华申请和国内申请在结构和用途分类中布局整体趋势大体上相同，不过国外来华申请比较集中，在用途上无论哪种结构都没有用于非法用户识别和乘员滞留检测方面的用途，其用途主要集中于乘员类别识别和座椅占座检测，结构也很集中，主要在于质量识别、电场感应和视觉识别。而国内申请的分布比较散，无论是用途还是结构类型，都没有明确的研究重点，由上也能看出国内专利申请在这一领域实际上还处于探索阶段，没有找到重点或者说没有发展很成熟的一个子领域。非法用户识别和乘员滞留检测只有国内申请中有涉及，这也是由该子领域的独特特征决定的，国内近几年校车儿童滞留导致死亡或伤害的事故频出，此外车辆防盗需求也较大，因此国内申请在这两个领域比较重视。

3. 车辆乘员自动识别技术各技术分支专利申请发展趋势

（1）首先，结合各分支的占比，对结构类型下面的各个技术分支的发展趋势进行详细分析。结构类型下面的各个技术分支的发展趋势如图 16 和图 17 所示，各分支的占比如图 18所示。

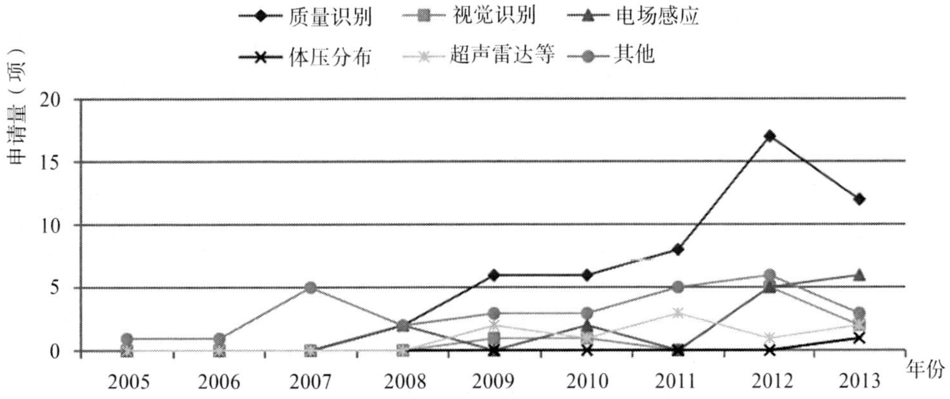

图 16　国内申请结构各分支随年份发展趋势

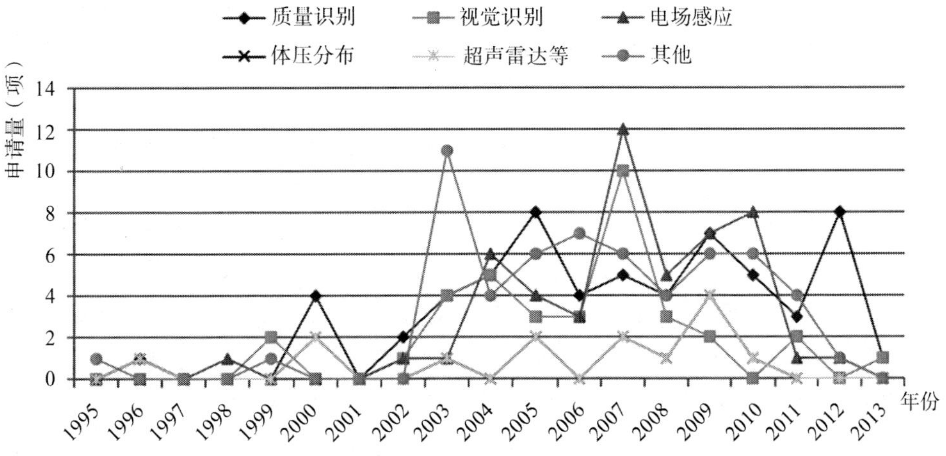

图 17　国外来华申请结构各分支随年份发展趋势

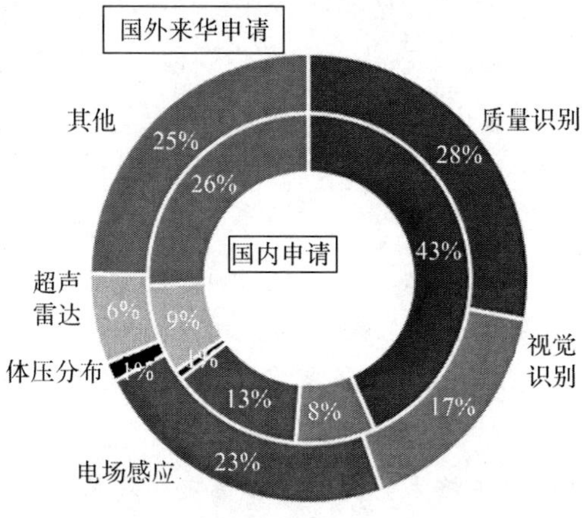

图 18　国内申请结构各分支总量占比图

图 16～图 18 示出了国内申请和国外来华申请在结构各分支上随年份发展趋势和总量占比。从总量占比图中可以看出最大的区别在于电场感应技术，该技术国外来华申请人占据较大的比重，也是近年来的热门研究领域，然而从国外来华申请随年份发展趋势图可以看出，2003—2006 年为迅猛发展时期，2007 年进入成熟期，而后逐渐下降，生命周期比较短，这也是由于电容式传感器技术的结构导致的。该技术结构简单，适应能力强，很容易被研发并投入应用，然而也具有明显的缺点，如输出阻抗高，带负载能力差，容易受温度、湿度影响，其在技术上的难点在于克服上述缺陷以及提升检测精度，然而这正是一个台阶，要突破这个台阶需要综合考虑性价比，这也是众多企业不再投入大量研发的原因之一。而国内则从 2010 年才开始研究，落后了几年，在国外已经发展成熟的基础上很难再有突破，其中廊坊市金色时光科技发展有限公司和浙江吉利等国内著名车企的研究比较多，技术相对国外申请来说较为简单，但也有自己的特色。

其他几个技术分支也面临相似的问题，不过落差没有那么明显，其中质量识别技术（重量传感器技术）国内申请从 2007 年起至今一直处于快速增长期，而国外从 2005 年起就处于平稳发展期，相对电场感应技术，国内将重量传感器应用于乘员识别技术的发展较为成熟，其与重量传感器技术本身发展趋势有关：重量传感器技术中最为重要的是应变传感器。在中国，航空航天部门在 20 世纪 50 年代就开始研究应变式负荷传感器，60 年代已经有厂家生产民用应变测力传感器，80 年代我国称重传感器开始稳步发展，品种和规格迅速增加，正是由于我国重量传感器的发展本身比较成熟，因此其应用于乘员识别技术也较早地发展起来。然而，重量传感器的应用只能依附于大的产业系统而存在，其在乘员识别技术上的应用取决于乘员识别技术本身的发展趋势，并相互制约。由于国内申请人对乘员识别技术的热度从 2005 年起一直上升，也导致重量传感器在该技术上的应用呈上升趋势，并随着自身的发展促进乘员识别技术的发展，但是与国外相比，还存在许多不足之处：结构种类偏少、品种不全、准确度等级较低、稳定性和可靠性较差、工作寿命低、产品标准化与产业化程度较低等，其中在提升准确度和稳定性方面，国外已经有了非常成熟的经验，国内想要有大的突破，也应该在该方面加大力度。

图像视觉识别技术用于乘员检测技术是依托计算机视觉技术、人脸识别技术的发展而发展的，人脸识别的研究工作最早自20世纪60年代开始，随之出现各种识别算法，但是还有很多难点未被克服，被认为是人工智能领域最困难的研究课题之一，单纯地依靠人脸识别技术来进行乘员体征判断还有困难，需要结合其他传感器来配合使用，一定意义上依赖其他传感器的发展。从图16、图17可以看出国外来华申请的申请量在2007左右迅速上升到顶峰，其中关键在于以高田—彼得里为代表的企业在2004—2006年间该领域的研究进一步深入，申请量进一步加大，并且高田又极为注重中国专利布局，也因此带动了其他企业该领域在中国专利的申请，国内在2008年才开始逐渐上升，正好是国外申请高峰之后的一年，可见国内是在国外申请的带动下才开始关注该领域的。

(2) 其次，再结合各分支的占比，对用途类型下面的各个技术分支的发展趋势进行详细分析。用途类型下面的各个技术分支的发展趋势如图19和图20所示，各分支的占比如图21所示，从总量占比图中可以看出最大的区别在于乘员类别识别技术和座椅占座检测技术，上述两个技术在国内外申请人中都占据较大的比重，也是近年来的热门研究领域，然而上述两个分支在国内都处于增长期，而国外来华申请则呈现下降趋势，即国外已经发展成熟，这也是与汽车碰撞安全技术发展的整体趋势相符合的，虽然比国外发展慢，但是处于上升期，技术方面也越来越成熟。

在用途类型分析过程中，根据用途的最终目的，可以将各个具体的用途最终归类为应用于碰撞安全或者应用于提升车辆设备的智能化水平两大类，如图22所示。此外，每个大类下还有一些主要用途，图23示出了最主要的几种用途，从图22和图23可以看出，国内外在中国的申请均将研究重点放于碰撞安全上，对车辆智能化领域关注比较少，这是符合中国现阶段汽车发展基本形势的，由于国内车辆发展比较成熟，因此有余力去提升车辆的附加价值。

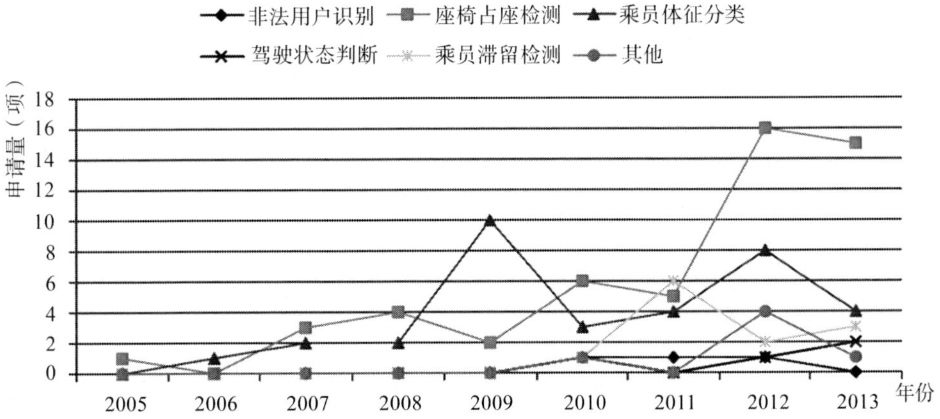

图19　国内申请用途各分支随年份发展趋势

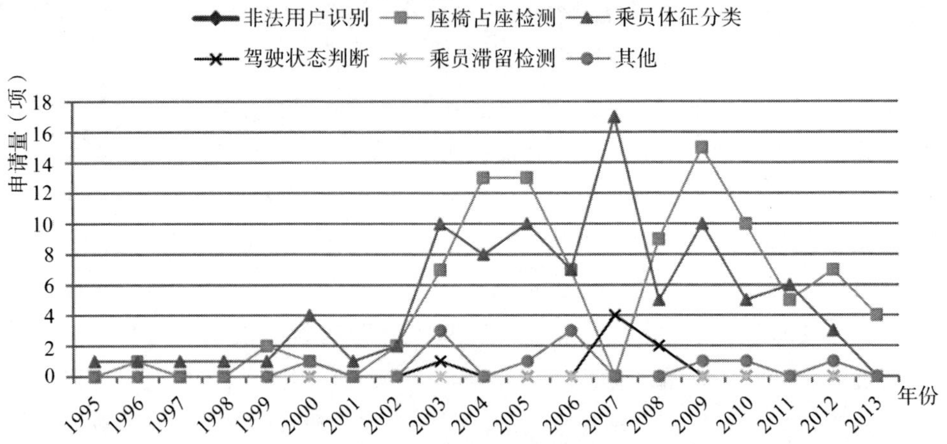

图20　国外来华申请用途各分支随年份发展趋势

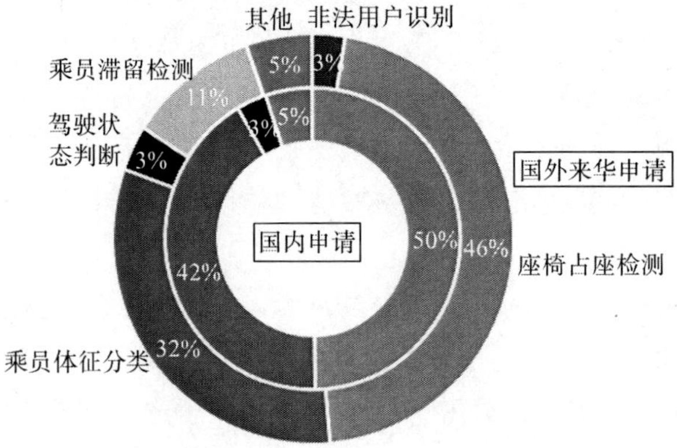

图21　国内申请用途各分支总量占比图

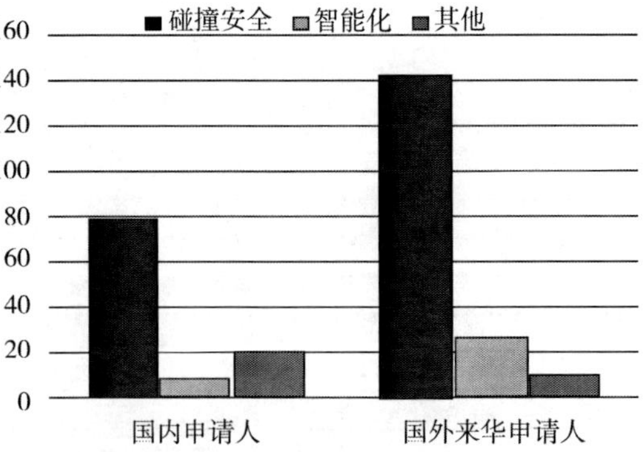

图22　中国专利申请用途大类分布

由于车辆智能化并不属于车辆满足其动力性能和安全性能的必需结构，国内申请人尚在车辆动力技术、安全技术的摸索阶段，在未到达一定阶段前注重智能化领域为时尚早；此外也与中国整体工业趋势有关，和中国其他产业一样，国内研究人员没有意识到交互性能的提升在产品中的重要性，即使意识到了也认为这是一个投入和产出不成比例的研究方向，而国内车企主要面向中低收入人群，需要控制成本，因此该领域的发展比较弱。需要指出的是，随着国内车辆技术发展的成熟，车辆普遍进入大众家庭，车企竞争越来越激烈，人们在满足了基本代步性能的基础上，会对汽车技术提出越来越高的要求，车辆智能化会成为提升车辆价值的一个重要手段。

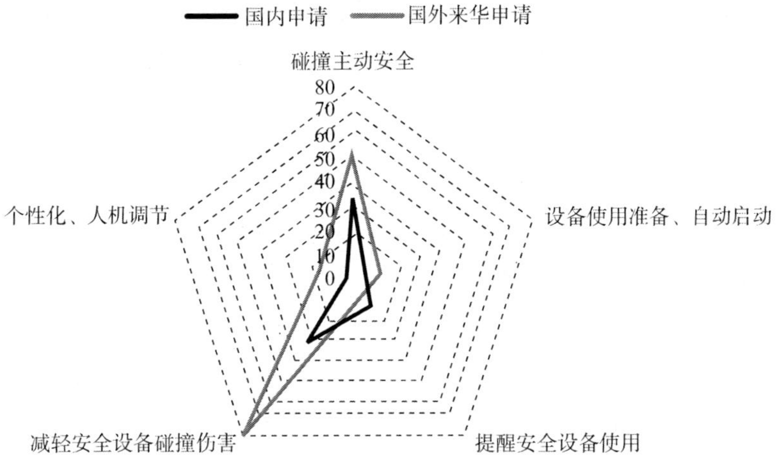

图 23　中国专利申请主要用途分布

三、乘员体征分类技术专利申请整体状况

（一）乘员体征分类技术介绍

在前述分析中可以得到乘员体征分类技术为乘员自动识别技术中的关键技术，在中国专利申请中，乘员体征分类技术从乘员座椅占座检测中分离出来，单独归为一类，占据了将近40%的比例，并且在近年来占比呈快速上升的趋势，因此构成了乘员自动识别技术中的关键技术分支，对该分支进行详细分析是具有重要意义的。

乘员体征分类技术由车辆安全技术的提升应运而生，汽车安全气囊作为一种辅助汽车安全带的乘员约束系统，其主要作用是防止乘员在碰撞事故中与车体内饰件发生二次碰撞。由于其对驾驶员和乘员的头部、颈部保护作用明显，特别是在汽车正面碰撞和侧面碰撞时保护作用尤为显著，但是，由于常规汽车安全气囊的起爆时间和充气强度的匹配设计原则是针对第 95 百分位男性且处于正常驾乘姿态时来提供最佳乘员保护，这种为一个身材高大的成年男性提供最佳保护而产生的强大冲击力，将对离气囊组件很近并处于气囊膨胀方向的乘员头部和颈部造成伤害，并极有可能对离位乘员、小个子乘员、女性乘员和儿童乘员造成二次碰撞伤害。美国国家公路交通安全管理局统计数字表明：由于安全气囊的不适当展开以及乘员的不正确坐姿和位置，安全气囊每挽救 1 000 名乘员生命的同时，也导致 57 名乘员失去了宝贵生命。乘员体征分类技术也因此得到了飞速发展，可以说乘员体征分类技术主要是随着具有自适应能力的智能安全气囊的发展而发展的，并以各类传感器的发展为技术支持。

对于乘员体征分类技术，国际上通常采用的技术路线是分别通过压力传感器检测乘员体重来判断乘员类型，利用超声波或视觉传感器等感知乘员与仪表板之间距离来判断乘员坐姿，其中较为典型的实例为丰田汽车公司使用安装在座椅四个角的压力传感器测量乘员的重量，根据重量对乘员进行阈值分类，这也是使用最广泛的一种方法；此外捷豹公司的ARTS系统利用超声波感测技术监视前排乘员的坐姿，同时还采用一系列其他传感器探测乘员的重量、驾驶员相对转向盘的位置、安全带是否系好以及发生碰撞时的强度等，掌握了这些探测到的信息，ARTS就可以根据每个前排乘员的具体需要，利用控制算法的灵活性，确定安全气囊的触发时刻和展开强度，实现最佳的乘员保护，随着技术的发展，乘员体征分类技术将越来越成熟，分类结果也将越来越准确。

（二）乘员体征分类技术发展整体状况

1. 乘员体征分类技术发展趋势

图24展示了乘员体征分类技术全球发展趋势、国外来华申请发展趋势和国内申请发展趋势。可以明确看出，全球申请最早1982年出现，但是直到1991年才开始逐渐发展起来并快速增长，到2006年到达顶点，这也是由于美国FMVSS208法规要求，到2006年，所有的新车必须装备能够识别出儿童及小体型妇女的安全气囊抑制系统，因此可以看到专利申请量也在2006年最多，并以2006年之前几年为急速增长期。而国内申请比国外申请延后了将近15年，这与中国汽车产业发展趋势有关，在车辆技术尚未成熟和车辆成本限制下，企业的研究重点和国家相关法规尚不足以将安全条件限制到较高的层面上，不过从图24中也可以看出近几年中国已经开始重视并加大研究力度。

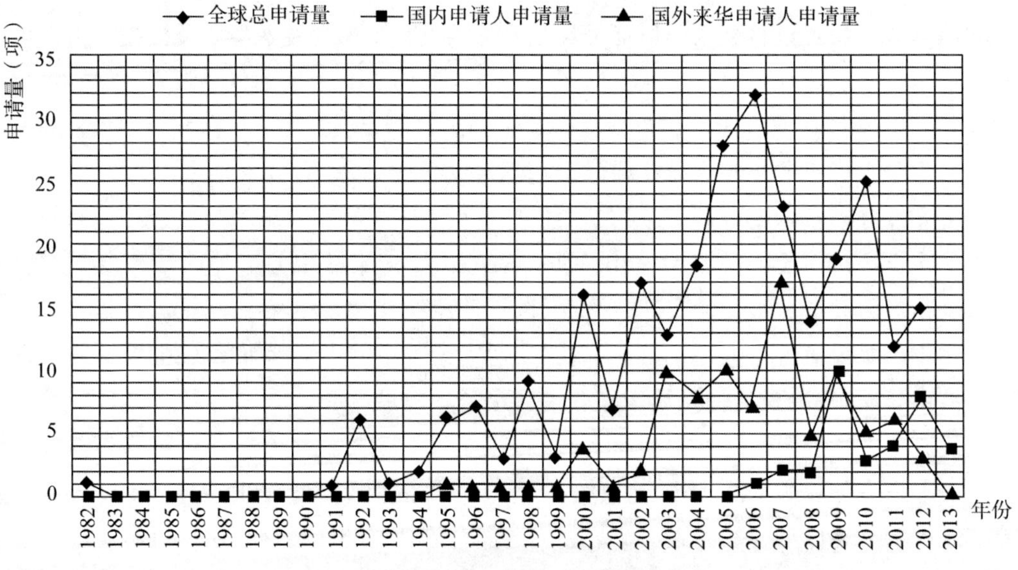

图24　乘员体征分类技术全球发展趋势

2. 乘员体征分类技术申请人国家/地区分布

图25和图26展示了主要国家的发展趋势和国别申请总量，从图上可以看出各个国家

的申请量和发展时间，其中美国作为领军国家，最早在 1982 年就出现了申请，然后从 1992 年开始增长，其申请量一直居高不下；而德国也以基本上相同的时间段在发展，只是德国早期申请量不如美国，到了 2009 年往后申请量逐渐超过美国；日本、韩国则分别从 2003 年和 2006 年才开始发展起来，卢森堡则多年来一直保持稳定的申请量，法国在 2004—2008 年间也有少量申请。由图 26 可以看出申请量主要集中在美国、德国、日本、韩国、卢森堡和法国。

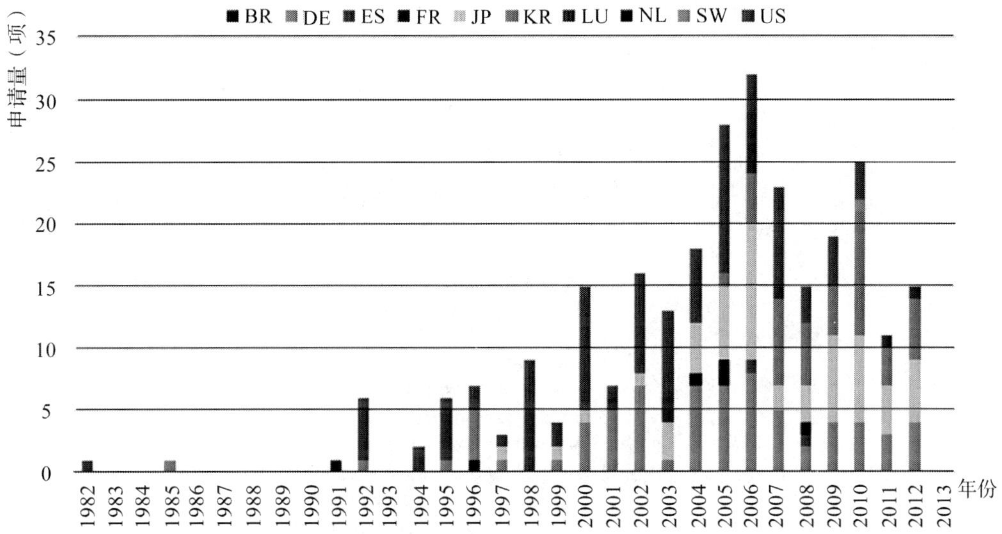

图 25　乘员体征分类技术国别发展趋势

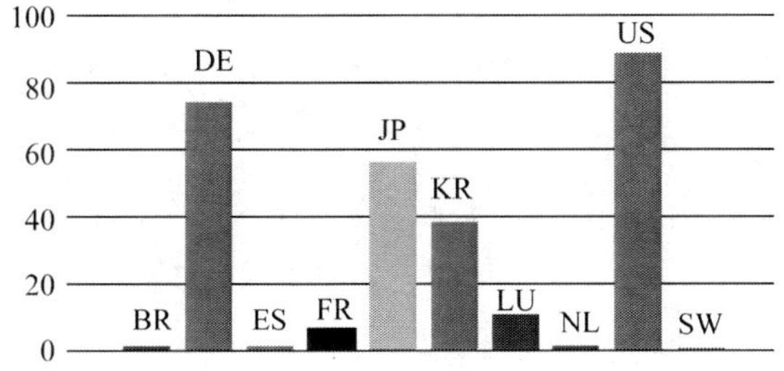

图 26　乘员体征分类技术国别申请量

如前所述，汽车乘员体征分类技术主要是随着智能安全气囊的发展而发展起来的，安全气囊最早出现在美国，欧洲起步较晚，后来是日本和韩国，美国研究和发展安全气囊的公司有 AUTOMOTIVE LAB、TRW、MORTON、ALLIEDSIGNAL、BREED、DELPHI 以及 DELCO 等，欧洲有德国的 TEMIC、瑞典的 AUTOLIV、德国的 BOSH 及德国的 SIEMENS 和法国的雷诺、标致雪铁龙等，日本有日本电装和丰田合成，韩国有现代摩比斯。除了上述各国本身气囊技术的发展较为成熟外，欧美等发达国家对汽车被动安全性的研究主要是以法规形式对行车安全提出具体的评价指标和方法，也是由于这一系列指标和方法的出台，强制性地促进了汽车安全气囊的发展。随着安全评价指标和法规的要求越来越严格，上述各企业纷纷投入智能安全气囊的研发，使得乘员体征分类技术的国别申请随之呈现了吻合的分布：美国、德国、日本和韩国占据前四名，其次是法国、卢森堡和瑞典等，而中国1995年才开始成立国家安全气囊项目领导小组和工作小组。1998年国家安全气囊项目立项，此后，各自主车企的技术发展也不如其他国家，国家碰撞安全法规（CMVDR294）的严格程度也不如国外发达国家，使得智能化安全技术并没有出现很好的发展，随着中国经济和汽车产业的发展，对车辆安全要求越来越高，智能化安全气囊存在巨大的发展潜力，从而使得乘员体征识别技术也随之进一步发展。

3. 乘员体征分类技术重要申请人分析

本小节分析乘员体征分类技术分支的重要申请人，图27展示了该技术重要申请人，其中主要是美国、德国、日本和韩国的申请量居多，韩国现代摩比斯株式会社成为申请量最多的申请人，上述申请人的数量与成员识别技术整体趋势相吻合，在数量排名上有些许区别，不排除统计误差的影响。

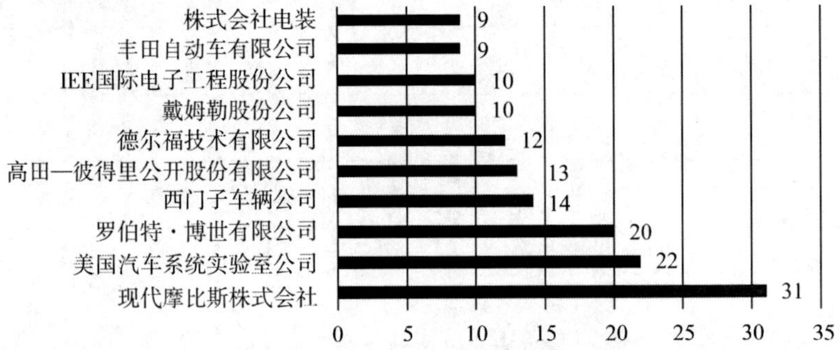

图27　乘员体征分类技术国别申请量

前10名中，美国的申请人最多，实际上美国从2004年开始，每家车辆制造商在美国销售的车辆中有35%必须装备先进的气囊系统，这一数字到2006年提高到接近100%，较为简单的系统采用安装在乘员座垫下的体重传感器技术来实现，此外还可通过乘员识别技术算法和快速信号处理使车辆气囊控制器可根据不同的情况来打开或抑制乘员气囊，从而可大大提高乘员安全性并降低修理成本，更为复杂的系统则采用安装在车内的图像识别设备来检测和识别乘员，同时在算法上考虑到乘员是否佩戴安全带以及离气囊的距离来判断事故发生时气囊打开的时间、速度和程度。

（三）乘员体征分类技术发展脉络

由于乘员体征分类技术分支繁多，申请量庞大，为了更好地缕清其技术脉络，本小节主要从各重点申请人的各自研究重点和演变历史进行分析。参见图28，采用时间轴表达方式，横轴表示申请年份，文件号以公开号表达，细线文本框代表本企业的申请，虚线文本框代表被引用的其他申请人文献，粗线文本框代表引用该文献的其他申请人的申请。

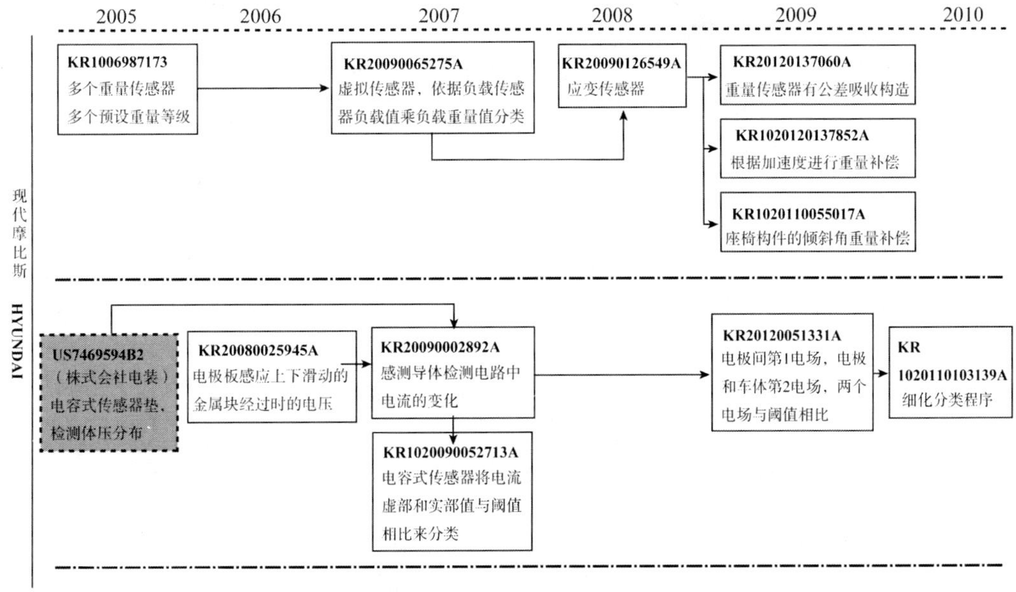

图 28　现代摩比斯企业乘员体征分类技术发展脉络

图 28 展示了现代摩比斯企业在乘员体征分类技术分支的重点发展路线，从图可知该技术分支发展较晚，从 2005 年延续至今，主要研究两个方向：①重量传感器技术；②电容式传感器技术。重量传感器技术的研究重点在应变传感器，发展重点在于从各个角度弥补应变传感器产生的误差。对于电容式传感器，以 2006 年申请的公开号为 KR20080025945A 的申请作为电容式传感器技术的萌芽，该申请结构较为简单，仅仅通过左右两块电极和一个上下滑动的滑块来检测乘员重量，2002 年已经具有较为成熟的电容式传感器组件，此时已经发展成上下两块电极的模式，并能充分考虑到外部环境如湿气的影响，测量更为准确，发展至 2010 年，其公开号为 KR1020110103139A 的专利申请，有了一套非常细化的分类体系，如图 30 所示，其能够区分 1 岁以下婴儿和儿童、5%的女性等，甚至考虑到了手机和湿气产生的微小影响。

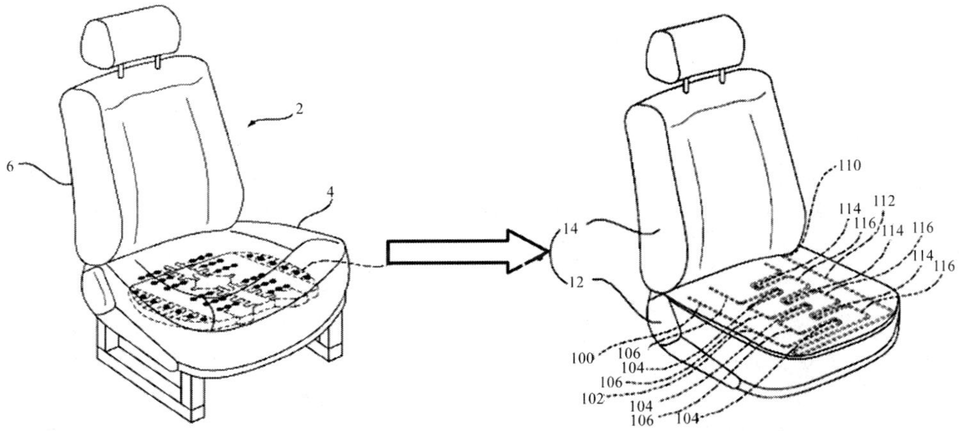

图 29　2006—2010 年现代摩比斯电容式传感器的演变

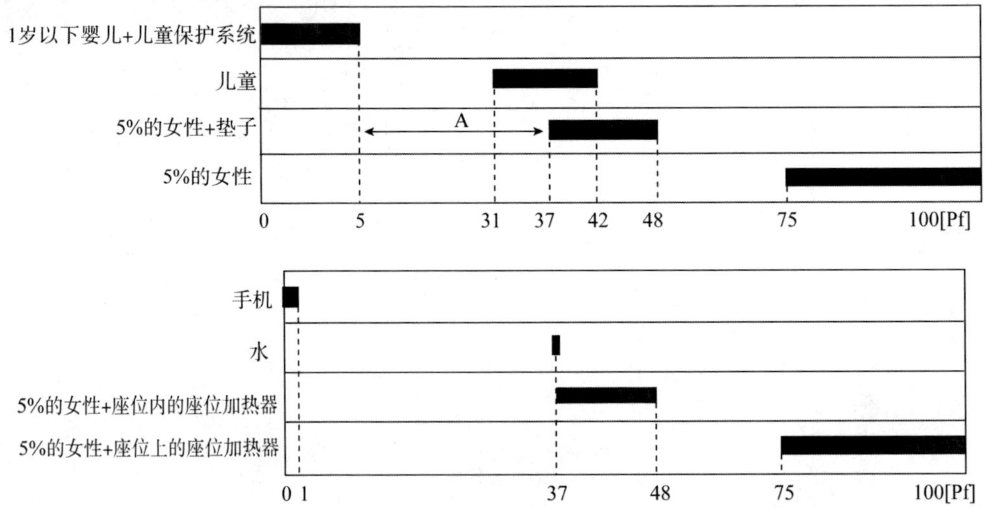

图 30　2010 年现代摩比斯 KR1020110103139A 中成熟的分类体系

图 31 展示了美国汽车系统实验室公司乘员体征分类技术分支的重点发展路线，可知其也主要研究两个方向：①多传感器融合技术和遥控技术结合；②电容式传感器技术。从图 31 中可以看出，其在该技术分支的起步也很早，1995 年起就已经研究了多种乘员体征识别技术，包括超声、雷达、红外、遥控技术等，正因为上述各项技术都研究较早较成熟，此后的研究重点也一直为多传感器的融合。对于电容式传感器组件，从 1999 年就已经出现了带电极的电场感应单元结合重量传感器的技术，也就是电容式传感器组件的萌芽，该申请参考了宝马公司的电容式乘员检测技术（DE4029683A），1999—2003 年间，除了发展电容式传感器分类技术外，还不断尝试电容式传感器组件与其他传感器的融合使用，2006 年开始发展电容式传感器组件与加热功能的结合。

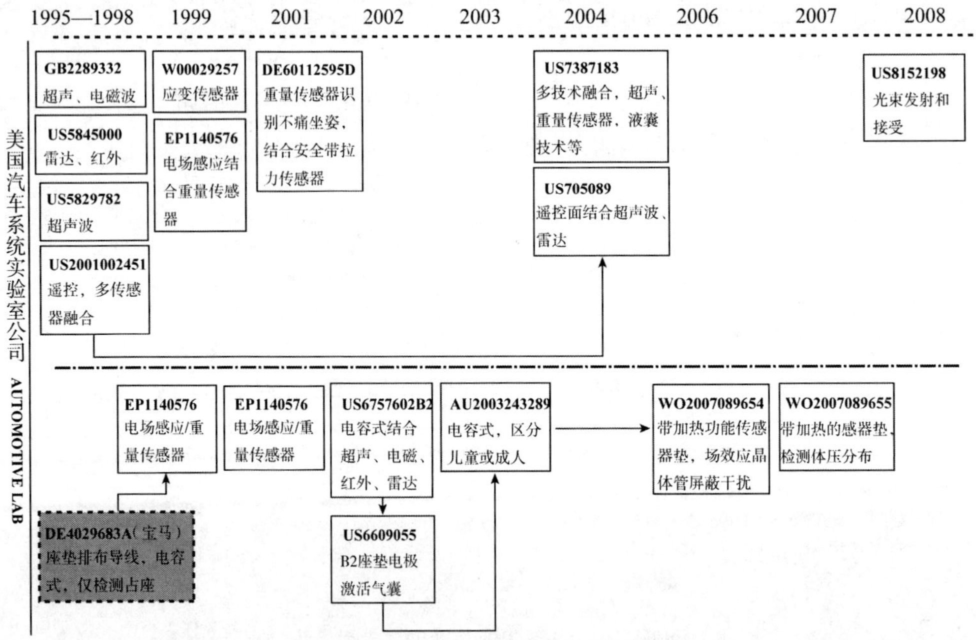

图 31　美国汽车系统实验室公司乘员体征分类技术发展脉络

图 32 为罗伯特·博世公司的乘员体征分类技术发展脉络，相对现代摩比斯和汽车系统实验室公司，其起步早一些，也主要有两个技术分支，除了重量传感器的研究外，早期还致力于安全带拉力传感器，能够通过安全带拉力传感器识别成人和儿童，识别乘客坐姿是否正确。而其重量传感器的研究重点也在于测量数值的补偿，包括根据车辆速度、乘客重心高度等进行补偿，使得测量更为精确。查看相关资料可知，博世公司在 2004 年推出了一项新技术，即智能安全气囊释放传感（iBolt）系统，其能够实时监测乘员位置，在碰撞发生时，在最佳时间按照不同级别释放安全气囊，其通过座椅骨架上的 4 个重量传感器来计算乘客的质量和在座椅上的分布，其相关技术记载于 DE1023098C1 和 WO3047915A1 两篇申请中。

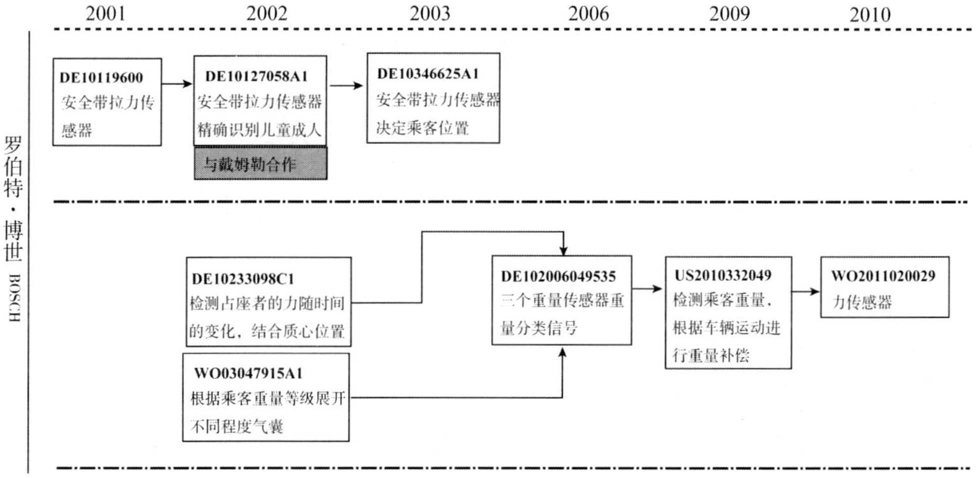

图 32 罗伯特·博世有限公司乘员体征分类技术发展脉络

西门子车辆公司的发展脉络如图 33 所示，其发展起步较早，但是技术比较单一，致力于重量传感器的研发，特点在于从 1998 年至 2006 年间一直使用多个传感器形成阵列分布，后期能够考虑到温度对重量传感器的影响，并且研究重心放在提升传感器检测的精度上。

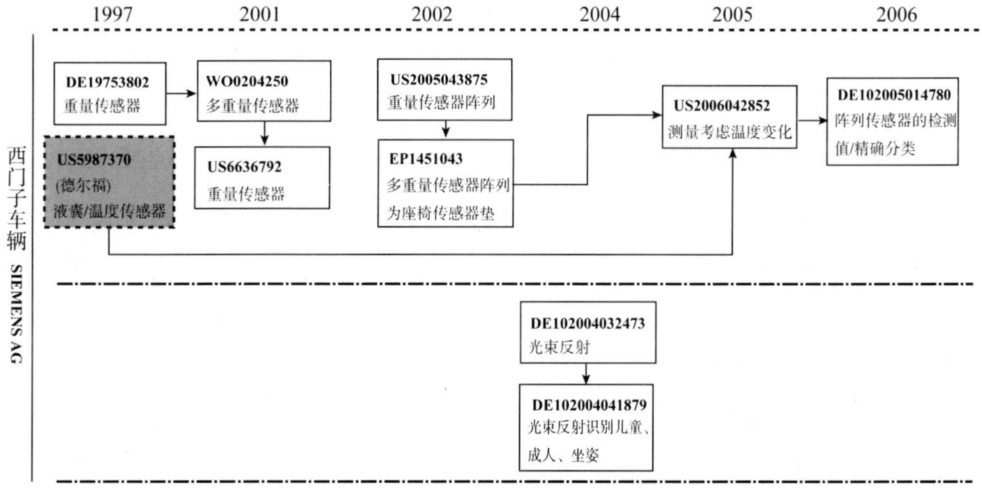

图 33 西门子车辆乘员体征分类技术发展脉络

高田—彼得里公司的发展脉络如图 34 所示，其发展起步是比较晚的，和前面企业不同的是其早期主要投入图像识别技术，采用各种摄像技术和图像识别技术来识别乘员的体格、脸部特征等，从而对乘员进行分类，比电容式传感器和重量传感器有着明显的优势：能够准确提取图像，不容易受外界环境影响。图像识别技术的关键在于图像模式识别、图像信息提取，其基于计算视觉技术，在应用于乘员检测时包括立体视觉法、人脸颜色法、光束法和结构光法，包括汽车系统实验室公司在内的其他公司也都有投入该领域的研发，各企业发展重心也在于研究各种算法以进一步提升图像识别技术的图像提取的准确度，当图像识别技术发展到一定程度时，高田—彼得里公司开始投入电容式传感器组件的研发，其中 2009 年是技术转型期，2009 年至今研究重点是新型电容式传感器组件的研发，如电缆式电容式传感器组件，带加热功能的电缆式传感器组件，并在加热导体和电极间的屏蔽技术上有较大突破，其通过多轴电缆式传感器组件，使用中间导体屏蔽内外导体，使得外导体和内导体间不会相互影响。

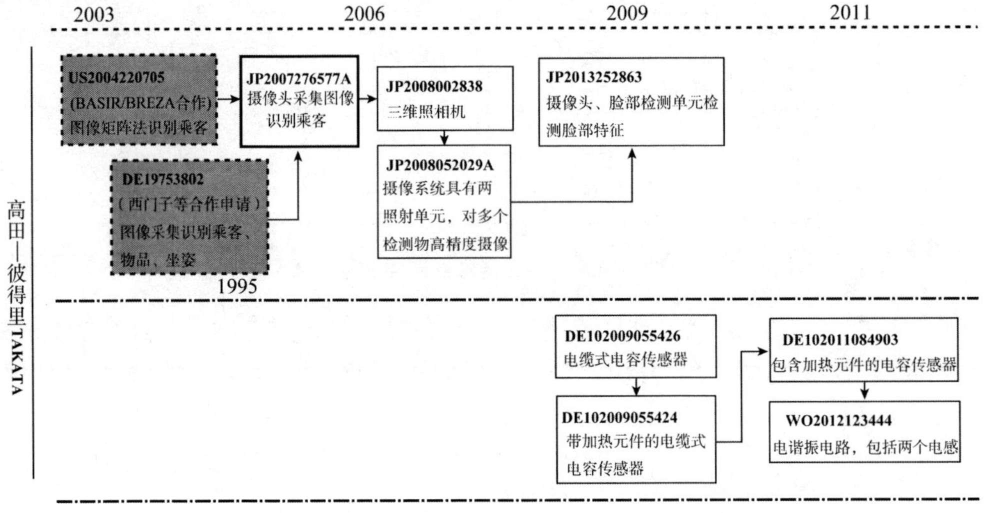

图 34　高田—彼得里公开股份有限公司发展脉络

德尔福公司原为通用汽车公司的零部件子公司，1999 年与通用汽车公司分离，成为全球汽车零部件行业的领先企业。其乘员体征技术发展脉络如图 35 所示，该技术发展起步较早，其发展呈多样化趋势，其中以液囊传感器技术为其特色，从 1997 开始就出现了液囊式传感器的分类技术，直到 2004 年和 2005 年，液囊技术已经非常成熟，研究重心也在通过液囊的各种分布和运算规则进一步提升检测精度上。

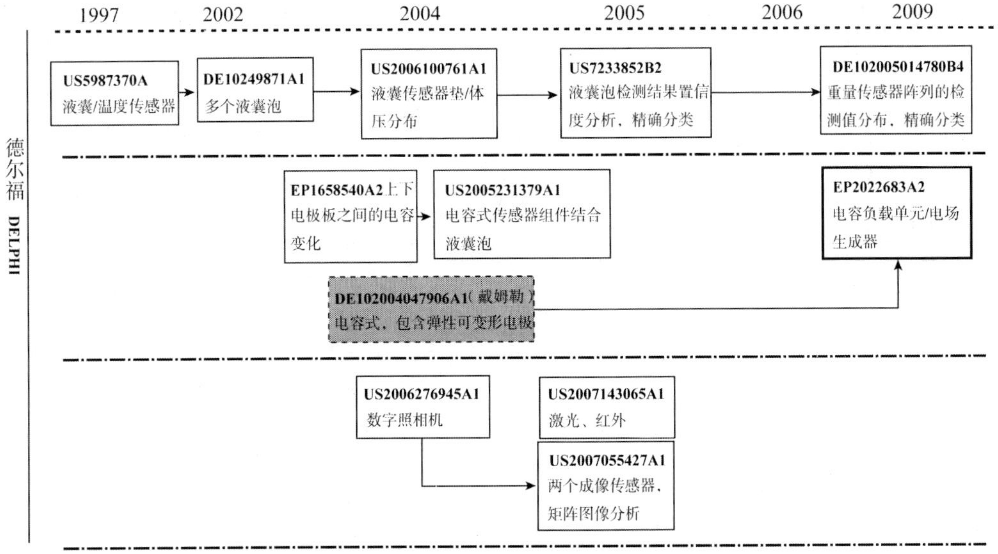

图 35　德尔福技术公司发展脉络

德尔福早期推出的被动式乘员识别技术（POD），也是一种自适应智能气囊安全系统，其实际上就是基于连接德尔福压力传感器的液囊、电子控制器和安全带张力传感器，从而检测成人、儿童或者婴儿，该系统是第一批通过验证并符合美国新安全标准的安全技术，是第一个完全不用驾驶员干预操作的真正的被动系统，该技术在美洲豹 XK 系列、福特汽车和林肯水星汽车上使用。除了液囊技术外，2004 年开始还涉足电容式传感器组件和图像识别技术，其实际上也是德尔福公司推出的另一项安全技术的基础：主动式乘员感知系统（OPDS），该系统通过判断多个电容式传感器检测到的导电体量检测乘员是儿童与否，或者检测儿童是否处于歪头瞌睡不宜展开气囊的状态，其应用于本田第 7 代雅阁 B6 轿车上。从上述可知，德尔福公司的专利技术脉络与其实际推出的主要产品路线是一致的；此外，和其他美国汽车企业一样，德尔福公司的乘员体征识别技术的研发高潮在 2004—2005 年之间，这也是与美国 FMVSS208 法规要求到 2006 年所有的新车必须装备能够识别出儿童及小体型妇女的安全气囊抑制系统有关。

图 36 展示了戴姆勒股份公司的发展脉络，从图上可以看出，戴姆勒公司的主线在于薄膜式压力传感器和电容式压力传感器，其薄膜式压力传感器从 1995 年发展至今，而电容式压力传感器也是在各企业中属于较早开始投入研究的，薄膜式压力传感器是随着半导体集成电路工艺的发展，微米、亚微米和纳米技术、镀膜工艺的发展而发展起来的，是传感器领域内发展较快的技术之一，因此该技术应用于乘员检测，分类技术也较早。此外，从 2003 年至今，其电容式传感器的特点是未出现上下两块电极板形式的现在看来是常见的电容式传感器，而是在方向盘、地板、天花板等各个部位设置多个电极，实际上也是现在电容式传感器的初期模式，该类电容式传感器只考虑基于乘员类型划分的气囊静态抑制，其中安装在天花板的传感器基本上是成年人检测器，仅仅能发现成年人，而座椅上的

传感器则发现儿童和成年人，并依靠座椅背后的信号强度决定乘员的尺寸。

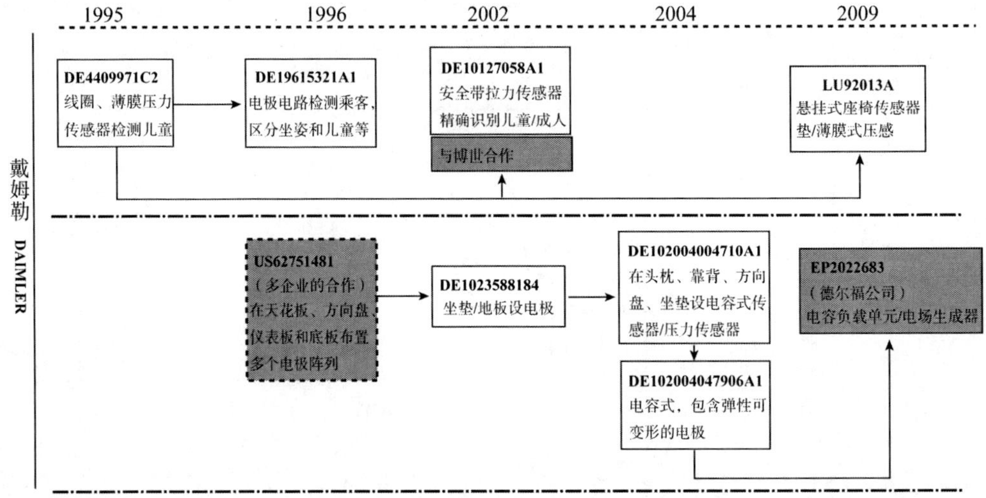

图 36　戴姆勒股份公司发展脉络

IEE国际电子工程股份有限公司的发展脉络如图37所示，其和戴姆勒公司的发展脉络基本上相同，也是重点研究薄膜式压力传感器和电容式传感器，只是时间较晚，不过其电容式传感器技术较之戴姆勒公司更为成熟，检测电路更为复杂，检测结果更为精确。

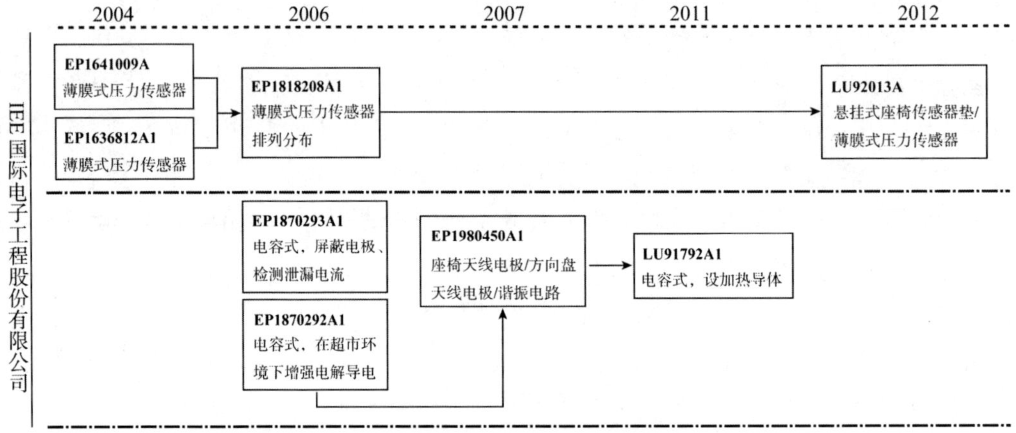

图 37　IEE国际电子工程股份有限公司发展脉络

图38展示了株式会社电装公司的发展脉络，其发展也呈多样化，发展起步较早，从2000年至2004年间致力于压力传感器垫的研发，所述压力传感器垫是由多个压力传感器构成阵列，通过其感知的压力分布来区分成人和儿童，后期还能结合加速传感器提升高精度检测。2004年以后开始将重心转到电容式传感器的研发，并且其电容式传感器的研发迅速取得成绩，逐渐形成具有区别于其他企业的特色，2007年还出现了另一代表性产品：线形薄膜式传感器，以公开号为JP2008157914A的申请为代表。

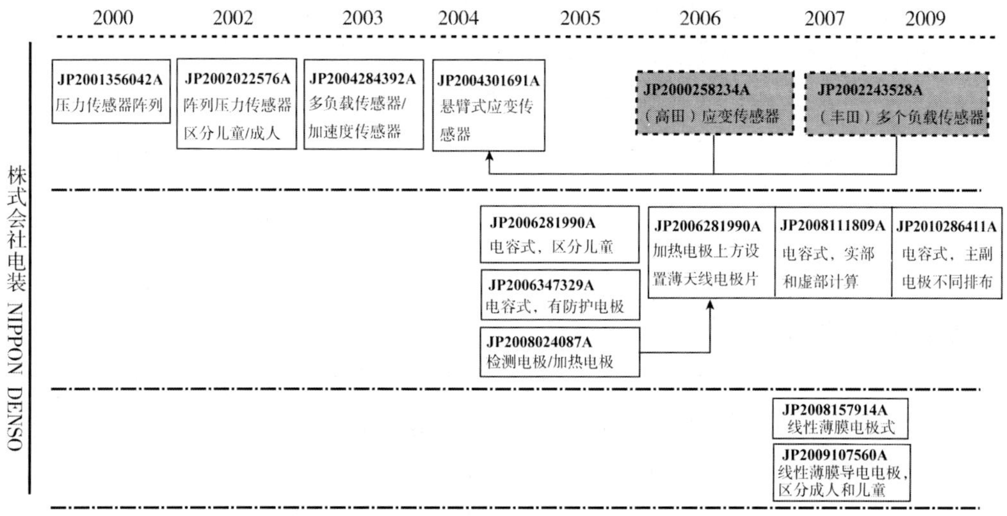

图 38　株式会社电装发展脉络

从本小节的分析中，我们可以逐渐掌握一些规律，该领域的重要申请人主要集中于重量（负载）传感器和电容式传感器的研发，并且一些企业还形成自己的特色研究方向，如罗伯特·博世公司的安全带拉力传感器、德尔福公司的液囊式传感器、戴姆勒和 IEE 国际电子工程公司的薄膜式压力传感器、高田—彼得里的图像识别技术、美国汽车实验室公司的多技术融合技术和遥控技术。

图 39 简要显示了乘员分类技术重要的两个技术分支：电容式传感器技术和重量（负载）传感器技术的时间分布图，其中浅色代表电容式传感器技术在乘员体征分类技术分支的研发时间跨度，深色代表重量（负载）传感器在乘员体征分类技术的研发时间跨度，从该图可以更为清楚地看出，现代摩比斯和美国汽车系统实验室公司为电容式传感器组件的领军企业，现代摩比斯和西门子车辆公司以及株式会社电装则是重量（负载）传感器的领军企业。

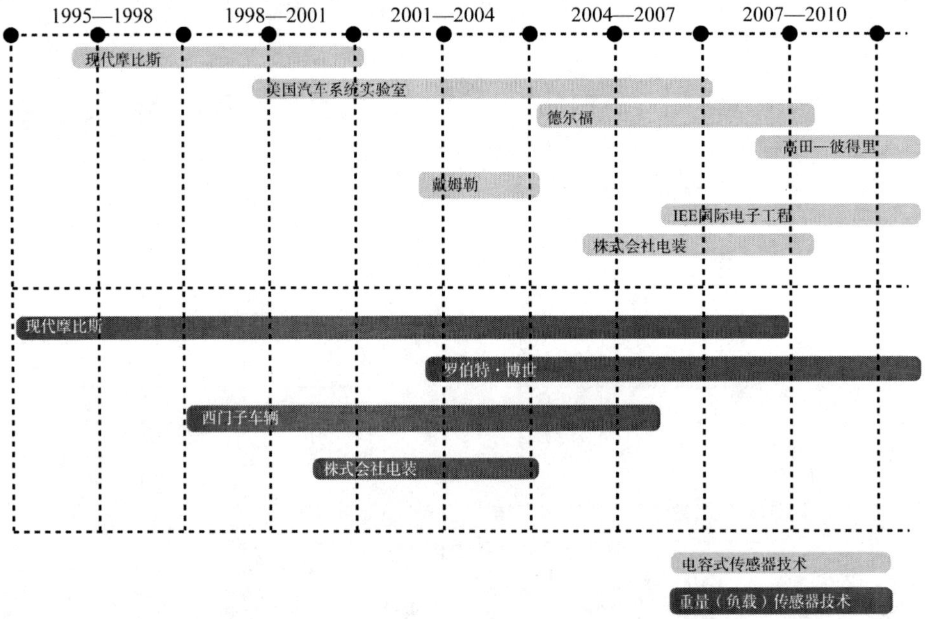

图39　各企业重点技术分支发展时间图

综上，本小节对乘员体征识别技术的重要申请人的专利技术的技术脉络及其演变进行了详细的分析，虽然不是非常全面，如还有其他企业的重要专利未列入考虑之中，但是能够从整体上看出该分支的发展趋势，具有一定的参考意义。随着美国的法规对安全气囊对非正常坐姿乘员有很好的保护效果，我国在未来应该也会或者也必须出台相应的法律、法规来加强对乘员的保护。越来越多的车辆进入百姓家庭，随之而来的也是越来越多关于车辆安全的大讨论，在众多由于气囊爆开击伤儿童的安全事故面前，我们不得不承认，我国的相关法规还需再提高对车辆安全的要求。虽然，我们不能指望我国的法规一下子就达到美国的要求，加上气囊系统的智能化需要技术积累和市场开发，成本很高，这给开发商甚至车辆厂家带来的压力不容忽视，但如果在车上使用基于座椅压力分布系统来判断出乘客是儿童还是成年人，就可以避免由于安全气囊的误爆发而对儿童造成的伤害，大大降低儿童的死亡率，我们车辆行业应该及早在车辆上普及，以减少乘车的受伤率和死亡率。

四、总　结

本文以DWPI和CNABS数据库收录的专利为样本，分析了车辆乘员识别技术的专利申请状况，除了对车辆成员自动识别技术全球专利申请整体状况、中国专利申请整体状况进行分析之外，还对中国专利申请各个分支整体发展趋势进行了详细的分析，其中对中国专利国内申请和国外来华申请在结构和用途上的分布的不同分别进行分析，以小见大，反映了在该领域中国内申请人和国外申请人在技术和应用上的差别、研究重点的差别，其中，国外来华申请和国内申请在结构和用途分类中布局整体趋势大体上相同，不过国外来华申请比较集中，而国内申请的分布比较散，无论是用途还是结构类型，都没有明确的研究重点，由上也能看出国内专利申请在这一领域实际上还处于探索阶段，没有找到重点或者说没有发展很成熟的一个子领域，并且国内申请还具有针对国内具体问题的一些研究方向。此外本文对各技术分支的发展趋势的分析是从国内专利和国外来华专利的不同展开比较分析，并且从结构和用途两个角度分别进行分析，从各分支的技术来源、技术背景深入分析个中原因。

本文还对乘员自动识别技术的关键技术分支——乘员体征分类技术分支进行了深入分析，在对该分支进行整体发展趋势分析之后还重点展开该分支的技术演进的分析，其中以该领域的重要申请人为主要研究对象，对排名前九位的重要申请人的重点技术路线、各技术路线的演进、重要专利的合作申请人、重要专利的技术参考进行了详细的分析，挖掘出各个重要申请人的研究重点和战略布局及其突破性技术，包括其重要专利在产业上的应用。

总体上来说，从全球几大国家的车辆乘员识别技术的申请量趋势可见：国外乘员自动识别技术已经到达了一定的成熟阶段，也到达一定的发展瓶颈了，而国内在该领域的申请量还在上升，这实际上也充分说明了国内对车辆安全越来越重视，对于国内申请人来说，需要绕过国外已经成熟的专利现状的专利壁垒，也要增强自身的专利保护意识。

参考文献

[1] 姜伟，赖异，蓝娟，王怡轩，徐淑娴，于志辉，赵梅芳．专利分析工作在S系统下的实现．专利审查协作北京中心课题成果，2011.

[2] 杨铁军．产业专利分析报告（汽车碰撞安全）[M]．北京：知识产权出版社，2013.

[3] 朱红艳，舒少龙，林峰，黄志强．乘员分类系统研究综述 [J]．汽车电器，2011 (1).

[4] Federal Motor Vehicle Safety Standard＃208 [Z]. National Highway Transportation&Safety Administration，2001.

[5] 高振海，肖振华，李红建．基于体征分布检测和支持矢量机分类的汽车乘员坐姿识别 [J]．机械工程学报，2009，45 (7)：216－220.

可转位铣刀刀片的切屑排出结构专利技术分析

袁　媛

一、前　言

可转位铣刀是用机械夹固的方法，将硬质合金刀片装夹在刀体上，当刀片的一个切削刃用钝后，只要调换使用另一切削刃，便可使切削持续进行，具有刀片转位方便迅速、切削量大、生产效率高、刀片平均寿命长、节省刀体等优点，是目前金属切削领域内大量应用于平面铣削的一种优良刀具。目前，我国是全球较大的刀具市场，但由于技术和装备落后等原因，我国刀具在品种、质量和材料等各方面与国外相比均存在较大差距，国内的刀具企业正在面临新的挑战。

目前可转位铣刀的专利申请主要分为五个方向：可转位刀片、可转位刀片的夹具、可转位铣刀刀体、可转位铣刀刀柄以及其他可转位铣刀。断屑是在金属切削加工中将切屑折断成适当的长度，以便于排除和处理。研究断屑槽的意义就是使切屑能按预先设定的方式，进行卷曲、流动和折断，使其形成“可接受”的良好屑形，从而实现对切屑的有效控制。对于切屑控制的研究历史，划分为三个阶段：第一阶段主要集中在减少刀具磨损和切削力上，切屑控制没有受到足够的重视；第二阶段集中在切屑卷曲、刀屑接触长度以及槽型功能上，这一阶段的专利申请主要涉及切削刃前刀面的凹进结构；第三阶段集中在切屑的流向、卷曲和折断，这一阶段的专利申请主要包括切削刃前刀面的凹进、隆起结构，小突起结构，切削刃上的断屑槽结构，端面、刀片周边的槽状结构等。图1即为可转位铣刀的技术分解图。

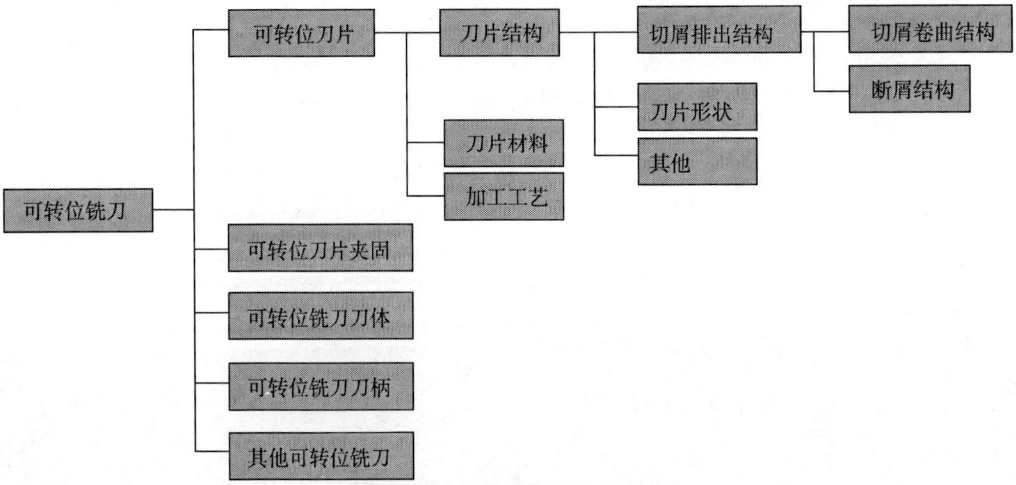

图1　可转位铣刀的技术分解图

可转位刀片在切削加工领域的申请量一直居高不下，可转位刀片切屑排出结构是影响刀具使用寿命和加工精度的重要因素，针对该主题的专利申请量比较可观。结构精细是该结构的特点，由此导致专利理解难度较大，研究方向不易把握。本文旨在对可转位刀片的切屑排出结构专利文献进行检索的基础上，分析该技术的现状并预测未来的发展趋势，并且对照各主要国家和申请人的专利活动，对我国在该技术上的专利申请现状给出客观定位。另外也希望对我国主要申请人的专利申请质量做出全面评价，以期在国际化的大潮下，对我国在可转位刀片领域的发展提供一些有价值的信息。

二、全球专利现状分析

（一）研究方法和数据来源

可转位刀片的检索主要依赖于分类号和关键词。因为在中文和外文都有专门的并且含义明确的关键词。本文中所有专利数据通过 CPRSABS 数据库检索得出样本 302 篇，DWPI数据库检索得出 1 296 篇，并在其他数据库里进行查漏补缺。由于上述专利申请的侧重点多样，而发明点在于切屑排出结构的专利申请所占的比例不大，通过精读和手动筛选，最终仅得到样本 311 篇，进行专利分析和综述。

检索的分类号为 B23C5/20 以及其下细分的小组，所代表的含义是：有可拆卸的刀片或刀齿，即该分类号以及其下细分的小组涵盖了大部分可转位铣刀刀片的专利。还有一部分可转位铣刀刀片分在 B23B27/14，其代表具有可换刀头的用于车床或镗床的刀具，以及 B23B27/22，其含义为带断屑器的用于车床或镗床的刀具。由于部分刀片可用于铣刀中，也可用于车刀中，因而一部分可转位铣刀刀片也被分在这两个分类号下。从上面的描述可知，除了 B23B27/22，其他的几个分类号均不是带有切屑排出结构的刀片的准确分类，因此还需要进一步通过关键词进行限定，检索的关键词为：切屑、断屑槽、chip、chip break 等。除此之外，还用 B23C5，以及关键词镶刀、刀块、刀片、insert、blade 等进行补充检索，查漏补缺。

由于专利申请延迟公开的特点，有少量 2013 年的申请和大量 2014 年的申请目前还没有公开，所以无法利用关键词和分类号进行检索来获得这类专利申请，也不排除有少量的专利申请使用不规范的术语描述切屑排出结构而未被检索到，因此，对可转位刀片切屑排出结构的分析样本在专利文献中存在一定程度的漏检。

（二）全球可转位刀片切屑排出结构的专利概况

以下结合全球可转位刀片的切屑排出结构的申请、公开年份、国别以及领域来分析一下专利概况。

1. 按照申请和公开的年份进行的统计分析

从图 2 中可以看出，在 2005 年以前，涉及可转位刀片切屑排出结构的专利申请量一直处在小幅度的增长过程中，而 2005—2009 年是专利申请量剧增的时间，显示出近年来人们对该技术的浓厚兴趣。而且相关期刊和论文显示，从 20 世纪 70 年代开始，对切屑形成理论的研究处于最活跃的时期；20 世纪 80 年代集中将已有的理论进一步发展和应用，断屑槽的设计成为这一阶段的热点；另外，20 世纪 90 年代以后，进一步向全面的切屑控制方面发展，包含有效的切屑折断和有效的切屑清理两个主要功能。这也从侧面反映了该技术的理论研究已经日渐成熟，在商业上的应用正处在快速发展阶段，具有较高的商业化前景。

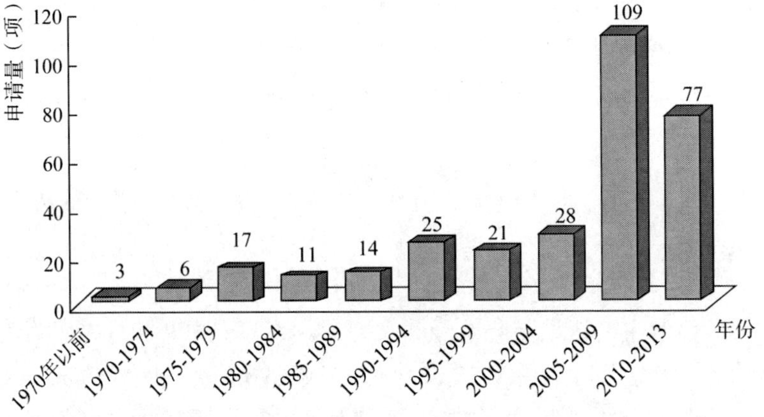

图 2　可转位刀片切屑排出结构专利申请量趋势

对于切屑的控制，在很长一段时间都停滞在提高刀片的耐磨性能上，而使用带有槽型断屑结构刀片的应用早在 20 世纪 50 年代就提出了。从图 3 中可以看出，从 20 世纪 60 年代开始，该技术就在工商业中有所应用，但是对其的研究处在摸索阶段。1978 年以前，该项技术的申请量极少，显示出该项技术的研究和应用水平不高，还未引起人们的足够重视，还处于萌芽期。从 1978 年开始一直到 2005 年，申请量逐渐增加，有关资料显示，这段时间对于该技术的理论研究也非常活跃，促使该项技术的应用水平稳步发展，处于稳步发展期。2005 年以后，申请量大幅度增加，处于快速增长期。从整体看，2005 年以后的专利公开量占总量的 62.7%，这说明近几年对该技术的研究应当不同于以往摸索性研究，在有些方面可能已经达到或接近实际应用水平。从图中可以看出，该项技术已经日渐成熟，申请量会在一段时间内维持在较高水平。

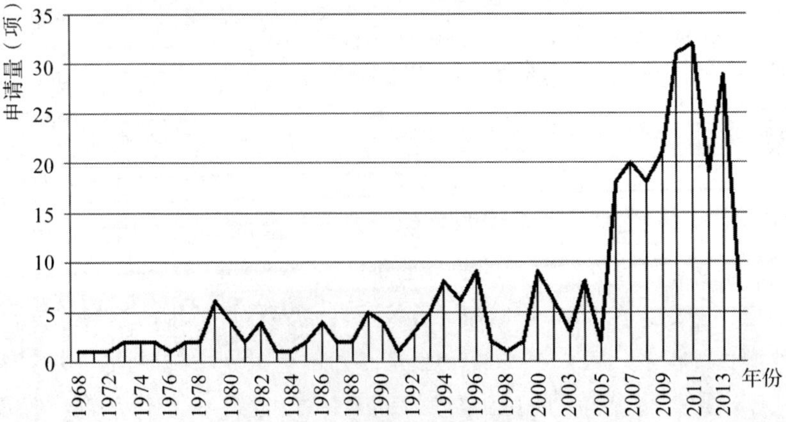

图 3　可转位刀片切屑排出结构专利公开量趋势

2. 国别分析

图 4 所示为可转位刀片切屑排出结构专利申请国家分布。从图 4 中可以看出，关于可转位刀片切屑排出结构的专利申请主要集中在日本、瑞典、美国、德国、韩国、中国和以色列，其他国家所占的比例只有 4%。专利申请量最大的是日本，这表明，日本对于可转位刀片切屑形成的理论研究已经比较成熟，发展已经比较完备，对于可转位刀片切屑排出结构的应用能力更强。另外，瑞典、美国、德国、韩国的专利申请量也较大，瑞典、德国的刀具制造水平一直较高，值得重视的是以色列，其申请量占的比例为 5%。以色列的所有专利申请的申请人均为伊斯卡有限公司，可见该公司的刀具制造水平较高。中国的专利申请中 PCT 申请和巴黎公约申请数量很少，中国的专利申请人应当提高申请质量，以期在国际中能够占有一席之地。

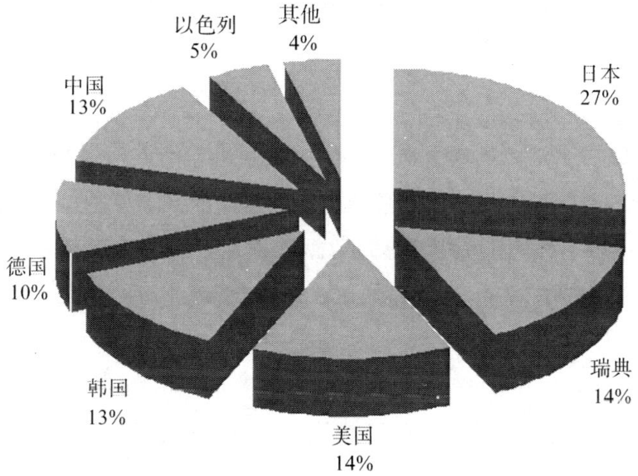

图 4　可转位刀片切屑排出结构专利申请国家分布

图 5 所示为 1990 年以前为一个单位，从 1990 年起以五年为一个单位，对日本、瑞典、美国、德国、韩国和中国六国的专利公开量的趋势分析。从图中可以看出，1995 年以前，瑞典、美国、德国的专利申请量比日本、韩国和中国的专利申请量大，由此可以看出这三国对于该项技术的研究和应用比较早。1995 年以后日本的专利申请量一直遥遥领先，并且具有稳定上升的趋势。对于切屑控制，在切屑卷曲的运动学及力学分析的研究方面具有代表性的当属日本学者中山一雄。由此可以推断，日本在具有切屑排出结构的可转位刀片的生产和应用领域占有一席之地。瑞典、韩国都在 2005 年以后针对可转位刀片切屑排出结构的专利申请量大大增加，而在 2010 年以后申请量有一定的下降。对于韩国而言，1995—2004 年之间的申请量比瑞典少，而在 2005 年以后的申请量大大增加，超过了瑞典的申请量。可见，韩国对于该结构的研究和发展在 2005 年以后有了长足的进步。中国仅在 2010 年以后，对于该主题的专利申请有崛起之势，但是相比日本、瑞典和韩国已经晚了一步。

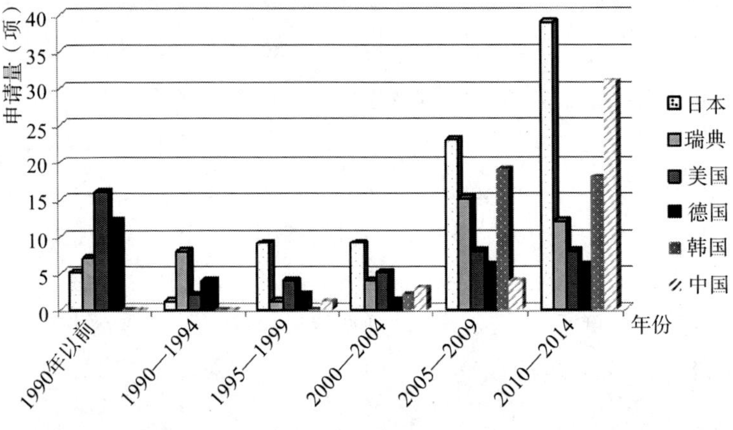

图5　日本、瑞典、美国、德国、韩国和中国六国的专利公开量趋势分析

3. 重要申请人的专利统计

通过统计具有切屑排出结构的可转位刀片全球专利申请，发现仅有八件专利申请的申请人为个人，十四件的申请人为高校；其他绝大多数的专利申请的申请人为公司，可见对于可转位刀片的切屑排出结构主要是在应用中不断发展的，该主题的专利保护与经济活动甚为紧密。

从图4中可以看出，可转位刀片的切屑排出结构相关专利申请的来源国主要是日本，而中国对于该方向的专利申请主要集中在2000年以后。相关资料显示，在我国有关切屑排出结构的可转位刀片的生产主要依赖于从国外进口，然后进行合理的改造。

目前，国外几个著名厂商的槽型系列已经发展得比较完整，适用的切屑用量范围和工件材料种类广，断屑可靠，较好地处理了实用性和通用性的关系，例如日本的京瓷株式会社、瑞典的山高公司以及以色列的伊斯卡有限公司。表1即为专利申请量排名在前十位的重要申请人。从表1中可以看出，申请人主要集中在日本、韩国、瑞典和美国，以色列有一个重要的申请人伊斯卡有限公司；中国仅有哈尔滨理工大学上榜。排名第一的是日本的京瓷株式会社，其专利申请量为53件，遥遥领先于其他重要申请人。该公司对于具有切屑排出结构的可转位刀片的研究已经比较完善。

表1　国内外专利申请主要申请人排名

序号	申请人	数量	申请人国籍
1	KYOC	53	JP
2	SANV	35	SE
3	KORL - N	27	KR
4	KENN	25	US
5	哈尔滨理工大学	14	CN
6	ISCA	14	IL
7	MITV	13	JP
8	SECO	12	SE
9	TAEG - N	12	KR
10	TTUN	11	JP

三、可转位刀片切屑排出结构技术领域分析以及专利技术发展路线

（一）可转位刀片切屑排出结构技术领域分析

可转位刀片切屑排出结构主要分为两大部分，一部分为切屑的卷曲控制，另一部分为刀片的断屑结构。另外，刀片的形状对于切屑排出结构的设置也有一定的影响。

1. 可转位刀片切屑的卷曲控制

受到切削时前刀面上的月牙洼影响切屑卷曲形状的启发，人们在刀具前刀面上预先磨制出凹形来控制切屑形状、尺寸和流向。日本学者中山一雄通过观察切屑的形态，认为切屑存在二维卷曲，即上卷和侧卷。通过可转位刀片前刀面上的凹曲面、小突起、隆起等不同形态可以有效控制切屑的卷曲方向、卷曲尺寸以及切屑的流向。图 6 为可转位刀片切屑的卷曲控制的专利申请分布，从图中可以看出切屑卷曲控制的专利申请主要集中在五个方向：

（1）在刀片的上表面离开切削刃设置有平坦部，而刀片的前刀面与平坦部之间设置一个凹进的曲面结构，主切削刃切削产生的切屑通过凹进的曲面结构进行卷曲。该结构的专利申请量是最大的，占到了 52%的比例。

（2）在上述凹进的曲面配合平坦部结构的基础上，在前刀面凹进的曲面结构中设置小突起，使得切屑卷曲扭转，从而减小切屑对刀片的磨损，该结构的专利申请量占到了 11%。

（3）直接在刀片的前刀面上设置小突起，而不设置任何凹进的曲面结构，使得切屑卷曲扭转。通常情况下，刀片侧面和切削刃上还设置有槽状结构，从而在切削刃上形成切削部和断屑部，小突起设置在刀片的有效切削工件的切削刃的切削部后的前刀面上，而刀片切削刃上凹进的槽状结构形成的断屑部后的前刀面是平坦的结构，切削部切削产生的切屑受到小突起的阻碍向两边扭转，从而冲撞到断屑部上将切屑切断，有效控制切屑的尺寸，该结构的专利申请量为 7%。

（4）在上述凹进的曲面配合平坦部结构的基础上，针对不同的工件材料以及加工精度要求，在前刀面凹进的曲面结构中额外设置各种结构的隆起，使得凹进曲面内设置的切屑卷曲结构呈现复杂的三维曲面，其中的隆起可以有效控制和影响切屑的尺寸和流向，减少切屑对刀片的磨损，该结构申请量占到 3%左右。

（5）其他特殊结构，仅一件。

从上述分析可以看出，对于凹进曲面用于卷曲切屑的结构发展已经比较完善，在工业上的应用数量也最大。对于前刀面上的小突起结构的研究也日趋成熟，凹进曲面内设置的隆起结构呈现复杂的三维曲面，这类结构的研究正处于逐渐发展中，这一方向的发展空间很大。

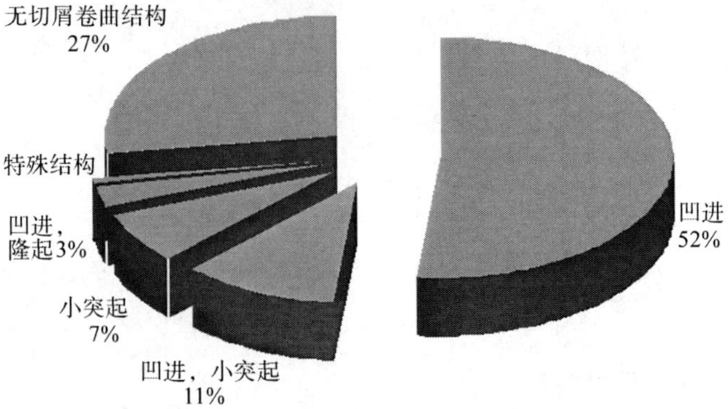

图6　可转位刀片切屑卷曲控制结构专利分布

2. 可转位刀片的断屑结构

切屑的折断，按照折断的不同方式可分为两种：碰断和甩断。前者包括后刀面折断、碰到工件加工表面的折断以及碰到工件待加工面表面的折断。后者在折断时，并不撞击任何障碍物，而是由于动力学的原因，当螺旋形的切屑达到一定的临界长度时，整个切屑突然开始旋转，振幅快速增加，最后由于弯曲应力使切屑折断。这里讨论的是在刀片的合适位置设置一定的结构从而碰断或者切断切屑。

排除掉不设置断屑结构的可转位刀片，图7为可转位刀片的断屑结构专利分布情况。可转位刀片的断屑结构主要有以下几种方式：①刀片具有分割切削刃，切屑被分割切削刃的刃尖部分碰断；②刀片周边上设置有凹部，该凹部阻断切屑；③刀片的端面上设置槽型结构，从而切屑能够被阻断。这几种方式的断屑结构最终形成以下几类专利申请：

（1）刀片端面上的特殊结构，具体为：在刀片的端面上设置槽型或者其他结构，从而形成楞状结构，例如，在刀片中间的安装孔周围设置凸台，用来冲断被卷曲的切屑。这类结构的专利申请量最大，占49%。

（2）刀片周边上的特殊结构，具体为：仅在刀片的周边上形成槽或者凹部。这类结构的专利申请量占7%。

（3）仅用分割切削刃形成的刃尖冲断被卷曲的切屑，这类结构的专利申请占5%。

（4）刀片周边和切削刃上的特殊结构，具体为：刀片周边上的凹部与切削刃相通，从而形成贯通刀片两端面上切削刃以及刀片周边的凹槽，或者贯通刀片一切削刃和侧面的凹槽。切屑被刀片前刀面上的凹部、隆起和（或）小突起扭转和（或）卷曲以后，冲撞到分割切削刃的刃尖部分或者刀片周边凹部与刀片周表面之间形成的楞状结构上时被冲断或者阻断。这类结构的专利申请量占18%。

（5）刀片端面和切削刃上的特殊结构，具体为：刀片具有分割切削刃，并且在刀片的端面上设置槽型结构，该端面上的槽型结构与分割切削刃的凹进部分相贯通；或者是刀片的切削刃为波形结构，并与刀片端面上的波形结构相贯通。当切屑形成后冲撞到分割切削刃的刃尖部分或者是波形切削刃以及刀片端面的波形结构上形成的楞状结构时被阻断。这类结构的专利申请量占14%。

（6）刀片的端面和周边上设置槽或者凹部。这类结构的专利申请量占2%。

（7）刀片的端面、周边和切削刃上都设有特殊结构，例如槽、凹进部分等。这类结构的专利申请量占4%。

（8）其他结构，例如，在刀片的侧面上形成与切削刃平行的槽，刀片的端面和周边上形成的楞状结构，槽贯穿端面、周边和切削刃等。

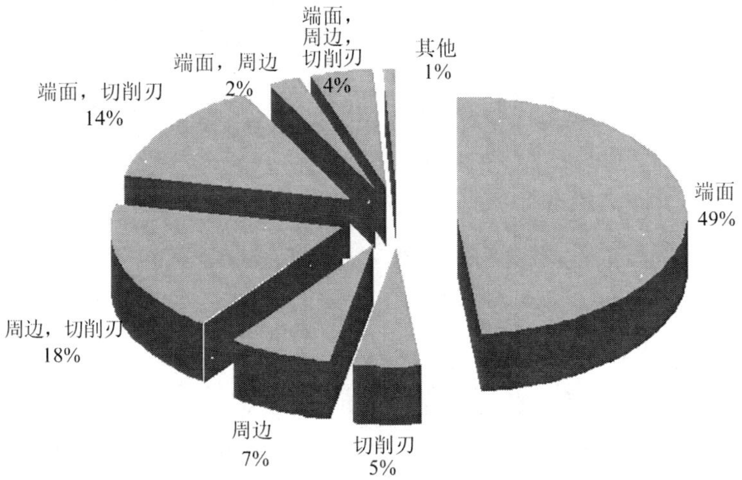

图7　可转位刀片的断屑结构专利分布

从上述分析可以看出，可转位刀片的断屑结构原理已经研究得非常清楚，在应用上，仅设置断屑结构的刀片专利申请较少。因而可以确定刀片的断屑结构通常是与刀片的切屑卷曲结构相配合，共同实现可转位刀片的切屑排出，由此预测接下来专利申请的侧重点即在于此。

3. 可转位刀片的形状分析

并不是所有的切屑排出结构都适用于所有形状的可转位切削刀片。图8和图9所示分别为各种可转位刀片形状及其适用的切屑卷曲控制结构的专利分析，以及可转位刀片形状及其适用的断屑结构的专利分析。

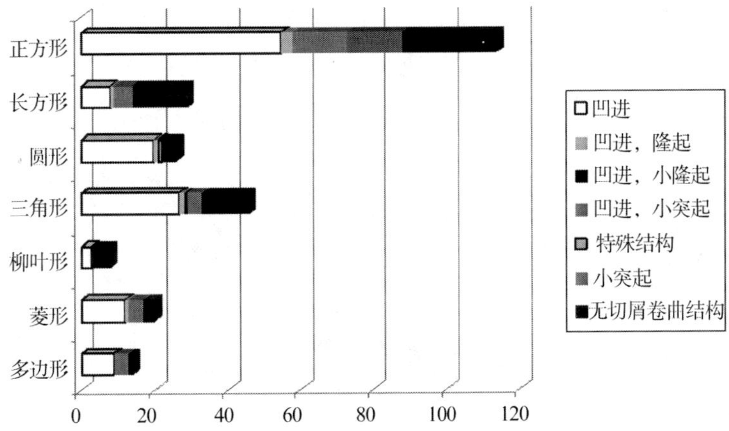

图8　可转位刀片形状及其适用的切屑卷曲控制结构的专利分析

从图 8 中可以看出，对于切屑的卷曲控制结构，切削刃前刀面的曲面凹进对于所有形状的刀片均适用，且这一结构的使用比例在各种形状的刀片中为最大的。切削刃前刀面的曲面凹进配合小突起的结构在圆形刀片和柳叶形刀片中的应用很少，未检索到这类结构的专利申请，在其他各形状的刀片中的应用比例较大，例如正方形、长方形刀片等。切削刃前刀面的曲面配合隆起的结构在菱形、柳叶形中无专利申请。小突起结构仅在长方形、正方形、多边形以及其他结构的刀片中有所应用，在正方形和长方形刀片中的应用比例仅次于切削刃前刀面的曲面结构，发展比较完善。这与刀片的形状相关，比如说柳叶形的刀片通常应用在球头铣刀中，该刀具已经具备切屑排出结构，仅需对切屑做出适当引导即可，因此在切削刃前刀面上设置曲面就可满足需求。圆形刀片中通常不使用小突起，因为该刀片的加工精度较高，切削速率较小，切屑卷曲到一定的长度即可甩断，从而及时地排出，不需要设置小突起引导切屑的卷曲并且冲断切屑以方便适时排出。

从图 9 中可以看出，在柳叶形的刀片中仅使用端面、分割切削刃或者端面楞状结构和分割切削刃配合的断屑结构，这是由于柳叶形的刀片使用在球头铣刀中，切屑残留在柳叶形刀片的端面上，从而从端面上延伸至球头铣刀的刀柄处的排屑槽排出，较少冲到刀片的周边，因而仅在切削刃和端面上设置合适的结构。长方形、正方形和三角形刀片中，基本所有的断屑结构均适用。圆形刀片中很少有在周边上设置槽型的断屑结构，因为圆形刀片通常用于精加工，分割切削刃和周边上的槽型会影响加工精度。周边的槽型配合分割切削刃的断屑结构在长方形、正方形和三角形刀片中的应用比例较大，长方形、正方形和三角形的刀片通常用于粗加工，切屑的尺寸较大、数量较多，通过周边的槽型配合分割切削刃的断屑结构可以及时将切屑切断，从而方便排出，以免影响加工效率，磨损刀具。

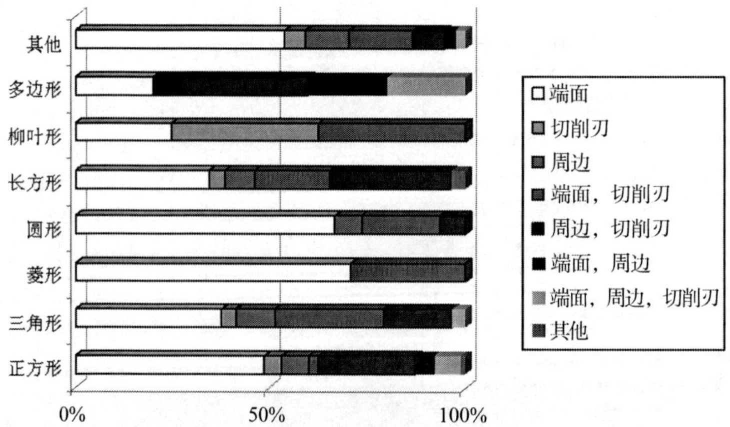

图 9　可转位刀片形状及其适用的断屑结构的专利分析

（二）可转位刀片切屑控制结构专利技术发展路线

可转位刀片通常具有上下两个端面、连接上下两端面的周边以及端面和周边相接触所构成的切削刃、断屑刃等结构。在铣削加工过程中，由于切屑不断形成，控制切屑的尺寸和形状成为提高加工效率的必要条件之一。如图 10 和图 11 所示为可转位刀片切屑排出结构专利技术发展路线，分别为可转位刀片切屑控制结构专利技术发展趋势，以及可转位刀片断屑结构以及刀片切屑控制结构与断屑结构相结合的专利技术发展路线。

1. 可转位刀片切屑控制结构专利技术发展路线

图 10 所示为可转位刀片切屑控制结构专利技术发展趋势。对于切屑卷曲结构，受到切削时前刀面上月牙洼影响切屑形状的启发，人们在刀具前刀面上预先磨制出类似月牙洼的槽型，KENNAMETAL 公司在 1966 年 6 月 16 日提出了申请号为 US19660557962A，发明名称为 CUTTING INSERT 的专利申请，即为这个时期的代表作，其中的 a chip controlling groove 即为设在前刀面的凹进结构，用于控制切屑形状。随后，人们发现，刀片前刀面的凹槽结构能较大地改变切屑的形状和尺寸，并使刀具在更宽的切削用量范围内折断切屑。1972 年 10 月 18 日由 SANV 公司提出的申请号为 US3792515A，优先权号为 SE1360671A 的专利申请中，将刀片前刀面的凹进结构进行改进，用于更好地控制切屑的流向。EUROTUNGSTENE 公司在 1975 年 9 月 12 日提出的申请号为 FR7528886A 的专利申请中，该三角形的刀片在每个前刀面上设有两个形状不同的凹槽；在上述申请的启发下，NITS 公司于 1977 年 10 月 17 日提交了申请号为 JP13884277U，优先权号为 JP1977000038842A（优先权日为 19771017）的专利申请，其中的刀片前刀面上设有连续的小凹进，小凹进之间接触形成小突起；在此基础上，SANDVIK 公司于 1988 年 9 月 22 日提出的申请号为 SE8803354A 的专利申请中，可转位刀片的前刀面设有连续的小凹进，小凹进之间用比小凹进略高的通道连接。在 SAND 公司的申请号为 US3792515A 的专利申请的基础上，SUME 公司于 1984 年 6 月 28 日提出了申请号为 JP9859384U，名称为 throwaway insert 的专利申请，其中的小凹进结构不连续，由此更加有效地控制切屑的卷曲方向和尺寸。还有 KPPP 公司于 1994 年 6 月 7 日提出的申请号为 DE4419839A 的专利申请，以及 SYLV 等公司于 1991 年 1 月 7 日提出的申请号为 US19910638236A 的专利申请，均在前刀面的凹进结构上进行了一定的改进。

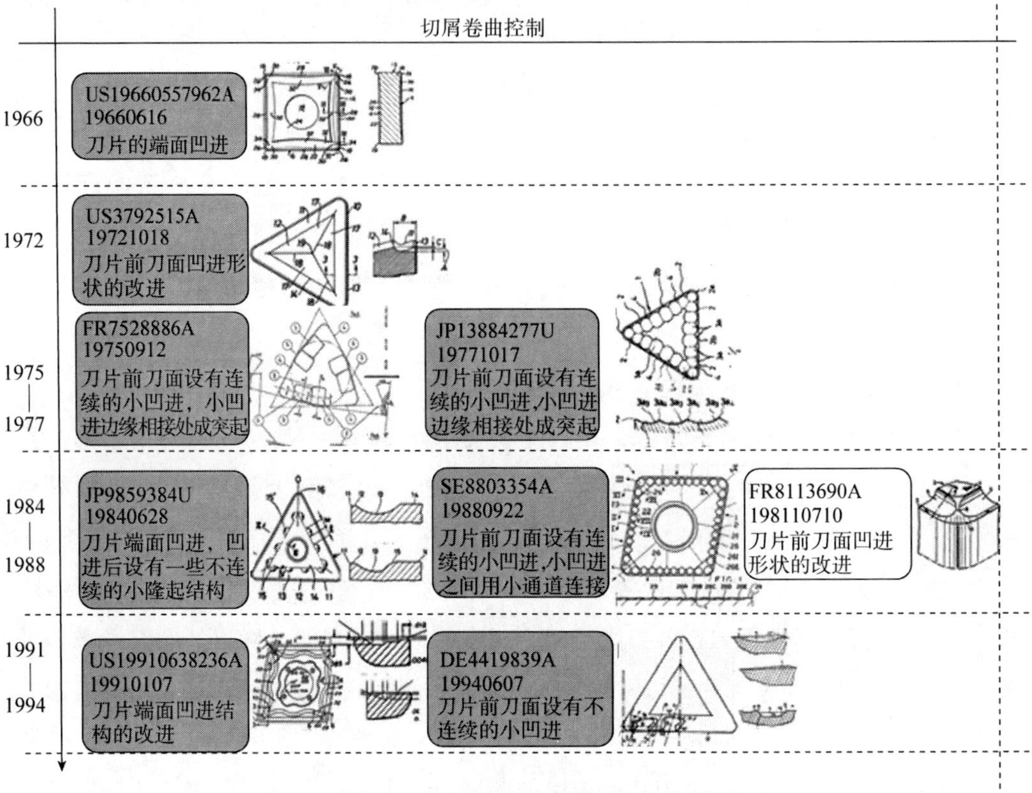

图 10　可转位刀片切屑控制结构专利技术发展趋势

以上为 20 世纪 60 年代到 90 年代时，关于切屑卷曲控制结构的专利发展路线，20 世纪 90 年代以后，对切屑卷曲控制结构的，设在刀片前刀面的凹进槽型结构一直在研究和实践过程中，由于研究的不断深入，槽型结构更加复杂，大致分为以下两个基本类型：①槽型截面的形状；②槽型后的曲面型后壁设计。该结构在申请号为 JP9859384U 的专利申请中已经初见端倪。

2. 可转位刀片断屑结构专利技术发展趋势

图 11 所示为可转位刀片断屑结构以及刀片切屑卷曲控制结构与断屑结构相结合的专利技术发展路线。

对于断屑结构，最初，可转位刀片具有规则的形状，在端面、周边和切削刃上均无任何特殊结构，在切削过程中形成的切屑自然卷曲，最终甩断，然而切屑对于刀片的磨损不容小觑，人们一味地提高刀片的硬度和耐磨性；随后，人们发现在刀片的周边上形成槽或者凹部，并且该槽或者凹部能够延伸到切削刃，从而形成断屑刃，该结构能够有效地切断切屑，从而利于切屑的排出。例如，在 1969 年 7 月 11 日由 FRANK OWEN 提出的个人申请，申请号为 USD3636602A。该结构较为简单，专利申请中仅将凹部的形状做了简单的改进，这里不做过多描述。

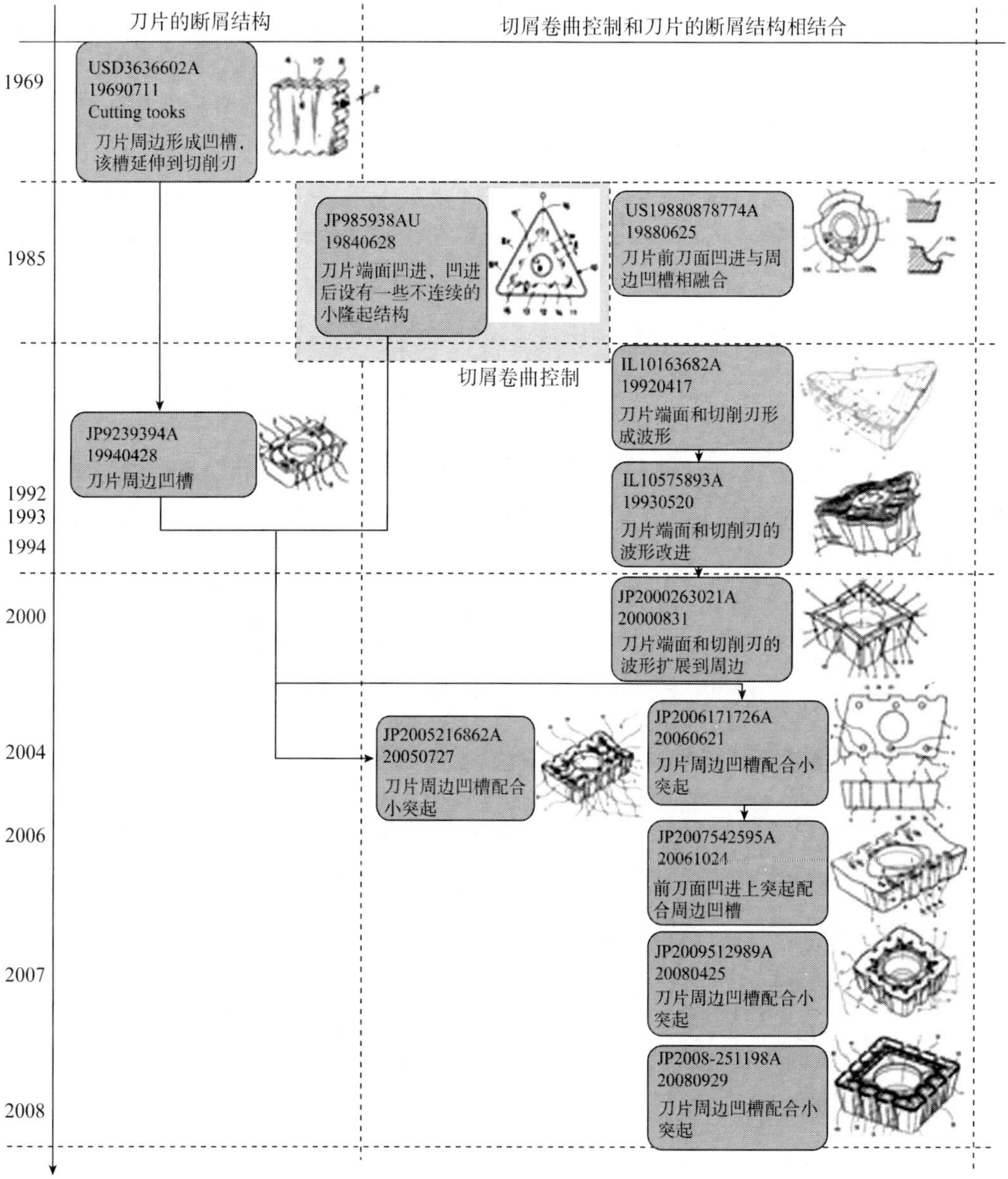

图 11　可转位刀片断屑结构以及刀片切屑控制结构与断屑结构相结合的专利技术发展路线

3. 可转位刀片切屑控制结构与断屑结构相结合的专利技术发展路线

在可转位刀片的切屑控制结构与断屑结构都有一定的发展之后，人们发现，将这两种结构相结合可以更好地排出切屑。开始，MITV 公司首先在圆形的可转位刀片上做了尝试，提出申请号为 US19880878774A，申请日为 1988 年 6 月 25 日的专利申请，该圆形的可转位刀片的圆周面上均匀分布三个凹槽断屑结构，在刀片的端面上设有凹进结构，端面上的凹进结构逐渐融合到凹槽断屑结构中。

值得重视的是，ISCA 公司在 1992 年 4 月 17 日提出了申请号为 IL10163682A 的专利申请，该三角形的可转位刀片的端面上设有波形结构，该波形扩展到切削刃，从而形成断屑刃。在此基础上，波形结构逐渐扩展到刀片的周边结构上，ISCA公司于1993年5月20日提出了申请号为IL10575893A的专利申请，该三角形的可转位刀片上，刀片的前刀面设有连续的小凹进，该小凹进形成一定的波形，波形扩展到切削刃上，并进一步延伸到刀片的周边上。另外，KYOC公司于2000年8月31日提出的申请号为JP2000263021A的专利申请中，方形的切削刃前刀面上的波形结构扩转到切削刃并进一步延伸到刀片的周边上。

另外一方面，在刀片周边断屑结构的基础上，逐渐出现了断屑结构与切屑控制结构相结合的应用。KYOC公司在申请号为JP9239394A的专利申请的基础上，提出了申请号为JP2006171726A、申请日为2006年6月21日的专利申请，平行四边形的刀片上，在两个相互平行的长边周边上均设有三个凹槽断屑结构，在对应于每个凹槽断屑结构之间的刀片端面上设有小突起，在加工过程中切屑形成时，切屑被小突起顶起向两边卷曲，切屑长度增加到碰到切削刃上的断屑刃或者周边上的凹槽结构时，被断屑刃切断，从而利于排出。KYOC公司在申请号为JP9239394A的专利申请的基础上，还提出了申请号为JP2007542595A的专利申请，其中在长方形刀片上对应于每个凹槽断屑结构之间的刀片端面上设有小凹进。紧接着，该公司还提出了一系列的断屑结构与切屑卷曲控制结构相结合的专利申请。

可转位刀片切屑控制结构与断屑结构相结合的专利申请，主要集中于周边的断屑结构与端面的切屑控制结构相配合的逐步改进，包括端面凹槽的位置、高度，小突起的位置、高度，相邻两个小突起之间的过渡等。

四、重要申请人的专利活动

以下重点针对几个重要申请人的专利活动进行描述。

（一）国外重要申请人

1. 京瓷株式会社

作为专利申请量排名第一的京瓷株式会社对于可转位刀片切屑排出结构的研究较多，专利申请质量较高，这里对其专利活动进行分析。

图12所示为京瓷株式会社的专利申请量趋势分析。京瓷株式会社对于可转位刀片切屑排出结构的专利申请活动开始于1994年，2005年以后，各个国家和公司均开始对该主题进行研究和应用，京瓷株式会社也不例外。2005年以后的专利申请量稳步增加，在2009年，京瓷株式会社的专利申请量达到高峰，一年的申请量为9件。从2010年起，申请量有所下降，由此推断，该公司对于这一主题的研究和应用已经日趋成熟。

从该公司申请的专利内容来看，其专利申请主要集中于针对可转位刀片切屑控制结构与断屑结构相结合的切屑排出结构。而从专利技术发展路线上看，率先开始可转位刀片切屑控制结构与断屑结构相结合结构的专利申请的申请人即为该公司，具体的申请日为2006年6月21日，申请号为JP2006171726A的专利申请即针对该主题。该公司对于这一结构的研究和应用较为成熟，专利审查中遇到这一结构，以申请人为京瓷株式会社为入口进行检索可以了解到这一结构的最新动态。

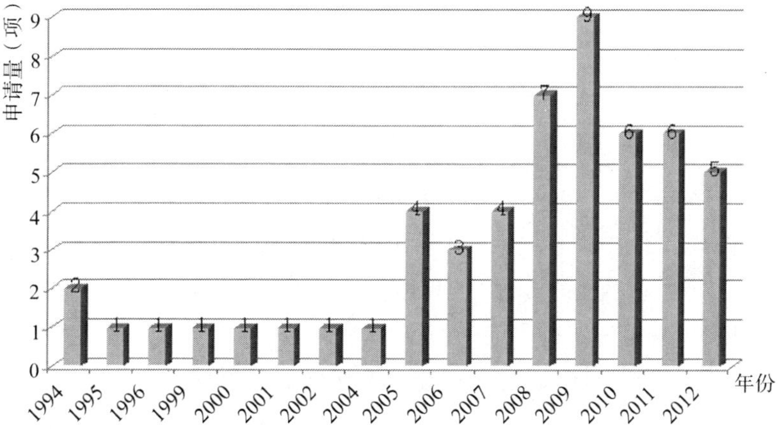

图12　京瓷株式会社的专利申请量趋势分析

2. 山维特克知识产权股份有限公司

瑞典的山维特克知识产权股份有限公司是可转位刀片的重要申请人之一，该公司早在1971年就申请了有关可转位刀片切屑排出结构的专利，申请号为SE197108780A，参见图13。该公司对于可转位刀片端面槽型的改进居多，2000年以后还申请了一些在刀片端面上设置突起结构的专利，而涉及刀片周边设置断屑结构的专利申请极少。

该公司进行相关领域的研究和应用较早，但是发展比较缓慢。可能对于这一领域的重视度不够。

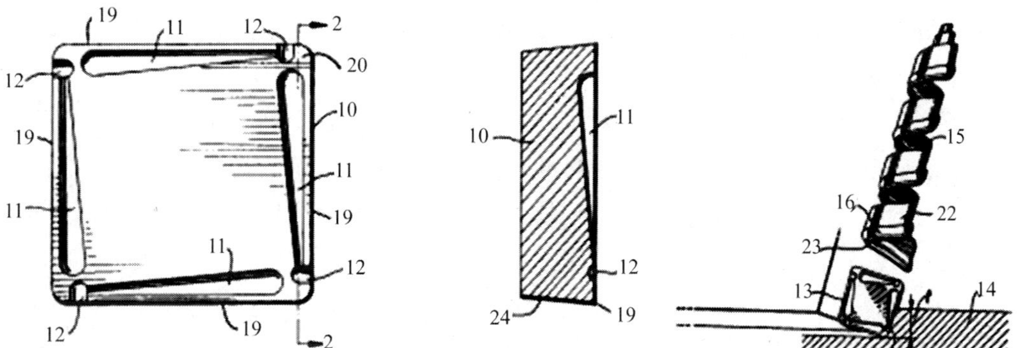

图13　申请号为SE197108780A的专利附图

3. KORL－N

KORL－N是一家韩国企业，全名为韩国冶金株式会社。该公司关于可转位刀片的专利申请集中于2000年以后，最早提出可转位刀片切屑排出结构的专利是在2002年，关于该主题的刀片结构相对简单，刀片端面槽型的改进以及切屑控制结构与断屑结构相结合的结构均有涉及，但是侧重于端面槽型的改进。

如图14所示为该公司申请的刀片端面槽型的截面图（公开号为KR1039888A，公开日2010年7月8日）。

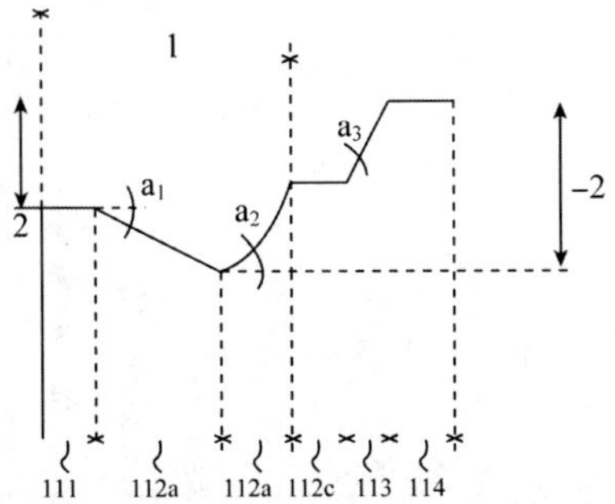

图14　公开号为KR1039888A的专利附图

（二）国内重要申请人

国内的申请人的申请总量为38件，其中哈尔滨理工大学的申请量为14件，株洲钻石切削刀具股份有限公司的申请量为5件，中硬金属切削（大连）有限公司申请3件。下面主要对这三个重要申请人的专利申请侧重点进行总结和分析。

哈尔滨理工大学对于可转位刀片切屑排出结构的专利申请多为专用刀片，刀片形状和结构多变，然而切屑排出结构较为简单，且多为通过刀片端面的凹进和（或）小突起，或者在刀片断面上设置各种楞状突起用来控制切屑的流向。且申请的时间主要集中在2010年以后，还有待进一步的研究和发展，以及结合刀片的实际应用进行改进。

株洲钻石切削刀具股份有限公司对于这一主题的专利申请主要针对切屑控制结构与断屑结构相结合的结构，结合刀片周边的凹槽和端面的凹进和（或）小突起用来控制切屑流动，偏重于应用。

中硬金属切削（大连）有限公司对于这一主题申请的3件专利，其结构均为在刀片的端面上设置凹进结构，刀片的形状较为特殊，切屑排出结构简单，且均为实用新型专利。

从上述分析可以看出，国内对于该项技术的研究和应用较之国际大公司还有很大的差距，研究和应用都不太完善。

五、结　语

本文通过对可转位刀片切屑排出结构领域专利申请的技术分析，得出了该领域的技术密集区和潜在的技术发展点，在此总结如下：

（1）可转位刀片切屑排出结构的理论研究日渐成熟，申请量将逐渐趋于平缓，应用水平逐步提高。

(2) 可转位刀片的切屑排出结构愈加复杂多变，针对切屑控制结构与断屑结构相结合的结构发展比较完善，应用日趋成熟。

(3) 对于可转位刀片的端面凹进和隆起相配合的结构，即端面槽型的截面图有一定变动的结构发展不够完善，该结构对于切屑的卷曲控制具有重大影响，能够带来一定的经济价值，具有进一步研究的价值。

(4) 国内对于该项技术的研究和应用不太完善，可以针对可转位铣刀刀片的端面槽型形状做研究和改进，该方向具有较大的应用前景。

我国在具有切屑排出结构的可转位刀片的生产和应用上与世界先进水平还有很大的差距，目前专利申请人多集中在高校，应当加强国内企业与大学、研究所之间的合作，加大研发力度，寻找新的突破，逐步缩小与国外企业在技术上的差距。

参考文献

[1]《最新使用机械加工手册》编写组．最新使用机械加工手册（上册）[M]．广州：广东科技出版社，1995：738—779.

[2] 冯鸣．硬质合金可转位刀片断屑槽设计及破损机理研究 [D]．硕士学位论文，2007 年.

[3] 何云，黄威武．硬质合金可转位刀片断屑槽研究概况及发展趋势 [J]．硬质合金，2002 (19).

[4] KLUFT, W.; VAN LUTTERVELT, C. A.; NAKAYAMA, K. et al. Present Knolwledge of Chip Control [J]. Annals of the CIRP, 1979 (v28): 441—455.

[5] 中山一雄．金属切削加工理论 [M]．北京：机械工业出版社，1985.

[6] JAWAHIR, I. S; LUTTERVELT, C A. Recent Development in Chip Control Research and Applications [J]. Annals of the CIRP, 1993, 42 (2): 659—693.

与主驱动装置分开的电梯平层控制装置专利技术分析

王 珊

一、引 言

随着城市化进程的持续加深，越来越多的高层建筑开始在城市中拔地而起，城市的建筑空间正在向垂直方向不断延伸，楼层越来越高，在建筑中设置电梯越来越普遍。电梯由电机和制动器将电梯轿厢选择性地移动至所需位置并随后使轿厢停留在该位置，升降机控制器控制升降机的运行以响应乘客对电梯服务的请求，并使电梯轿厢停留在选定的层站，在停靠过程中，如果轿厢底部和门厅地坎不在同一平面，后来再进入轿厢的乘客进入电梯时会有明显的踏空感，严重时会导致跌倒、摔伤等安全问题，因此使轿厢相对于层站停留在合适的高度有助于电梯轿厢在门厅之间轻松通行，轿厢地板理想地与层站地板保持平层以使乘客能够很容易在门厅和电梯轿厢之间移动，同时使有人绊倒的可能性最低。高楼层中通常使用的曳引式电梯，在停靠过程中，由于乘客或物件的乘离使轿厢的负载发生变化，吊放绳索的拉伸量变化，有时会使轿厢的高低有大的偏离，楼层越高，电梯中主机和轿厢相连的钢丝绳总长度就越长，最终的总形变量就越大，因此电梯的平层控制一直是电梯系统的一个难题，平层控制在电梯运行控制中占重要地位。

基于此，本文选取与主驱动装置分开的电梯平层控制装置作为出发点，对与主驱动装置分开的电梯平层控制装置所属领域在中国乃至全球的专利申请数量、国家/地区分布及主要申请公司分布情况进行统计分析，揭示了与主驱动装置分开的电梯平层控制装置的专利技术现状，并着重从轿厢的调节方面分析了与主驱动装置分开的电梯平层控制装置的发展趋势。

二、电梯平层控制装置专利技术现状

（一）数据库的选择

为了全面、准确地反映与主驱动装置分开的电梯平层控制装置领域的专利技术现状及其发展趋势，选择S系统中的CNABS数据库和VEN数据库作为检索数据库。VEN数据库收录全面，使用VEN数据库除可保证使用分类号进行检索的准确性外，还可以避免在专利分析过程中出现大量重复专利记录的弊端。

(二）检索范围及检索时间

电梯的平层控制装置主要集中在以下领域：使轿厢、罐笼或箕斗停止在预定高度的装置（B66B1/36)，并有校正停层高度的装置（B66B1/40)，与主驱动装置分开的平层装置（B66B1/42)。截止时间为 2014 年 5 月 31 日，通过对以上领域限定以合适的关键词检索到的数据量为：在中文数据库 CNABS 中得到发明专利申请 47 篇，在外文数据库 VEN 中，采集申请时间在 1951—2014 年范围之间，得到专利申请 290 篇。

需要说明的是，由于 1951 年前的申请样本较小且与技术主题“与主驱动装置分开的电梯平层控制装置”相关度较小，因此不做参考，由于公开期限问题，截至检索日，2012 年后的专利申请不是最完整的数据。因按照各国专利法的规定，专利申请文献的公开日或公告日通常会晚于其实际申请日，以中国专利数据库为例，发明专利申请通常自申请日（有优先权日的按照优先权日算）起 18 个月公布（除非要求提前公开）；PCT 国际专利申请可能自申请日起 30 个月甚至更长的时间才能进入国家阶段，导致与之相应的国家和地区的公布日期更晚；实用新型专利申请在授权后才能获得公开，因此，实际数据中会出现 2012 年之后的专利申请比实际申请量少的情况，反映到本文中，各项技术申请量年度变化趋势自 2012 年之后出现较为明显的下降，原因即为此。

(三）中国专利申请状况

1. 中国专利申请量分析

图 1 显示了与主驱动装置分开的电梯平层控制装置领域中国历年专利申请量的变化情况，可以看出，在与主驱动装置分丌的电梯平层控制装置领域，1996—2009 年，中国专利申请量一直维持在平均每两年 4 件的水平左右，自 2010 年开始出现激增，两年申请量达到 14 件的顶峰，且其中对多层轿厢的调节达到 9 件，显示出随着电梯形式的多样化和电梯结构的相对成熟，对应的平层控制装置技术也在积极地发生适应性的变化，对电梯平层控制装置的技术研究逐步成熟。

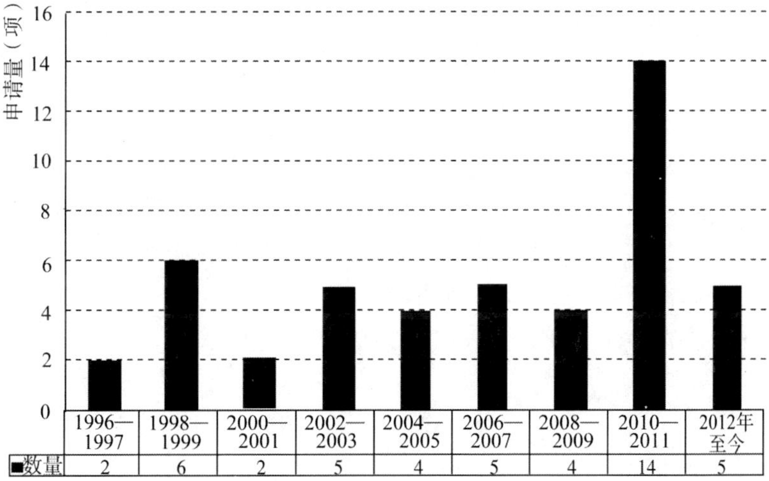

图 1　中国历年专利申请分布

2. 申请人分析

图2显示了与主驱动装置分开的电梯平层控制装置领域的中国专利的申请人及其专利数量。47件专利中45件专利来自国外申请人，国内申请人的申请数量仅占4.3%，排在第一位的株式会社日立制作所，在与主驱动装置分开的电梯平层控制装置领域的中国专利申请数量占28%，仅次于它的是东芝，占比17%，因温特奥17%，三菱电机株式会社13%，奥的斯9%，上述5个申请人的申请数量占总申请量的84%。来自日本的申请人日立、东芝、三菱、油压驱动工业株式会社、株式会社特克诺索菲亚的专利申请量占总量的62%，通过上述统计分析可知，在与主驱动装置分开的电梯平层控制装置领域，日本在中国的专利申请占明显优势地位。另外可以看出，来自芬兰的因温特奥在中国进行了非常积极的专利申请。

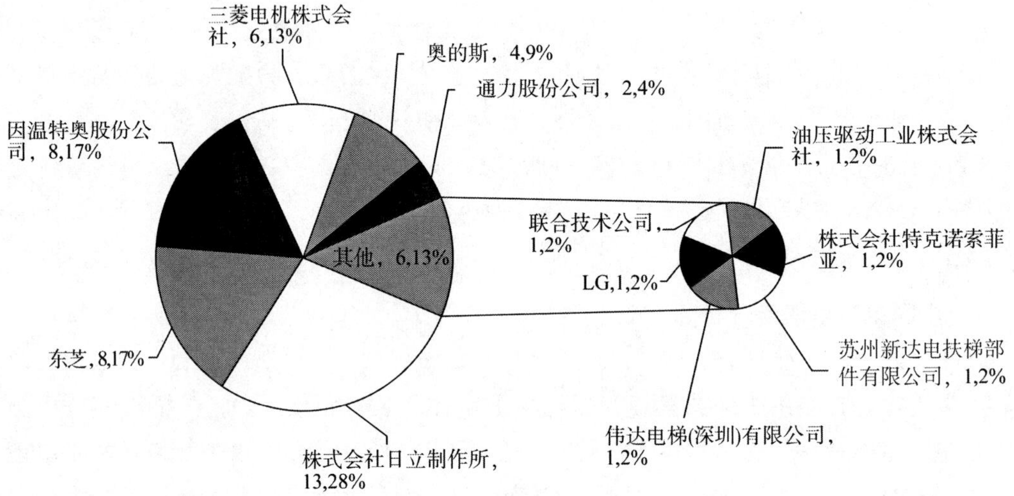

图2 中国专利申请人分布

（四）全球专利申请状况

1. 历年专利申请数量分析

图3显示了全球与主驱动装置分开的电梯平层控制装置领域每10年专利申请数量的变化情况，可以看出，与主驱动装置分开的电梯平层控制装置领域的专利申请在1951—1990年这四十年期间呈波动增长：1951—1960年30件，可以看出该领域的初始投入比较大；1961—1970年回落至11件；而1971—1980年则有较大的增长，增至48件；1981—1990年有所回落；1991—2000年的申请数量增加到57件；而2001—2010年的申请数量则达到99件的顶峰，说明这一时期是该领域申请的鼎盛时期，显示出当时对与主驱动装置分开的电梯平层控制技术的研发进入了飞速发展的阶段。

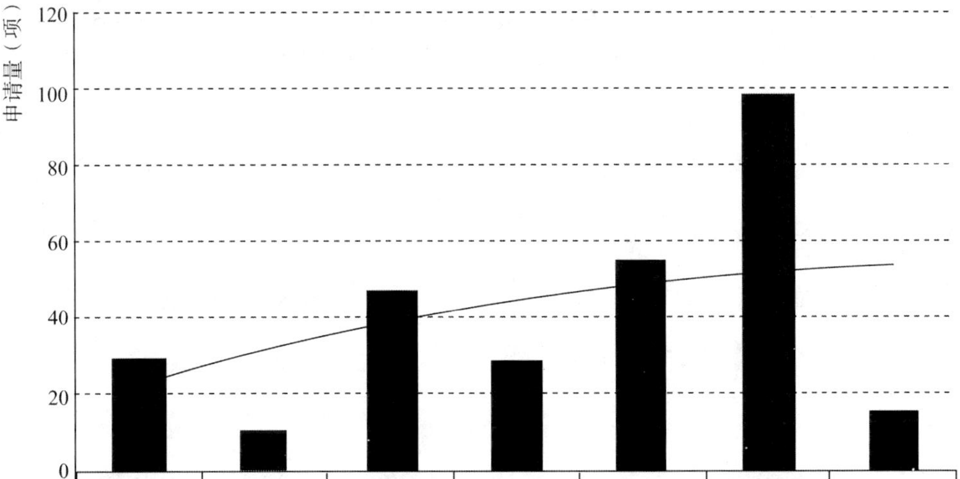

	1951—1960	1961—1970	1971—1980	1981—1990	1991—2000	2001—2010	2011—2014
■ 数量	30	11	48	29	57	99	16

图 3　全球历年专利申请

2. 专利申请区域分析

图 4 显示了与主驱动装置分开的电梯平层控制装置领域的地区分布，可以看出，在该领域中专利申请量排名前五位的国家与地区依次为日本、美国、欧洲、芬兰和英国。从专利申请量的分布情况看，日本在电梯平层控制领域占据着绝对优势的地位，其申请量占专利申请总量的 48%，基本掌握了该领域的核心技术。上述五个国家与地区在该领域的专利申请总量达到该领域专利申请总量的 79%。可见，这五个国家在电梯平层控制领域几乎占据着垄断性地位，其他国家与它们相比存在很大差距。

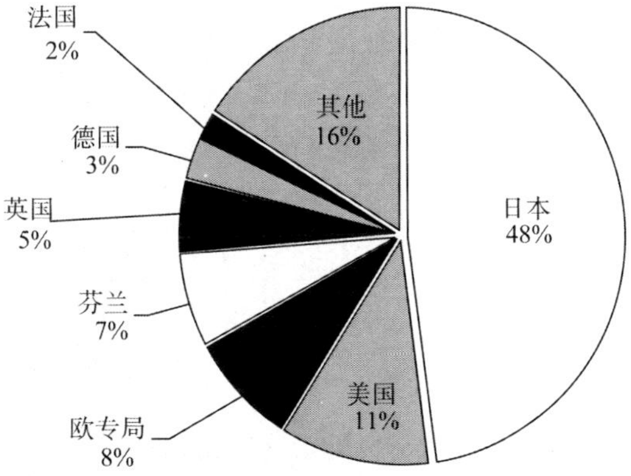

图 4　全球专利申请区域分布

3. 专利申请历年区域分析

图 5 显示了与主驱动装置分开的电梯平层控制装置领域的专利申请的地区时间分布（其中 JP 为日本，US 为美国，GB 为英国，EP 为欧专局，FI 为芬兰），可以看出在 1960 年以前，没有日本申请，英国、美国申请占主要地位，自从 1970 年 4 月 7 日日本提出第

一项专利申请以来，日本的专利申请量激增，在接下来的1971—1980年以绝对主导的地位进行专利申请，说明日本在该时期对电梯平层的控制投入了大量的研究，其申请量更是在此后稳稳占据主导地位。

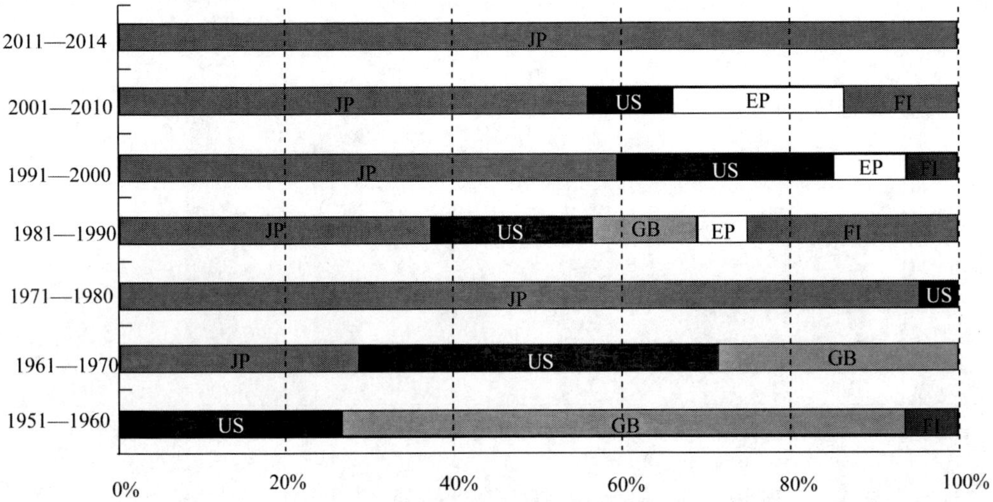

图5　全球专利申请地区时间分布

4. 专利申请人分析

图6显示了与主驱动装置分开的电梯平层控制装置领域的专利申请的申请人及其专利数量。由图6可以看出37%左右的申请是各个小型企业的单个申请，不具备代表性，因此，针对余下63%的申请进行分析，可以看出，前五名的排名状况为：三菱和东芝分别以13%并列排名第一，因温特奥9%，株式会社日立制作所9%，通力7%，奥的斯6%。其分布与中国专利申请相比，前四名只是排名顺序略有变化。通力以7%比奥的斯6%略胜一筹，而上述6个申请人的申请数量占总申请量的57%，约占余下63%申请量的91%，通过上述统计分析可知，在与主驱动装置分开的电梯平层控制装置领域，三菱、东芝、因温特奥、日立、通力、奥的斯明显占主导地位。

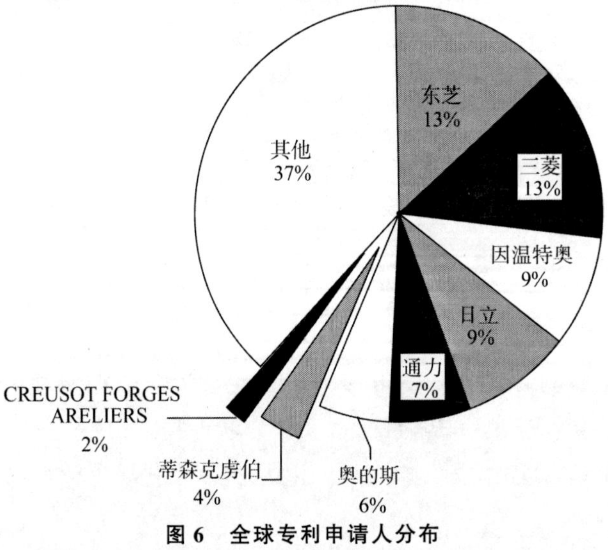

图6　全球专利申请人分布

5. **重要申请人的历年申请量**

图 7 示出了主要申请人从 1951 年至 2014 年间的申请量趋势，从图中可以看到，三菱、日立早在 1990 年以前就有较多的技术产出，1991—1995 年期间三菱仍保持领先地位，1996—2000 年期间东芝大量投入该项领域的研究，并一度超过三菱的申请量，一直至 2005 年，东芝的申请量都保持着较高水平，技术发展逐渐成熟，2006—2010 年期间因温特奥专利申请量有大幅跳跃，并超过东芝申请量，成为申请量第一，很可能是在技术上取得一定的突破。

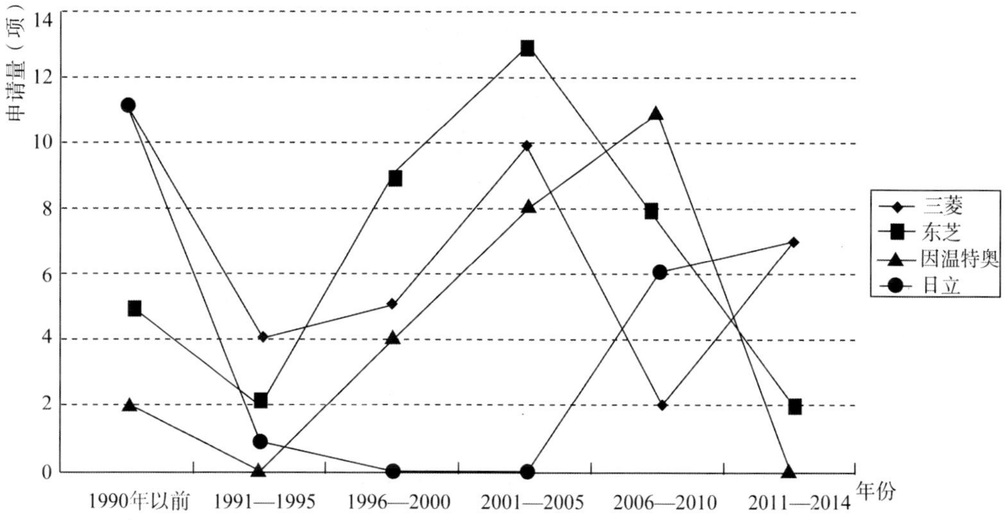

图 7　全球专利重要申请人年历

三、电梯平层控制装置技术发展分析

（一）电梯平层控制技术分解

1. 技术分解

如背景中所提到的，不平层的主要形成原因是绳索的形变，因此吸收绳索的形变成为本领域的追求方向，针对上述需求，浏览专利申请文件表明在平层控制方面，主要分为如下几个技术分支：①对绳索回路的调节；②对轿厢的调节；③基于位置检测进行平层控制。表 1 为各个技术分支的分解表。

表 1　电梯平层控制技术分解表

绳索回路的调节	对绳索调节
	对绳头调节
	对绳轮调节

续表

轿厢的调节	单个轿厢的调节	对地板调节
		调节轿厢相对于轿厢框架的位置
	多层轿厢的调节	多层轿厢的平层调节结构
		多层轿厢的平层调节方法（基于位置、基于速度）
基于位置检测进行平层控制		检测方法
		控制方法

各个技术分支的专利申请比例如图 8 所示。

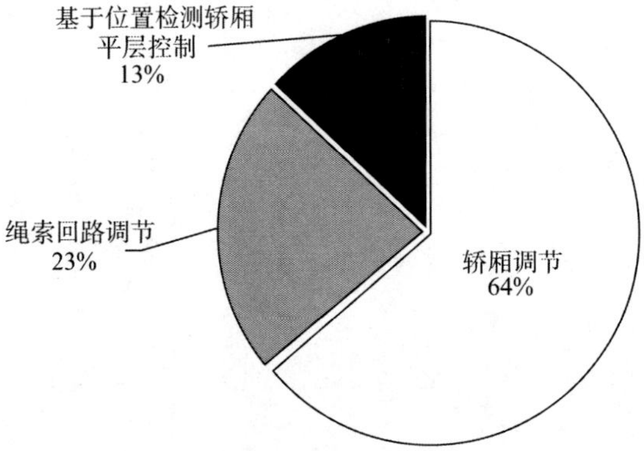

图 8　技术分布示意图

由图 8 可以看出，通过对轿厢的调节进行平层控制占 64%之多，可知在平层控制中，对轿厢的调节方式的研究投入较大。

2. 重要申请人的技术分布

下面针对重要申请人的技术分布做出分析：

由图 9 可以看出，各个申请人通过对轿厢的调节进行平层控制均占该领域申请的主导地位，即各个申请人针对轿厢的调节方式的投入研究较大，后文将会着重针对轿厢的调节做详细分析。

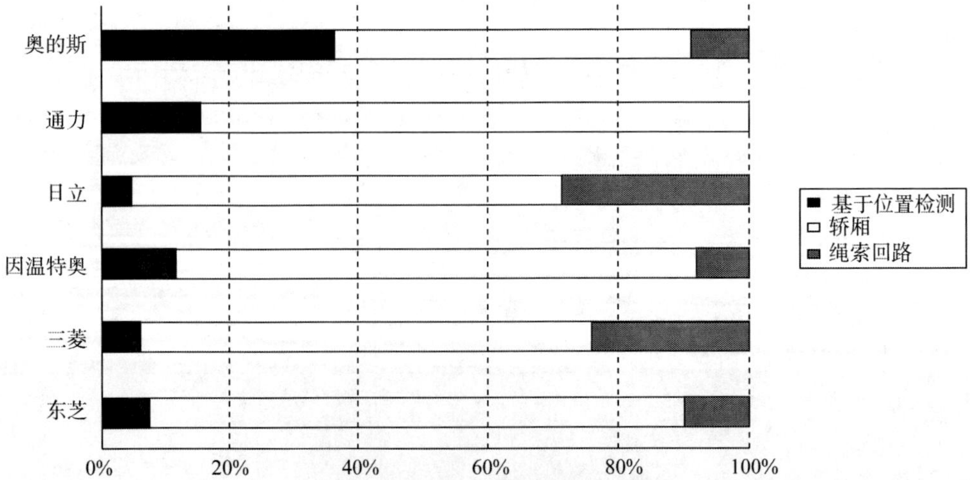

图 9　重要申请人技术分布示意图

从图 10 中可以看出，东芝自 1996 年之后重点对轿厢调节分支投入，东芝在绳索回路调节分支的代表性专利为通过在主绳索连接固定端头设置伸缩调节的装置进行平层控制的 JPS6460585A（申请日 1987.08.31）；重点投入的轿厢调节分支代表性专利为通过螺杆方式调节的 JP2004067286（申请日 2002.08.05）、通过齿轮传动方式进行调节的 JP2004307158A（申请日 2003.04.08），以及通过控制速度进行平层控制的 JP2012180183A（申请日 2011.03.01）；基于位置检测进行平层控制分支的代表专利 JPH0958938A（申请日 1995.08.25）。

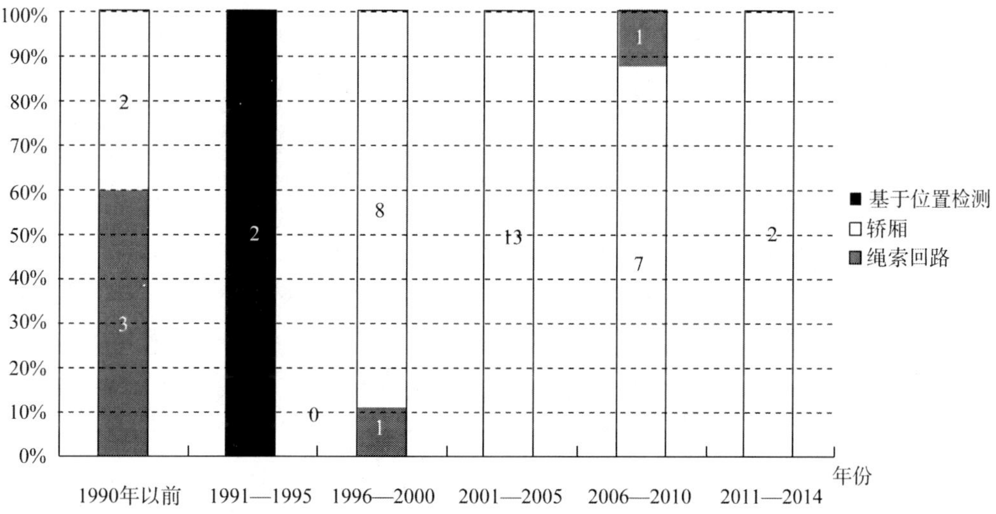

图 10 东芝专利历年的技术分布状况

从图 11 中可以看出，三菱自 1996 年之后对绳索回路分支的投入逐步减少，三菱在 2005 年以前在绳索回路调节分支均有投入，其代表性的专利为通过在主绳索回路上设置可伸缩的张紧装置进行平层控制的 JPH0859106A（申请日 1994.08.18）、通过在主绳索绳头固定位置设置可伸缩的调节装置进行平层控制的 JPS5030247A（申请日 1973.07.18）；重点投入的轿厢调节分支代表性专利为通过调节轿厢顶部位置对单个轿厢进行平层控制的 JPS5412698B2（申请日 1971.12.30）、通过绳轮配合调节双层电梯之间间距的 JP2007331871A（申请日 2006.06.14）、通过检测装置分别对双层电梯进行平层控制的 JP2002338154A（申请日 2001.05.11），以及分别控制双层电梯各个轿厢速度以进行平层控制的 JP2001171924A（申请日 1999.12.20）；基于位置检测进行平层控制分支的代表专利 JP2013227133A（申请日 2012.04.26）。

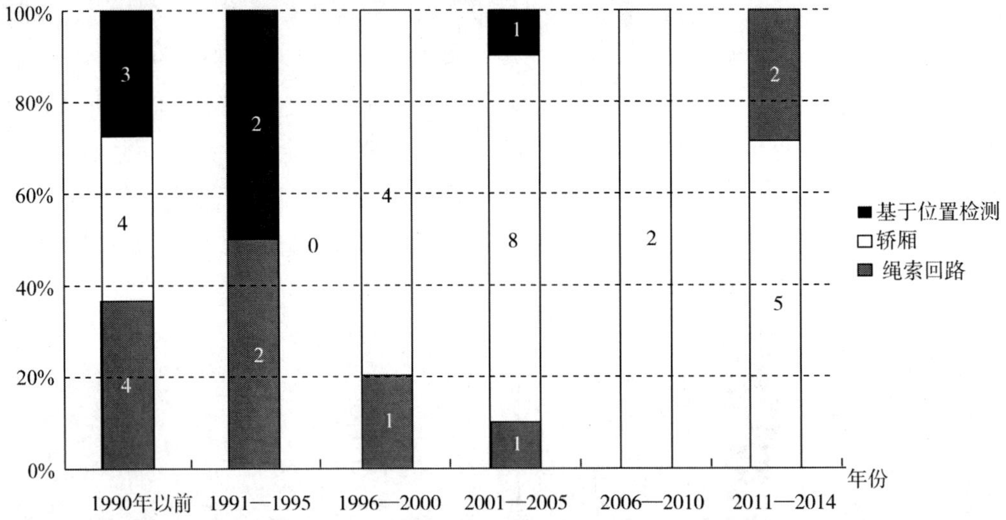

图 11　三菱专利历年的技术分布状况

从图 12 中可以看出，日立自 1991 年之后仅对轿厢调节分支投入，日立在绳索回路调节分支的代表性专利为通过在主绳索连接固定端头设置液压调节装置的 JPS61130190A（申请日 1984.11.30）；重点投入的轿厢调节分支代表性专利为通过设置在轿厢底板上的可伸缩调节装置对单个轿厢进行平层控制的 JP2012166947A（申请日 2011.02.17）、通过检测装置分别对双层电梯进行平层控制的 JP2011116541A（申请日 2009.12.07）、通过绳轮配合调节双层电梯之间间距的 JP2011140374A（申请日 2010.01.06）、通过螺杆方式调节双层电梯之间间距的 JP2011173708A（申请日 2010.02.25）；基于位置检测进行平层控制分支的代表专利为 JPS52160960U（申请日 1976.05.31）。

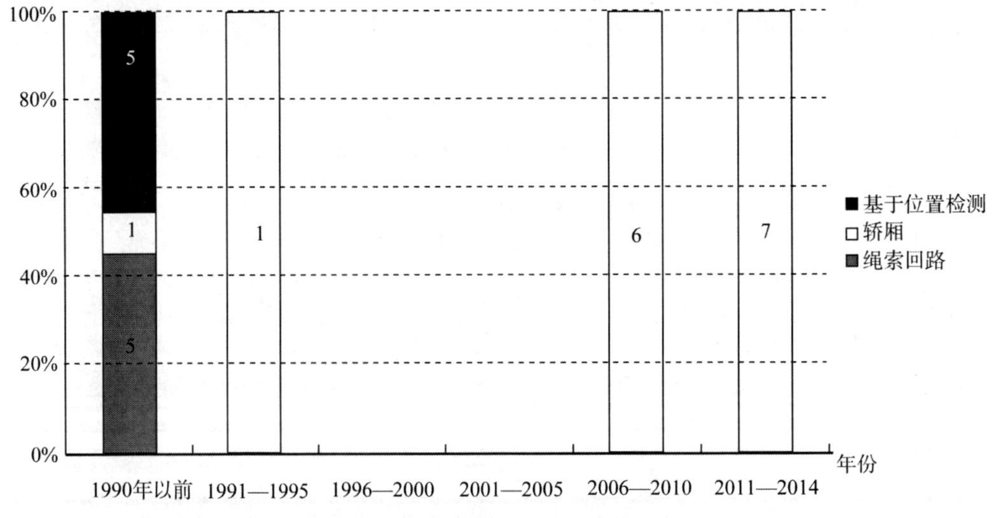

图 12　日立专利历年的技术分布状况

从图 13 中可以看出，因温特奥自 1996 年之后着重对轿厢调节分支投入，因温特奥在绳索回路调节的分支的代表性专利为通过主绳索与轿厢连接位置设置调节装置进行平层控制的

CH340029A（申请日 1955.12.29）；重点投入的轿厢调节分支的代表性专利为通过在轿厢底部设置调节装置进行平层控制的 EP2033925A（申请日 2007.08.29）、通过绳轮配合调节双层电梯之间间距以驱动方式为特征的 HK1083618A（申请日 2004.03.17）、通过绳轮配合调节双层电梯之间间距以绳轮布置方式为特征的 US2012318614A（申请日 2009.12.15）、设置液压调节装置调节双层电梯之间间距的 WO2011082898A1（申请日 2009.12.15）、通过齿条方式调节双层电梯之间间距的 WO2011073029A1（申请日 2009.12.15）；基于位置检测进行平层控制分支的代表性专利为 US2003164266A（申请日 2002.03.04）。

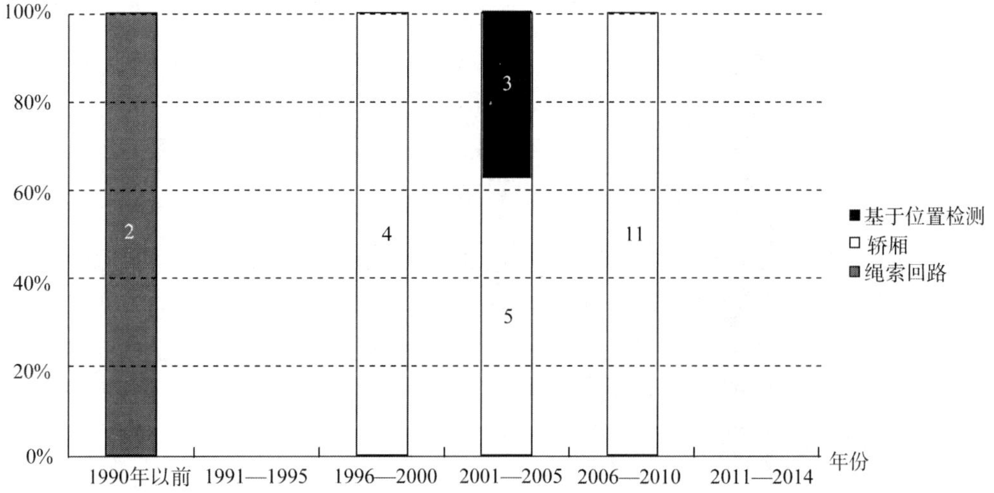

图 13　因温特奥专利历年的技术分布状况

从图 14 中可以看出，通力在 2005 年以前在基于位置检测分支与轿厢调节分支均有投入，通力重点投入的轿厢调节分支代表性专利为通过绳轮配合调节双层电梯之间间距以绳轮布置方式为特征的 FI20031148A0（申请日 2003.08.12）、FI20051336A（申请日 2005.12.29）、通过检测装置分别对双层电梯进行平层控制的 WO2004087552A1（申请日 2003.04.02）；基于位置检测进行平层控制分支的代表专利为 US5798490A（申请日 1993.12.28）。

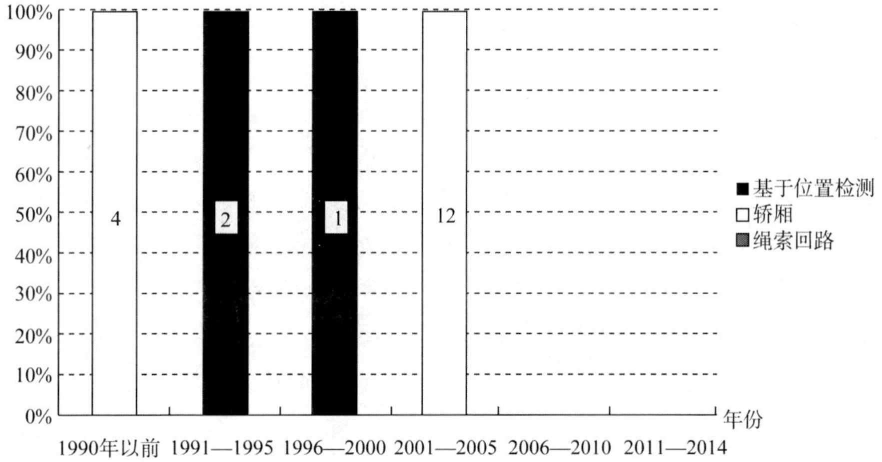

图 14　通力专利历年的技术分布状况

从图15中可以看出，奥的斯在1991年以后在基于位置检测分支与轿厢调节分支均有较大投入，奥的斯在绳索回路调节分支的代表性专利为通过主绳索与轿厢连接位置设置调节装置进行平层控制的US6065569A（申请日2000.05.23）；重点投入的轿厢调节分支代表性的专利为通过设置在底部的可伸缩调节轿厢的装置对单个轿厢进行平层控制的WO2009110907A1（申请日2008.03.07）、通过设置在双层轿厢之间的伸缩装置调节轿厢间距的DE69808826T（申请日1997.04.11）、通过检测装置分别对双层电梯进行平层控制的JP2004168530A（申请日2002.11.22）；基于位置检测进行平层控制分支的代表性专利为US2006065489A1（申请日2003.02.03）。

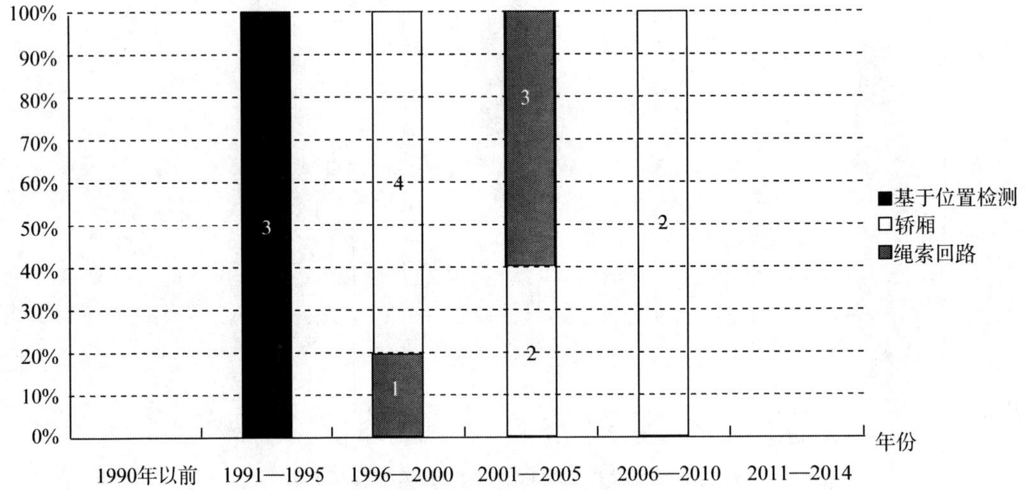

图15　奥的斯专利历年的技术分布状况

3. 分析

从图10～图15显示的各重要申请人在电梯平层控制领域历年的技术分布状况，可以看出日本地区的申请人在该领域投入较早，在1990年以前日本地区的申请人在电梯平层控制各个技术分支的投入相较于欧美申请人都比较多，并且不同地区的申请人的技术侧重略有不同：如日本地区的申请人三菱、东芝、日立，侧重在绳索回路的调节、轿厢的调节分支的投入，而欧美地区的申请人因温特奥、通力、奥的斯则侧重在轿厢的调节、基于位置检测进行平层控制方面的投入。

从2001年起，绳索回路的调节、基于位置检测进行平层控制分支专利申请量均有所回落，说明绳索回路的调节、基于位置检测进行平层控制分支的技术已经较为成熟；而从1996年开始各申请人将重点转移到轿厢的调节分支，在该分支下，对于单个轿厢平层控制从主要集中在对轿厢相对于框架的位置的调节发展为较为简化的对轿厢底板的调节（如东芝的申请JP2012166947A，申请日2011.02.17）；对于双层轿厢的平层控制从对调节方式的改进，发展为通过与检测装置相配合的平层控制，并进一步发展为较精密的通过控制轿厢速度进行平层控制的方式，并且在轿厢的调节分支的投入仍然持续稳定，说明轿厢调节分支仍有较大的发展空间。

（二）电梯平层控制各技术分支分析

1. 电梯平层控制技术——对绳索回路的调节

对绳索回路的调节：基于平层控制需要产生的主要原因——绳索形变，采用直接在绳索回路上设置调节装置进行吸收的技术手段，主要分为在绳索上设置调节装置、对绳头调节和对绳轮调节：

（1）在绳索上设置调节装置：首先提出了专利GB798760A（申请日1958.07.23）在绳索上设置可以调节绳索伸长状态的装置，JPS50114862U（申请日1975.09.19）在绳索回路上设置可移动的张紧滑轮，以及JPH0859106A（申请日1994.08.18）在曳引轮与转向轮之间设置有可移动的张紧滑轮。随着建筑中的呼叫需求增多，而产生在一个曳引绳轮上同时曳引两个轿厢，在JP4212890B2（申请日2002.12.26）、JP2005280988A（申请日2004.03.30）等专利中提出在两个牵引轿厢之间的绳索上设置调节绳轮进行轿厢平层控制。

（2）对绳头调节：提出了专利FR1064070A（申请日1952.10.03）在与轿厢连接的绳头处设置液压调节装置，专利US2742108A（申请日1955.02.24）中绳头连接板通过螺纹与电机驱动的螺杆连接，以螺纹调节方式调节绳头的位置。

（3）对绳轮调节：在专利GB1006905A（申请日1961.07.18）、US3158228A（申请日1961.07.18）、FR1329220A（申请日1962.07.17）中提出在转向轮上设置液压装置进行平层调节。

表2　对绳索回路的调节的代表性专利

技术分支	图解	技术要点	代表性专利文献
在绳索上设置调节装置	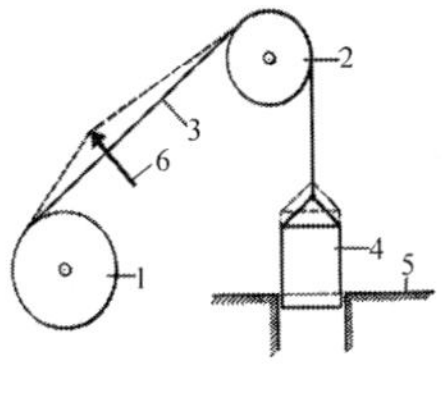	通过在绳索回路上设置张紧调节装置来调节平层的方法，包括：通过液压缸、曲柄机构或电机对绳索的伸长量进行调节，进而实现平层	GB798760A（申请日1958.07.23）、JPS50114865U（申请日1975.09.19）、JPH0859106A（申请日1994.08.18）、JP4212890B2（申请日2002.12.26）、JP2005280988A（申请日2004.03.30）
对绳头调节	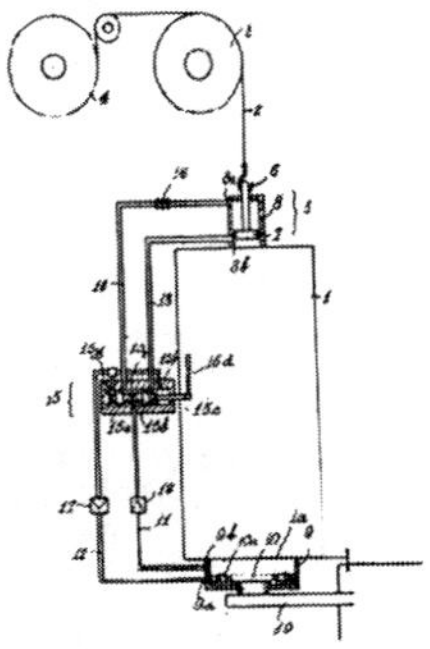	通过在绳头连接部分设置可伸缩调节的装置实现平层的方法，包括：通过在绳头连接处设置液压缸、螺纹调节机构，吸收绳索伸长量，进而实现平层	FR1064070A（申请日1952.10.03）、US2742108A（申请日1955.02.24）

续表

技术分支	图解	技术要点	代表性专利文献
对绳轮调节	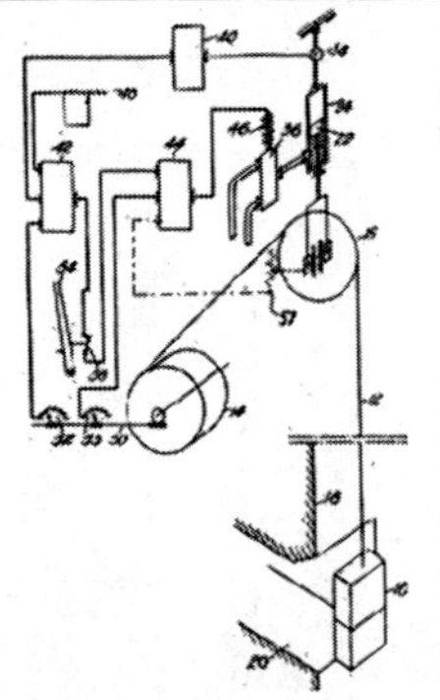	通过在导向轮部分设置可伸缩调节的装置实现平层的方法，包括：通过在绳头连接处设置液压缸，吸收绳索伸长量，进而实现平层	GB1006905A（申请日 1961.07.18）、US3158228A（申请日 1961.07.18）、FR1329220A（申请日 1962.07.17）

2. 电梯平层控制技术——对轿厢的调节

对轿厢的调节：对轿厢的调节又分为对单个轿厢的调节和对多层轿厢的调节，其比例如图 16 所示。

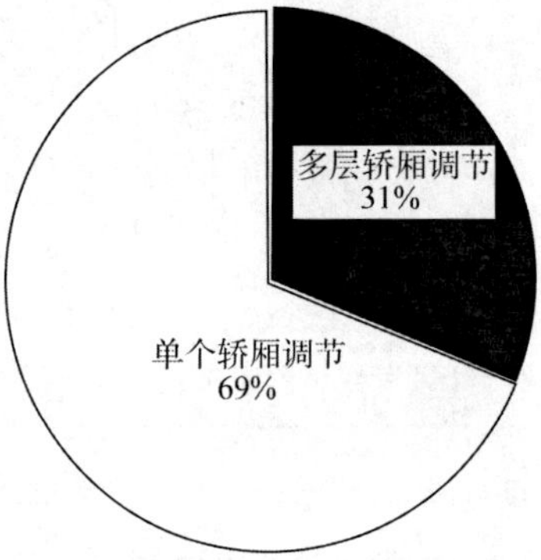

图16　对轿厢调节的专利申请分布

由此可知，对多层轿厢的调节占很大比例，因此在新的 CPC 分类体系中增加了新的 5 点组 B66B1/452，适用于一个框架中具有多个轿厢的多层轿厢。

（1）对多层轿厢的调节

随着楼层的增高，运输量的增大，为了增大轿厢的容量而出现多层轿厢，如图 17 所示。

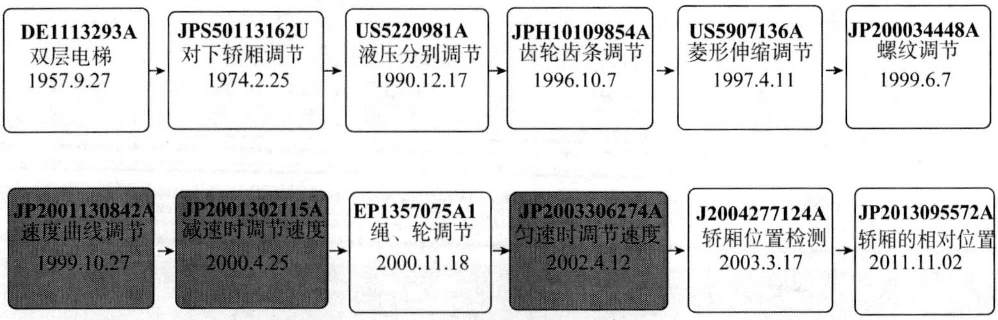

图 17　多层轿厢发展路线图

在专利 DE1113293A（申请日 1957. 9.27）中首次提出了采用双层轿厢在建筑中运行，由于楼层的间距存在差异，在双层电梯平层过程中就会出现有轿厢不平层的情况，从而在专利 JPS50113162U（申请日 1974. 2.25）中提出了在轿厢框架下部设置液压装置对下部轿厢进行调节，从而实现双层电梯均能进行平层，而这样的结构会造成上部的轿厢无法精准调平。为了解决该问题，专利 US5220981A（申请日 1990.12.17）中提出了在上、下轿厢下部均设置液压装置，分别对各个轿厢位置进行调节，然而多个液压装置的设置会增加轿厢重量，也会增加控制成本，为了简化各个轿厢的控制结构，专利 JPH10109854A（申请日 1996.10.07）中提出了在上、下轿厢之间通过齿轮、齿条啮合的方式进行调节，专利 US5907136A（申请日 1997.04.11）中 提出了在上、下轿厢之间设置千斤顶式棱形结构对轿厢位置进行调节，专利 JP200034448A（申请日 1999.06.07）中提出了令上、下轿厢分别与螺纹纹路相反的螺杆配合，实现上、下轿厢的相对运行，进行轿厢位置控制，专利 EP1357075 A1（申请日 2000.11.08）中提出了通过绳索与滑轮的配置引导上、下轿厢的相对运行。为了进一步实现对上、下轿厢位置的精确控制，专利 JP2004277124（申请日 2003.03.17）中提出了分别对轿厢位置进行检测，并基于该检测进行控制，进一步为了精确检测轿厢位置，专利 JP2013095572A（申请日 2011.11.02）中提出了检测轿厢与轿厢框架的相对位置，并基于该位置信号进行控制。另一条技术分支是针对各个轿厢的速度进行控制来实现平层：专利 JP2001130842A（申请日 1999.10.29）中提出通过调节装置以一定速度曲线驱动轿厢相对于框架移动以实现平层控制，在运行过程中会被乘客感知到造成不好的乘梯体验，专利 JP2001302115A（申请日 2000. 4.25）中提出了在轿厢框架减速的同时，开始调节轿厢间距并在减速期间完成该调节操作，而由于集中在减速期间对轿厢进行调节会使得乘客感到不协调因而感到不舒适，对此专利 JP2003306274A（申请日 2002.04.12）中提出了在匀速运行开始时调节操作以减轻乘客不适感。

表 3　多层轿厢平层控制技术分析表

技术分支	公开/公告号	图解	技术要点
多层轿厢的平层调节结构	DE1113293A（申请日 1957.9.27）	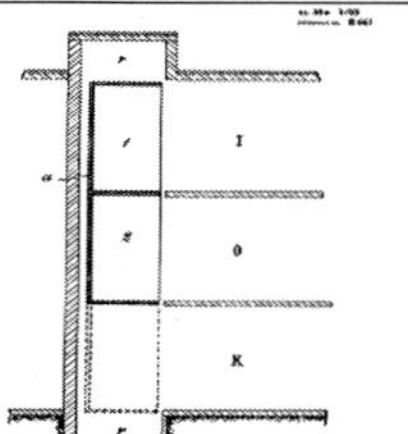	双层轿厢在建筑中运行
	JPS50113162U（申请日 1974.2.25）	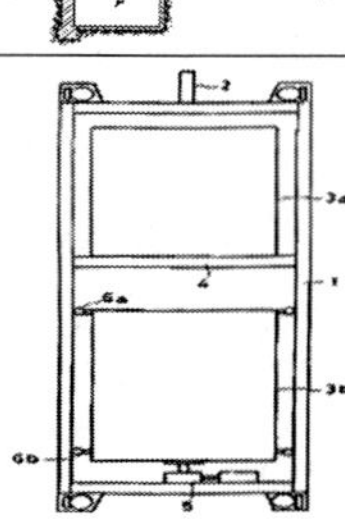	在轿厢框架下部设置液压装置对下部轿厢进行调节

续表

技术分支	公开/公告号	图解	技术要点
多层轿厢的平层调节结构	US5220981A（申请日 1990.12.17）	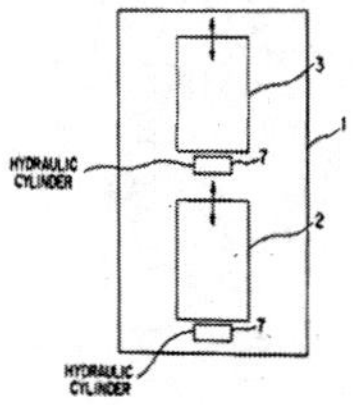	在上、下轿厢下部均设置液压装置，分别对各个轿厢位置进行调节
	JPH10109854A（申请日 1996.10.07）	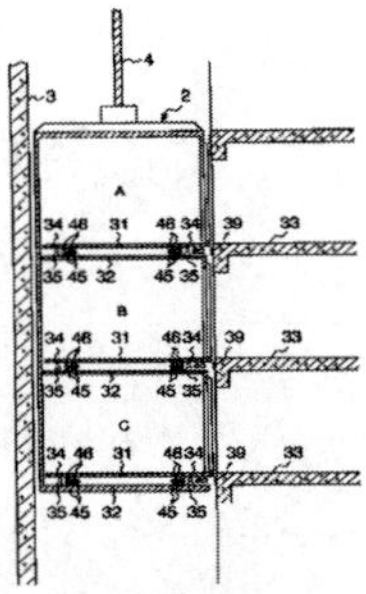	在上下轿厢之间设置齿轮、齿条啮合的方式进行调节
	US5907136A（申请日 1997.04.11）	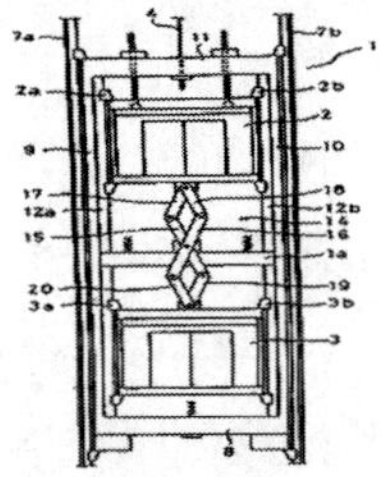	在上下轿厢之间设置千斤顶式棱形结构对轿厢位置进行调节
	JP200034448A（申请日 1999.06.07）	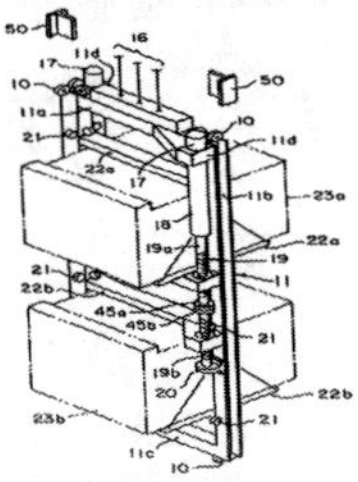	上、下轿厢与螺纹纹路相反的螺杆配合，实现上、下轿厢的相对运行，进行轿厢位置控制
	EP1357075A1（申请日 2000.11.08）	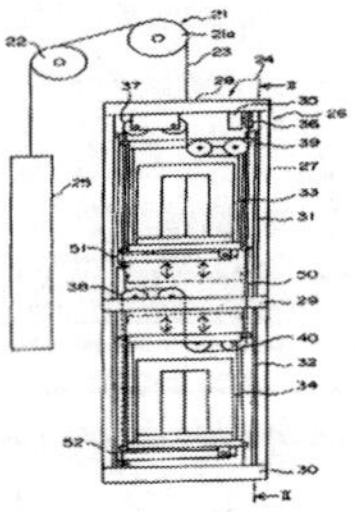	通过绳索与滑轮的配置引导上、下轿厢的相对运行

续表

技术分支	公开/公告号	图解	技术要点
多层轿厢的平层调节方法——基于位置的控制	JP2004277124（申请日 2003.03.17）	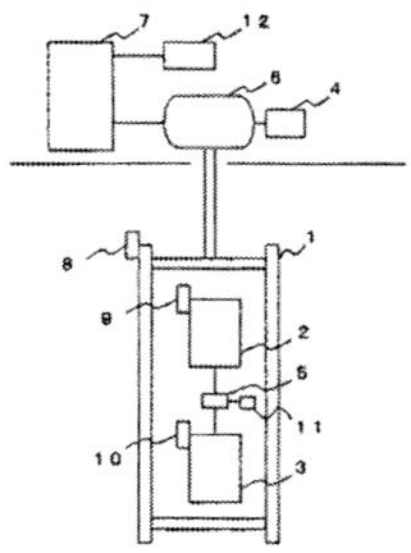	分别对轿厢位置进行检测，并基于该检测进行控制
	JP2013095572A（申请日 2011.11.02）	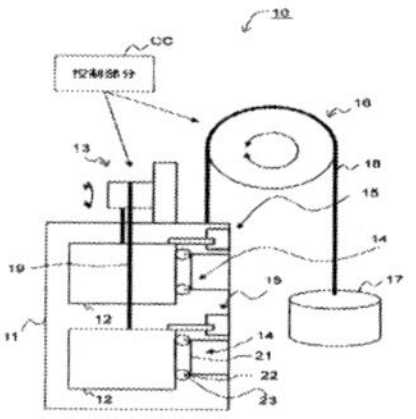	提出了检测轿厢与轿厢框架的相对位置，并基于该位置信号进行控制
多层轿厢的平层调节方法——基于速度的控制	JP2001130842A（申请日 1999.10.29）	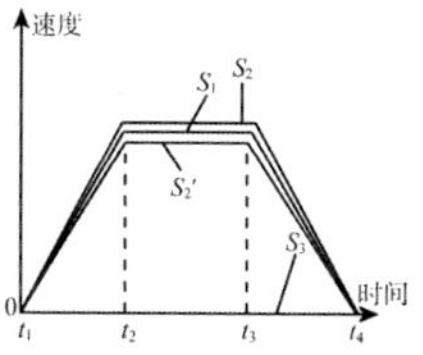	通过调节装置以一定速度曲线驱动轿厢相对于框架移动以实现平层控制
	JP2003306274A（申请日 2002.04.12）	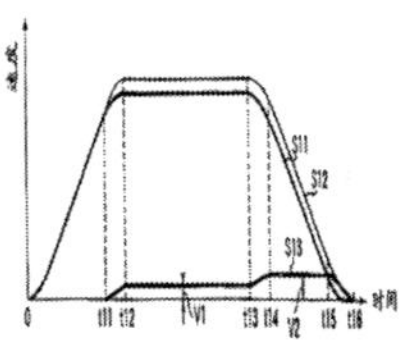	提出了在匀速运行开始时调节操作以减轻乘客不适感

（2）对单个轿厢的调节

通过调节单个轿厢的位置从而达到平层控制，包括对轿厢底的调节和调节轿厢相对于轿厢框架的位置：

i. 对轿厢底的调节：首先在专利 JPS516935B2（申请日 1970.04.07）中提出在轿厢底的底部设置液压装置进行平层控制，专利 US6158554A（申请日 1998.06.12）中提出通过曳引轮的方式对轿厢底进行调节，专利 JP2012166947A（申请日 2011.02.17）中提出通过在轿厢底部设置地板高度调节机构对轿厢底进行调节。

ii. 调节轿厢相对于轿厢框架的位置：专利 JPS5412698B2（申请日 1971.12.30）中提出在轿厢框架顶部设置可伸缩的绳轮结构，在轿厢框架设置齿条结构，通过与轿厢两侧的齿轮啮合对轿厢位置进行调节，以及在轿厢顶部设置千斤顶的棱形结构调节轿厢位置等，通过调节轿厢的位置实施平层控制；专利 JPS514057U（申请日 1974.06.24）中提出在轿厢底部设置齿轮与轿厢框架的齿条啮合调节轿厢位置，并在专利 JPS52134960U（申请日 1976.04.08）中提出在轿厢底部设置液压结构调节轿厢位置，通过调节轿厢的位置实施平层控制。

表 4　单个轿厢平层控制技术分析表

技术分支	公开/公告号	图解	技术要点
对轿厢底的调节	JPS516935B2（申请日 1970.04.07）	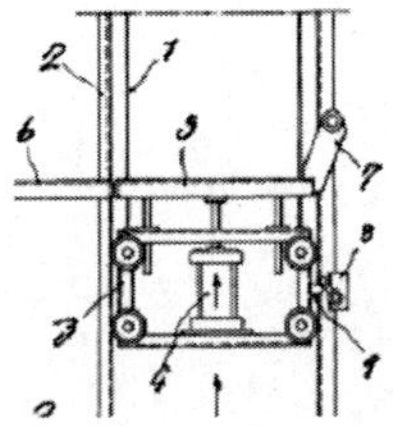	在轿厢底的底部设置液压装置进行平层控制
	US6158554A（申请日 1993.06.12）	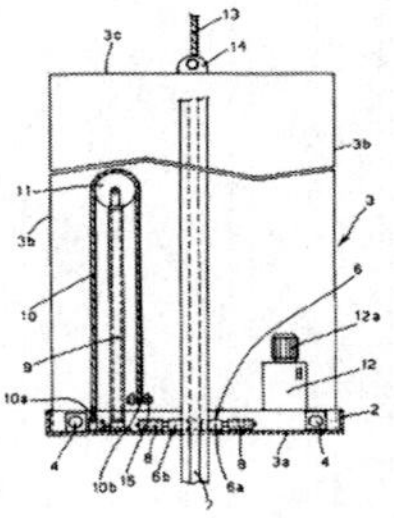	通过曳引轮的方式对轿厢底进行调节
	JP2012166947A（申请日 2011.02.17）	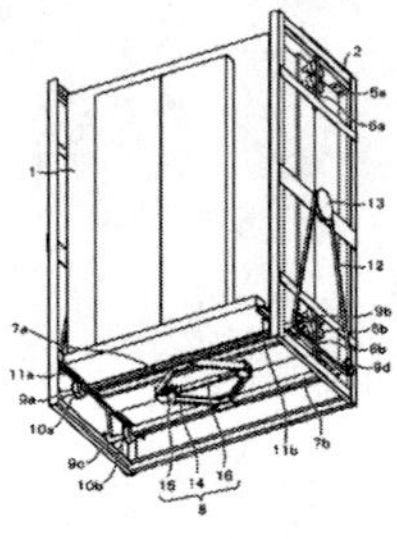	通过在轿厢底部设置地板高度调节机构对轿厢底进行调节

续表

技术分支	公开/公告号	图解	技术要点
调节轿厢相对于轿厢框架的位置	JPS5412698B2（申请日 1971.12.30）	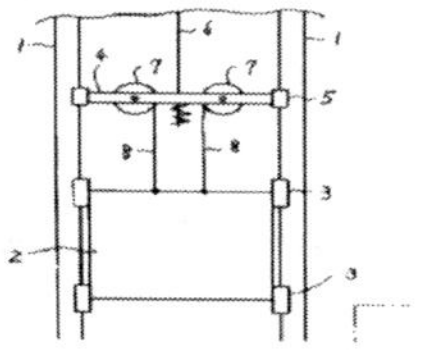 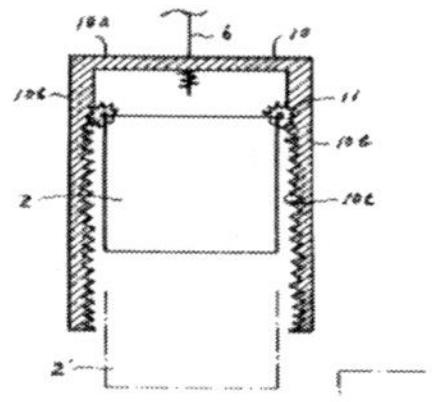 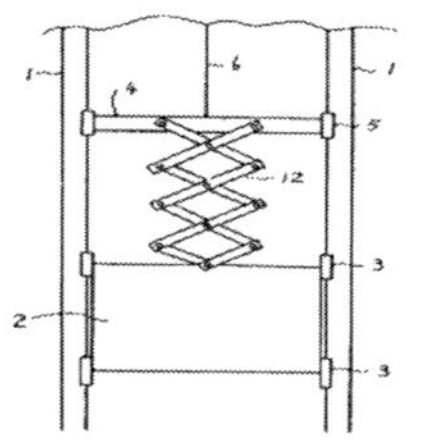	在轿厢框架顶部设置可伸缩的绳轮结构，在轿厢框架设置齿条结构，通过与轿厢两侧的齿轮啮合对轿厢位置进行调节，以及在轿厢顶部设置千斤顶的棱形结构调节轿厢位置等，通过调节轿厢的位置实施平层控制
	JPS514057U（申请日 1974.06.24）	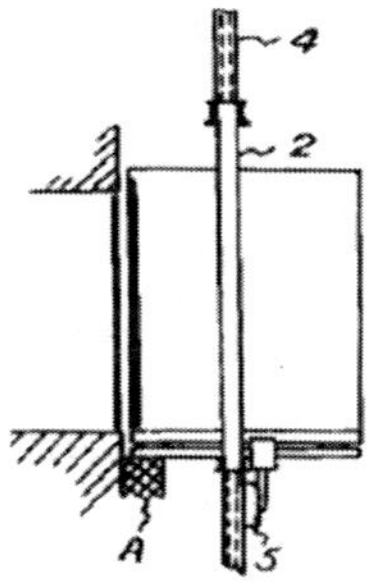	在轿厢底部设置齿轮与轿厢框架的齿条啮合调节轿厢位置
	JPS52134960U（申请日 1976.04.08）	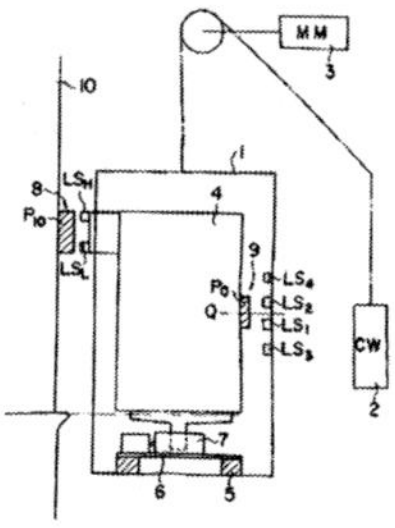	在轿厢底部设置液压结构调节轿厢位置，通过调节轿厢的位置实施平层控制

（3）分析

从专利分析的角度可以看出，与主驱动装置分开的电梯平层控制装置中，由于安装方便，结构简单，对轿厢的调节进行平层的方式占据主导地位。随着电梯技术的进一步发展和成熟，专利申请的发展趋势主要集中在节约成本、提高控制精度以及提高乘坐舒适度三个方面。

首先，出于成本的考量而进一步对调节结构进行改进，目前较主流的调节结构为绳轮结构、螺纹螺杆结构，进一步的改进包括对结构的布置的改进，进而实现简化结构和节约成本的目的。其次，为了提高电梯系统性能而进一步对平层控制的精度进行改进，通过设置感应器或是改进控制模型与算法，实现高效能和高精度的平层控制。再次，本着以人为本的理念，乘客乘坐电梯时的感受也成为对电梯平层控制的一大考量，为了提高平层过程中的舒适感，通过对速度模型的修正与改进，尽可能避免有可能引起乘客乘坐反感的情况出现。

3. 电梯平层控制技术——基于位置检测进行平层控制

基于位置检测进行平层控制：通过传感器对轿厢的位置进行检测，并基于检测结果通过主控制装置对轿厢平层进行控制，具有控制较精确的特点，通常这类的控制存在于分类号 B66B1/40（并有校正停层高度的装置）下，其着重在检测方法和控制方法，①检测方法：在专利 CH554804A（申请日 1971.08.11）中提出通过该光电检测方式对电梯的平层位置进行检测，专利 US4114729A（申请日 1975.10.17）中提出通过电磁开关的方式检测电梯的平层位置，专利 US2006065489A（申请日 2003.02.03）中提出了通过超声信号对电梯的平层位置进行检测。②控制方法：专利 US5798490（申请日 1993.12.28）中提出通过轿厢下的编码单元检测轿厢位置，并根据编码信号对应的预设调整数据进行平层控制，专利 JPH0958938A（申请日 1995.08.25）中提出通过旋转编码器检测轿厢位置，并根据该数据对轿厢速度控制实现平层控制，专利 KR98058242A（申请日 1996.12.30）中提出通过轿厢下部的位置检测器检测轿厢位置，并根据轿厢调节距离输出速度指令，进行轿厢停靠高度调节，专利 US2002193963A（申请日 2000.03.16）中提出通过轿厢下部的位置检测器和编码器产生检测数据，并根据该数据进行平层控制，专利 US2005230192A1（申请日 2004.04.16）中提出检测轿厢载重变化，根据载重变化与绳索形变的关系求出绳索形变量，基于形变量进行平层控制，从而实现较为精确的平层控制。

四、结束语

本文针对与主驱动装置分开的电梯平层控制装置这一领域对现有技术进行了梳理，阐述了这一领域的专利申请的全球发展趋势以及在各国的分布情况，针对这一领域各级技术分支的发展情况进行说明，重点对轿厢调节方式的技术分支进行分析。分析表明：与主驱动装置分开的电梯平层控制装置的主要结构以及几级技术分支已经比较成熟，现有技术的发展主要是通过对细节的改进以使相应的技术效果更好。随着我国电梯平层装置方面专利申请量的不断增多，以及电梯企业的不断发展，了解这一技术领域的专利发展情况无论对于专利的审查或是企业的发展方向都具有一定的参考作用。

参考文献

[1] 朱照红. 电气设备安装工技师、高级技师 [M]. 北京：机械工业出版社，2006.04.

[2] 姜伟，赖异，蓝娟，王怡轩，徐淑娴，于志辉，赵梅芳. 专利分析工作在S系统下的实现. 专利审查协作北京中心课题成果，2011.

[3] 李惠升. 电梯控制技术 [M]. 北京：机械工业出版社 ，2003.

[4] 卢珞先. 一种提高电梯平层精度的方法 [J]. 电气自动化 ，2002 (6)：10—11.

固体喷墨专利技术分析

金　华

一、引　言

喷墨打印属于点阵式打印的一种，它的印刷原理是使墨水在压力的作用下，从孔径或狭缝尺寸很小的喷嘴喷出，成为飞行速度很高的墨滴，根据字符点阵的需要，对墨滴进行控制，使其在记录介质上形成文字或图形。

喷墨技术从喷墨材料形态分，有液体喷墨和固体喷墨；从喷墨方式分，有按需式喷墨和连续式喷墨。按需喷墨技术的喷墨方式又可分为两种：一种是利用热量产生一个具有喷射力量的气泡，称为热气泡式喷墨；另一种是利用压电元件驱动将墨水从墨室里喷出，称为压电式喷墨。早期的喷墨打印机以及当前大幅面的喷墨打印机一般采用连续式喷墨技术，当前市面上流行的喷墨打印机普遍采用按需式喷墨技术。图1为从喷墨打印用墨的组分以及体系进行分类，具体框架如下：

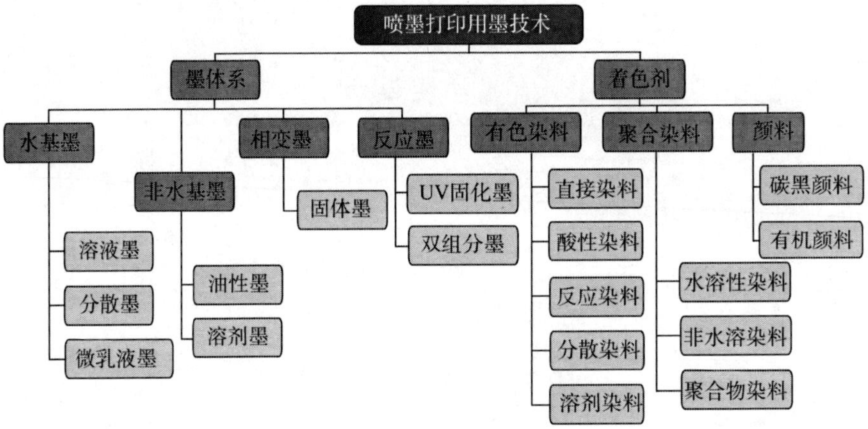

图1　喷墨打印用墨分类

（一）液体喷墨

液体喷墨包括水基油墨和非水基油墨等墨体系，它是让墨水通过细喷嘴，在强电场作用下以高速墨水束喷出在纸上形成文字和图像，通常而言，液体喷墨式有两种类型：按需式和连续式，但在实际应用中绝大多数液体喷墨打印机都是采用按需式喷墨技术。

从技术上看可以分为：佳能公司（CANON）的热气泡式（Bubble Jet）专利技术，其工作原理是利用加热产生的气泡，使墨水通过喷嘴喷到打印纸上；精工爱普生公司

(EPSON)的多层压电式（MACH）专利技术，对喷出的墨水做严密完整的控制，使墨粒微小而均匀，改善了因墨点不均匀而导致的喷墨打印不清晰的问题；惠普公司（HP）的热感式（Thermal）技术，这种技术是将墨水与打印头设计为一体，受热后将墨水喷出。

（二）固体喷墨

固体喷墨也称固态喷墨，其实际上属于固－液相变，故也称相变喷墨或者热熔喷墨，通常采用压电式喷墨方法，它所使用的油墨是用墨棒来替代液体墨或墨粉，在室温下是固态，像小球状墨或者墨棒形式。固态的小球状墨或者墨棒通过打印机的一个墨加载口进入，墨棒在供给机构和（或）重力的作用下，沿着供给槽朝着加热组件中的加热板被推动或者滑动。加热板熔化墨棒，使其变成液体并运送到打印头，使其像其他液体油墨一样通过压电式喷射到记录介质上，并渗透其中；它的附着性相当好，色彩也极为鲜亮，打印效果好。图 2 为固体喷墨打印机的主要结构和打印流程。

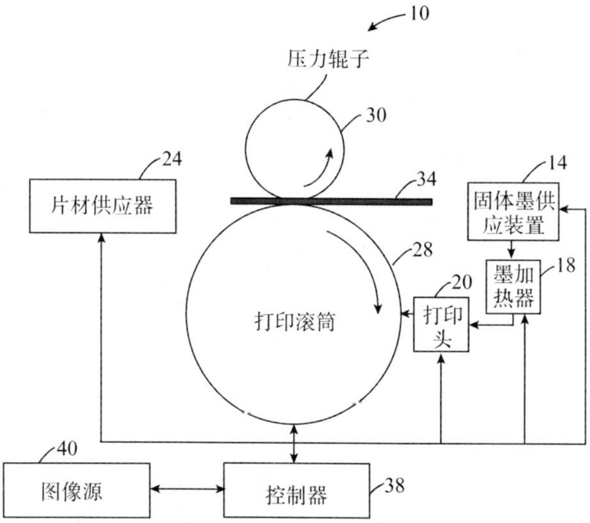

图 2　固体喷墨打印流程

固体油墨技术早在 1986 年便已由泰克公司（Tektronix）开发成功，其研发的第一代固体油墨打印机在工作过程中是将油墨直接压印在纸张或透明的承印物上的；泰克公司对固体油墨打印机进行的最关键的改进就是在 1995 年将其印刷方式改进为非直接印刷；经过不同公司的多次尝试，泰克公司终于在 1999 年成功开发出了使用固体油墨的彩色喷墨打印机；于 2000 年被施乐公司（Xerox）收购后，固体油墨技术便用于某些施乐彩色打印机上。

固体喷墨打印机是彩色印刷市场的新生儿，其优点在于熔化的油墨不但不需要干燥，而且还能在记录介质表面瞬间冷却固化。这也就意味着固体油墨不会在喷墨打印机的喷嘴里变干，而水性油墨则很容易出现墨水干涸而造成堵塞问题。此外，固体油墨不会像液体油墨那样渗透到纸张纤维中，它能停留在纸张的表面，对打印介质要求不高，可以应用于包括普通纸张在内的几乎所有纸张，且能打印出高质量的文字、图像和更广阔的色域，打印速度快，且很适于大量印刷，当墨棒用完时，不会留下空盒，更加环保；但目前而言，固体喷墨打印机生产成本比较高，一般适合于专业用户，因此它的性能和成本还有望在将来得到更大的改善。

固体喷墨技术附着性非常好，色彩也极为鲜亮，打印效果好，在大批量生产中有着举足轻重的地位。本文对固体喷墨技术领域的专利申请进行分析，从中国、全球的专利申请量、申请人的分布等多方面统计分析，阐述了固体喷墨技术领域的专利申请发展趋势，追踪了固体喷墨技术领域的发展脉络，重点针对墨棒的制作工艺、墨棒的输送、墨棒加热、墨棒的识别等四大主要研究方向，对其技术方向和技术手段的发展脉络进行了梳理。针对重要申请人施乐公司的技术进行分析，并对该龙头企业的前沿技术进行重点研究。

二、固体喷墨专利技术现状

（一）检索策略及思路

为了研究固体墨领域专利技术的发展情况，笔者通过非常准确的 EC 分类号 CPC 和 FT 分类号、文献量较大的 IPC 分类号与比较准确的关键词、转库检索等检索策略相结合，获取初步结果后将检索文献中的明显噪声清理，采用不同的检索方式以及各种算符命令有效确保“检准”和“检全”，并利用 S 系统的统计命令和 Excel 对该领域的中国专利申请数据和全球专利申请数据进行统计分析，本次专利分析的检索数据截止到 2014 年 4 月。

（二）中国专利性分析

（1）固体墨领域各国在中国历年专利申请量情况

图 3 为固体墨领域各国在中国历年专利申请量情况分析，其中折线代表固体墨领域在中国历年专利申请总量的分布，可以看出固体墨领域在中国的申请量重点分布在 2006 年以后，在 1988 年至 2003 年，专利申请量不大且无明显增长势头，说明此时固体墨技术刚刚引入我国，处于起步阶段，市场需求还不大；2004—2007 年，增长幅度较大，技术生长呈上升趋势，属于技术发展期，中国市场需求逐步打开；2008—2012 年，申请量浮动不大，处于稳定阶段。其中 2013 年的申请量下降趋势非常明显，这是由于部分专利申请尚未公开。

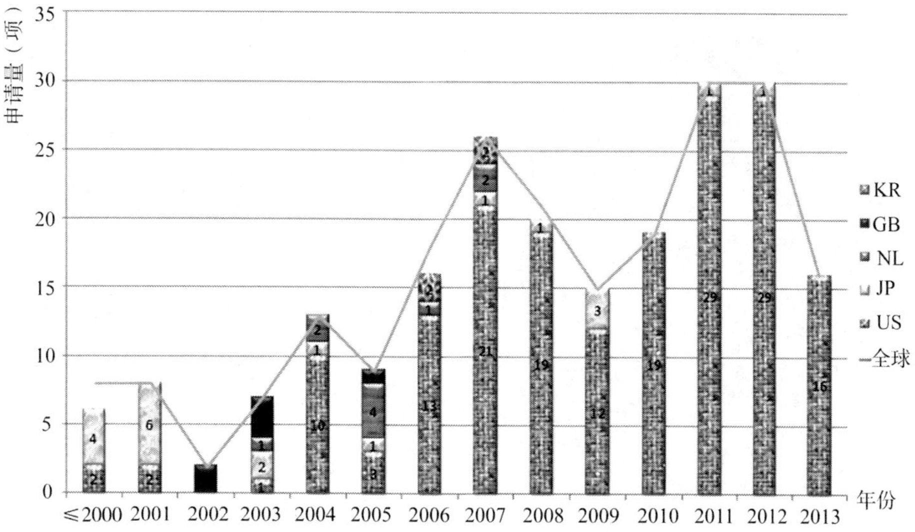

图 3　固体墨领域各国在中国历年专利申请量情况分析

固体墨的重点申请国家为日本和美国，从图中可以看出，在固体墨领域的中国专利申请中，申请量排名前 3 位的分别是美国、日本、荷兰，其中美国独占鳌头，占总量的近 80%，中国大陆在这方面基本上没有相关研究。可见，目前固体墨领域最主要的申请人即施乐公司，其基本上已经垄断该领域。

（2）固态墨领域申请人在中国专利申请排名

图 4 和图 5 分别示出了以中国作为目标市场的主要专利申请人的专利申请量以及其百分比图，从中可以看出，在该领域的主要申请人均为国外申请人，申请量排名在前 3 位的分别是美国的施乐、日本的精工爱普生、荷兰的奥西。其中施乐的申请量高居首位，明显超出其他申请人，由此可见其在中国市场上的主导地位，显示出其在该领域具有超强的研发能力和大规模的专利布局，为该领域的龙头企业。在该领域中，申请人的国别重点分布在美国、日本、荷兰，分布比较集中，而国内申请人在这方面的研究还是十分欠缺的。

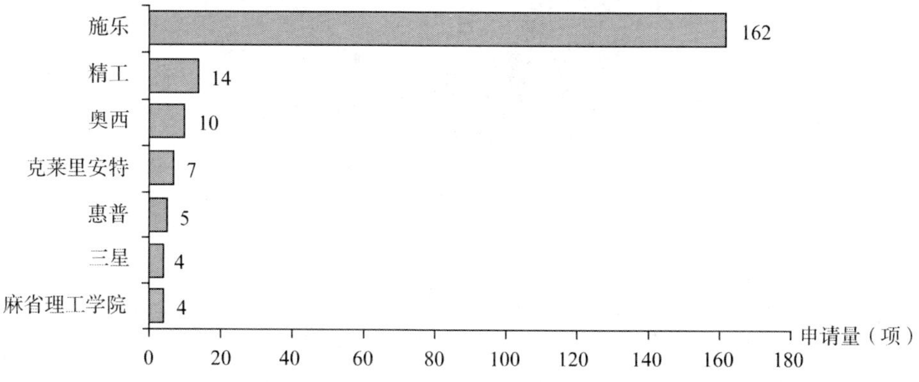

图 4　主要专利申请人的专利申请量

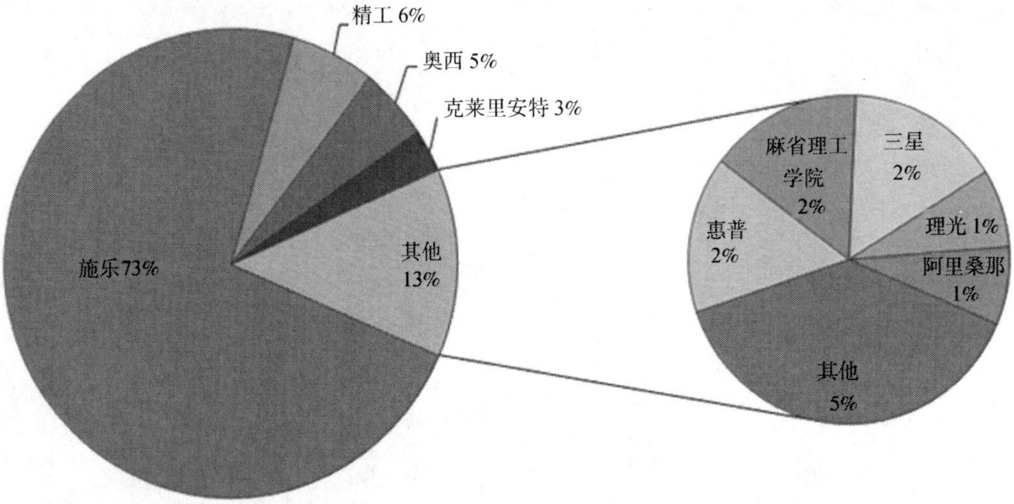

图 5 主要专利申请人的专利申请份额

（3）固体墨领域中国专利 IPC 分布

由图 6 中可见，固体墨领域的主要分类号分布在油墨供应系统（IPC 分类号：B41J2/175），但是在其他副分类号方面可以看出，除分布在打印领域外，其中关于油墨的组成部分（如分类号 C09D）等分类号领域也有涉及，说明在固体墨领域在其油墨材料、压电半导体、传感器检测等方面也有相关技术研究。

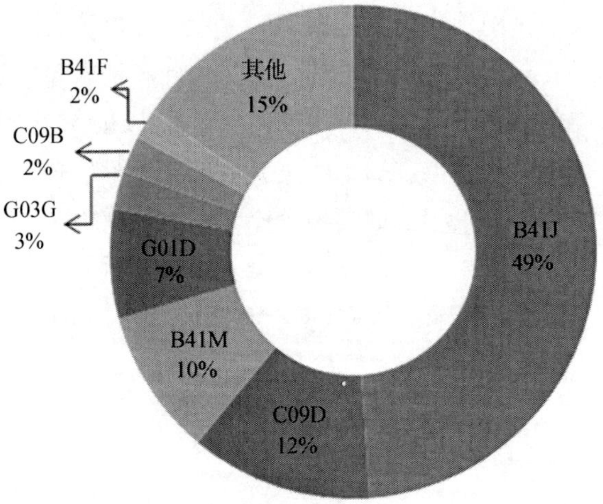

图 6 固体墨领域中国专利 IPC 分布

（4）固体墨领域各技术分支在中国历年专利申请中的分布情况

图 7 示出了固体墨领域涉及墨的识别、墨的制作、墨的输送、墨的加热这四大技术分支在中国历年专利申请中的分布情况。从中可以看出，墨棒的制作在历年的专利申请中一直占有较大比例，尤其是在前期申请中，这是由于墨棒的制作工艺影响墨棒的形态，是固体喷墨最基础的原材料。而墨的输送和墨的加热这两方面是保证固体喷墨质量的重要因

素，因此其申请量基本保持平衡；此外，墨的识别技术主要是在2006年以后申请，增长幅度呈上升趋势，该方面技术得到快速发展，这是为了防止假冒产品，也是施乐公司实现市场垄断的有力措施。

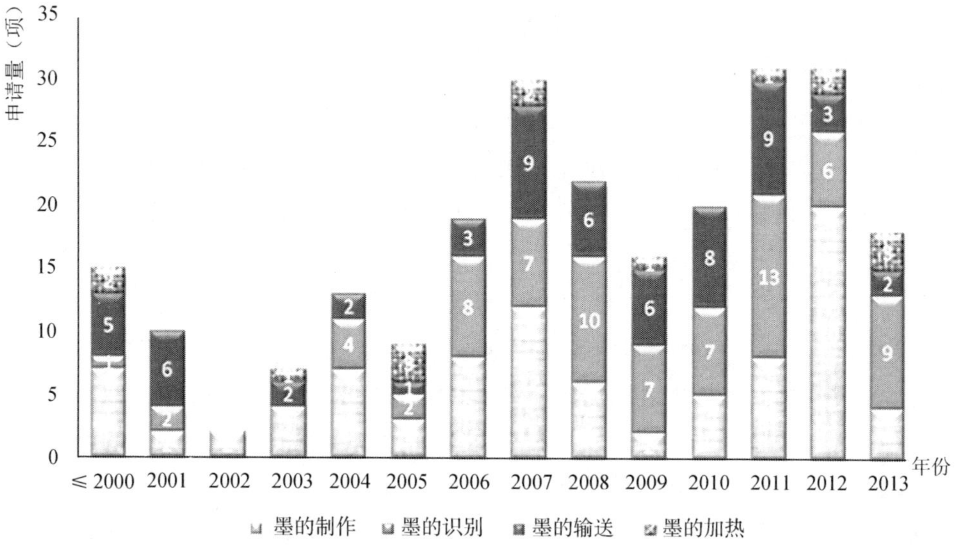

图7 固体墨领域各技术分支在中国历年专利申请中的分布情况

（5）发明专利历年授权情况分析

授权率是体现发明质量的一个重要指标，图8中统计了固体墨领域历年发明专利的公开量和授权量的比较以及授权率情况分析，从图8中可以看出该领域的授权率非常高，说明该领域的专利质量较高，技术比较先进；此外，2011年以后申请的专利授权率下降明显，这是由于大量专利还处于审查阶段，尚未授权。

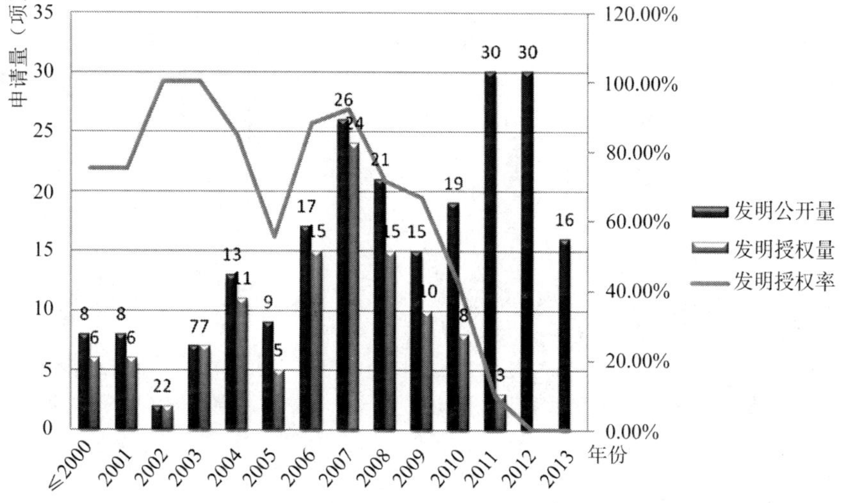

图8 固体墨领域历年发明专利的公开量和授权量的比较以及授权率情况分析

（三）全球专利性分析

（1）固体墨领域在全球的总体分析

图9通过统计最早申请日确定固体墨领域在全球以及中国历年专利年代的分布情况，图10示出了固体墨领域在各大技术分支所占比例，图11显示固体墨领域在全球历年专利申请势态。

由图9可见，对固体墨技术的专利申请出现于20世纪末，结合图10、图11，我们了解到其发展过程可以分为如下几个阶段：①1980年至1992年：该阶段处于固体喷墨技术的初步萌芽阶段，申请量较少，主要技术在于墨的制作、墨的加热以及墨的输送这三大方面，其目的在于尝试改善固体喷墨效果；②1993年至2002年：该阶段的专利申请量逐渐增多且呈现增长势头，这说明此时固体墨得到人们越来越多的重视，此期间专利申请量基本上一直保持增长的势头，特别是该阶段前期1993年至1997年具有比较高的增长率，这说明此时处于技术的发展阶段，初期的研究已逐渐形成技术成果大量产出，但该阶段后期申请量增长率已经开始下降，这说明技术急速发展后进入了相对饱和阶段，墨的制作、墨的加热以及墨的输送这三大方面技术也趋向于平稳发展；③2002年至2012年：该阶段的专利申请量呈现相对较为平稳的趋势，说明现有技术比较成熟，而在新技术的创新和突破上遇到了一定瓶颈，其中2003年的申请量虽较2002年略有下降，但仍维持在较高的水平，说明因为新技术的出现带来迅速增长之后进入了平稳期，技术产出保持稳定。在该阶段，墨的识别技术发展较为迅速，其所占比例大幅上升，由此可见，申请人开始采取维护产品的手段，实现产品垄断；而考虑到专利申请需要一定的公开时间以及检索数据库的更新时间，2012年和2013年的部分发明专利申请还无法统计。

从图9可见，中国为固体墨技术的重要目标市场，该项技术于2000年才在我国刚刚起步，明显晚于全球水平，在之后中国市场需求逐步打开；目前申请量处于稳定状态。

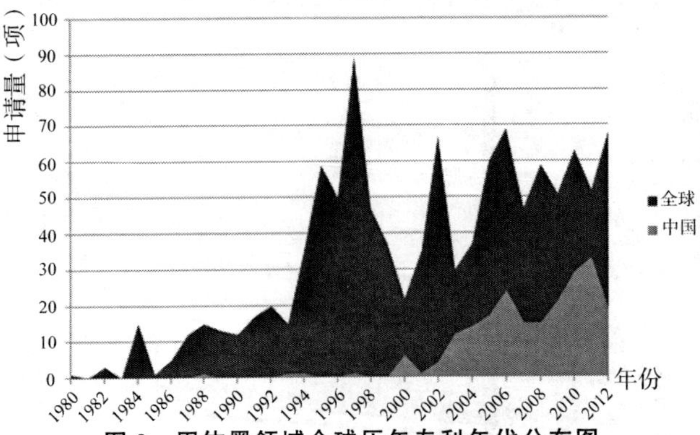

图9　固体墨领域全球历年专利年代分布图

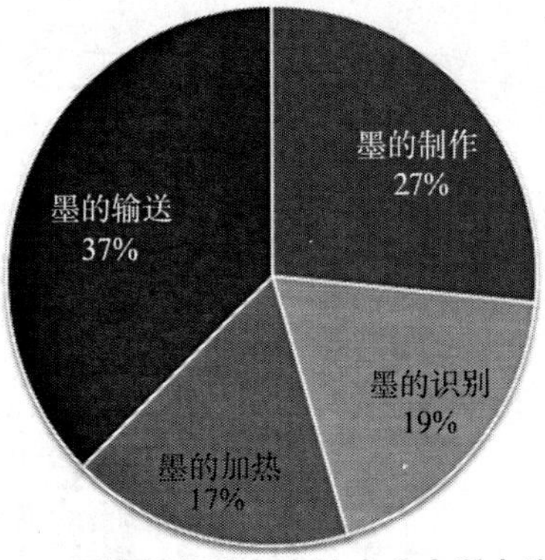

图10　固体墨领域各大技术分支所占比例

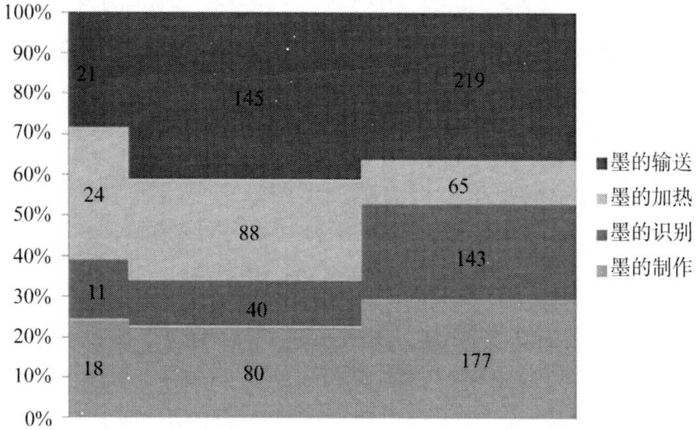

图 11 固体墨领域全球历年专利申请态势

图 12 为固体墨领域在全球专利申请 IPC 分类号的分布情况。首先固体墨技术相关的专利申请主要集中在油墨供应系统（分类号：B41J2/175），该分类号是固体墨技术研究的热点和重点，除此以外，其还可能存在其他印刷领域（分类号如 B41M 和 B41F 等）；此外，在传感检测识别（如分类号 G01D）、油墨的组成部分（如分类号 C09D）等分类号领域也有涉及，说明在固体墨领域在其油墨材料、墨棒的检测识别等方面属于重点技术分支，且其所涉及的领域达到了 90 个，可见，固体墨技术所应用或涉及的领域非常广泛，具有广阔的研究空间和应用前景。

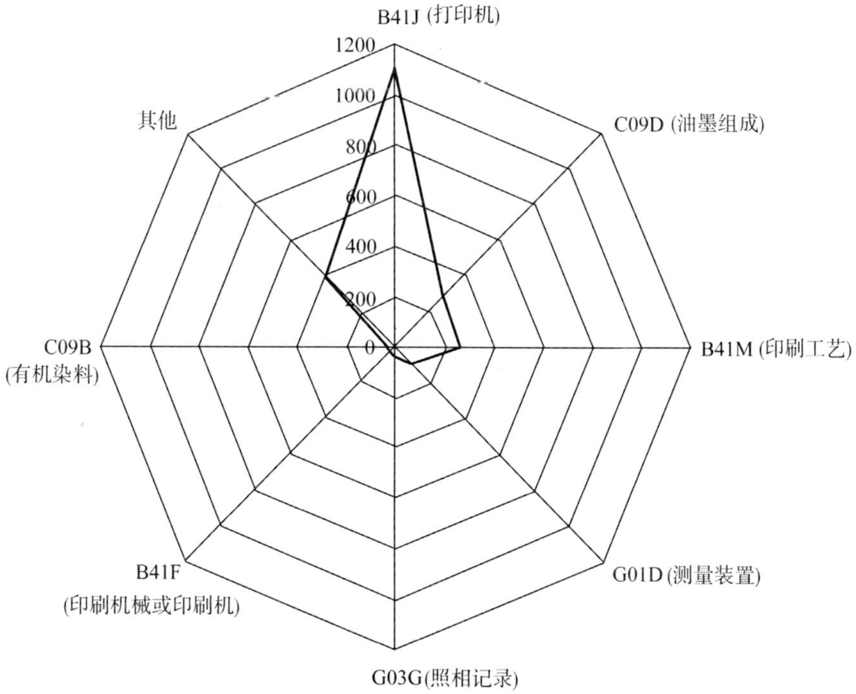

图 12 固体墨领域在全球专利申请 IPC 分布

（2）固体墨技术专利申请来源国与目标国的分布情况分析

图 13 中示出了固体墨技术来源国与目标国的分布情况，其中纵轴表示各原创国的目标市场构成，通常来说，所占目标市场份额大小在一定程度上也体现了其技术实力的强弱，从图中可以看到，美国和日本为最重要的目标市场，而且上述两个国家也是原创技术实力最强的国家；此外中国、韩国、欧洲、德国的目标市场份额紧随其后，这六个国家和地区是该领域高度关注的竞争市场，是该技术的主要生产应用国家，具有较好的市场前景，这可能直接导致了未来市场的激烈竞争。

此外，六国在该领域的 PCT 申请量明显处于优势地位，但总体而言，其 PCT 申请量占申请总量的比例并不大，其主要是通过巴黎公约的途径在目标国申请。其中美国原创实力远远高于其他国家，位居首位，日本位于第二，这两个国家的申请量就占据了总申请量的近 80%；然而，日本的专利申请主要集中于 2000 年以前，而 2000 年以后，日本在该领域的申请量骤减，说明该领域的技术已完全被美国施乐公司所垄断，同时也足以说明美国在固体墨技术领域的领先及核心地位。

从图 13 中可以看出，在 2000 年之后，美国的专利申请已经遍布了全球市场，其在中国市场的占有量大幅提高，由此可见，中国市场的前景十分可观，将是其今后重点关注的对象之一。

	≤1990											
	JP	US	EP	DE	CN	KR	CA	BR	WO	MX	AU	GB
JP	27	12	0	0	0	0	0	0	0	0	0	2
US	13	38	0	0	0	0	0	0	0	0	0	2
EP	1	30	1	0	0	0	0	0	0	0	0	2
DE	9	23	1	0	0	0	0	0	0	0	0	1
CN	1	0	0	0	0	0	0	0	0	0	0	0
KR	1	5	0	0	0	0	0	0	0	0	0	0
CA	0	15	0	0	0	0	0	0	0	0	0	1
BR	0	5	0	0	0	0	0	0	0	0	0	0
WO	0	6	0	0	0	0	0	0	0	0	0	0
MX	0	0	0	0	0	0	0	0	0	0	0	0
AU	0	0	0	0	0	0	0	0	0	0	0	0
GB	2	2	0	0	0	0	0	0	0	0	0	0

	1991-2000											
	JP	US	EP	DE	CN	KR	CA	BR	WO	MX	AU	GB
JP	297	47	29	2	0	1	0	0	2	0	2	0
US	62	65	29	3	0	1	0	0	1	0	1	0
EP	22	58	32	1	0	1	0	0	2	0	2	0
DE	14	48	30	5	0	1	0	0	1	0	2	0
CN	3	6	0	0	0	1	0	0	0	0	1	0
KR	3	5	1	1	0	1	0	0	0	0	0	0
CA	2	15	2	0	0	1	0	0	2	0	1	0
BR	0	7	1	0	0	0	0	0	2	0	1	0
WO	0	15	0	0	0	0	0	0	2	0	2	0
MX	0	5	1	0	0	0	0	0	2	0	1	0
AU	0	8	0	0	0	0	0	0	2	0	2	0
GB	1	2	0	0	0	0	0	0	0	0	0	0

	≥2001											
	JP	US	EP	DE	CN	KR	CA	BR	WO	MX	AU	GB
JP	69	316	44	0	0	2	0	0	2	0	1	3
US	18	530	46	0	0	7	0	0	3	0	1	3
EP	10	149	47	0	0	1	0	0	2	0	1	3
DE	1	128	34	1	0	1	0	0	1	0	0	2
CN	11	178	16	0	1	3	0	0	2	0	1	2
KR	0	155	7	0	0	10	0	0	0	0	1	2
CA	0	82	6	0	0	0	0	0	0	0	0	0
BR	0	83	7	0	0	0	0	0	0	0	0	1
WO	8	22	7	0	0	0	0	0	3	0	0	3
MX	0	48	1	0	0	0	0	0	0	0	0	0
AU	0	7	5	0	0	0	0	0	1	0	1	1
GB	0	13	0	0	0	0	0	0	0	0	0	0

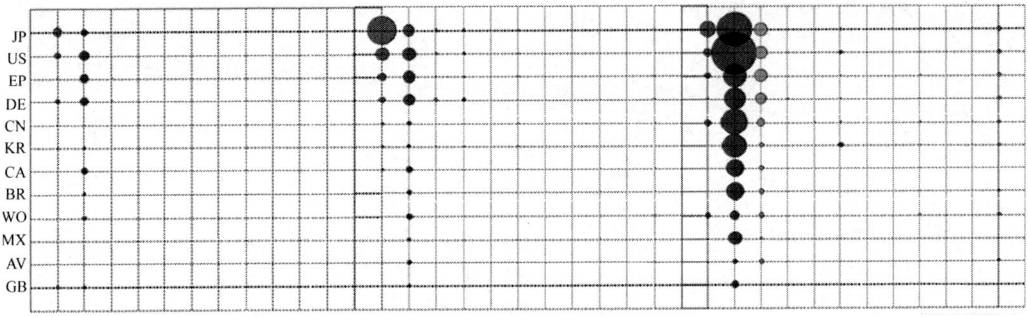

图 13　固态墨专利申请来源国与目标国的分布情况

（3）固态墨领域申请人排名分析

图 14 中给出了全球范围内固体墨技术相关专利申请量排名前 9 位的申请人，其中施乐（XERO）公司的申请总量就占据了全球申请量的 46%，该公司的申请量高居榜首，为该技术领域中的主导企业，兄弟（BRER）、理光（HITO）、奥西（CHEZ）、佳能（CANO）、泰克（TEKT）、柯尼卡（KONS）、DATAPRODUCTS（DATA）、精工（SHIH）的申请量紧随其后，在全球范围内都具备一定的竞争实力；这几家企业的专利申

请量比较接近，技术实力相对均衡。

与图中右侧示出的固体墨技术在中国申请的申请量排名比较而言，在全球内排名靠前的兄弟（BRER）、理光（HITO）、佳能（CANO）、泰克（TEKT）等公司，其技术发展较早，且在施乐对于该领域技术进行垄断后，这些公司在该领域的研究也逐步减少，因此这些公司在该领域的相关技术申请并没有进入中国市场。

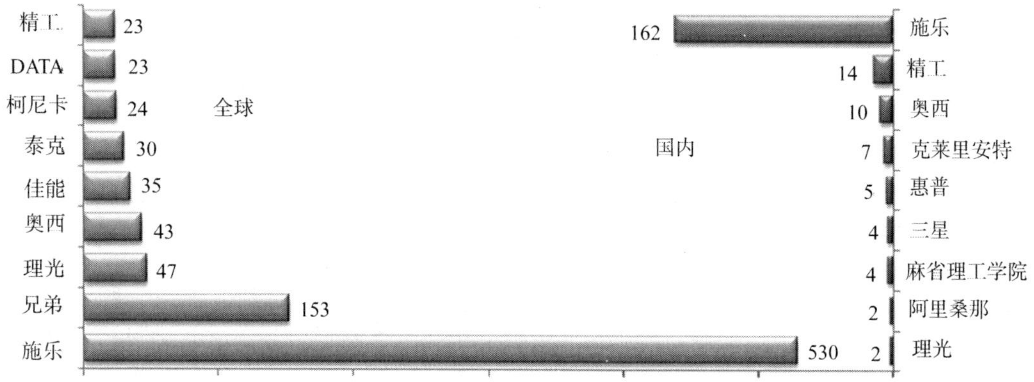

图 14　固态墨领域主要专利申请人在全球和中国的专利申请量排名

（四）小结

对全球以及中国关于固体墨领域技术的专利性分析表明：

从专利申请人的分布来看，固体墨领域技术主要集中于美国施乐公司，其在该领域的专利布局已遍布全球，作为本领域的龙头企业，其在本领域的技术已趋于成熟，目前在墨的制作、输送、加热等方面申请相对较为稳定；而在墨的识别方面的技术则尚在快速增长，由此可见施乐公司现已更加注重固体墨产品的保护，以防伪造产品，这也充分表明施乐公司对该领域技术进行市场垄断的决心。

从专利申请的授权情况来看，该领域的专利申请维持着较高的授权率，说明该领域的专利申请质量较高，技术比较先进。

三、固体墨领域专利技术发展路线

固体喷墨是通过在打印机的墨加载器的添加口添加固体墨颗粒或墨块，并且通过进给机构和（或）重力使墨块沿着进给通道朝向熔化装置移动，熔化装置将碰撞在该设备上的固体墨加热，直到熔化，液体墨被收集并传输到打印头以喷射到记录介质上。

如图 15 所示，在固体喷墨领域的发展主要涉及墨的识别、墨的制作、墨的输送、墨的加热这四大方面，对这四大方面的发展路线进行研究，有助于了解固体喷墨技术的发展历史和现状，明确其未来的发展方向。

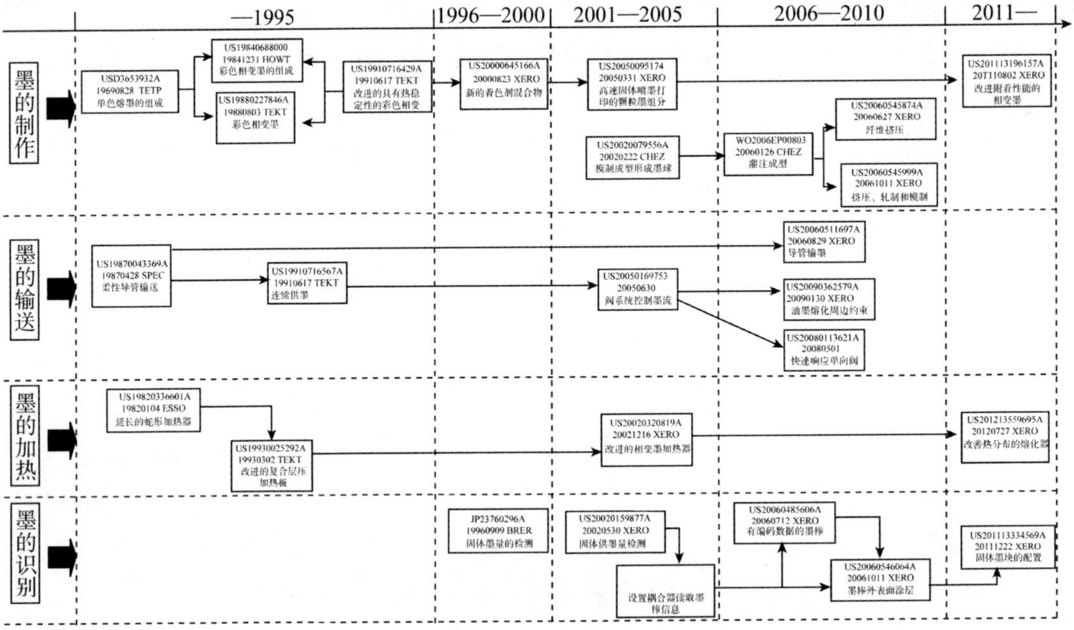

图 15　固体墨领域专利技术发展路线

（一）墨的制作

固体墨通常包括着色剂和相变油墨载体，最早在 1969 年 TELETYPE CORP 提出了一种低熔点的单色热熔静电印刷油墨的组成（申请号：USD3653932A）；1984 年 HOW-TEK INC 以及 1988 年 TEKTRONIX INC 均提出了彩色相变墨的组成及油墨性能的改善（申请号：US19840688000、US19880227846A），1991 年泰克公司（TEKTRONIX INC）提出了一种改进的具有热稳定性的彩色相变墨（申请号：US19910716429A），之后出现大量关于油墨性能改进的技术，如热稳定性、色度、亮度等（申请号：EP91308851A、US20000645166A、US20010005015A、CN200410095372、US20050095174A、CN201110317768A、US201113196157A）。

固体墨通常以颗粒、墨棒、墨锭等形式存在，墨的成型可以通过灌注成型、注射成型、压缩成型或其他已知技术来形成（申请号：US20020079556A、CN200680004059A）。当前使用的墨棒通常通过成形槽和流动填充工艺进行制造。在这种方法中，组成染料和载体组分被加热至液态，然后注入其内部形状与所需成品墨棒的外形相一致的槽中。如果需要，该槽也可以具备缩进和突出，以便在墨棒上形成键控和编码特征。尽管墨棒的尺寸也可以超出所需容差范围之外，非常迅速且节省成本，但这种制造方法允许形成非线性的外形，其对墨的冷却不均匀，不能在顶面上形成特征，顶面几乎总是凝固成不可控制的、非平面的形状，会产生不良的高度控制，使得墨棒在处理和传输期间被不良放置，且会产生应力裂纹。挤压工艺是另外一种非常快捷且经济的大量生产方法（申请号：US20060546102A）。然而，挤压法形成的是仅仅在纵向上结合有特征的类型。垂直于送料方向的特征不能够直接得以制造。以下介绍避免对墨的冷却不均匀，不能在顶面上形成特征的两种工艺：①纤维挤压，2007 年施乐公司提出通过纤维挤压来制造固体墨棒，将相变墨材料热控制至挤压温度；使墨材料挤压通过挤压管口，由此形成挤压墨长丝；聚集挤压墨长丝（申请号：CN200710192955A）；②挤压、轧制和模制，施乐公司 XEROX CORP 于 2006 年提出通过挤压、轧制和模制来制造固体墨棒，将相变墨材料热控制至挤压温度，墨材料被挤压通过挤压管口，以形成墨的挤压段，使墨的挤压段轧辊成形，然后对墨挤压段进行模制以形成墨棒（申请号：US20060545874A）。

（二）墨的输送

在固体喷墨领域，固体墨的输送方式具有很多种，早在 1984 年 DATAPRODUCTS CORP 与 EXXON RES & ENG CO 联合提出了一种固体墨采用柔性卷筒的形式放卷输送至加热器部位的方案（申请号：US19840669575A），和一种将颗粒状的固体墨输送至热熔室的输送方式，即采用振动器辅助在重力作用下输送的颗粒状固体墨流动，并通过浮阀测量控制墨量的输送（申请号：US19840669579A），以及一种改进的实现连续供墨的固体墨输送方式，即通过设置固体墨存储装置和缓存容器，在缓存容器将固体墨加热熔化后输送至打印头（申请号：US19840661034A）。随着连续供墨改进方案的提出，很多公司在此方案的基础上做出了改进和完善，如：1991 年泰克公司（TEKTRONIX INC）提出将不同类型的固体墨从多个预加载腔室输送到相应的加载室和墨盒中（申请号：US19910716567A）；1992 年兄弟株式会社（BROTHER）提出了由墨供给部供给第一黏度的墨并将墨喷射部耦接至墨供给部（申请号：US19920944331A）等。

随着油墨打印头生产率的提高，就需将足够量的油墨输送到打印头。由较高的生产率产生的一个问题在于，对打印头流路中的阻力和压力的敏感性增大。受限的墨流会限制或降低成像速度。在具有过滤系统以过滤贮存器与打印头元件之间的液体油墨的系统中，墨流也会随时间的消逝而变，且变得不足以将足够量的液体油墨抽到打印头而提供理想的打印质量。解决流动阻力问题的方式：①增加过滤器面积（申请号：US20090362579A）；②提供其内带有球囊的存储器。球囊在入口阀和出口阀之间连接，球囊被循环地填充以气体以将流体泵送出存储器且在开始下一个循环前使球囊排放（申请号：US20050169753A、US20080113621A）；③将压缩气体注入封闭存储器内，利用压缩气体将流体从存储器中推出；④对液体墨加压以促使墨通过受限的流动路径，其中一种加压方法是采用蠕动泵；此外，申请号 US20060511697A 提出了一种用于通过导管运输流体的系统和方法，流体运输设备具有压缩器导管，以及有选择地释放压缩器导管内的压力的排放件，其中流体运输导管具有连接到流体供给件的入口端部和连接到容器的出口端部，利用泵将加压流体注入压缩器导管内，使得压缩器导管至少部分压缩运输导管的部分，排放件能对压缩器导管加压和排放，使流体被泵送至流体运输导管并通过该导管运输流体；US20060411678A 提出了一种相变油墨打印机中熔化固体墨块的系统和方法，密封件和接合墨块形成隔挡；墨块熔化腔具有带多个加热壁的壳体。熔化油墨利用足够的压力流出墨块熔化腔的出口以到达打印机的打印头。

（三）墨的加热

相变喷墨印刷机采用在常温下为固体但是在高温时转变成液相的相变墨。通过加热熔化使其变成液体后从而喷射到记录介质上形成图像，因此墨的加热是固体喷墨技术中必不可少的步骤。加热的方式包括墨熔化腔内的加热、打印头内墨的加热以及打印介质的预加热。早在1982年EXXON RES & ENG CO提出了在墨盒的内壁上安装延长的蛇形加热器用以熔化固体墨（申请号：US19820336601A）；泰克公司（TEKTRONIX INC）于1993年提出了一种改进的复合层压加热板作为加热器以确保加热均匀（申请号：US19930025292A）；兄弟公司于1997年提出一种相变喷墨打印头的加热器，在加热效率和加热均匀性改善的前提下，预防印刷质量的降低（申请号：JP16297397A）；2002年施乐公司提出了一种高效加热的加热器，提高打印速度（申请号：US20020320819A）；2004年施乐公司提出了一种降低加热应力的加热器以减少分层现象（申请号：US20040751626A）；2012年施乐公司提出了一种改变流向与其连接的多个电阻加热器元件的电流以改善该熔化器加热的表面上的热分布（申请号：US201213559695A）。

（四）墨的识别

墨棒的区分和识别是以确保墨棒的正确装载以及墨棒与使用该墨棒的成像装置的兼容性等有关墨棒的相关信息，包括关于墨棒的控制和（或）属性信息，如墨棒颜色、打印机兼容性、墨棒成分信息，或者包括关于墨棒的打印机校准信息，如可以与墨棒一起使用的合适的色表、热设置等。墨棒的区分和识别是施乐公司对固体墨领域进行垄断的一种技术策略，其限制了墨棒与固体墨打印机的兼容性，从而控制了该领域的市场。

在现有的相变油墨系统中，通常采用如下几种方式中的一种或多种来识别墨棒以获取墨棒的相关识别信息：①通过将键控特征结合到墨棒的外表面中来实现墨棒的区分和识别。②将编码特征合并到与油墨装载器中的传感器交互的墨棒的外表面中；③在墨棒外表面的至少一部分施加涂层材料，以便将所需性能赋予墨棒表面；④接口元件形成于墨棒的外表面内，增强固体墨信息的获取。

（1）键控特征结合到墨棒的外表面

键控特征用于阻止不适当地被配置的墨棒被插入到打印机的供给通道中，键合板具有键合开口以有助于打印机的使用者确保只有具有适当形式和颜色的墨棒可以插入每个供应通道。键合板的每个键合开口具有独特形状，具有对应于该供应通道的颜色的墨棒，具有与接合开口的形状相对应的形状。用于其他因素的独特键合形状也可用来防止不希望的墨棒不正确插入，包括形式和市场或地区价格差别。突起物和凹部用于引导墨块通过进给通道，以限制墨块和供给通道结构的互动，以与墨加载装置内的识别传感器进行互动，或者以激活沿进给通道定位的传感器，从而提供进给通道中的墨块的位置有关的信息；其他的突起物和凹部提供人所能察觉的标记，该标记帮助用户识别墨块颜色，或帮助用户将墨块与特定的打印机或打印机的进给通道关联。墨块以这些方式配置，以实现预定的支架、引导或进给功能。这些不同的配置除了提高墨块与打印机的墨处理、装载装置的连接功能外，还扩大了个体块之间的可视化差异的范围。申请号 US20080031964A 通过利用形成于该墨块上的识别图案，该图案可被视觉辨别以确定关于该墨块的信息，以便于识别墨块，而不必将墨块试着插入打印机；申请号 US20080031964A 提出沿着墨块本体的周界的至少一部分形成验证标记；CN201210546587 提出一种固体墨块的配置，其有效地为固体墨块在相变墨打印机中的使用提供功能特征，而对该墨块的体积含量和其外观没有不利的影响。

（2）编码特征合并到墨棒的外表面

施乐公司提出一种具有可靠编码数据的固体墨棒，其提出了为了保持被结合在编码传感器特征中的数据的完整性，重复用于产生对应于代码字的编码信号图案的代码元素图案。提供了一种固体墨棒，其不需要标记或标签，不会阻碍液体油墨成分，墨棒的外表面中的特征不易被损坏，且编码数据不会丢失，增强了代码读出的精确度（申请号：US20060485606A）；此外，还提出墨棒上具有编码传感器结构以解决打印机或其供应通道易装载不正确的墨棒来进行打印的问题（申请号：CN200810085246）。

（3）外涂层施加到墨棒的外表面

施乐公司于 2006 年提出一种具有涂层的固体墨棒，固体墨主体外表面具有外涂层；以便将所需性能如耐用性和耐粘接、防水和防潮、保护、增强彩色、编码图案、磁性墨或染料的磁性组分、反射或发射可检测光信号的感光涂层等性能的涂层赋予墨棒表面，从而解决现有墨棒在无意插入键合板的错误开口或如果在插入过程中不正确定向，墨碎片或颗粒从墨棒主体上掉落，墨棒的柔软外表被损坏的问题（申请号：US20060546064A）。

（4）接口元件形成于墨棒的外表面内

施乐公司提出带有接口元件的固体墨棒，在墨棒主体的外表面内具有接口元件，接口元件与适当装配的墨装载器形成接口以提供参考信号到控制系统。控制器接收参考信号且可以将参考信号转化为属于墨棒的控制信息，增强控制系统获得打印机内固体墨的信息能力（申请号：US20060473632A）；此外还提出了一种固体墨棒，检定互锁装置在固体墨棒主体的表面中，以接合被布置在固体油墨打印机的插入区域中的两个可移位构件，便于在墨棒识别操作之前，检定固体墨棒的位置和定向的固体墨棒（申请号：US20080234827A）。

（五）小结

针对固体墨领域划分了四个重要技术分支，并主要从其技术发展路线方面进行分析。至此，从上面的技术发展脉络的分析可以看出，墨的制作技术发展从最初的单色墨的组分的研究，到后来的彩色相变墨的研究及改善，再发展到通过改变不同的工艺从而改变墨的性能；固体墨的输送并不需要额外的墨盒，因此不会留下空盒，更加环保，固体墨的输送技术在于连续供墨的研究和改进，然而在技术发展的过程中提高打印速度和打印质量不断遇到各种瓶颈和突破，如在提高生产率的同时面临着打印头流路中的阻力和压力的敏感性增大这一技术问题的解决方案的研究；在墨的加热技术领域，主要针对加热效率和加热均匀性等进行研究；而对于墨的识别技术，主要是从固体墨的结构、编码信息、光学性能等方面进行改进，已逐步成为目前发展的重点技术。

从整个技术发展的路线来看，各技术分支均是在克服现有技术不足的基础上，经过了长期、曲折、逐步的改进过程。对这一技术发展路线的研究与考察，便于我们对本领域的现有技术充分理解，通过了解不同时期四大技术的分布情况，从而更好地把握发展趋势和动态。

四、主要申请人专利技术分析

施乐公司于2000年收购泰克的固体墨技术后，其专利申请量便遥遥领先于其他申请人，成为该技术的领头申请人，具有重大的影响能力，且2006年以后在中国的专利申请量明显增多，基于国内知识产权保护的日益重视以及庞大的市场份额，施乐公司加速了在中国的专利布局，施乐公司在该技术领域的大量专利技术申请一般都有中国同族。因此选取施乐公司的固体墨专利申请作为研究对象，以此掌握整个行业的发展情况。

（一）重要申请人在固体墨领域的技术分析

图16中示出了固态墨领域全球主要申请人施乐、兄弟、理光、奥西、佳能、泰克5家企业从1987年至2013年间的申请量趋势，从图中可以看到，兄弟、理光、佳能、泰克在固体墨技术上的起步较早，比如，佳能、兄弟公司在1987就开始有少量技术产出，泰克于1988年开始有少量技术产出，但均在1998年之后就不再有这方面的技术了，实际上该领域的技术，泰克公司研发最早，在2000年被施乐公司（Xerox）收购，之后施乐公司在固体墨技术方面处于领先地位，施乐公司在固体墨技术方面的申请量于2002年后激增，之后有两年的回落，然后又激增，而后其专利申请量保持较高且平稳的水平，说明在固体墨技术方面施乐公司在收购泰克的这方面技术后经历了高速发展期后，有两年的瓶颈期，突破瓶颈后又有较大创新，之后技术趋于稳定成熟。同时也可见施乐公司对固体墨技术的关注度非常高，投入了长期持续的研发资源，也获得了非常丰富的研发成果，固体油墨领域技术也便基本上被施乐公司垄断。

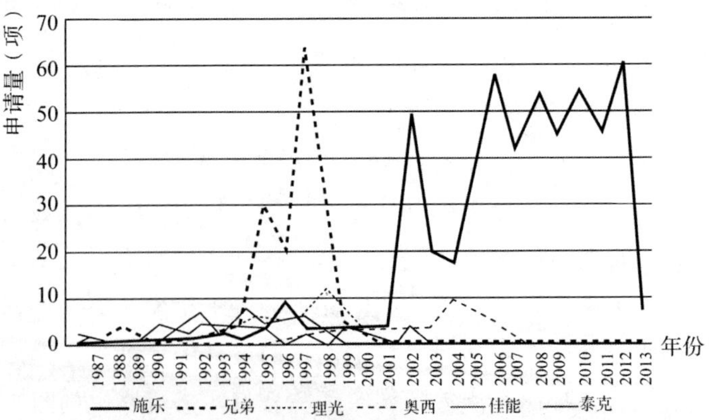

图16 重要申请人在全球的历年专利申请情况

（二）重要申请人在固体墨领域的技术分析

从图 17 中可以看出，施乐公司首次进军中国后，前期提交了少量申请，同时专利申请量稳步上升，说明其对中国市场的前景非常看好；而且自从施乐公司向中国提交专利申请之后，中国在该领域的专利申请量才有了显著上升，正式步入技术发展期，可见施乐公司在该技术领域的领先地位。其中施乐的申请量高居首位，显著超出其他申请人，由此可见其在中国市场上的主导地位，在中国竞争实力最强，显示出其在该领域具有超强的研发能力和大规模的专利布局，为该领域的龙头企业。

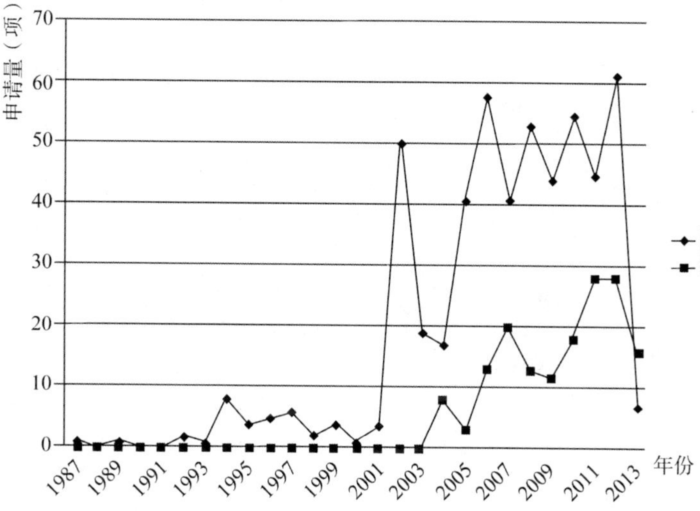

图 17　施乐公司在我国以及国外的历年专利申请情况

（三）重要申请人在固体墨领域的主要代表性专利

基于施乐公司在固体墨领域方面技术领先地位，下文将对施乐公司的固体墨领域代表性专利技术进行分析。如表 1 所示，施乐公司在固体墨技术方面做了非常多的研发和技术改进，因此，施乐公司的研发团队对固体墨技术的发展方向，把握得很全面，研究极其深入，可谓控制着该领域整个行业的发展动向。

表 1　施乐公司在固体墨领域的主要代表性专利

申请号	技术分支	图解	技术要点
CN200710192955	墨的制作	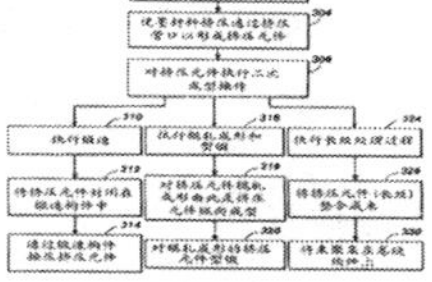	通过纤维挤压来制造固体墨棒的方法包括：将相变墨材料热控制至挤压温度；使墨材料挤压通过挤压管口，由此形成挤压墨长丝；聚集挤压墨长丝

续表

申请号	技术分支	图解	技术要点
US20070780116A	墨的加热	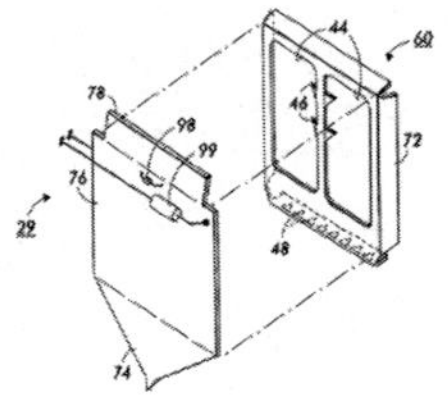	在固体油墨喷墨打印机中的滴板（drip plate）接纳熔化的油墨，并且将其导引至一个滴点（drip point），从该滴点处液体油墨滴入储墨池（reservoir）或其他收集容器，以便送到打印头
CN201110405100	墨的加热	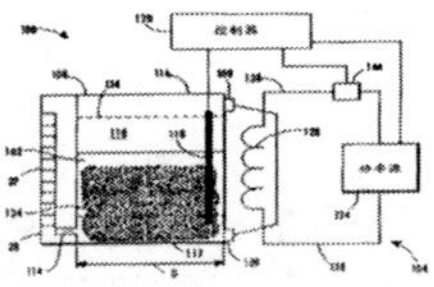	用于储存相变墨的容器，其包括主要由隔热材料组成的外壳和放置于该外壳内的感应加热元件。感应加热元件能够增加加热元件表面积和使储存器出口附近的凝固墨快速熔化从而使得相变墨印刷机更好地运行
CN200710101095	墨的输送	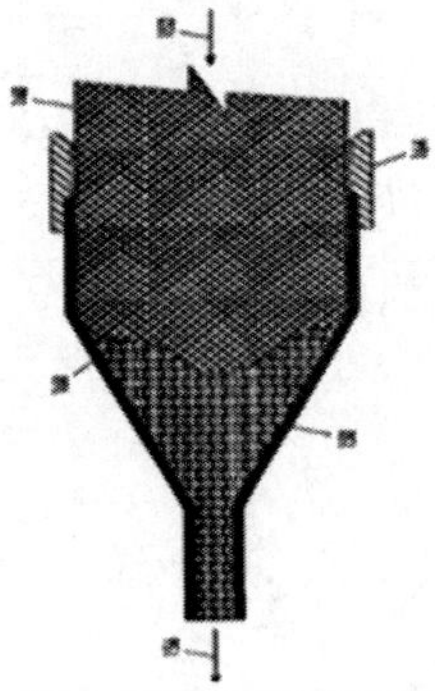	密封件和接合墨块形成隔挡；墨块熔化腔具有带多个加热壁的壳体，解决现有固体墨块熔化装置由于打印速率的提高，打印头流路中的阻力和压力影响油墨供给，受限的墨流限制并降低成像速度的问题
CN200910002565	墨的输送	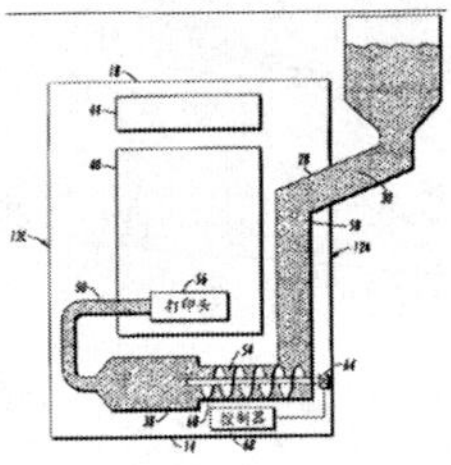	提供一种固态墨打印机中的固态墨输送系统，传送器与电动马达连接，能够在软化的墨上施加更大的力，且防止墨过于软化，各个子系统能布置和定位在打印机中
CN201110038709	墨的输送	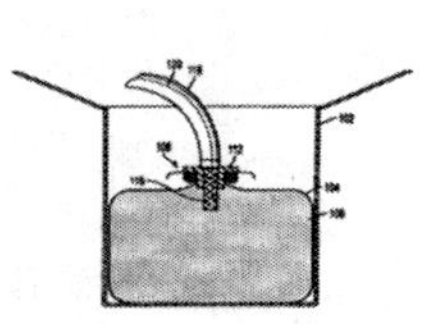	提供将固体油墨丸从容器提供到打印装置的系统。该固体油墨丸装持在可折叠的密封袋中，密封袋装在该容器中，该袋部分或全部透明，真空界面提供至该袋的进入点，穿孔的喷嘴在该袋内提供空气流，并构造为施加吸力以从该袋中抽出固体油墨丸

续表

申请号	技术分支	图解	技术要点
CN200710128780	墨的识别	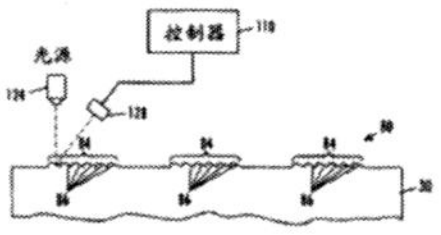	提供一种用于相变油墨成像装置中的墨棒。在墨棒体的外表面中形成至少一个编码传感器特征。该至少一个编码传感器特征包括多个代码元素图案。该多个代码元素图案中的每一个代码元素图案被配置用于激励供给通道中的至少一个传感器，以便产生相同的编码信号图案
CN200910150176	墨的识别	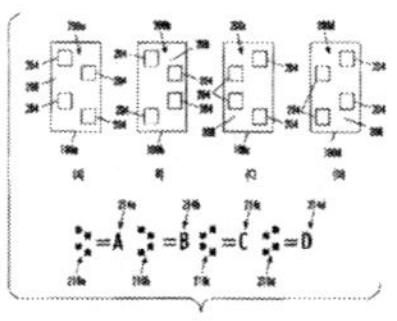	在墨块体上形成识别图案。所述识别图案是一组识别图案中的一个识别图案。实现形成于墨块体的图案区域上的识别图案和该组中的其他识别图案视觉的可辨别
CN200910172197	墨的识别	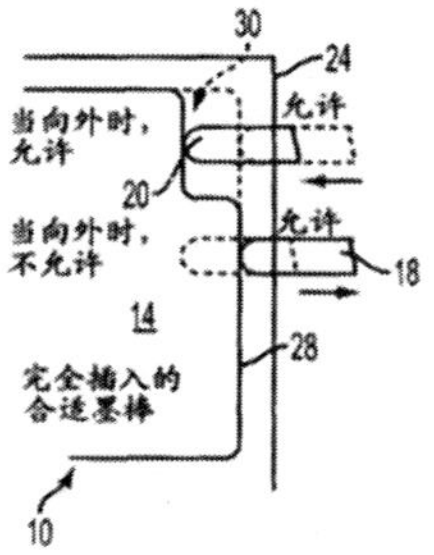	提供一种固体墨棒，便于在墨棒识别操作之前，检定固体墨棒的位置和定向的固体墨棒。固体墨棒，检定互锁装置在固体墨棒主体的表面中，以接合被布置在固体油墨打印机的插入区域中的两个可移位构件，从而当固体墨棒主体以预定定向位于插入区域中时，将一个可移位构件推动远离固体墨棒主体，并且使得另一个可移位构件朝向固体墨棒主体移动

（四）小结

施乐公司作为龙头企业，其在固体墨技术方面起到了引导性作用，因此全面把握施乐公司的专利技术分布和布局以及其发展趋势，可以有效掌握该领域整个行业的发展动向。

同时通过了解施乐公司的代表性专利技术，了解各个技术的发展趋势以及发展侧重点，通过对于相关联技术的追踪检索，便于本领域的技术人员更为有效地了解到该领域的发展状态。

五、结 语

通过以上分析可以看出，固体喷墨技术的研发主要集中在施乐公司，目前其申请量趋于相对稳定，该公司在固体喷墨技术领域已经相对成熟，但其他国家申请数量偏少，仅有少量的研究，目前中国在该方面技术的研究几乎没有，仅在液体喷墨技术的研究中提及固体喷墨技术，也就是说中国对这方面的技术仅是有所了解，其研究深度还远远不够；然而从目标市场申请量方面分析可以看出，美国施乐公司在中国市场的布局还是占很重份额的，因此，中国在该领域的市场还是很有发展潜力的，中国申请人也应多研究和借鉴施乐公司在该领域的前沿技术，并进一步挖掘该领域的深层技术，增强我国该方面技术的竞争实力。

通过对固体墨领域的专利技术综述，技术人员可以了解到固体墨的发展路线，从而有利于更好地把握该领域的技术实质，为做出更好的创新发明打下基础。

参考文献

[1] 姜伟，赖异，蓝娟，王怡轩，徐淑娴，于志辉，赵梅芳. 专利分析工作在S系统下的实现. 专利审查协作北京中心课题成果，2011.

[2] 姚海根. 数字印刷 [M]. 上海：上海科学技术出版社，2006.

[3] 郑亮，周颖梅. 相变喷墨打印质量的分析 [J]. 包装工程，2011 (11)：76-80.

[4] BUI. L. V.，FRAME. H. R. et. al. Proceedings of IS & T's 11th Intenational Congress on Advances in Non Impact Printing Technologies [M]. 1995：338.

汽车内后视镜专利技术分析

张俊彪

一、引　言

随着人类交通的发展，路况越来越趋于复杂化，汽车安全系统扮演着越来越重要的角色，而其中的一类分支：行车安全辅助系统随着汽车技术的发展，其能实现的功能也越来越强大，而行车安全辅助系统中最为典型的就是后视镜，后视镜按照位置分为左右两侧外后视镜以及车内的后视镜。车内后视镜是汽车镜组中，用于让驾驶员对汽车后方情况进行查看的一项装置，通常可以透过后风挡来查看外部情况。车内后视镜一般以一种带转环的灵活方式安装在前风挡处，以便不同的驾驶者根据自己的视线高度和视角来轻松调节；同时，后视镜的安装也需要考虑一定的安全因素，需要将其装在相对安全的位置，以避免因为车祸而导致对驾驶员的伤害。车内、外后视镜现在已经是汽车的标准配置。

然而在汽车发展初期，后视镜的概念并没有被细分，因为早期的汽车上无论是车前还是两侧都没有镜面装置，直到 19 世纪初，知名女赛车手 Dorothy Levitt 在她写的《女人与车》的书中提到："女性驾驶者在交通比较拥堵的时段，应该在车头合适的位置摆放一面小镜子，这样可以看到车后方的情况。"[1]这应该是最早提到后视镜概念的地方。而能够查询到的关于汽车内后视镜的专利申请最早出现在 1910 年，英国申请人琼斯申请了一篇名为《改进的车辆用反射装置》的专利，其公开了在车辆的两侧以及挡风玻璃中部都安装反射装置。车内后视镜历经种种演变，从最初的手动调节到后来的电动调节、智能调节，并逐渐集成，具有了多种不同的功能，如防眩目、位置记忆、集成倒车影像以及 GPS 导航等，其所能实现的功能也越来越丰富，结构也越趋复杂化。如图 1 显示了典型汽车内后视镜的外形和一般结构，汽车内后视镜一般为手动调节式，下面简要介绍一下汽车内后视镜的基本结构组成。

图 1　典型汽车内后视镜外观

汽车内后视镜基本结构主要分为三部分：①镜杆（也称支腿）；②镜壳（也称罩盖或镜罩盖），镜框等可视为包括在镜壳内；③镜片。按照后视镜具有的不同功能等还会有其他部件，如手动防眩目内视镜，其还具有手动调节防眩目的结构（如调节手柄等），但是基础结构均大同小异。目前车内后视镜电动调节的还比较少见，一般均为图1所示的手动调节式，通过球头形成的球铰接形式来达到后视镜的万向调节功能。

本文主要以DWPI专利数据库以及CNABS数据库中的检索结果为分析基础，从专利文献的视角对汽车内后视镜技术的发展进行全面的统计分析，总结与汽车内后视镜相关的中国和全球专利的申请趋势、申请人分布以及重点技术分支——防眩目技术分支的发展路线，并给出汽车内后视镜专利技术发展趋势预测以及建议。

二、汽车内后视镜专利技术现状

（一）汽车内后视镜技术分解

技术分解是对于所分析的技术领域做进一步的细化和分类[2]，具体到内后视镜领域而言，从其一般组成结构上主要可分为罩盖、支腿和镜片，其中罩盖包括安装镜片的结构以及一般的能够安装在罩盖里面的结构，支腿包括连接球铰等结构。而从后视镜所具有的一般功能分类又可以分为：①防止眩目；②减小盲点、扩大视野范围；③防止震动破坏；④集成多种功能；⑤位置记忆、自动调整。至于各个结构的加工工艺流程等本文不涉及，分类时不考虑该部分的分类。由于现代内后视镜的基本结构大同小异，因此，上述功能分类是本文研究的重点。依据实现各个功能的方式不同，可以对上述功能分类进一步细分，以形成二级分类和三级分类，最终结果参见图2。

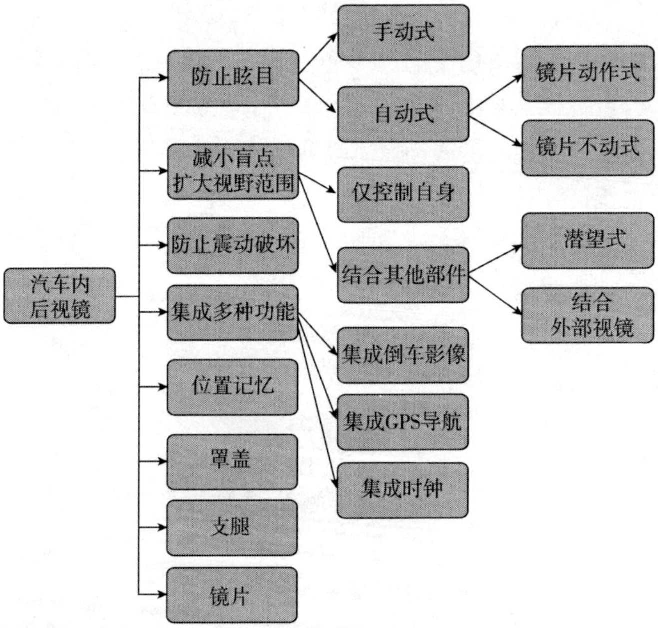

图2 汽车内后视镜技术分解

(二) 数据库的选择以及检索策略和检索统计年限

为了全面、准确地反映汽车内后视镜专利技术的现状和发展趋势，笔者在对现有专利检索数据库分析比较的基础上，在国家知识产权局专利检索与服务系统（S 系统）中选择了 CNABS 数据库（中国专利文摘数据库）以及 DWPI 数据库（德温特世界专利索引数据库），并选取了 SIPOABS（世界专利文摘数据库）作为内后视镜防眩目技术路线检索辅助数据库。其中，CNABS 数据库涵盖自 1985 年至今所有中国专利文摘数据；DWPI 数据库收录的数据年代范围为 1948 年至今；SIPOABS 数据库收录的数据年代范围为 1827 年至今。由于 SIPOABS 数据库收录数据年代范围要比 DWPI 数据库更大，因此，在分析内后视镜防眩目技术发展路线时，笔者引入了 SIPOABS 数据库中检索得到的部分数据，使得内后视镜防眩目技术发展路线更加完整清晰。

本文数据检索范围为 CNABS 数据库以及 DWPI 数据库中截止到 2014 年 5 月已经收录的公开专利数据，检索时以 IC 分类号为主，EC、FI、CPC 分类号作为补充，与关键词相结合，并采取批量去噪的方式将与主题不相关的专利去除，最终确定 CNABS 数据库中 647 篇专利、DWPI 数据库中 2 188 篇专利作为分析的基础。

采取的主要关键词为：内、里、后视镜、反光镜、反射镜等。

采取的去噪关键词主要为：外后视镜、侧视镜、前视镜；加热、水、雾、冰（根据内后视镜使用环境采取的去噪关键词）等。

采取的主要 IPC 分类号为：

B60R1/00 光学观察装置（防眩装置，例如用于挡风玻璃或窗的偏振效应的入 B60J 3/00；装置本身入 G02B；专门适用于透明或反射表面的加热装置入 H05B 3/84）

B60R1/04 装在车内的

B60R 1/08 包含特殊光学性能的，例如免除盲点的

B60R1/12 与其他物品例如钟结合的镜总成

(三) 相关说明

(1) 由于 DWPI 数据库中，一条记录中可包含多个同族专利的申请号、公开号和优先权号，该同族专利指的是扩展同族专利，即指一个专利族中的每个专利与该族中的至少一个其他专利具有至少一个共同的优先权，在本文的专利数量统计中，将这样的一条记录视为一项或一篇专利。

(2) 由于专利申请的公开具有一定的滞后性，因此，本文中 2012 年和 2013 年的数据量并不是实际的量，不纳入具体趋势分析的样本数据范围，仅具有一定的参考意义。

(四) 全球范围内汽车内后视镜专利技术申请状况

本节主要对全球专利申请状况的趋势以及全球专利重要申请人进行分析，从中得到相关的车内后视镜技术发展趋势，以及各阶段专利申请国家分布和主要申请人分布。其中将每个同族中最早优先权日期视为该申请的申请日，一系列同族申请视为一件申请。

1. 全球专利申请趋势

图 3 示出了汽车内后视镜全球专利申请趋势，大致可以分为四个时期，各时期划分以申请量增长率的变化为标准。

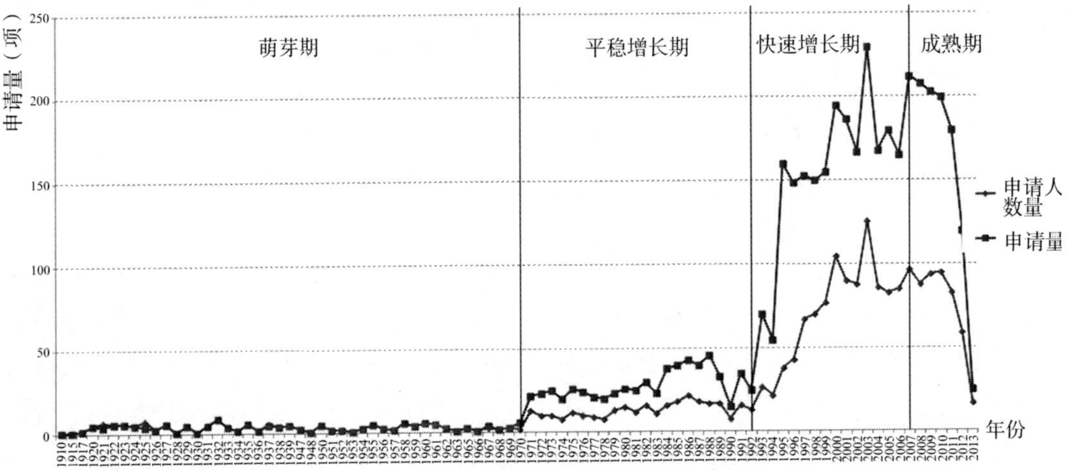

图 3 汽车内后视镜全球专利申请趋势

（1）萌芽期（1970 年之前）

1886 年 1 月 29 日，德国曼海姆专利局批准卡尔·本茨为其在 1885 年研制成功的三轮汽车申请的专利，这一天一般被认为是现代汽车诞生日，汽车诞生时的一段时期内并没有后视镜概念的诞生，直至 19 世纪初，才出现了关于后视镜概念的萌芽，后期逐渐应用在汽车上。由于 DWPI 数据库自身收录特点，在该数据库中最早出现的相关专利申请在 1963 年，然而这并不是关于内后视镜最早的专利申请年份。从图 3 中可以看出，1970 年之前，申请量极少，申请人的数量也极少，这也是因为汽车出现的初期，人们的关注点还在汽车本身行驶能力的角度上，至于汽车行驶安全性能等技术分支还处在萌芽阶段。

图 4 示出了 1970 年之前萌芽期申请量国别分布，其中，DE 代表德国，GB 代表英国，US 代表美国，FR 代表法国，JP 代表日本。从图 4 中可以看出，1910 年开始出现关于汽车内后视镜的专利申请，该申请人为英国申请人。在此时期内，专利申请量早期以美国居多，英国、德国以及法国等欧洲国家的申请也具有一定的比重。这个时期的专利技术主要是关于后视镜镜片与盖罩的安装结构，技术内容比较简单，而且这一时期每年的专利申请量均比较少，均是个位数的数量。另外，这段时期日本开始出现关于内后视镜的专利申请，其相较于美欧等国家的专利申请起步较晚，但同时也说明汽车界传统三强德、美、日在早期就开始关注汽车车身附件技术领域，这也从一个侧面体现了上述三强国家汽车技术基础强大，技术发展时间较长，有较深的汽车历史文化底蕴。

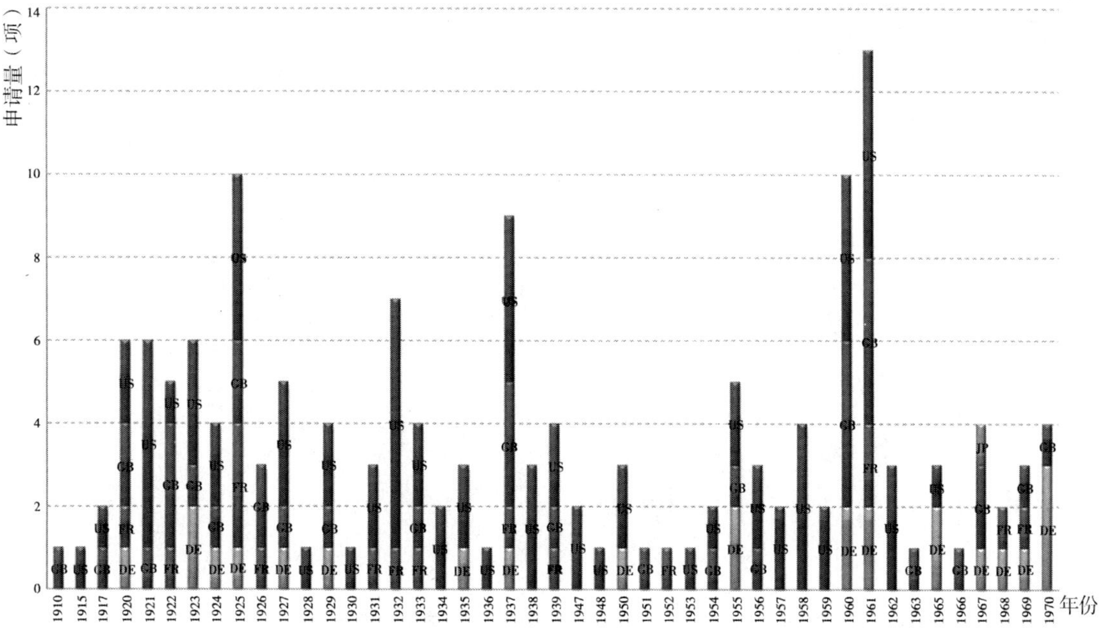

图 4　1970 年之前萌芽期申请量国别分布

（2）平稳增长期（1971—1992 年）

从图 3 中可以看出，从 1971 年开始，关于汽车内部后视镜的专利每年的申请量明显比 1970 年之前多，而且申请人数量相较之前也有大幅度增长，专利申请量和申请人数量的发展总体趋于平稳增长。

图 5 示出了 1971—1992 年平稳增长期申请量国别分布。从图中可以看出，该时期内专利申请量分布的国家或地区相较之前大幅度增加，其中欧洲地区以德国的申请量居首，随后是英国和法国。在这段时间内，美国和日本的专利申请量可谓突飞猛进，两个国家的申请总量占这一时期总量的 44%（参见图 6），将近一半的量。这也从侧面说明这个时期内，美国和日本的汽车技术和市场发展迅猛，虽然各自的申请量没有超过德国，但是美国的申请量已与德国基本持平，而且从图 5 中也可以看出，美国专利申请量总体呈增长趋势，而德国的专利申请量在 1987—1992 年之间逐渐下降。由此可见，美国关于内后视镜的技术关注度及技术发展在这一段时间内得到了很大的提升，并呈现赶超德国的趋势。这也从侧面反映了德国关于内后视镜的技术发展已趋于稳定或者趋于成熟。

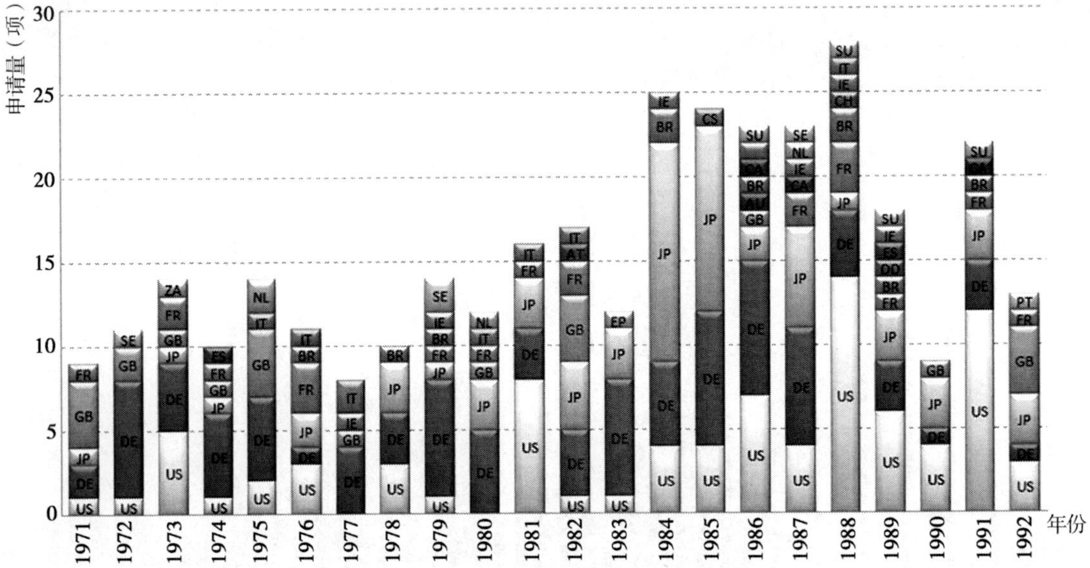

图5　1971—1992年平稳增长期申请量国别分布

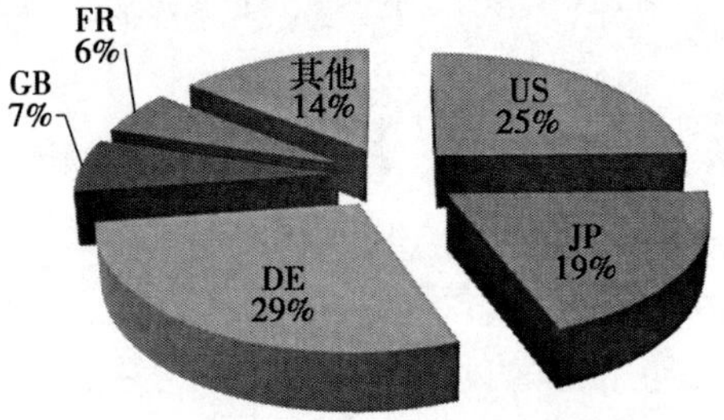

图6　1971—1992年平稳增长期申请量国别分布

（3）快速增长期（1993—2007年）

由图3可以看出，1993—2004年，关于车内后视镜的申请量和申请人数量呈现跨越式增长，可谓是车内后视镜技术发展的黄金时期。尤其以1993—1995年的增长势头最为迅猛，申请量和申请人数量大幅度增加，这也是汽车产业在这段时间迅猛发展的一个侧面写照，说明市场对于车内后视镜的需求急剧增加，对于这方面的技术关注度也急剧提升，才会出现了量的飞跃。1996—2000年间，经过量的飞跃之后，申请量增长趋势趋于缓和，并有所下降。之后2000—2004年之间又出现了量的提升，至2007年趋于稳定。

图7示出了1993—2007年快速增长期申请量国别分布，其中KR代表韩国。这段时期内，德国和美国的申请量均趋于稳定，技术发展成熟度也较高。日本在这一时期内的申请一直保持着较高的量，这也与日本这段时间汽车产业发展迅猛相关。值得注意的是韩国的申请量，韩国在1995—1997年之间的申请量急剧增多。韩国汽车工业真正起步于20世纪60年代初，进入70年代，韩国政府实行“汽车国产化”政策，国产化政策使韩国的汽车工业获得了飞速发展。1990年产量达到132万辆，在随后的五年时间里，年均增长率基

本保持在15%左右，1995年达254万辆。由此可见，韩国在该时期内的汽车工业得到了长足的发展。自然，关于汽车的标准配置——内后视镜的韩国专利申请量也是突飞猛进，1995年韩国的申请量比其他国家的总和还要多，占总量的65%（参见图8），其中韩国现代汽车公司的申请量占主导地位。

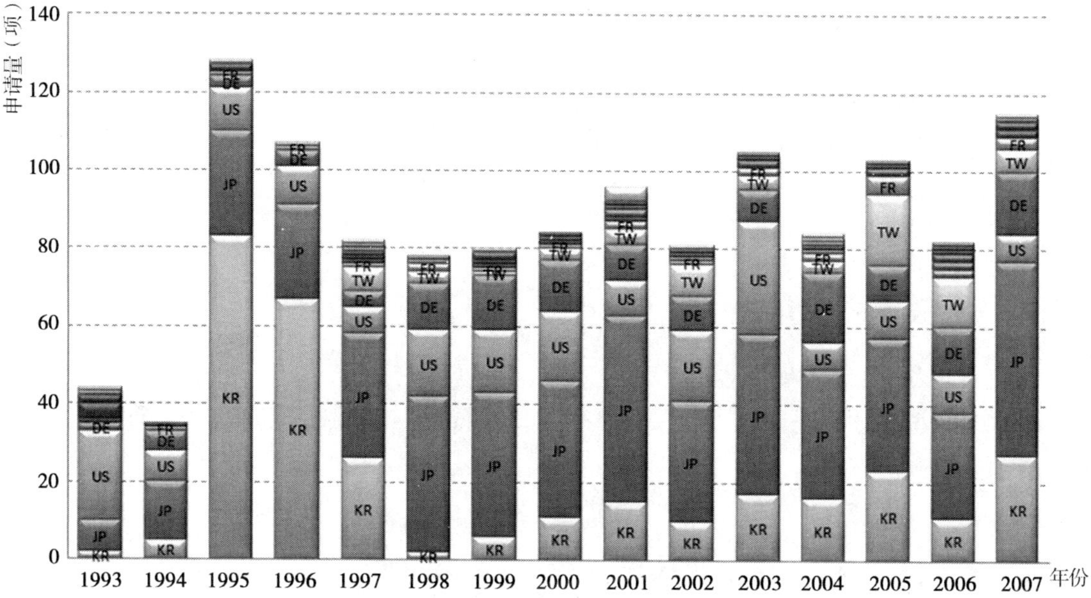

图7　1993—2007年快速增长期申请量国别分布

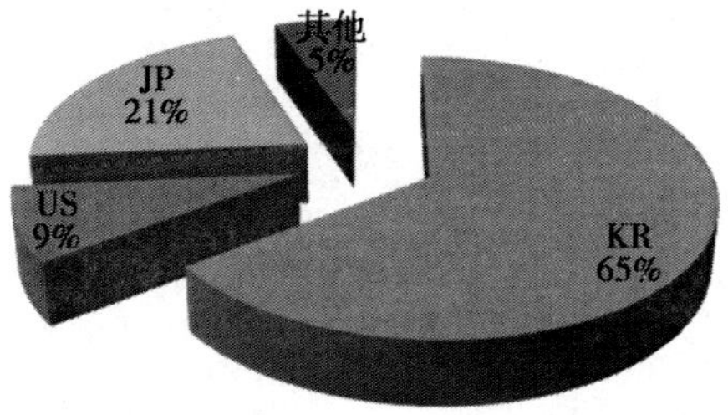

图8　1995年韩国专利申请量与其余国家申请量对比

（4）成熟期（2008年至今）

由图3可以看出，汽车内后视镜专利申请量、申请人数量从2008年开始呈现下降趋势（其中，2012—2013年的专利数据量由于部分专利申请未公开而不完整，因此，不纳入分析范围，下同），后视镜技术发展也到了其成熟期，申请量逐渐下降，主要原因是：现今的汽车安全技术发展较为成熟，汽车越来越趋于智能化。汽车设计人员通过设计一系列的安全辅助系统，逐渐减少了人为因素造成的危险状况的出现。在量产车上已经出现了多种多样的行车安全辅助技术，例如倒车影像、360度全景倒车系统、自动泊车系统等，这些系统的出现一方面增加了汽车的安全性能，另一方面也在弥补汽车后视镜对于汽车的安全性能方面所起作用的不足，同时也在削弱汽车后视镜本身在汽车安全技术领域分量。

汽车技术人员的关注点已经从对汽车后视镜本身的改进更多地转向了其他智能安全系统的研发。因此，关于汽车内后视镜的相关专利申请逐渐地减少，这也是汽车后视镜技术发展成熟的体现。这一时期主要的申请国家以日本和韩国为主，美国与德国的申请量均较少（参见图9）。

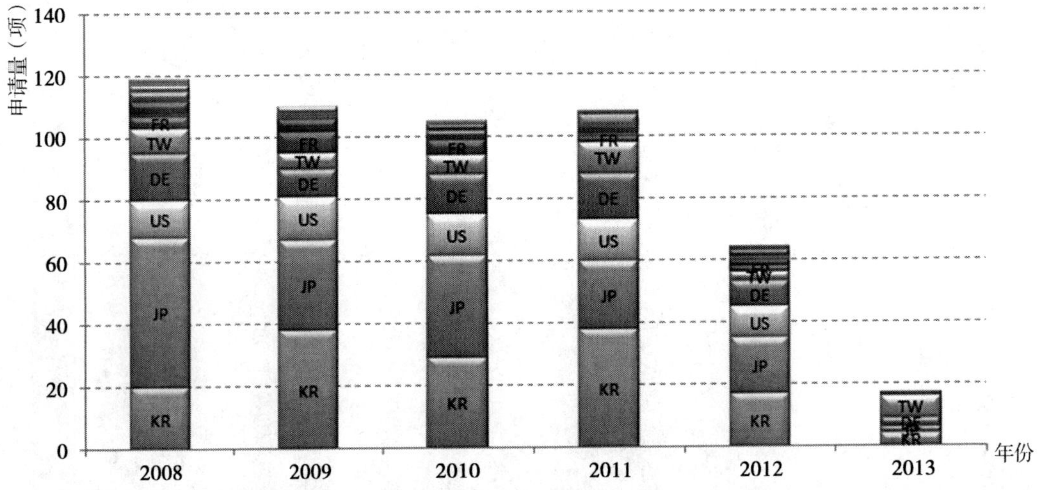

图9　2008年至今成熟期申请量国别分布

2. 全球专利申请重要申请人分析

本小节从全球专利申请重要申请人方面对国外相关内后视镜领域的专利申请做进一步分析，主要考虑申请人历年（1963—2013年）的申请总量，按照申请总量进行排名，取前12名申请人进行分析。

图10示出了全球专利申请量排名前12名的申请人，分别是：

（1）现代自动车株式会社（韩国）

（2）麦格纳唐纳利 MAGNA（美国）

（3）株式会社村上开明堂 MURAKAMI CORP（日本）

（4）大宇重工股份有限公司 DAE WOO HEAVY IND CO LTD（韩国）

（5）金泰克斯公司 GENTEX CORP（美国）

（6）东海理化株式会社 TOKAI RIKA（日本）

（7）本田技研工业株式会社 HONDA（日本）

（8）株式会社电装 NIPPONDENSO CO LTD（日本）

（9）日本市光工业株式会社 ICHIKOH IND LTD（日本）

（10）丰田汽车公司 TYOTA（日本）

（11）戴姆勒本茨汽车公司 DAIMLER - BENZ AG（德国）

（12）尼桑汽车公司 NISSAN MOTOR CO LTD（日本）

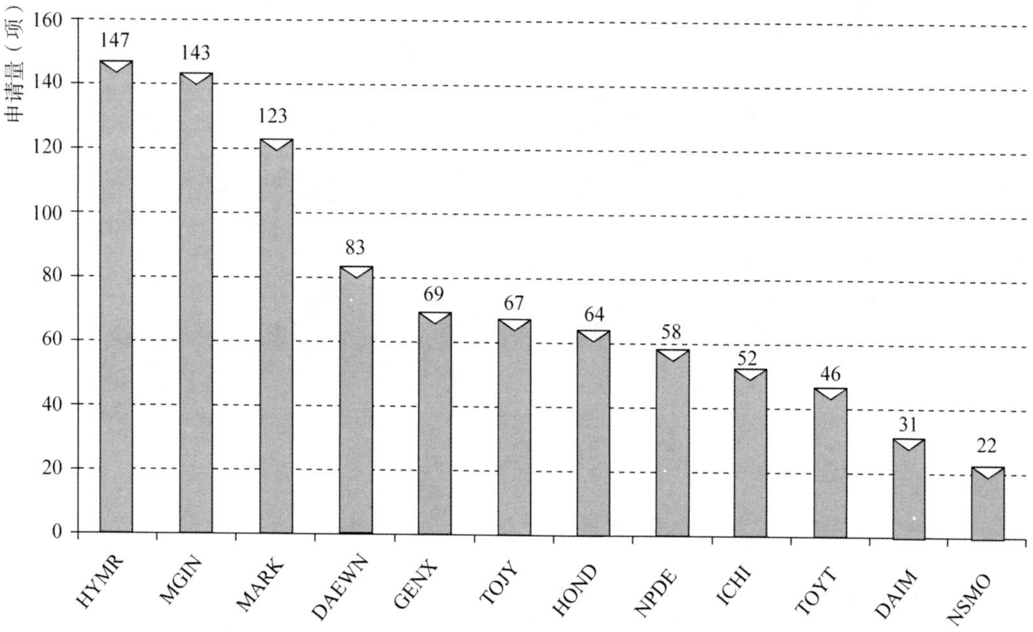

图 10　全球专利申请量排名前 12 名的申请人

由此可以看出，排在前 12 名的申请人集中在韩国、日本和美国三个国家。前三名被韩、美、日三个国家的申请人占据，也说明这三个国家的内后视镜技术发展水平较为先进。

3. 全球专利申请重要技术分支总体趋势

由于后视镜所具有的功能技术分支是本文的研究重点，因此，以下从全球专利申请中关于各个功能分支的申请量来研究各个技术分支的总体申请状况。

图 11 示出的是各重要技术分支申请量对比图，从图中可以看出，涉及减小盲点、扩大视野范围技术分支的申请量最多，这是由于内后视镜初始设计功能就是增加驾驶员在汽车后方的视野范围，因此，各申请人在涉足内后视镜领域时，也需要优先考虑该方面的因素，申请量也是最多的；而位置记忆技术分支由于起步较晚，其申请量最少，但是在如今汽车设计更趋向智能、舒适环境下，这种更多考虑驾驶员使用感受的技术分支仍然是比较重要的，其仍然具有比较大的发展空间。

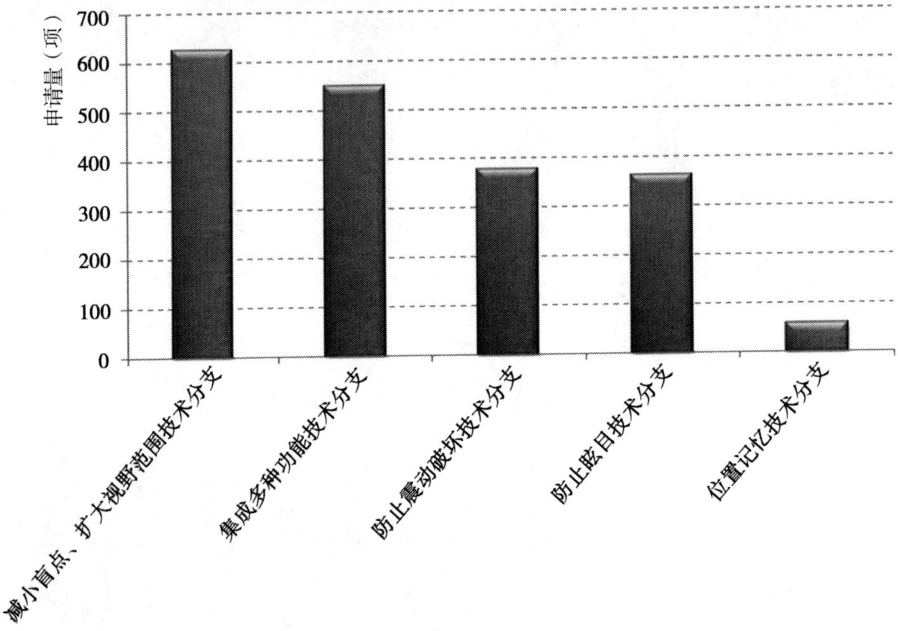

图 11　各重要技术分支申请量对比图

图 12 示出各重要技术分支总体申请趋势对比图，通过各技术分支的发展趋势对比，可以得出目前各技术分支的发展状况以及未来的发展趋势。

（1）减小盲点、扩大视野范围技术分支

后视镜的视野范围也就是指镜面所能够反映到的范围。业界有视界三要素的提法，即驾驶者眼睛与后视镜的距离；后视镜的尺寸大小和后视镜的曲率半径。这三要素之间具有一定的关系，当后视镜的距离和尺寸相同时，镜面的曲率半径越小，镜面反映的视界越大。当镜面的曲率半径相同时，镜面的尺寸越大，镜面反映的视界越大。但是，事物总有两重性，虽然镜面的曲率半径越小视野范围越大，但同时镜面反映的物体变形程度也越大，往往会造成驾驶者的错觉，使得驾驶员无法准确判断实际距离。因此，扩大后视镜视野的问题也是技术人员一直致力于解决的技术问题。

从图 12 可以看出，该技术分支同防眩目技术分支的申请趋势几乎完全一致，说明该技术分支是本领域技术人员研究的重点，也是一直未能很好克服的技术问题。

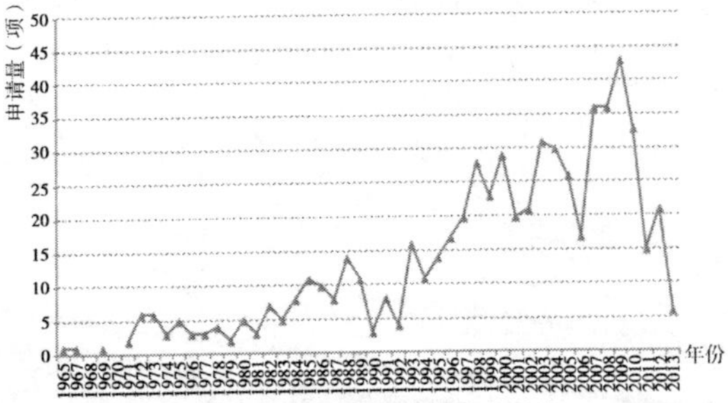

减小盲点、扩大视野范围技术分支

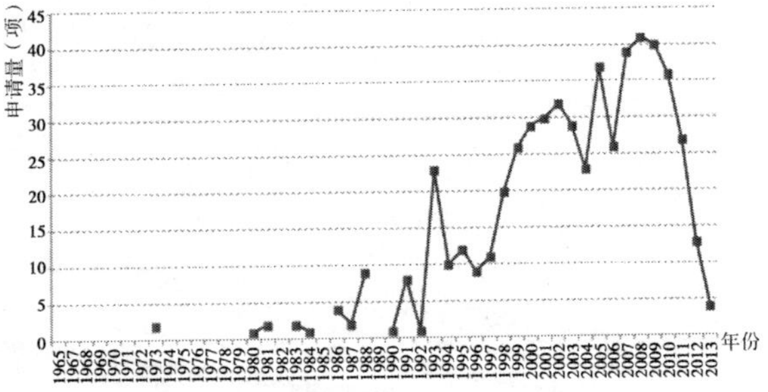

集成多种功能技术分支

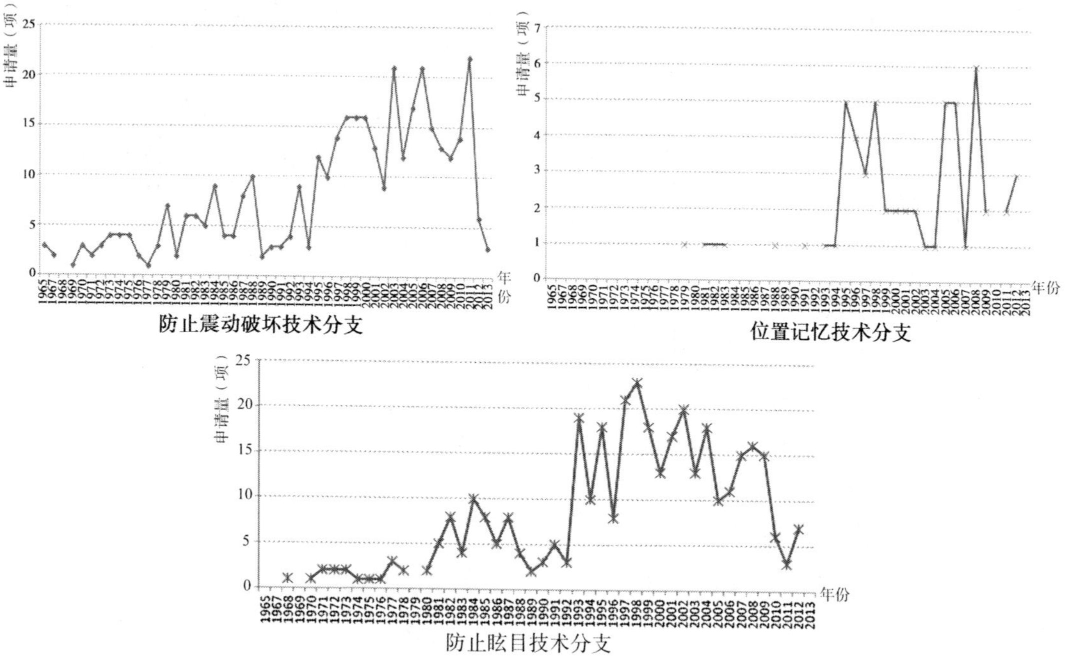

图 12　各重要技术分支总体申请趋势对比图

（2）集成多种功能以及位置记忆技术分支

现在的内后视镜一般和其他汽车部件集成一体，同时实现多种功能，如集成 GPS、倒车后视、时钟、行车记录仪等。而位置记忆功能也是现今车辆上使用较多的一种功能，一般在外后视镜和座椅的自动调整比较多，内后视镜的自动位置记忆调节涉及不是很多。从图 12 可以看出，上述两个技术分支在 1994 年之前的申请量均比较少，几乎可以忽略不计，说明技术人员对于这两个技术分支的关注不像其他三个技术分支那么早，主要是因为这两个技术分支所涉及的技术问题并不是从后视镜诞生之日起就伴随的，而是后期人们追求车辆具有更多功能、更智能的条件下才产生的，也可以说是新的技术发展趋势，尤其是集成多种功能的分支，从图中可以看出最近几年的申请量急剧增加，从中也可以看出该技术分支是以后技术发展的重点分支。

（3）防止震动破坏技术分支

由于汽车内后视镜的安装结构关系，当汽车由于路面不平整产生震动时，其支腿等部件会随着汽车的震动而有一定的震动，一方面该震动会造成后视镜损坏的几率增大；另一方面，晃动严重的后视镜也严重影响着驾驶员的视野。从图 12 可以看出，该技术分支同上述两个技术分支的趋势大致相同，所跨周期均较长，也是技术人员一直关注的技术问题。

（4）防止眩目技术分支

所谓眩目就是指人的眼睛突然受到强光照射时，由于视觉神经受刺激而失去对眼睛的控制，本能地闭上眼睛或看不清暗处物体的生理现象，这种现象很容易造成交通事故。眩目的问题也是自从19世纪30年代汽车前大灯问世以来就一直存在的问题，如何减小眩目的不良影响，也是技术人员一直以来所研究的课题。

从图12示出的各重要技术分支总体申请趋势图可以看出，汽车内后视镜防眩目技术在1968年便有相关专利申请，并且在1968—1994年之间一直保持稳定的申请量，在1994年之后的申请量增长迅速，但是增长幅度并不高。该技术分支的申请趋势总体趋于平稳上升，所跨周期较长。说明国外关于内后视镜防眩目技术分支的研究很早就已经开始，并且一直延续至今，申请量均保有一定量，同时也说明防眩目技术一直以来是人们研究的重点技术，也是一直以来未能很好克服的技术问题。

（五）汽车内后视镜中国专利技术申请状况

本节主要对中国专利申请状况的趋势以及中国专利重要申请人进行分析，从中得到相关的车内后视镜技术发展趋势，以及重要申请人的历年专利申请状况。

1. 中国专利申请趋势

图13示出了关于汽车内后视镜中国专利申请趋势，大致可以分为两个时期，第一时期为1987—1999年，第二时期为2000年至今。

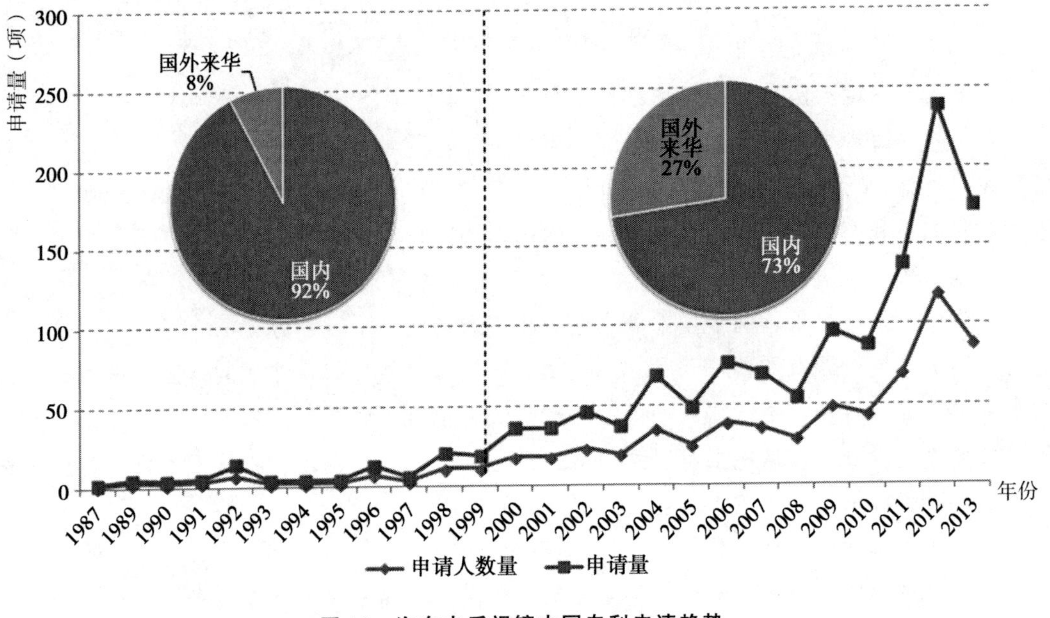

图13　汽车内后视镜中国专利申请趋势

（1）第一时期（1987—1999年）

从图中可以看出，在第一时期内，一方面中国专利关于汽车内后视镜领域的数量较全球专利在量的方面要少很多；另一方面，中国专利申请总体比较平缓，上升趋势不明显，且申请量和申请人数量非常少，申请人类型以个人申请为主，占总量90%（见图14），鲜有公司申请，并且国外来华申请量极少，而且也是个人申请。因为这个时期，中国国内汽车业发展水平仍然不高，虽然生产量在逐年上升，但是与汽车制造主机厂配套的汽车零部件厂商还比较少，并且这段时期内，国内汽车装配的后视镜结构都比较简单，技术含量不是很高，因此，个人申请较多。从国外来华申请所占的比例8%可以看出，虽然国外汽车公司开始逐渐重视中国市场，但是由于国内自主汽车技术发展仍然很落后，多数汽车零部件仍然由国外厂商提供，国外汽车公司在中国市场所面临的汽车零部件专利侵权压力不大，因此，国外来华的申请量较少。

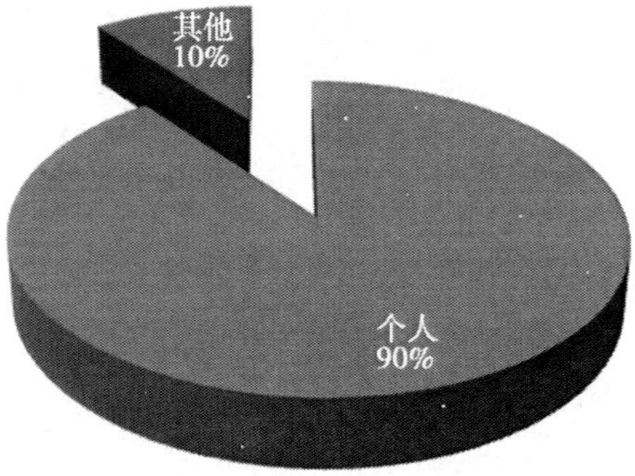

图14　1987—1999年申请人类型分布

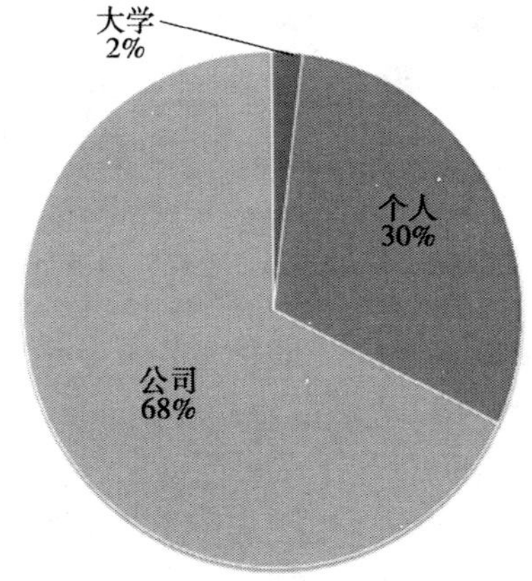

图15　2000—2013年申请人类型分布

（2）第二时期（2000年至今）

第二时期内，中国专利申请总体呈现上升趋势，并且在2010—2012年之间突飞猛进，这段时间，随着中国加入世贸组织，中国汽车工业发展迅猛，自主车企发展较快，配套的零部件企业也得到了良好的发展。这段时间内，国外来华申请量也在激增，说明国外公司开始关注国内的汽车零部件行业。另外，在该时期内，公司类申请人数量增加到了68%的份额（参见图15），也说明在这段时期内，汽车内后视镜技术发展水平较之前要高。

2. 中国专利申请重要申请人分析

本小节从中国专利申请重要申请人方面对中国相关内后视镜领域的专利申请做进一步分析，主要考虑申请人历年（1987—2013年）的申请总量，按照申请总量进行排名，取前13名申请人进行分析。

图16示出了中国专利申请量排名前13的申请人，对比图10全球专利申请量排名前12名的申请人图，可见，国外处于前12名的申请人在中国的申请量也基本都排在前10名内，如株式会社村上开明堂、麦格纳唐纳利等，说明国外汽车零部件企业对于中国市场的重视度较高，积极在中国市场进行专利布局。同时，中国国内企业在内后视镜领域的申请量在前13名内的比较多，说明中国国内汽车零部件企业对于内后视镜技术的关注度比较高。

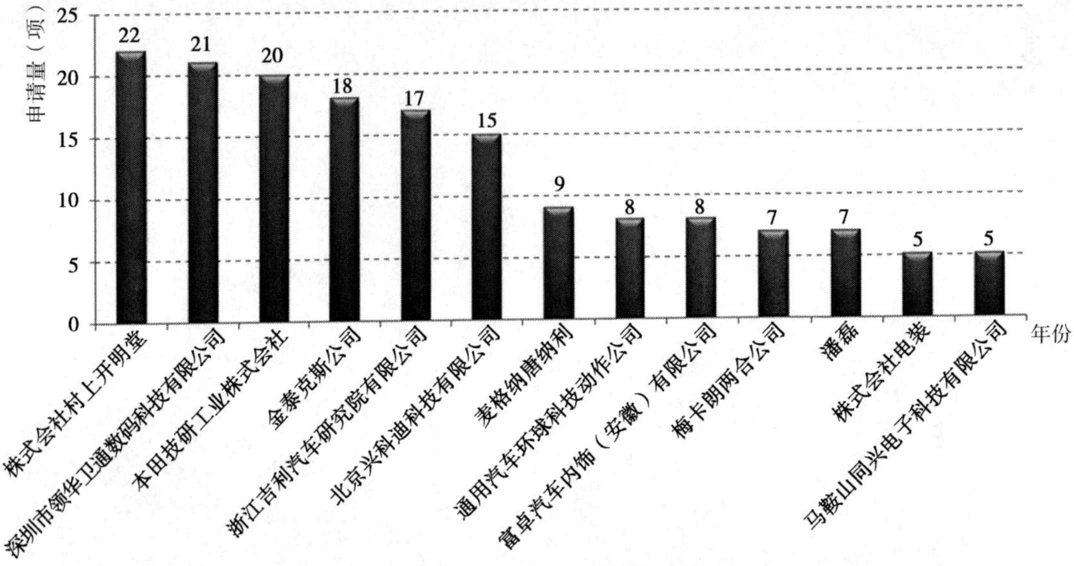

图16　中国专利申请量排名前13名的申请人

（六）车内后视镜防眩目技术专利技术发展分析

本节针对车内后视镜领域重要技术分支：防眩目技术分支做进一步详细的分析，主要从其技术发展路线方面进行分析。

1. 现代防眩目后视镜技术简介

现代防眩目后视镜基本可以分为两大类，一类是手动防眩目后视镜，另一类是自动防眩目后视镜。而自动防眩目后视镜按照其作用机理不同可以分为两大类，一类是采用电致变色材料涂层形式，另一类是采用蓝色反射层形式。

对于手动防眩目后视镜，现在基本都采用棱镜结构，即镜片上厚下薄，呈楔形结构，见图17，该图中上部分为白天时的光线反射情况，下部分为晚上处于防眩目位置的光线反射情况。黑色实线表示由镜面反射的强光，灰色线为由玻璃表面反射的弱光线，在晚上行车时，用手扳动镜片到一定角度即可实现防眩目的功能。

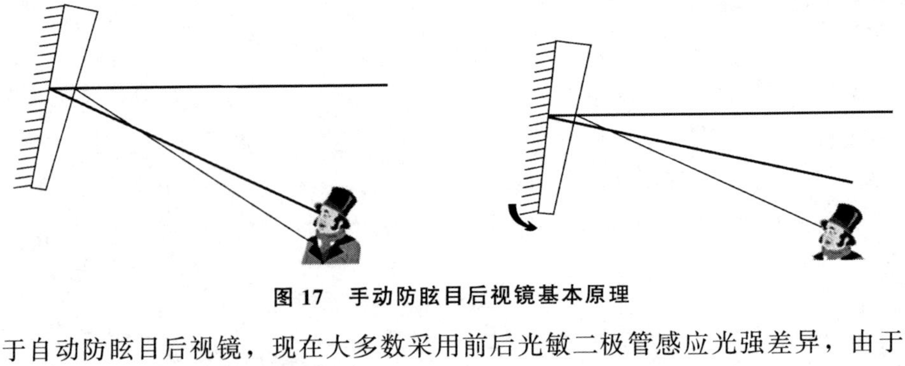

图17　手动防眩目后视镜基本原理

对于自动防眩目后视镜，现在大多数采用前后光敏二极管感应光强差异，由于白天或夜晚无后车大灯眩目时，前后光强度基本相同，前后光敏单元无电位差，控制单元不作用，后视镜反射单元全启用，后方光线全部反射，因前光强度与反射后光强度基本一致，从而不眩目；当晚上有后车大灯眩目时，后光强度大于前光强度，前后光敏单元有电位差，控制单元作用，通过液晶层或者别的电致变色材料层使得后视镜反射面变暗而起到防眩目功能，也有部分是采用后视镜反射单元部分启用，后方光线部分反射，减弱后的反射光强度与前光强度基本一致，从而不眩目。

2. 防眩目后视镜技术发展路线

从以上内容可以看出现在手动以及自动防眩目后视镜技术的基本情况，然而，该技术发展并不是一蹴而就的，而是经历了将近一个世纪才发展到现在的水平。下面基于 SIPO-ABS 数据库和 DWPI 数据库的数据样本，从防眩目后视镜技术发展路线图来分析一下汽车内后视镜的技术发展历史。

要了解防眩目汽车内后视镜专利技术的发展，需要首先了解关于后视镜的专利是什么时间产生的。从图 18 中可以看出，在 1901 年，首次出现关于后视镜的专利申请 US19010070486A，该专利由美国新泽西州名叫 BROWN 的个人申请，技术方案是关于外后视镜应用于轨道车辆上，在车箱前后两侧均安装有反射镜，从而可以观察前方和后方的情况。由此可见第一个关于后视镜的专利并不是应用在普通汽车上的，其可以视作汽车后视镜专利技术的起点。1902 年也出现了类似的申请 US19020105553A，仍然是外后视镜，也是应用于轨道车辆上的。上述后视镜严格意义上只能是侧视镜，因为只能看到车辆两旁的情况，而不能看到车辆正后方的情况。也许是基于这种需求，在 1910 年，英国申请人琼斯申请了一项名为《改进的车辆用反射装置》的专利 GB191018472DA，其公开了在车辆的两侧以及挡风玻璃中部都安装反射装置。这应该是关于汽车内后视镜最早的专利申请，可以视为汽车内后视镜的技术起点。

而关于后视镜的防眩目技术则是从 1915 年出现，由美国人申请的专利 US19150069247A，后视镜为外部后视镜，其通过两个互成 90 度的镜片构成，其中一个镜片涂有颜色。在晚上使用时，通过旋转镜片使得带有颜色的镜片作为后视镜使用，而达到防眩目的目的。这应该是关于汽车后视镜防眩目技术的最早专利申请。而首次关于内后视镜的防眩目技术专利申请出现于两年后的 1917 年，由美国人于 1917 年 7 月 20 日申请的专利 US19170181852A，虽然在同年的 6 月 5 日还有一项类似的英国申请 GB806517A，但是并未明确公开应用于汽车内部后视镜，因此，该项美国专利可视为汽车防眩目内后视镜的专利技术起点，该专利中的后视镜安装在汽车前挡风玻璃上方，长度比前挡风玻璃还要长，是一整块长条形的后视镜，安装于一个圆柱形空腔中，后视镜可以绕圆柱形空腔的轴线转动。这便是汽车防眩目内部后视镜的雏形，该后视镜采用两个背靠背安装在一起的镜片，其中一个镜片较暗，一个较亮，白天使用亮面，晚上使用暗面，从而防止眩目的产生。这便是最原始的防眩目内后视镜的结构。

在 1925 年出现了一种防眩目后视镜的变形，如图 18 所示的专利 US19250055009A 采用一个可绕反射镜边旋转的镜片来实现防眩目，这种后视镜成为可移除式防眩目后视镜，因为在不需要时，防眩目镜片可以移除。

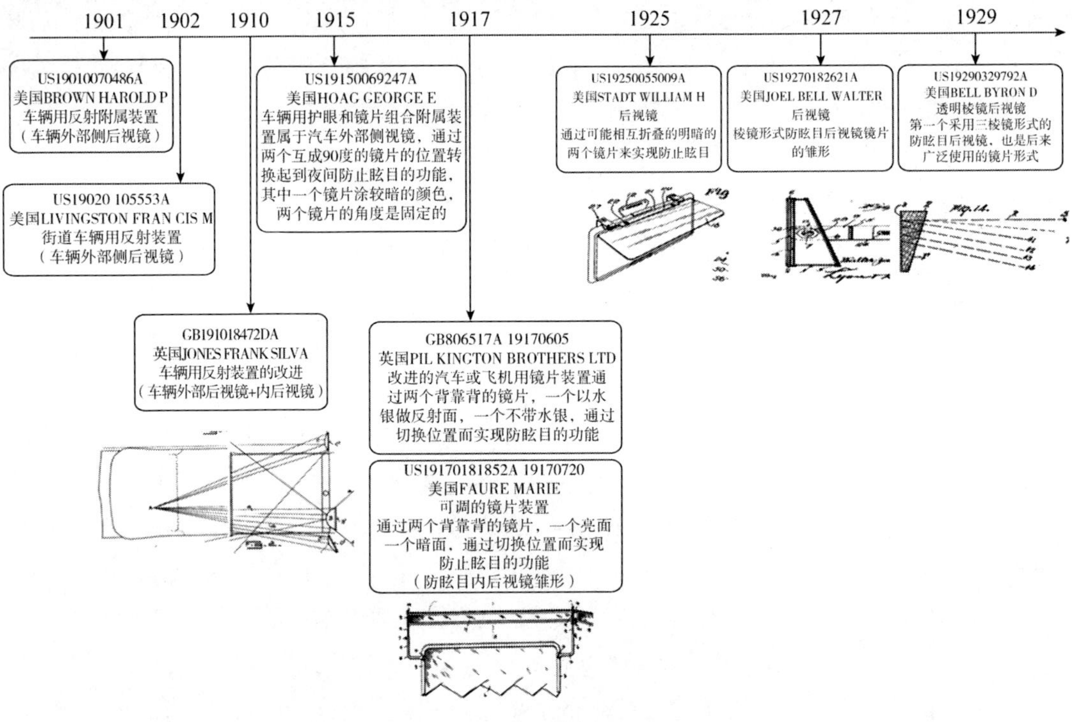

图 18　汽车防眩目内后视镜技术发展（1）

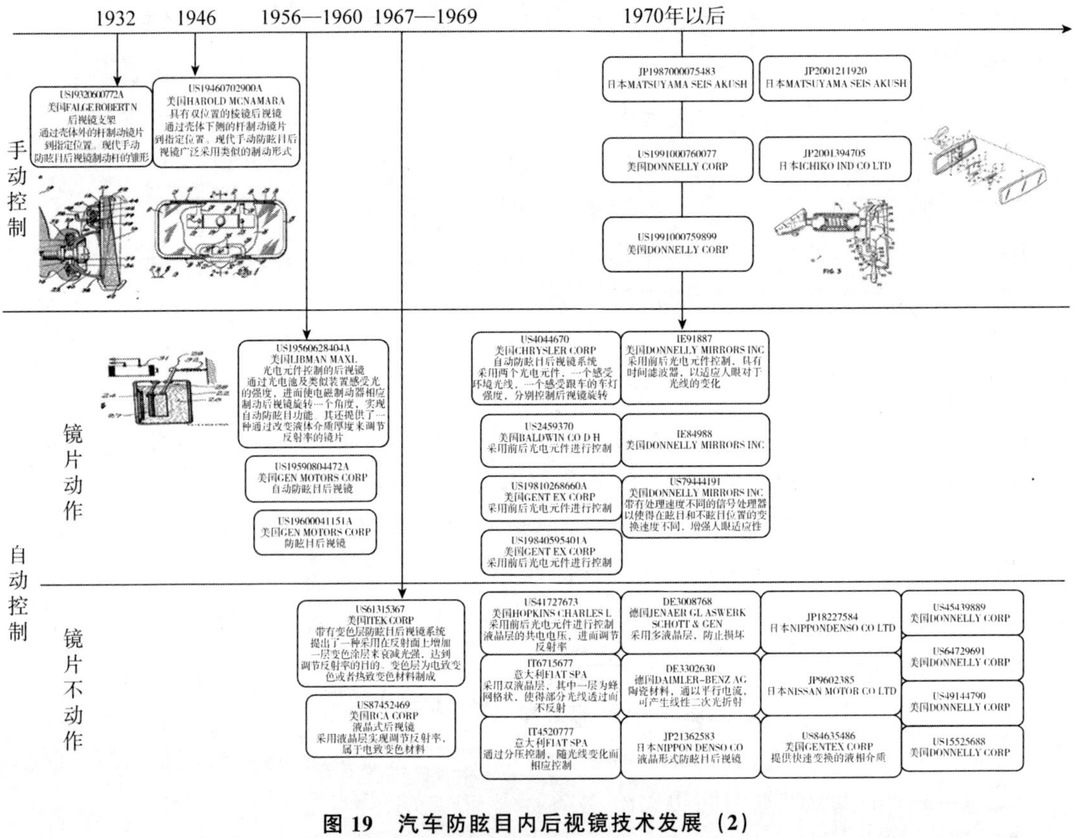

图 19　汽车防眩目内后视镜技术发展（2）

在 1927 年，一篇由美国人申请的专利 US19270182621A 可视为现代棱镜型后视镜的雏形，其采用两片呈锐角的镜片，构成楔形结构，通过转动可以实现防眩目的功能。随后，在两年后的 1929 年，美国人 BELL BYRON 申请了一篇名为《透明棱镜后视镜》的专利 US19290329792A，其采用棱镜式的镜片结构，这也是后期直至现在的手动防眩目后视镜所广泛采用的结构，有理由相信，现在的手动防眩目后视镜正是基于该专利通过逐步改进而形成的。在这一时期，并未出现关于自动防眩目后视镜的专利，也没有详细的公开手动防眩目后视镜的制动结构的专利出现。

从图 19 中可以看出，在 1932 年出现了关于手动防眩目内后视镜的制动结构的专利 US19320600772A，在此之前，手动调节时，均需要使得整个后视镜壳体转动，而该专利通过在壳体上方后部的一个突出的杆实现了镜片相对于后视镜壳体转动的目的，这也是现代手动防眩目后视镜的制动结构的雏形，为后续后视镜手动制动结构提供了改进的基础。随后，在 1946 年的一篇名为《具有双位置的棱镜型后视镜》的专利 US19460702900A 公开了在后视镜壳体下部伸出一制动杆，通过拨动该杆实现镜片在两个位置之间切换，这也是后来的手动防眩目后视镜所广泛采用的制动结构，标志着手动防眩目后视镜进入了一个新的发展时期，直至现在，这种类似结构依然沿用，典型的如日本的株式会社村上开明堂以及美国麦格纳唐纳利等主要申请人申请的专利（见图 19）。

手动防眩目后视镜的缺点显而易见，一方面，驾驶员有时会忘记在夜晚行车时打开防眩目功能，而使得被后车灯眩目的可能性增大；另一方面，驾驶员行车时拨动拨杆势必会引起驾驶员的注意力分散，从而威胁行车安全等。正是因为手动防眩目后视镜的缺点，才会产生现在的自动防眩目后视镜。在自动防眩目后视镜的专利出现之前，已经有部分专利涉及电磁制动的手动防眩目后视镜，基本都是在上述手动后视镜的结构基础上，增加一个电磁制动器，驾驶员通过一个压电式开关接通电磁制动器，从而带动后视镜转动，以达到防眩目的功能。这种后视镜比之前的手动后视镜在技术上更进一步，也是随后自动防眩目后视镜诞生的技术基础。由图 19 可见，在 1956 年，由美国人申请的一篇名为《光电元件控制的后视镜》的专利 US19560628404A 公开了一种自动控制的防眩目后视镜，这也是第一个关于自动防眩目后视镜的专利申请，其通过采用一个光敏元件感受光强，当强度超过一定值时，便给电磁制动器供电，使得制动杠杆转动，进而带动后视镜镜片转动，实现自动防眩目的功能。这相对于以前的手动式防眩目后视镜是一个技术突破，不仅如此，该篇专利还公开了一种通过液体介质的厚度改变来实现调节镜片反射率的技术方案，这也是后来一段时间内一种不同于其他类型的防眩目后视镜。其通过将反射面置于液体介质中，在光电元件感受到强光时，使得电磁制动器动作，带动在液体介质中的反射面前后移动，使得反射面和入射面之间的液体介质厚度变化，从而调节反射率，实现防眩目的功能。该篇专利不仅是自动防眩目后视镜技术的重要起点，也是其中一种通过液体介质厚度变化形式的防眩目镜片的重要起点。在此之后的一段时间内，关于使用液体介质厚度变化的镜片的专利申请也出现过，只不过由于其结构复杂，不易实现，其生命周期并未延续很久。该篇专利中的自动实现防眩目功能的结构，实际上是在手动式结构上增加了一套光敏元件控制机构和电磁制动机构，其仍然属于需要镜片动作的类型，该设计不足之处在于白天光强时，仍有可能出现后视镜变暗的情况，这不利于行车安全。基于此，在1970年，美国克莱斯勒公司申请了一篇名为自动防眩目后视镜系统的专利US4044670A，其采用两个光敏元件，一个感受环境光线，一个感受跟车的车灯强度，分别控制后视镜旋转，这样就使得白天环境光线强度大时，镜片保持在非防眩目位置，提供较强的反射能力，在夜晚环境光线弱时，进入防眩目位置，起到防眩目功能。现在的自动防眩目后视镜采用的一前一后的光敏二极管也是这种原理。

在1967年，美国ITEK公司申请了一篇名为带有变色层防眩目后视镜系统的专利US61315367，其开启了自动防眩目后视镜的新时代，因为，其使用变色层而避免了镜片的动作，使得镜片不动作时，一样可以实现防眩目功能。该篇专利采用在反射面上增加一层变色涂层来衰减光强，达到调节反射率的目的。变色层为电致变色或者热致变色材料制成，依然采用光敏元件感光，提供随光强变化的电流，而使得变色层相应变暗，而实现防眩目功能。不得不说这是在技术上的又一次突破，随后的一段时间，直至今天，这种形式的自动防眩目后视镜也依然在使用，期间也出现过如液晶图层、陶瓷图层等类型的专利申请，均与该篇专利的技术原理相似。后期也出现了一些网状的液晶反射层，使得一部分光线投射而不反射，起到防眩目的功能，但是基本结构也是采用这种电致变色涂层。

至此，从上面的技术发展图的分析可以看出，防眩目后视镜的技术发展从最初的简单的镜片组合，到后来的楔形镜片的出现以及后来的手动拨杆的出现，再发展到电磁制动器驱动镜片的形式，而后发展到自动防眩目后视镜，自动防眩目后视镜又发展为镜片动作式和镜片不动式。从整个技术发展的路线来看，其也是科学技术进步的一个缩影，即新技术的出现一般都是在克服现有技术不足的基础上，通过一点一点改进而实现的。

三、汽车内后视镜技术发展趋势预测以及建议

从汽车内后视镜以及相关技术分支的发展趋势来看，防眩目技术分支后续的技术发展空间不高，一方面是由于该项技术已处于技术成熟度比较高的阶段；另一方面，本领域的申请人将研发精力更多地集中在如何改进造成后视镜眩目的根源——汽车前大灯的技术上；而集成多功能的汽车内后视镜以及位置记忆技术分支从整个趋势来看，可能会是后续重点发展的技术分支。

另外，从国外汽车内后视镜的专利技术发展来看，该技术领域的技术成熟度已经非常高，对于中国的申请人来说，想要绕开国外公司的专利壁垒，开辟新的途径是比较困难的。毕竟国外的后视镜技术发展经历了一个多世纪的漫长发展周期，而中国整个的汽车工业发展的时期都非常短，更不用说汽车内后视镜技术的发展时期，中国与国外在该项技术上的差距是显而易见的，并且国外汽车零部件公司对于中国市场的重视也在与日俱增，该

领域的国外公司在华申请也在逐渐增多，中国申请人在该领域与国外公司抗衡的困难度比较高。

综上，中国申请人可以加强内后视镜集成多种功能角度的研发，使得在汽车内后视镜上实现更多更好的行车安全辅助功能。另外，现在已经出现了无后视镜的概念车，通过各种成像系统来实现车周围视野显示给驾驶员，该技术发展目前处于起步阶段，中国申请人也可以适当考虑在这个领域加大研发力度。

四、结束语

本文以 DWPI 和 CNABS 数据库收录的专利为样本，分析了汽车内后视镜的专利申请趋势，以及主要申请人等，并基于 SIPOABS 和 DWPI 数据库对防眩目内后视镜技术分支的技术发展做了进一步分析，并预测了汽车内后视镜技术发展的趋势，给出了相关预测和建议，以期能对汽车内后视镜相关技术的研究、开发和应用提供一定的参考和帮助。

参考文献

[1] http：//auto. 163. com/13/0321/22/8QHAFQRB00084IK9. html.
[2] 杨铁军. 专利分析实务手册 [M]. 北京：知识产权出版社，2012. 8.

剃须刀驱动方式专利技术分析

侯　敏

一、引　言

随着生活水平的改善和文明程度的提高，人们对生活质量的追求也开始上升到一个新的高度并逐渐形成一股新的热潮，作为男士个人护肤品的剃须刀，其具有广阔的前景[1]。

剃须刀按照适用环境总体上分为干剃刀、湿剃刀、干湿两用型三种类型，原始湿剃刀即常规的刮脸刀，由刀片和锄形刀架组成，而干剃刀和干湿两用型剃刀借助驱动系统，实现了剃须的方便、安全，具有更强的剃刮舒适性，而被广泛使用。对于干剃刀和干湿两用型剃刀，通常按照刀片的运动形式而分为旋转式、往复式和摆动式；按照动力供应方式，分为电动式、机械式、流体式。其中，电动式根据电机工作的形式分为旋转电机和线性电机两类；机械式则基于传递部件分为齿轮齿条和偏心轮两种；流体式依据动力源分为空气、激光和水三种。剃须刀的类型分支如图1所示。基于动力供应方式，来达到所需要的刀片运动形式和剃须刀的使用效果。剃须刀专利申请量多年来保持增加的趋势，而剃须刀驱动方式的发展，为剃须刀的核心发展，其决定了剃须刀的整体性能。

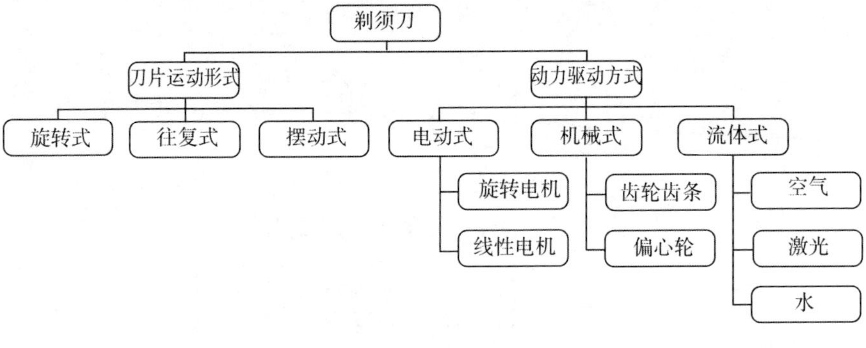

图1　剃须刀类型分支

本文专利数据检索主要采用CNABS、DWPI数据库，在CNABS数据库检索得出样本265篇，DWPI数据库检索得出627篇，经过CNTXT数据库、SIPOABS数据库的查漏补缺，以及精读筛选，最终得到样本534篇进行专利分析。本文检索终止时间为2014年5月，由于专利申请延迟公开的特点，有部分2013年申请和2014年申请未能涵盖在内，因此，本文的分析样本存在一定的收录不完整性。

本文通过研究剃须刀驱动方式在国内外的发展现状，对剃须刀驱动方式领域的专利申请进行统计分析，并对该领域的主要申请人的相关技术进行分析研究。通过了解剃须刀驱动方式的发展趋势和发展动态，对中国剃须刀驱动方式的发展提供借鉴。

二、剃须刀驱动方式全球专利状况分析

（一）申请量与年份的动态关系

剃须刀的驱动方式伴随剃须刀的整个发展历程，针对剃须刀的驱动方式的专利申请亦能反映整个剃须刀领域的量变情况。针对剃须刀驱动方式的专利申请，可追溯至1961年，早先为机械驱动式，随着电动剃须刀的问世，在接下来的10年中，专利申请量持续增长，但受限于作为动力源的电机的发展制约，在接下来的30年中，剃须刀驱动方式专利申请量增速放缓或停滞。进入21世纪以来，随着全球科技水平的进一步提升，剃须刀的壳体部件、剃刮部件和驱动部件都有了进一步的改善，伴随着使用者对于剃须刀的舒适性、便利性等性能的更高要求，剃须刀行业内，尤其是几大“领头羊”之间的激烈的竞争，迫使各企业对于产品的性能进行优化，在剃须刀驱动方式上体现为涌现了较多以减震为目的的剃须刀驱动方式，并因此出现申请量大幅攀升的现象（参见图2）。经历了快速发展的10年，剃须刀的各项性能参数趋于稳定，剃须刀驱动方式步入较为稳定的成熟区。

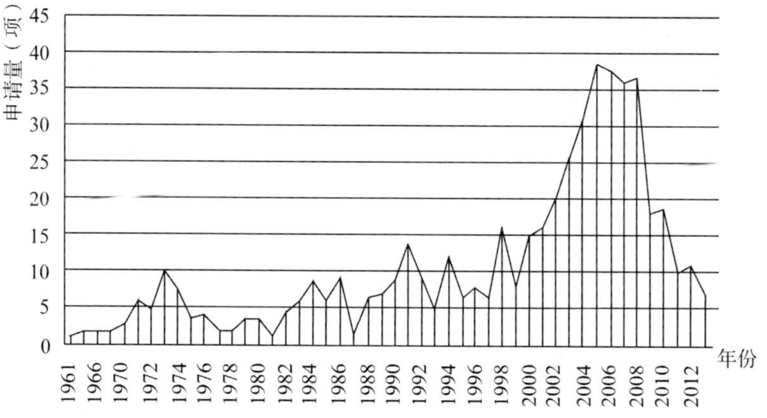

图2　全球申请总量与年份的动态关系

（二）全球范围内剃须刀驱动方式专利申请格局

在20世纪前、中期，剃须刀以机械驱动为主，创建于1903年的吉列保安剃须刀公司，在全球市场的占有率高达60%[2]。1960年以后，电动剃须刀问世，随之以日本松下、荷兰飞利浦、德国博朗为代表的剃须刀制造厂家，靠技术创新在全球剃须刀行业站稳了脚跟，在专利申请量上体现为三者占比同期全球专利申请量的50%以上，并一直保持着强劲的发展势头。综观剃须刀驱动方式快速发展的二十年间，在全球范围内，主要申请人为松下、飞利浦、博朗（参见图3），以精密部件制造著称的日本、德国、荷兰，在剃须刀驱动方式领域也同样占据着领头地位。

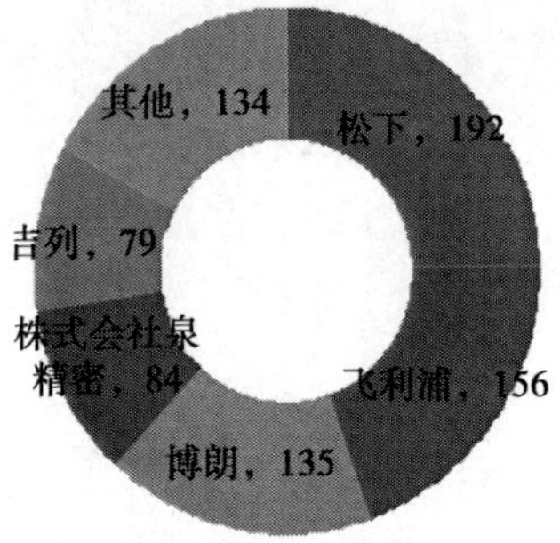

图3　全球剃须刀专利申请分布情况

三、剃须刀驱动方式中国专利状况分析

（一）申请量与年份的动态关系

中国剃须刀行业起步较晚，20世纪70年代后，中国剃须刀行业伴随着中国经济的逐步复苏，也开始迅速起步。剃须刀驱动方式中国专利申请大致分为两个阶段，一是缓慢布局阶段（1985—2000年），在此期间，国外申请人针对剃须刀驱动方式的申请多集中在电动驱动下刀片运转方式领域，国内申请人处于初步探索阶段，申请人以个人为主，多为日常生活中的小革新，比如，采用机械传动实现剃须的省力化等；随着剃须刀市场需求的增大，也涌现出了一批剃须刀生产厂家，如飞科、超人、奔腾等，但在该期间，国内厂家的研发能力不足，处于引进借鉴吸收阶段。二是快速发展阶段（2000—2010年），2000年后，国际剃须刀巨头公司在中国开始设立合资公司，进一步抢占中国市场，专利申请量也呈持续增长式，该十年间剃须刀行业快速发展，国内产业技术集中到几个剃须刀厂家，在专利申请量上国内也有了大幅的提升（参见图4）。

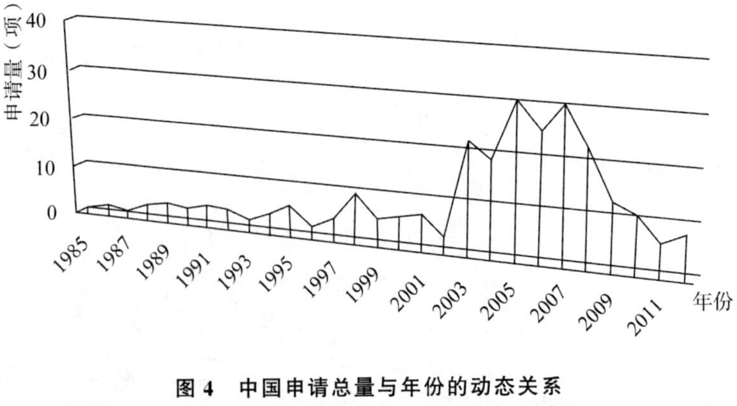

图4　中国申请总量与年份的动态关系

（二）国内剃须刀驱动方式专利申请格局

对于剃须刀驱动方式专利，中国申请的格局如图5所示，其中，前三位申请人为日本松下电工株式会社、荷兰飞利浦和日本的株式会社泉精密制作所，其均为世界著名的小家电制造商，不论在剃须刀的驱动还是刀头细节设置方面均走在世界的前列；其中，松下电工株式会社在剃须刀领域的专利申请量占世界剃须刀专利总数的11%以上；而德国布劳恩和博朗，美国的吉列、吉莱特，也均是全球剃须刀行业的领头军。中国剃须刀行业，在近10年中，国内剃须刀厂家在国内市场上占据了一席之位，主要代表有超人、飞科、奔腾等，超人公司在2006年推出的水洗式产品，足以跟国外品牌相媲美；而多年来一直以飞利浦为标杆的飞科公司，在科技创新方面也不断有新突破。

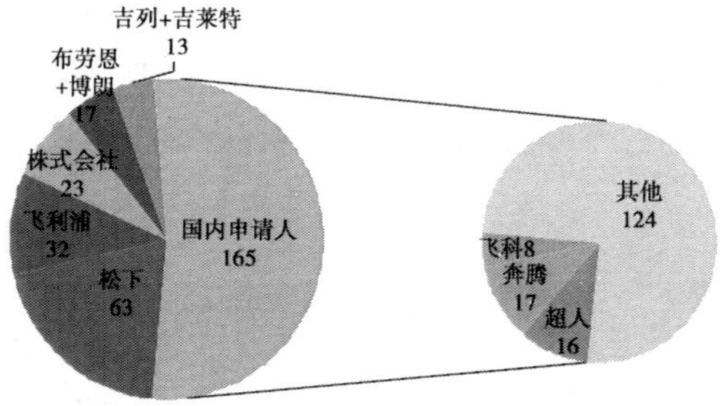

图5　中国剃须刀专利申请分布情况

剃须刀作为日常生活用品，为人们所熟知，近年来国内个人和小电器公司对剃须刀驱动方式的申请呈持续增长趋势，超人、飞科、奔腾三大企业的专利申请量占国内申请人申请总量的25%左右，而其他均为个人、高校和小电器公司申请，这反映出大众创新意识和专利保护意识的增强（参见图6）。而在地域分布上，在剃须刀厂商较集中的江浙沪地带，申请量也相对集中（参见图7）。此外，温州市是我国剃须刀起步较早的地区，早在1989年我国剃须刀还是风毛麟角的时候，往复式电动剃须刀就在温州市的几家小厂诞生，主要是家庭作坊生产，在专利申请上以个人申请为主。国内产品的研发仍处于模仿探索阶段，无自己的核心技术。

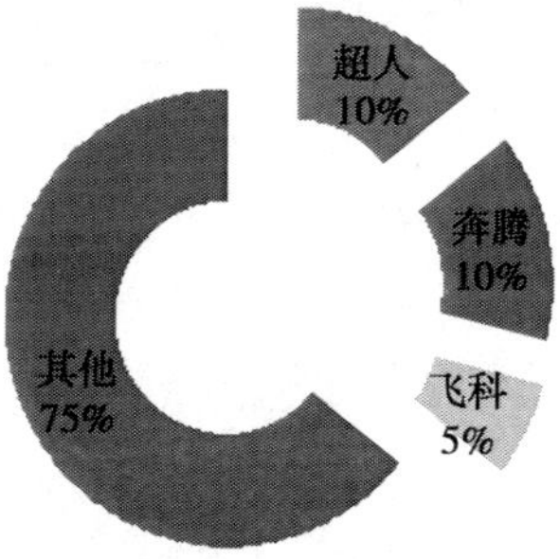

图6　国内申请人群体特点

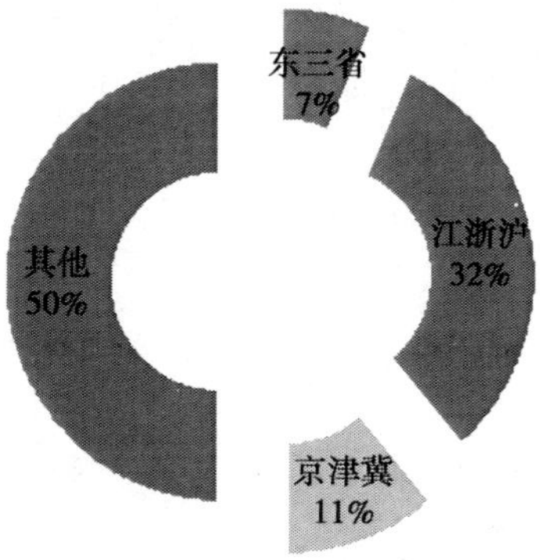

图7　国内申请人地域特点

四、剃须刀驱动方式的技术内容和技术分支

根据剃须刀的动力源划分，有机械式、流体式和电动式。各种形式的占比如图 8 所示，其中，采用电动式的剃须刀占比为 88%，其次为机械式，而受使用对象和作用区域的限制，流体式在剃须刀上应用并不广泛。

机械式剃须刀按照动力传递部件，又可划分为齿轮—齿条式和偏心轮式两种，采用机械式动力源，主要目的是提供一种节约能源的绿色环保型剃须刀，以及在户外不便于充电的情况下，仍可正常使用，其在整个剃须刀的发展历程中改进并不明显。

而流体式剃须刀，在实际生产应用中并不常见，专利申请上主要有以激光、空气、水流等作为流体源，来驱动刀片的运转，或直接作为切割部件，实现毛发的去除，应用在一些特殊领域，如医用、牧业等。

电动式剃须刀的动力源为电力，根据电机的形式分为线性电机和旋转电机。在剃须刀的作业过程中，经常需要将电机的旋转运动转化为刀片的直线运动，以实现对毛发的切割。其中，线性电机能够直接将电能转化为直线机械能，具有结构简单、速度快、灵活性高的特点，在 20 世纪 50 年代中期，随着线性电机的应用，剃须刀的驱动形式也更加多元化。由于线性电机具有运行平稳的优势，很好地满足了剃须刀低噪声的需求，日本厂家率先对其进行了系列的专利申请。当利用旋转电机驱动往复式剃须刀时，借助于传动部件实现旋转运动和直线运动的转换。对于电动剃须刀电机的形式选择，总体来讲，在电动剃须刀的整个发展历程中，旋转电机的使用量多于线性电机（参见图 9）。

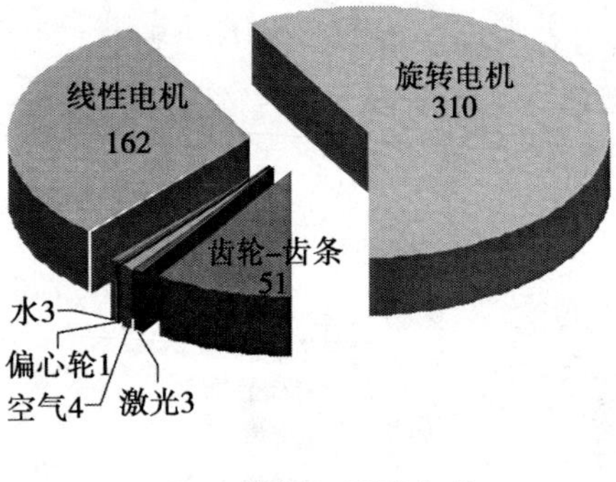

图 8　剃须刀驱动方式

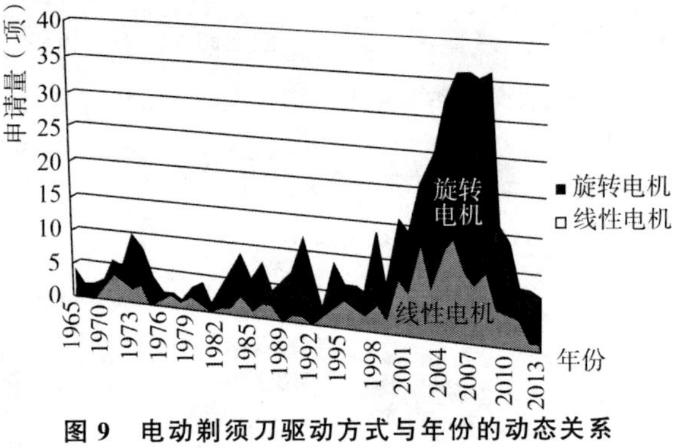

图 9　电动剃须刀驱动方式与年份的动态关系

五、技术发展脉络和核心关键技术

（一）发展脉络

剃须刀的驱动方式，在早期多采用手动式，或简单的机械传动式，随着电动剃须刀的问世，专利申请集中至电动剃须刀领域，尤其是在 20 世纪 60 年代，电动式剃须刀占主导

地位。伴随着剃须刀技术的成熟，机械驱动的方式也并没有完全摒除，而是因其节能、安全、便携等功能再度被重视，采用齿轮—齿条传动方式使剃须刀具备高速旋转的功能，并在近些年中，与蓄能设备配合使用，而成为绿色环保型剃须刀。对于流体驱动式剃须刀，受限于使用条件和剃须效果，该种驱动方式一直未成为剃须刀的主流驱动（参见图 10）。

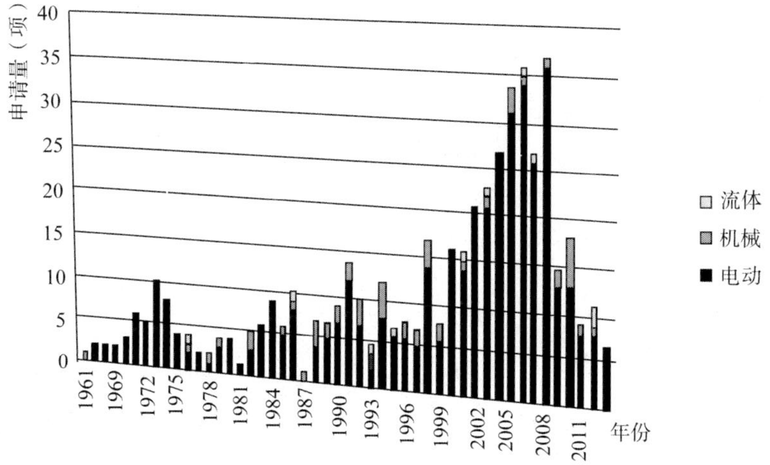

图 10　驱动方式与年份的动态关系

剃须刀驱动方式的技术发展脉络如图 11 所示。

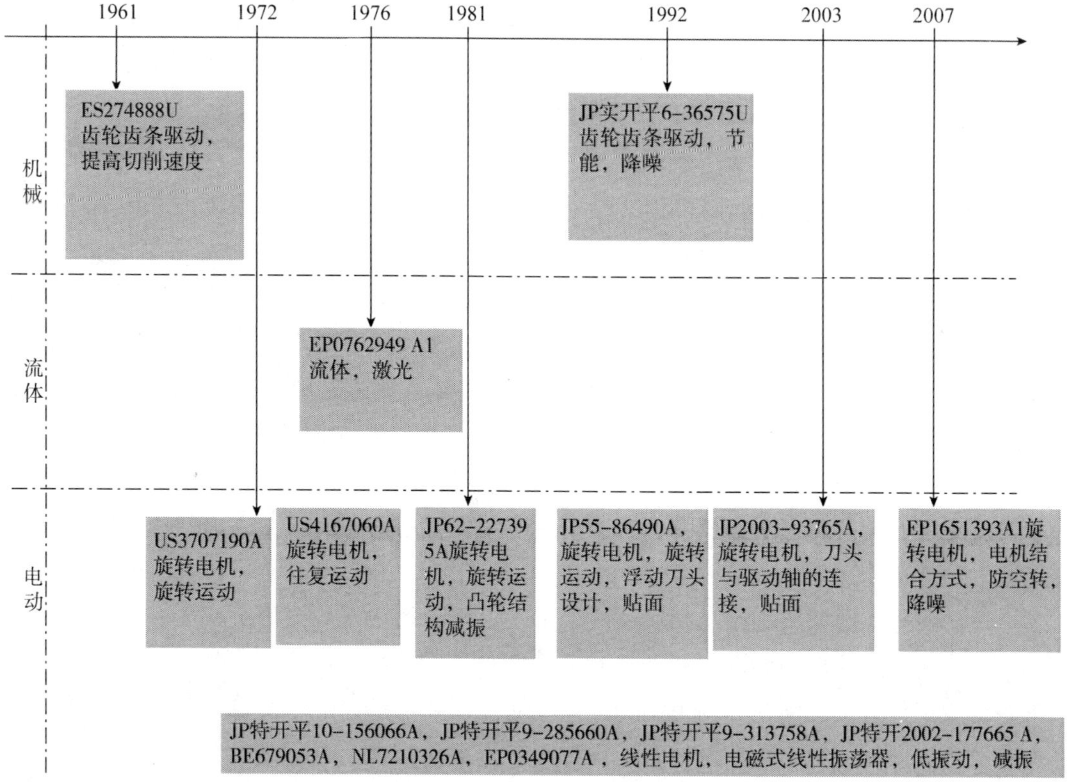

图 11　剃须刀驱动方式发展脉络

机械驱动式剃须刀，最早申请可追溯至1961年申请的ES274888U，齿轮－齿条传动方式是常见的机械驱动方式，相较于偏心轮驱动，该种驱动方式可提高切削速度，有效地降低剃须过程中的噪声。

对于电动式剃须刀，初始为旋转运动式，采用旋转电机直接带动刀片的旋转切割，如松下公司1972年申请的US3707190A。而随后，一种致力于剃须干净度的往复运动式剃须刀开始崭露头角，其中，对于刀片往复运动的动力源，具有两种。一种是将电机的旋转运动转换为直线运动，如1976年申请的US4167060A，其利用偏心凸轮结构，将电机的旋转运动转换为直线运动；随后，利用齿轮—齿条结构进行旋转运动和直线运动转换的驱动方式，也在剃须刀上得到了广泛的利用，该种驱动方式强劲有力，但同时存在振动大、噪声大的缺陷。而另外一种，则是伴随着线性电机的问世，利用线性电机低振动的特性，而将其应用在剃须刀上，并取得了较好的效果，如1996—2000年间，以JP特开平10－156066A，JP特开平9－285660A，JP特开平9－313758A，JP特开2002－177665A，BE679053A，NL7210326A，EP0349077A为代表的线性电机驱动双向运动剃须刀，利用电磁式线性动荡器驱动，使各刀片呈多向往复运动，在降噪和减振方面取得了较好的效果。在随后的剃须刀快速发展的10年间，从剃须刀驱动方式的角度，致力于剃须刀使用舒适性，全球范围内进行了大量的研究，尤以近些年广泛研发的浮动式剃须刀为代表。

早期为了提高快速剃须性能，提出了通过配置可相对主体自由摆动的多刀头，以将使用者的肌肤贴紧于多个刀头上的技术方案，例如，JP特开昭62－227395号公报所述，是一种将旋转轴设置在备有多个刀头的刀头部件的上端附近，通过以该旋转轴为中心使整个刀头部件向前后方向自由旋转，对于各种各样的剃须方式，刀头都能够追随肌肤的剃须刀。但是，在上述结构中，由于旋转轴位于刀头部件的上端附近，所以，与肌肤接触的外刀刃和旋转轴之间的距离短，在外刀刃相对于肌肤倾斜接触时，如果按压力小的话，存在着刀头部件难以旋转的问题。进而，由于基本上不能使刀头部件浮动（施加向上方的力，而形成可自由摆动的状态），所以，存在着不仅不能追随左右方向，而且在剃须时不能吸收由骨部的凹凸等产生的冲击，而伤及肌肤或者造成生硬而高低不平的剃须感觉等问题。

而JP特开昭55－86490号公报所述的剃须刀，是一种通过利用弹簧分别独立地上下浮动地配备多个刀头，借助各个刀头的上下运动，在进行具有凹凸的肌肤的追随的同时，可以吸收冲击的剃须刀。虽然实现了刀头的浮动，但是，在上述结构中，为了抑制由于内刀刃的驱动引起的整个刀头的振动，有必要对浮动力（利用弹簧的向上方的力）赋予规定值以上的初始负荷，所以，存在着当对肌肤的推压力不是相当高时，不能追随肌肤的问题。进而，当外刀刃倾斜地接触到肌肤时，由于刀头不是垂直地接触到肌肤上，所以存在着不能充分发挥其功能的问题。

随后采用将刀头的浮动结构由两部分结构实现，其一是刀头与机身之间可以进行一定角度的自由倾斜，该倾斜主要对刀头的大方向进行调整；其二是每个刀头与主驱动装置之间也可以进行一定角度的自由倾斜，这个倾斜是为了使刀网适应脸部曲线的细微变化，在这个过程中，刀头与主驱动装置之间发生角度变化时，整个刀头整体进行倾斜，这样虽然能保证偏压力的实施，而由于刀头与主驱动装置之间是通过齿轮啮合传动的，当刀头发生倾斜时两个啮合的齿轮就会分离，势必造成各个刀头在工作过程中相互干涉，影响传动系统的正常工作，因此，对于浮动刀头设置，如何防止刀头之间的相互干涉，成为一段时期内需要解决的技术问题。针对这一问题，各剃须刀厂家进行了一系列的研发，比如，中国超人集团从刀头与动力源之间的连接部件的布置和选择上，来避免刀头的相互干涉；日本松下电工株式会社采用线性马达作为动力源，利用电磁式线性动荡器驱动，取得了较好的效果。

（二）重要申请人关键技术

关于剃须刀驱动方式，主要申请人，如松下、飞利浦、博朗，其主要产品趋势为：

几十年来，松下始终处于全球电动剃须刀研发的前沿，多刀头系列电动剃须刀采用锋利的刀刃设置，致力于剃须的快速和彻底，而革命性的3D浮动刀头系列，可以保证剃须过程中紧贴脸部轮廓，使刀刃完全接触到脸上的胡须，且具有不同的挡位，根据剃刮部位的不同来有选择地调节刀头角度。在早期，利用永磁线性电机驱动的往复运动型干式剃须刀中，永磁线性电机的往复运动器在电流驱动下相对于定子做往复运动，而带动运动刀片往复运动使运动刀片在剃须时与静止刀片相接合；该种驱动形式下的剃须刀运动刀片在承受重力载荷的情况下，其运动速度和振幅减小而降低了剃须的锋利性。松下于1994年申请的JP特开平7－265559号公报中，通过增设对运动刀片位移进行检测的检测器和基于检测器输出信号用反馈的方式改变送给电机的电能的控制器，实现了运动刀片恒定振幅的保持。旨在提高快速剃须性能的多刀头系列剃须刀，如JP特开昭62－227395A中涉及的配置可相对主体自由摆动的多刀头，是将旋转轴设置在备有多个刀头的刀头部件的上端附近，通过以该旋转轴为中心使整个刀头部件向前后方向自由旋转，以将使用者的肌肤贴紧于多个刀头上。为满足用户对剃刮舒适性能的要求，松下在其多刀头系列电动剃须刀的基础上，进一步改进出3D浮动刀头系列剃须刀，如JP特开昭55－86490号公报所述的剃须刀（参见图12），是一种通过利用弹簧分别独立地上下浮动地配备多个刀头，借助各个刀头的上下运动，在进行具有凹凸的肌肤的追随的同时，可以吸收冲击的剃须刀。对于剃须刀舒适性的进一步改进，体现在对细节的完善，如在JP特开2006－181289号公告中，在细节上对剃须刀的贴面性进行了进一步的改进，其构造刀片具有主刀片和狭缝刀片，其中，狭缝刀片不仅通过一连接构件沿纵向固持在可上下浮动的外侧刀架上，还设置有固定构件沿横向固持在外侧刀架上，这样保证了狭缝刀片倾斜浮动时不会从外侧刀架上脱开，由此进一步改善对皮肤的随动性。

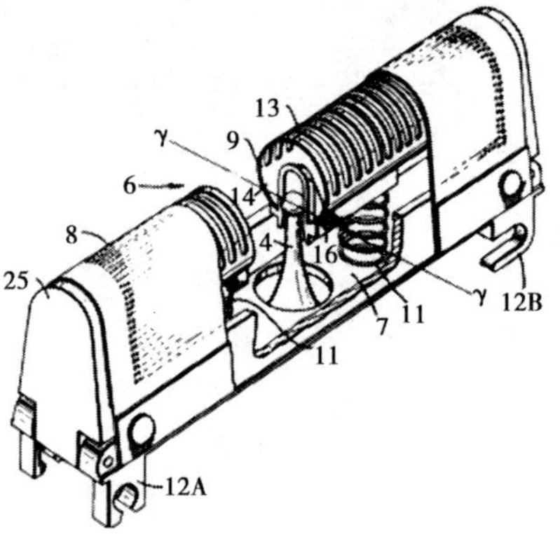

图12　松下JP特开昭55-86490A浮动剃须刀头

飞利浦一直致力于剃须刀的使用舒适性，其研发的全新系列飞利浦Sensotec（全自我超感贴面）剃须刀设计的“自我舒适度调节”备有多挡贴面程度调校，可按照自己皮肤的特性或敏感程度而调节适合自己的剃须贴面程度。图13中示出了飞利浦下述专利中涉及的部分剃须刀结构示意图。早期申请EP0349077A中［参见图13（a）］，涉及一种线性电机驱动双向运动剃须刀，利用电磁式线性动荡器驱动，使各刀片呈多向往复运动，在降噪和减振方面取得了较好的效果；而对于剃须噪声的控制，不仅在驱动方式上选择电磁式线性动荡器，在其他部件的关联性，如驱动轴和从动件之间的减振上，也做出了一些改进，如EP1651393A1，通过设置多刀头与驱动电机有选择性的接合，防止空转，进而达到降噪的目的；而在US4257161A中［参见图13（b）］，通过增设凸轮传动部件，起到了减轻轴头磨损和降低噪声的技术效果。

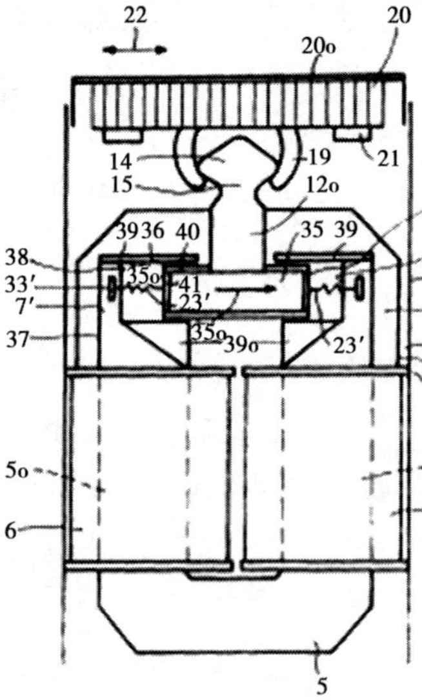

（a）EP0349077A驱动结构示意图

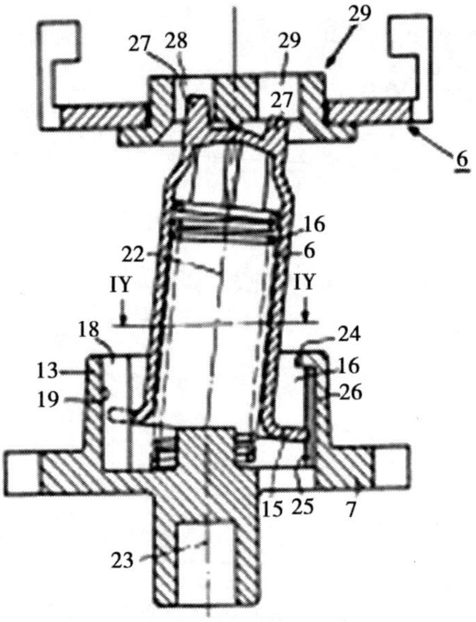

（b）US4257161A传动结构示意图

图13　飞利浦专利申请附图

博朗的电动驱动式活动刀头设计，在刀头运动方式的灵活性方面进行了侧重（图 14 中示出了博朗下述专利中涉及的部分剃须刀结构示意图），如在专利申请 EP2315649A2 中，通过增设驱动元件，带动刀头能够左右摆动 34 度［参见图 14（a），其中，46 为驱动元件，47 为驱动马达］，顺应脸部的每一条弧线，也获得了良好的贴面效果，且多刀头的多重剃须，能够剃除难缠的长须，且刀片具有较高的振动速度。此外，博朗针对具备多模块的梳理工具中驱动马达的布置问题，做出了系列的改进，如专利申请 EP2114637A1、EP2243605A1。对于常规的多用途剃刮工具包括细长柄部和可互换的剃刀架和修剪器头部，电动马达置于细长柄部内，剃刀架和修剪器头部可移除地连接到柄部上；针对该种电动马达一直置于柄部而在使用剃刀架工作头时存在的较为笨重的技术问题，在 EP2243605A1 中［参见图 14（b），其中，110、210 为两独立柄部］提出了一种剃刀架和修剪器头部各具有一独立柄部的结构设计，该种组合的毛发移除装置，既可在组合状态下使用，也可单独使用，提高了装置的使用便利性。

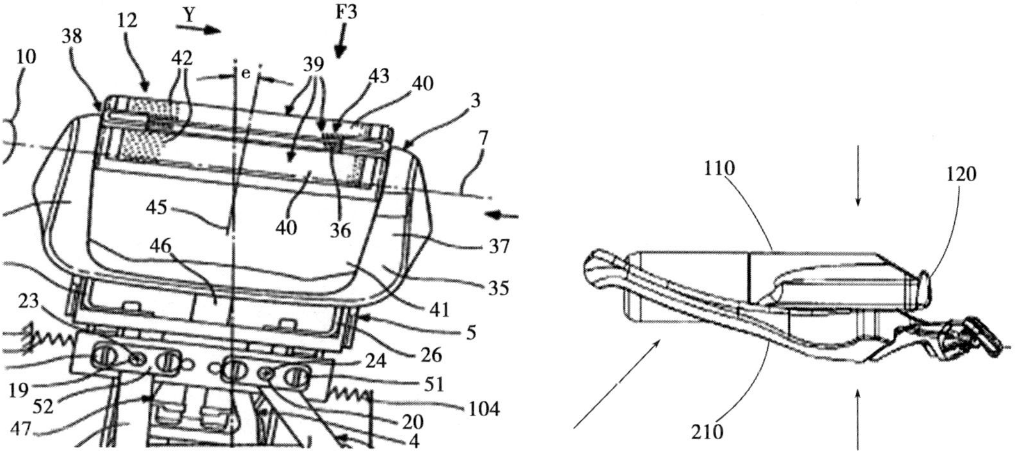

（a）EP2315649A2 驱动装置连接示意图　　**（b）EP2243605A1 剃须刀结构示意图**

图 14　博朗专利申请附图

经历了多年的发展，国外各企业之间的产品特色差异性并不大，为了使产品具有使用的舒适性和剃须的彻底性，各国从对细节的把握上，到对产品局部件不断完善，来实现剃须刀整体性能的提高。

六、小　结

本文以 CNABS 和 DWPI 数据库收录的专利为样本，初步探索了有关剃须刀驱动方面的专利申请情况，并对全球的剃须刀驱动发展历程和路线进行了一定的分析。从剃须刀驱动方式的技术发展脉络来看，剃须刀动力源主要采用电动驱动形式，而对于动力传递方式，尤其是电机轴与其他部件之间的连接关系，在近三十年间受到越来越多的重视。相比于技术相对成熟的日本、美国、荷兰等国家而言，中国剃须刀行业起步较晚，在剃刮舒适性方面，从刀头的布置、附件设置等方面也有一定的申请，但从剃须刀驱动方式的角度进行的探索较少。而动力传递方式，很大程度上决定了剃须刀剃须过程的稳定性和舒适性，应该给予足够的重视。

参考文献

[1] 庄瑞国．基于专利战略的剃须刀行业专利发展趋势及对策研究［J］．知识产权在浙江，2008.6.

[2] 盈莉．吉列的创新之路［J］．金属世界，2000（4）．

发动机曲轴橡胶扭转减振器专利技术分析

牛治军

一、引　言

随着汽车保有量的大幅提升，汽车不再只是简简单单的代步工具，人们对其舒适性的要求越来越高。近二十年以来，汽车产品设计和研究的专家、学者提出了 NVH 的概念，即振动（Vibration）、噪声（Noise）和行驶平顺性（Harshness），而这三者之中振动是根源[1]。汽车发动机的振动及其引起的低频噪声向车体（内）传递，严重影响整车的 NVH 性能，降低了整车的舒适性；同时，发动机的振动也关系到发动机本身的寿命、工作效率和对周围环境的影响。

曲轴的弹性和作用于轴系的周期性扭矩，使得任何一台发动机运转时其轴系必然存在着扭转振动，只是扭振的剧烈程度不同。降低曲轴运行中的扭转减振水平对于发动机乃至整车的振动水平的降低都是至关重要的一环，也是众多相关企业多年来的减振研发重点之一。

由于发动机轴系扭振所产生的危害主要是共振和扭振在其他传动部件中传递和放大等，因此，针对性的措施就是避免共振、消除与隔离扭振。避免共振的方法就是尽量避免发动机曲轴的工作转速与曲轴的扭振临界转速相重合，在曲轴自由端安装扭转减振器是减少发动机曲轴扭转振动最有效的措施之一。

扭转减振器（TVD，Torsional Vibration Damper）发展至今，按照曲轴橡胶扭转减振器结构类型可分为单级扭转减振器和多级扭转减振器，单级扭转减振器只有一个惯性质量，其结构和生产工艺相对简单，成本低，并且技术成型较早，在轿车发动机曲轴系统中得到了广泛的应用。然而由于单级扭转减振器阻尼值偏小，并且发动机曲轴系统的振动实际上包括扭转、弯曲和纵向振动，随着轿车的轻量化和大功率化，单级扭转减振器无法满足曲轴系统扭转减振控制的需求，多级扭转减振器便应运而生。多级扭转减振器能够最大限度吸收曲轴在多个方向的振动能量，提供较为理想的减振效果[2]，在中高级轿车中应用较多。

本文以发动机曲轴橡胶扭转减振器的发展历史为主线，重点对该领域国内外专利申请量分布以及主要申请人进行分析，试图以专利申请为依据揭示发动机曲轴扭转减振技术的历史演进以及目前整体发展水平，并对我国相关企业在该领域的研发提出建议。

二、发动机曲轴橡胶扭转减振器专利申请整体状况

（一）分析样本的构成

通过分类号 F16F15/126 分别在中文库（以 CNABS 为样本数据库）和外文库（以 DWPI 为样本数据库）进行检索，并经过筛选，最终分别得到 91 篇和 880 篇专利文献作为分析样本，分析国内外发动机曲轴扭转减振的专利申请趋势，以及主要申请人等，并着重对其中的橡胶单级扭转减振技术分支的技术发展进行进一步分析。需要指出的是，由于专利申请延迟公开的特点，虽然本文检索截止日期为 2014 年 5 月，但部分近年申请（主要涉及 2013 年和 2014 年）的专利尚未公开，未能统计在内。

（二）全球专利申请状况

本节主要对全球专利申请状况的趋势以及全球专利重要申请人进行分析，从中得到发动机曲轴橡胶扭转减振技术发展趋势，以及各阶段的专利申请国家分布和主要申请人。其中将每个同族中最早优先权日期视为该申请的申请日，一系列同族申请视为一件申请。

1. 全球专利申请趋势

图 1 示出了橡胶扭转减振器国内外申请趋势对比，国外申请大致可以分为雏形、积累、爆发和成熟四个时期，各时期划分以申请量为标准。

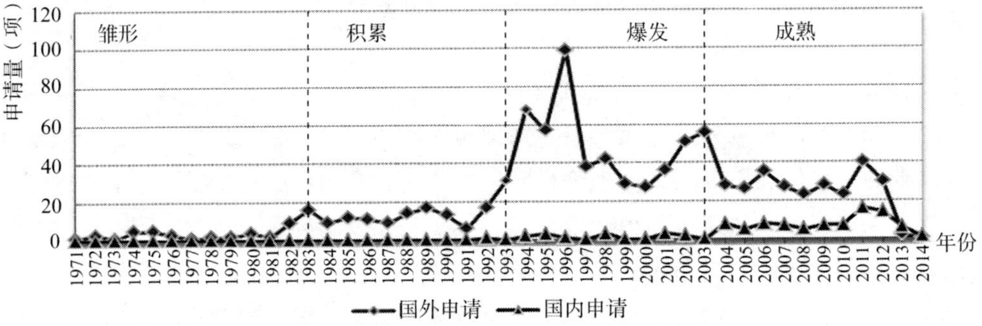

图 1　橡胶扭转减振器国内外专利申请趋势对比

（1）技术雏形阶段（1983 年之前）

早期曲轴振动的研究中，由于技术水平的限制，曲轴是按绝对刚性体来处理的。国外是从 19 世纪末开始对轴系扭转振动进行研究的，到第一次世界大战时，多缸发动机轴系因扭转振动产生的事故突增，促使了对轴系扭转振动研究的深入发展，于是出现了许多种计算轴系扭转振动自振频率的方法，同时出现了测量轴系扭转振动的仪器。1916 年，德国工程师盖格尔（Geiger）发明了机械式盖格尔扭振测量仪，发表了用机械式盖格尔振动仪测量轴系扭转振动的文章后，扭转振动的研究开始进入了实测和试验阶段。

从图 1 中可以看出，1971 年至 1982 年，申请量极少，这是因为在汽车应用的初期，首要任务是如何保证汽车能够正常行驶，至于体现乘坐舒适性指标的汽车振动降噪性能等

技术分支还处在萌芽阶段。

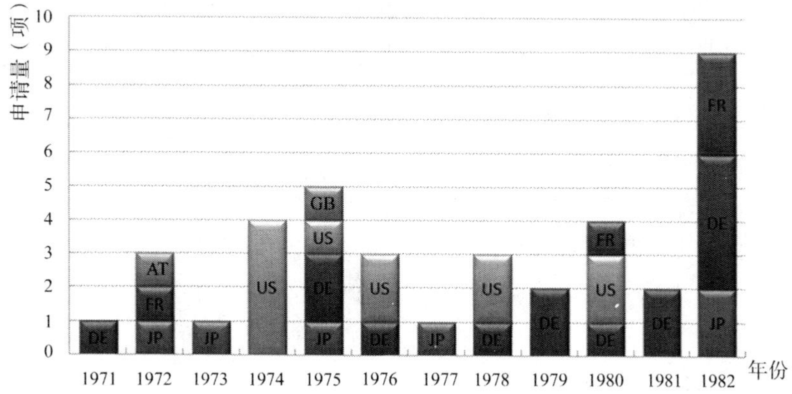

图 2 技术雏形阶段申请量国别分布

图 2 示出了技术雏形阶段专利申请量国别分布，其中，DE 代表德国，GB 代表英国，US 代表美国，FR 代表法国，JP 代表日本。从图中可以看出，在 DWPI 数据库收录的专利范围内，1971 年开始出现关于曲轴扭转减振的专利申请，该专利由戴姆勒一奔驰公司申请。在此时期内，专利申请量基本集中在日本、德国以及美国等国家。这个时期的专利技术主要集中于扭转减振器功能的实现上，减振器结构比较简单，而且这一时期每年的专利申请量均比较少，数量均为个位数。另外，这段时期美国、德国和日本开始出现曲轴扭转减振技术的专利申请，也说明汽车界传统三强德、美、日在早期就开始关注汽车车身附件技术领域，这也从一个侧面体现了上述三强国家汽车技术基础强大，技术发展时间较长，有较深的汽车历史文化底蕴。

（2）技术积累阶段（1983—1993 年）

从图 1 可见，从 1983 年开始，关于曲轴橡胶扭转减振的专利每年的申请量相比前一时期明显增多增加，这一阶段技术的积累为接下来曲轴扭转减振器的深入研究和广泛应用奠定了基础。

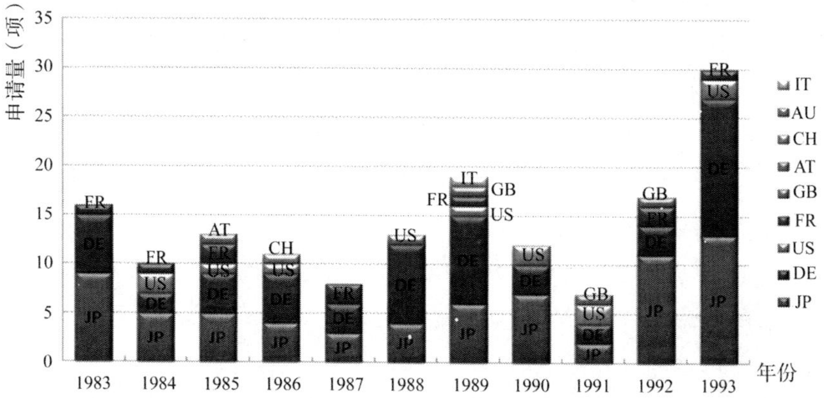

图 3 1983—1993 年技术积累阶段申请量国别分布

图 3 示出了 1983—1993 年技术积累期专利申请量国别分布，从图中可以看出，该时

期内专利申请分布的国家或地区相较之前大幅度增加，其中欧洲地区德国的申请量居首，随后是英国和法国。在这段时间内，日本的专利申请量实现了突飞猛进的增长，申请量占总申请量的将近一半，其中增加的申请量主要来自NOK株式会社；此外，在这一时期内德国的申请量增长也较快，与日本基本持平。

（3）爆发式增长阶段（1994—2003年）

从图1中可以看出，1994—2003年，关于曲轴扭转减振的申请量相比前一时期出现大幅度增长，实现了质的飞跃，可谓是曲轴扭转减振技术发展的黄金时期。尤其以1994—1996年的增长势头最为迅猛，申请量和申请人数量大幅度增加，这也是汽车产业在这段时间迅猛发展的一个侧面写照，说明市场对于发动机减振技术的需求急剧增加，对于这方面的技术关注度也急剧地提升，出现了量的飞跃。1996—2000年，经过量的飞跃之后，申请量增长趋势趋于缓和，并有所下降，之后2000—2003年之间趋于稳定。

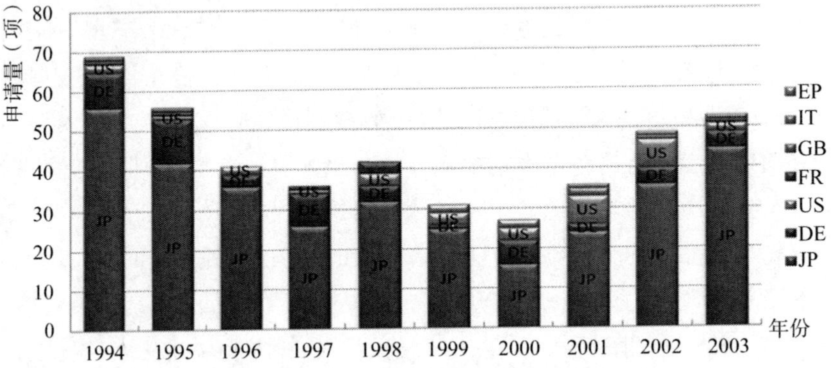

图4 1994—2003年爆发式增长阶段申请量国别分布

图4展示了1994—2003年爆发式增长阶段专利申请量国别分布。这段时期内，德国和美国的申请量均趋于稳定，技术发展成熟度也较高，虽然申请量没有大幅波动，但占这一时期总申请量的比例大幅下降，其中主要原因在于日本在这一时期内的绝对申请量一直保持着较高水平，这也与这一时期日本汽车产业发展迅猛相关。

（4）技术成熟阶段（2004年至今）

由图1可以看出，曲轴扭转减振技术专利申请量从2004年开始呈现平稳发展的态势，曲轴扭转减振技术发展也到了其成熟期，特别是橡胶阻尼式单级扭转减振器的技术成熟，使其在车辆发动机领域得到了广泛应用，大大降低了发动机曲轴的扭转振动水平，技术研发人员的目光也逐渐转向减振性能更高、技术要求更复杂的多级扭转减振器。因此在之前申请量占主导地位的关于单级扭转减振器的申请，逐渐被多级扭转减振器取代，因而这一阶段的申请量处于相对低位的稳定水平。

图5展示了2004年至今技术成熟阶段专利申请量国别分布情况，这一时期日本的申请依然是主要来源，占据着半壁江山。同时结合图4可知，这一时期日本的绝对申请量相比上一阶段已经出现较大幅度的回落，表明在经历之前近十年的高速成长期之后，日本公

司在曲轴橡胶扭转减振领域的技术已经较为成熟。同时值得注意的是，这一时期来自中国的申请逐渐增多，这一方面表明在曲轴扭转减振领域，国内的技术起步很晚，与国外差距较大；另一方面也表明随着经济全球化的发展，国内相关企业已经认识到专利在国际竞争中的重要作用，着手加强专利方面的申请和布局。

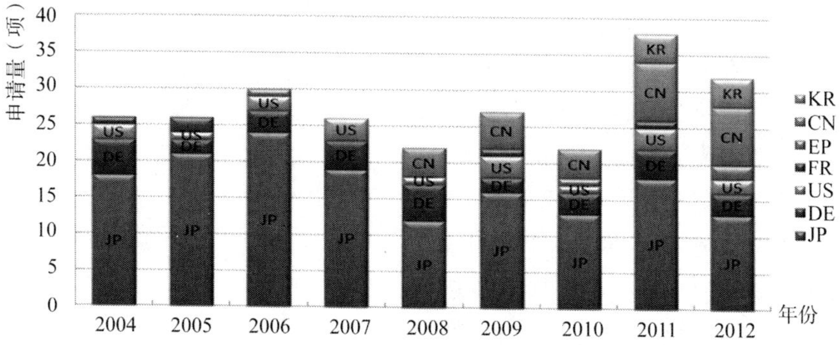

图 5　2004 年至今技术成熟阶段申请量国别分布

2. 全球专利申请国别分布

本节从全球各国在曲轴橡胶扭转减振器领域的申请量百分比分析各国占总申请量的比例，从这个角度了解各国在橡胶扭转减振器领域的整体技术发展水平。

图 6 展示了各国在曲轴扭转减振技术领域专利申请量所占的比例，由图 6 能够明确得知，日本在曲轴橡胶扭转减振器领域的申请量独占鳌头，占所有申请量的 63%，表明日本在此领域的技术发展水平处于领先位置，这与日本多年来在汽车领域的技术研发的积淀和汽车技术的成熟是分不开的。除此之外，占申请量第二名和第三名的德国和美国在扭转减振器的技术方面也具有较强的实力，总申请量前三名的日本、德国、美国与汽车市场三分天下的格局相呼应。值得注意的是，中国的申请量只有位于第三名的美国的一半，作为目前全球最大的汽车市场，在此领域中国的整体技术水平还有很大提升空间。

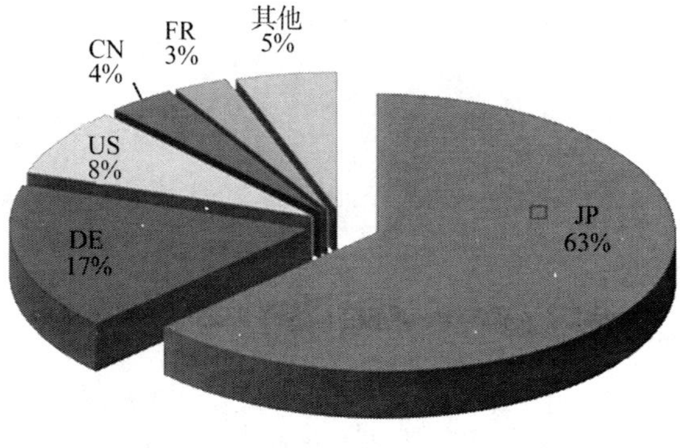

图 6　各国在扭转减振器领域专利申请量比例

3. 全球专利申请重要申请人分析

本节从全球专利申请重要申请人方面对全球相关橡胶扭转减振器领域的专利申请量做进一步分析，主要考虑申请人历年的申请总量，按照申请总量进行排名，取前 10 名申请人进行分析。

图7示出了国外专利申请量排名前10名的申请人，分别是：

（1）日本NOK株式会社（NIOD）；

（2）德国科德宝集团（FREU）；

（3）日本丰田汽车（TOYOTA）；

（4）日本东海橡胶工业株式会社（TOKG）；

（5）日本三菱汽车公司（MITM）；

（6）日本普利司通轮胎公司（BRID）；

（7）日本富国株式会社（FUKO-N）；

（8）日本本田技研株式会社（HOND）；

（9）日本东洋橡胶工业有限公司（TOYF）；

（10）日本光洋精工株式会社（KOYS）。

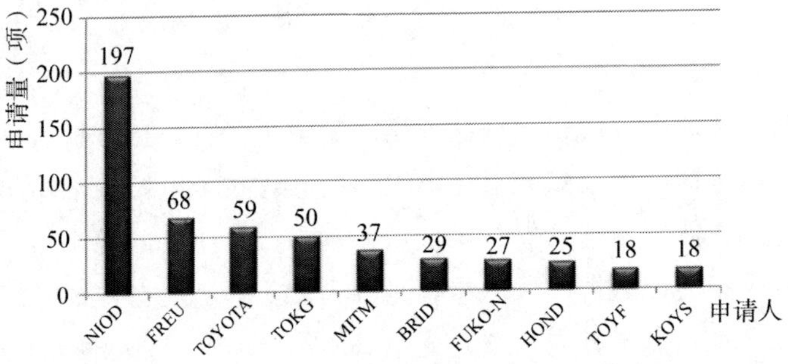

图7　全球专利申请量排名前10名的申请人

由此可以看出，申请量排在前10名的申请人几乎被日本公司包揽，表明日本在扭转减振器领域的技术研发在整体上处于领先地位；其中NIOD株式会社以197篇专利申请量独占鳌头，是第二名的近三倍。日本公司在此领域在全球的专利布局日渐完善，日本公司由此设置的无形的技术研发壁垒对于我国相关企业参与全球竞争时将产生的障碍，值得警醒和深思。

（三）中国专利申请状况

本节主要对在中国国家知识产权局进行专利申请的趋势以及重要申请人进行分析，从中得到相关的发动机曲轴橡胶扭转减振技术发展趋势，以及重要申请人的历年专利申请状况。

1. 中国专利申请趋势

图8示出了关于曲轴橡胶扭转减振器中国专利申请趋势，大致可以分为两个时期，第一时期为1992—2004年，第二时期为2004年至今。

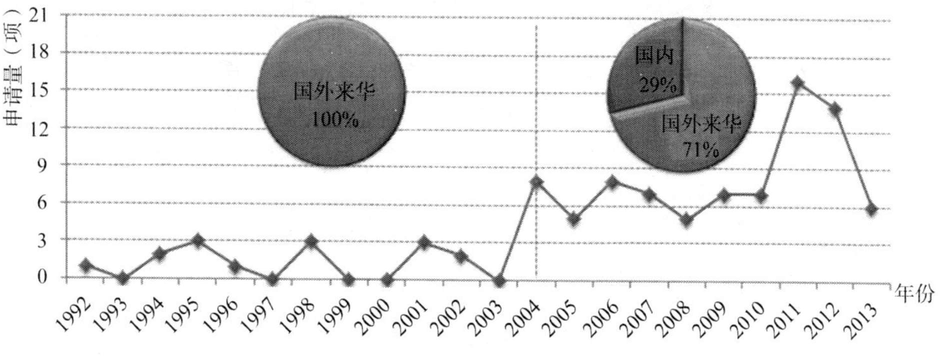

图 8 曲轴橡胶扭转减振器中国专利申请趋势

（1）第一时期（1992—2004 年）

从图中可以看出，在第一时期内，曲轴扭转减振器领域的专利申请全部为国外来华申请，这是由特殊时期的历史原因造成的。一方面与中国汽车工业的起步晚、技术落后有关；另一方面，在 20 世纪 90 年代，国内对于知识产权的保护意识比较淡薄，对于专利申请的积极性较差。直到中国加入 WTO，更多地参与全球竞争，同时随着国家关于鼓励发明创新以及促进知识产权保护的一系列措施的出台，知识产权在竞争中的优势才逐渐被重视。

（2）第二时期（2004 年至今）

第二时期内，在华专利申请趋势总体呈现上升趋势，并且在 2010—2012 年之间突飞猛进，这段时间，随着中国汽车市场的快速膨胀，中国汽车工业发展迅猛，自主车企发展较快，配套的零部件企业也得到了良好的发展。这段时间内，国外来华申请量也在激增，说明国外公司开始关注国内的汽车零部件行业。从图 8 可以看出，已公开的专利申请在 2012 年开始下滑，这是由于专利申请公开的滞后性造成的。随着我国汽车市场的逐渐扩大，以及车企在研发方面的投入越来越大，可以预期，在 2012 年之后的专利申请量依然会保持较高的水平。

另外，在该时期内，公司类申请数量占比超过 90%（参见图 9），表明在我国扭转减振器领域，企业是技术研发的主体；同时，在产学研结合方面，在所选择的数据库已公开的专利申请中，在曲轴扭转减振领域以高校为申请的主体的申请只有天津大学在 2014 年提交了一份发明专利申请，这表明我国在此领域专利申请方面，高校的专利申请积极性有待提高，产学研结合水平还有待进一步提升。

图 9 2004—2013 年中国专利申请人类型分布

2. 在华专利申请重要申请人分析

从在中国国家知识产权局进行专利申请的重要申请人角度对曲轴橡胶扭转减振领域的专利申请做进一步分析，主要考虑申请人历年的申请总量，按照申请总量进行排名，取前10名申请人进行分析。

图10示出了国内专利申请量排名前10的申请人，分别是：

（1）美国盖茨公司（GATES CORP）

（2）中国湖北广奥减振器制造有限公司

（3）日本富国株式会社（FUKOKU KK）

（4）日本NOK株式会社（NOK CORP）

（5）中国东风（十堰）发动机减震器有限公司

（6）日本东海橡胶工业株式会社（TOKAI RUBBER IND LTD）

（7）日本本田技研工业株式会社（HONDA）

（8）日本丰田汽车公司（TOYOTA）

（9）意大利戴科欧洲有限公司（DAYCO EUROPE SRL）

（10）中国骆耀斌（个人）

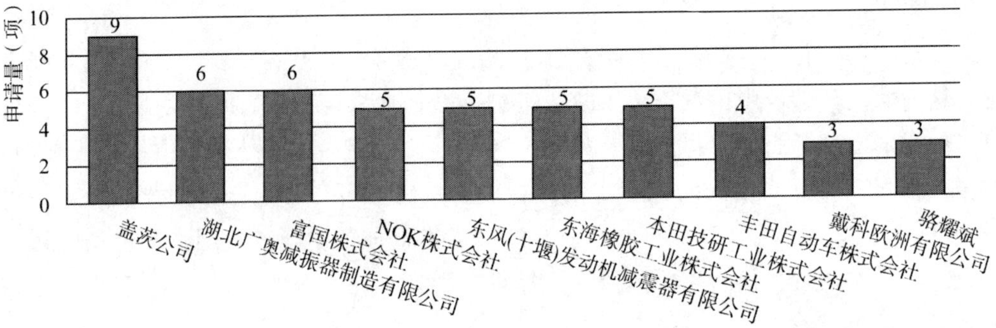

图10 中国专利申请量排名前10名的申请人

可见，在中国国家知识产权局进行专利申请的申请量排在前10位的申请人中，来自日本的依然占据了半壁江山，并且主要的申请依然来自国外，一方面是由于国外公司重视中国庞大的汽车市场，积极在中国实施专利布局；另一方面也是由于我国相关企业的技术研发起步较晚，前期技术储备不足，专利方面的布局能力有限。相信随着企业在技术研发方面投入的增大，以及对知识产权保护的日益重视，中国企业在国内专利申请中的比重会逐步提高。

值得注意的是，在华专利申请量第一位的美国盖茨公司并未出现在国外申请的前10位之列，表明该公司比较重视在中国的专利布局，而国外申请前10位的一些企业在该领域中来华专利申请量反而没有进入在华专利申请量的前10位，如德国科德宝集团、日本三菱汽车公司、日本普利司通轮胎公司、日本东洋橡胶工业有限公司、日本光洋精工株式会社等，换言之，上述在曲轴橡胶扭转减振领域专利实力雄厚的企业在华专利布局相比国外较弱，这对我国相关企业无疑是有利的信息。

同时也要看到，国内企业在扭转减振领域的申请量近年来在快速提高，说明中国国内汽车零部件企业在此领域的技术研发相对比较活跃，对知识产权保护的重视度也在逐步提高。

三、曲轴橡胶单级扭转减振技术专利发展分析

在曲轴的扭转减振器的发展过程中，橡胶单级扭转减振器作为最先出现的结构类型，具有重要的历史地位，并且由于其结构相对简单，制造成本较低，时至今日在中低端汽车中仍然被广泛采用。橡胶单级扭转减振器历史较为悠久、结构简单、应用范围广，因此其技术发展过程具有代表性，本节以技术发展路线展示单级扭转减振技术的演进过程。

（一）曲轴橡胶单级扭转减振技术简介

曲轴橡胶扭转减振器依赖于质量环与橡胶阻尼层的相互作用实现扭转减振。按照质量环位于轮毂的位置关系可以将单级扭转减振器分为两类：质量环内置式和质量环外置式。

图 11（a）展示的是质量环外置式的单级扭转减振器，图中 1 表示质量环，2 表示轮毂结构，连接质量环与轮毂的是橡胶阻尼层。这种扭转减振结构是早期出现的结构形式，由于橡胶层需要承受较大的扭矩，且齿圈设置于质量环上，因此橡胶层的尺寸设计受到限制，扭转减振效能也受到了限制，阻尼系数较小。基于此，质量环内置式的扭转减振器应时而生，如图 11（b），将质量环 2 设置于轮毂 1 的内侧，橡胶阻尼层将质量环与轮毂连接成一体，将齿圈设置于轮毂外圈，橡胶层的直径和宽度尺寸均能得到较大幅度提高，从而提高橡胶层的减振效果。

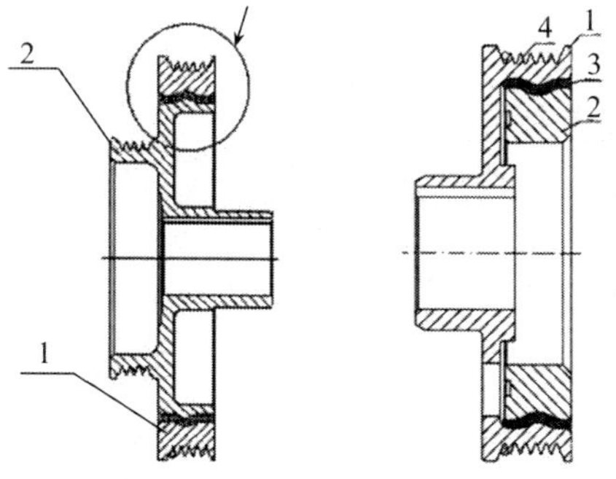

(a)　　(b)

图 11　曲轴橡胶单级扭转减振器

（二）曲轴橡胶单级扭转减振技术发展路线

回顾历史是为了更好地理解现在所处技术阶段以及预测未来。根据申请人的专利申请量的分析，能够得知不同国别的不同申请人对于橡胶扭转减振领域的申请历史及研发趋势，然而这只是了解曲轴橡胶扭转减振技术的一个方面，要想搞清楚该技术的来龙去脉，

还需要从该技术的历史发展路线入手，以历史前进的脚步为轴线，以典型专利技术的申请年代为脉络，力图描绘出曲轴扭转减振技术发展的技术路线图。

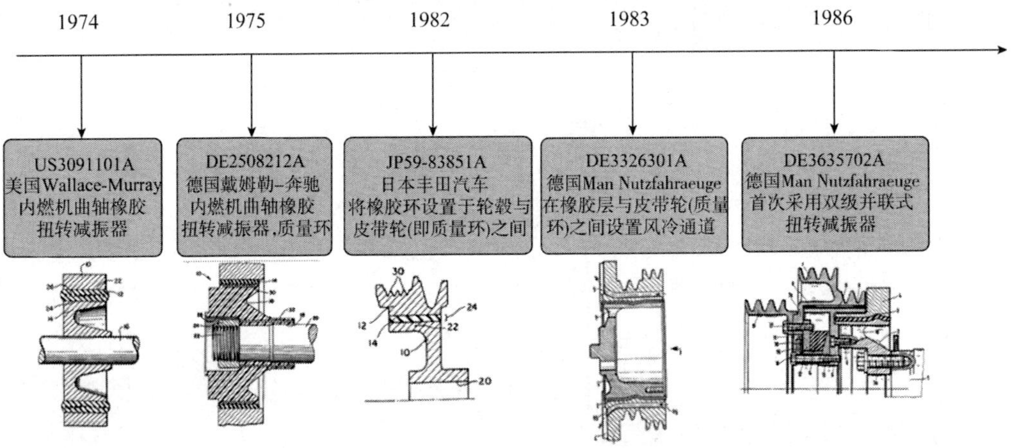

图12　曲轴橡胶单级扭转减振技术发展（1）

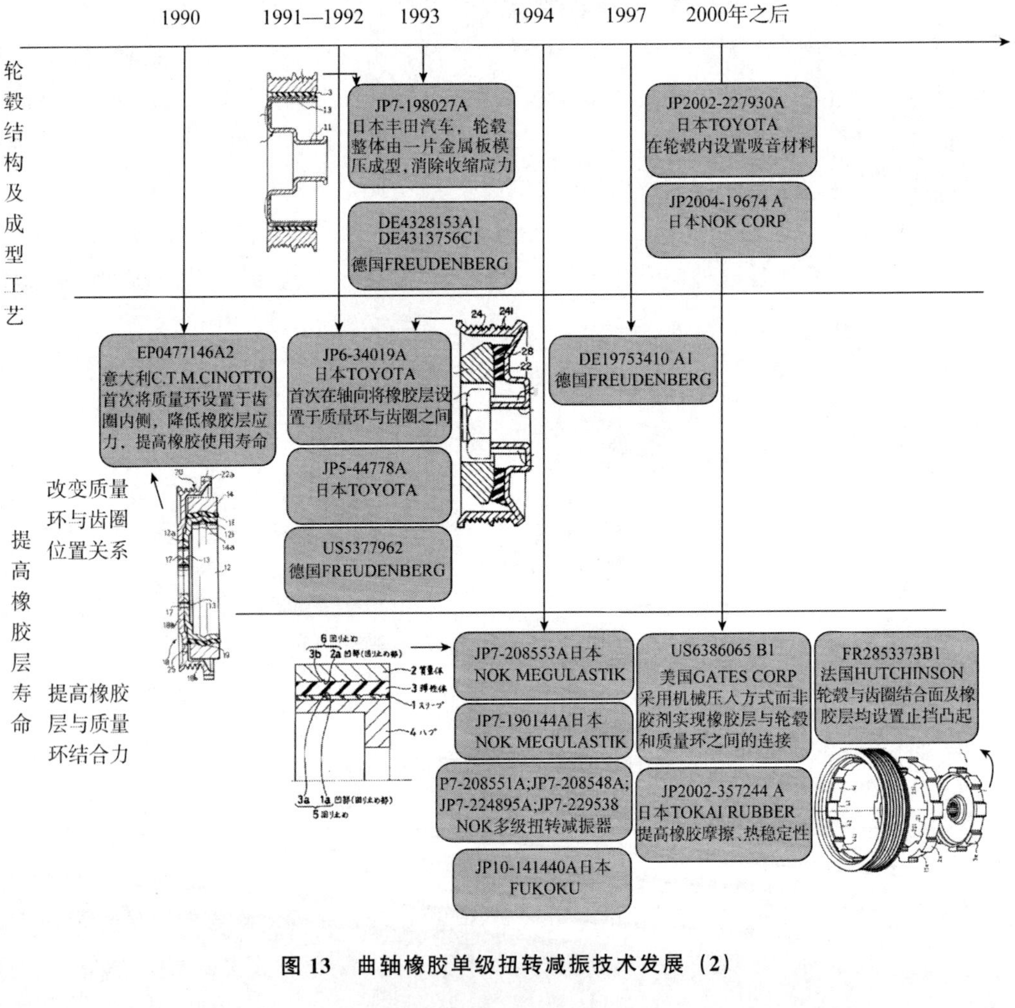

图13　曲轴橡胶单级扭转减振技术发展（2）

1. 技术雏形

图 12 描述了曲轴扭转减振技术在起步阶段的典型专利申请，在 1974 年，位于美国纽约的 Wallace-Murray 公司提交了一项关于内燃机曲轴的扭转减振器专利申请，通过设置于减振器外圈的质量环与其内侧的橡胶层结合，橡胶层设置于曲轴轮毂外侧，从而实现扭转减振效果。这是曲轴扭转减振器的雏形，这种结构的减振器从功能角度讲只是纯粹的减振器，被安装于曲轴端部。直到 1982 年，日本丰田汽车公司对曲轴扭转减振器进行改进，由于散热器风扇等发动机辅助机构需要动力，将位于减振器外圈的质量环改造为具有齿圈结构，用于安装动力输出的皮带，此举实现了齿圈与质量环结构的合二为一，简化了扭转减振器结构，使结构更加紧凑，提高了扭转减振效果。这种结构形式的橡胶扭转减振器的出现具有里程碑意义，并且一直沿用至今。

现代意义上的曲轴橡胶扭转减振器虽然诞生了，但是性能上并不完美，如对于位于扭转减振器中间层的橡胶层，既承受轮毂与外圈的齿圈和（或）质量环之间的扭转力带来的扭转变形，在橡胶层内外表面又承受较大摩擦力，由此，随着扭转减振器的运行，橡胶层的温度会逐渐升高，当温度超过一定限度，橡胶层的扭转减振效果会大打折扣。于是，在 1983 年，德国 Man Nutzfahrzeuge 公司提交了一份专利申请，针对扭转减振器的温度升高问题，对扭转减振器结构进行改进，在齿圈靠近橡胶层的一侧设置用于通风的风冷通道，通过对通道角度的特殊设计，使得扭转减振器在转动运行时更有利于通道内风的流动，从而有利于降温效果的实现。

2. 轮毂的改进

将曲轴橡胶单级扭转减振器的减振橡胶设置于齿圈与轮毂之间的结构虽然紧凑简单，但是要想获得较高的减振效果又能够具有较长的使用寿命，对橡胶层材料及性能要求较高。此后的多年，许多企业关于曲轴单级橡胶扭转减振器的专利申请仍然聚焦于如何提高橡胶层的使用寿命。如图 13 所示，意大利 C. T. M. CINOTTO 公司在 1990 年提交的专利申请，首次将质量环置于轮毂外圈的内侧，为此要将轮毂的半径增大，并在其外圈设置环状突起，以便于安装质量环与橡胶层。同时在轮毂外表面开设用于安装皮带的齿圈结构，相当于轮毂与齿圈合二为一。将橡胶层由轮毂外侧改为设于内侧带来的最大好处是，橡胶层的受力中受拉的部分改为受压，这将降低对橡胶层强度的要求，进而提高扭转减振器的使用寿命；同时橡胶层的尺寸设计可以增大，能够提高扭转减振水平。基于同样的技术问题，日本丰田汽车公司从 1992 年开始申请了多项关于单级曲轴扭转减振技术的专利，将橡胶层与质量环设置于轮毂的轴向，质量环、橡胶层、轮毂在轴向依次连接，由此，橡胶层承受的质量环的扭转惯性会大大降低，从而提高橡胶层的使用寿命。此外，德国 FREUDENBERG 公司也申请了多项类似技术的专利。

作为对轮毂成型工艺的改进，日本丰田公司还在 1993 年申请了一项专利，将轮毂的铸造工艺改为特殊材质板材的模压成型工艺，由此简化工艺流程，降低生产时间和经济成本。

3. 橡胶层的改进

对于单级橡胶扭转减振器的改进的重点依然是橡胶层，一方面通过改变橡胶层与轮毂以及齿圈之间的位置关系，实现橡胶层受力最小化；另一方面通过提高橡胶层内外表面与轮毂以及齿圈结合面的结合强度，实现橡胶层摩擦力的最大化，归根结底，都要在提高橡胶层的使用寿命的同时，提高扭转减振效果。此外，如何在保证扭转减振效果的同时，从结构设计的角度改善生产工艺，降低生产成本是这一时期另一主要研究方向。

关于改善橡胶层与轮毂及齿圈之间的结合力，日本NOK集团从1994年开始申请了多项专利，例如，将与橡胶层结合的轮毂及齿圈相应的结合面设置成较为尖锐的突起或者凹槽，在橡胶层硫化时，这些突起或者凹槽将有助于提高橡胶与其他表面的结合力。对于橡胶层内外表面与轮毂及齿圈的结合，原先主要采用胶粘剂粘接。然而随着扭转减振器的运行，胶粘剂容易失效而导致齿圈与轮毂之间松脱，减振效果降低。美国盖茨公司在2000年申请的专利首次将胶粘结合方式改为机械压入装配方式，通过紧配合实现轮毂与齿圈的紧密结合，从而消除胶粘剂老化带来的扭转减振效果下降问题。

法国哈金森（HUTCHINSON）公司另辟蹊径，在2003年申请的一项专利中，将轮毂与齿圈结合面以及橡胶层内外面设置止挡凸起，实现通过橡胶层将轮毂与齿圈之间扭矩的传递，从而同时避免了胶粘剂的老化问题以及紧配合的装配难题。

随着人们对汽车乘坐舒适性要求的逐渐提高，除了减振性能，另一个舒适性的重要指标就是隔音性能。日本丰田公司在2001年申请的一项专利中公开了在扭转减振器的轮毂曲面凹陷处设置吸音材料，以降低扭转减振器运行时的噪声水平。

2000年以来，曲轴橡胶单级扭转减振器结构逐渐成熟，各大企业的研发重点放在对其减振性能的进一步提升方面，如通过改进材料组分来提高材料耐高温、抗老化及减振性能，通过优化轮毂与齿圈（有时与质量环合二为一）之间结合面的结构来提高其与橡胶层的结合强度，通过机械挤压装配代替胶粘剂实现轮毂与齿圈之间的连接，来防止胶粘剂老化导致减振效果降低。此外，如何简化生产工艺流程、生产成本的控制，也是研发的重要方向之一。

四、结　语

从整体上看，国外关于发动机曲轴扭转减振的专利技术在20世纪90年代得到快速发展，并于21世纪初趋于成熟。国外企业对于知识产权保护理念的普及和应用较早，他们及时将前沿的技术通过专利手段进行保护和布局，并形成一定的技术壁垒，这种竞争性的技术手段使得相关企业在保持技术领先和限制竞争对手方面起到至关重要的作用。反观我国在该领域的专利申请，由于汽车工业起步较晚，同时对于知识产权保护不够重视，导致我国早期的专利申请基本被国外企业来华申请包揽。

值得欣慰的是，在我国加入WTO以后，国内企业更多地参与全球化竞争，企业生存的需要及受到国外企业在知识产权保护理念的启发，加上我国知识产权战略的实施，使得这一时期国内企业成为专利申请的主力军。然而不足之处也依然很多，如专利申请以实用新型居多；发明专利申请中依然以国外已经较为成熟的单级橡胶扭转减振器技术为主，在多级扭转减振领域涉及较少；鲜有高校在发动机扭转减振领域的专利申请，产学研合作有待加强。由于国外在曲轴单级扭转减振技术领域已基本完成专利布局，建议我国相关企业在了解外国相关专利布局的基础上，适当加强通过改进材料特性来提高曲轴扭转减振器减振性能方面的研发投入，同时，期待相关企业在多级扭转减振器领域的研发和专利布局能够有所进展。

参考文献

[1] 陈超. 汽车发动机曲轴系统扭转减振分析与减振器匹配的研究 [D]. 华南理工大学硕士学士论文，2012.5.

[2] 吴修义. 几种结构先进的发动机曲轴减振器 [J]. 商用汽车，2008.7：120－121.

综丝耐用专利技术分析

董宪君

一、引　言

在常见的纺织机器，如纺纱机、织布机、编带机、缝纫机中，存在着许多与运行单丝或纱线直接接触的大宗易耗部件，综丝即是其中之一。常见综丝的结构，如图1所示，主要包括在纵向上延伸的综丝主体和在综丝主体的两个纵向端部上分别形成的综耳。两端的综耳上分别设有安装口，借由安装口，综丝得以安装到综框的相应支撑轨道上。综丝主体上开设有综眼，供经纱穿过。使用过程中，多根综丝装造于综框上，多片综框对准经纱的运行方向排列，多根经纱分别穿入相应综丝的综眼中。织机运行时，综框在开口机构的驱动下做上下往复运动，带动穿在综眼中的经纱交替上升或下降，分成纱层并形成梭口，以便纬纱穿入并同经纱交织而形成织物。

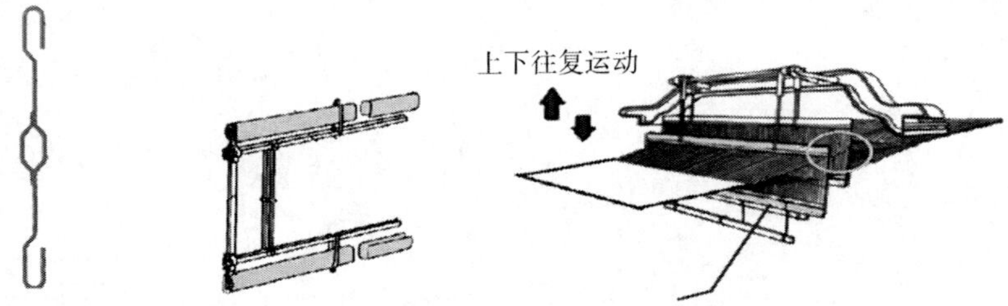

（a）常见综丝结构；　（b）安装综丝的综框；　（c）运行状态的织机

图1

由综丝的工作方式可知，在织机运行过程中，经纱与综丝之间存在着强烈的摩擦作用。过度的摩擦一方面会导致经纱磨损、强度降低、发生毛丝甚至断裂，引起种种织造障碍；另一方面也会导致综丝不断经受着来自经纱的反作用力，久而久之，综眼上下两边会出现磨损凹槽，如图2所示。此时，为保证正常生产，则必须中断织造，更换新的综丝，这样不但影响正常生产，也增加了材料成本。

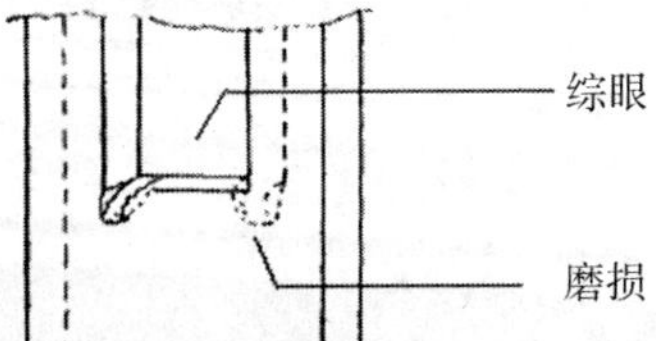

图2　综眼处的磨损

随着纺织技术的不断发展，织造速度越来越快，综框以越来越高的频率带动综丝运动，综丝与经纱之间的磨损变得更为频繁；纺织新材料的不断涌现也给综丝提出了更高的要求，综眼可被人造纤维迅速破坏到不能再参与织造的程度；并且，常规织造过程中装造12 000根综丝是司空见惯的做法，综丝以相同的运动方式同时经受经纱的磨损，一旦出现损坏就需要批量更换，在相对薄利的纺织商业竞争中，频繁更换综丝无疑削减了产品的竞争力。因此，如何对综丝的磨损进行有效控制、减少停机时间、维持稳定的生产流程，成为业界一直努力的课题。

本报告通过研究国内外耐用型综丝的发展现状，对综丝耐用化技术的专利申请进行了统计与分类，梳理出该领域的专利增长趋势、专利有效状态及技术演进，并重点从技术效果层面分析了各类型技术手段的优劣性、现有技术的研发空白，同时，对各类型技术的附加效应进行深入挖掘，提出了多手段互补及提高产品附加值的必要性，为行业内人士和相关企业的进一步研发提供了参考方向，为专利技术布局提供了借鉴。

二、专利技术现状数量型分析

（一）分析样本的构成

（1）检索数据库及检索统计年限

为全面分析综丝耐用专利技术领域的现状，本报告是在尽可能做了详细检索的基础上得出的。其中，在中国的专利申请（以下简称国内申请）的检索数据库包括CNABS和CNTXT；在其他国家的专利申请（以下简称国外申请）的检索数据库为DWPI和SIPOABS，检索截止日期为2014年6月25日。需要声明的是，这些样本并不能代表综丝耐用专利技术领域的所有专利申请，仅以此对该领域的专利申请态势进行初步分析。

（2）报告中对专利“项”数的约定

本文中全球数据的检索采用国家知识产权局专利检索与服务系统中的外文专利数据库DWPI结合SIPOABS进行。DWPI数据库中一条记录可包含多个同族专利的申请号、公开号和优先权号，该同族专利指的是扩展同族专利，即一个专利族中的每个专利与该族中的至少一个其他专利具有至少一个共同的优先权。在本报告的专利数量统计中，将这样的一条记录视为一项专利申请。

（二）全球概况

（1）专利产出国分析

专利产出国分析，即技术原创国分析，有助于更好地了解一个国家在该技术领域的研发能力和技术实力。图3为对检索到的专利文献产出国进行的统计分析。从图中可以看出，排名前3位的国家分别为中国、日本和德国，并且排名第一位的中国的申请量要远远高于其他国家，达到了总申请量的52.22%，单从数量上来看，显示出极高的研发活跃度。

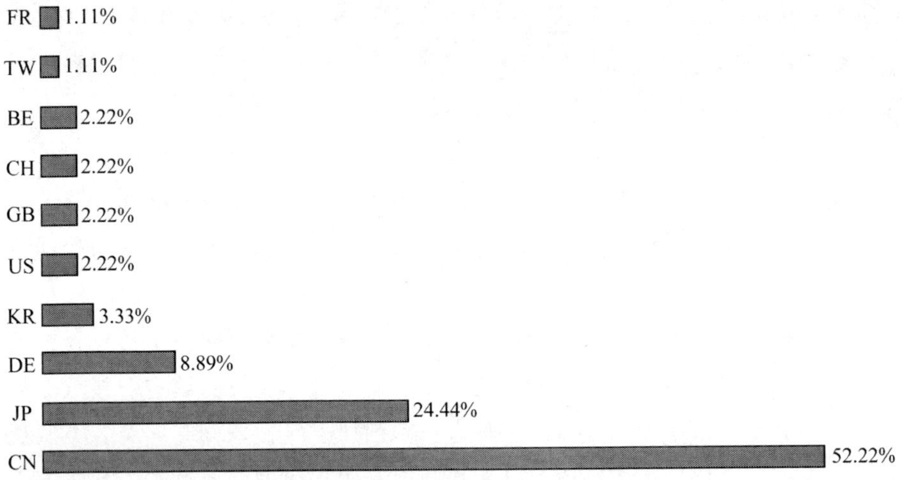

图3 综丝耐用专利产出国分布

（2）国内外申请趋势分析

相对于其他技术领域来说，纺织行业技术研究起步较早。而作为织机上重要部件的综丝，对于其耐用性的研究也早在20世纪初就已开始。图4为涉及综丝耐用研究的全球专利申请量变化趋势及中国申请量变化趋势。从图中可以看出，检索到的涉及综丝耐用研究的专利最早出现在1922年的英国，这也与纺织行业早期在英国的蓬勃发展相关联；此后，全球的申请量并未呈现出快速增长的态势，而是每隔一段时间呈现一次研究热潮，这与综丝加工本身高度依托于其他行业技术发展的特点相适应——每一次相关新材料、新工艺等新技术的发展都会带动综丝耐用行业的研究热潮，而经过一段热度增长后，又归于沉寂。国内涉及综丝耐用研究的专利至1985年才出现，较最早出现的英国专利推迟半个多世纪之久，并在经过了短暂的停滞期后呈现出稳步发展的态势。自2003年开始，国内相关技术的研究进入了快速发展期，申请量增长极为迅速；与此相对的，国外申请却出现颓势，尤其是自2010年起，就目前已公开专利来看，中国已完全取代其他国家成为该项技术的主导国。

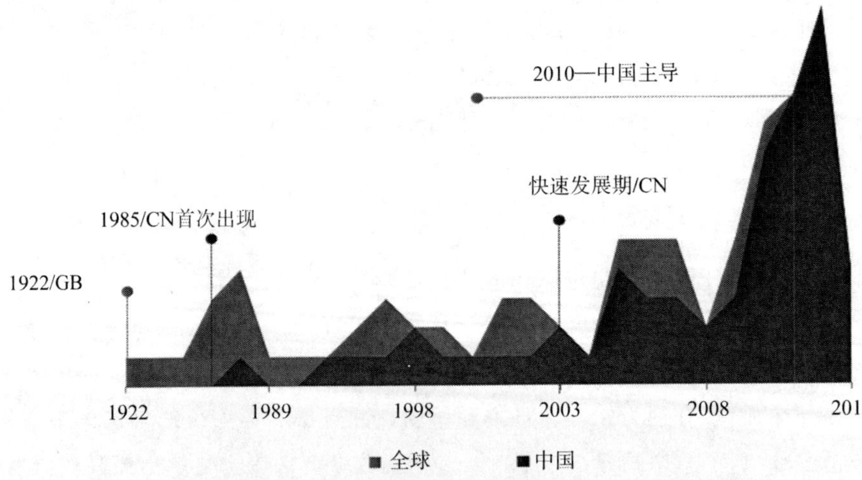

图4 综丝耐用全球专利申请量变化趋势及中国申请量变化趋势

（3）主要专利来源国申请人类型

图5所示为专利申请产出国排名第1位的中国的申请人类型分布。从图5中可以看出，国内申请的申请人主要由个人、企业和高校组成，其中约65%的申请来自个人，企业和高校申请仅分别为23%和12%，并且个人申请中并无代表性申请人。图6所示为专利申请产出国排名第2位的日本的申请人分布。从图6中可以看出，日本申请的申请人全部为企业型申请人，其中排名前3位的申请人分别为东芝株式会社、日立金属株式会社和日新制钢株式会社（其中，日立金属株式会社与日新制钢株式会社所占份额相同）。除以电子元件、半导体起家的东芝株式会社外，日立金属和日新制钢均是以钢铁制造业为基础发展起来的综合型企业。图7所示为专利申请产出国排名第3位的德国申请人分布。从图7中可以看出，德国申请的申请人亦全部为企业型申请人，其中排名首位的企业为纺织行业内著名企业——格罗兹—贝克特纺织有限责任公司，且申请量达到了德国申请人申请总量的75%。

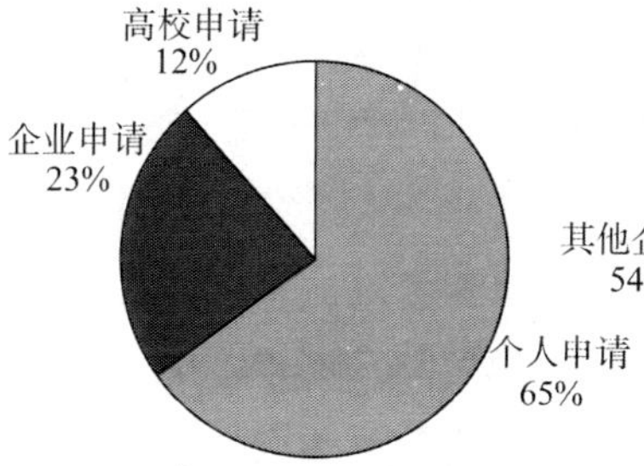

图5　国内申请人类型

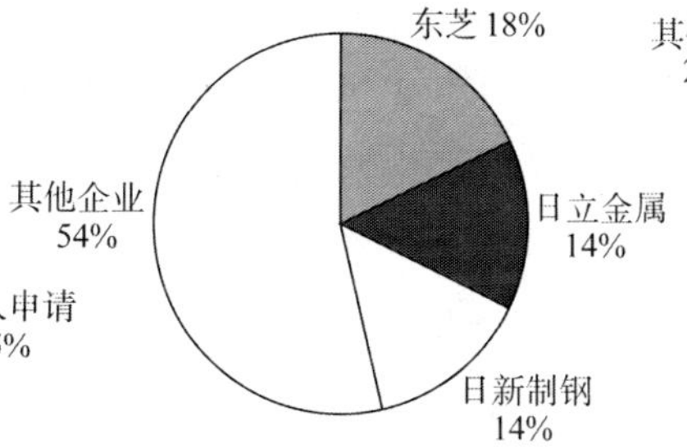

图6　日本申请人类型

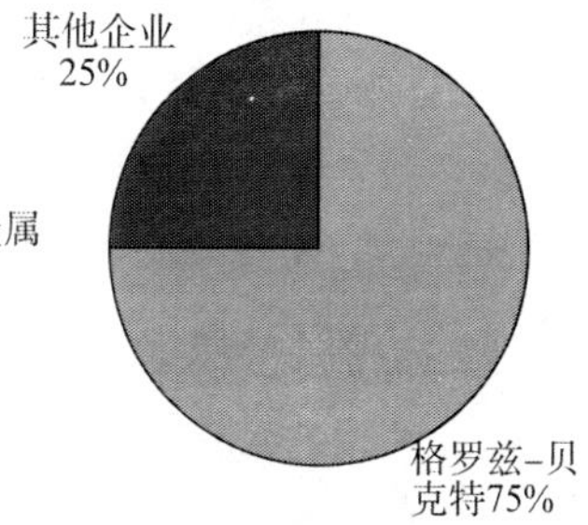

图7　德国申请人类型

（4）主要专利来源国专利状态

对国内申请的专利有效状态及授权专利中的专利类型进行分析，如图8所示。从图中可以看出，虽然国内专利申请的授权率达到了76.6%，但是在所有授权的案件中，发明专利仅占16.7%。对日本申请的专利有效状态及授权专利中的专利类型进行分析得知（未图示），涉及综丝耐用技术的日本专利申请均为发明专利申请，且专利申请均为授权状态。对德国申请的专利有效状态及授权专利中的专利类型进行分析得知（未图示），涉及综丝耐用技术的德国专利申请均为发明专利申请，且专利申请均为授权状态。

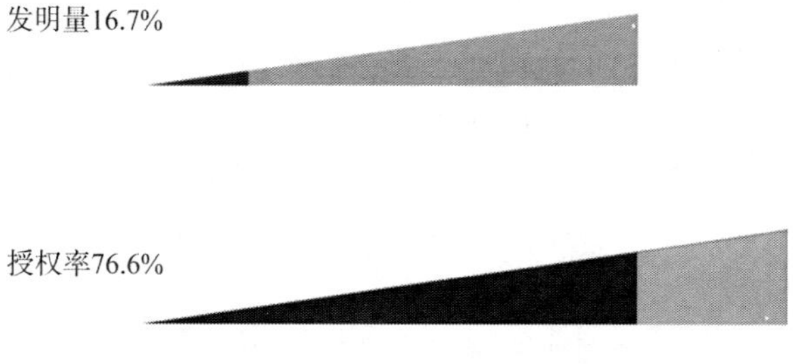

图8　国内申请专利有效状态及授权专利中的专利类型

从上述对专利申请产出国排名前3位的中国、日本、德国的申请人类型及专利状态进行横向对比，可以看出，在综丝耐用技术这一领域，虽然中国的申请量要远远高于其他国家，但是就专利申请人的类型和专利类型来看，以个人申请为主的申请人分布和以实用新型为主的专利分布，远未达到排名第2、3位的日本、德国的数量和技术的集中化、规模化和创新高度。虽然随着高速织机的普及，综丝的磨损越来越成为制约企业生产成本和生产效率的问题，但国内企业和高校显然未就该问题形成系统的研究并采取有效的应对措施。

三、专利技术现状技术型分析

（一）主要技术分支

通过对目前公开的涉及综丝耐用技术的全球专利申请进行分析和梳理，并根据实现综丝耐用这一技术效果所采取的技术手段的作用原理进行归类汇总，得出该领域的主要技术分支及申请量比重如图9所示。从作用原理上来说，所有技术手段可归为减小伤害源型、提高耐受能力型和增加可用量型这三种类型的一级技术分支。下面，结合图9，对这三个一级技术分支简要介绍。

（1）减小伤害源

将技术改进的重点放在减小开口过程中经纱对综丝所造成的摩擦力或冲击力等伤害源，以降低磨损，达到耐用的目的。

进一步，按照达到该目的所采用的技术手段，该技术类型又分为以下三个技术分支：

◎结构型改进

对综眼的整体构型或局部结构进行优化，包括：

——滚动摩擦，在综眼中装设可以转动的滚轮或辊子，开口运动时，综丝与经纱的接触面为滚轮或辊子的表面，当经纱相对综丝运动时，带动滚轮或辊子转动，二者之间的接触力由滑动摩擦变为滚动摩擦，使得同等压力下的摩擦力大大降低；

——减小应力集中，针对综眼中与经纱作用频繁的部位进行形状优化，使接触面平滑过渡，分散作用力至整个宽度范围，从而防止由于局部应力集中导致的磨损；

——减小接触概率，针对整个综眼的构型进行优化设计，使综眼的经纱接触部位发生定向扭转，变平面构型为立体构型，减小经纱与综眼的接触概率，从而防止磨损的发生；

——阻尼减震，将综眼处的构型设计成减震结构，通过对经纱冲击力的缓解，降低综丝的受损率。

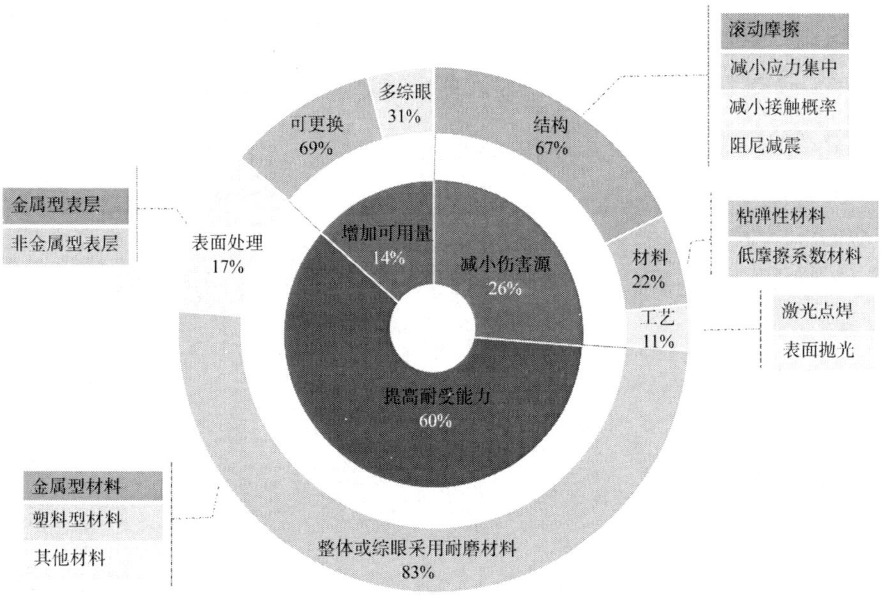

图 9　主要技术分支及各分支申请量比重

◎材料型改进

综丝整体或综眼处采用可实现减小经纱对综丝作用力的特殊材料，包括：

——粘弹性材料，采用粘弹性材料制备综丝整体或综眼，利用粘弹性材料对经纱冲击力的缓冲功效，防止综丝的冲击性损伤；

——低摩擦系数材料，采用摩擦系数低的材料制作综眼，在同等冲击力的情况下降低摩擦力。

◎工艺型改进

采用特殊工艺制备综丝或对综丝进行后处理，包括：

——激光点焊，对形成综眼时的各接触部位采用激光点焊的方式，提高表面的平整度，防止局部凸起带来的应力集中，减小摩擦损伤。

——表面抛光，对成型的综丝，尤其是综眼处，进行抛光处理，使表面更为光滑，降低接触面的摩擦系数，减小摩擦力。

（2）提高耐受能力

技术改进的重点在于提高综丝本身的抗损伤能力，以降低磨损，达到耐用的目的。

进一步，按照达到该目的所采用的技术手段，该技术类型又可分为以下两个技术分支：

◎整体或综眼采用耐磨型材料改进

综丝整体或仅综眼部采用耐磨型材料，包括金属型材料、塑料型材料和陶瓷、玻璃等其他材料。

◎表面处理型改进

通过涂敷、电镀、化学气相沉淀等方式对综丝或综眼部的表面进行耐磨性处理，赋予表层以耐磨的性质。按照附加表层材料的不同可分为金属型表层（硬金属、合金等）和非金属型表层。

（3）增加可用量

通过增加单根综丝上的实际可用量，在不改变伤害源大小也并未对综丝的耐受能力进行特别处理的情况下，提高单根综丝的实际使用寿命，达到耐用的目的。

进一步，按照达到该目的所采用的技术手段，该技术类型又可以分为以下两个技术分支：

◎可更换型改进

综丝上加装可拆卸的开孔部件作为综眼，当综眼发生磨损后，将其拆下，更换新的部件。利用局部可更换的方式，避免了综眼处一经磨损就需要更换整根综丝的问题，从而提高了单根综丝的使用寿命；

◎多综眼型改进

单根综丝上开设多个综眼，当其中一个综眼发生磨损时，换用另外的综眼进行工作，避免了综眼一经磨损就需更换整根综丝的问题，提高了单根综丝的使用寿命。

（二）各主要技术分支申请量分布

对各技术分支的申请量进行横向比较，从图9中可以看出，在三种类型的改进中，减小伤害源型改进占总申请量的26%，提高耐受能力型改进占总申请量的60%，增加可用量型改进占总申请量的14%。可见，从技术分支的申请量上来看，该领域的研究相对集中在如何提高综丝本身的耐受能力上。

同时，对各二级分支的三级分支进行进一步分析可以看出，减小伤害源型改进的研究主要集中在结构上，占该类改进申请总量的67%；提高耐受能力型改进的研究主要集中在整体或综眼部采用耐磨材料上，占该类改进申请总量的83%；而增加可用量型改进的研究则主要集中在了可更换型综眼上，达到了该类申请总量的69%。

（三）各分支技术演进

针对各技术分支，以最早优先权日期为横坐标、各一级技术分支为纵坐标，分析归纳出综丝耐用技术领域的整体技术路线，如图10所示。其中，各一级技术分支选取了具有代表性的分支技术如下：

减小伤害源型选择了滚动摩擦型结构（简记为A）、减小应力集中型结构（简记为B）、减小接触概率型结构（简记为C）、阻尼减震型结构（简记为D）和粘弹性材料（简记为 E）五个方面的技术；提高耐受能力选择了金属型材料（简记为 F）、塑料型材料（简记为 G）、金属型表层（简记为 H）、非金属型表层（简记为 I）四个方面的技术；增加可用量型则选择了多综眼（简记为 J）。所列专利申请为该分支中首次出现技术或代表性技术，图中各专利申请分别标出了其最早优先权号/申请号以及技术要点。

从总体上分析该领域技术发展趋势，可以看出：提高耐受能力型技术起步较早，最早可以追溯到 1922 年的申请号为 GB1092422A 的专利申请，且从 20 世纪初到 21 世纪的近百年中，该方面的技术受到持续的关注；减小伤害源型技术相对较晚，检索到的代表性技术最早出现于 1983 年的日本（申请号为：JP1983000250722），代表性技术主要集中在 2000 年以后；至于增加可用量型技术中的多综眼技术，则到 2000 年之后才出现。

下面，结合图 10 对各技术分支的技术发展过程分别进行详细分析。

（1）减小伤害源型

◎1980—1989 年

从图中可以看出，该段时间进行的改进集中在滚动摩擦型结构（A）和减小应力集中型结构（B）两方面，且代表性专利技术的申请时间均为 1983 年。其中申请号为 JP1983000250722 的专利申请中公开了一种在综丝的两侧板间装设有一对滚轮或者滑轮的结构，滚轮对或滑轮对之间形成综眼，经纱从中穿过。织机运行过程中，当经纱与综丝之间存在相对运动时，滚轮对或者滑轮对发生旋转，从而将传统的静态综眼与运动经纱之间的滑动摩擦变为旋转综眼与运动经纱之间的滚动摩擦，从而有效地减小了二者之间的摩擦力，减轻了经纱对综眼的伤害。而申请号为 JP1983000006798 的专利申请公开了一种对综眼的形状进行优化设计的技术方案，其通过将综眼上下边缘与左右边缘的接触处设计为具有较大曲率半径的圆角，从而避免了经纱与边缘接触时的应力集中，经纱与综丝之间的作用力均匀分散，降低了局部受力过大而带来的磨损。

◎1990—1999 年

从图中可以看出，该段时间内较有代表性的技术集中在阻尼减震型结构（D）方面。其中，申请号为 JP1996000231235 的专利申请公开了一种在综丝的上下侧面之间装设弹性线的技术，上下侧面与左右两边的弹性线构成了综眼。当综眼中的经纱对上下侧面产生作用力时，由于左右侧面的弹性线的作用，对作用力产生缓冲，从而削减了经纱对综眼的破坏作用。而优先权号为 CH1997000002184 的专利申请中则用粘结剂将综眼部粘结到综丝本体上，形成了综眼－粘结剂－综丝本体的结构。与焊接等硬性连接方式相比，中间的粘结剂层具有一定的缓冲性能，可以在一定程度缓冲经纱的冲击力。

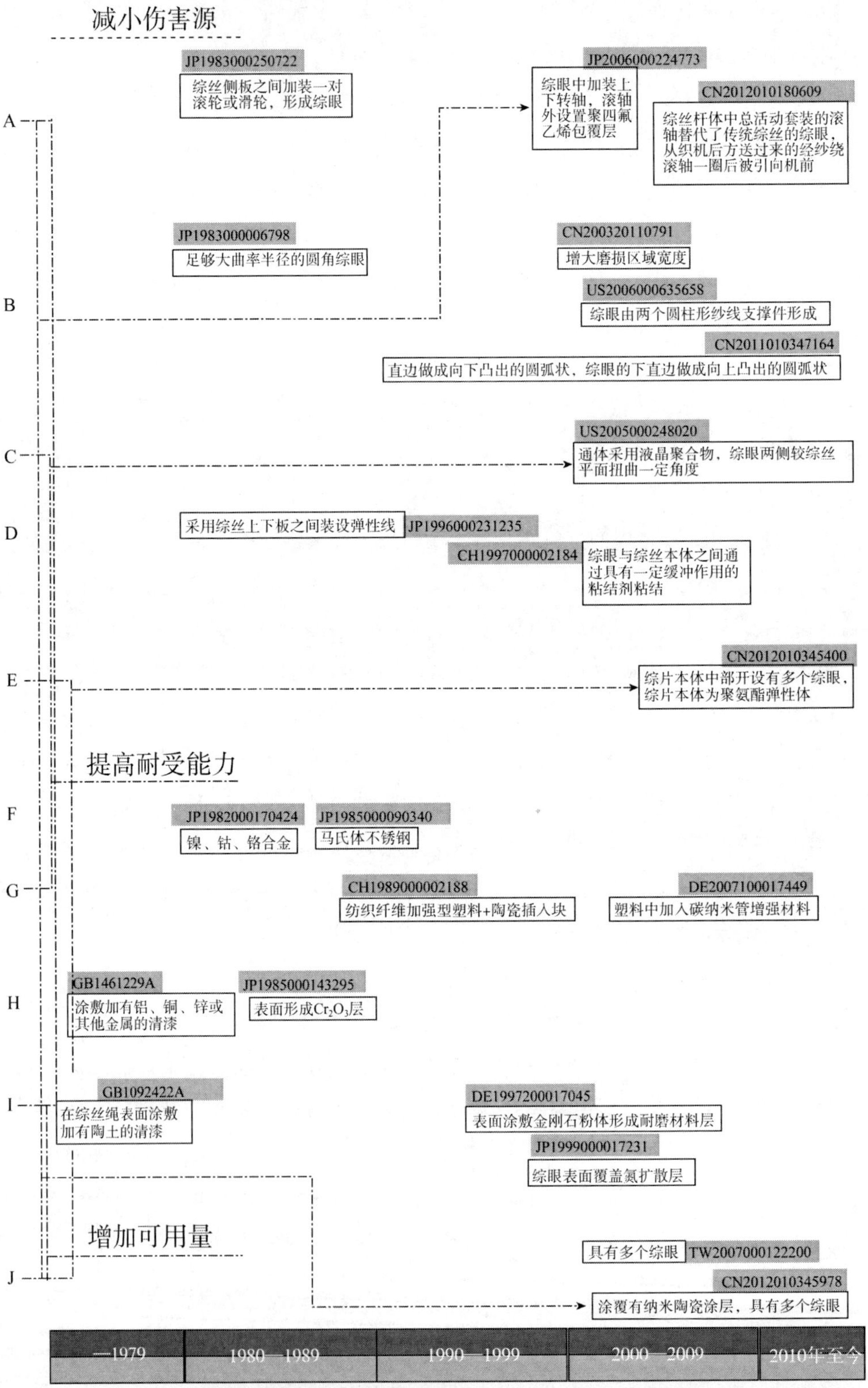

图 10　各技术分支技术演进路线

◎2000—2009 年

减小应力集中型结构（B）的技术在该段时间有了进一步的改进，从对综眼边缘倒角的优化转变为对综眼侧边甚至整个综眼构型的优化。其中，申请号为 CN200320110791 的专利申请公开了一种具有综眼加强圈的综丝，综眼加强圈的两端边宽于两侧边，加宽的两端边以更大的接触面积与经纱接触，接触力分散在更为宽广的区域内，减小了应力的集中；优先权号为 US2006000635658 的专利申请采用两个圆柱形纱线支撑件形成综眼，纱线可以均匀分散在圆柱形的弧面上。

同时，出现了减小接触概率型结构（C）的技术。优先权号为 US2005000248020 的专利申请中公开的综丝，其综眼两侧较综丝平面扭曲一定角度，将平面型综眼变为扭转的三维结构的立体综眼，无形中增大了经纱的通道，减小了经纱与综眼的接触概率，有效地降低了经纱对综眼的磨损。值得注意的是，该专利还采用了塑料型材料（G）技术，综丝通体采用液晶聚合物材料制成，从提高综丝耐受能力的角度对综丝进行进一步改进，综合了两种技术的优点。

此外，该阶段也出现了将滚动摩擦结构（A）与非金属型表层（I）结合的技术。申请号为 JP2006000224773 的专利申请除了在综眼中安装转轴对外，还在转轴外覆盖了聚四氟乙烯材料，不仅减小了经纱与综丝之间的摩擦力，还提高了综丝本身的耐磨性能。

◎2010 年至今

该阶段出现了粘弹性材料（E）减小伤害源型技术。其中，较为突出的是申请号为 CN2012010345400 的专利申请，其综丝通体采用具有弹性的聚氨酯，使得整根综丝成为一个大的减振器，有效缓冲了经纱的冲击摩擦。同时，该申请文件中还综合了多综眼技术（J），在综丝本体的中部开设多个综眼，单个综眼被破坏后不至于更换整根综丝，进一步提高了综丝的耐用性。

在滚动摩擦结构（A）方面，申请号为 CN2012010180609 的专利申请改变了传统综丝的穿综方式，将实现滚动摩擦的滚轴与综丝本体同轴设计，从织机后方送过来的经纱绕滚轴一圈后被引向机前，滚轴的旋转为水平方向的旋转，同样实现了减小摩擦力的目标。

此外，申请号为 CN2011010347164 的专利申请将传统综丝的上直边做成向下凸出的圆弧状、下直边做成向上凸出的圆弧状，同样起到了减小应力集中的作用。

（2）提高耐受能力型

◎1979 年以前

综丝耐用技术发展的初期，由于钢铁冶炼、合金化等材料处理技术还不成熟，因此该阶段采用的技术多为表面处理技术，且该种表面处理多为简单的涂覆处理。例如，申请时间在 1929 年的申请号为 GB1461229A 的专利申请采用了在综丝绳表面涂敷添加铝、铜、锌等金属的清漆的方式提高综丝的耐磨能力，属于最早的金属型表层（H）技术。而申请时间在 1922 年的申请号为 GB1092422A 的专利申请采用了在综丝绳表面涂敷添加陶土的清漆的方式提高综丝的耐磨能力，属于最早的非金属型表层（I）技术。

◎1980—1989 年

随着冶金、锻造等技术的进步，金属型耐磨材料（F）技术被广泛应用。到 19 世纪 80 年代初期，已经出现了采用马氏体不锈钢、奥氏体不锈钢或其他合金制备的耐磨性综丝。而该阶段的金属型表层（H）技术也从单纯的金属涂层，转变为采用镀层、气相沉淀技术形成硬质金属表层、合金表层。如申请号为 JP1985000143295 的专利申请就通过表面处理技术赋予综丝表面以 Cr_2O_3 等耐磨粒子层。

同时，在该阶段，随着非金属材料尤其是塑料型材料研究的逐渐深入，塑料型耐磨材料（G）技术也得到了广泛关注，更出现了多种加强型塑料。该种加强型塑料通过在塑料材料成型过程中加入多种增强型物质，使得成型后的塑料综合机械性能提高。如优先权号为 CH1989000002188 的专利申请就采用了编织纤维管加强型塑料。采用该种技术制备的综丝不仅加工方式简单、价格便宜，更具有质轻的优点，这对于装造大批综丝的织机来说，无疑减轻了整机的负担，更有利于高速生产的进行。

◎1990—1999 年

在该段时期，表面处理技术也得到了较大的发展，各种各样的覆盖材料及处理技术促进了非金属型表层（I）技术的发展。申请号为 DE1997200017045 的专利申请公开的技术中采用了金刚石粉体，将其覆盖于综丝表层，利用了金刚石这种自然界中存在的硬度和耐磨性最高的材料，提高了综丝整体的抗磨损性。申请号为 JP1999000017231 的专利申请中则在综眼表面覆盖了氮化扩散层，提高了综眼的表层耐磨性。

◎2000 年至今

2000 年以后，随着纳米技术的蓬勃发展，纳米材料被越来越多地应用于综丝耐用的制造中。例如申请号为 DE2007100017449 的专利申请就采用了碳纳米管，将其加入到塑料中，实现增强的功能。

（3）增加可用量型——多综眼技术

多综眼型增加可用量技术作为前两类技术的补充，出现较晚，且多与前两种技术联合使用，达到既增加单个综眼的耐用性又增加了综丝整体耐用性的技术效果。例如，除了前述的与缓冲型材料（E）结合外，申请号为 CN2012010345978 的专利申请中采用了纳米陶瓷涂覆技术，使得多个综眼都具备了陶瓷材料的耐磨性能。

四、各技术分支附加技术效果比对及技术空白

针对综丝耐用性所进行的各种改进，由于其作用原理及采用的改进手段技术着眼点的不同，在延长综丝使用寿命的同时，还会带来不同的附加技术效果。例如，旨在减小伤害源的各技术手段，由于经纱与综丝之间的力的作用是相互的，故其在减小经纱对综丝的冲击力、摩擦力的同时，也相应减小了综丝对经纱的破坏，因而此类技术手段普遍具有对经纱损伤小的附加技术效果。通过对检索到的专利申请中各技术分支附加技术效果进行分

析，将各技术分支的附加技术效果归纳如图 11 所示。为了更清楚地展现各分支自身的实际作用，图中所示的技术效果为各技术分支单独存在时的技术效果，不涉及多分支交叉的情形。

从图 11 中可以看出，绝大多数技术手段具有降低成本的效果，且各技术手段既具有由共同作用原理带来的共性的附加技术效果，又具有各自技术性差异所导致的附加技术效果的不同侧重。下面，结合图 11 对各一级技术分支及其二三级技术分支的附加技术效果分别进行详细分析：

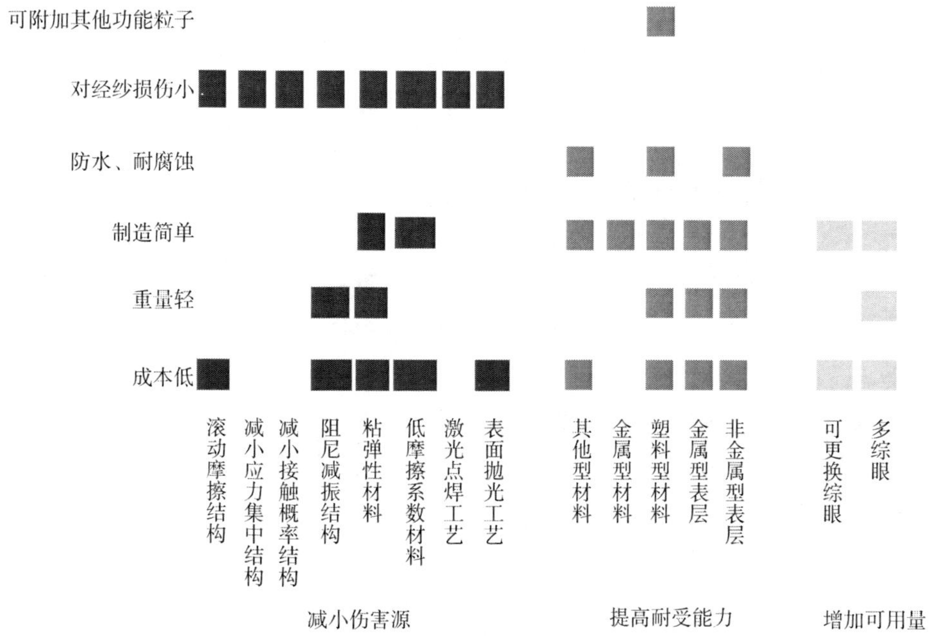

图 11 各技术分支技术演进路线

（1）减小伤害源型

如前所述，该类型技术改进最突出的特点是能够同步降低对经纱的损伤。除此之外，对于采用了粘弹性材料和低摩擦系数材料的综丝来说，由于其无须对结构进行改进，也不必采用复杂的成型技术，因此，该类技术手段还具有制造简单的优点。与之相对，结构型改进由于有别于常规综丝的结构，需要额外的加工方式，且综丝的各部分之间需要紧密配合，因此制造方式普遍较为复杂。尤其是减小应力集中结构和减小接触概率结构，其优化的重点在于综眼的细节构型，加工过程中对于成型工艺的要求更为严格，成型方式更为繁复，因而不止制造工艺复杂，总体生产成本也一并升高。同理，激光点焊和表面抛光这两类制造工艺，由于其在正常加工工序后又增加了一道后处理技术，且该两类后处理技术也对工艺过程有着严格的控制，因此制造方式也较为复杂。此外，对于采用了阻尼减振结构和粘弹性材料的改进手段，由于其都采用了缓冲材料，因此较常规的钢丝综质量更轻，更利于高速生产。

（2）提高耐受能力型

从图11中可以明显看出，该类型技术改进也存在其共有特性——制造简单。这是由于该类型技术改进中不论是整体改进还是局部改进，其技术着眼点都在于材料，采用了适当材料的综丝只要按照常规制造方式制造即可获得抗磨损的效果，即便是表面涂覆和表面镀层，也无须对综丝细部结构进行针对性处理，因此制造加工过程相对简单。对于采用耐磨塑料材料制造的综丝来说，由于塑料材料普遍较轻，因此较常规的钢综、硬金属综以及嵌装陶瓷综质量更轻。而对于表面处理方式制备的综丝来说，虽然大部分涂层和镀层材料质量较重，但是由于只需要进行表面处理，主体结构仍可采用质轻的材料，因此也具有整体综丝质轻的优点。此外，对于采用耐磨陶瓷和耐磨塑料的综丝来说，由于其不怕水、耐腐蚀，因此更能适应喷水织机的织造环境。值得注意的是，对于采用耐磨塑料材料的综丝来说，可以在塑料材料加工过程中加入各种组分的添加剂，如抗菌剂、抗静电剂等，从而赋予综丝常规提经功能之外的多种附加功能。

（3）增加可用量型

对于该种类型的改进来说，由于其着眼点既不在于减少损伤来源又不在于强化自身的抗损能力，因此，综丝制备过程中既不需要新材料，也不需要新的加工工艺。尤其是多综眼型综丝，仅需在原有综眼附近加开综眼，因此更具有质轻的优势。

综上可知，虽然各种改进方式都能产生不同的附加技术效果，但是由于侧重点不同，单独使用时也存在各自的弊端，综合效果难免存在不足。因此，在对综丝进行耐用型技术开发的同时，如果能从多方面考虑其附加技术效果，将多种技术手段综合，则可取长补短，获得更高更全面的应用价值。

五、总　结

通过对综丝耐用技术进行数量型分析和技术性梳理，可以看出，这一领域从现有技术构型上划分成的技术分支——减小伤害源、提高耐受能力、增加可用量已经相对全面，近年来的技术创新点也多集中在对上述各种构型的优化设计上。同时，国内申请虽然从数量上占优势，且对于该领域的关注度处于持续上升中，但是技术上仍不够全面，不具有针对性，在专利质量上与国外尤其是欧美和日本还存在较大差距。在今后科研中，国内申请人应重视技术性改进，同时结合多种手段实现技术效果的多方面性，以技术创新带动实际生产。

冰箱保鲜专利技术分析

朱丽霞

一、引 言

用于冷藏冷冻食物的冰箱作为一种家庭必备的家用电器，给人们的生活带来了极大的方便。随着生活质量的提高，人们对冰箱的需求已不仅满足于基本的制冷贮藏功能，在保鲜、速冻、美观等方面提出了更高的个性化需求。然而，就在冰箱大大提高人们生活品质的同时，现代冰箱综合病也越来越多地影响到了人们的生活。因而，随着人们健康意识的提高，使用保鲜冰箱已成为人们的健康消费需求，相应地，冰箱的保鲜功能也成为家电厂商的主要研发方向。

贮藏食品变质和分解、箱内细菌霉菌繁殖等原因造成的冷藏室内的异臭味，果蔬类本身携带的农药等有害物质，以及长期贮藏过程中果蔬缺水枯萎等，都严重影响食品的贮藏效果。此外，食品的腐败变质主要由细菌、霉菌和酵母菌等微生物的繁殖和酵变所致，一般在 2 ℃至 6 ℃时，[1]微生物和酶的活性大为降低，冷藏能有效地抑制微生物的活性，并能杀灭某些种类的微生物，但是嗜冷性微生物如霉菌和酵母菌在一定的低温环境下仍能保持生命活动。由此，仅靠低温不能很好地实现食品的保鲜处理，也不能满足人们对冰箱保鲜性能的要求。因此，冰箱保鲜除了必需的温度处理外，还常常涉及湿度、微生物处理、气调处理、原生态原味保鲜、营养增鲜等方面[2]。

二、冰箱保鲜技术概述

冰箱的保鲜效果作为衡量冰箱品质的重要性能指标之一，受到各冰箱企业的高度重视，解决食品保鲜相关的技术问题并实现个性化的设计成为技术研发的热点，相应其专利申请亦异常活跃。为研究冰箱保鲜领域技术的发展情况，笔者对该领域的专利文献进行了收集、标引和梳理（本文所有数据统计截止到 2014 年 2 月 31 日）。按时间序列对全球及日本、中国、美国、德国和韩国主要国家的专利申请进行了统计分析，充分展示了冰箱保鲜专利申请发展趋势以及日本、中国、美国、德国和韩国五个主要专利申请国及主要申请人的专利申请情况。

（一）专利申请分布情况

1. 主要国家专利申请量分布情况

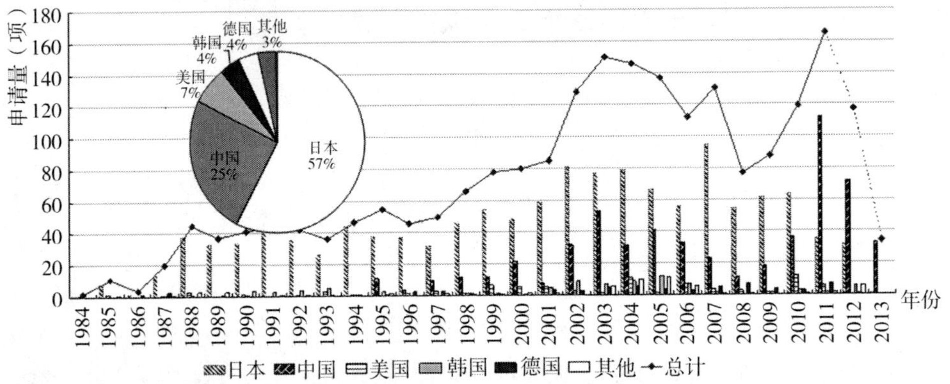

图1 主要国家专利申请分布情况（以PR为统计字段）

图1显示出自1984年以来，保鲜技术领域全球专利申请以及主要国家专利申请量情况。冰箱保鲜技术在20世纪70年代之前，只有少量的申请，随着生活水平的提高，人们对冰箱的需求已经不仅满足于基本的制冷贮藏功能，冰箱的食品保鲜效果已成为衡量冰箱性能的重要指标之一，从而使得冰箱的保鲜技术逐渐引起家电厂商的关注，并不断投入技术进行研发和创新。由主要国家专利申请情况可以看出，1985年之前只有少量涉及冰箱保鲜领域的专利申请且主要为由欧美国家提出的一些初步构思，1985年专利申请数量有了明显的增长，且以日本专利申请数量的增长为主力军。1985年之后，专利申请数量整体上处于一个逐步增长的水平，2005—2009年全球专利申请数量出现明显的波动，原因在于冰箱产业作为经济实体产业，冰箱保鲜领域的专利申请量与经济发展水平有着直接的联系，全球经济不景气直接影响了冰箱保鲜领域专利申请量的变化，之后随着全球经济的复苏，冰箱保鲜领域的专利申请量也相应快速增长。由于部分申请还未进入公布阶段，2012—2013年的专利申请量显示有所下降。

进一步，从各主要国家专利申请量占比图来看，在冰箱保鲜领域，日本的冰箱产业发达，具有绝对优势，占全球专利申请量的57%左右。其次是中国，占全球专利申请量的25%左右，且在2011年快速增长，体现了国内冰箱企业开始对冰箱保鲜技术研发、专利保护的重视。再其次是美国、韩国和德国，均为传统的冰箱产业大国，其专利申请量分别占全球专利申请量的7%、4%和4%，值得一提的是，韩国的冰箱产业虽然也非常发达，但是韩国冰箱领域的研发方向主要集中在冰箱整体结构，涉及冰箱保鲜领域的研发相对甚少。

2. 全球与中国专利申请分布情况

图2显示出自1984年以来，中国以及全球的专利申请量随年代的变化趋势。由图2可以看出，中国专利申请量分布情况与全球专利申请量分布情况的整体趋势是一致的。1985年之后，冰箱保鲜领域的全球专利申请数量整体上处于一个逐步增长的水平，中国专利申请量从1995年才开始表现出明显的增长，并且在2001年之后进入快速增长期，同

样受全球经济的影响，在2005—2009年出现了波动。由于部分申请还处于未公开状态，近两年申请量回落。

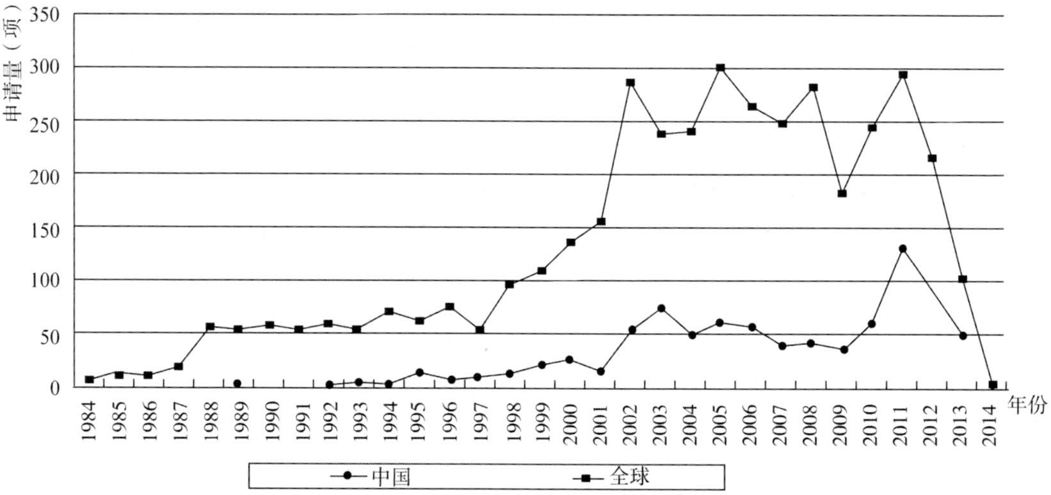

图2　中国与全球专利申请量分布情况

3. 主要申请人专利申请分布情况

图3按照图示的顺序展示了冰箱保鲜领域的主要申请人专利布局情况。该领域的专利申请主要集中在企业，高校和个人申请甚少。由图3主要申请人在全球的布局情况可看出，前10位主要申请人多集中在日本，分别为松下、东芝、日立、夏普、三菱和三洋公司；其余为韩国的LG（含乐金公司）和三星（含苏州三星有限公司）、德国的博世及中国的美的。由此可以看出，在该领域，日本占绝对领先地位，其专利申请量较大，而韩国虽然是冰箱技术强国，但在保鲜领域中涉及相对略少。

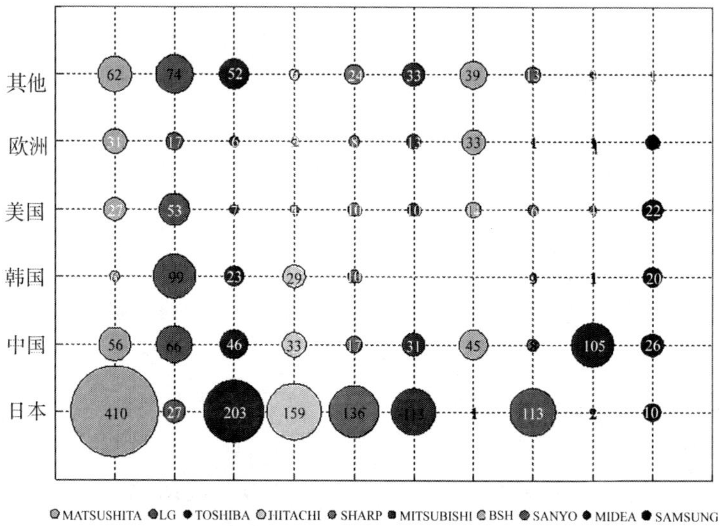

图3　主要申请人布局分布图

进一步，日本申请人除了大量在本土进行专利申请外，还向其他具有较大市场前景的市场国，如中国和欧洲也进行了专利布局；韩国申请人除了对日本进行较少的专利布局外，对其他主要市场国进行了大量布局；德国申请人主要在欧洲、美国和中国进行了专利布局，而中国申请人则集中在国内申请，国外申请几乎没有涉及。这一现象从侧面反映出，日本较早重视饮食健康问题，占有基础性专利的很大份额，技术成熟，专利布局意识强，在国内的防御型专利战略效果相当好，同时在国外也采用了有效的进攻型专利战略；韩国和德国的申请量虽然所占份额不大，但同样具有较强的布局意识，尤其是韩国，在每个潜在市场国均有布局；而中国起步较晚，技术力量相对还薄弱，基础性专利甚少，且专利布局意识较弱。

传统的冰箱保鲜技术已经发展比较成熟，国内企业应当积极在新技术上多增加研发投入，争取在核心技术中有所突破，形成有效的市场价值。

（二）冰箱保鲜技术研发方向

通过对涉及冰箱保鲜领域的专利文献样本的梳理可知，其主要通过抗菌除臭、保湿和抗氧化以及少量其他如农药降解、光波保鲜等技术来实现冰箱内食品果蔬的健康营养贮藏。详细技术研发方向如图4所示。

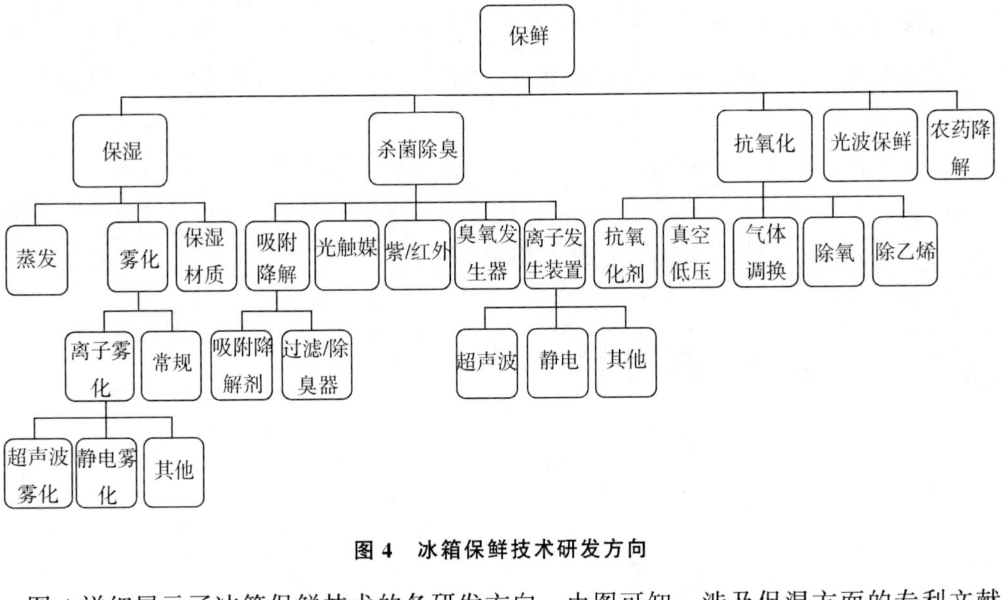

图4　冰箱保鲜技术研发方向

图4详细展示了冰箱保鲜技术的各研发方向。由图可知，涉及保湿方面的专利文献主要集中于蒸发、雾化和保湿材质选取设置等，进一步实现雾化的技术手段又包括离子雾化和其他常规雾化方式等。其中，离子雾化又以超声波雾化和静电雾化方式为主，常规雾化方式如喷嘴喷射器和小孔实现喷雾等。

抗菌除臭的专利文献主要集中于吸附降解（具体涉及吸附氧化降解剂的种类、过滤/除臭器结构的改进以及两者的配合使用和在箱体内的放置位置等流程结构的设置等）、光触媒、紫外/红外线的方式，或者通过设置臭氧发生器或离子发生器产生臭氧或离子实现电子杀菌除臭的方式，其中离子发生器还包括超声波离子发生装置和静电离子发生装置以及其他如离心式、振动式等离子发生手段。

抗氧化方面的专利文献主要集中于使用抗氧化剂、通过低压减少氧气的真空方式、以氮气或稀有气体等调换空气为目的的气体调换方式、采用电解质膜等除氧、除乙烯的方式作为实现冰箱抗氧化保鲜的技术手段。

除此之外，冰箱保鲜还涉及少量的如农药降解和光波保鲜等方面，主要集中于采用降解剂或臭氧发生器作为实现农药降解的技术手段以及根据需要照射特定光波实现营养素保鲜手段。

下面将对冰箱保鲜技术中的保湿、抗菌除臭和抗氧化三大主要技术进行专利技术分析。

(三) 冰箱保鲜主要技术分支研发活跃度分析

1. 主要技术研发活跃度逐年变化趋势

图 5 为保鲜技术主要技术分支研发活跃度的逐年变化情况。由图可以看出，保湿、抗菌除臭、抗氧化作为冰箱保鲜重点技术起源较早，申请量整体稳步上升。同时可以看出，三大主要技术的专利申请量在 2005 年至 2009 年间也明显受到了经济不景气因素的直接影响，之后才随着全球经济的复苏而重新快速增长。

进一步，抗菌除臭技术的技术手段相对较多，因而其研发力度要大于保湿和抗氧化技术。但是，随着抗菌除臭技术的发展趋于成熟，保湿和抗氧化技术出现了研发活跃的势头。

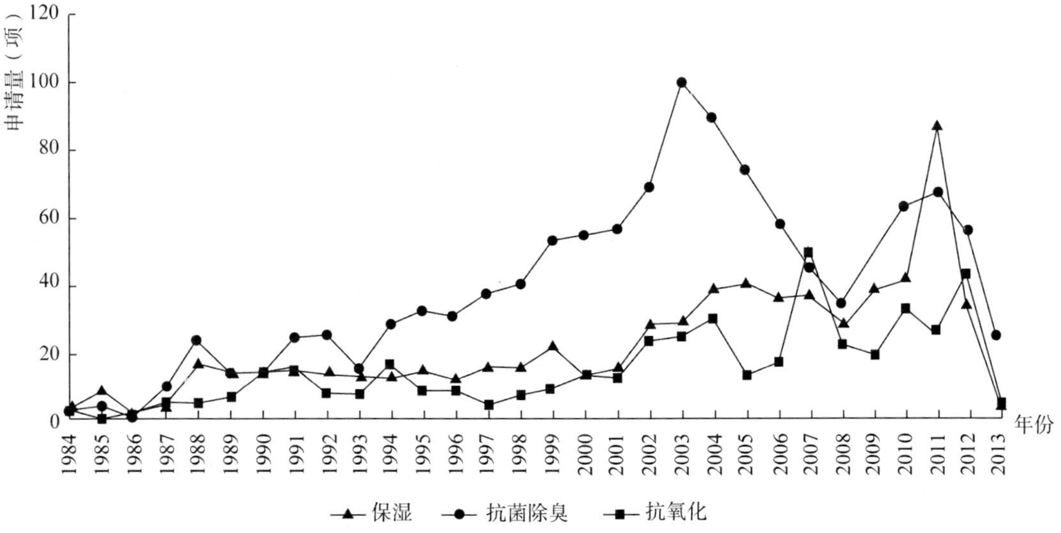

图 5 冰箱保鲜主要技术分支研发活跃度逐年变化图

2. 主要申请人的重点技术分支研发活跃度

图 6 为冰箱保鲜领域中主要申请人的研发活跃度情况。从图中可以看出，在该领域中，全球排名前 10 的主要申请人对冰箱保鲜技术的研究主要集中在保湿、抗菌除臭和抗

氧化技术，此外，还有少量涉及如农药降解等技术。

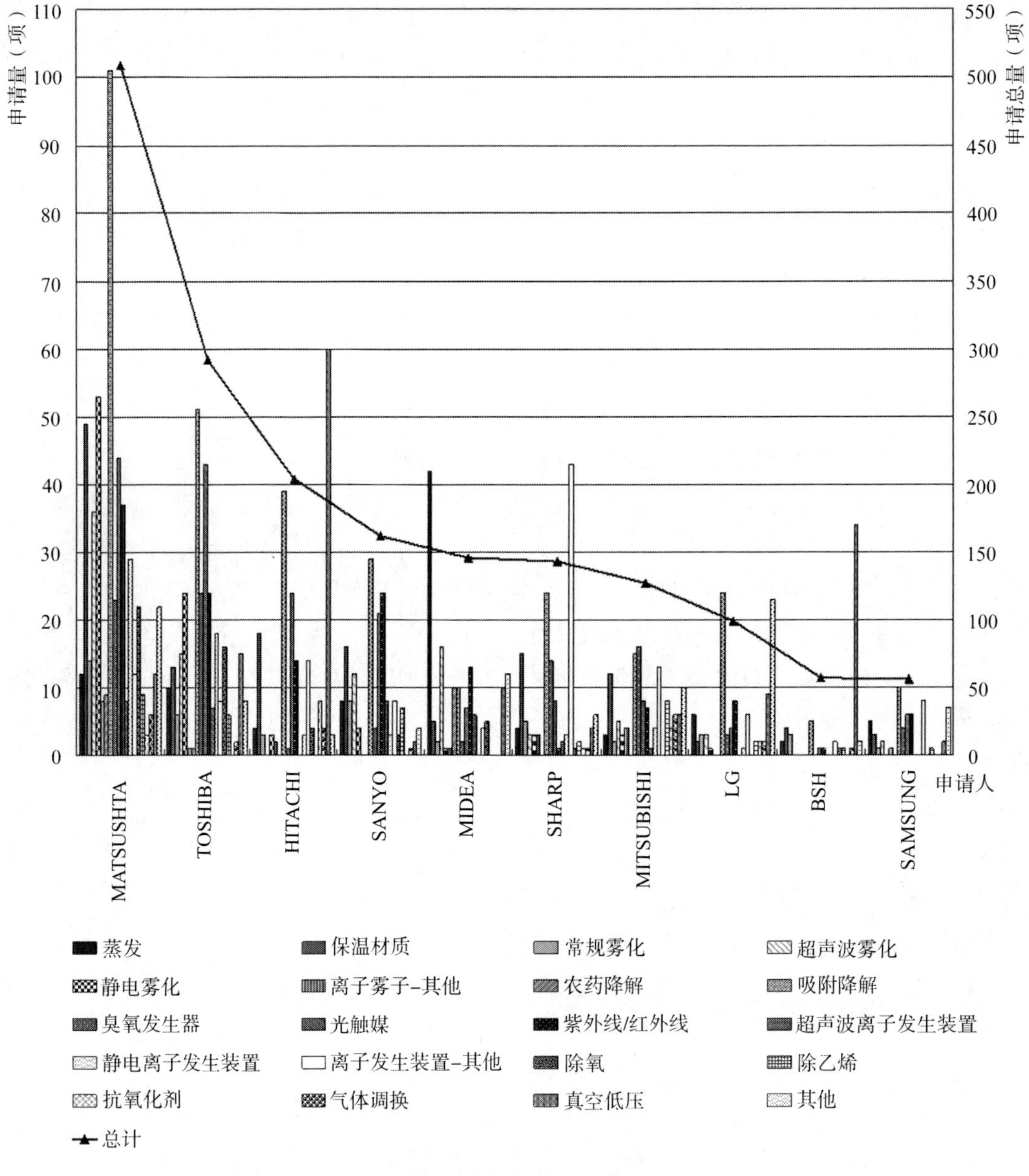

图6 主要申请人研发活跃度分析

进一步，日本在该领域中占有领先地位，对保鲜技术中保湿、抗菌除臭和抗氧化关键技术的技术分支均有大量研发。以松下（MATSUSHITA）、东芝（TOSHIBA）、日立（HITACHI）、三洋（SANYO）、夏普（SHARP）、三菱（MITSUBISHI）公司为日本主要申请人。上述主要申请人的研发涉及面广，涉及蒸发、常规雾化、超声波或静电或其他离子雾化等保湿手段以及保湿材质等相关保湿技术手段；吸附降解、光触媒、紫外线/红外线、臭氧发生器、超声波或静电或其他离子发生装置等抗菌除臭技术手段；真空低压、气体调换、抗氧化剂、除氧、除乙烯等抗氧化技术手段。其中日立公司相对其他公司更侧重于抗氧化技术上的研发，尤其是在关于真空低压手段的抗氧化技术上实力雄厚。

韩国虽然为冰箱大国，但是在冰箱保鲜领域研发不多，其申请人主要为LG、三星（SAMSUNG），研发力度主要集中在采用臭氧发生器技术手段的抗菌除臭方面的改进。德国在该领域的研发涉及面较窄，申请人博世西门子（BSH）主要侧重于抗氧化技术中的真空低压技术手段的研发，其他方面涉及甚少。

中国近年来随着生活品质的提高，在冰箱保鲜领域的技术关注点明显提高，以美的（MIDEA）为主要申请人，其对保湿、抗菌除臭以及抗氧化乃至农药降解技术有所涉足，但多数是集中于采用一些如蒸发、紫外线等常规技术手段，而臭氧、离子等电子保鲜技术手段较少研发，并且绝大部分是在已有技术的基础上进行的结构细微改进，基础性核心专利甚少。

日本申请人的专利布局给我们的启示是，国内申请人应该提高自身研发能力，从规模上、从技术上做大做强；企业之间也应该注重研发的侧重点，形成良性竞争，注重知识产权的保护，提高自身竞争力，形成有效的防御型和进攻型专利保护战略。

（四）冰箱保鲜领域技术特点

冰箱领域以涉及冰箱一般结构特征的专利申请为主。随着现代用户对冰箱品质要求的提高，其中实现食品保鲜功能的冰箱结构技术的发展逐渐成为各冰箱企业设计研发并进行专利申请的焦点。

冰箱的一般结构涉及冰箱的门、盖、壁或其他内部结构。冰箱保鲜领域的大多数专利申请的特点是将至少一种冰箱食品保鲜手段搭载到各自的实体冰箱中，起到保鲜功能的结构与冰箱其他相关结构部件紧密掺杂，因而该技术与冰箱领域的一般结构方面的改进关联性较大。同时，由于是通过对箱体内的冷气进行物理化学处理而达到保湿抗菌等保鲜效果，因而保鲜技术又与冰箱箱体内冷气循环流程方面也密切相关。

冰箱保鲜是一项综合性研究课题，因其涉及对箱体内的食物的微生物保鲜处理，进而与食品处理、家庭用品、保健或卫生学等领域交叉性较大。例如抗菌除臭保鲜技术，其根据具体不同技术方案的实现手段，可以是吸附降解有害物、使用催化剂分解法、紫外线杀菌法、离子杀菌法等，而上述技术手段均为保健卫生学、食品处理等领域采用的技术手段。

三、冰箱保鲜技术发展路线

（一）保湿技术发展路线

干燥低湿的果蔬贮藏室会导致贮存的果蔬缺水干瘪、营养流失，因而，保湿成为冰箱保鲜技术的重要方面之一。

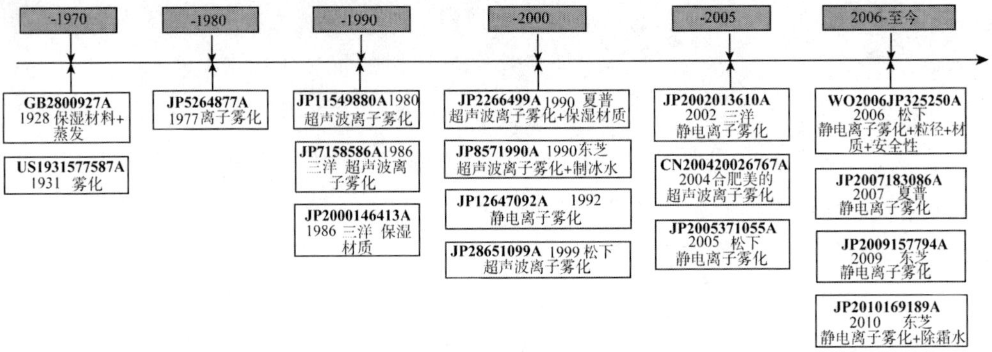

图7 保湿技术发展路线图

20世纪70年代前的保湿技术发展早期主要有水自然蒸发和常规雾化手段。例如1928年专利申请GB2800927A提出冰箱中的冷空气在风扇的作用下流入风道，进入由多孔质保湿材质的高湿区后携带水蒸气返回储藏室内，通过保湿材质的水分自然蒸发手段来实现冰箱内部的保湿需求。1931年US1931577587A提出在风扇的作用下雾化的水蒸气随着循环空气在储藏室内循环实现保湿。此外，还有多位美国和日本申请人也分别提出使用除霜水自然蒸发（如加热蒸发、搅拌蒸发）和采用常规雾化的技术手段来实现储藏室内的保湿。

20世纪70年代开始，用户对不同食物如鱼肉、果蔬等相继有了不同的保存环境要求，因此随着用户对贮存物保湿高品质的追求以及因以往所采用的保湿手段所带来的一些如保湿效果差、多余水容易造成果蔬腐烂等弊端，出现了离子微粒雾化的保湿技术手段，如专利申请JP5264877A。

进一步，超声波微粒雾化具有噪声小，清洁度高，产生的水雾温度低等优点，从80年代起，超声波雾化技术在冰箱保湿领域广泛投入应用，如专利申请JP11549880A采用了超声波雾化来实现冰箱储藏室内的保湿。接着，三洋的JP7158586A、大阪商船三井船舶株式会社的JP22406188A、东芝的JP8571990A等专利申请中均提出采用超声波雾化来实现加湿的基本方案。随后上述公司以及松下、夏普等相继提出了采用超声波雾化来实现冰箱储藏室内保湿的更详细的具体方案，如夏普的专利申请JP2266499A还研究了电解槽、电极板、直流电源大小以及吸放湿保湿材质等相关内容。中国起步较晚，但也有涉及该项技术的，如专利申请CN00251907A、CN200420026767A等。采用超声波雾化加湿技术自从80年代提出后，于90年代在冰箱保湿领域开始逐步发展并在2000年后趋于成熟乃至成为使用主流。

超声波雾化技术虽然已成功解决了冰箱贮藏室保湿的问题，但是存在伴随着超声波频率信号的共振等噪声及振动问题。相比之下，液体由细管流出下滴时，若在细管上施加高压电，液滴在静电力的作用下，会分裂成微粒，发生液体静电微粒雾化现象，该雾化技术不存在上述超声波雾化技术所存在的问题，且生产的微粒，无论是结晶性、粒径，还是形状均优于超声波雾化生产的微粒，其具有雾滴粒径细小、粒径尺度单一、空间弥散程度广等优点。因而，静电微粒雾化技术在冰箱保湿领域开始应用。20世纪90年代的专利申请

JP12647092A 较早地提出了采用静电雾化技术来实现保湿的想法。在保湿技术的发展中后期（从 2000 年开始），知名企业如三洋的 JP2002013610A、松下的 JP2005371055A、夏普的 JP2007183086A、东芝的 JP2009157794A 等专利申请均开始提出了静电雾化的技术方案，并成功地应用。该技术到 2005 年发展成熟并广泛应用。值得一提的是，松下公司在该领域的专利申请量几乎占垄断地位，此外它还研究了施加的电压大小、生成的粒径尺寸大小以及压电素子材质、喷雾扩散范围等对保湿效果的影响以及施加电压的安全性防护措施等，如专利申请 WO2006JP325250A 和 JP2008014625A 等。

至此，保湿领域的雾化保湿技术完善成熟，其中超声波雾化和静电雾化技术手段占据了目前冰箱保湿领域的绝大部分份额。

对于保湿领域中使用的释放湿保湿材质，20 世纪 20 年代就已有提及，保湿材质吸收存储的水在风扇等的作用下散发到贮藏室内以提高贮藏室的湿度，如 1928 年的专利申请 GB2800927A。此后出现了多种具体的吸放湿材质，如专利申请 JP2000146413A 有详细阐述各种保湿材质，可以为陶瓷多孔材料、纳米多孔材料、多孔高分子聚合物材料等多孔质的亲水性材料。将水先保存在保湿材质中，通过毛细管现象将水吸到雾化顶端部，利用超声波或静电等手段向果蔬喷射雾粒，可以防止直接向果蔬喷雾导致残留在表面的多余水分造成果蔬腐烂，如专利申请 JPH067079A、JP2003279232A、JP2004125179A 等。而在具有吸放湿特性的有机多孔材料上，加入抗菌脱臭剂形成多孔质材料抗菌调湿部材，可以在满足保湿需求的同时实现抗菌，如夏普公司的专利申请 JP2000234850A。此外，东芝、三洋等公司也均有相关专利申请。

对于上述实现保湿的蒸发雾化用水主要有三种来源，冰箱外接入水、冰箱内部除霜凝露水和冰箱制冰用水，其中又以通过设置切换管路使用冰箱内部除霜凝露水或者冰箱制冰用水为主。例如专利申请 JP2010169189A 使用冰箱除霜水作为静电雾化装置的用水来源实现保湿，JP8571990A 和 JP2001249767A 使用冰箱制冰用水作为超声波雾化装置的用水来源。

（二）抗菌除臭技术发展路线

凡使用过冰箱的人都会发现，保鲜冷藏室有一种异臭味，这是贮存的食品变质和分解、冰箱内细菌、霉菌滋生繁殖等原因造成的，如果较长时间不清洗，异臭味会越来越浓，甚至对没包装的其他贮存食物发生“串味”等交叉污染。出于健康的高品质生活追求，抗菌除臭同样成为冰箱保鲜中不可缺少的重要技术之一。

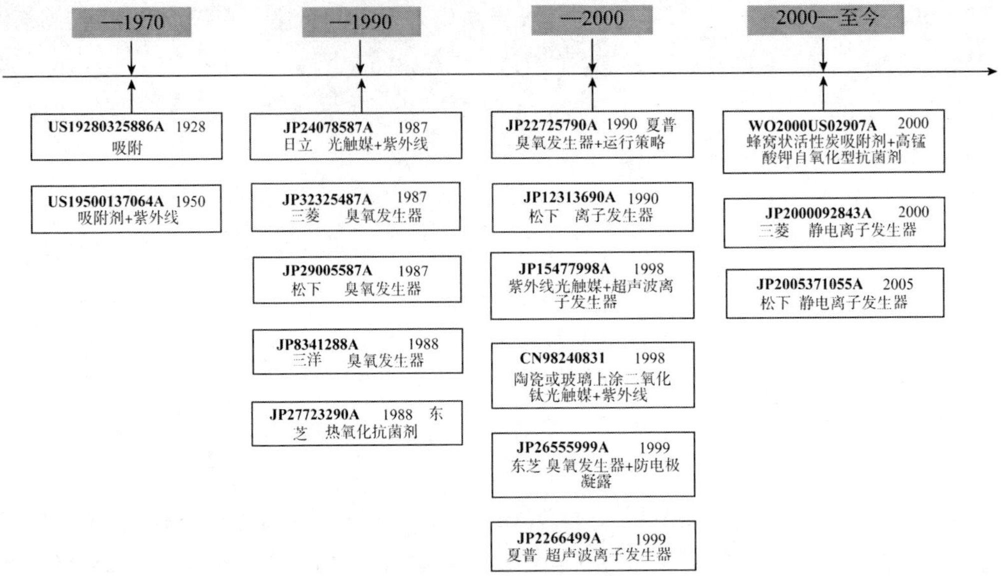

图8 抗菌除臭技术发展路线图

冰箱的抗菌除臭概念早在20世纪20年代就已被提出，如专利申请US19280325886A。20世纪50年代出现了使用特定物质如活性炭、硅胶、沸石等多孔物质吸附剂和一些盐类吸附剂对恶臭分子进行吸附，同时使用紫外线进行照射除菌，如专利申请US19500137064A。起初的开发以研制吸附型的除味剂为主，重点是吸附载体，如以硅胶、粘土矿物或其他多孔材料的混合体作为原料，经磨碎、粘结成型，用作冰箱除味剂，如专利申请JP27359391A中详细记载了各种吸附除臭除味剂的种类。

20世纪70年代抗菌除臭技术的发展早期和80年代的发展中期阶段，主要集中在除异味，随着人们认识到腐烂败菌等是引起异味的根源后，意识到灭菌才能真正除异味。从90年代早期，冰箱除臭与杀菌技术开始实现结合。热氧化抗菌剂和自身氧化型抗菌剂如高锰酸钾，能和异味有害分子起氧化反应实现抗菌除臭，如专利申请JP27723290A通过热分氧化抗菌除臭，专利申请WO2000US02907设有蜂窝状活性炭吸附剂和高锰酸钾等自身氧化型抗菌剂，充分达到了抗菌除臭的功效。但是上述这类除臭抗菌剂稳定性、安全性以及使用循环性较差，因而开始使用载体载带氧化剂，通过光照射，利用强氧化性进行抗菌除臭，即光触媒在抗菌除臭领域开始应用。光触媒是一类以二氧化钛为代表的具有光催化功能的光半导体材料的总称，二氧化钛光触媒可氧化分解各种有机化合物和部分无机物，能破坏细菌的细胞膜和固化病毒的蛋白质，具有极强的抗菌除臭功能；光触媒受紫外光照射激发周围的氧气或水分子产生OH自由基或阴离子，与空气中有机物质反应生成无毒的无机物，有效分解有害气体，其中二氧化钛作为催化剂本身并不直接参与氧化还原反应，只是改变发生反应的所需条件。与活性炭等吸附剂相比，光触媒的脱臭能力也要强上百倍，且活性炭等需要经常定期更换。紫外线与光触媒相结合便成为常见的抗菌除臭方式之一，如专利申请JP24078587A和CN98240831U。

由于在冰箱高湿的环境下，紫外灯管易结雾，且紫外灯和光触媒都具有使用寿命等问题，因而大约从 20 世纪 90 年代开始，臭氧或离子类电子抗菌除臭保鲜器成了新的替代品。臭氧发生器或离子发生器凭借其产生的强氧化性物质能够实现灭菌、抑制细菌活动或控制食品自身新陈代谢，以达到防止食品腐烂变质保持新鲜的目的。如三菱公司的 JP32325487A、松下的 JP29005587A、三洋的 JP8341288A 等专利申请均提出了在高湿贮藏室环境中通过臭氧发生器产生强氧化性的臭氧，实现细菌异味去除；夏普公司的 JP22725790A 提出了臭氧发生器进行抗菌除臭的优势，同时还对运行控制策略进行了优化；东芝公司的专利申请 JP26555999A 通过臭氧发生器发生臭氧进行除菌除味，同时还对臭氧发生电极类部件的防凝露问题进行了研究。此外，其他冰箱企业也有涉足研究该类技术。

臭氧抗菌除臭技术在应用的同时，离子抗菌除臭技术也开始发展使用，如松下的 JP12313690A、日立的 JP28765594A 和三洋的 JP32475797A 等专利申请。采用超声波雾化装置产生的雾化水微粒在满足贮藏室的保湿需求时，雾化过程中产生的离子对高湿环境中的微生物菌类也进行氧化处理，可以实现保湿抗菌化功能，如夏普的 JP2266499A。并且，采用紫外线照射二氧化钛光触媒和超声波离子发生装置协同进行可以更好地抗菌除臭，如专利申请 JP15477998A。同样，静电雾化离子发生装置产生的负离子也可实现抗菌除臭功能，如三菱的 JP2000092843A。此外，夏普、东芝、博世等知名冰箱企业也均有相关技术。

（三）抗氧化技术发展路线

抗氧化保鲜主要是指减少冰箱贮藏室内对于微生物氧化和呼吸作用影响显著的氧气及加速氧化的乙烯、芳香类催熟气体以抑制食物果蔬的腐烂变质。抗氧化保鲜技术主要包括真空低压法、使用抗氧化剂、气体调换、除氧、除乙烯等。

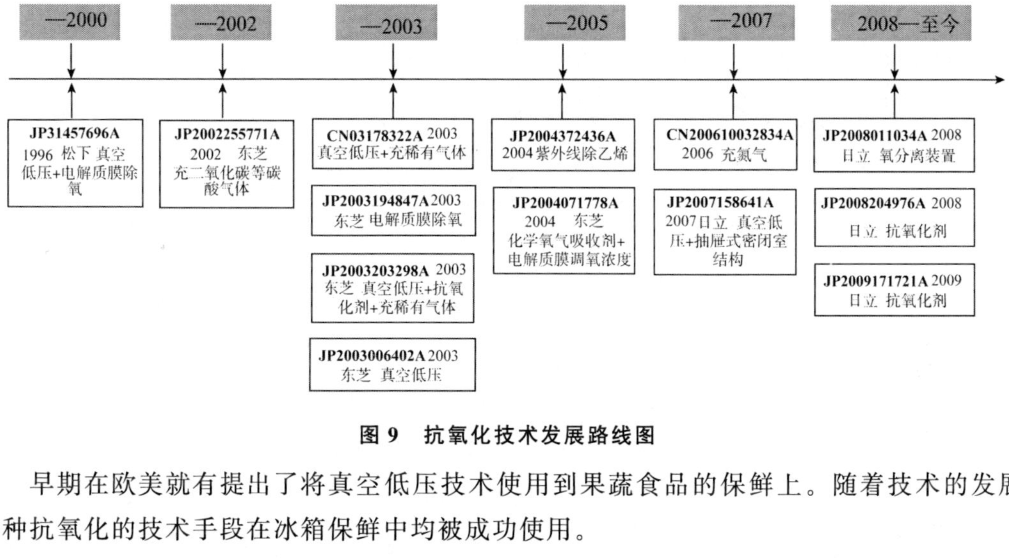

图 9　抗氧化技术发展路线图

早期在欧美就有提出了将真空低压技术使用到果蔬食品的保鲜上。随着技术的发展，多种抗氧化的技术手段在冰箱保鲜中均被成功使用。

通过真空泵抽吸作用使密封贮藏室内低于大气压力的真空低压法是最常用的抗氧化技

术手段，如JP2003006402A在真空低压贮藏室内防止鱼肉、果蔬的呼吸氧化抑制腐烂变质，JP2007158641A提出一种真空低压保鲜技术的密闭贮藏结构，一种位于冰箱箱体内的抽屉式密封贮藏室，外壳具有上侧和前面两个开口，该结构的密封贮藏室成为目前的常规使用结构。还可以通过如专利申请JP2003194847的高分子电解质膜法去氧来减少氧气浓度实现抗氧化，采用如CN201310063080A的包含氧吸附释放材质的氧浓度减少装置同样也可以保持果蔬的鲜度。同时，还有一种向贮藏室内填充其他气体以通过气体调换的手段来实现减少贮藏室内的氧气浓度从而实现抗氧化的方法，如专利申请JP2002255771A、CN200610032834A中分别提出了以碳酸气体如二氧化碳、氮气充入密闭真空低压贮藏室内阻止与氧气的接触以抑制呼吸作用氧化变质。并且，果蔬类在贮藏过程中新陈代谢排放的如乙烯类催熟气体会加剧氧化的过程，因而通过照射紫外线的能量在水滴中生成OH自由基与乙烯气体接触反应重整为乙烷和水，可消除食物的腐败保持鲜度，如专利申请JP2004372436A。除此之外，通过在冰箱贮藏室内设置抗氧化剂，也能很好地抑制食物的氧化分解变质，如JP2009171721A和JP2008204976A，其中JP2008204976A阐述了抗氧化剂可以为抗坏血酸或生育酚或者是包含维生素C、E及经过酶处理的芦丁中任一营养成分的自然食品中含有的氧化防止剂。

进一步，为了更好地实现抗氧化保鲜效果，出现了多种手段结合的多元化抗氧化技术。通过抽真空减压和填充稀有气体来实现抗氧化保鲜的如专利申请CN03178322A。通过真空低压、氧吸附剂（抗氧化剂）、充入稀有气体等来阻止在密闭贮藏室内与氧气的接触以抑制因呼吸作用而氧化变质的如专利申请JP2003203298A。通过真空泵实现贮藏室内的真空低压以及采用电解质膜去氧法来实现抗氧化保鲜的如专利申请JP31457696A。密闭抽屉式低压贮藏室通过设有的氧分离装置除氧实现抗氧化保鲜的如专利申请JP2008011034A。通过化学氧气吸收剂和电解质膜的组合的氧气浓度调整装置实现抗氧化保鲜的如专利申请JP2004071778A等。

（四）其他保鲜技术

冰箱保鲜除了上述保湿、抗菌除臭、抗氧化等主要技术外，还涉及其他如农药降解和光波保鲜以及多元复合保鲜功能等方面，具体如下表1所示。

表1　其他冰箱保鲜技术

其他保鲜技术	重点专利	具体方案
农药降解	JP2008217707A	在果蔬室设置臭氧发生装置，产生臭氧果蔬表面残留的农药进行氧化降解
农药降解	KR20050064475A	电解水生成如臭氧、OH基等氧化剂除去蔬菜或水果表面上的诸如农药等有害成分

续表

其他保鲜技术	重点专利	具体方案
光波保鲜	WO2006JP310345A	将光源选用具有红色光的波长的LED构成，促进苹果、蓝莓、草莓、绿紫苏、西兰花、紫薯等中较多含有的、作为生物体内的红色植物色素的有益于人体健康的花色甙的生成
光波保鲜	JP2008267016 A	蓝绿光间隙照射，渗透进果蔬表面和果蔬内部，进行果蔬整体的维生素C生物合成绿
多功效	CN02218543U	通过臭氧发生器产生臭氧与负离子，对贮藏室内进行杀菌的同时还能分解果蔬释放的催熟气体如乙烯以抑制新陈代谢，同时还采用高锰酸钾进行乙烯分解；进一步还设置有超声波雾化装置对贮藏室加湿，避免果蔬干瘪
多功效	JP2003144679 A	采用超声波雾化和紫外线照射手段实现贮藏室内湿度调节以及抗菌多功效保鲜
多功效	WO2008JP03087 A	通过静电雾化装置、臭氧发生装置以及绿蓝色波间隙照射实现贮藏室内保湿、抗菌除臭以及光波营养素增鲜等多功效保鲜

果蔬中残留的农药对消费者的健康构成了严重的威胁，而臭氧因具有强氧化性，可与蔬菜、水果中残留的有机磷、硝酸盐农药发生反应，生成相应的大多无毒的酸、醇等或其氧化物等小分子化合物，溶于水，可被洗涤除去，有效地降解残留在果蔬上的农药，如专利申请JP2008217707A和KR20050064475A。

在冰箱贮藏室内部使用特定波长的如绿光、蓝光、红光等照射可以增加营养成分的含量，提高果蔬的新鲜度，如专利申请文件WO2006JP310345A提到将光源选择为具有作为红色光的波长的LED构成，能够很好地促进苹果、蓝莓、草莓、绿紫苏、西兰花、紫薯等中较多含有的、作为生物体内的红色植物色素的花色甙的生成，其中花色甙是多酚的一种，除了对人体眼睛具有较好的功效以外，还被验证有防老化、动脉硬化抑制作用等功效，是对身体非常好的物质。JP2008267016A提供了一种能提高果蔬的保存性的特有波长的光，间隙照射蓝绿光渗透进果蔬表面和果蔬内部，进行果蔬整体的维生素C生物合成，充分达到了增加果蔬营养元素的功能效果。

冰箱的保鲜涉及温度、湿度、微生物处理等诸多方面，因此通过多元复合技术手段来实现保鲜逐渐成为专利申请的方向。例如，专利申请CN02218543U提出通过臭氧发生器高压放电产生的臭氧和负氧离子，实现杀菌的同时还能分解果蔬自身释放出的催熟气体乙烯以抑制果蔬机体的新陈代谢，并通过装有高锰酸钾的乙烯分解器进一步排除果蔬的催熟因素，除此还通过设置超声波雾化装置来满足果蔬的保湿需求，避免失水干瘪；该专利申请通过多种技术手段的叠加充分提高了保鲜效果。专利申请JP2009208908A用陶瓷等多孔质保湿材料通过毛细管现象将水吸到静电雾化装置的雾化顶端部，在高压作用下，产生含有氧化还原电位高的OH基的纳米雾粒自由基，可以实现冰箱的保湿和抗菌除臭双效功能。同样JP2003144679A除了通过使用超声波雾化装置产生含OH自由基的雾化粒子，实现保湿抗菌除臭外，还采用紫外线照射手段对贮藏室内的空气环境进一步进行杀菌。WO2008JP03087A采用了静电雾化装置产生含有OH自由基的雾化微粒，实现冰箱的保湿和抗菌除臭双效功能，还采用臭氧发生器抑制蔬菜室内果蔬表面的菌繁殖，除此，通过绿、蓝光间隙照射来促进果蔬整体的维生素C的生物合成，该复合手段很好地实现了保湿、抗菌除臭、光波增鲜多功效的保鲜效果。

（五）总结

保鲜技术的发展早期（20世纪70年代前）主要是提出了通过水蒸发或雾化来抑制果蔬的干瘪及通过吸附、紫外线类解决异味等问题的想法。

保鲜技术的发展中期（至2005年左右）主要是提出了一些如超声波雾化技术、静电雾化技术、紫外线光触媒除菌、臭氧离子除菌技术、除氧除乙烯技术、气体调换法等在冰箱保鲜中的应用；但多数还都只是实现保鲜某单一效果，如保湿或者抗氧化等。早中期的专利申请主要集中在原理性的基础方案提出上。

保鲜技术的发展后期（2006年至今）的专利申请一方面集中在多元化保鲜技术方案，如复合技术手段同时实现双重保湿或双重抗菌除臭，复合技术手段同时实现保湿、抗菌除臭、抗氧化甚至光波营养保鲜等；另一方面涉及保鲜装置在空间上的布置以及与箱体内部其他部件之间的具体结构关系等。

参考文献

[1]“GB/T8059. 1—1995”. 家用制冷器具—冷藏冷冻箱. 国家标准.

[2] 阿福，童信. 健康家电纵横谈 [J]. 家用电器，2003 (6).

导电油墨领域专利技术分析

刘 琥

随着技术的发展，油墨的应用领域越来越广，人们对油墨的功能性需求已不再满足于简单的印刷要求，而是赋予油墨更多的性能，随着电子科技的发展，导电油墨在电子领域中需求甚大，预计其年产值达 24 亿美元，因此，对导电油墨技术发展的研究具有重要的科研和经济意义。

导电油墨是指印刷在非导电承印物上，使之具有传导电流和排除积累静电荷能力的油墨，一般是印在塑料、玻璃、陶瓷或纸板等非导电承印物上。印刷方式很多，如丝网印刷、凸版印刷、柔性版印刷、凹版印刷和平版印刷等均可采用。可根据膜厚的要求选用不同的印刷方法，膜厚不同则电阻、阻焊性及耐摩擦性等亦各异。导电油墨属于特种油墨的一种，主要由导电功能材料（又称导电填料）、连接料、溶剂和助剂组成。其中导电功能材料直接决定油墨导电性能。连接料是导电油墨的主要成膜物质，在导电涂层上起到骨架作用。连接料树脂必须使制得的油墨具备一般油墨的特性，如成膜性、附着力、耐折性，即要求连接料必须是液体，并能将导电填料分散其中；要求连接料具有一定的流变性，以保证油墨在印刷过程中能够均匀地转移；要求连接料具有一定的成膜性，以保证油墨转移到承印物表面，并形成一层薄膜。溶剂在油墨中起到溶解树脂或者油脂的作用。不同的油墨在选择溶剂时要考虑诸多不同的因素，对连接料的溶解力是最重要的指标之一。由于油墨在印刷到承印物之后，要求墨层迅速干燥，即对溶剂的挥发速度有严格的要求，在导电油墨印刷中，为防止墨层断裂，通常采用掺杂两种或两种以上溶剂的方式。另外，安全环保、成本低廉也是要考虑的因素。助剂在油墨中如果用得合理，会起到锦上添花的作用，常用的助剂有消泡剂、流平剂、分散剂、金属导电材料的防氧化剂等。一般讲，油墨助剂加入量过多，会对导电性产生不良影响，必要时以少量为宜。

一、导电油墨技术定义

导电油墨属于特种油墨的一种，属于组合物领域，按其组分分类，主要包括导电功能材料、连接料、溶剂和添加剂。首先对专利申请量进行分析，在外文专利数据库（VEN）以分类号为主、关键词为辅进行检索，对检索结果进行了筛选和统计分析。图 1 是主要国家各年代申请量。

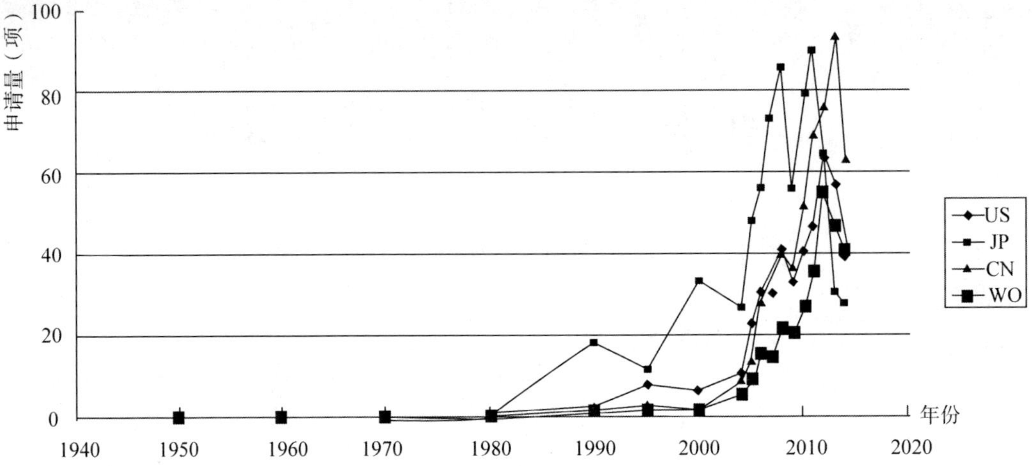

图1　主要国家各年代申请量显示图

可以看出日本申请量遥遥领先于其他国家，美国、中国紧随其后；进一步分析2004—2014年的发明专利申请，如图2所示。

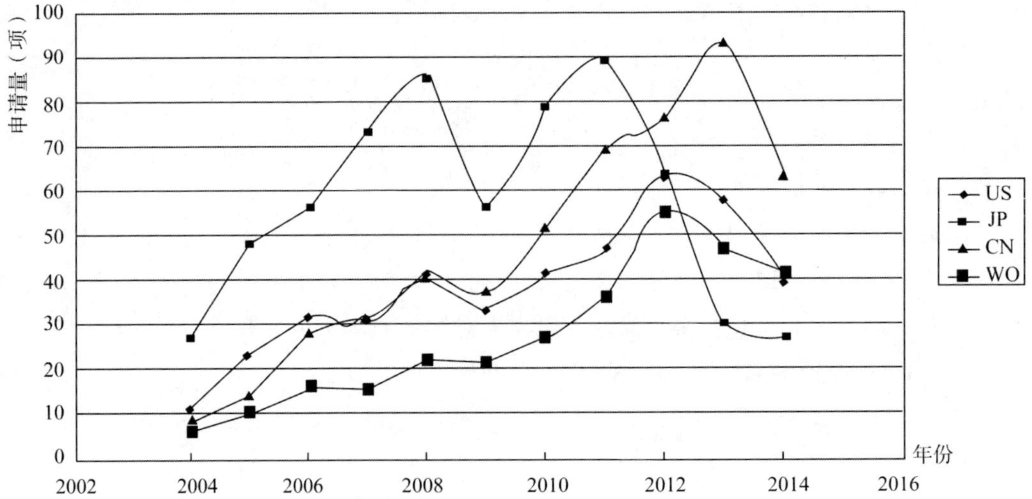

图2　主要国家2004—2014年申请量显示图

由图2可以看出，近十年中国申请量逐年增加，年申请量已经超越日本和美国，说明我国油墨行业蓬勃发展，同时体现了企业知识产权意识的增强。

对日本和中国的主要申请人进行统计和分析，得到图3和图4。其中图3是日本主要公司申请量显示图，图4是中国主要公司申请量显示图。日本公司SEIKO（精工爱普生株式会社）的导电油墨申请量占据日本甚至世界领导地位，该公司的导电功能材料以早期的金属填料为主，随后随着纳米技术的发展和碳材料的兴起，以纳米金属填料和碳材料（碳纳米管、石墨烯等）作为主要导电功能材料，近期随着导电性能的更高要求，对金属填料进行化学改性（微囊化金属粒子、金属胶体粒子等）以及采用导电高分子材料作为导电功能材料。国内以彩虹集团公司作为导电油墨最大申请人，该公司主要以金属填料（银、铜粉）和碳材料（石墨、碳粉）作为导电功能材料，但往往未对导电材料进行深入改性以提高其导电性能，可能更多考虑的因素是成本。

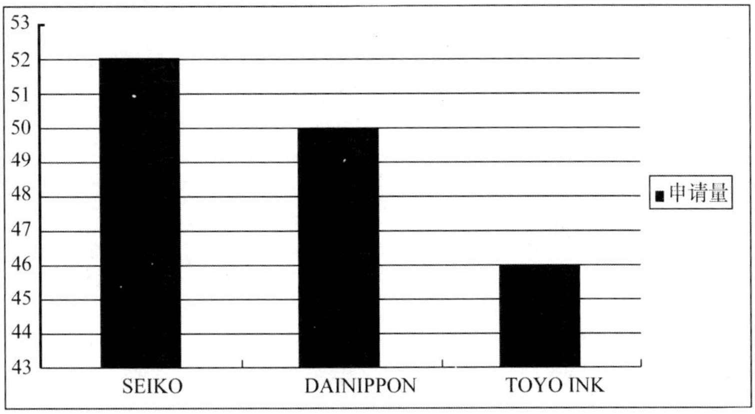

图 3　日本主要公司申请量显示图

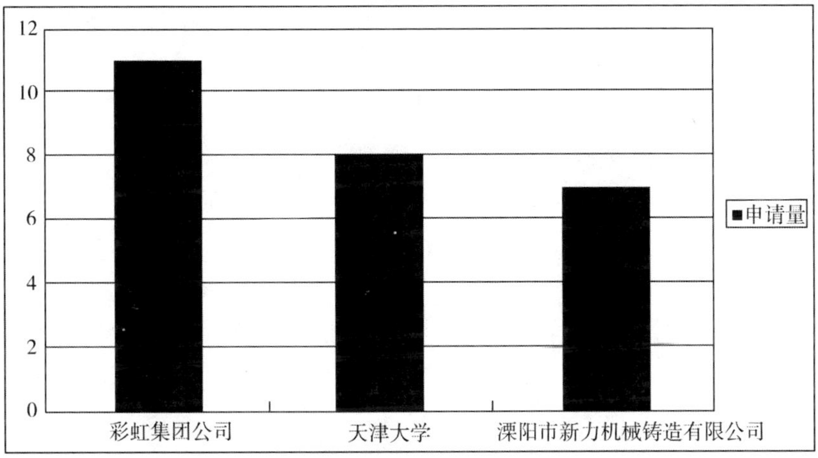

图 4　中国主要公司申请量显示图

导电功能材料直接决定油墨导电性能，导电功能材料包括无机系和有机系两种类别，无机功能材料包括金属（铜、铝、金、银等，又称无机填料）、非金属（无定型碳、导电炭黑等，又称碳系填料）、氧化物（氧化锡、氧化铟等）和无机半导体（锗）等，有机功能材料有机系导电油墨的功能单元为合成导电高分子材料，主要采用具有二电子共轭体系的导电高分子，在掺杂状态下，可具有与金属相似的电化学性质，同时又保留了传统聚合物的机械性和可加工性，有固化温度低、使用方便、可实现分子线路与器件制造等优势。具体如表 1。

表1 导电功能材料

导电功能材料	具体成分
金属填料	铜、铝、金、银及其氧化物等
无机非金属填料	碳、石墨、石墨烯等
导电高分子	聚乙炔（PA）、聚噻吩（PTH）、聚对苯乙烯撑（PPV）、聚吡咯（PPY）和聚苯胺（PANI）等

根据导电油墨的组分，其制备技术手段分为以下四种：导电功能材料的选择，连接料的选择，溶剂的选择和添加剂的选择。这些技术手段简要说明如下。

——导电功能材料的选择：导电功能材料的种类，填料的含量、粒径、形貌以及不同系填料的组合等。

——连接料的选择：连接料的种类、含量及其组合等。

——溶剂的选择：溶剂的种类、含量及其组合等。

——添加剂的选择：添加剂的种类、含量等。

按照申请文件中记载的技术效果，将技术方案所达到的技术效果分为：导电性能优异、物理性能优异、产品稳定性好、绿色环保。

——导电性能优异：使油墨具有良好的导电性和导电稳定性等。

——物理性能优异：使油墨具有良好的力学性能、附着力等。

——产品稳定性好：使油墨具有良好的存储稳定性、印刷适性等。

——绿色环保：产品制备及使用过程中污染小、绿色环保、对人体伤害小。

二、2014年前公开的导电油墨领域专利技术发展路线

将2014年前公开的导电油墨领域的专利申请文件从技术手段和技术效果两个方面进行梳理，形成导电油墨领域专利申请分布情况的技术—功效矩阵图（图5）。从图5中可以看出涉及导电功能材料的专利申请量较大，其他三种技术手段的专利申请量较小。导电功能材料的选择、连接料的选择是较受关注的研究领域。以下对导电功能材料的选择、连接料的选择两个技术手段的技术演进情况进行梳理。

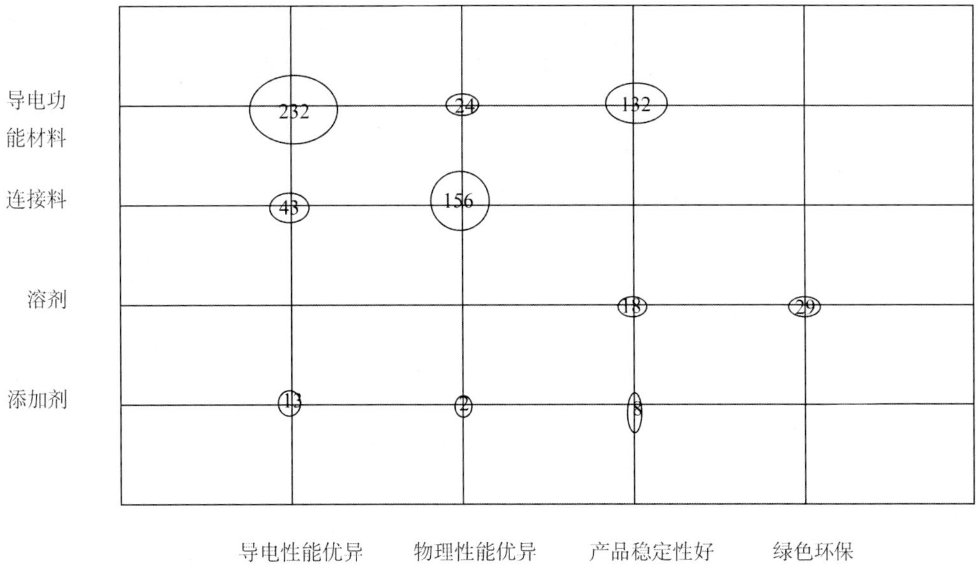

图 5　导电油墨领域技术—功效

(一) 导电功能材料的技术演进

导电功能材料分为金属填料、碳系填料和导电高分子，图 6 给出了各填料的技术发展过程。

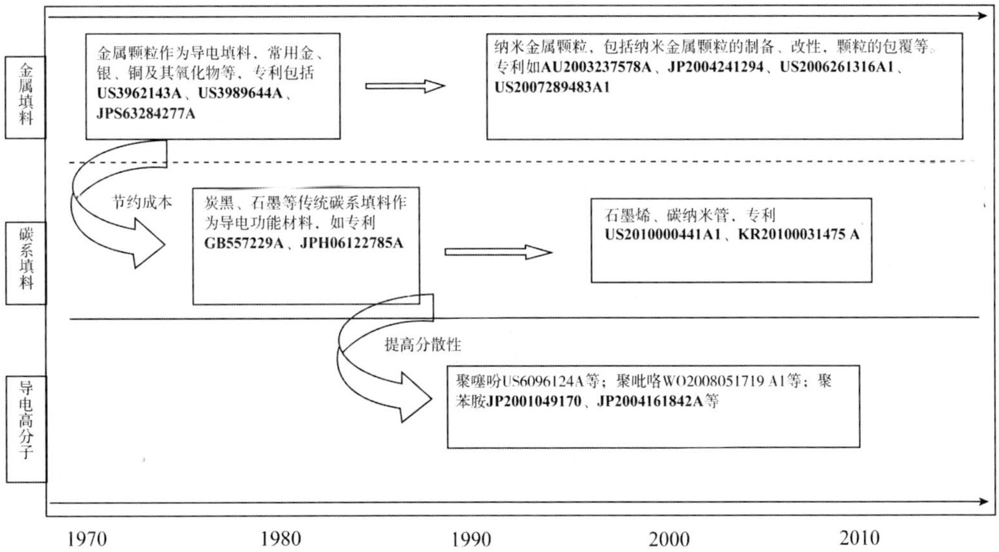

图 6　三种导电填料的技术发展历程

1. 导电功能材料为金属填料

从图 6 中可以看出，金属填料贯穿整个导电油墨发展过程，早期以纯金、银、铜颗粒及其氧化物为导电填料，专利 US3962143A 公开了一种导电油墨，其中以氧化铜和银粒子为导电填料；随后研究了金属颗粒的含量、形貌对导电性能的影响，专利 JPS6274975A，公开了一种导电油墨，其采用质量百分数为67.2%片状银材料作为导电填料；US3989644A公开了一种导电油墨，以铜粒子或银粒子为导电填料，粒子的含量为15wt%、长径比大于20；JPH01168774A、JPS63284277A、JPH01108279A、JPH08134388A，都是以金属氧化物作为导电填料，如氧化铜、氧化铟、氧化锡；专利JPH0198674A，对金属粒子的形貌做了进一步研究，限定了球形和片状银粒子。进入20世纪，随着纳米技术的发展，纳米材料以其优异的性能而得到广泛研究和关注，其中纳米金属填料作为导电材料引发了新一轮的申请专利高潮。如专利AU2003237578A、JP2004241294A、JP2007207577A、KR20090018538A、US2006261316A1等，是以纳米银作为导电填料，其中银的前驱体或盐选自硝酸银、硫酸银、乙酸银、氟化银、氯化银、溴化银、碘化银、氰化银、氰酸银、乳酸银、碳酸银、高氯酸银或三氟乙酸银；除银粒子外，通常还采用纳米铜粒子作为导电填料，如专利KR100726592B1；典型的由纳米金属填料作为导电材料的导电油墨专利如下，WO2008018718A1公开了一种导电油墨，具体公开了纳米银粒子制备方法：将34.89克（129.8毫摩尔）黏性液体（所述黏性液体为2-乙基己基氨基甲酸2-乙基己基铵与丁基氨基甲酸丁基铵的摩尔比为7：3的混合物）与12.03克（51.92毫摩尔）氧化银装入配备有搅拌器的250毫升的希莱克瓶中并使其反应，在室温下搅拌2小时。随着反应的进行，开始时会在黑色浆液中产生络合物，从而使颜色变淡，最终获得46.92克黏度为7.8 Pa·s的黄色透明液体银络合物，热分析（TGA）结果表明其中银的重量百分比为23.65%。此外，纳米颗粒的包覆也是研究热点，专利US2007289483A1公开了一种导电油墨组合物，包含30～85重量份的金属纳米颗粒，其中所述金属纳米颗粒选用自由聚乙烯吡咯烷酮、多元酸及其衍生物组成的组中的任何一种或多种分散剂包覆。

2. 导电功能材料为碳系填料

碳系导电填料也是伴随着导电油墨的整个发展过程，早期，导电油墨往往以炭黑、石墨作为导电功能材料，因为其自身结构具有导电性，如专利JPH01174573、JPS6456777A、JPH06122785A、GB557229A；随着纳米新材料的发现，如石墨烯、碳纳米管的成功制备，由于其优异的导电性能，迅速被应用于导电油墨中，专利包括US2010000441A1、KR20100031475A。具有代表性的石墨烯导电油墨的组成及其制备方法如下，包括：导电组分2wt%～25wt%；粘结剂5wt%～25wt%；添加剂0.1wt%～5wt%；pH调节剂0.1wt%～2wt%；余量为溶剂；所述导电组分包括负载有金属颗粒或金属片层的石墨烯片层；所述pH调节剂为三乙醇胺、二甲基甲酰胺和质量浓度为25%～27%的氨水中的一种或多种。该油墨的制备方法，包括以下步骤：(a) 将pH调节剂分散于溶剂中，得到均一的第一混合液；所述pH调节剂为三乙醇胺、二甲基甲酰胺和质量浓度为25%～27%的氨水中的一种或多种；(b) 将所述第一混合液与粘结剂混合，得到第二混合液；(c) 将所述第二混合液与导电组分和添加剂混合，得到石墨烯基导电油墨；所述导电组分包括负载有金属颗粒或金属片层的石墨烯片。

3. 导电功能材料为导电高分子

导电高分子属于新型功能聚合物，采用导电高分子作为导电材料，更利于其在油墨组合物中的分散，从而进一步提高油墨的分散稳定、导电等性能，常用导电高分子主要包括聚乙炔（PA）、聚噻吩（PTH）、聚对苯乙烯撑（PPV）、聚吡咯（PPy）和聚苯胺（PANl）等。其中聚噻吩类衍生物大多具有可溶解、高导电率、高稳定性等优点。聚噻吩单体是不溶的，可以通过在聚合物的单体中引入取代基团使其具备导电性。研究表明，聚噻吩的B位（即3位）具有相当的活性，易于发生取代反应，如专利US6096124 A公开了采用聚噻吩作为导电材料。聚吡咯也是发现早并经过系统研究的导电聚合物之一，可用电解聚合、氧化聚合和缩聚法制备，且掺杂状态稳定，如专利WO2008051719 A1采用聚吡咯作为导电填料。聚苯胺以其良好的导电性、光电性、非线性光学性质和化学稳定性而成为当前研究最多的导电高分子之一，如专利JP2001049170A、JP2004161842A。具有代表性的导电高分子如专利CN101624490 A，公开了一种用于胶印、凹印、丝网印刷的导电高分子印刷油墨的制作方法，包括如下步骤：(a) 称取体积分数为60%的基于聚乙烯基二氧噻吩的导电聚合物水分散液，将体积分数为3%的二甲基亚砜与之混合，以提高导电聚合物的导电性；(b) 称取体积分数为30%的水性聚氨酯树脂与体积分数为1.2%的水性增稠剂混合待用；(c) 将基于聚乙烯基二氧噻吩的导电聚合物水分散液与二甲基亚砜的混合物用体积分数为0.8%的N，N－二甲基乙醇胺调至pH为8.5～9；(d) 将pH为8.5～9的(c)中混合物与经过水性增稠剂增稠的水性聚氨酯树脂混合均匀；(e) 向步骤(d)中所述混合物中加入体积分数为5%的丙三醇，以及用于调整导电油墨印刷适性的助剂，分散均匀即制得所需导电油墨。

（二）连接料的研究进展

连接料也是油墨的主要成分之一，起到分散颜填料及功能填料的媒介作用。导电油墨的连接料主要包括玻璃粉和树脂，其发展历程如图7所示。

1. 连接料为玻璃粉

早期以玻璃粉作为连接料，包括硅酸盐、陶瓷等，对玻璃附着力牢固，膜坚韧、高温稳定、膜厚，如专利US3857798A、FR2549290 A1、JPH08134388 A都是以玻璃材料作为连接料。

2. 连接料为树脂

树脂包括热塑性和热固性树脂，热塑性树脂包括纤维素、丙烯酸、乙烯类等，膜坚硬，可焊接，施工方便，对塑料附着力牢固、坚韧、耐化学药品，不燃烧，对粗糙面附着力牢固，廉价，如专利EP0512703A1、US5389403A、KR20020038495A等。

热固性树脂因具有良好的物理性能而研究较多，如专利JPS5141436B2B1公开了一种导电油墨，以环氧树脂和三聚氰胺甲醛树脂作为基体树脂。US4088801A公开了一种导电油墨，采用UV固化技术，以聚酯和聚苯乙烯作为连接料。GB9206080D0采用有机硅树脂作为热固性树脂；JPH06100818 A采用有机硅氧烷树脂作为基体树脂。

随着对环保性能的要求，越来越多的水性树脂作为连接料，专利US5286415A、JPH0867840 A、JPH0873793A、JP2000113140A、US2006226008 A1等采用水性聚乙烯、聚氨酯、环氧树脂作为连接料。代表性的具体水性导电油墨如专利 CN1850920A，公开了一种水性导电油墨，含有 30%～50%的水性高分子树脂、15%～25%的导电颜料乙炔碳墨、12%～20%的水、8%～12%的乙醇、3%～8%的乙二醇丁醚、4%～9%的硅烷表面处理剂、2%～5%的防静电剂和 1%～3%助剂，助剂至少包含分散剂、消泡剂、流平剂，以上百分比均为质量百分比。该水性高分子树脂为能在 100 ℃以内即能产生交联固化，又不产生电阻率的改性丙烯酸水溶性树脂。该水性导电油墨的制备方法为，先制备能在 100 ℃以内既能产生交联固化，又不产生电阻率的改性丙烯酸水溶性树脂待用，然后选用乙炔碳墨作导电颜料，再采用如下具体步骤制得：①按配方所需将水性高分子树脂、导电颜料、水、乙醇、乙二醇丁醚和硅烷表面处理剂称准量投入到分散釜内，充分搅拌分散均匀。②将分散好的物料转移至砂磨机内研磨至细度达到 10 μm 以下。③将研磨好的物料过滤，与防静电剂、助剂分散均匀后，即制得所需油墨。

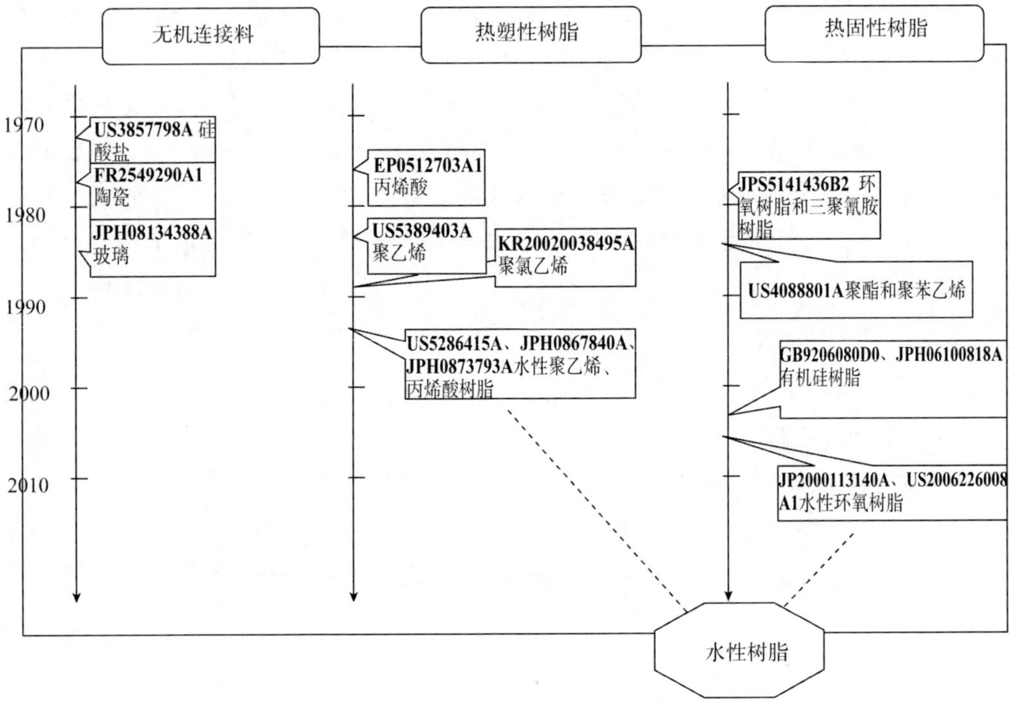

图 7　连接料的技术发展历程

三、总　结

导电油墨中，导电功能材料和连接料属于必不可少的组分。导电功能材料首先采用具有优异导电属性的金属填料，如金、银、铜等，随着科学技术的发展，对金属填料的尺寸、形态进行了更深入的微观研究，制备出具有纳米效应的金属填料；由于金属填料成本较高，为了节约成本，人们注意到了具有较低价格的无机非金属填料，尤其是碳系填料的研究，随着技术的发展，由宏观到微观，历经碳、石墨和石墨烯的研究；导电高分子材料属于新型功能高分子，属于具有导电功能的聚合物，其与连接料具有较好的分散性，从而整体上利于提高油墨的导电性能，导电高分子研究重点主要在于聚乙炔、聚噻吩、聚对苯乙烯撑、聚吡咯和聚苯胺等。连接料的研究先后分为玻璃粉和树脂，而树脂从成型加工角度分为热塑性、热固性，从环保角度又分为溶剂型和水溶性树脂。高性能、环保型油墨是未来技术发展的趋势，可通过采用水作为溶剂，成膜物质为水性树脂，具有较强导电性能且分散性好的改性金属填料或导电高分子作为导电功能材料并辅以其他助剂最终制备出高性能环保型的水性导电油墨，相信随着研究的不断深入，必将研制出性能更加优越的导电功能材料和越来越环保的连接料，制备出综合性能（成本、导电性能与环保）最佳的导电油墨。

太阳能级多晶硅有毒副产物处理专利技术分析

王晓龙

一、前　言

我国在“十二五”规划中对新能源提出了具体的发展目标，太阳能光伏发电在新能源领域占据着重要的地位[1]。如何开发利用好太阳能，尤其是太阳能发电用多晶硅规模生产的关键技术攻关是各国寻求能源突破的重要环节，而能否安全处理高毒副产物四氯化硅已成为多晶硅产业发展的关键所在。

目前国内多晶硅产业的发展举步维艰，造成如此困境主要有两个原因，一个是国外实施的双反政策，另一个就是国内多晶硅企业知识产权保护不足、成本偏高[2]。因此，有必要对四氯化硅制备三氯氢硅的技术发展进行梳理，旨在为我国的多晶硅公司提供一些技术支持。

二、四氯化硅制备三氯氢硅的技术现状

在制备太阳能多晶硅的过程中，会产生大量的有毒副产物四氯化硅，对于四氯化硅的直接回收利用存在很多难点。目前主要采用的技术为将四氯化硅氢化制备三氯氢硅进行利用，这样不仅降低了有毒副产物对生态环境的影响，也提高了产物的回收利用率。

四氯化硅氢化转化为三氯氢硅的方法，主要以热氢化法、冷氢化法、氯氢化法以及等离子体氢化法[3,4]。

（一）热氢化法

热氢化法主要是以四氯化硅和氢气为原料，在高温条件下对四氯化硅进行热还原反应。主要反应的方程式如下：

$$SiCl_4 + H_2 \longrightarrow SiHCl_3 + HCl$$

热氢化技术经过不断的发展和完善，已经日趋成熟，其优点在于：反应条件缓和，对设备条件要求低，安全性较好，是目前四氯化硅的主要氢化技术。但是，采用热氢化技术转化率较低，能耗较高。在该工艺中，还原反应器内采用石墨棒作为加热材料，以电加热的方式将反应器内温度维持在1 250 ℃左右，反应器内的压力在0.25～0.40 MPa的范围内。氢气流量与四氯化硅流量的比例为（3～4）：1，充分混合后升温至200～300 ℃，通入反应器进行反应。该工艺的四氯化硅的单程转化率以及三氯氢硅的收率为20%左右。经

过能量核算，采用该工艺每生产 1 kg 三氯氢硅耗电 6～8 kW·h。

此外，某些公司基于传统的热氢化法，还研发出新的催化加氢新工艺。例如，基于热氢化技术的反应过程和机制，德国 DEGUSSA 公司在专利文献 WO2005102927A1 中公开了一种新的四氯化硅催化加氢还原工艺。在该工艺中，采用第Ⅱ主族碱土金属元素（钙、锶、钡）中的 1 种以及它们的氯化物（氯化钙、氯化锶、氯化钡）中的 1 种，混合制成催化剂活性组分，以低铝沸石、无碱玻璃、熔融石英、活性炭或多孔 SiO_2 作为载体制备负载型催化剂。此负载型催化剂的最佳孔隙容积为 100～1000 mm^3/g，最佳 BET 表面积为 50～400 m^2/g。四氯化硅与氢气按照最佳体积流量比 1∶（2～4）进行混合，以 0.03～5 m/s的线速度流经固定床或流化床反应器并进行反应。反应器中的最佳反应温度范围为 700～900 ℃，最佳压强范围为 0.15～0.25 MPa。在反应前，氢气和四氯化硅须先经过多级提纯，否则其中所含的杂质极有可能导致催化剂活性降低甚至失活。该工艺的三氯氢硅的单程收率为 17%～20%。德国 DEGUSSA 公司发明的这种四氯化硅催化氢化新工艺具有许多优点，如采用较低的温度和压力，对设备的要求较低，安全性好，因此降低了设备投资成本和生产操作费用；氢气流量与四氯化硅流量的比值较小，因此还原炉内四氯化硅的浓度较高，保证了还原反应的速率以及充分性，降低了后期分离的难度。该工艺的核心在于催化剂的选择、合成以及加工，并且对原料氢气和四氯化硅的纯度要求较为严格。德固赛公司未向我国转让该技术，目前国内还没有企业使用这种技术。

（二）冷氢化法

冷氢化法是使 $SiCl_4$ 在铜或铁基催化剂存在下与 H_2 和冶金级硅粉在 400～800 ℃和 2～4 MPa下进行反应，反应方程式如下：

$$3SiCl_4 + 2H_2 + Si \xrightarrow{400\sim800\ ℃} 4SiHCl_3$$

该工艺所需主体设备有活化干燥器、氢化反应器、过滤器、冷凝器、压缩机、混合器、混合气预热炉等，其工艺流程见图 1。

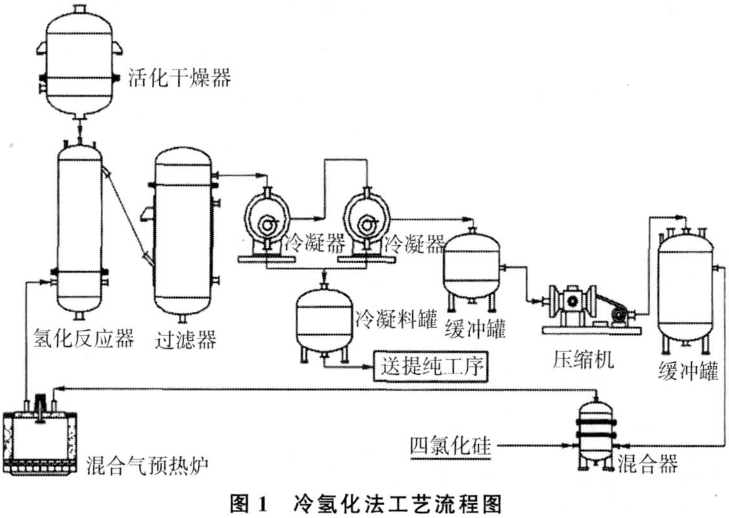

图 1 冷氢化法工艺流程图

从图1可以看出，该工艺流程属于一个闭路循环，氢化反应器内出来的混合气体，经过过滤、冷凝后，冷凝液直接送提纯工序，而氢气经过压缩机加压后，重新返回氢化反应器内。因此，该工艺从工艺流程上体现出来的一个很大优点是：流程简单、物料闭路循环，对环境无污染。冷氢化的能耗非常低，但是其技术本身还有诸多需要改善的地方：在高压条件下进行，硅粉加料困难；高温高压，存在一定的安全隐患；冷氢化设备磨损较快，增加了氢化的成本。目前，对冷氢化技术的研究主要集中在：①优化工艺参数，以提高转化率；②对装置的改进，增加设备的使用周期，减少安全隐患。中国恩菲工程技术有限公司在专利文献CN102815707A中介绍了四氯化硅冷氢化制备三氯氢硅的方法，作为共同申请人和洛阳中硅高科技有限公司在专利文献CN202988745U中公开了涉及的设备、系统以及操作控制等技术内容，通过其对冷氢化工艺和设备的改进能够满足规模化的生产需求，$SiCl_4$ 转化率得到明显的提高，降低了生产过程中的能耗。

冷氢化技术在国外已比较成熟，其核心技术基本掌握在国外企业手中。近年来，国内部分多晶硅企业已开始尝试研究此技术，例如，洛阳利尔中晶光伏材料有限公司在专利文献CN103896280A中就进一步研究了冷氢化技术，该技术反应温度较低，处理能力大，与热氢化法相比体现出巨大的优势。工信部发布的《多晶硅行业准入条件》中在避免环境污染上提出了资源回收利用的要求，尾气中所产生的四氯化硅、氯化氢等物质的回收利用率不得低于98.5%和99%，这一要求也促使国内发展和优化冷氢化技术，势必成为多晶硅产业长远发展的必然趋势。

（三）氯氢化法

氯氢化法是对冷氢化技术的一种优化和改进。随着对冷氢化技术的研究，科研工作者发现，在传统冷氢化的基础上可通入氯化氢气体生产三氯氢硅，此反应温度低、装置单一、对原料纯度要求低，更重要的是，副产物二氯化硅与四氯化硅还能够发生歧化反应生成三氯氢硅，单程转化率较高、能耗较低。实现了多晶硅生产的密闭循环，减少了污染排放，是一种理想的生产技术。但目前，此项技术被个别发达国家所垄断，如美国UCC公司在专利文献DE2054265A1中公开了该项技术。国内氯氢化技术与国外冷氢化技术的原理是一样的，但是由于技术诀窍、流程安排以及设备、材料和自动控制水平的差距，国内氯氢化法虽然贯通了流程，并解决了四氯化硅循环的问题，但是效果不尽如人意，设备实际运行效率较低，如江苏中能硅业科技发展有限公司在专利文献CN102557041A中公开了一种针对上述特点的改进工艺。提高氯氢化反应压力，可以提高单程转化率，但是压力提高对设备要求更高、物料流动变差、电耗成本亦有所提高，国外所采用的操作压力是进行过技术经济优化的。国内研究此项技术的公司主要有江苏中能、成达、华陆、恩菲和新光硅业等。

（四）等离子体法

等离子体法是一种新型的制备三氯氢硅的工艺，在反应过程中氢气被解离后生成的氢原子反应活性极高，极易发生以下反应：

$$H_2 \longrightarrow 2H\cdot$$

$H\cdot + SiCl_4 \longrightarrow SiCl_3\cdot + HCl$

$H\cdot + SiCl_3\cdot \longrightarrow SiHCl_3$

等离子体法制备三氯氢硅时，由于其采用射频电源来产生等离子体进一步产生活性氢，因此，整个反应过程能耗小，四氯化硅的转化率很高，因此，对于该方法的研究一直备受国内企业的关注，研究大部分集中于对等离子体法采用的设备进行改进，如上海尤仕力等离子体科技有限公司在专利文献 CN101875495A 中公开了一种等离子体法采用的磁旋转氢气电弧反应器。但是，采用等离子体法制备三氯氢硅时，生产设备受限于射频电源的特点，采用该法的产量小，很难进行工业化放大。

三、专利分析

（一）申请量分析

西门子法是世界上生产多晶硅的最主流的方法。德国早在 1955 年就开发出了以氢气还原高纯度三氯氢硅，在加热到 1 100 ℃左右的硅芯上沉积多晶硅的生产工艺，1957 年这种工艺开始应用于工业化生产，被称为西门子法，随后又有改良的西门子法等。继德国之后，日本和美国迅速跟进并逐步走在了世界前列。四氯化硅制备三氯氢硅技术的变革对改良的西门子法在生产多晶硅领域的地位有着举足轻重的影响[5,6]。

利用关键词和分类号在中国专利文摘数据库 CNABS 以及世界专利文摘数据库 SIPOABS、德温特世界专利索引数据库 DWPI 中检索了截至 2014 年 7 月 20 日所公开的全部专利申请，以此为样本库进行统计分析。

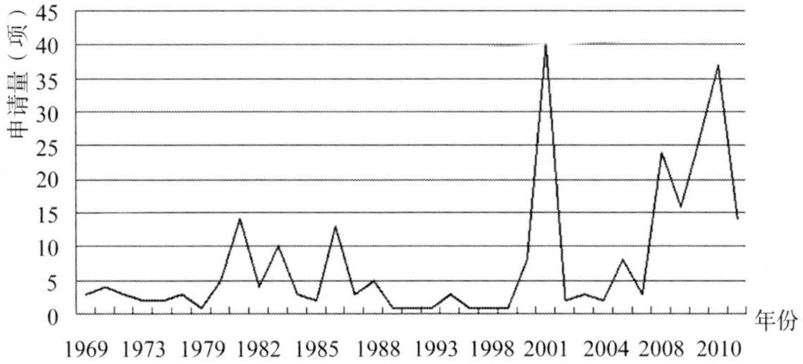

图 2　全球申请量随年代分布

如图 2 所示，世界范围内从 1969 年就开始出现了四氯化硅制备三氯氢硅的专利申请，而西门子法生产多晶硅是于 1965 年左右实现了工业化，可见作为西门子法生产多晶硅的一个重要环节，四氯化硅制备三氯氢硅的技术发展和西门子法生产多晶硅工业息息相关；同时可以发现，在 1969 年至 1998 年之间该方法在世界范围内的申请量变化不大，而在 1998—2002 年附近出现了一个顶峰，分析原因，此时全球太阳能光伏进入了快速发展期，而 2001 年“9·11”事件使得整个世界的经济受到了很大的冲击，多晶硅行业的发展也进入寒冬期，专利申请量也急剧减少；2005 年以后，受到硅太阳能电池发展所驱动，同时随着世界经济的复苏，多晶硅行业又进入了快速发展期，而四氯化硅制备三氯氢硅的专利申请量也逐年增加，总体来看，目前该领域的专利申请仍然处于高增长期。

（二）技术主题分布

根据四氯化硅制备三氯氢硅的方法，将该技术分为四个技术主题：热氢化法、冷氢化法、氯氢化法以及等离子体法。

1. 热氢化法专利申请分布分析

涉及热氢化法专利申请在各国的分布情况如图 3 所示，在全球范围内，涉及热氢化法的专利申请最多的为日本，占总量的 29%，其次为美国和中国，分别占总量的 15%左右。从图中可以看出，热氢化法在世界各国专利申请分布差别不是很大，原因在于热氢化技术相对成熟且是四氯化硅氢化的基础方法，因而世界各国无论技术科研条件是否先进，在该产业发展的前期均会采用该方法。鉴于热氢化技术特点，当前更紧迫的任务是由粗放型转向集约型，且我国在该领域的专利保护方面已经有了一定程度的积累，因而尽管操作相对容易，但是由于其能耗高、转化率低，与世界上先进的方法已经有了比较大的差距，若将过多精力集中在热氢化法不利于生产成本的进一步降低，因而不宜将该方法作为技术开发的核心。

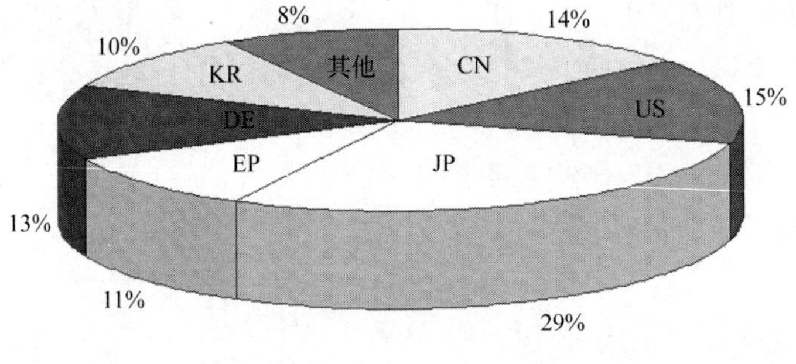

图 3　热氢化法专利申请在各国的分布

2. 冷氢化法专利申请分布分析

涉及冷氢化法专利申请在各国的分布情况如图 4 所示，在全球范围内，涉及冷氢化法的专利申请最多的同样为日本，占总量的 48%，其次为中国和德国，均占总量的 15%左右。从该图可以看出，日本在冷氢化方法中申请量遥遥领先，冷氢化方法流程简单，物料闭路循环，对环境无污染，能耗非常低，是多晶硅产业长远发展的必然趋势，由此也进一步佐证了日本在该领域的绝对领先地位。例如，日本企业大阪钛合金有限公司早在 1971 年的专利文献 JP48047500A 中就公开了冷氢化法工艺，之后的技术集中于对生产设备等的改进；冷氢化法在我国的申请量也很大，国内该领域基础专利绝对数量的积累对于我国赶超世界先进水平提供了有利的保障。作为目前世界上经济最活跃的区域，国外大公司很看重中国的市场，其最先进的技术通常都在中国市场形成保护，这些专利构成的壁垒必须引起国内科研机构和企业的足够重视。而由于日本在该方法中占据绝对统治地位，且其各大公司中专利申请的连续性和前瞻性很强，因而我国企业和科研机构要重点关注日本公司专利保护的技术演变过程、预期其可能的发展方向，若能够从中吸取其技术的精华部分并消化吸收，则对我国在该领域的进步和发展能够起到决定性的帮助。

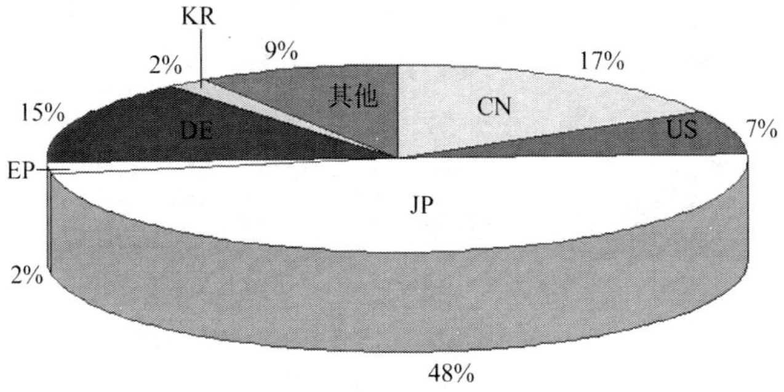

图 4 冷氢化法专利申请在各国的分布

3. 氯氢化法专利申请分布分析

涉及氯氢化法专利申请在各国的分布情况如图 5 所示，在全球范围内，涉及氯氢化法的专利申请最多的为德国，占总量的 33%，其次为日本和美国，占总量的 20%左右。由图 5 可以看出，发达国家在氯氢化方法中处于领先地位，氯氢化技术单程转化率较高、能耗较低，实现了多晶硅生产的密闭循环，减少了污染排放，是一种理想的生产技术，可见发达国家在主流的热氢化法和冷氢化法占统治地位的同时，始终处于技术开发的最前沿。而我国企业在最为先进和有前景的氯氢化技术领域则投入的精力有限，因而专利申请的数量也同样有限。氯氢化法技术在具有较大市场前景的中国申请量却不是很多，其中代表性的国内企业有华陆工程有限责任公司，说明该技术还不是很成熟，很多发达国家也仅是基于自保目的只在本国申请，国内申请人若能投入更多精力抢在发达国家在中国进行专利布局之前攻克技术难关，对于我国企业在此领域的长远发展、占据制高点将会起到决定性作用。

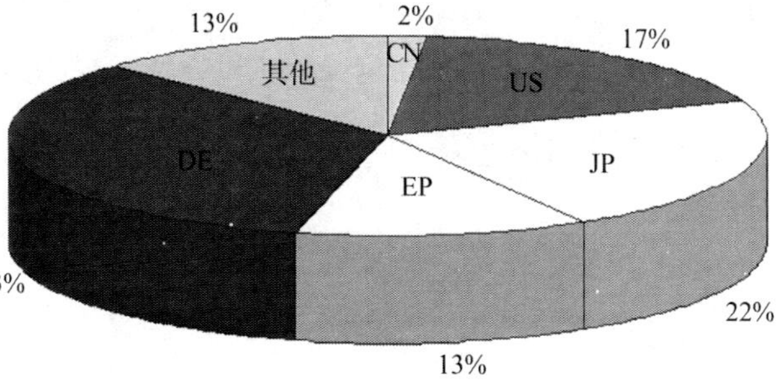

图 5 氯氢化法专利申请在各国的分布

4. 等离子体法专利申请分布分析

涉及等离子体法专利申请在各国的分布情况如图 6 所示，在全球范围内，涉及氯氢化法的专利申请最多的为中国，占总量的 33%，而德国、日本和美国等发达国家在该领域的申请量所占比例与其他三种主流方法相比急剧缩小。这说明我国在四氯化硅氢化制备三氯氢硅的某些技术领域已经取得了长足的进步，甚至走在了发达国家的前列；但是另一方面，等离子体法由于其射频电源的特点以致产量太小，很难进行工业化放大，这是其技术上难以克服的缺陷，鉴于此，世界各国对等离子体法的研究和专利申请也多限于试验阶段，因而国内申请人一定要谨慎客观地判断将过多的精力投放在等离子体法上是否会有真正的价值，是否会对我国企业的长期快速发展有所帮助。

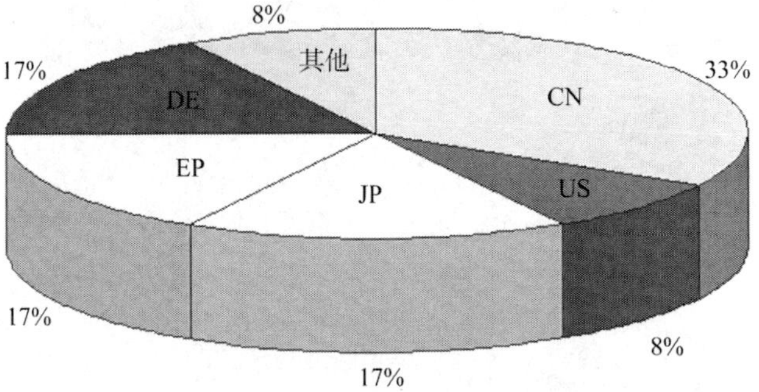

图6　等离子体法专利申请在各国的分布

（三）技术路线演进

图7示出了全球从1971年以来的四氯化硅制三氯氢硅相关专利申请的四个技术主题的路线演进图。

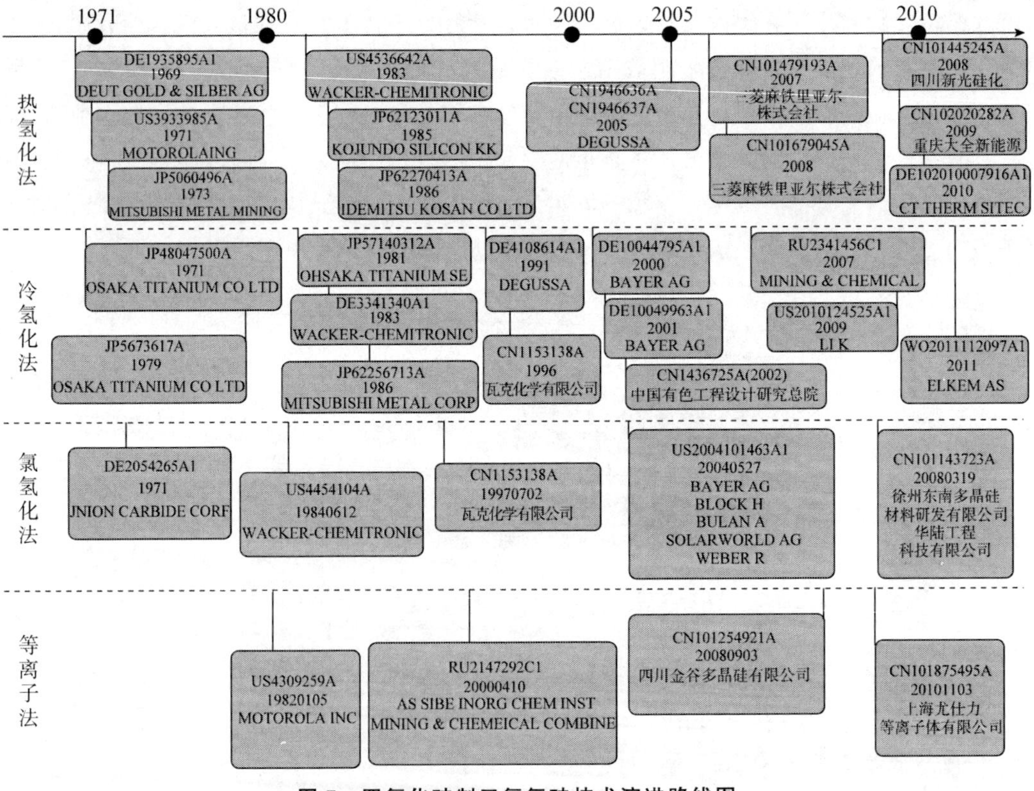

图7　四氯化硅制三氯氢硅技术演进路线图

1. 热氢化法技术演进路线

20世纪70年代，德国、美国、日本已经出现了使用热氢化法制备三氯氢硅的技术，最初该项技术主要涉及简单的反应工艺介绍，如专利文献DE1935895A1、US3933985A中所介绍的。在此期间，日本三菱公司的专利申请JP5060496A中初步涉及了在反应过程中加入铂金族催化剂以提高反应效率的技术。

从20世纪80年代开始，对热氢化技术的相关改进主要涉及反应设备如对反应装置、加热元件等的改进，以及反应工艺本身例如催化剂选择等方面的改进。

1983年，美国专利文献US4536642A中详细介绍了进行热氢化反应的还原炉结构，该结构包括绝热壳体、设在壳体内的电阻加热元件、气体进口、气体出口以及综合交换器，为热氢化反应提供了良好的反应环境；1985年，日本专利文献JP62123011A进一步介绍了在高温炉的炉膛上设置硅或者硅化物涂层，避免炉内生成杂质污染生成物氯硅烷，从而提高氯硅烷的纯净度，而同时期的日本专利文献JP62270413A则利用流化床反应器代替传统的还原炉以进行热氢化反应，并且文中同时涉及反应催化剂的改进，其公开了向反应过程中加入由活性炭负载如铬族、铜族、锌族的金属催化剂。

21世纪初期，德国的德固赛公司向中国提出的专利申请CN1946636A和CN1946637A中进一步提供了新的催化剂选择和流化床反应器的加热元件改进，该公司在CN1946636A中提出将选自元素周期表（PTE）第II族元素的至少一种金属或金属盐用作催化剂，避免了使用有毒的重金属作为催化剂并减少了催化剂的烧结，而文献CN1946637A则公开了将反应物与电阻加热装置的至少一个加热单元直接接触，其加热单元选自铌、钽、钨等金属，呈催化活性，能够显著降低能耗。

近几年，较多专利文献除涉及热氢化反应装置的改进外，还涉及了反应工艺本身的改进。例如，三菱麻铁里亚尔株式会社向中国提出的专利申请CN101479193A和CN101679045A中涉及将反应产物进行冷却的步骤，CN101479193A将由反应室导出的反应生成气体冷却至300～800 ℃，由此使反应生成气体的冷却速度适当，防止生成四氯硅烷的逆反应和聚合物副产物的生成，而CN101679045A将原料四氯硅烷和氢在1 000～1 900 ℃的第1温度范围进行转化反应后生成气体，并在1秒以内冷却至950 ℃以下。而同时期的德国专利文献DE102010007916A1提出对反应器的改进，即将反应器由包含铂金族元素的物质或陶瓷材料或不锈钢制作，其内层衬有相对于四氯硅烷为惰性的物质如铂金族元素铂、钯等及其合金，同时其反应工艺也涉及将反应产物在1秒内冷却到700 ℃的步骤，可有效防止逆反应的发生。在此期间，较多中国文献也涉及反应工艺本身的改进，例如，在CN102020282A中，首先对四氯化硅进行提纯并对氢气进行净化，然后将四氯化硅和氢气的混合气体用蒸汽和氢化反应回收的尾气中的一种或两种进行预热，再将预热后的四氯化硅和氢气的混合气体进行氢化反应，在该方法中，由于对反应物进行了净化和预热，有效地回收利用了尾气的热量，使得反应时采用较低的电能消耗就可以达到需要的温度，节省了能源，且氢化反应速度较快，反应时间较短，产能也很大，在CN101445245A

中也涉及类似的工艺改进。

2. 冷氢化法技术演进路线

与热氢化法类似，20世纪70年代也出现了冷氢化技术，并且最初的专利技术侧重于简单工艺的介绍，如JP48047500A中介绍了将$SiCl_4$、H_2、Si在500℃下反应生成$SiHCl_3$的工艺。之后的技术发展也主要集中于相关设备如对反应装置、加热元件等的改进，以及反应工艺本身例如催化剂选择等方面的改进。

1979年，日本专利文献JP5673617A提出使用流化床进行冷氢化反应，Si、HCl、$SiCl_4$和H_2被连续供入350～600℃的流化床反应器，可防止过度反应，其反应工艺还增加了蒸馏提纯过程，未凝结的气体被供入冷凝分离器，回收的HCl、$SiCl_4$和H_2再次供入炉子循环使用。1981年，JP57140312A中提出了通过对流化床反应器的结构改进可以显著提高转化效率，其流化床中具有多个多孔隔壁将其内部空间分成多个反应段，每个反应段中填充能够使原料颗粒通过的金属网状填充物，能够保证反应床的均匀性，转化率提高了至少2倍，而1983年的德国专利文献DE3341340A1则通过对反应工艺本身的改进，即在反应之前首先利用HCl在200～400℃下对反应所用Si进行预处理来缩短转化反应的起始阶段，从而提高反应效率。

同样为20世纪80年代提出的专利申请JP62256713A则提出在反应过程中加入催化剂，$SiCl_4$和H_2被通入层状金属Si，在层状金属Si中添加了铂金族元素及其氯化物、氧化物等。而1991年德固赛公司的专利申请DE4108614A1中则提到在反应中不加入Si，而是加入具有层、通道和孔隙的多孔富含硅的物质，如层状硅酸盐、柱状黏土、沸石等。

到了21世纪初，德固赛公司在专利文献DE10044795A1中又提出选择铁粉作为催化剂来替代铜，以避免微小催化剂颗粒从流化床逃逸出而产生火花以及避免进行特殊处理。而德国文献DE10049963A1则介绍了利用旋转叶片将硅和催化剂进行强烈的混合后再进行反应以提高反应效率。2002年，中国有色工程设计研究总院在专利文献CN1436725A中提出将粉末镍触媒与硅粉按一定比例均匀混合后，在H_2气氛及由20℃至终温420℃连续变化的温度条件下活化处理，将按一定配比的H_2、$SiCl_4$混合气体通过活化处理后的触媒与硅粉料层实现$SiCl_4$氢化反应，$SiCl_4$一次转化率高、能耗低。2011年，专利文献WO2011112097A1则公开了喷入反应器的硅中含有一定量的铬，铬与硅构成合金供入反应器，或者分别供入反应器，可提高三氯硅烷的产量。

与此同时，关于反应器的改进也并未间断。例如，1996年瓦克化学有限公司向中国提出的专利申请CN1153138A中提到在流化床反应器中利用微波辐射直接加热硅颗粒；2007年的专利文献RU2341456C1中则提出将反应在被加热的硅棒上进行，并且在反应器盖上设置喷嘴，被过滤的四氯硅烷和聚乙烯混合物从喷嘴喷入反应器；2009年，美国专利文献US2010124525A1又提出在流化床的不同高度设置热传感器，电子控制器通过热传感器检测的温度与设定温度之间的差别来调节HCl的流率。

3. 氯氢化法技术演进路线

20世纪70年代就出现了氯氢化技术，然而最初的氯氢化法往往侧重于工艺的改进，如 DE2054265A1 中就介绍了在 1 000 ℃左右的温度下向反应物中加入 HCl 的无水混合物。之后在 1984 年由德国瓦克公司提出了通过蒸馏的方法在 HCl 中添加四氯化硅气体，适当地增大压力，从而尽可能地降低生产成本，如 US4454104A 中就采用上述方法来降低生产成本。随着生产工艺的不断成熟，在制备三氯氢硅的过程中，很多公司转向研究提高四氯化硅向三氯氢硅转化率的方法，在反应过程中添加催化剂或者改变反应器的加热方式，如，CN1153138A 中公开了采用流化床反应器，但是其采用了微波加热方式，使用氯化铜催化剂来提高四氯化硅的转化率，并进一步降低能耗。US2004101463A1 中也采用了铜基催化剂在流化床中进行反应来制造 $SiHCl_3$。随着反应工艺的成熟，2008 年左右国内公司开始着手致力于对反应设备进行研究，例如 CN101143723A 中采用吸收沸腾床来代替传统使用的流化床，通过吸收沸腾床来生产三氯氢硅，更加有利于反应物料吸收沸腾床反应器内的热量，抑制四氯化硅生成，提高了三氯氢硅的产率，同时反应温度容易控制，冷却水用量少，反应稳定，副产物可循环利用，采用该装置环境污染较小。

4. 等离子体法技术演进路线

等离子体法主要是采用高压射频在等离子体反应器中进行反应来制备三氯氢硅，采用该方法可以降低反应温度，例如，1982 年在摩托罗拉公司申请的 US4309259A 中就采用了等离子体法在 100 kPa 的压力下，H_2 与 $SiCl_4$ 的摩尔比率为 4～5：1 的反应条件下来制备三氯氢硅。由于该方法中采用了射频电源，其特点是产量太小，很难进行工业化放大。因此，大部分公司对于该方法的改进基本都集中于对生产设备的改进，例如 RU2147292C1 中采用了 0.5～2.5 兆电子伏特的高能电子束在流动型反应器中制备产物。对于该方法的改进，大多涉及对生产设备的改进，对于生产工艺的优化往往很少进行，如四川金谷多晶硅有限公司申请的公开号为 CN101254921A 的专利申请中就采用以氢气或氢气与氩气的混合气为工作气体，经电弧放电产生等离子射流，射流中的氢与 $SiCl_4$ 发生还原反应，产生 $SiHCl_3$。2010 年由上海尤仕力等离子体有限公司申请的公开号为 CN101875495A 的专利中就对产生等离子体的装置进行了改进，具体为采用磁旋转氢气电弧反应器，水冷金属阴极和水冷金属阳极构成了反应器的空间，反应器空间分为气体 $SiCl_4$ 与氢气混合区、电弧反应区、淬冷和提取区，通过电弧放电，在氢气等离子体环境下 $SiCl_4$ 被还原生成 $SiHCl_3$ 和 HCl，电流线圈产生感应磁场，起到约束反应器空间内的电弧等离子体的作用，使 $SiCl_4$ 的还原反应能在更集中的区域和能量密度下进行。

四、结　论

通过对四氯化硅制备三氯氢硅专利技术分析以及技术发展路线分析得出如下结论：

（1）热氢化法仍然是我国目前采用的主要方法，如采用普通反应器制取三氯氢硅一般都是采用热氢化法，但该方法由于其生产能耗高不适合作为未来技术开发的重点；冷氢化法具有反应温度低、过程容易控制等优点，是三氯氢硅产业未来发展的趋势，目前该方法的核心技术主要集中在日本，国内企业应该立足于现有资源，消化吸收日本先进的冷氢化技术精华，同时加大研究力度，争取能够做到技术突破，对国外已形成的专利壁垒突围。

（2）采用冷氢化法制备三氯氢硅时需要催化剂，因此，在规模化生产三氯氢硅时，国内企业可以更多侧重于新型高效催化剂的研究，及时实现有效的专利战略布局。

（3）氯氢化法作为在冷氢化法基础上的改进，是未来国内企业开展研究的一个突破点，建议国内相关企业在此方面加大投资和科研力度，努力做到全闭环生产并对采取的工艺进行技术经济优化。

（4）在等离子体法方面，我国虽然处于领先地位，但是由于其生产工艺自身的局限性，无法满足量化生产，我国多晶硅企业针对该方法的研究应当保持谨慎态度。

参考文献

[1] 唐恒，等. 国内外光伏产业专利情报分析 [J]. 情报杂志，2011，30 (11)：21-27.

[2] 马海天. 多晶硅—光伏产业发展现状 [J]. 中国有色金属，2011 (10)：27-28.

[3] 宋佳，等. 多晶硅副产物四氯化硅的利用 [J]. 化学与黏合，2011，33 (1)：57-62.

[4] 唐玉泉，等. 简谈多晶硅副产物四氯化硅的利用途径 [J]. 低温与特气，2010，28 (4)：10-13.

[5] 王育军，等. 多晶硅产业国内外发展趋势 [J]. 有色矿冶，2009，25 (3)：33-38.

[6] 田林，等. 多晶硅生产的研究现状及发展趋势 [J]. 云南冶金，2011，40 (3)：51-55.

吸油烟机降噪专利技术分析

张　晴

一、引　言

当今，吸油烟机已成为我国居民家庭的普及型电器，其可用于排除烹调时产生的烟气，保持厨房内清洁和人体健康。在吸油烟机的使用中，风机产生强噪声，长期在这种噪声下的家庭主妇和厨房操作人员，会产生头疼、烦躁、心慌等不良反应，对身体健康造成严重影响。从 2005 年 8 月 1 日起强制实施的《家用和类似用途电器噪声限值》国家标准，对吸油烟机等六类家电产品的噪声实施限值，产品的噪声不达标将被判定为产品不合格，而不是只被视为产品缺陷。而 GB/T 17713－1999《吸油烟机》国家标准中要求，吸油烟机的声功率级噪声不大于 74 dB[1]，因此，安静型油烟机设计已成为各生产厂商普遍重视的一个问题。

现有的吸油烟机主要由烟机壳体、风机蜗壳、电机、风机叶轮构成，电机驱动风机叶轮转动，电机和风机叶轮安装在风机蜗壳内，风机蜗壳安装在烟机后部。使用时，由于电机带动风机叶轮转动引起震动，并通过其与吸油烟机壳体的连接使壳体产生共振，并且风机中流动的空气的摩擦撞击也产生噪声。因此，吸油烟机的噪声来源主要包括两个方面：第一方面是风机本身的结构产生的噪声，第二方面是气流产生的噪声。

二、吸油烟机降噪专利技术概况

（一）吸油烟机降噪专利申请整体状况

通过对涉及吸油烟机降噪的国内外专利申请进行梳理，得到按照年代分布的专利申请量的变化。由图 1 可以看出，自 1993 年至今，有关吸油烟机降噪的专利申请量呈上升的趋势，尤其自 2011 年以来，专利申请量急剧增加，这同时需要考虑本文是在外文数据库中进行的检索，截止时间为 2014 年 6 月，2014 年专利的统计存在由于部分未公开而导致的统计数据不完全的情况，可见，申请量的变化趋势与人们生活水平的提高从而对油烟机降噪的需求趋势是一致的，所以，专注于吸油烟机降噪方式的研究，具有一定的现实意义。

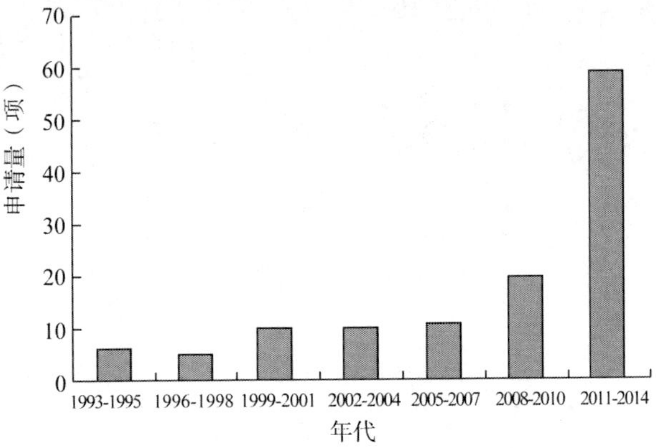

图1　降噪技术专利申请量在各个年代的分布

同时，对涉及吸油烟机降噪的国内外专利申请进行梳理，从图2中可以看出，中国的专利申请占到了绝大部分，将近86%，德国、欧洲也占据一定的比例，可确定，中国在吸油烟机降噪方面投入了很多的精力，进行了诸多的研究。

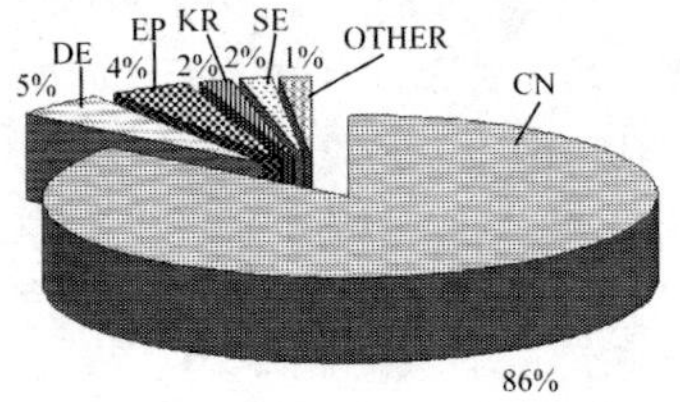

图2　降噪技术专利申请量在各个国家的分布

（二）主要技术分支的专利申请情况

通过专利数据分析，申请人 Indola Electric B. V. te Utrecht 在1981年申请了涉及吸音材料的专利 NL8002278A；CN2205507Y 为首件涉及将风机与排烟管分离的专利申请；专利申请 CN2327924Y 首次提出了在风机上设置减震垫；专利申请 US19990287649A 提到了在风机的入口处设有消声器，并对消声器的具体结构进行了说明；2001年宁波方太公司首次申请了有关风机蜗壳结构改进的专利 CN2491735Y，同时在同一年还申请了相似的一项专利 CN1348065A；最早涉及导流板的专利申请为 DE10162919A，该装置在风机的进风口处设置了一弯曲的导流板，从而防止紊流现象的发生。可见，在油烟机降噪的技术发展中，外国对其的研究较早，但随着降噪的不断发展，中国也紧跟其步伐，不断探索油烟机降噪的技术。

目前，通过专利数据分析可知，在专利申请中，降低吸油烟机噪声的方法主要分为两个方面：一是对抽吸系统结构进行改进，二是通过将吸音材料、消音板设置在噪声易产生处达到降噪的效果。由图3可以确定，降噪的不同方式主要包括：①吸音、消音的方式，其又包括两个方面的内容：吸音材料以及消音板的设置。②减震装置的设置，其主要是通过减震材料的设置而达到减震的效果。③蜗壳、蜗轮、蜗舌、导流装置的设置以及风机安装。④对排烟管降噪处理。通过上述不同的降噪形式，实现了吸油烟机“以静制动”的效果。

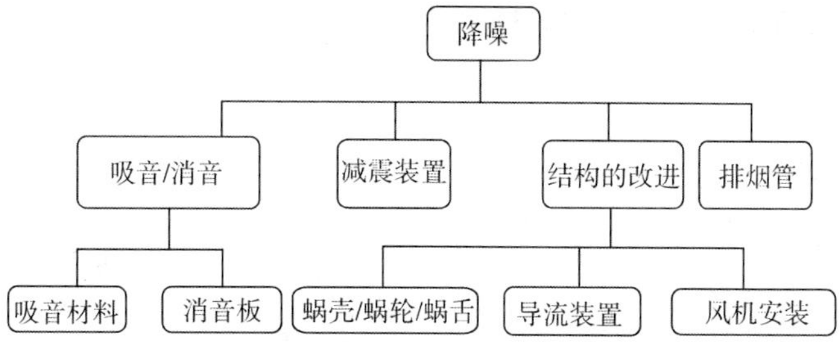

图3　用于油烟机降噪的不同方式

根据图4可以确定，在对吸油烟机的降噪中，结构的改进以及吸音、消音的方式，在降噪方式的选择中，占据了绝大部分，本文将针对这两种降噪方式进行详细的分析。

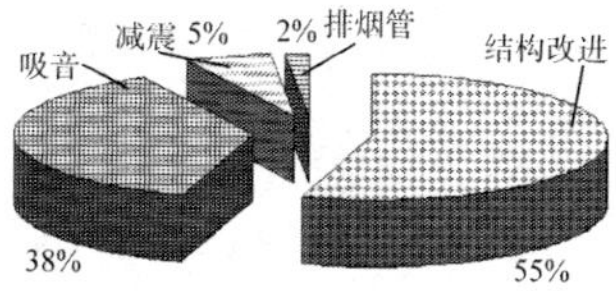

图4　油烟机不同降噪方式的分布图

三、吸油烟机降噪技术路线演进

（一）结构的改进

1. 蜗壳、蜗轮、蜗舌

由吸油烟机噪声产生的机理可知，风机是产生噪声的关键部位，而如何设计蜗壳、蜗轮、蜗舌的结构，就成了各个公司、企业研究的重点，通过对涉及风机结构的国内外专利申请进行梳理发现，宁波方太厨具有限公司和博西华电器（江苏）有限公司，申请了一系列涉及风机结构的专利，所以选取这两家公司，分别对其技术演进路线进行研究。

宁波方太厨具有限公司主要是涉及对蜗壳结构的改进，并提出了一种“有源降噪”原理，即人为地形成一个与噪声源振幅大小相同但相位相反的新声源来对消源噪声，但是经频谱分析，吸油烟机的噪声是一个在6.6 Hz到20 kHz的范围内均有相当强度的连续谱，因此，要完全对消是很难做到的，但要部分对消还是可能的。

如图5所示，自2001年宁波方太开始对蜗壳结构进行研究，2001—2008年间，主要对蜗壳的结构进行了改进，具体是通过对上壳体、下壳体和中间壳体的结构和尺寸进行调整，达到了减噪的目的。如2001年的CN2491735Y和CN1348065A提出将风机蜗壳的上壳体与下壳体设置为不对称结构，在蜗舌处下壳体边缘曲线的曲率半径比上壳体边缘曲线的曲率半径小，而该处的中间壳体则以连续平滑过渡的扭曲面将两者相连接；同时在CN201068900Y和CN201202691Y中将中间壳体在蜗舌处设置为不对称结构，该处的中间壳体以连续平滑过渡的扭曲面将前盖板、后盖板相连接，所述中间壳体前侧及后侧的边缘轮廓由一些依次圆滑过渡直线、曲线及圆弧连接而成。

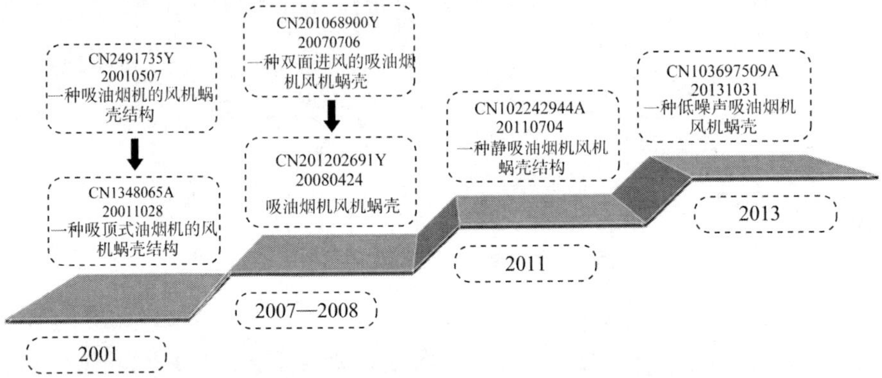

图5　2001—2013年宁波方太风机结构改进技术线路演进

进一步，在上述改进方式中，为了增加吸油烟机风量而增大风机的功率及尺寸，并相应增大风机蜗壳的整体尺寸时，则会导致上述风机蜗壳的横向尺寸过大，由于安装吸油烟机的横向空间尺寸有限，因此无法采用上述风机蜗壳的边缘轮廓的设计方案。针对上述面临的问题，该公司提出在中间壳体前、后侧的边缘轮廓包括一直线段并压缩了蜗壳的横向尺寸，继而，克服了油烟机横向尺寸上的限制，如专利申请CN102242944A；2013年，专利申请CN103697509A又提出了在前盖板和后盖板中至少一块盖板的下部为连接斜面，该连接斜面与环形壁连接，且连接斜面自上而下朝壳体内部倾斜。

博西华电器（江苏）有限公司对风机结构改进的研究开始的较晚。如图6所示，2009年其提出了通过控制气流的流动减小噪声，如专利申请CN102080840A提及由围板、叶轮和蜗壳进风口隔成高压区和低压区，从而高压区的气流不会很容易地进入低压区；而2011年和2012年这两年间该公司的研究方向又转向了对风机部件的曲线形式进行调整，这其中主要包括边缘轮廓、蜗舌以及排风套管的曲线形式，具体为将边缘轮廓包括至少一段采用流线型对数螺线结构的曲线，将蜗舌设置为包括内凹面且所述内凹面为内凹的光滑曲面以及将与蜗壳出风口相连的排风套管的上端设置为圆形结构，下端为矩形结构，矩形结构端与圆形结构端之间连接有平滑过渡的曲面结构，使噪声更低，如专利申请CN102619785A、CN103512065A、CN103512064A、CN102650445A，这比宁波方太厨具有限公司对该方面的研究晚了数年。

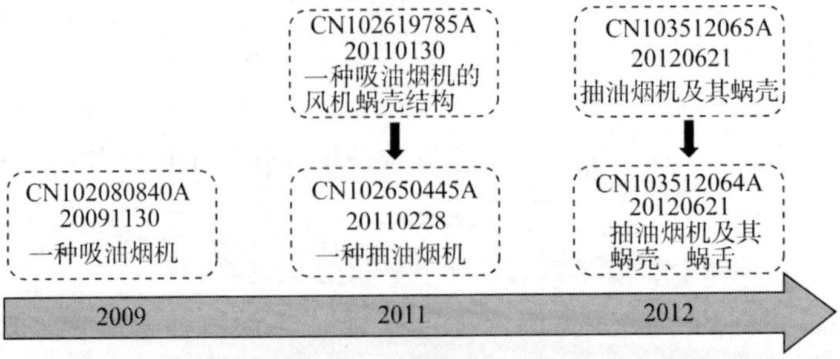

图6　2009—2012博西华电器风机结构改进技术线路演进

2. 导流装置

导流装置主要是用来控制紊流噪声的产生。吸油烟机的紊流噪声直接产生于离心风机，离心风机工作时，气流是从离心机的轴线进入，然后瞬时转变为离心机叶片的方向，这个过程中气流有一个很大的转弯，产生紊流度。气流瞬时扰动的速度是不规则的，叶片前缘各点冲角的变化也是不规则的，导致紊流的产生，紊流附面层的产生和脱落，引起叶片表面升力脉动，从而产生紊流附面层噪声[2]。由紊流噪声的产生机理知道，紊流噪声主要来源于离心机进气口处的进风，而导流装置的设置可以控制进风的方向，使杂乱无章的气流，有方向、有条理地进入，从而紊流噪声得到相应控制。

涉及导流装置降噪的专利文献，2006 年之前的申请量很少，2002 年，专利申请 DE10162919A 在风机的进风口处设置了一弯曲的导流板，从而防止紊流现象的发生。

2006 年之后许多为我们所熟知的公司、企业开始对其进行研究，才得到了成熟的发展。参见图 7，2006 年和 2007 年开始在壳体的进风口设置导流板，具体为在壳体的进风口处设置第一导流板，第一导流板固定安装在壳体上并且垂直正对于进风口，同时，在风机的前后两侧的下端和油网件之间设置有第二导流板和第三导流板，如专利申请 CN2929533Y、CN2929534Y。

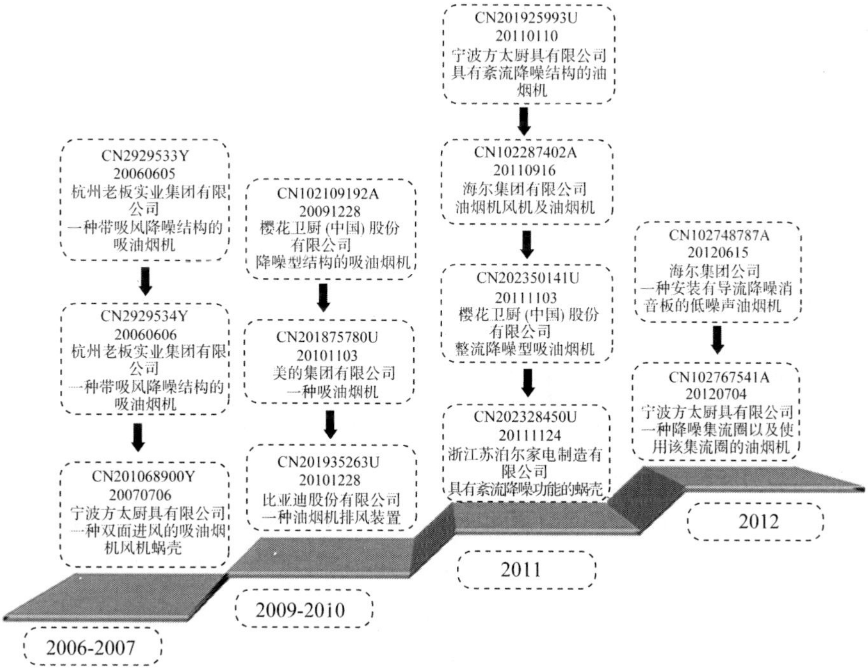

图 7 2006—2012 年导流装置技术线路演进

同时，在面对现有双面进风的吸油烟机的前、后盖板上均开有进风口的形式，而存在与蜗壳的前、后盖板均垂直的中间壳体受到从垂直方向的直接撞击的问题，又提出在前盖板的下边缘与后盖板的下边缘之间连接有向下凸出的柱面形状的曲面板，其将油烟非常顺畅地导向前、后进风口，如专利申请 CN201068900Y。

进入2009年又出现在风道壳体内侧与风轮径向面相平行的两相对侧面分别设有一整流板，如专利申请CN102109192A。同时，现有一般导流板只能消除箱体内部分尺寸较大的漩涡，而尺寸较小的漩涡仍然会进入风机，风机进口处的气流还是不够均匀，针对上述问题，美的集团有限公司提出在风机系统的蜗壳的进气口处设置整流装置，并将其固装在进风圈上，所述整流装置为过滤网，包括网体和包边，从而有效地过滤进入风机的大部分漩涡，如专利申请CN201875780U。

进一步，由于现有技术中的进风圈不能有效防止气流进风圈进入叶轮时的气流突变，2010年提出将进风圈设置为具有入口和出口，入口和出口之间为导流面，从进风圈入口到出口的方向上，导流面的内径先递减后递增，导流面的最小内径小于入口的内径和出口的内径，如专利申请CN201935263U。

随着导流装置的不断发展，人们开始将精力放在对导流装置的形式进行改进上，如将烟气直接导向蜗壳的前进风口的导流罩，形成一口径沿自上而下方向逐渐变小的导烟通道，同时导流罩具有细小的穿孔，与封闭腔构成赫姆霍兹共振腔，从而达到降噪的效果；在靠近进风口和蜗舌部设置一整流板，且整流板设置在所述叶轮的径向外侧，所述整流板垂直于所述侧板设置，且所述整流板沿着所述蜗形部的蜗形螺旋面的延长面而形成；将整流板的横向截面设计成“L”型，如专利申请CN201925993U、CN102287402A、CN202350141U、CN202328450U。

由于结构和组成材料的问题，降噪的效果并不是很明显，同时蜗壳中的油会流入其曲面板结构，但不能排除并积累在其中，长时间的积累油烟会发生变质，污染环境卫生，因此在2012年提出在蜗壳的下方安装导流板，导流板位于油网一侧的下表面上贴附有消音板或者将导流板本身做成阻尼材料以增加导流板的吸音降噪能力，如专利申请CN102748787A。同时，提出在现有的集流圈的基础上，增加一个内圈，具有阻断湍流区的隔离面，与外圈的导风面配合，如专利申请CN102767541A。

3. 风机安装

现有的风机的安装通常是将风机设置在集烟罩的箱体内，由于距声源的距离很近，同时会有很大的噪声，针对此问题，提出一种分体式吸油烟机，即将风机与集烟罩分离，并将风机设置在室外，且风机与集烟罩通过管道连接，采取这种方式，在设计风机时不再受体积局限，可充分依据流体力学原理和声学原理设计高效率、低噪音的风机，确保抽烟效果和室内宁静无声。

由图8可以看出，有关分体安装风机的方式的发展起于1994年，且绝大多数都为中国个人申请，由于分体的安装方式基本思想都是一样的，在此，不再对专利进行详细的陈述。

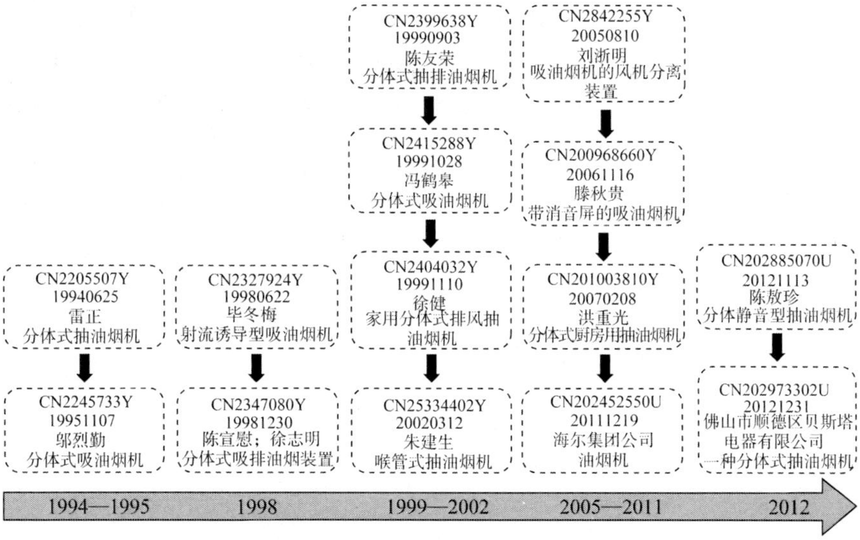

图 8　1994—2012 年风机安装方式技术线路演进

值得注意的是，2006 年申请的 CN200968660Y 在风机设置在室外的基础上，在机身的顶部平面设有消音装置，用于消除因雨点、雪粒、沙粒击打机身而发出的噪声；2011 年海尔集团公司申请的 CN202452550U 提及了将风机进行倾斜设置，增大了风机进风口处的进风空间，同时缩短了气流由机壳进风口至风机进风口之间的路径，能够在保证气流流量不变的情况下降低叶轮的转速，从而达到降低因叶轮旋转而引起的噪声。

（二）吸音、消音技术

1. 吸音材料

吸音材料的吸声机理为：声波深入材料的孔隙，且孔隙多为内部互相贯通的开口孔，受到空气分子摩擦和黏滞阻力，以及使细小纤维做机械振动，从而使声能转变为热能。

国外涉及吸音材料降噪的专利申请比较早，自 1981 年起。1981—1995 年涉及吸音材料降噪的专利申请均为国外申请，采用的主要方式为在需要降噪处，如风机出风口、风机进风口、集烟罩、风箱四壁、排烟道、风机腔室设置吸音材料，以达到降噪的目的，采用的吸音材料有聚亚安酯泡沫、三聚氰胺、吸音棉。代表性专利有：NL8002278A 在进气管道里面布置有聚亚安酯泡沫、FR2493966A1 在风箱四壁设置有隔音材料、EP0183657A1 在排风罩的空腔内设置隔音材料、DE4104963C1 在风机进风口处设有泡沫型吸附材料、DE9301943U 在烟道里面设有吸附噪声的材料、DE4326837A1 在风机及腔式内都设有吸附噪声的材料等，这几篇专利为以后吸音材料的设置提供了参考和依据。

自 2002 年起，涉及吸油烟机降噪的中国专利申请逐渐增多，且主要研究热点是在吸油烟机的其他需要降噪的位置进行吸音材料的设置以及对吸音材料的改进，以达到更佳的降噪效果且更为安全。

如图 9 所示，代表性的专利有：CN2591474Y，其在有空腔的内腔填充填料，填料是指泡沫塑料和（或）吸音棉；CN200993431Y，针对利用微孔板吸收噪声方式存在的在涡板和降噪箱开微孔不利制造的问题，而且会增加风机系统的体积和重量，引起风机系统本身振动的问题，提出了一种通过在涡壳上设置与气流通道相通的吸音件，且吸音件是海绵或泡沫或者泡沫塑料，同时将吸音件的内表面设置为凹凸不平的形式以增加吸音效果；WO2008129352A2 在集烟罩中设置由三聚氰胺组成的隔音材料；TWM355351U，在过滤过程中，同样考虑降噪的问题，设有消音除臭箱，并在箱体内壁上设有吸音棉；EP2267373A1 在出风口设置吸音材料。

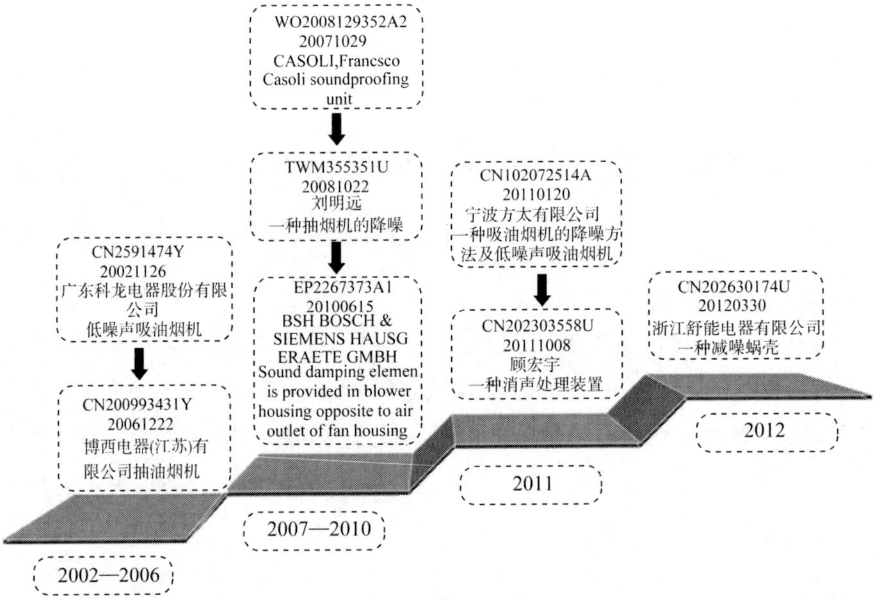

图9　2002—2012年消音材料技术路线演进

但是，现有技术中吸音材料一般为多孔材料，在排油烟机内部油烟污染严重的环境下，极易粘油污，甚至引起火灾，形成安全隐患，而且在使用时间久后，多孔的吸音材料因为吸进了油烟，降噪效果降低。进而，在2011年，宁波方太厨具有限公司提出了一种采用薄膜材料包覆的吸音材料，其是在吸音材料外表面上设置薄膜，从而可以有效防止使用久后，吸音材料吸入油脂导致吸音效果的下降，而且也可以同时防止吸音材料因为吸入油脂造成易燃的现象，而且吸音材料的表面附有薄膜，也便于清洗，所述的吸音材料可以采用吸音棉、泡沫塑料、铝纤维棉、单层聚酯纤维棉、植物素喷涂材料等，优先地，可选用离心玻璃棉，外层包覆的薄膜可采用全氟乙烯共聚物（FEP）、可溶性聚四氟乙烯（PFA）等疏油型塑料材料，如专利申请CN102072514A。同年，专利申请CN202303558U提出在壳体四周内壁设置有离心玻璃棉、离心玻璃棉四周内层设置有玻璃纤维布、玻璃纤维布四周内层设置有穿孔板。

同时，又在2012年提出了采用在蜗壳外壁上设有用于吸收油烟机抖动所产生的噪声的涂层，该涂层采用特殊工艺处理，如专利申请CN202630174U。

2. 消音板

消音板的消音机理为：消音板一般为具有穿孔的板，其可视为多个赫姆霍兹共鸣器的并联，通过其共振作用，将经过穿孔板的声能通过摩擦作用转化为热能，使声能减小。

涉及消声板降噪的专利申请，国外的发展较早，但是涉及的文献不多，代表性的专利有：US5983888A 提到了在风机的入口处设有消声器，并对消声器的具体结构进行了说明；DE4233312A1 在排烟管的弯头处风机进口前设置有降噪板；KR20040025043A 在风箱的两侧壁设置了多孔板，以实现降噪的效果。

然而，国内对于消声板的研究经过了一个不断发展的过程，其中又以微孔板的发展为主。用微孔板吸声是声学专家马大猷教授提出的，其可以显著地提高吸声系数和改变吸声的频率范围，其基本原理是利用声波穿过微孔板时，空气在小孔中来回摩擦消耗声能，达到消声目的。2000 年起开始逐步对微孔板进行了研究，并经历了将近十年的发展。参见图 10，2000 年上海交通大学通过在金属薄板上打微孔，并将打好孔的金属薄板按照设计好的风机蜗壳图纸加工成微孔蜗板、微孔后板和微孔前板，从而装配成内蜗壳的形式，从而利用微孔消声器的降噪原理，实现降噪效果，如专利申请 CN2406094Y。

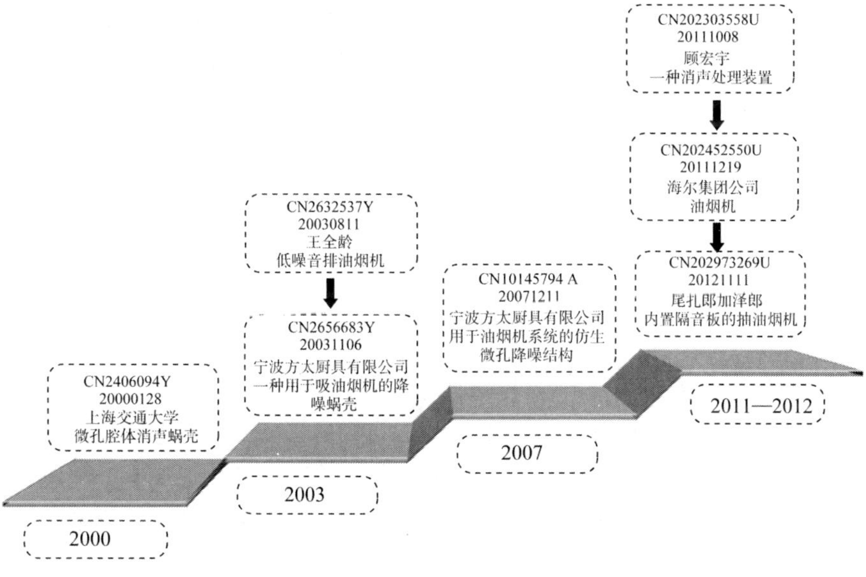

图 10　2000—2012 微穿孔技术线路演进

但是上述结构由于消声腔体只有一层，空气在小孔中来回摩擦消耗声能的空间有限，因而降噪、消声效果尚不明显。针对上述问题，2003 年宁波方太厨具有限公司提供了一种新型的降噪蜗壳：在蜗板上固定有外周封闭的降噪箱，在该降噪箱内设置一密布微孔的孔板，该孔板将降噪箱分割成前腔和后腔，并且，与该孔板相对且被密闭在降噪箱内的蜗板局部上密布有与蜗壳内部相通的微孔，为了更好地提高降噪箱的降噪效果，降噪箱可以设置为两个，分布蜗板相对的两侧，上述的不同方式，针对所需的吸声频宽范围，还可以通过选择不同的孔板厚度、微孔孔径、穿孔率以及孔板在降噪箱内的相对位置而轻松地实现，如专利申请 CN2656683Y。

2003年又对微孔板的设置方式进一步优化，提出将吸油烟机的内壳设置成微穿孔结构，在风机安装腔内安装横向、竖向微穿孔板，在排风弯头内加设微穿孔板结构的内层弯管，使各微穿孔板与相应的外壳构成共振腔吸声结构，如专利申请CN2632537Y。

而上述专利的微孔板结构在实际使用过程中，由于吸油烟机内的气流夹带有油烟，因而极不干净，使用时间一长，各微孔就会被堆积的油烟堵死，使气流无法在微孔中来回摩擦消耗声能，从而达不到降噪、消声的目的。针对上述现状，2007年提出了一种利用仿生学和流体力学原理的仿生微孔降噪结构，降噪盒内孔板为两层，与孔板相对且被封闭在降噪盒内的壳体上涂布有防油涂层，且该处壳体上密布有条形孔，条形孔是呈百叶窗式的缝槽，降噪盒可以分别设置在蜗舌处、蜗壳的两侧底角，或者降噪盒可设置为包覆在整个蜗板外侧，如专利申请CN10145794A。

经过将近八年时间，微孔板技术的发展已经相对成熟，继而，从2011年起涉及消音板的专利申请未有涉及微孔板，而是一些相对比较零散的发明，其中代表专利有：CN202452550U提及在机壳与蜗壳的前进风口相对一侧的内壁上安装有消音板，且消音板的顶部还可稍微朝向蜗壳一侧倾斜；CN202973269U在机壳内设置隔音板，隔音板将机壳分隔为上、下两个空间。

值得一提的是，又有学者提出了采用离心玻璃棉、玻璃纤维布以及穿孔板的结合体作为消声的装置，如专利申请CN202303558U，即同时采用吸音材料和消音板来降噪，由此可见，随着对吸油烟机静音品质的不断提高，为了更好地实现静音的效果，同时采用上述两种方式降噪可能会成为一种发展趋势。

四、结论及展望

吸油烟机降噪的方式，从吸音材料的使用开始，研究人员随后研发了消音板、蜗壳、蜗轮、蜗舌结构改进、导流装置、风机安装的降噪方式甚至多种降噪方式并存的降噪方法，使吸油烟机实现“以静制动”的效果。吸音材料的发展较早，且逐渐趋于成熟，而为了增强吸音材料的使用寿命，近几年在如何提高吸音材料的安全性和使用寿命两方面有了长足的进步；对于消音板，主要以微孔板的发展为主，并对微孔板的结构进行了研究；而风机作为产生噪声的关键部位，该种方式主要集中在对蜗壳、蜗轮、蜗舌结构的设计；而对于导流装置的研究主要集中在对其结构的改进以及设置位置的探索；同时，对于风机安装的研究，基本上是采用将风机与集烟罩分离的方式，以达到降噪的目的。可以预见，随着人们生活水平的不断提高，对“静”的要求也越来越趋于强烈，基于这种需求，也必将研发出降噪效果更加良好的吸油烟机。

参考文献

[1] 冯小龙. 欧式吸油烟机降噪的一种尝试 [J]. 家电科技，2009 (1).

[2] 张立强. 微穿孔导流罩用于油烟机的噪声控制 [J]. 机械科学与技术，2010，29 (8).

第二部分

电学领域

太阳能双轴跟踪专利技术分析

杨　丹

一、引　言

随着世界经济的发展、地球人口的增长以及资源消耗的日益加剧，一次性能源的日益枯竭已引起全世界的极大关注。越来越多的人将解决的关键投注在自然能源上，太阳能作为一种清洁无污染的能源，有着巨大的开发前景。根据《可再生能源中长期发展规划》[1]，太阳能将成为可再生能源发展的重点，预计到2050年前后，太阳能发电总量将达到全球发电总量的50％以上。

由于太阳能辐射到地球表面的能量密度较低，无论是对太阳能光伏发电，还是太阳能热发电，能否经济高效地利用太阳能的关键在于太阳能聚光和跟踪水平的优劣。太阳能跟踪方式（按机械结构划分）主要分为单轴、双轴和极轴跟踪。单轴跟踪只在水平方位角上跟踪太阳，高度角做周期调整，忽略了太阳光的高度角日变化，显然跟踪效果差，无法满足精度要求；极轴跟踪固定纬角，光伏板在东西方向上旋转跟踪太阳，结构简单，造价低，但是同样跟踪效果差，太阳能利用率低；而双轴跟踪则既可绕立轴跟踪太阳的方位角，同时绕水平轴跟踪太阳的高度角，完全无限制地跟踪太阳方位，最大限度地发挥跟踪系统的效能，有效地提高了太阳能的利用效率。因此，本文对太阳能双轴跟踪的专利申请进行了统计分析，从跟踪原理、驱动方式和执行机构三个方面对其发展趋势进行了技术梳理，并重点分析了华东地区在该领域的核心专利申请及其新的技术动向。

二、太阳能光伏发电的原理及双轴跟踪的定义

太阳能光伏发电的核心部件是太阳能电池，又称光伏电池。其发电原理是“光生伏打效用”，即当太阳光照射到太阳能电池上时，电池吸收光能，产生光生电子——空穴对，在电池内建电场作用下，光生电子和空穴被分离，电池两端分别出现正、负电荷的积累，即产生光生电压[2]。若在内建电场的两侧引出电极并接上负载，则负载就有光生电流流过，获得功率输出。这样，太阳的光能就变成可以被利用的电能。

太阳能双轴跟踪主要包括太阳能电池板、双轴跟踪支架、驱动装置和控制系统，控制系统根据太阳光线的变化，通过驱动装置驱动双轴跟踪支架动作，改变太阳能电池板的高度角和方位角，从而使得太阳能电池板始终对着太阳，完成对太阳的双轴跟踪。

三、专利申请概况

(一) 申请量分析

在确定了太阳能双轴跟踪技术领域定义后，本文从中国专利文摘数据库 CNABS、外文虚拟库 VEN 中选取分类号和关键词进行检索，检索对象为申请人在 2013 年 12 月 31 日之前的专利申请。并对检索结果进行了分析，从图 1 可以看出，1986—2013 年期间，专利申请量呈现连续增长趋势。

从图 1 来看，太阳能双轴跟踪技术的发展经历了三个阶段：第一阶段，1986—2000 年处于萌芽期，在这个阶段，由于不可再生能源的过分开采和使用而带来的能源急剧消耗还未被人类重视，因此对其他可再生能源的研究利用并不迫切，只有少量申请人开始关注太阳能跟踪领域，并且对该阶段的专利进行分析可知，大部分申请人来自国外，尤其是美国，美国早在 1997 年就有人员开始研究太阳跟踪器，1998 年美国加州成功研究出了 ATM 两轴跟踪器，2002 年美国亚利桑那大学推出了新型太阳能跟踪装置，此外德国、日本、捷克等国家或地区也开始陆续研究太阳能跟踪领域。

第二阶段，2001—2007 年处于过渡期，在此期间，国内许多个人、企业等开始关注新能源以及新能源的利用，于是将目光投向了太阳能，此时的研究多处于起步阶段，太阳能跟踪装置结构较简单，多为单轴跟踪装置，太阳能利用效率不够高，成果较少。

第三阶段，从 2008 年开始，太阳能双轴跟踪领域的专利申请量开始急剧增长，尤其是 2009 年到 2010 年期间，这跟能源的日益消耗以及人类对新型可再生能源的关注度越来越大是密不可分的，其中中国的申请量涨势较快，当然也离不开国家和政府对专利的重视，以及对个人、中小型企业专利申请的大力扶持。2013 年，专利申请量有所下降，这与专利申请公开的时间滞后有关，2012 年和 2013 年的大部分专利申请还处于未公开状态。

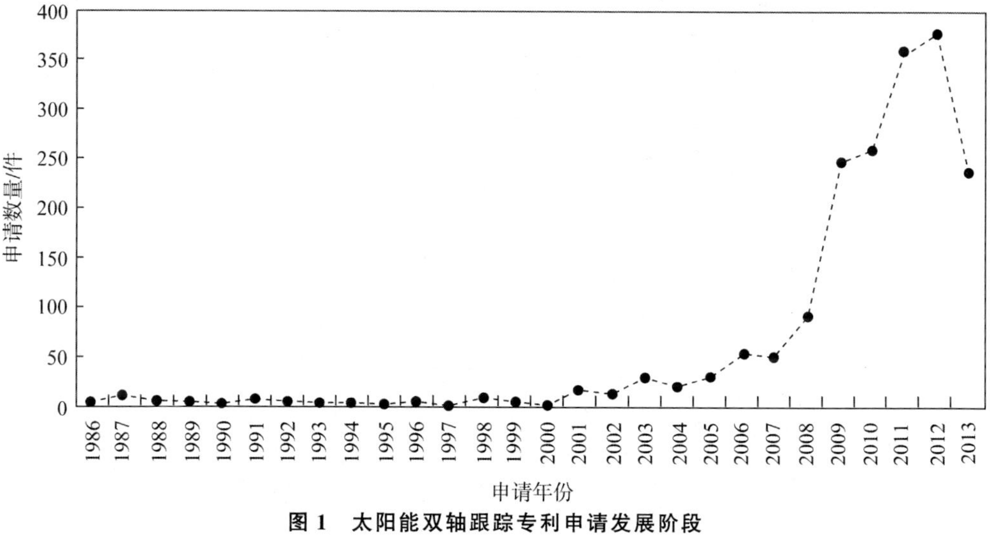

图 1　太阳能双轴跟踪专利申请发展阶段

（二）国内区域专利量分布

本文针对中国专利文摘数据库CNABS检索出的文献进行了区域分析，从图2可以明确看出，江苏省的专利申请量独占鳌头，居于首位，远超北京、上海、广东等地。此外，图3也反映出，在太阳能双轴跟踪领域，重要申请人不仅仅局限于科学院校、大型企业，个人申请量也占有较多份额。这从一个侧面反映出江苏省对科技创新的重视，政府对科技创新、专利申请的大力扶持，带动了一系列科学院校、大中小型企业、个人纷纷开始申请专利，从而也出现了越来越多高质量的专利，也有相当一部分专利被用于实际工业中，对本省科学技术的进步起到了极大的推动作用。

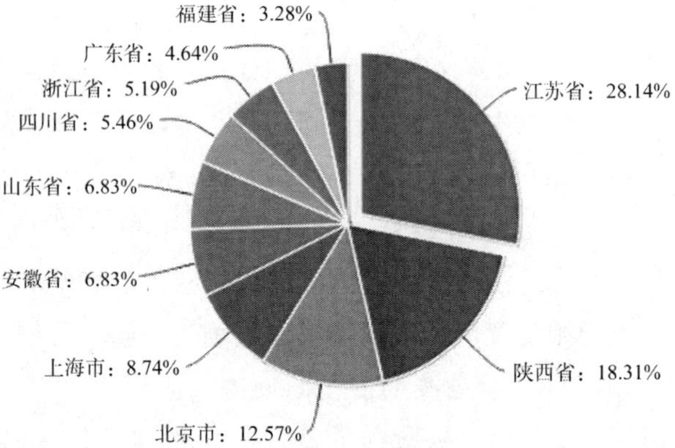

图2　国内太阳能专利申请量区域分布

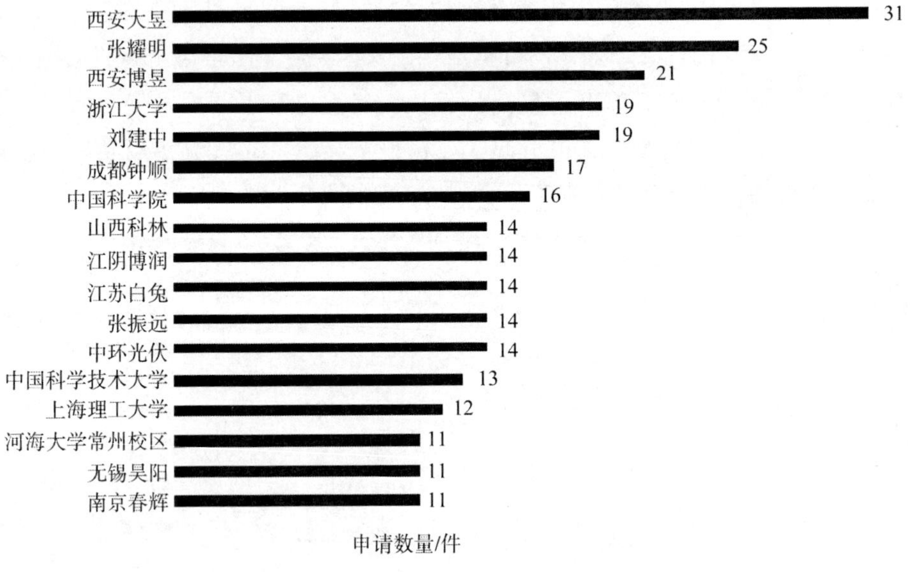

图3　国内重要申请人排名

（三）江苏省内区域专利分析

从图2可以清晰地看出，江苏省的专利申请量所占比例最大，因此，对江苏省专利申请情况进行分析发现，经历过较长一段时间的专利申请低迷期后，江苏省财政厅与江苏省知识产权局于 2006 年颁布了《江苏省省级专利资助资金管理办法》，鼓励当地公民、法人或其他组织申请专利，并且对专利申请达到一定数量的单位，还给予增加资助额度的鼓励，因此由图 4 可以看出，从 2007 年开始，专利申请量急剧增长，并在 2010 年达到顶峰后，开始平缓回落，一方面是因为太阳能双轴跟踪的专利申请量已经达到一定程度的饱和，在跟踪原理、驱动方式、执行机构方面的研究到了成熟期，对其改进开始逐渐降低；另一方面是 2012 年的专利申请由于未满期限导致未公开，数量也有所降低。

针对《江苏省省级专利资助资金管理办法》，南京、无锡、苏州等市积极响应，随后推出了相应的知识产权专项资金管理办法。图 5 也清晰地反映出，在江苏省内，南京、无锡、苏州的专利申请量稳居前三，说明政府对专利、对科技创新的重视和大力扶持，极大地推动和促进了本市经济的飞速发展。

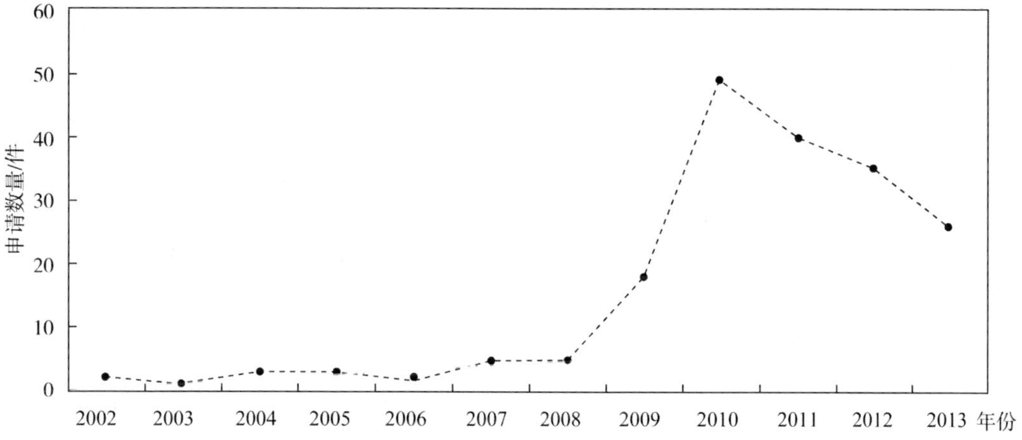

图 4 江苏省太阳能双轴跟踪专利申请发展阶段

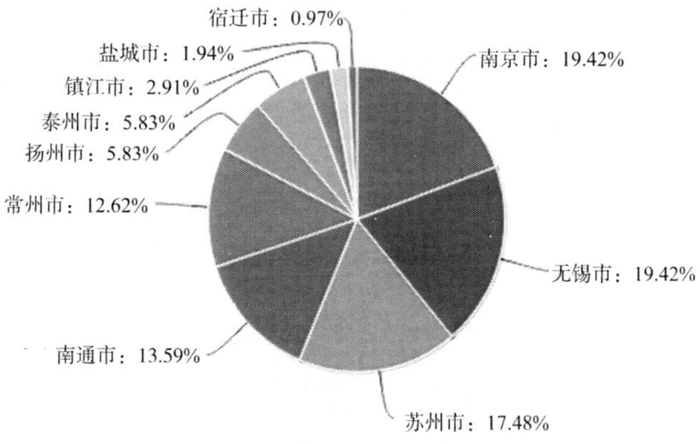

图 5 江苏省专利申请量区域分布

四、双轴跟踪的技术分支

（一）跟踪原理技术演进路线

太阳能双轴跟踪的目的在于根据太阳位置的变化，实时调整太阳能电池板的位置，使其始终能够正对太阳，增大与太阳光线的直射面积，从而提高太阳能转化为电能的效率；而在此过程中，如何获得太阳位置的变化，是跟踪原理技术的重中之重。

获得太阳高度角、方位角变化的方法通常包括：

（1）将一天的时间划分出多个时间单位，并依据各时间单位内的太阳移动轨迹，预设出每个时间单位内太阳的方位角和高度角（专利申请号：US20020092698、CN200810006728、CN200910099048），进而计算出太阳能电池板应该转动的角度，使其垂直太阳入射光线。专利US20020092698公开了一种太阳双轴跟踪装置，其使用GPS装置测量当时地理位置，并根据存储的星历数据调整太阳能面板的位置；专利CN200910099048详细公开了一种根据当前时间计算太阳相对于当前设备的空间位置，并考虑当前时间太阳光进入大气层的折射角度，从而计算出太阳光入射到当前设备的入射角度，从而调整当前设备的姿态。显然，划分时间单位的间隔长短是影响太阳能跟踪精度的因素之一，时间间隔长，跟踪精度低而装置动作少，耗能小，磨损少；时间间隔短，跟踪精度高而装置动作频繁，耗能大，相应的磨损也多，因此在实际使用中，选择该方法确定太阳的方位角和高度角时，需要合理选择时间间隔，要既能满足跟踪精度的需求，又不至动作频繁。

（2）隔板分区和光敏元件跟踪。通过感测元件探测太阳光线的变化，其原理是在太阳能电池板上放置一个由多个光敏元件组成的跟踪装置，利用多个光敏元件感测光线强弱（阴影）的变化，进而产生不同的电压、电流信号，通过判断电压、电流，确定当前太阳的方向和位置，从而调整太阳能电池板的方向和位置，使得光敏元件感测到的光强一致。专利TW96219100U：与旋转机构联动地设置两个耳片以及与其配合的两个光遮断器，太阳能面板转动过程中，不同方向的耳片会遮挡相应的光遮断器，进而发出光遮断器被触发的信号至微处理器，微处理器发出控制信号，控制旋转机构运动至相应的位置；专利CN200910026741：方位角传感器和高度角传感器结构相同，都是由两个硅光电池和遮阳板组成，两个硅光电池分别安装在遮阳板外侧底部的基座上，两块遮阳板均垂直于基座，且分隔开相互垂直，根据硅光电池有无光照调整聚光器的方向，使得两侧的硅光电池感测到的光强一致。专利KR20070072317：在透光外盒内用挡光板分割为四个空腔，在每个空腔内设置一光感应元件，遮光板与电池板平行，电池板与阳光垂直时，四个光感应元件均不被阳光直射；当阳光不垂直电池板时，至少有一个光感应元件被阳光直射，电阻值急剧下降，导致其分压提高，输出高电平，控制系统控制电池板动作，使得阳光垂直电池板；此外，透光外盒还可以设置成三个空腔，空腔间设挡光板，每个空腔内设一光感应元件，还可以设五个空腔或六个空腔。专利 CN200910183196：利用设置在筒体内的通道隔板、交叉隔板、横隔板形成四个通道，在每个通道内设置光敏电阻，从而感受光强的差异。

（3）日晷仪或者锥形台、梯形台挡光产生阴影，日晷是有悠久历史的利用太阳光测量时间的工具，它反映了随着太阳光的推移，日晷的表在晷面上的阴影的长度、方向会随之而发生变化，根据日晷仪原理同样可获得太阳的高度角和方位角的变化，如 CN97103872、TW96218875、CN200810301671、201110134515。

由于日晷仪的表在晷面上的投影会 360°变化，因此晷面上的传感器需要设置较多，成本也随之而增加，在此基础上发展，就得到了利用锥形台或者梯形台进行跟踪太阳的方法，即将日晷仪的表、指针或者标杆换成锥形台或梯形台，在锥形台或梯形台的每个侧面或侧面与底面的连接处设光敏元件，同样可实现光线在不同方向和位置时，每个面的光敏元件感测到光线的强弱差异，如 CN200910112000、TW98123820、CN201120094950。

（4）通光筒和象限探测器结合，太阳光线进入通光筒内后，由于方向和位置发生变化，进而在筒内底面上设置的象限探测器带来不同的感光强度，从而可以调整太阳能板动作，使得象限探测器在每个象限上探测到的光强一致，此时太阳能板正对太阳，实现跟踪目的。但是由于通光筒设置在与太阳能板同步的位置上，而且体积通常较小，如果仅采用通光筒和象限探测器结合的方式跟踪太阳，有可能导致通光筒内始终都无光线进入的情况，因此，该方法通常是在太阳能板已经大致上对着太阳时，进行精确跟踪，如 CN200910152899、CN200910152899、WO2010120123。

对于通过探测器或者传感器获得太阳高度角、方位角变化的跟踪原理，可以采用专利“光源追踪装置及其方法”[3]进行概括：透过感光元件组感测校准体与光源相对角度的不同所造成的光度变化→感光元件组产生电压或电流→比较电路（内含比较器）比较差异信号→位置控制装置（控制马达正反转或停止，联动机械结构运动）→达到预期的光源追踪或躲避的效果。校准体可为立体突起物或平面，能遮光、产生阴影，以造成受光强度差异；位置控制装置可为传动元件、马达、齿轮或链条等。除上述概括的跟踪原理外，还可在太阳能双轴跟踪装置上增加保护装置、记录装置、复位装置等。

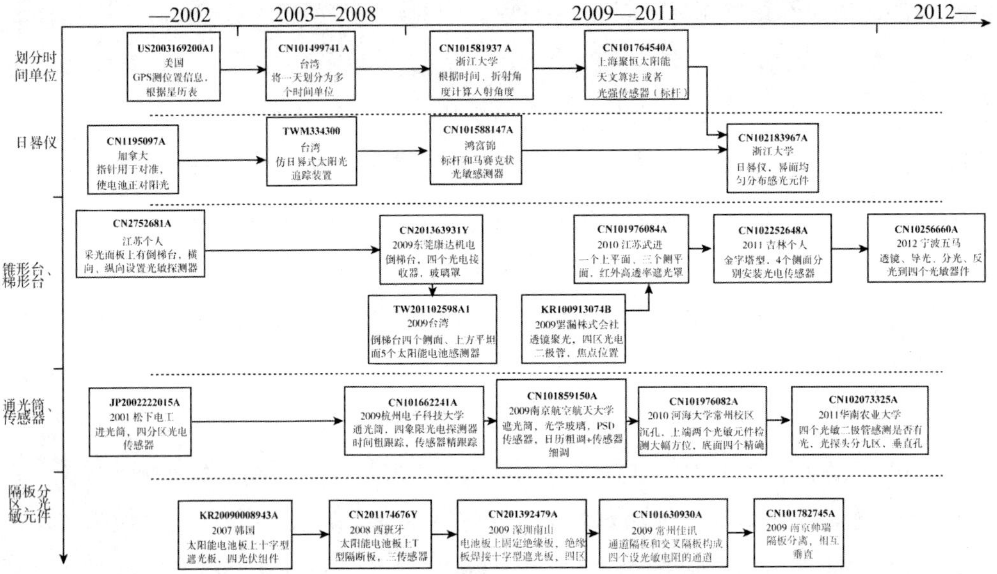

图 6　跟踪原理技术演进路线

（二）驱动方式技术演进路线

自太阳能双轴跟踪技术发展以来，为了控制策略的简单易行，以及执行机构的简单稳定，绝大部分双轴跟踪会采用对每个轴分别驱动的方式（CN200610088177、US20060376849、US20090463001）。

当然在发展过程中，也有少许专利申请采用单驱方式，即一个电机在驱动方位角转动机构动作的同时，通过齿轮、蜗轮蜗杆等机械结构组成的传动系统带动高度角调节机构发生相应的动作，实现单驱双轴跟踪的目的，如 US19890338593、CN200910303066、CN201210212433，当然，这是以增加传动机构、控制策略的复杂程度为代价的。

除了普通的单驱和双驱方式，对于阵列太阳能电池板，通常采取一台跟踪器驱动阵列太阳能电池板联动的方式（CN201010526395、JP2011227691A、CN201110119516），而不必对每一组太阳能电池板都设置跟踪器，分别驱动其跟踪太阳的变化，在不降低太阳能跟踪效率的基础上，以节省成本。

（三）执行机构技术演进路线

控制系统通过驱动方式驱动执行机构动作，从而使太阳能板调整方向和位置，下面对双轴跟踪的动作执行机构进行分析。

如图 7 所示，该装置包括安装在一维自动跟踪机构上的太阳能电池组件部件，转轴 1 的低端通过轴承与支座 3 连接，支座 3 铰支在低端支架 6 上，转轴 1 的高端通过滑动轴承与支座 2 连接，支座 2 铰支于可调节高度的高端支架 4、5 上，其方位角的跟踪通过支座 3 上的蜗杆驱动转轴 1 实现，高度角的跟踪通过调节高端支架的高度实现。其比一维跟踪机构跟踪精度高，较二维跟踪机构成本低，但是要通过调节一端支架的高度实现，跟踪精度仍难保证。

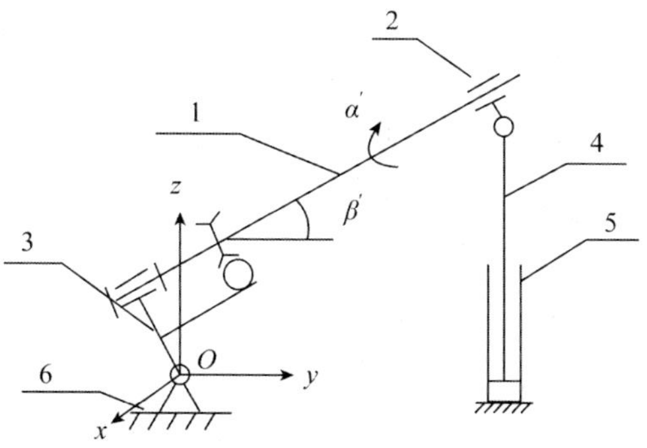

图 7

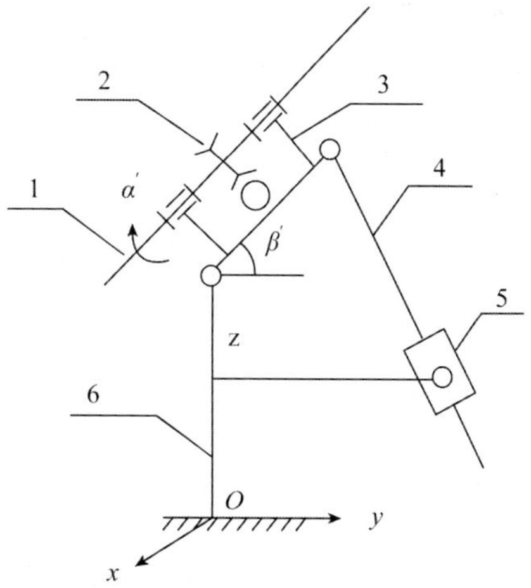

图 8

如图 8 所示为一种二维自动跟踪装置支架，其结构特征为：支柱 6 上铰接东西跟踪减速器 3，东西跟踪减速器的输出轴 1 上安装电池支架，输出轴上设有挡块与行程开关配合，支柱 6 上的横支架一端铰接高度角跟踪减速器 5，丝杆 4 的一端与方位角跟踪减速器 3 铰接。该跟踪机构结构简单、成本低、跟踪能耗低、精度高，而且跟踪过程不必人工干预，在天气变化较复杂的情况下，系统也能正常工作。

如图 9 所示，二维跟踪支架结构包括：水平面转动支架 4 和垂直固定轴 6，倾斜面摇动支架 1 和 2、太阳方位角 α 光电探测器和跟踪驱动器 5、太阳高度角 β 光电探测器和跟踪驱动器 3 等；光电池板安装在倾斜面摇动支架的平面网架 1 上；水平面转动支架绕垂直固定轴 6 转动，倾斜面摇动支架绕水平轴（1 与 4 的共同转轴）转动，使太阳能光电池板面的法线始终指向太阳。该装置的结构稳定性好，驱动力小，能同时承载多组件，有效节约了成本。

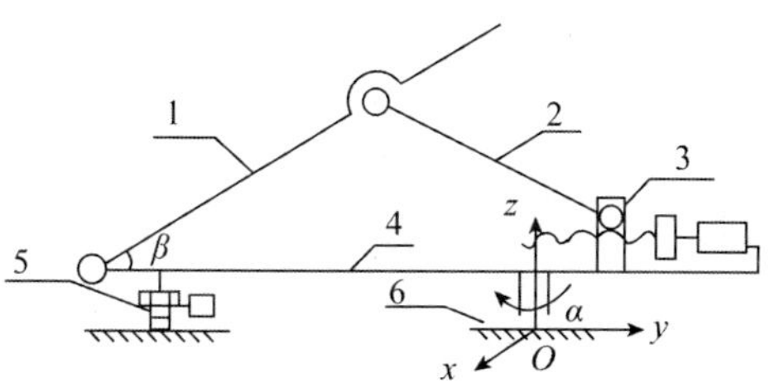

图 9

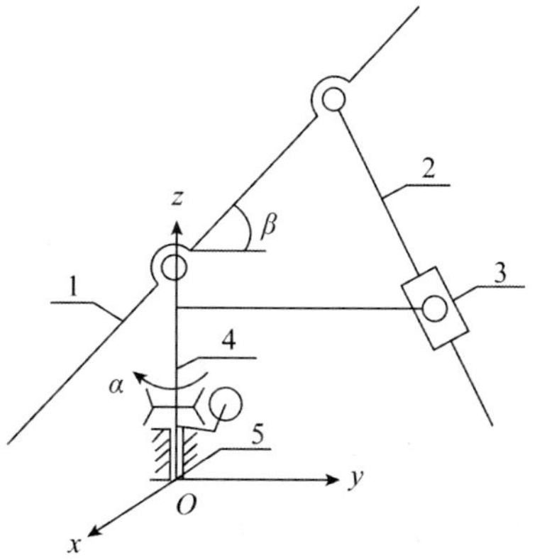

图 10

如图10所示，其结构为支柱4与电池支架1铰接，支柱4的横支架一端铰接高度角跟踪减速器3，丝杆2的一端与电池支架1铰接，支柱4通过东西跟踪减速器（蜗杆或齿轮减速器）与支座5连接。该二轴自动跟踪机构通过东西跟踪减速驱动支柱4实现对太阳方位角α的跟踪，轴丝杆2和减速器3共同实现对太阳高度角β的精确跟踪，具有结构简单、成本低、跟踪精确度高、跟踪能耗低等特点。

如图11所示为差动式二轴跟踪机构，太阳能电池板支架为6，该装置的基座1水平放置，其对太阳方位角α的跟踪由电机5、减速器4驱动锥齿轮3与底锥齿轮2啮合，使支架6绕底锥齿轮2的轴线在水平面内做周转运动实现，锥齿轮7空套在T型系杆10上，起支撑支架6的作用；对太阳高度角β的跟踪由电机9、减速器8驱动支架6绕T型系杆10在竖直面内转动（0～90°）实现。该跟踪装置结构也属于并联式，具有刚度高、结构尺寸小、重量轻等优点，但结构较复杂，制造相对困难。

如图12所示，它由太阳能电池组件平板1、平板支撑框架2、支撑轴3、固定支撑架4、线性驱动器5、6以及转动铰链8、9、10、球铰11、12等组成。固定电池组件平板1的平板支撑框架2以转动铰链7套在支撑轴3上，支撑轴3的两端分别用转动副8、9分别与固定支撑架4、线性驱动器5的一个伸出端连接，线性驱动器5的另一端用转动副10与地面机架相连，这三个转动副8、9、10的轴线必须平行且与支撑轴3上的转动副7的轴线垂直；线性驱动器6的一端与平板支撑框架2的一个侧端以球副11连接，另一端用另一球副12与地面机架连接，其中，线性驱动器6两端的两个球副11、12之一可用一个万向节（虎克铰）替代。线性驱动器既可以是螺母驱动丝杆结构，也可以是液压、气动驱动缸。当线性驱动器5、6驱动时，该机构具有绕转动副8（或9、10）轴线的独立转动，以及绕转动副7轴线的独立转动，从而实现对太阳光方位角和高度角的自动跟踪。该跟踪装置具有刚度高、结构简单、重量轻、制造容易等优点，可以在保证跟踪精度的情况下，减少跟踪能耗，是一种较为理想的太阳能二轴跟踪机构。

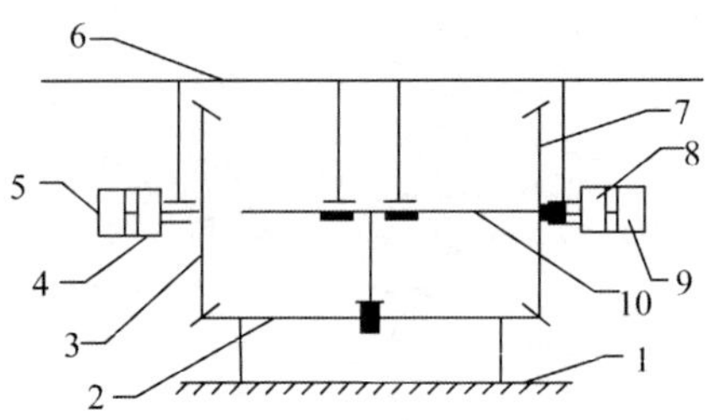

图11

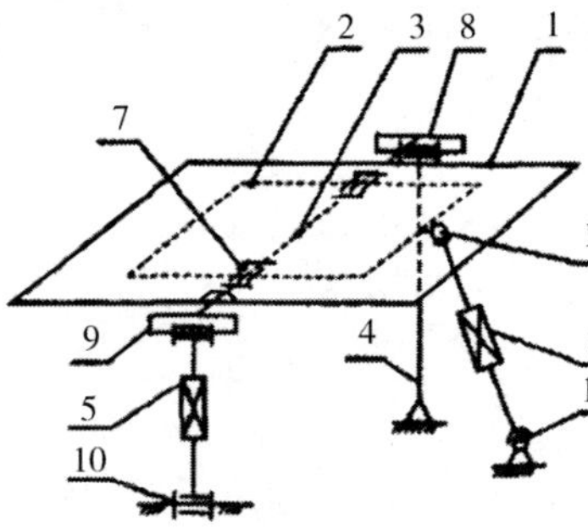

图12

五、重要专利的分析

表 1 单驱陈列式太阳能设备技术分析

技术分支	驱动方式
编号	1
发明名称	太阳能双轴跟踪装置
申请号	JP2011227691
申请日（优先权日）	2011.10.17
申请人	久野浩光
发明人	久野浩光
发明点	使用单个驱动装置驱动阵列太阳能设备，如图 13
解决技术问题的主要技术手段及其效果	主控制器通过控制连线连接多台太阳能双轴跟踪装置，通过驱动器来驱动多台太阳能跟踪装置联动，实现一台群控多台的效果
法律状态	授权后维持

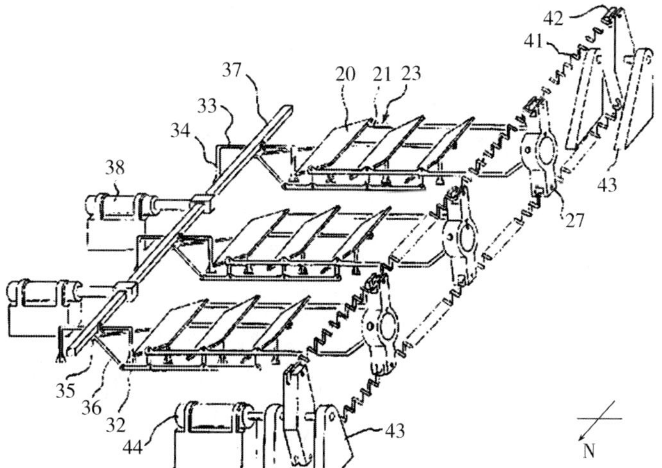

图 13 单驱阵列式太阳能设备

表 2 通光筒和四象限光电传感器技术分析

技术分支	跟踪原理
编号	2
发明名称	一种用于光伏发电的太阳方位自动跟踪方法及装置
申请号	CN200910152899
申请日（优先权日）	2009.9.18

续表

技术分支	跟踪原理
申请人	杭州电子科技大学
发明人	吴开华；徐静；马莉
发明点	粗跟踪和精确跟踪相结合，如图14
解决技术问题的主要技术手段及其效果	首先采用太阳运动轨迹跟踪方式进行粗跟踪，利用太阳运动轨迹计算公式，得到当前时间、地点下的太阳高度角理论值 θ_h 和方位角理论值 θ_a，根据该理论值驱动跟踪装置的执行机构带动太阳能电池板做相应的调整；然后采用光电跟踪方式进行精确跟踪，计算机通过太阳方位检测装置得到反映当前太阳方位偏转的电压信号，并将其转化为太阳在高度角和方位角方向上的调整量 α 和 β。这样就完成了光电检测跟踪，并通过光电检测跟踪的闭环控制功能减小了太阳运动轨迹跟踪的积累误差
法律状态	授权后维持

表3　链条和蜗轮蜗杆执行机构

技术分支	执行机构
编号	3
发明名称	一种链式传动的太阳能二维跟踪装置
申请号	CN201110160177
申请日（优先权日）	2011.6.15
申请人	武汉理工大学
发明人	李如强；黄磊；李鹏；易法军；翟鹏程；张清杰
发明点	采用链条式和蜗轮蜗杆两种执行机构形式，如图15
解决技术问题的主要技术手段及其效果	方位角转动机构包括方位角转动支座、方位角转动立轴、方位减速器支架、方位减速器和方位电机；所述方位角转动立轴经轴承和方位角转动支座转动连接；所述方位减速器安装在方位减速器支架上，该方位减速器包括方位蜗轮蜗杆传动副、链轮链条传动副、减速器轴；仰俯转动机构包括仰俯电机、仰俯链轮链条传动副、仰俯支架、仰俯传动支座、仰俯蜗轮蜗杆传动副、仰俯传动主轴，结构简单、跟踪精度高、制造成本低、能耗低、性价比高、能够自动跟踪和安全避风
法律状态	授权后维持

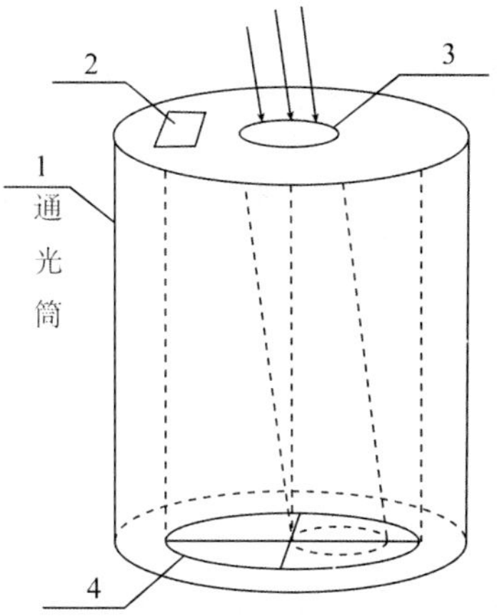

图 14　通光筒和四象限光电传感器

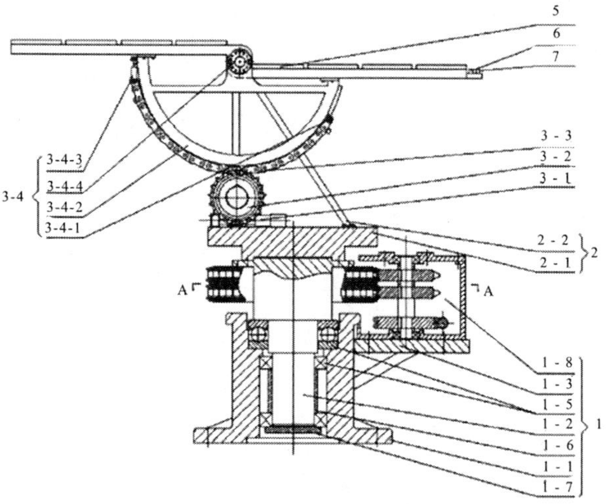

图 15　链条和蜗轮蜗杆执行机构

六、总　结

太阳能双轴跟踪技术已日趋成熟。在跟踪原理方面，均通过检测由太阳光线变化而导致的阴影变化，从而感知太阳高度角和方位角，检测阴影的传感器精度直接影响跟踪精度。在驱动方式方面，双轴分别驱动方式较为普及，控制策略简单易行，执行机构操作稳定，单驱双轴可节省一套驱动机构，但执行机构复杂程度增加，阵列驱动方式则通常采用一台跟踪器联动阵列太阳能电池板，以节省成本。在执行机构方面，可采用齿轮、链条、涡轮蜗杆等实现太阳能电池板的平滑、稳定、低磨损、低误差转动。

利用太阳能时，并非跟踪精度越高越好，高精度通常导致高成本，因此根据实际需求、地域限制、天气情况等，选择合适的太阳能双轴跟踪方式，实现条件许可范围内太阳能利用效率最大化，才是最合理的方式。

未来的太阳能跟踪将采用全自动跟踪，跟踪方式将朝着跟踪精度高、跟踪耗能少、结构简单、制造容易的方向发展。

参考文献

［1］国家发改委．可再生能源中长期发展规划．2007－09－04．

［2］张志强，等．太阳能光伏发电系统中的控制技术研究［J］．低压电器（现代建筑电气），2008(12)．

［3］谢宏升．光源追踪装置及其方法．申请号201010565022，公开号CN102478856．

自我监测血糖仪专利技术分析

于园园

一、背　景

糖尿病源于胰脏分泌的胰岛素不足或胰岛素未能适当地发挥作用，引致血液中的糖分水平长期偏高。人体细胞未能有效吸收血液中的糖分时，糖分数值便会上升。血糖水平居高不下，引起糖尿病并发症，如眼睛、肾脏、足部周边及神经系统、心脏及脑血管综合症。根据2012年美国糖尿病协会（ADA）糖尿病诊断的标准：①AIC≥6.5%。AIC检测应该使用美国国家糖化血色素标准比计量（NGSP）所认证的方法来施行检测，并比照（DCCT）检测进行标准化。②空腹血糖（FPG）≥126 mg/dl。空腹的定义是至少8小时未曾进任何热量。③有高血糖典型症状或高血糖危险迹象，其随机血糖≥200 mg/dl即可诊断为糖尿病。

几个大型糖尿病管理研究皆证实，积极的血糖控制是能减少甚至积极预防糖尿病并发症发生的重要方法，而自我监测型血糖仪（Self Monitoring of Blood Glucose，SMBG），则是其中一项重要的工具。从1970年，罹患第一型糖尿病的美国人Dick Bernstein向拜尔公司购买了血糖仪，发展至今已有四十多年的历史。其专利技术却可以追溯到更早的1958年（第一代水洗式血糖仪）。根据不同的检测技术，血糖仪已经历了六代发展，至今仍是热门的研究领域[1]。其与大型的生化血糖分析相比，在精确度上还有很大的发展空间。因此研究自我监测血糖仪的专利技术，对于深入了解其技术发展以及未来的研究热点有很大的实际意义。

图1是市场上常见的血糖仪组件，包括血糖测试仪、试纸条和采血针。

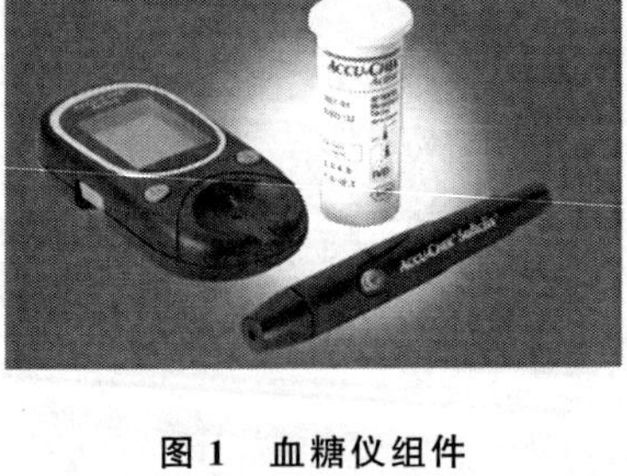

图1　血糖仪组件

二、专利申请概览

在专利数据库 DWPI 中利用分类号与关键词检索关于血糖仪的专利，统计得到，血糖仪的国外申请量为 6 903 件左右，中国申请量 1 525 件左右。全球申请量的趋势如图 2 所示，从图中可以看出 1971—1991 年血糖仪的专利申请量稳步上升，1991 年之后，血糖仪的申请量开始急剧增加，2001—2005 年达到申请最大量，为快速发展期，最近十年申请量平稳发展。

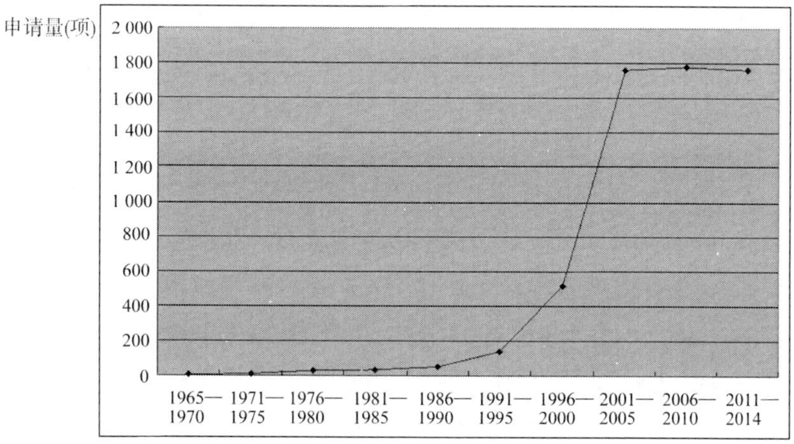

图 2 血糖仪全球专利申请量

至于各个国家和地区的专利申请量，请参见图 3，我们可以看出，美国的专利申请量仍然占绝对的优势，其次是日本、欧洲。而我国血糖仪起步较晚，技术相对落后于上述国家和地区。

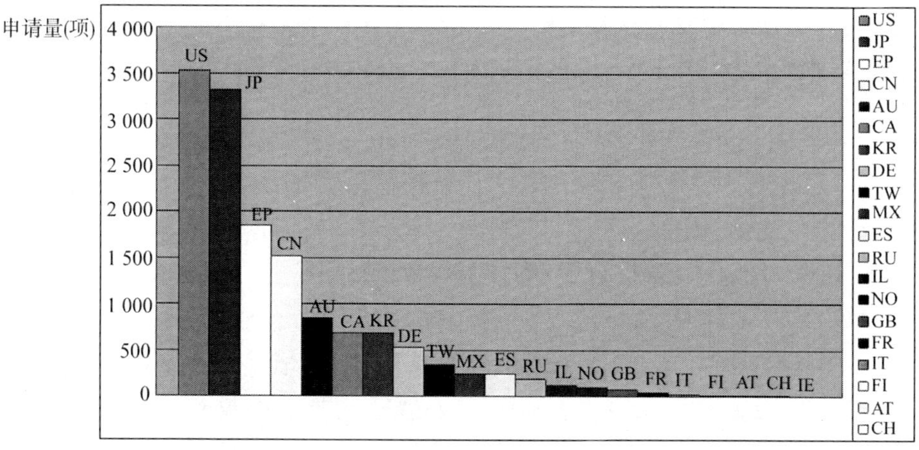

图 3 血糖仪各国申请量

据调查，全球领先的血糖仪品牌包括：美国的强生（Johnson）、雅培、会好

(Grace)，日本的爱科来（ARKRAY）、欧姆龙，德国的罗氏、拜尔[2]。在中国的血糖仪中，比较领先的品牌包括：三诺、艾科、怡成[3]。

从市场占有率来说，我国自有的血糖仪，以其较低的价格（最低的仅 100 RMB 左右），较准确的测试结果，越来越为大家所接受，出现了三诺、怡成、艾科为代表的各种血糖仪。但是中高端用户为了追求较低的采血量以及血糖结果测量的准确度，依然会选择国外的强生、雅培、罗氏、拜尔等国际知名品牌。因此我国的血糖仪在技术上相对于其他国家还有一定的差距，赶超其他国家的技术，仍需要付出大量的努力。

三、技术发展历程

血糖仪的发明者为汤姆·克莱曼斯（Tom Clemens），他于 1966 年开始研究血糖仪，1968 年首先开发出了几台血糖仪的模型并于当年的 4 月份申请专利。此测量血糖仪为 Ames（拜尔）公司生产，其体积较现今血糖仪大了许多，外型类似信箱，还必须连接插座才可以使用。1970 年，罹患第一型糖尿病的美国人 Dick Bernstein 向拜尔公司购买了血糖仪，第一台便利携带式血糖测试仪，开启了血糖仪进入家庭的第一步。1971 年 9 月 14 日，在 Ames 公司上市以后的第二年，该产品获得美国专利，专利号为 US3605815A。

（一）第一代血糖仪器（水洗式血糖仪）

水洗式血糖仪技术是由测定尿糖的干化学试纸条而发展出来的，为直接测葡萄糖 Glu 生化成色反应，1958 年 Free 等发展出一专利技术，公开号为 US2848308A，将葡萄糖氧化酶（Go）固定于一干燥试纸上，而遇到含有葡萄糖的血液产生过氧化氢，此过氧化氢与染料前身物反应（试剂含 horseradish peroxidase，HRPO）而产生颜色，可用反射光度计或吸光光度计测定。为了使用此系统测血液中的葡萄糖，必须避免红血球反应，所以必须移除 RBC。

Ames 公司于 1979 年推出了第一代血糖仪，在试纸上滴血，一分钟后用水洗去红细胞，再将试纸插入仪器内，以读取结果，操作比较烦琐。

（二）第二代血糖仪（擦血式血糖仪）

1980 年，Ames（拜尔）公司推出第二代血糖仪，Glucometer，无须冲洗，血样与试纸反应后将试纸上的血细胞轻轻擦去就可以读数了，反应时间短，结果准确。1985—1986 年，推出 Glucometer2 和 GlucometerM，1990 年推出低价位 Glucometer3。

1983 年，Boehringer Mannheim（罗氏）公司推出第一台血糖仪器 Reflolus，随后发展出 Reflolus2，2M 和 S。Reflolus 在 20 世纪 90 年代末取代了 Ames 公司的 Glucometer 成为市场上的领导品牌，Reflolus S 是当时最成功的第二代血糖仪。

1981 年，美国 lifescan（强生）公司推出该公司的第一台血糖仪 GlucoScan。随后相继有 1983 年的 GluscoScan Plus 以及 1985 年的 GluscoScan2000、3000。在当时 Lifescan 公司只占据血糖仪市场很小的份额。

（三）第三代血糖仪（不需要擦血的比色法血糖仪）

1987 年 LifeScan（强生）公司上市了一台不需要擦血的血糖仪——One Touch。1989 年推出了 One Touch2，由此 LifeScan 成为美国市场的领导品牌，并从 Boehringer Mannheim（罗氏）抢走了绝大部分市场。

1991 年 Boehringer Mannheim（罗氏）于 LifeScan（强生）公司的 One Touch 血糖仪上市后 4 年才推出了不需要擦血的血糖仪—Accutrend 系列，由于上市晚，罗氏已经损失了大部分市场，龙头地位由强生取代。

1994 年 Ames（拜尔）上市了第三代血糖仪器 Tide/Encore。

（四）第四代血糖仪（电化学法血糖仪）

电化学法血糖仪始于 1981 年，到 1986 年 Medisense（雅培）公司开发了第一台电化学法血糖仪 ExactechPen 在美国获准上市。随后电化学法技术取代了原先的比色技术成为这个领域的主流。

（五）第五代血糖仪（微采血，多部位采血血糖仪）

由 Thera Sense（森尔威）公司专利之库伦电量法所开发生产的 Freestyle（利舒坦）血糖仪技术质量更进一步迈入了新纪元。利舒坦是第一台微量血糖仪，多部位进行采血。是美国 FDA 唯一许可的在身体六个不同部位进行采血的血糖仪。2001 年上市后TheraScense（威尔森）公司在极短的时间内就成为美国第三大血糖仪供应商，后被雅培收购。

2003 年 TheraSense 公司以 12 亿美元被雅培收购，TheraSense 公司与雅培公司的 Medisense 业务结合形成雅培糖尿病护理公司。

（六）第六代血糖仪（无须采血血糖仪）

由于取血必须用针，因而有痛，故近年研究组织液中糖的测定，也称为微创测定。主要分为以下几种：①利用皮下间质液中的糖分子测试血糖，皮下间质液是一种无色透明液体，血液中的营养成分，包括葡萄糖，经由皮下间质液到达细胞，皮下间质液可以有少量渗出皮肤，这样，就能无创得到皮下间质液样品，测得血糖值。②通过人体对近红外线、中红外线或远红外线的射频分析，提取血糖值。当用红外线照射人体时，与血糖值无关的人体组织，如皮肤、骨骼、肌肉、水等，将吸收大部分红外线，余留少量代表血糖特征频谱信号，可用来提取血糖值。这种方法的问题是血糖特征频谱信号往往很弱，难以测量；此信号与体温以及体液成分有关，必须进行校正。③测试人体的射频阻抗，提取血糖值。当波长较红外线更长的电磁波对人体辐射时，像血糖这种非离子可溶性物质，将吸收一定的电磁波，提取其吸收特征值，理论上可以得到血糖值。但是体液中还有其他非离子可溶性物质，它们也吸收电磁波。因此，如何将血糖的吸收特征值分离提取，是这种方法的关键。

由于无创血糖仪采用间接方法监测血糖，因此不稳定因素很多，精确度不高，市场占有率很低。各个公司、高校以及科研单位都在积极研究无创血糖监测仪，因此无创血糖监测仪将会是自我监测血糖仪的研究热点。

图4是血糖仪技术发展的重要专利。

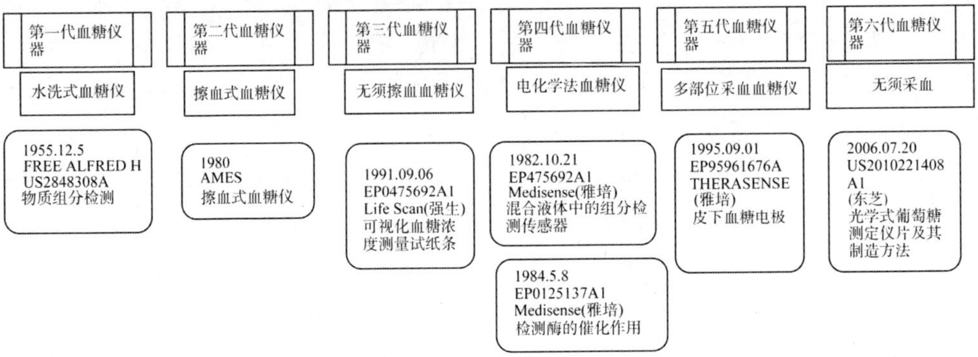

图4　血糖仪技术发展的重要专利

综上分析可以看出，每个公司在历代血糖仪发展中，首先掌握了领先技术的公司市场占有率必然增大，能够很快成为血糖仪领域的龙头企业，如强生公司，其在第二代血糖仪时期市场占有率很小，但是其首先研发出了更先进的第三代血糖仪，从而迅速占领市场。目前多部位采血和无创测量血糖技术发展刚刚起步，市场上还没有成熟的产品，因此我国公司可以从其入手研究，占领多部位采血和无创测量血糖仪的市场。

四、公司专利申请分析

在血糖仪领域，主要的公司有：国外的强生、罗氏、雅培、爱科来株式会社（ARKRAY株式会社）、拜尔、欧姆龙，中国的艾康（艾康生物）、三诺。其申请量统计如图5所示。可以看出雅培、强生和罗氏占据了大部分的专利申请，其相应的市场占有率也较高。

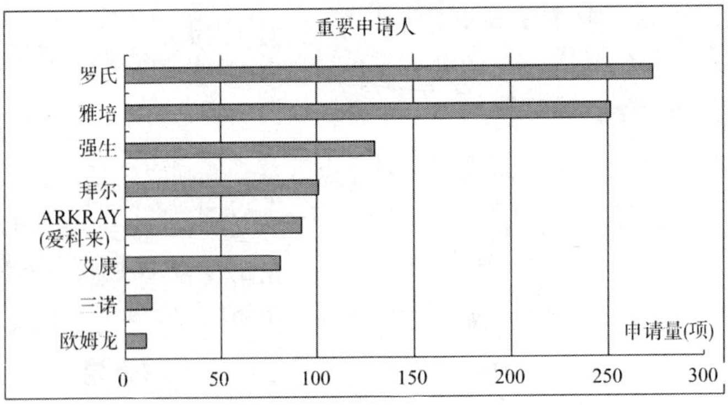

图5　重要申请人专利申请

（一）重要专利申请人分析——雅培

雅培公司是第四代血糖仪的最先受益者，其在1986年开发了第一台电化学血糖仪ExactechPen。雅培公司（Abbott Laoratories）1888年成立，1995年收购Medisense血糖产品公司，进入血糖监测领域，2003年收购Thera Sense血糖产品公司，雅培血糖检测系统技术地位更加领先，成立雅培糖尿病护理公司，专门研究血糖产品。

Medisense 专利申请量为 2 篇，Thera Sense 专利申请量为 20 篇，Abbott Diabetes care inc 232 篇专利，共 252 篇。

Medisense 一直致力于研究电化学传感器，除了检测血液中葡萄糖浓度以外，体液中或者化学中各成分含量利用电化学测定也是其主要的产品。因此电化学法血糖仪在 1986 年 Medisense（后被雅培公司收购）公司开发第一台电化学法血糖仪 ExactechPen 在美国获准上市也就不足为奇了。

1982 年 10 月 21 日 Medisense 申请的公开号为 EP0078636A1 的专利，介绍了电化学传感器电极检测血液中的葡萄糖，包含酶和介质层，所使用的酶为葡萄糖氧化酶或者脱氢酶，介质层包括 polyviologens; o-chloranil; ferrocene; 1，1′-ferrocenedicarboxylic acid; dimethylferrocene and polyvinylferrocene。该传感器可以与氧快速反应，省去了稀释的步骤，反应时间仅需 24～36 秒，可检测葡萄糖的线性范围宽度到 2～40 mm。其为较早的利用电化学传感器检测葡萄糖浓度的专利申请，申请人又于 1984 年 5 月 8 日申请了公开号为 EP0125137A1 的专利，在 EP0078636A1 专利的基础上，进一步完善了侵入式电极结构，双电极结构。但是在这些专利申请中，申请人并没有发现葡萄糖氧化酶或者脱氢酶对传感器测量的影响，例如，葡萄糖氧化酶对葡萄糖特异性很强，但是受环境中氧的影响很大，葡萄糖脱氢酶虽然不受氧的影响，但对葡萄糖特异性差，易受麦芽糖、乳糖、半乳糖的影响而导致测量值偏高。

2010 年 11 月 11 日公开的公开号为 WO2010128500A2、名称为“非侵入式检测血糖的系统和方法”的申请中，公开了可以实时可靠地监测血糖的方法和系统。其技术方案为利用脉冲传感器检测血液流经血管的脉冲波，通过处理器根据脉冲波速率来计算被测者的葡萄糖浓度。开始了其无创血糖仪的研究与开发。

（二）重要专利申请人分析——强生

到了第三代不需要擦血的比色法血糖仪时代，强生抢先，1987 年 LifeScan 公司上市了一台不需要擦血的血糖仪。

强生公司于 1989 年 8 月 28 日申请了专利公开号为 US5306623A、发明名称为 AVISUAL BLOOD GLUCOSE CONCENTRATION TEST STRIP 的专利申请，可视化血糖浓度检测条，其技术方案为从全血中分离红细胞和血红蛋白，利用与试剂发生反应产生的颜色来判断血液中的葡萄糖的浓度，其检测原理是以比色法来检测血液中葡萄糖的浓度，只需要将血液滴到试纸条上不需要擦血处理。不需要血糖仪器检测，直接利用人眼进行比色观察，试纸条上标有刻度。1987 年 8 月 13 日又申请了一篇公开号为 CN1050930A、名称为测定分析物的最少的操作步骤系统的专利申请，其减少了步骤：将血红细胞与血清或血浆分离。技术方案具体为从浸有试剂的惰性多孔基体一个表面取得反射比读数，该试剂是在将被分析的液体涂到该基体的另一表面并迁移过基体而到达所读取读数的表面时与分析物起反应，产生吸光的反应产物。为了消除干扰，反射比测量是用两个不同的波长进行的，计时电路是由被分析的液体通过惰性基体使测量反射比的表面润湿，进而使反射比开始下降来启动的。

1991年11月19日强生公司申请了公开号为US5187100A、名称为DISPERSION TO LIMIT PENETRATION OF AQUEOUS SOLUTIONS INTO A MEMBRANE的专利申请，公开了一种质控方法，以确定试纸条检测血糖浓度的准确性，质控品模拟全血，包含40%～55%的乙烯酸乙稀酯颗粒、水、葡萄糖和分散剂，其是较早的质控品。1996年2月14日又申请了一篇公开号为US5605837A、发明名称为CONTROL SOLUTION FOR A BLOOD GLUCOSE MONITOR的另一种血糖检测仪的质控品，模拟全血的另一种溶液，其仍然是应用于光度计血糖仪。

在利用比色法检测血液中的葡萄糖时，血球比率会影响试纸颜色的变化，因此在比色法中消除血液中血球干扰是一个研究方向，强生公司1996年10月17日申请了一篇公开号为CN1158998A、发明名称为对血球比率低敏感性的血糖试纸的专利申请，试纸包括：各向异性膜，膜具有一个上有相对较大孔的样品面和一个上有相对较小孔的检测面，样品面接受样品并通过它流向检测面；浸渍于膜上的检测试剂，包括用于把葡萄糖和氧转化为过氧化氢的成分，如葡萄糖氧化酶、能与过氧化氢反应而发生颜色变化的指示剂、可降低红细胞产生任何影响的浓度约0.1%到4%（W/V）的丙烯酸聚合物。

1997年8月8日强生公司申请了公开号为EP0823636A2、名称为REMOTE-DOSING ANALYTE CONCENTRATION METER的专利申请，其改变了传统的试纸条插入仪器孔的形式，而是利用一种三维结构形式，减小了污染，其具体技术方案为：提供一种用于与一个中空的截锥形一次性部件结合使用以测量生物液体试样中一种分析物浓度的测试仪。该截锥体的较小端具有一个可将液体试样施加在上面的多孔薄膜。薄膜中的一种反应剂与该分析物反应从而造成颜色的改变，测试仪具有一个与部件啮合的截锥形远端部分，测试仪测量颜色的改变并通过这种改变计算出试样中分析物的浓度。该测试仪与该一次性部件允许仪器进行远距离测定，这就将使用者与测试仪之间的交叉污染的可能性降到最低限度。虽然如此，市面上在售的依然以试纸条居多。

1997年9月4日申请的公开号为US6103509A、发明名称为MODIFIED GLUCOSE DEHYDROGENASE的专利申请中，公开了一种改进的葡萄糖脱氢酶，提高了血液中葡萄糖的检测灵敏度和准确性。

根据以上专利分析可以看出，强生公司一直致力于比色法血糖仪器的开发，一直到2000年以后，才开始涉足电化学法血糖仪，其是四大血糖仪厂家（雅培、罗氏、拜尔、强生）中最后一个进入电化学法血糖仪的生产厂家，而其推出的电化学血糖仪也不是自己开发的，1999年，LifeScan与美国InvernessMdical公司签署合同销售Inverness生产的电化学法血糖仪，InvernessMdical是一家OEM公司，专门为各大公司生产电化学试纸。由于强生迫切希望进入电化学领域，2001年强生收购了Inverness公司，LifeScan第一台电化学血糖仪是SmartScan。

2002年6月11日申请的公开号为EP2286720A1、发明名称为BIOLOGICAL FLUID CONSTITUENT SAMPLING AND MEASUREMENT DEVICES AND METHODS的专利申请，其是对电化学血糖仪采血装置的改进，装置具有至少一种微穿刺件，用于穿透皮肤到达预定的深度以接触生物体液；组分采样装置和测量组分的装置。组分采样装置包括组分转移介质，如亲水胶材料，采集的组分通过转移介质从微穿刺件转移到测量装置。测量装置包括带有至少一个多孔电极的电化学电池，通过电极可使至少一个采样的组分进入电化学电池。

2002年6月18日申请的公开号为CN1396444A、发明名称为改进的测试器件和方法的专利申请，其是对试纸条固定的改进，试纸条易于插入测量计内自动定位，非常抗插入时的回缩和一旦操作性地放置在测量计内的移动，并且确保准确测量生物流体样品的体积最小化。其具体方案为测试条包括纵轴；基本横向于纵轴的远边，其构造适于插入到测量装置中；在远边形成的用于与定位元件接合的定位凹口，它包括反向边，其中反向边的至少一部分与纵轴基本上处于平行关系。另外测试器件还包括接受一定体积流体样品的孔，其具有非圆形构造；支承元件和样品吸收元件。

2004年10月29日申请的公开号为CN1902479A的专利申请公开了一种用于降低直接和间接干扰电流影响的改进的电化学测试条，其包括衬底；布置在衬底上的第一个工作电极；布置在衬底上的第二个工作电极；参比电极；布置在第一个工作电极上的活性试剂层，其中活性试剂层完全覆盖第一个工作电极；布置在第二个工作电极上的非活性试剂层，其中非活性试剂完全覆盖第二个工作电极。其中第一个工作电极、第二个工作电极和参比电极位于样本接收室中；样本接收室具有近端和远端，远端包括适于接收体液的第一个开口；第二个工作电极的位置与第一个开口相邻。

2004年8月27日申请的公开号为CN1644163A的专利申请公开了一种具有预测模块的分析装置和相关方法，用于基于受检者组织间隙液（ISF）分析物浓度来预测受检者全血分析物浓度，如葡萄糖浓度。其是根据数据分析算法实现的间接测量。其开始涉足于利用组织液而非常规血液来检测葡萄糖浓度的领域。

2005年10月17日申请的公开号为US2007/0087397A1、发明名称为SYSTEM AND METHOD OF PROCESSING A CURRENT SAMPLE FOR CALCULATING A GLUCOSE CONCENTRATION的专利申请，公开了一种改进的根据电流计算血糖浓度的方法。具体方案为以一预定的采样率对所述测试电流进行采样以获取多个A/D转换。所述方法还包括过滤出至少一最高数值的A/D转换和一最低数值的A/D转换，以留下多个可接受的A/D转换。进一步，所述方法包括计算所述多个可接受的A/D转换的平均值或总和，并将所述平均值或总和转换为葡萄糖浓度。2012年7月24日申请的公开号为US20140027312A、发明名称为SYSTEM AND METHODS TO ACCOUNT FOR INTERFERONS IN A GLUCOSE BIOSENSOR的专利申请，公开了另一种改进的血糖浓度计算方法。

2000年以后强生公司在电化学血糖仪领域申请了大量的专利，包括改进的各个方面，以期后来者居上。目前，强生公司的血糖仪仍然占据很重要的市场。

五、血糖仪技术发展方向及热点分析

血糖仪发展至今，其检测原理已经基本成熟，主要在以下几个方面阐述技术发展方向及热点分析。

（1）校验（调码）

血糖仪的精度一直是制约其发展的主要瓶颈，影响精度的第一个因素为酶的活性以及反应受很多因素影响，如温度、湿度，而且不同批次的试纸条的制造工艺有所差异也会影响试纸条的精度，因此需要出厂校验码。影响精度的第二个因素为电路，由于血液与试纸条反应的电流信号很小，需要很强的增益，而电路检测如此微小的电流容易受到很多干扰，因此出现了各种算法或者电路校正方法。

拜尔健康护理有限责任公司2008年5月29日申请公开号为WO2009/020690A1、名称为SYSTEM AND METHOD FOR AUTOMATIC CALIBRATION的专利申请，公开了一种被自动校准的包括传感器阵列和处理器的装置。该传感器阵列使用电容式测量和射频测量中的至少一种从图案收集数据。该图案包含在校准存储设备上。该处理器从该传感器阵列接收该数据并根据该数据校准该装置。该校准存储设备优选是分析物接收条（即条码）。对于BGM，这些参数可以包括批号、有关测量信号转换成葡萄糖浓度的参数、试剂生产日期、试剂到期日期、区域特异性信息、防伪码、商业数据、软件控制数据等。

拜尔健康护理有限责任公司2009年10月2日申请公开号为WO2010/040090A2、名称为SYSTEM AND METHOD FOR PREDICTING AMBENT TEMPERATURE IN A FLUID ANALYTE METER的专利申请，公开了一种温度校正系统，包括壳体和设置在该壳体内的温度传感器。该系统还包括处理器，该处理器用于在仪表进入充电状态或放电状态时接收来自温度传感器的温度数据。该处理器还用于预测近似于壳体外部环境温度的温度值。所述预测温度值是基于存储的与温度传感器有关的历史温度数据而得到的，从而如果最近收到的温度值保持在预设温度上限和预设温度下限之间的范围内并且该最近收到的温度值超出至少一个预测温度值，则预测温度值保持不变。

长沙三诺生物传感技术股份有限公司于2012年3月28日申请公开号为CN202562927U、名称为动态血糖监测系统的专利申请，公开了一种自动校正的系统，血糖记录器借助指血测试试纸条将即时电流信号自动校正后转化为葡萄糖，此测试过程不需要额外配置指尖血糖仪来完成校正，免去了在校正时向血糖记录器人为输入校正值的步骤，从而避免了即时电流信号和校正值之间的延时误差和人为操作误差。

爱康生物技术（杭州）有限公司于2012年3月31日申请的公开号为CN102967636A、名称为自动编码装置和具有该装置的生物传感器和制造方法的专利申请，提供了一种自动编码装置，包括第一电极、第二电极和第三电极，第一电极和第二电极之间通过连接点连接，使得第一电极和第二电极之间的电学参数根据需要校正的参数而变化。自动编码装置只需要改动连接点在电极上的位置，就能给出不同的参数信息，工艺简单、稳定，减少了人为出错的概率。

广东乐心医疗电子股份有限公司于 2012 年 3 月 23 日申请的公开号为 CN202903801U、名称为一种高精度温度补偿的血糖仪，公开了一种高精度的温度补偿的血糖仪，测量时传感器接触试纸反应区的正下方，可以迅速感知试纸反应区温度。

（2）减少用血量或无创

采血对于患者来说是一种创伤性的，由于自我监测血糖仪需要每天测量，甚至每天会测量多次，频繁创伤性采血对于人身体以及精神都有很大的影响，因此研究无痛的微量采血或者无创（即无须采血）来检验血糖无疑会是今后重要的研究热点。

苏州锐安医疗电子有限公司于 2011 年 8 月 16 日申请的公开号为 CN102359984A、名称为便携式无创血糖仪的专利申请，公开了采用库伦电量法利用唾液含糖量来计算血糖浓度的技术方案。

南京鱼跃软件技术有限公司于 2012 年 11 月 29 日申请的公开号为 CN202939151U、名称为一种血糖试纸及应用此血糖试纸的血糖仪的专利申请，公开了一种血糖试纸，针对在采血量不足的情况下难以准确测量血糖浓度的问题，电极包括计时终点电极和计时起点电极，计时起点电极和计时终点电极的酶反应端于酶反应区外至内平行设置，以适应不同血量的血糖检测，保证低采血量时，血糖检测结果的准确性。

爱松特技术有限公司 2006 年 4 月 21 日申请的公开号为 WO2007/119900A1、名称为 GLUCOSE METER WEITH ER：YAG LASER LANCING DEVICE 的专利申请，公开了一种无痛安全地采集极少量的血液的方法，其利用 Er:YAG 激光器生成皮肤穿孔所需的激光。

（3）界面改进

由于自我监测血糖仪一般用于家用，用户老人居多，因此如何设置仪器的界面操作，使其简单易用也是血糖仪的研究热点之一。

拜尔保健有限公司于 2006 年 8 月 3 日申请的公开号为 WO2007/019289A1、名称为 METERHAVING MULTI－LEVEL USER INTERFACE 的专利申请，介绍了一种适于确定和存储分析物浓度读数（特别是葡萄糖浓度读数）的仪表，其包括具有用户特征的多个预定级别的接口。预定级别可以由用户基于用户的偏好、需求和能力选择。该仪表包括：显示屏，其适于向该仪表的用户显示信息；接口，其为该用户控制该显示屏，该接口具有适于由用户选择的用户特征的多个预定级别；至少一个用户输入机构，其适于允许用户选择用户特征的多个预定级别之一。

（4）信息综合化

信息科技的发展，将血糖仪与信息科技相连，如远程传输数据以用于分析也是研究热点之一。

霍夫曼—拉罗奇有限公司（罗氏）2010年11月13日申请的公开号为CN102648470A、名称为低血糖治疗系统的专利申请，介绍了用于治疗低血糖症的系统，包括持续血糖监测器，其在持续的基础上在一段时间内监测患者的血糖水平。警报和注射器设备被配置成由患者佩戴并且包括胰高血糖素递送机构，其用于在使用持续血糖监测器检测到低血糖状况的情况下自动将胰高血糖素递送给患者。通过无线方式传输血糖信号。

（5）测试条生产工艺的改进

改进测试条制造工艺，以及便于存储与获取也是研究的热点之一。

霍夫曼—拉罗奇有限公司2011年6月30日申请的专利号为WO2012/003306A1、名称为METHODS FOR MANUFACTURING A DUAL BIOSENSOR TEST STRIP的专利申请，公开了一种用于生产测试条的2-up制造技术，以降低成本，减少浪费并增大输出。还公开了与2-up技术相关的其他技术，例如，同时制造在多个列中布置的测试条。其他技术包括通过上衬底（110）和下衬底（130）的切割，以形成上衬底（110）或下衬底（130）的悬垂。

由专利分析可以看出，第（1）和第（2）项提高检测精度以及减少用户采血的痛苦是今后研究的重要热点，其涉及的专利数据多，涉及的技术广泛，尤其是无创采血，目前已经申请了大量专利，但是大部分是在研究阶段，还没有市场化，但是市场化是必然趋势。

六、总　结

自我监测血糖仪是进行糖尿病管理的有效工具，文章从专利视角对自我监测血糖仪进行了系统分析，根据其技术原理共划分为六代，依据六代血糖仪的技术发展脉络，针对每代血糖仪进行了分析；并利用专利统计分析手段，统计了中外专利申请状况，发现中国的技术水平依然落后于发达国家，要想赶超其他国家的技术，仍需要付出大量的努力；此外统计了每年血糖仪专利申请量的变化，发现近十年为血糖仪的快速发展期，重点针对雅培和强生进行了专利技术分析，并且分析了将来血糖仪器发展的热点技术方向，文章对该领域技术人员系统了解血糖仪领域的技术知识、龙头企业、重要专利以及该领域热点技术等方面有较大的帮助。

参考文献

[1] 邱世钦. 自我监测型血糖仪之最新进展. 中国医疗器械信息，2003，9（2）：11-15.

[2] JEFFREY D. NEWMAN，et al，Home blood glucose biosensors：a commercial perspective [J]. Biosensors and Bioelectronics，2005：2435-2453.

[3] JAMIE HU. The evolution of commercialized glucose sensors in China [J]. Biosensors and Bioelectronics，2009：1083-1089.

电润湿液体变焦透镜专利技术分析

杨 威

一、前 言

近年来，随着科技的高速发展，各类电子产品对可变焦光学成像系统的轻量化、小型化及像质提出了越来越高的要求。传统的变焦光学系统满足两个基本条件：能够改变焦距；焦距改变过程中保持像面位置不变[1]，传统的变焦光学系统需要通过机械装置移动镜组来实现变焦，但因其机械部件繁多、反应速度慢、制作成本高等固有缺点已无法满足要求，液体变焦透镜应运而生，并引发了研究热潮以及光学镜头技术的革命性变化。

液体变焦透镜正为笔者负责审查领域中分类号 G02B3/14 下的一个方向。根据工作原理和结构的不同，液体变焦透镜主要可分为 3 个种类[2]：①基于电润湿原理的双液体变焦透镜；②通过机械力改变透镜外形和体积的单液体变焦透镜；③通过加电改变液晶分子排列状态从而引起折射率变化的液晶变焦透镜。其中电润湿效应是一种物理化学现象，通过改变液体 固体界面的外加电压来控制液体在固体面上的润湿特性。电润湿效应的液体变焦透镜具有体积小、价格低、响应速度快、寿命长、成像质量好、无噪声等特点，受到业界的广泛关注[3]，基于电润湿原理的双液体变焦透镜是当前液体变焦透镜发展的主流方向，VARIOPTIC 公司和 PHILIPS 公司的产品都属此类。本文主要对 G02B3/14 下的 3 种液体变焦透镜中的基于电润湿原理的电润湿液体变焦透镜进行分析。

二、原 理

（一）电润湿效应

电润湿效应是一种物理化学现象，通过改变液体—固体界面的外加电压来控制液体在固体面上润湿的特性[4]。

图 1 是一个简单的电润湿效应原理示意图[3]，外加电压为零时，液体与绝缘层之间的接触角为 θ；当外加电压不为零时，液体与电极之间的绝缘层两边会积聚一定的电荷，电荷的积聚将改变绝缘层的厌水性，即改变固液之间的界面张力，由于导电液滴的体积不变，液滴界面形状会在外加电压的作用下发生改变，透镜的曲率随之而变。[5,6]

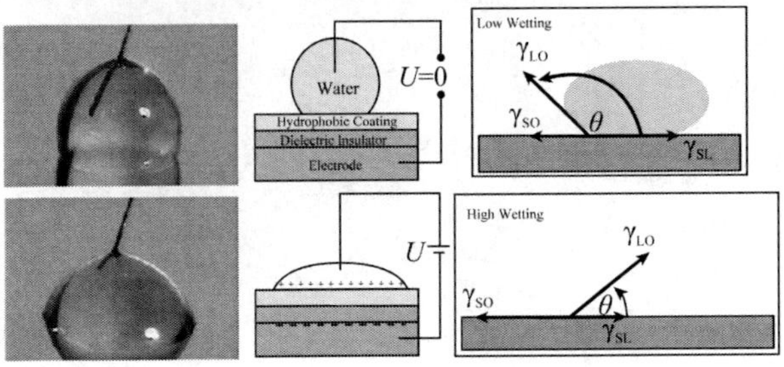

图 1　电润湿效应原理

（二）双液体变焦透镜原理

图 2 为双液体变焦透镜的结构示意图[7]。圆柱形玻璃管中充有两种透明并互不相溶的液体，其中一种液体是导电的水溶液，另一种液体是绝缘的非极性液体。两种液体具有不同的折射率，但具有相同的密度，以致这两种液体的界面在任何方位都能保持球面形状[5,8]。玻璃圆柱体的内壁依次沉积了一层透明电极和一层疏水介电层。加在导电液体和透明电极之间的电压即疏水介电层两边的电压可以有效地改变导电液体与介电层之间的界面张力，从而改变液体与内壁的接触角，最终导致界面面型的变化。

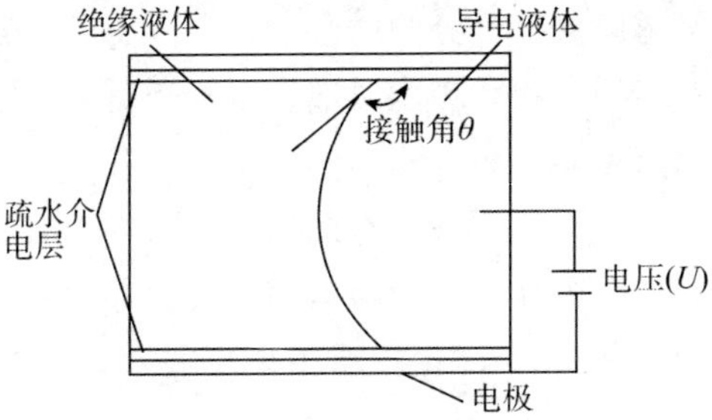

图 2　双液体变焦透镜的结构示意图

三、专利统计分析

结合 IPC 分类号 G02B3/14（可变焦距的充入液体或抽空的透镜）与关键词电润湿在中国专利文摘数据库（CNABS）、德温特世界专利索引数据库（DWPI）、世界专利文摘数据库（SIPOABS）中检索并合并结果，经同族去重，去除不相关专利申请后，得到 230 件电润湿液体变焦透镜相关专利申请，检索截止日期为 2014 年 4 月 20 日。

（一）专利申请年度分析

图 3 所示为电润湿液体变焦透镜技术专利年度申请量变化趋势。从图上可以看出，电润湿液体变焦透镜技术专利申请始于 1997 年，20 世纪 90 年代为该技术的初始阶段，发展缓慢。从 2002 年起，专利申请出现了迅猛增长，到 2004 年和 2006 年达到高峰，年申请量分别为 34 件和 36 件，并且在 2003—2007 年保持有较大的申请量，年申请量均在 20 件以上。

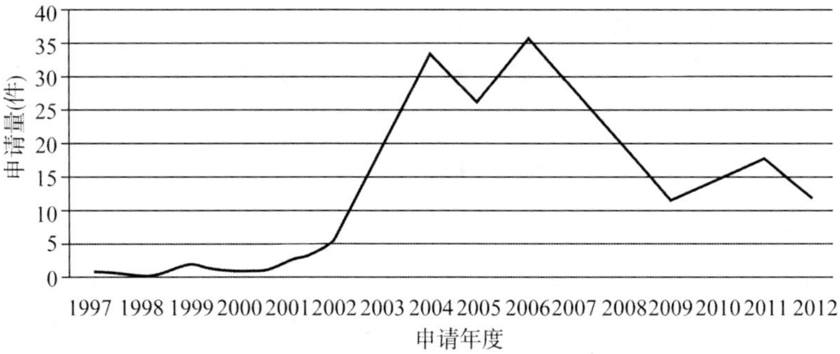

图 3 电润湿液体变焦透镜专利申请趋势

2003 年，T. Krupenkin 等[9]在前人的基础上，提出了一种改进的可变焦液体光学微透镜原型器件[10]；2004 年，飞利浦公司在 CeBIT 展会上推出了具有里程碑意义的“流体聚焦”（FluidFocus）透镜[2]，同年，VARIOPTIC 公司也首次推出了基于“电润湿效应”的液体变焦透镜[11]；VARIOPTIC 公司于 2006 年推出 2 款液体变焦透镜 Arctic320 及 Arctic416，实现了商品化的液体变焦透镜[2,12]，可应用于手机、医疗以及数字摄影市场，电润湿液体变焦透镜的商品化也使该领域的发展达到了高峰。

2005 年，专利申请量有小幅回落，而 2006 年又出现高峰，这主要是由于业界龙头老大飞利浦在 2004 年后申请量大幅减少，而其他企业在 2006 年后纷纷崛起，从而使申请总量有效回升。

但自 2006 年以后，专利申请逐渐减少，呈衰退趋势，出现这种现象或许是由现有技术已经发展成熟，创新空间不大造成的。在 2009 年形成低谷，这可能是由于金融危机引起的。

由于专利从申请到公开可能需要 18 个月，因此 2012 年和 2013 年专利申请数量与实际存在偏差。

（二）专利申请国分析

1. 专利申请国申请量分析

图 4 为按专利权人所属国统计的专利数量分布情况。电润湿液体变焦透镜的专利申请主要集中在荷兰、日本、法国、韩国、中国、美国等国家和地区，其中荷兰拥有的专利申请数量最多，达到全球总量的 30%，紧随其后的是日本，其专利申请为总量的 23%，法国和韩国的申请量均为总量的 15%，中国在该领域也占有一席之地，专利申请量占比为 9%。

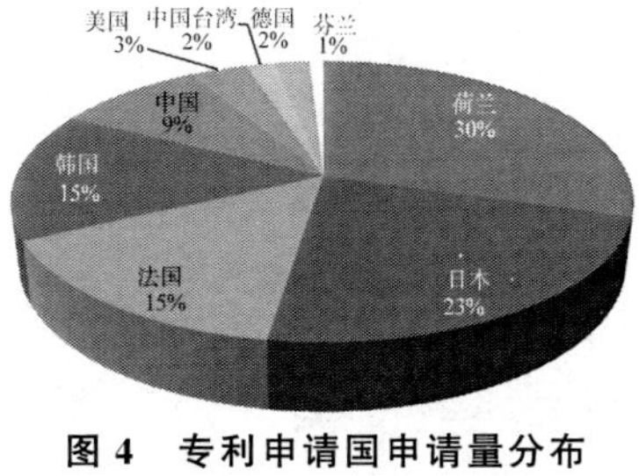

图 4 专利申请国申请量分布

2. 专利申请国申请趋势分析

图5所示为专利权人所属国主要国家的年度变化趋势。法国申请人在该领域申请专利的时间最早，于1997年开启了电润湿液体变焦透镜专利申请的先河，但在1998—2003年没有专利产生，从2004年开始，专利申请量迅速增加，在2006年达到高峰，年申请量为15件，后申请量逐渐减少。

荷兰拥有行业龙头企业飞利浦，因此，在该领域具有很大优势，于2002年开始进行专利申请，申请量增长迅速，在2004年出现申请高峰，年申请量达到28件，为各国之首，后申请量锐减。

日本在1999年、2000年有相关专利申请产生，但在2001年、2002年没有专利产生，并且在2003—2006年发展较慢，在2007年出现专利申请的高峰，年申请量为11件。

韩国专利申请的变化趋势与法国相似，但总量少于法国。

中国起步较晚，于2006年才有专利申请，且专利申请量一直不多。总体来看，这些国家的专利申请量在高峰后都有下降趋势，可能是技术趋于成熟，且专利布局已经形成，难于突破造成的。

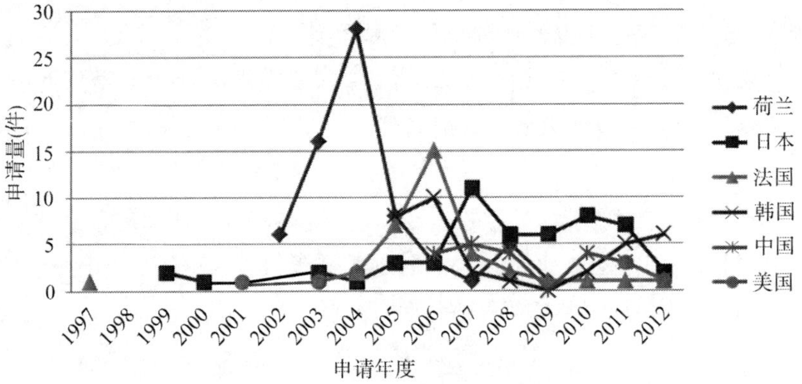

图5 主要申请国专利申请趋势

（三）主要申请人分析

图6所示为主要申请人的分布情况，飞利浦为行业的龙头老大，申请量遥遥领先，拥有65件专利申请。法国的VARIOPTIC排行第二，拥有30件专利申请。但是，荷兰、法国的申请人都呈现一枝独秀的状况，法国以VARIOPTIC为主，荷兰以PHILIPS为主。

日本申请人整体实力最强。具有索尼、CANON、柯尼卡三家知名企业，其中索尼的专利申请量达到了29件，行业排行第三位。

韩国的专利申请人主要是三星和CHOI H H。其中三星的专利申请量达到了22件，行业排行第四位。

中国的专利申请人主要集中在群康科技、群创光电、东南大学、南京邮电大学等，主要以高校、研究所为主，且专利申请量都不超过5件。

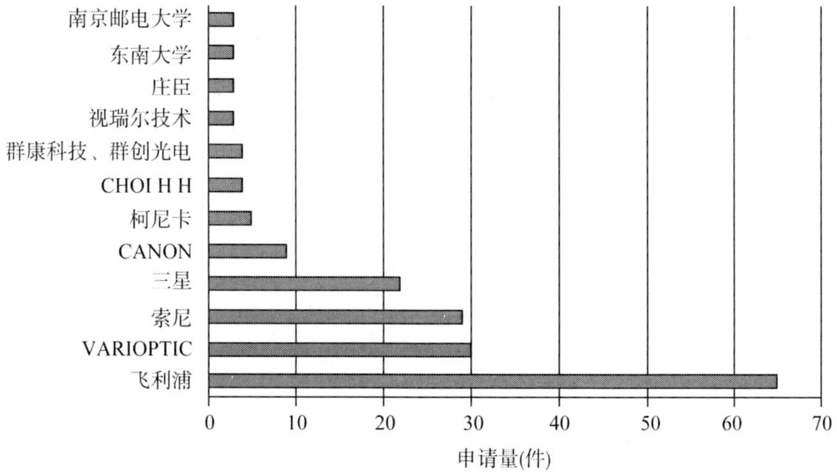

图 6 主要申请人分布

(四) 专利技术分支分布

对属于本次分析范围的专利申请共 277 件，经同族去重，去除不相关专利申请后，得到 230 件，对其进行人工标引分类，获得以下专利技术的分支分布。

1. 一级技术分支

图 7 所示为电润湿液体变焦透镜专利的技术领域分布情况，从图上可以看出，该技术专利分为四个部分，分别为弯月面、电极及驱动控制、液体材料、外壳及外围组件，其中，电极及驱动控制、外壳及外围组件所占比重较大，分别为 34%、31%，意味着在电极及驱动控制、外壳及外围的技术分支上，容易获得技术改进。弯月面是指两种不同填充液体相互接触构成的交界面的情况与运动状态；电极及驱动控制主要指电极的形状、分布以及电压的控制方式；液体材料是指利用所填充液体的不同的物理性质来改善电润湿液体透镜的性能；外壳及外围组件主要指容纳液体的透镜壳体以及与液体接触的容腔壁，还包括电润湿液体透镜其他方面的非核心技术。

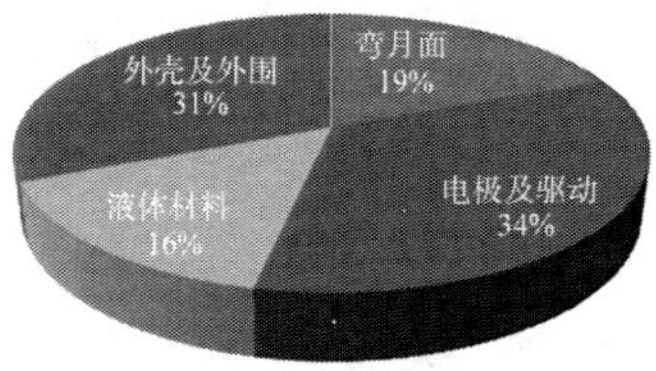

图 7 一级技术分类分布

图 8 所示为电润湿液体变焦透镜一级技术分支专利申请趋势。四大技术分支的申请高峰不完全重合，集中在 2004—2006 年，这与电润湿液体变焦透镜全球专利申请高峰为 2004—2006 年吻合；其中，弯月面的申请高峰出现最早，为 2004 年，由于弯月面技术主要是关于变焦原理，是电润湿液体变焦透镜领域的技术核心与源头，因此，也是四大分支中发展最早的技术；外壳及外围、液体材料的申请高峰出现在 2005 年，电极及驱动控制

的申请高峰都出现在2006年。

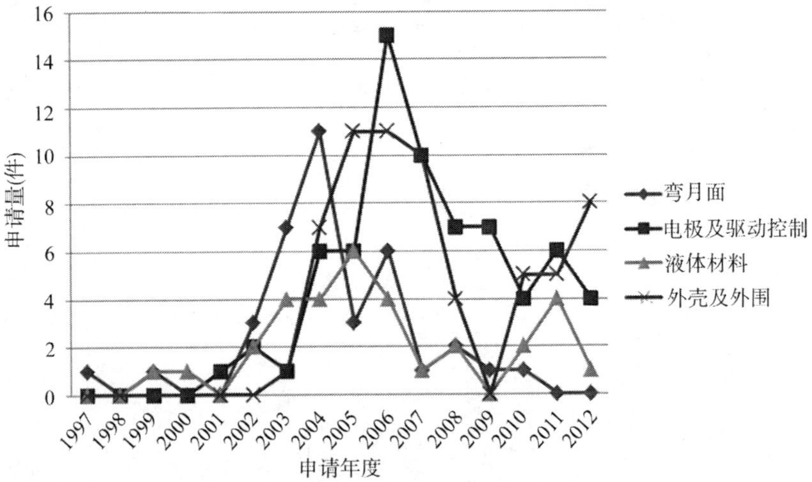

图8　一级技术分支申请趋势

2. 二级技术分支

图9所示为与弯月面相关专利的二级技术分类分布情况。弯月面状态的专利主要分布在角度变化、液体切换变换、弯月面平移、多个弯月面和光的不同透过方式。角度变化的相关专利申请所占比例最大，为39%，是弯月面技术分支中的重点技术。其中，角度变化是指弯月面的形状变化带来弯月面与腔室内壁之间的角度发生变化的情况；液体切换变换是通过电润湿提供吸引力，对透镜腔室内的液体进行抽吸，以实现不同液体的切换；弯月面平移是指不同填充液体相互接触构成的交界面在电润湿的作用下水平移动，而两液体交界面与腔室内壁之间的角度不发生变化；多个弯月面是指不同填充液体相互接触构成的交界面具有2个或2个以上，如3种不同液体相互间隔设置构成2个交界面，或2种液体交替间隔开构成2个交界面；光透过方式还可以分成三级技术分支，分别为半反半透式、反射式，由于绝大部分液体变焦透镜为透射式，因此这里不对透射式进行更多说明。

图10所示为与电极及驱动控制相关的专利二级技术分类分布情况。电极结构、介电层的设置、电压控制方式所占比重较大，分别为41%、22%、16%，其中，电极结构的设置是重点技术分支；此外，还包括有调制电压、润滑层、缓冲层、弯月面可测量三个技术分支。其中，电极主要指电极的形状、分布；电压控制是指电压的控制方法；调制电压是指对电压关于时序上数值的控制；弯月面可测是指通过一定方法使弯月面形状变化程度实现准确的量化测量；介电层是指电绝缘层，常与填充液体接触；润滑层、缓冲层常设置在介电层附近。

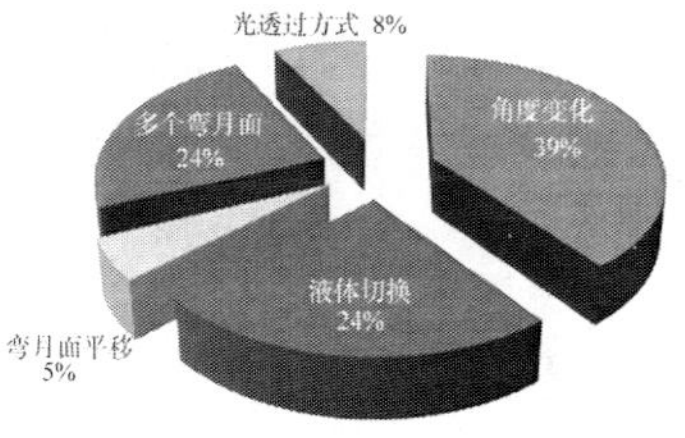

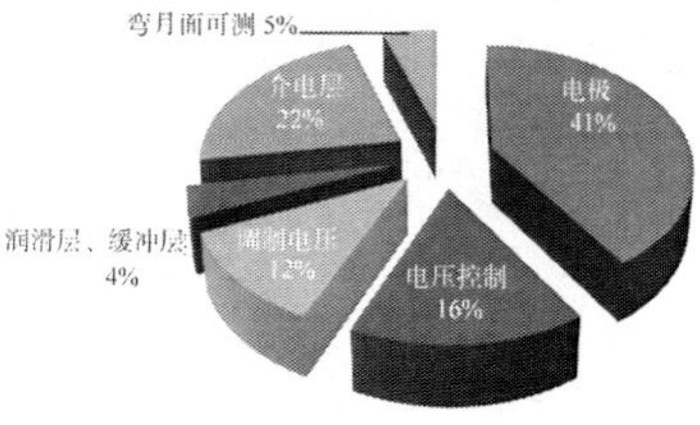

图 9　弯月面二级技术分类分布　　**图 10　电极及驱动控制二级技术分类分布**

图 11 所示为与液体材料相关的专利二级技术分类分布情况。其中添加其他化合物所占比例最大，达到 35%，其次是电解液，占 25%，使液体具有表面活性剂占 6%，此外，还有利用液体材料不同性质的专利申请，如折射率、黏性、比重、吸光性、色散等性质实现液体形状变化。

图 12 所示为外壳及外围相关的专利二级技术分类分布情况。其中壳与内壁所占比重较大，分别为 36%和 22%，是外壳及外围的主要技术改进点；阵列占 33%，在该二级分支中排第二，阵列具有较大的应用前景，因此，也是各家重点关注改进的技术分支之一。其中，外壳主要涉及容纳液体的透镜壳体；内壁是指与液体接触的容腔壁；弹性装置是指具有弹性的组件；垫圈类似密封圈；着色层为具有颜色的层状组件；阵列指多个电润湿液体透镜构成阵列；阵列的改进点较为繁杂，电润湿液体透镜阵列主要应用在显示领域，具有良好的应用前景。

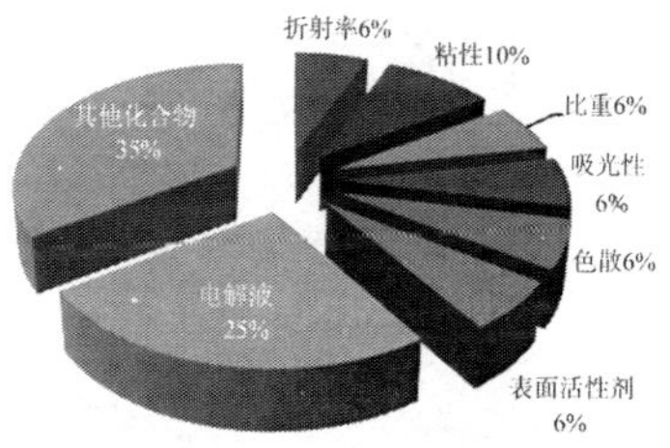

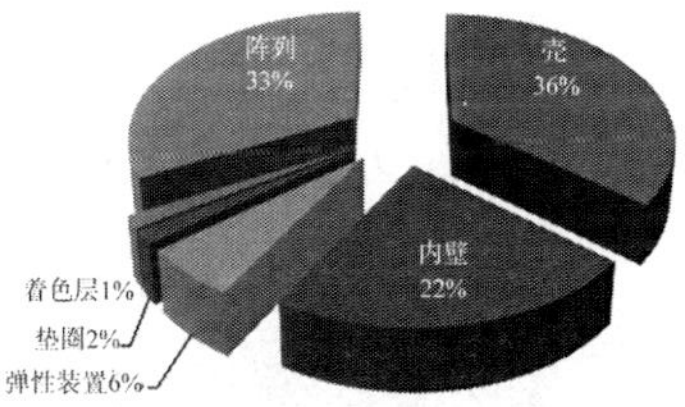

图 11　液体材料二级技术分类分布　　**图 12　外壳及外围二级技术分类分布**

3. 主要申请人技术分支分布

图 13 所示为电润湿液体变焦透镜主要申请人的专利技术领域分布情况。从纵向看，在弯月面技术分支，飞利浦具有绝对优势，拥有 21 件专利申请，占弯月面分支专利申请总量的 67.7%；对于电极及驱动控制的技术分支，索尼、飞利浦分别拥有申请 17 件、13 件，分列第一、第二位，VARIOPTIC、三星两家紧随其后；在液体材料方面，飞利浦也具有较大优势，有 11 件专利申请，领先其他各家；在外壳及外围技术分支，VARIOPTIC、索尼、三星专利申请量均为 10 件左右，相差不大，飞利浦略低，有 6 件专利申请。

从横向看，飞利浦在弯月面方面的专利申请最多，并且在业内领先，在电极及驱动控制、液体材料两个分支上相差不大，外壳及外围的分布较少；VARIOPTIC、索尼、三星这三家的分布情况相似，都是在电极及驱动控制、外壳及外围分布较多；CANON 本身申请量就不多，并且在四个技术分支的分布基本均衡。

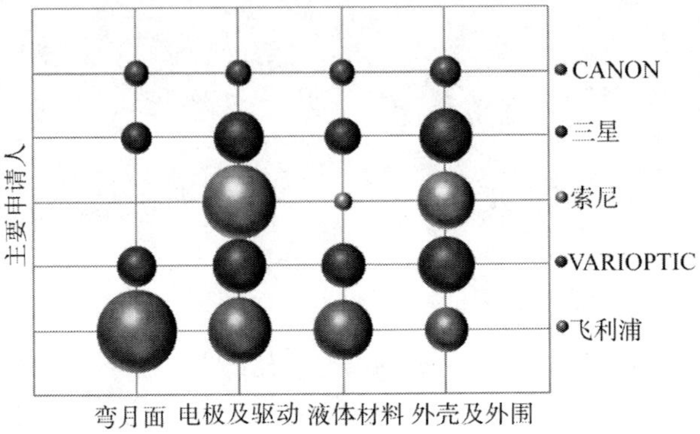

图 13　主要申请人技术分支分布

（五）专利主要应用分布

从图 14 可以看到，电润湿液体变焦透镜共涉及 18 个应用领域，主要应用有可变焦元件及设备、相机、显示、扫描、便携，此外，在图像捕获、眼科、医疗图像探测、照明等多领域均有涉及，因此，电润湿液体变焦透镜具有广阔的应用前景。

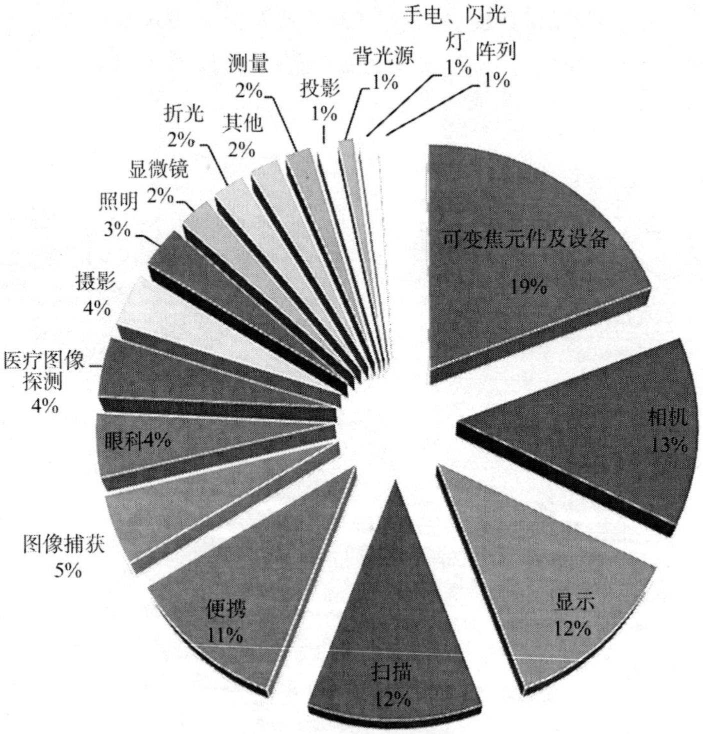

图 14　主要应用分布

四、技术功效矩阵分析

对属于本次分析范围的专利申请，经同族去重，去除不相关专利申请后，得到 230 件，对其进行人工标引。人工标引从技术方案与技术方案所达到的技术效果两方面进行。将标引结果统计后，得到专利技术功效矩阵图。气泡越大表示相应专利数量越多，意味着该点是领域的研发热点，可能具有较好的市场前景，但同时竞争激烈，存在专利侵权的风险较大，在这些点我们可以注意发掘市场，留意专利风险的规避；气泡越小表示相应专利数量越少，意味着该点可能是研发冷门，可能是由于技术障碍导致，也可能是行业研发盲点，或者缺乏市场需求导致研发动力不足，我们可以结合自身技术特点与经济实力以及市场的动态，对这些技术点进行选择。

图 15 为电润湿液体变焦透镜技术功效矩阵图。首先从横轴，即技术方案来看，主要具有四个分支，分别为弯月面、电极及驱动控制、液体材料、外壳及外围四个方面。对于弯月面的改进，产生的技术效果在各方面相差不大，在扩大变焦范围、精确控制、减少元件或体积方面稍有领先；对于电极及驱动控制改进的技术效果，主要集中在功耗低、精确控制、提高可靠性三方面；对于液体材料的改进，最突出的技术效果是提高可靠性；对外壳及外围的改进，主要提高机械稳定性，还对减少元件或体积、提高可靠性有明显效果。

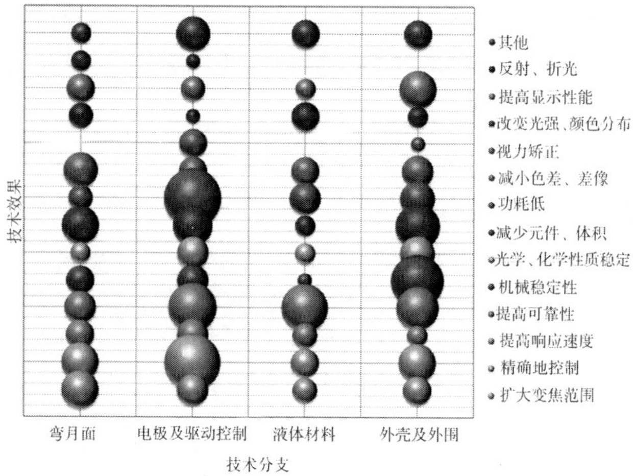

图 15　电浸润液体变焦透镜技术功效矩阵

从纵轴，即技术效果分析，主要具有 14 个技术效果；其中，降低功耗、精确控制、其他主要通过对电极及驱动控制的改进来实现；提高机械稳定性、提高显示性能主要通过外壳及外围的改进实现；对于其他技术效果，在四种技术方案上的分布相差不大，即通过这四种技术分支实现这些技术效果的难易程度差不多。

五、专利技术脉络梳理

根据人工标引的结果，结合已得的技术功效矩阵，对电润湿液体变焦透镜相关专利按照弯月面、电极及驱动控制、液体材料、外壳及外围四个技术分支，梳理专利技术脉络，并具体细化至二级技术分支。横轴为技术分支，纵轴为时间轴，申请号所标颜色表示其技术方案所起到的技术效果，两个颜色同时标注，表示具有两个技术效果。选择在同一技术分支下对于不同的技术效果而言，将申请最早、被引频次最多、技术方案最典型的专利申请依次列出。因此，从纵轴看，即可获得每个二级分支沿时间轴分布的技术发展路线。

（一）弯月面技术演进路线

图16所示为弯月面技术分支的专利技术脉络，通过在角度变化、液体切换变换、弯月面平移、多个弯月面、半反半透式、反射式六个子技术分支标定得到16篇专利申请。从图上可以看到，六个子技术分支的典型专利均集中在2002—2007年。在角度变化技术分支中，VARIOPTIC公司在1997年申请的FR9712781，是电润湿液体变焦透镜技术领域最早的相关专利，也是电润湿液体变焦透镜的雏形，技术方案为通过电场控制导电液体的形状来调节透镜焦距，技术效果为焦距可以在范围内连续变焦，该专利申请为后续的专利申请奠定了理论基础。CANON的JP16949399A于1999年提出，使用两种不同的液体填充容腔，两种液体的折射率差相较于一种导电液体与空气的折射率差更大，可以有效变焦，减小系统元件的体积。为较大程度地变焦，需要高电压，透镜就容易过早降级，因此，2002年飞利浦的CN03803856提出，当没有电压施加于两电极之间时，流体接触层对第二流体的可湿性在弯月面与接触层相交的两侧上基本上相等以降低功耗。在成像过程中，光轴可能发生偏移导致成像不稳定，2003年诺基亚的US20030455151P提出电场改变光轴方向以弥补图像的偏移。透镜变焦范围有限，无法从正光焦度调整为负光焦度，且光路易发生磨损，对此，飞利浦CN200480013032于2003年提出通过电浸润改变箱中容纳的流体的相对体积而可控制地改变弯月面的形状以解决上述技术问题。在调焦的同时为了更好地成像，2003年飞利浦CN200480013023提出通过电润湿电极对侧壁限制的弯月面周边起作用，来实现校正球面像差。变焦的响应时间长，还不够迅速，不能及时做出反应，2004年飞利浦CN200580025253提出两液体通过界面互相接触，界面与内壁形成接触角，通过设定接触角的具体量值来提高变焦的响应时间。

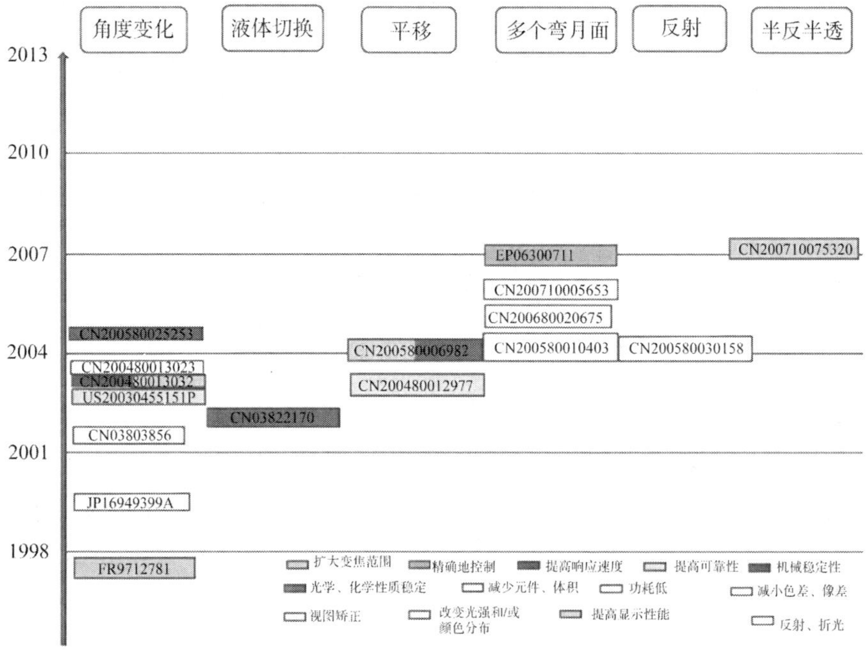

图 16 弯月面变化技术路线

对二级技术分支多个弯月面的技术发展路线进行以下说明。双液体单液面的液体透镜调焦范围有限，如果需要更大程度变焦，则需要加很大的电压，因此，2004 年飞利浦 CN200580010403 提出，流体腔室包含导电的第一流体和不导电的第二流体，一定体积的第一流体设置于两个体积的第二流体之间，使透镜包括两个不同折射率材料之间的界面，利用很低的驱动电压来实现变焦。2005 年飞利浦 CN200680020675 对双液面液体透镜进行进一步改进，由第一弯月面产生的球形像差的量基本上被由第二弯月面产生的球形像差的量所补偿，来改善球差的问题。2006 年三星 CN200710005653 提出使液态镜头由多个绝缘液体层和多个电解液层分别形成自动聚焦镜头部、光学变焦镜头部、微自动聚焦镜头部，即多种液体形成更多液面，从而在减少镜头组件的情况下实现变焦。2006 年 VARIOPTIC 的 EP06300711 对多液面提出一种新的构思，沿横向于光轴方向设置多个弯月面，通过光轴外侧的弯月面来控制光轴上的弯月面，以实现光轴方向弯月面的精确变焦。

对于弯月面的液体切换、弯月面平移、反射式液体透镜、半反半透式液体透镜这四个子技术，由于专利在时间轴上分布较少，这里不做脉络梳理的具体说明。弯月面的相关专利的技术方案如附件表 1 所示。

(二) 电极及驱动控制技术演进路线

图 17 所示为电极及驱动控制技术分支的专利技术脉络，通过在电极、电压控制、调制电压、介电层、润滑层缓冲层、弯月面可测六个子技术分支标定得到 33 项专利申请。电极是电极及驱动控制的技术分支中的重点技术，对其技术发展路线进行以下说明。2001 年朗迅科技的 CN02141675 提出液体微透镜包括多个与导电液体微滴绝缘的电极，电

极可有选择地偏置以在微滴与每个电极之间产生各自的电压势，改变微滴与垂直于绝缘层的一个平面之间的角度，从而实现材料选择上的更大自由度，无接触角滞后或粘滑效应，同时提供极好的调谐控制。随着双液体透镜的问世，通过电极对双液体透镜的控制也应运而生。2002年飞利浦CN03822172针对双液体的可切换光学元件提出，使第二流体设置成响应于施加给第一和第二电极的电压大致地横穿光轴而移动，从而改变流体腔室沿光轴方向的透射率，以提高响应速度。2002年飞利浦CN200380104830提出通过两独立电压对双液体形成的弯月面的侧面分别起作用，来实现非对称控制，使变焦更加精确。2003年飞利浦WO2004IB50620提出第一电润湿电极用于对侧壁限制的弯月面周边两侧起作用，第二电润湿电极延伸通过弯月面，用以校正球面像差。2004年飞利浦CN200580006982提出，第一流体和第二流体沿着界面相接触，至少一个第一电极设置在界面的中间部分，从而在第一电极和第二电极之间施加的电压可使界面的中间部分基本上沿着光轴的方向移动，可实现更自由的表面形状，具有快速的切换速度。此外，从图17还可以看出通过电极改进，还可以在提高机械稳定、提高显示性能、提高可靠性等多方面有所贡献，并且由于电极结构的改进直接影响着弯月面的变化形状，因此，是电润湿液体透镜的一个核心技术。

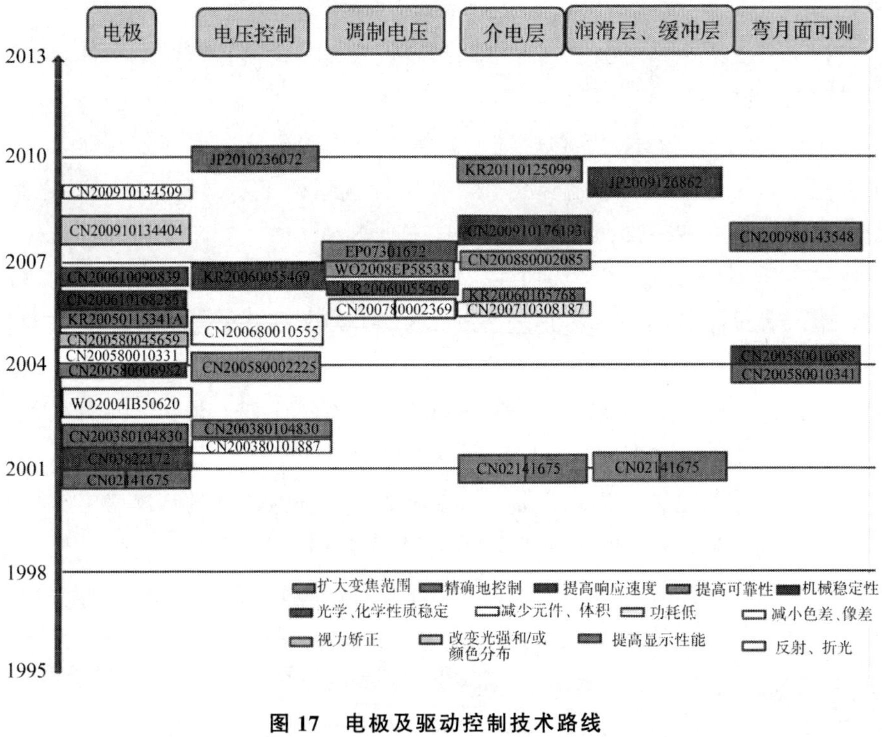

图17 电极及驱动控制技术路线

弯月面可测为弯月面弯曲程度的测量，使变焦精量化。2004年飞利浦CN200580010341提出通过测量第一电极和第二电极之间的透镜流体的电阻，确定透镜表面的位置，以达到变焦的精确控制。同日，飞利浦的CN200580010688提出通过监控电极上的电荷来实现变焦可控，响应速度快。2008 年飞利浦的 CN200980143548 提出通过监测主电润湿电极和至少两个相应辅助电润湿电极之间的电容来控制变焦，检测精度很高。

电压控制主要涉及多电极情况下，各电极的分别控制方式，在降低功耗，提高显示性能，提高可靠性，减小像差、色差，提高响应速度，实现变焦的精确控制 6 个技术效果上有所分布，说明电压控制能够解决多方面的问题，也是技术可以挖掘的点之一。

调制电压是指对电压关于时序上的控制，其也能达到多个技术效果。介电层技术改进多在介电层表面物理性质的改进，如亲水性、疏水性、绝缘性能等。润滑层、缓冲层都是设置在介电层附近，与介电层相关。电极结构的相关专利的技术方案如附件表 2 所示。

(三) 液体材料技术演进路线

图 18 所示为液体材料技术分支的专利技术脉络，通过在折射率、黏性、比重、吸光性、色散、表面活性剂、电解液、其他化合物八个子技术分支标定得到 16 篇专利申请。液体材料的各子技术分支主要涉及在透镜液体中添加物质，利用添加物质的物理性质来改变透镜液体的物理性质，从而提高整个透镜的性能。液体材料技术分支的技术发展脉络可以从图 18 各技术分支中的专利申请沿时间轴的分布得到。液体材料的相关专利的技术方案如附件表 3 所示。

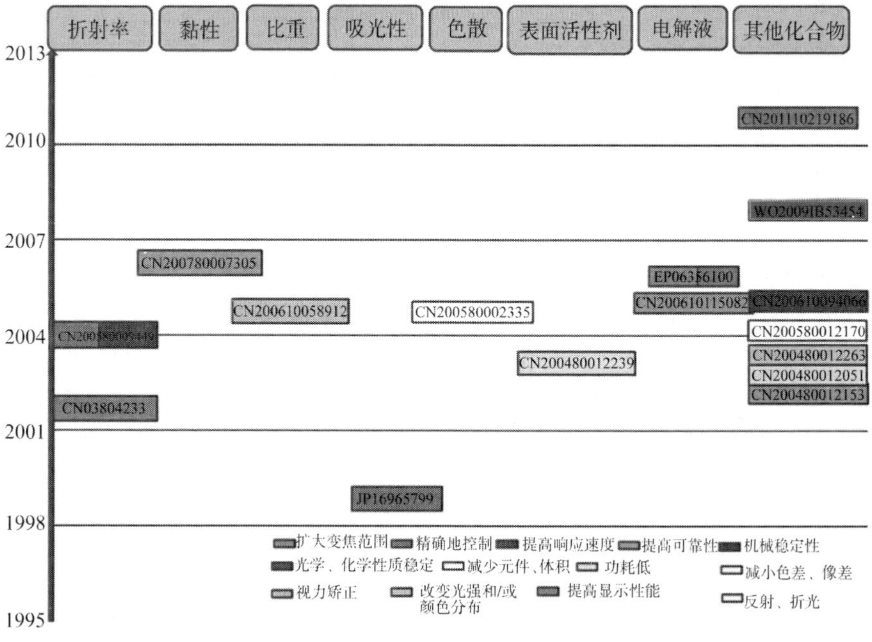

图 18 液体材料技术路线

(四) 外壳及外围技术演进路线

图 19 所示为外壳及外围技术分支的专利技术脉络，通过在壳、内壁、弹性装置、垫圈、着色层、阵列六个子技术分支标定得到 30 项专利申请。外壳主要涉及对其形状的改进带来的有益效果。内壁是指与液体接触的容腔壁，主要涉及形状、内壁表面物理性质的

改进。阵列的改进点较为繁杂，电润湿液体透镜阵列主要应用在显示领域，具有良好的应用前景。外壳及外围技术分支的技术发展脉络可以从图 19 各技术分支中专利申请沿时间轴的分布得到。由于外壳及外围技术相对繁杂，也不是电润湿液体变焦透镜的核心技术，因此，对于外壳及外围技术的各技术分支的技术发展脉络不做过多说明。外壳及外围的相关专利的技术方案如附件表 4 所示。

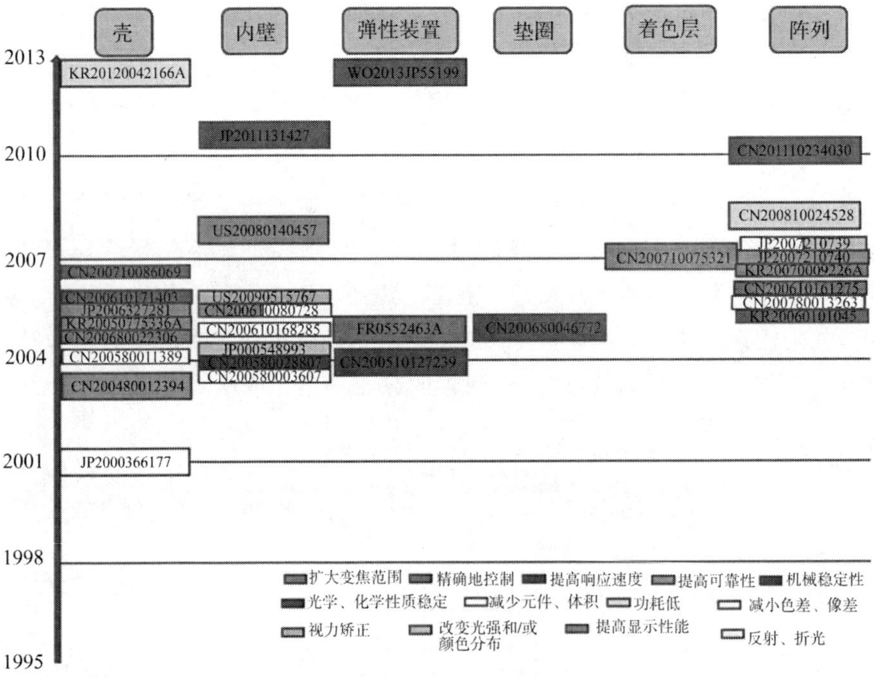

图 19　外壳及外围技术路线

六、结　语

综上所述，电润湿液体变焦透镜已经商品化[13-15]，技术发展迅猛，成果丰硕，有可能全面覆盖传统光学镜头的应用领域，将会在光学相关产业得到广泛应用。该领域的专利主要集中在法国的 VARIOPTIC、荷兰的 PHILIPS、日本的索尼、CANON、柯尼卡等，引领着整个行业的发展，而我国在电润湿液体变焦透镜方面起步较晚，技术薄弱，主要是一些高校的学者和研究人员在积极开展这方面的研究和开发工作，研发企业极少，面对国外已经布置的专利网，我们应在规避专利侵权风险的同时，着力发展自己的核心技术，以突破已有专利布局，提高我国电润湿液体变焦透镜的行业竞争力量，以期带动相关各行业的发展与进步。

参考文献

[1] 陶纯堪. 变焦距光学系统设计 [M]. 北京：国防工业出版社，1998.

［2］周慧源．液体透镜的现状及发展前景［J］．现代应用光学，2008．5．

［3］张鹰．基于液体透镜的变焦距光学系统研究［D］．中国科学院长春光学精密机械与物理研究所，2012．

［4］绳金侠，彭润玲，陈家璧．电湿效应双液体变焦透镜性能的分析［J］．光学仪器，2007，29（4）．

［5］祝澄，彭润玲，陈家璧．基于电湿效应的双液体透镜［J］．大学物理，2007，26（6）．

［6］KUIPER S，HENDRIKS B．Liquid Lenses Provide Quality Images for Camera Phones［J］．SPIE，2005，5（1）：20－23．

［7］T．KRUPENKIN，S．YANG，P．Mach．Tunable Liquid Mirolens［J］．Appl．Phys．Lett，2003，82（3）：316－318．

［8］BERGE B，PESEUX J．Variable Focal Lens Controlled by an External Voltage：An Application of Electrowetting［J］．EurPhy J E，2000，3（2）：59－163．

［9］康明，岳瑞峰，吴建刚，等．基于EWOD的锥形管状结构液体变焦透镜［J］．传感技术学报，2006，19（5）：1768－1770．

［10］郑浩斌，何焰蓝，丁道一，康强．液体透镜发展现状［J］．物理学和高新技术，2008，37（1）．

［11］郑浩斌，何焰蓝，丁道一．液体透镜的诞生和发展［J］．物理与工程，2008，18（4）．

［12］胡兴军．液体镜头将引导一场光学镜头革命［J］．照材荟萃，2009．2．

［13］辛企明．液体透镜的发展趋势［J］．光学仪器，2010，32（6）．

［14］SAUREI L，MATHIEU C，BERGE B．Design of an Autofocus Lens for VGA 1/4" CCD and CMOS sensors［J］．SPIE，2004，5249：288－296．

［15］KUIPER S，HENDRIKS B，HUIJBREGTS L J，et al．Variable－Focus Liquid Lens for Portable Applications［J］．SPIE，2004，5523：100－109．

附件：关键专利的技术方案列表

表1　弯月面典型专利发明点

申请号	申请日（优先权日）	申请人	发明点
角度变化			
FR9712781	19971008	VARIOPTIC	通过电场改变导电液体形状
JP16949399A	19990616	CANON	通过电极控制两种不相溶液体形状改变光通过
CN03803856	20020214	飞利浦	当没有电压施加于两电极之间时，流体接触层对第二流体的可湿性在弯月面与接触层相交的两侧上基本上相等
US20030455151P	20030317	诺基亚	电场改变光轴弥补图像偏移

续表

申请号	申请日（优先权日）	申请人	发明点
CN200480013032	20030514	飞利浦	两种流体在横断光轴延伸的弯月面上接触，改变流体的相对体积
CN200480013023	20030514	飞利浦	通过电润湿电极对侧壁限制弯月面周边起作用
CN200580025253	20040729	飞利浦	光学器件具有在接触角的第一值和接触角的第二值之间的工作范围
液体切换			
CN03822170	20020919	飞利浦	控制施加给电板结构的电压，以便在光学元件的第一与第二离散状态之间切换
平移			
CN200480012977	20030514	飞利浦	用于通过改变箱中容纳的每一种流体的相对体积而可控制地改变弯月面沿光轴的位置
CN200580006982	20040304	飞利浦	在第一电极和第二电极之间施加的电压可使界面的中间部分基本上沿着光轴的方向移动
多个弯月面			
CN200580010403	20040330	飞利浦	导电的第一流体和不导电的第二流体，第一流体设置于两个第二流体之间，使透镜包括两个不同折射率材料间的界面
CN200680020675	20050610	飞利浦	弯月面控制器控制每个弯月面的形状，由第一弯月面产生的球差基本上被由第二弯月面产生的球差所补偿
CN200710005653	20060308	三星	多个绝缘液体层和多个电解液层分别形成多个聚焦镜头部
EP06300711	20060621	VARIOPTIC	电极控制形成横向排列多弯月面
反射			
CN200580030158	20040909	飞利浦	正面流体折射率高于背面流体，使得通过弯月面以一定反射角在光路中提供全反射
半反半透			
CN200710075320	20070725	群康科技、群创光电	半穿透半反射式电湿润显示装置，其第二液体遮蔽反射层图案的面积随第二液体遮蔽下基板的面积变化而变化

表 2 电极及驱动控制典型专利发明点

申请号	申请日（优先权日）	申请人	发明点
电极			
CN02141675	20010913	朗迅科技	多个通过与导电液体微滴绝缘的电极，电极有选择地偏置在微滴与各电极之间产生电压势
CN03822172	20020919	飞利浦	可切换光学元件的第二流体设置成响应于施加给第一和第二电极的电压大致地横穿光轴而移动，从而改变流体腔室沿光轴方向的透射率
CN200380104830	20021203	飞利浦	电压控制系统向各对相对的段电极及端壁电极两端施加不同的外加电压
电极			
WO2004IB50620	20030514	飞利浦	电极分别设置在腔的内壁和横穿弯月面
CN200580006982	20040304	飞利浦	第一电极设置在界面的中间部分，第一电极和第二电极之间施加的电压可使界面的中间沿着光轴的方向移动
CN200580010331	20040330	飞利浦	包括第一、第二及第三电极，分别向第一和第二电极施加电压，能将导电液体移入和移出流体腔的光学有效部分
CN200580045659	20041118	维思克斯公司	包括限定一个或多个流体/流体界面的多个流体、提供多个电润湿电势的电势源，电势源被构形为改变至少一个电润湿电势以响应第一输入改变一个或多个流体/流体界面柱面定向
KR20050115341	20051130	利美智 Lab 株式会社	位于上下衬底上的电极非对称设置
CN200610168285	20051227	三星	在腔室中注入两种液体后将导电透明板布置成与顶部的液体相接触
CN200610090839	20060626	叶哲良 郑至成 张家铭	底板上设置第一电极，第一电极以可被选择性地施加偏压，使得在底板上的液体分别形成第一电位
CN200910134404	20080408	索尼	第一和第二液体填充各透镜腔，界定第一透镜腔的顶板、第一侧壁构件、第一隔离构件的部分内表面分别设有第一、第二、第三电极
CN200910134509	20090417	财团法人工业技术研究院	将绝缘层设于电极层上预定周缘区域，并曝露电极层的中间部分，两电极夹层壁相对设于绝缘层上，构成内部空间，两种不互溶液体填充于内部空间中与电极层接触

续表

申请号	申请日（优先权日）	申请人	发明点
电压控制			
CN200380101887	20021025	飞利浦	可控透镜组包括电压控制的电润湿器件
CN200380104830	20021203	飞利浦	向各对相对的段电极及端壁电极两端施加不同的外加电压
CN200580002225	20040112	飞利浦	控制系统将不对称的电压波形提供到可变元件
CN200680010555	20050331	VARIOPTIC	成像光学系统包括至少两个电润湿型可变焦透镜以及控制装置
KR20110114506	20111104	三星	三个电极单元分别独立开启、关闭
JP2010236072A	20101021	CANON	当超过预定光功率时提供反方向电压
调制电压			
CN200780002369	20060111	飞利浦	控制电路，由驱动器电路产生可控电压源，两个调制器接收可控电压源并分别产生第一和第二已调制电压输出
调制电压			
KR20060055469	20060620	三星	施加预定电压之前，在预定时间施加最大或最小驱动电压
WO2008EP58538	20070703	利奎阿维斯塔股份有限公司	开关关闭时设置电压，开关打开时施加电压保持超过70 ms
EP07301672	20071213	VARIOPTIC	电压是移动数据的函数，变焦参数和其他参数决定校准相位
介电层			
CN02141675	20010913	朗迅科技	通过绝缘层及润滑层与导电液体微滴绝缘的电极，选择地偏置以在微滴与每个电极间产生各自电压势
CN200710308187	20060929	索尼	通过介电层向液体材料施加电压的电极，介电层被形成为由通过阳极化处理电极形成的金属氧化物组成的阳极化部分，向电极和液体材料之间施加电压的供电元件和极性电容被置于电极和液体材料之间
KR20060105768	20061030	三星	在介电层与电解液之间设置油层，改变亲水性

续表

申请号	申请日（优先权日）	申请人	发明点
CN200880002085	20070110	索尼	绝缘部由双层结构形成，第一层形成在第二层与第一电极的表面之间，有比第二层高的介电性能和高的绝缘性能，第二层形成在第一层与液体之间，有比第一层高的防水性
CN200910176193	20080926	索尼	第一基板部上第一膜与第一液体亲和性高于第二液体，第一膜中央第二膜、第二基板部上与第一膜相对设第三膜，两者与第二液体亲和性高于第一液体
KR20110125099	20101206	CHOI H H	疏水性介电层位于介电层上
润滑层、缓冲层			
CN02141675	20010913	朗迅科技	通过绝缘层及润滑层与导电液体微滴绝缘的电极，选择偏置在微滴与每个电极间产生各电压势
JP2009126862	20090526	索尼	电极与介电层之间设置缓冲层
弯月面可测			
CN200580010341	20040330	飞利浦	取决于通过第一电极和第二电极之间的透镜流体的电阻，使用电阻确定透镜表面的位置
CN200580010688	20040330	飞利浦	监测电极之一上的电压的装置；透镜功率导出一值来控制将提供给电极排列的总电荷的装置
CN200980143548	20081103	飞利浦	测量电路用于分别测量主电润湿电极和至少两个辅助电润湿电极之间的电容，包括多路复用器

表 3　液体材料典型专利发明点

申请号	申请日（优先权日）	申请人	发明点
折射率			
CN03804233	20020220	飞利浦	容器含有至少两种具有不同折射率和不同电导率的不相融合的液体，还配备有用于改变液体之间的界面形状的驱动装置
CN200580009449	20040324	飞利浦	流体腔具有不同折射率的第一和第二流体，两流体间具有弯月形界面；第二流体包括双折射部分，能够改变第一辐射束和第二辐射束特性

续表

申请号	申请日（优先权日）	申请人	发明点
黏性			
CN200780007305	20060201	VARIOPTIC	多相液体组合物，非导电流体在导电流体中不混溶，组合物在－20～70 ℃的算术平均运动黏度为1.5 cSt～40 cSt
比重			
CN200610058912	20050308	索尼	容器中密封有两种比重相同的液体，第一液体由三种或更多种具有不同比重的液体混合而成
吸光性			
JP16965799	19990616	CANON	具有相同比重、折射率、不同吸光性能的两种液体来改变光束通过
色散			
CN200580002335	20050113	飞利浦	两种液体的折射率和阿贝数满足一定关系
表面活性			
CN200480012239	20030506	飞利浦	可转换元件中，第一、第二流体中至少一个包括表面活性剂
电解液			
CN200610115082	20050823	三星	在电解液中加入了一定计量的极性溶剂
EP06356100	20060808	VARIOPTIC	导电液中包括盐
其他化合物			
CN200480012153	20030506	飞利浦	第二流体包括溶解的或混合的化合物，化合物不能溶解于或不能混合于第一流体，化合物的量足以将相应流体的凝固点降低至－20 ℃以下
CN200480012051	20030506	飞利浦	电润湿组件中，至少一种流体包括在气相时具有零偶极矩的化合物
CN200480012263	20030506	飞利浦	电润湿模块，其至少一种流体包括具有至少一种芳香族、非熔化的残余物的化合物
CN200580012170	20040402	飞利浦	可变焦距透镜，包括用于校正由于有色流体引起的物体图像相对于物体本身的颜色变化的装置

续表

申请号	申请日（优先权日）	申请人	发明点
其他化合物			
CN200610094066	20050623	VARIOPTIC	可变焦距透镜中具有一定体积的气体用于补偿透镜中液体的膨胀，气体在光线不经过的区域中接触两种不混溶的液体之一，并通过一限定装置防止气体移动到光路中去
WO2009IB53454	20080819	飞利浦	第一、第二液体更换原始液体中的同位素原子
CN201110219186	20110802	昆山龙腾光电	在第一基板和第二基板之间夹置分散有可光聚合的物质的极性液体和分散有可光聚合的物质的非极性液体；及对组立后的第一基板和第二基板进行光照射，使得分散于极性液体和非极性液体中的可光聚合的物质聚合固化而在第一基板和第二基板之间形成挡墙结构

表 4　外壳及外围典型专利发明点

申请号	申请日（优先权日）	申请人	发明点
壳			
JP2000366177	20001130	CANON	腔的中间部分比周边部分更靠近液体表面
CN200480012394	20031010	飞利浦	电润湿室，至少一个端部分通过可膨胀的连接部分紧固到主体
CN200580011389	20040416	飞利浦	液体容器包括在光路中的透明端部，透明端部的一部分限定了在预定电压下一部分界面的形状
CN200680022306	20050623	VARIOPTIC	具有空腔和通道的封罩，且通道在一端与空腔连通，通过通道用液体充填空腔
KR20050115336	20051130	利美智 Lab 株式会社	发射层在衬底内侧将发射材料图形化印刷形成
JP2006327281	20051202	索尼	液体腔具有多变形的上部
CN200610171403	20051229	三星	变焦透镜，流体腔具有沿着其敞开的一端的圆周形成的多个突起
CN200710086069	20060424	三星	液体透镜通过第一黏合剂将主体与盖相结合，通过第二黏合剂将主体的外围与盖的外围相结合

续表

申请号	申请日（优先权日）	申请人	发明点
KR20120042166	20120423	CHOI HYUN HWAN	第一腔衬底、第二腔衬底形成向中心倾斜环形槽，第一透明衬底、第一腔衬底、第二透明衬底、第二腔衬底形成六角蜂窝状，导电液体与油注入腔中
内壁			
CN200580003607	20040130	飞利浦	腔体具有入口窗和出口窗，与流体相接触入口窗表面或出口窗表面具有曲率，未加电压时，表面曲率符号与弯月面曲率符号相同
CN200580028807	20040827	VARIOPTIC	绝缘液体位于第一壁上，第一壁的表面具有对于绝缘液体的高润湿度和对于导电液体的低润湿度；导电液体覆盖绝缘液体并且接触第二壁，第二壁的表面具有对于导电液体的高润湿度和对于绝缘液体的低润湿度
JP000548993	20041221	日本瑞翁株式会社	腔内壁表面具有氟
CN200610168285	20051227	三星	在腔室中注入两种液体后将导电透明板布置成与顶部的液体相接触；向导电透明板和腔室施加电压以诱发电润湿，从而改变两种液体之间的弯月面的形状
CN200610080728	20060515	清华大学	变焦透镜在透明基板和透明盖板之间装有一个圆环和两种互不混溶流体，圆环与基板、盖板相互平行且各有间距，圆环具有导电性或绝缘性或局部绝缘性，其底部表面具有亲水性，其余各表面具有疏水性
US20090515767	20061124	VARIOPTIC	壁具有非对称的旋转表面，并且几何形状可以计算得出
US20080140457	20081223	VARIOPTIC	电极通过绝缘层与第一导电液体隔离，电极通过电导轨与电源连接，第一层上覆盖有绝缘层，主体腔或第一层由电阻材料制成
JP2011131427	20110613	CANON	圆柱部分设置在封闭腔中，界面支撑部分用来支撑圆柱外表面的一端，圆柱的外表面的另一端与壁表面连接，电极施加电压到圆柱的外表面的另一端上，使其在平行于圆柱方向移动

续表

申请号	申请日（优先权日）	申请人	发明点
弹性装置			
CN200510127239	20041124	VARIOPTIC	可变焦距透镜包括弹性装置，其可随液体的压力变化而变形
FR0552463A	20050808	原子能与替代能源委员会	弹性膜覆盖衬底形成液体溶腔，一种液体形成液滴状，另一种液体形成其他形状，电极单元通过控制弹性膜来控制液滴形状
WO2013JP55199	20120228	旭硝子株式会社	弹性膜为单层膜或弹性膜为多层膜，由具有1个醚性氧原子的含氟脂肪族环结构的结构单元为主成分的含氟聚合物A，和具有2或3个醚性氧原子的含氟脂肪族环结构的结构单元作为主成分含氟聚合物B的混合物构成
垫圈			
CN200680046772	20051213	VARIOPTIC	电润湿设备，垫圈由第一材料形成，由第二材料形成的第一膜位于接触表面与垫圈之间
着色层			
CN200710075321	20070725	群康科技、群创光电	电润湿显示器，其中多个不同颜色的着色层分别对应各子像素单元设置在疏水性绝缘层与第二基板之间
阵列			
KR20060101045	20060213	三星	光快门具有间隔开相对设置的衬底，一个绝缘层覆盖在第一衬底上的电极上
CN200780013263	20060213	索尼	光学元件于密封单元中形成有收纳液滴的棱锥形凹槽
CN200610161275	20061219	南京邮电大学	电调谐微流控变焦透镜阵列芯片，具有圆柱状通孔阵列的导电平板位于上盖片和下盖片之间，形成具有双层微流道网络夹心结构
KR20070009226	20070130	全北大学校产学协力团	透明电极设置在上衬底上，水层设置在像素腔之间，油层在水层下面，疏水绝缘层在油下面，反射电极设置在滤光器下面，下衬底在反射衬底下面
JP2007210740	20070813	索尼	上下透明衬底间设置隔离部，圆柱形透镜腔在衬底与隔离部分间形成，透镜腔内形成液体透镜，电极通过绝缘层与绝缘液体接触

续表

申请号	申请日 （优先权日）	申请人	发明点
JP2007210739	20070813	索尼	透镜阵列具有两透明上下衬底与隔离表面，隔离盘设置在腔中，在隔离盘与上衬底表面间形成空隙，3个电极分别设置在腔上
CN200810024528	20080325	东南大学	薄液体透镜阵列，第一透明基板上设有呈网状结构的中间隔断，在网孔内填充第一液体，第一液体的高度与中间隔断相等；在中间隔断和第二透明基板之间密封第二液体；未加载电压时，第一液体和第二液体之间的接触面为平面
CN201110234030	20100819	索尼	障壁垂直布置在第一衬底与第二衬底面对的表面上，第一和第二电极布置在障壁的壁表面上，第三电极布置在第二衬底与第一衬底面对的表面上，突起垂直布置在每个单元区域中

多电平逆变器专利技术分析

王　伟

一、前　言

多电平逆变器是指这种逆变器输出电压波形中的电平数等于或大于3的逆变器，如三电平、四电平以及五电平逆变器等。其与传统的两电平逆变器相比，具有控制方式灵活、输出电压的相位和幅值便于调节与控制、输出电压的谐波含量低、逆变效率高、可以使用价格便宜的低频高压大功率开关器件、适合于高压大功率输出以及解决了高压大功率交流电动机变频调速的难题等优点。而且开发运用多电平逆变器对提高电力系统的控制能力，降低智力电力系统的无功与谐波污染，增强交流电动机传动系统的节能效果和性能以及达到生产效率和产品质量的效果有着显著的影响。

对于多电平逆变器的发展，早在1962年就在阿波罗登月指令舱逆变器中得到了应用。但其大多数都是由两电平单相全桥逆变器通过其输出变压器进行移相多重叠加得到输出电压，所以它仍然是两电平逆变器。直到1980年，日本长冈科技大学的南波江章等人对其进行了改进与发展，在IEEE工业应用年会上提出了二极管钳位式三电平逆变器主电路的结构。这才开始进入到多电平逆变器的研发新阶段。对于多电平逆变器的专利申请，1981年12月25日由K. ASANO等人向日本专利局申请的多电平逆变器专利，公开了具有多相负载的PAM控制的多电平逆变器。这应该是关于多电平逆变器最早的专利申请。

本文主要以德温特世界专利索引数据库（DWPI）以及中国专利全文数据库（CNTXT）中的检索结果为分析样本，从专利文献的视角对多电平逆变器技术的发展进行全面的统计分析，总结与多电平逆变器相关的国内外专利的申请趋势、主要申请人分布，针对常见的、具体的三、四以及五电平逆变器技术的发展路线做一定的分析，并从中得到一定的规律。

二、多电平逆变器的分类

多电平逆变器的实质是开关管和多个直流电源电压按照特定的组合方式形成的主逆变电路。只要按照一定的方式和顺序选通开关管，就能够使主电路内的直流电源电压，按照一定的方式和顺序形成多个直流电源电压的串联回路，使逆变器得到高压大功率多电平输出。其结构形式分类如图1所示。

- 多电平逆变器 (multilevel inverters)
  - 钳位式多电平逆变器 (clamped type multilevel inverters)
    - 二极管钳位式多电平逆变器 (diode-clamped multilevel inverters)
      - 二极管中性点钳位式 (diode neutral point clamped type)
      - 二极管串联钳位式 (series diode clamped type)
      - 二极管自钳位式 (diode self-clamped type)
      - 采用辅助臂的二极管钳位式 (diode clamped with auxiliary arm type)
    - 飞跨电容钳位式多电平逆变器 (flying-capacitor multilevel inverters)
      - 飞跨电容钳位式 (flying-capacitor type)
      - 电容电压自平衡式 (self-voltage balancing type)
    - 混合钳位式多电平逆变器 (hybrid-clamped multilevel inverters)
  - 级联式多电平逆变器 (cascaded multilevel inverters)
    - 具有独立直流电源级联式多电平逆变器 (cascaded-inverters with separated Dc Sources)
      - 2H 桥级联式 (cascaded type of 2H Bridge)
      - 3H 桥级联式 (cascaded type of 3H Bridge)
    - 混合级联式多电平逆变器 (hybrid cascaded multilevel inverters)
    - 三相半桥式 SPWM 逆变器的级联
    - 开绕组双端供电式级联
  - 层叠式多电平逆变器 (stacked multilevel inverters)
  - 多重叠加式逆变器 (multiplicity inverters)

图1 多电平逆变器的分类

(1) 钳位式多电平逆变器（clamped type multilevel inverters）

多电平逆变器是由基本的两电平逆变器组合而成的。钳位式多电平逆变器是属于由基本逆变单元通过串、并联组合而成的一种单一直流电源、半桥式结构形式的钳位式多电平逆变器。这一类结构形式的多电平逆变器包括二极管钳位式、飞跨电容钳位式和混合钳位式多电平逆变器。

a. 二极管钳位式多电平逆变器（diode-clamped multilevel inverters）

二极管钳位式多电平逆变器是开发最早的一种多电平逆变器。这种多电平逆变器的特点是主电路和控制电路比较简单、控制方式也比较简单，便于双向功率流动的控制，功率因数控制也方便。缺点是直流电容分压的均压比较复杂和困难。这种多电平逆变器是分析研究钳位式多电平逆变器的基础。在国内外，这种结构形式的多电平逆变器已进入实用化阶段。

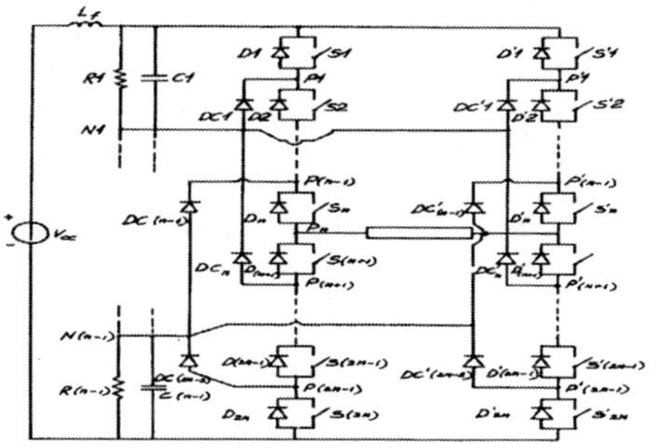

图 2　钳位式多电平逆变器

b. 飞跨电容钳位式多电平逆变器（flying-capacitor multilevel inverters）

飞跨电容钳位式多电平逆变器也叫做悬浮电容多电平逆变器。它是法国学者 T. A. Meynard 和 H. Foch 于 1992 年首先提出来的。飞跨电容钳位多电平逆变器是用飞跨电容取代二极管对功率开关进行直接钳位的，因此不存在二极管钳位式多电平逆变器中主、从功率开关管的阻断电压不均衡和钳位二极管反向电压难以快速恢复的问题。为了避免再多电平逆变电路中使用太多的钳位二极管，T. A. Meynard 于 1992 年提出了多电平钳位式多电平逆变器，用飞跨电容取代二极管对功率开关进行钳位。

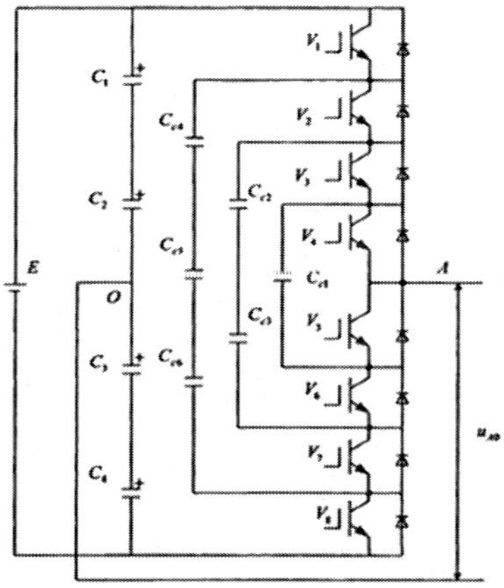

图 3　飞跨电容钳位式多电平逆变器

c. 混合钳位式多电平逆变器（hybrid-clamped multilevel inverters）

混合钳位式多电平逆变器是指采用二极管和飞跨电容钳位的多电平逆变器，它可以使两种钳位方式的优缺点互补。主要是二极管钳位式多电平逆变器加入飞跨电容钳位后，可以克服二极管钳位多电平逆变器的一些缺点，使其性能进一步提高。它具有以下优点：可以减轻桥臂内侧器件上的过电压；可以为电流提供双向通路；可以更好地实现电容电压的均衡。

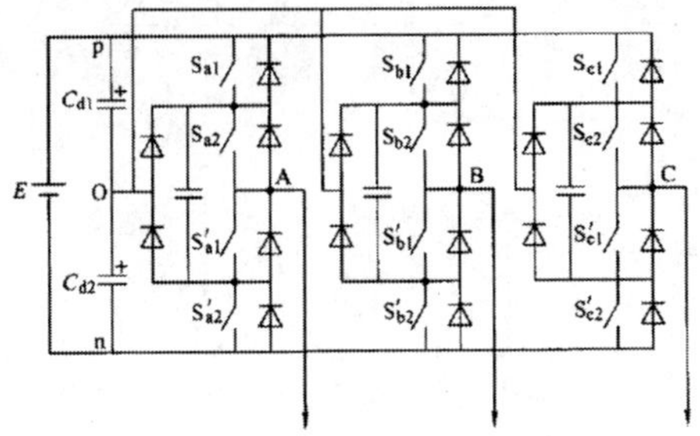

图 4　混合钳位式多电平逆变器

（2）级联式多电平逆变器（cascaded multilevel inverters）

采用多电平逆变器的主要目的之一，就是利用低耐压开关器件实现高电压输出。为了达到这个目的，当前有两个解决办法：一是前述的采用电力电子开关器件串联的半桥式逆变结构，即钳位式多电平逆变器；二是采用功率单元串联叠加的级联式逆变结构，即级联式多电平逆变器。两者的直流供电电源不同，电路的结构形式也不同，因此它们的特点也不相同。级联式多电平逆变器不存在直流电容分压问题，因此也不存在直流电容分压的均压问题。级联式多电平逆变器的主开关器件的耐压，被限定在向它所在基本功率单元供电的独立直流电源电压上，多个由独立直流电源供电的基本功率单元的直流电源电压是相互独立的。

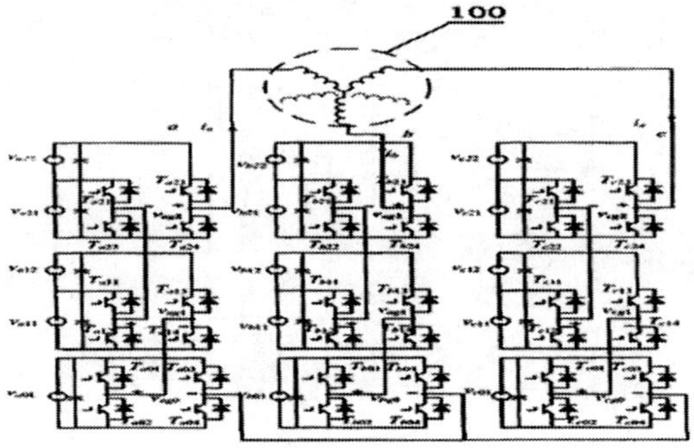

图 5　级联式多电平逆变器

（3）层叠式多电平逆变器（stacked multilevel inverters）

当电压等级升高时，飞跨电容钳位多电平逆变器将使逆变器中存储的能量增加，这将直接导致钳位电容个数和总体积急剧增大。例如，当电容承受的电压上升一倍时，原来使用一个电容的地方必须要使用两个电容串联才行，为了保持原有电容的容量不变，还得再并联两个电容，两并两串共需要四个电容，使电容体积增大到四倍。这种多电平逆变器理论上是电容钳位式电路层叠构成的，是为了克服钳位电容体积过大成本过高而提出来的。层叠式多电平逆变器也叫层叠式多单元逆变器，它是由电容钳位式电路通过层叠方式构成的。

（4）多重叠加式逆变器（multiplicity inverters）

多重叠加法和级联法都是生成多电平逆变器的主要方法。这两种方法在 20 世纪 80 年代以前，在本质上是没有什么区别的，指的都是将多个单相全桥逆变器通过对输出电压的移相，在它们输出变压器的二级侧进行串联叠加，以便得到多电平高压大功率交流电能输出。即在级联二字中加入了三角载波移相的概念，这就使多重叠加法和级联法有了明确的本质差别，即将输出电压进行移相的叠加，叫做多重叠加，将三角载波移相的叠加，叫做级联法。所谓多重叠加法是指把 N 个输出电压为方波的 2H 桥，将它们的输出电压依次移开 π/N，通过输出变压器二次侧进行串联叠加，使叠加后的输出电压成为多电平阶梯波电压，以达到消除基波谐波，改善输出电压波形，提高输出电压，扩大输出功率的目的。

三、多电平逆变器的专利申请整体状况

(一) 国外专利申请状况

本节主要对国外专利申请状况的趋势以及全球专利重要申请人进行分析，从中得到相关的多电平逆变器技术发展趋势，以及各阶段专利申请国家分布和主要申请人。其中将每个同族中最早优先权日期视为该申请的申请日，一系列同族申请视为一件申请，数据截止统计日期为 2014 年 7 月 5 日。

1. 专利申请总体趋势

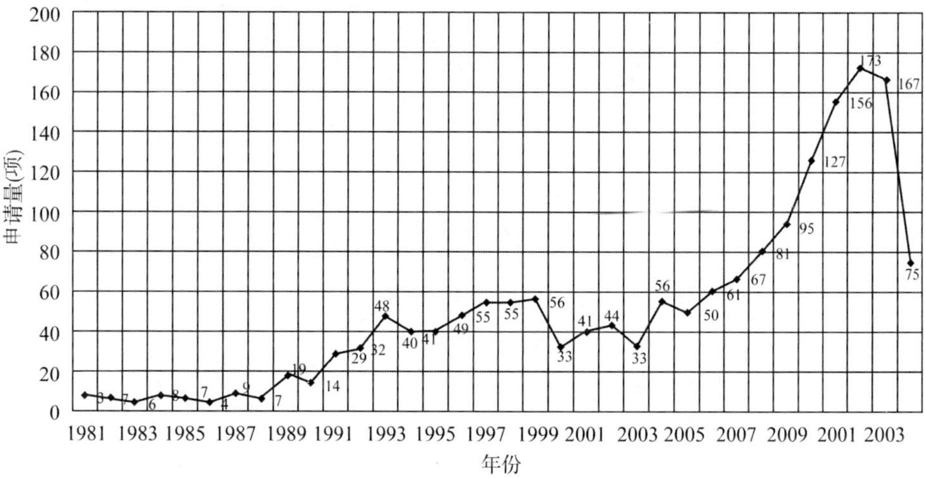

图 6 多电平逆变器国外专利申请趋势

图 6 示出了多电平逆变器国外专利申请趋势，大致可以分为三个时期，各时期划分以申请量增长率的变化为标准。

(1) 萌芽期（1990 年之前）

1987 年 7 月 17 日，德国发明人 KRATZ G 向德国专利局提交了二极管钳位式逆变器的申请文件，并于 1988 年向欧洲专利局、美国专利局以及日本专利局提交了相同的专利申请。从图 6 中可以看出，在 1987 年之前对于多电平逆变器也有了一定的申请量，然而，通过浏览可以发现其大部分都不是真正意义上的钳位式多电平逆变器，而在 1987 年发明人 KRATZ G 向德国专利局提交申请之后，针对原有的缺点比如开关管关断时电路中有残留的电压或者如何降低开关的开关损耗等方面，有几个发明人相继向各国专利局提交了有关钳位式多电平逆变器的申请。在1990年之前，其申请量很少，研究该领域的申请人的数量也很少，在这个阶段，多电平逆变器的发展还处于萌芽阶段，人们的关注点大多还在原有的级联二电平逆变器的基础上实现多电平的变换输出。

图7示出了1990年之前萌芽期申请量国别分布。从该图可以看出，以美国专利局、日本专利局、欧洲专利局、德国专利局的申请量较多，也从一个侧面体现了传统的三强国家工业发展技术基础强大，技术发展时间较长，有较深的工业发展历史文化底蕴。

图8示出了1990年之前萌芽期申请量公司分布，其主要以西门子、哈米尔顿森德斯特兰德公司、东芝照明技术株式会社、株式会社日立信息通信工程、三菱电机株式会社等公司的申请量较多，但由于该阶段是多电平逆变器的萌芽阶段，其研究该领域的发明人和申请人相对较少，特别是研究钳位式多电平逆变器的申请量也只是几个而已，但其为后续的研究钳位式多电平逆变器的发展提供了一定的理论基础。

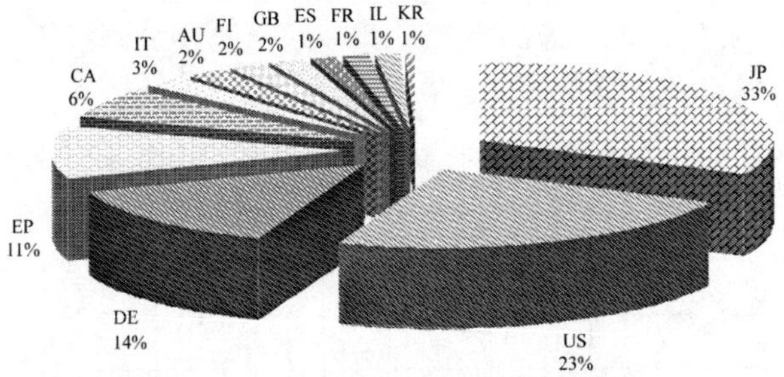

图7 1990年之前萌芽期申请量国别分布

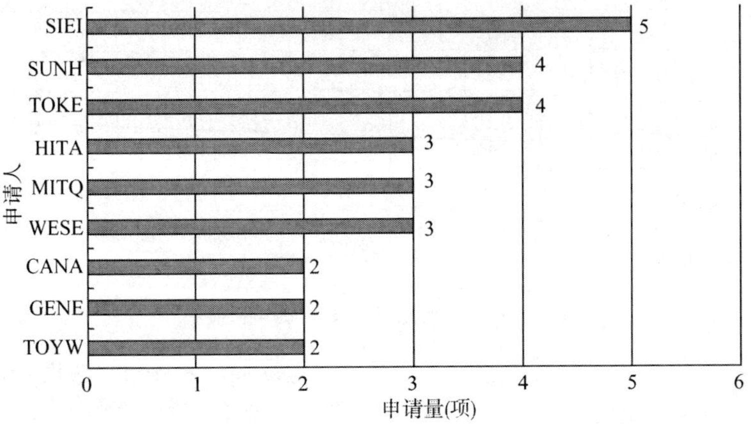

图8 1990年之前萌芽期申请量公司分布

（2）平稳增长期（1991—2005年）

从图6可见，从1991年开始，关于多电平逆变器的专利每年的申请量明显比1991年之前的申请量多，而且申请人数量相较之前也有大幅度增长，在该阶段，国外有关多电平逆变器的申请量的发展总体趋势趋于平稳增长。

图9示出了1991—2005年平稳增长期申请量国别分布，在萌芽阶段，美国专利局、

日本专利局、欧洲专利局、德国专利局有关多电平逆变器的申请量排在国外专利申请量的前四位，对比图 7 可以看出，这四个专利局的申请量依然是国外有关多电平逆变器申请量的前四位，这也从一个侧面证明了在萌芽阶段有关多电平逆变器的研究和发展给后续的研究提供了足够的理论基础和技术保障。另外，在萌芽阶段，韩国相比较其他国家而言，有关多电平逆变器的申请量远远落后于其他国家，而在 1991—2005 年，韩国凭借其工业的发展快速带动了多电平逆变器技术的研究，使其在这一阶段有了量的飞跃。同时，从该图可以看出，其他各国也都稳步增长，说明各个国家越来越重视多电平逆变器在工业发展应用方面的研究，也充分证实了多电平逆变器的研究是历史发展的必然，其给各国的工业发展和能源节省方面提供了更有利的保障。

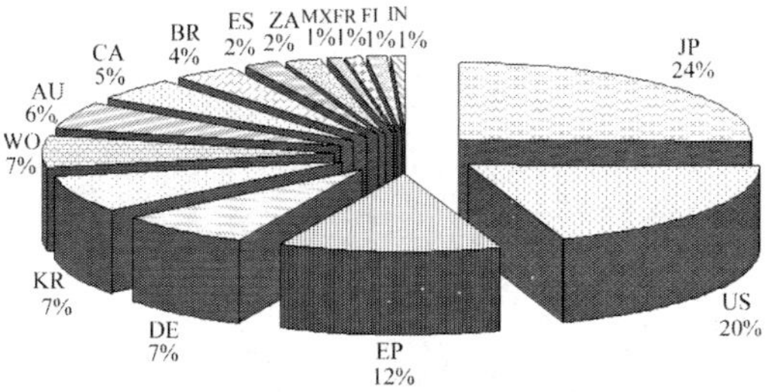

图 9　1991—2005 年平稳增长期申请量国别分布

图 10 示出了 1991—2005 年平稳增长期申请量公司分布，从图 10 中可以看出，在该阶段，申请量排名前三的公司为株式会社日立信息通信工程、三菱电机株式会社以及东芝照明技术株式会社，从这三个申请人可以看出，日本在这一阶段工业迅猛发展，带动了多电平逆变器的应用，也证明了其超过美国成为多电平逆变器领域专利申请量排名第一的原因。比较图 8 和图 10 可以看出，一些在萌芽阶段已经涉及多电平逆变器的日本的公司在平稳增长期快速发展，例如，株式会社日立信息通信工程在萌芽阶段的申请量为 1，而在平稳增长期其快速发展成为在该阶段与多电平逆变器相关的申请量排名国外专利申请量第一位，三菱电机株式会社在萌芽阶段的申请量为 2，而在平稳增长期其快速发展成为在该阶段与多电平逆变器相关的申请量排名国外专利申请量第二位等，不难看出，随着工业的发展，多电平技术已被更多的公司认可。

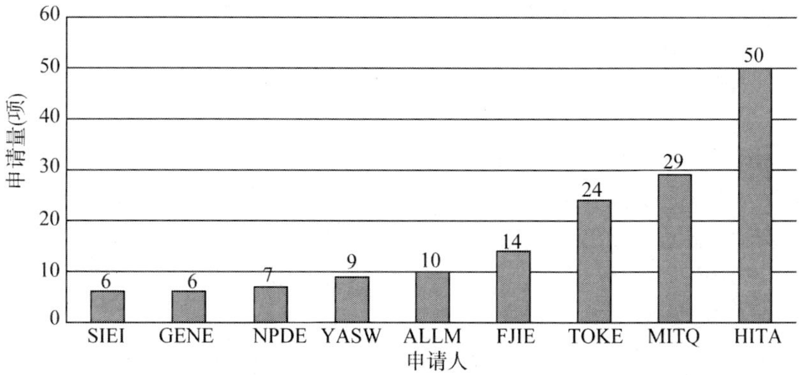

图 10　1991—2005 年平稳增长期申请量公司分布

(3) 快速增长期（2006—2013年）

从图6可见，从2006年开始，多电平逆变器的申请量相比前两个阶段都出现了量的飞跃，这也从一个侧面证明了随着时代和工业的发展，多电平逆变器的应用以及其优势得到越来越多的认可，而在该阶段能源问题一直也是一个世界性的热点问题，充分证明为了节约能源，在工业发展中研究和应用多电平成为越来越多的公司关注的重点，正是由于多电平逆变器的种种优点，使得这一阶段多电平逆变器迅猛发展。

图11示出了2006—2013年快速增长期申请量国别分布，从该图可以看出，申请量排名前五位的分别是美国专利局、欧洲专利局、日本专利局、世界知识产权局以及韩国专利局，相比前两个阶段而言，韩国专利局有关多电平逆变器的申请量在该阶段超过了德国成为该阶段申请量排名第5的专利局，虽然在萌芽阶段韩国专利局有关多电平的申请量还没有进入国外专利局申请量的前10位，然而在平稳增长期，其快速的发展给其在该阶段超过德国提供了稳定的基础。而在该阶段，该项技术的相关专利申请数量中，美国占有一定的优势，但这并不完全意味着美国在该项技术的科研实力最强，有可能是因为受跨国公司的影响，国外的公司急需打开美国的市场。

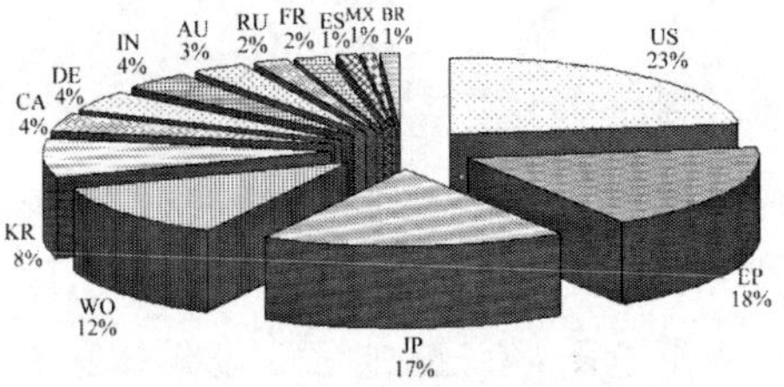

图11　2006—2013年快速增长期申请量国别分布

图12示出了2006—2013年快速增长期申请量公司分布，在该阶段，申请量排名前三的公司为三菱电机株式会社、富士电机株式会社以及株式会社日立信息通信工程。从该图可以看出，日本的申请量虽然相比美国专利局的申请量在这一阶段有所降低，然而，其该方面的技术依然处于世界领先地位。

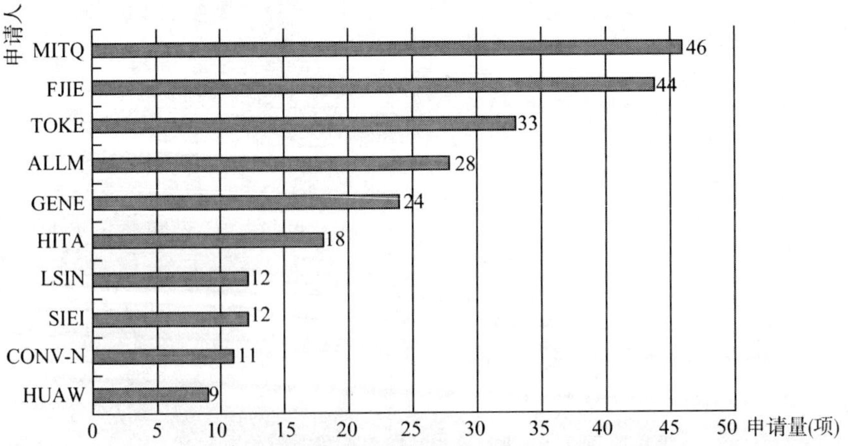

图12　2006—2013年快速增长期申请量公司分布

2. 国外专利申请重要申请人分析

本小节从国外专利申请重要申请人方面对国外相关多电平逆变器领域的专利申请做进一步分析，主要考虑申请人历年的申请总量，按照申请总量进行排名，取前13名申请人进行分析。

图13示出了国外专利申请量排名前13名的申请人，可以看出，排在前13名的申请人集中在美、日、韩、德四个国家。而前四名都被日本的申请人占据。

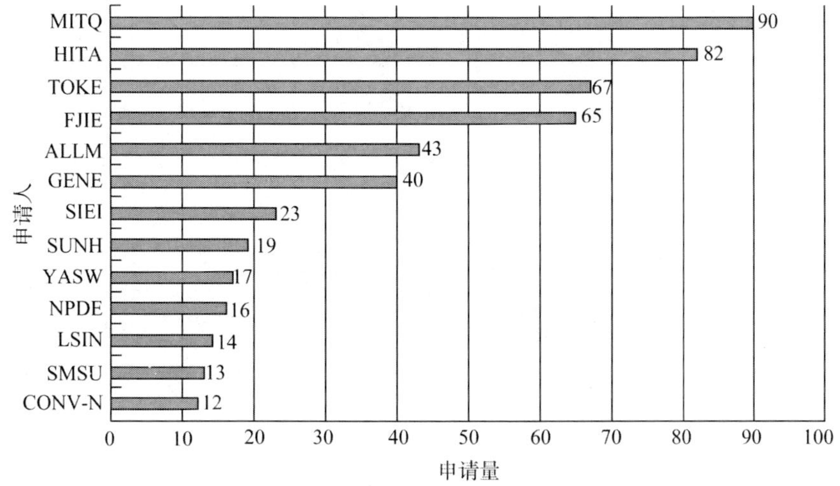

图13 国外专利申请量排名前13名的申请人

（二）中国专利申请状况

本节主要对中国专利申请状况的趋势以及全球专利重要申请人进行分析，从中得到多电平逆变器技术发展趋势，以及重要申请人的历年专利申请状况。

1. 中国专利申请趋势

图14示出了关于多电平逆变器中国专利申请趋势，与国外专利申请趋势对应，大致也可以分为三个阶段，第一阶段为1991—1997年，第二阶段为1998—2010年，第三阶段为2011—2013年。

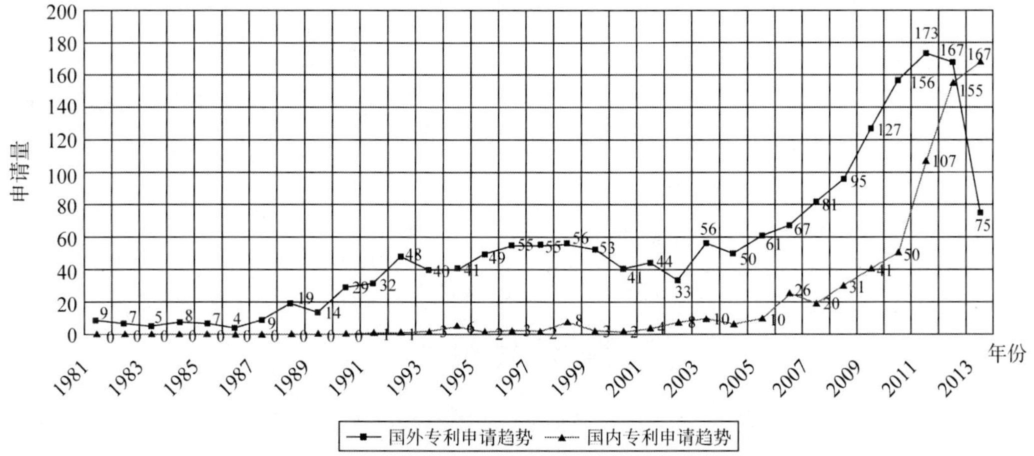

图14 多电平逆变器中国专利申请趋势

（1）第一时期（1991—1997年）

从图14中可以看出，在第一时期内，一方面中国专利关于多电平逆变器领域的数量较国外专利在量的方面要少很多；比较国外专利申请趋势和国内专利申请趋势可以看出，当国外专利申请处于研究初级阶段时，中国的申请量还是0，而在国外专利申请趋于平稳时，中国有关多电平逆变器的专利申请才处于萌芽阶段，相对而言，在这个阶段中国对于多电平逆变器的发展落后于其他国家。

从图15中可以看出，在该阶段，中国的申请大都是国外公司在中国的申请，其反映了在该阶段国内对于多电平逆变器的研究还没有起步，也从一个侧面反映了中国在该阶段的工业水平落后于其他国家。而由于中国的市场巨大，因此其他国家的申请人为了开拓中国的市场从而在中国提交了相关的专利申请。

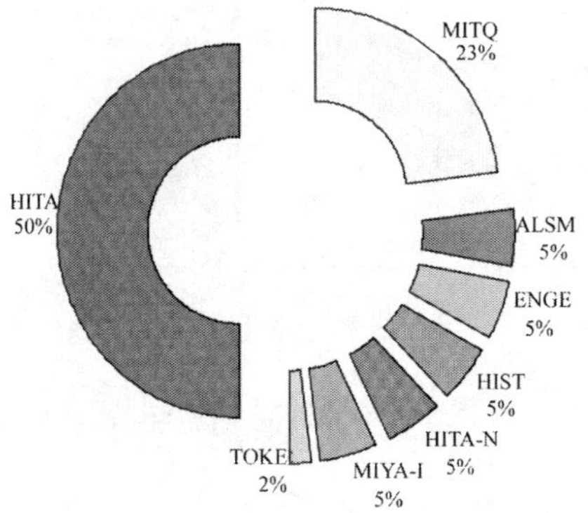

图15　1991—1997年多电平逆变器中国专利申请申请人分布

（2）第二时期（1998—2010年）

第二时期内，中国专利申请趋势总体呈现上升趋势，且每年的申请量趋于平缓的上升趋势，从图14中可以看出，中国在这一阶段的申请量正在慢慢追赶国际的脚步，从而也从一个侧面反映了中国在该阶段的工业发展相对于前一阶段有了明显的进步。

从图16至图18可以看出，在这一阶段，我国国内有关多电平逆变器的申请量急速增长，一方面说明了国内更多的申请人也越来越看重多电平逆变器的优势，另一方面也说明了国内工业正在迅猛发展，比较图17和图18可以看出，虽然国外有关多电平逆变器的研究历史比国内要长，但中国的发展迅速，有些申请人在国内的第一阶段并没有任何有关多电平逆变器研究的背景下，在第二阶段通过自身的不断发展和研究，其有关多电平逆变器的申请量甚至超过了国外的申请量。

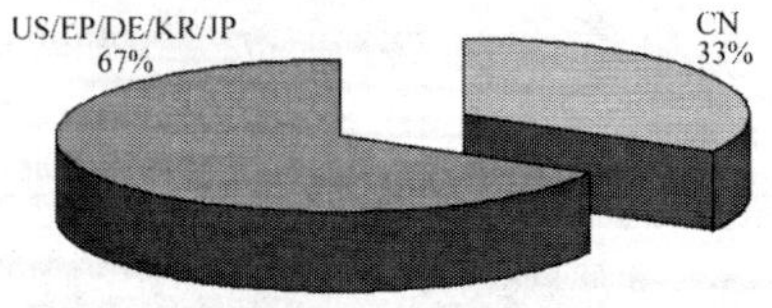

图16　1998—2010年多电平逆变器中国申请量的申请人国内外分布

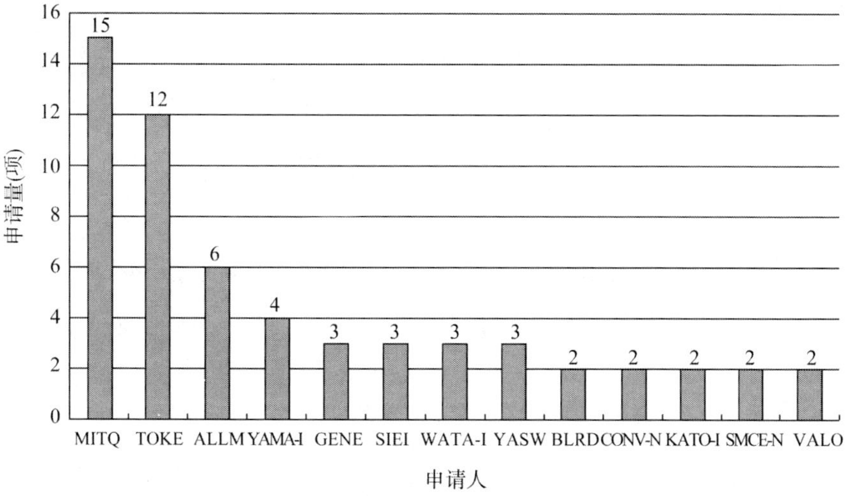

图 17 1998—2010 年中国申请的国外申请人分布

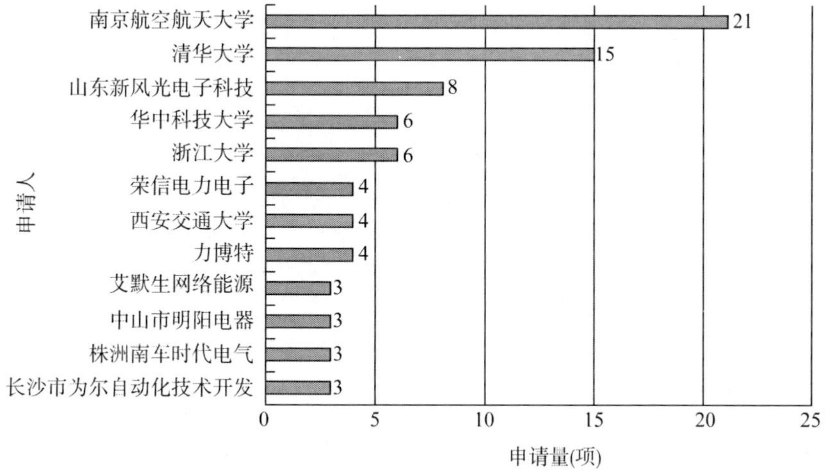

图 18 1998—2010 年中国申请的国内申请人分布

(3) 第三时期 (2011—2013 年)

第三时期内，中国有关多电平逆变器的专利申请总体呈现急剧上升趋势，证明了中国的工业发展相比前两个时期都要快速，从图 14 还可以看出，在这一阶段，中国的多电平逆变器的申请量一直在追赶国际的脚步，在 2012 年差距已经相当小。

比较图 16 和图 19 可以看出，第三时期的中国国内有关多电平逆变器的研究申请快速发展，国内申请人的份额也大大提升，这也说明国内越来越多的申请人开始研究多电平逆变器领域，促进多电平逆变器的发展。

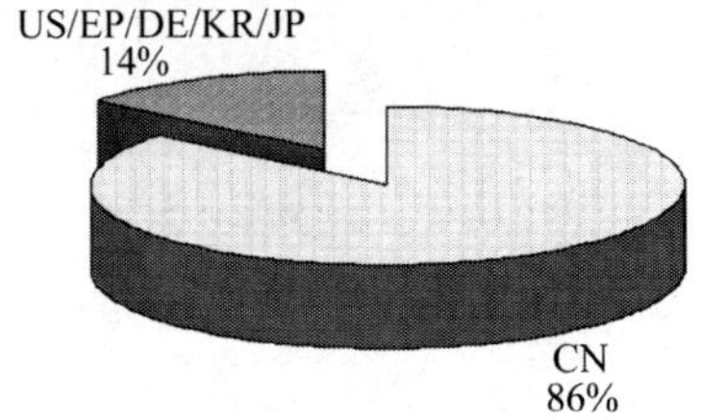

图 19　2011—2013 年多电平逆变器中国申请量的申请人国内外分布

从图 20 至图 21 可以看出，在这一阶段，国内申请人有关多电平逆变器的申请相对于国外申请人在国内的申请依然占据一定的优势，比较图 18 以及图 21 可以看出，在这两个阶段，申请人大多数是高校，说明了多电平逆变器技术在中国高校已经愈来愈被重视。从图 18 中可以看出，高校的申请量远多于公司，并且排名前三中的前两位都是高校申请人，从图 21 中可以看出，在这一阶段，阳光电源股份有限公司和华为技术有限公司快速研究多电平，其申请量占据国内申请人的前两位，从一个侧面也证明了国内有关多电平逆变器的研究正从理论转化为实际的应用。但排名前几位的申请人大多数依然是国内高校，进一步证明研究多电平逆变器的必要性，也从一个侧面说明高校的研究给公司的发展提供了巨大的保障。

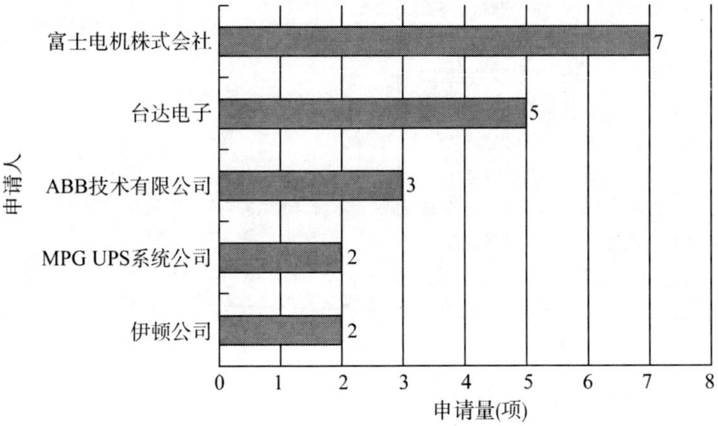

图 20　2011—2013 年中国申请的国外申请人分布

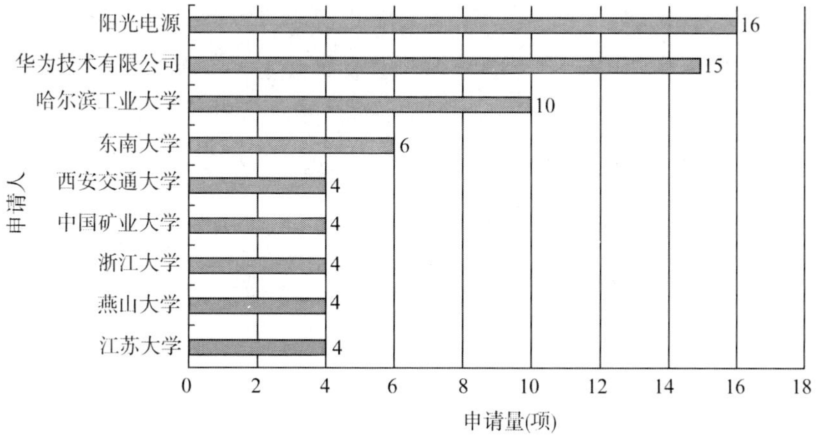

图 21　2011—2013 年中国申请量的国内申请人分布

2. 国内专利申请重要申请人分析

本小节从国内专利申请重要申请人方面对多电平逆变器领域的专利申请做进一步分析，主要考虑申请人历年的申请总量，按照申请总量进行排名，取前 11 名申请人进行分析。

图 22 示出了国内专利申请量排名前 11 的申请人，可见，国外专利申请量处于前 12 名的申请人在中国的申请量也基本排在前 10 名内，如三菱电机株式会社、株式会社日立制作所等，说明国外的公司对于中国市场的重视度较高。而且，相对而言，日本比美国、欧洲其他国家和地区在中国的市场占有率要高。同时，中国国内企业在多电平逆变器领域的申请量在前 10 名内的也较多，说明中国国内多电平逆变器的发展良好。

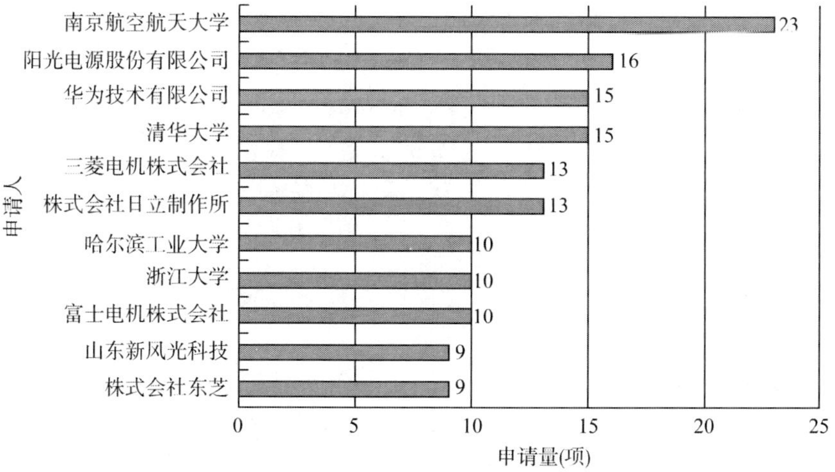

图 22　国内专利申请量排名前 11 名的申请人

(三) 多电平逆变器技术分解

技术分解是对于所分析的技术领域做进一步的细化和分类，对于行业状况、检索专利信息以及检索结果处理都具有非常重要的意义，有助于了解行业整体情况以及选取研究重点。一般情况下，可按技术特征、工艺流程、产品或使用用途或者解决的技术问题等进行技术分解。具体对于多电平逆变器领域而言，从其解决的技术问题一般可以分为：①降低损耗；②中性点平衡；③电压应力高；④光谱特性；⑤浪涌电压；⑥漏电流；⑦驱动电源数量；⑧软开关；⑨总谐波失真。上述功能分类是本文研究的重点。根据实现各个功能的方式不同，可以对上述功能分类进行进一步细分，以形成二级分类和三级分类，最终结果参见图23。

- 多电平逆变器（multi-level inverter）
  - 降低损耗
电压应力高
    - 电容数量
    - 开关管
      - 开关管类型
      - 开关管数量
      - 五段法移植
    - 二极管数量
  - 光谱特性
  - 浪涌电压
  - 软开关
    - 零电流
    - 零电压
  - 漏电流
  - 总谐波失真
  - 驱动电源数量
  - 中性点平衡
    - 硬件
      - 中性点钳位主动平衡
      - 独立电源
      - 各点电位的偏移
      - 整流与逆变背对背
      - 滞环比较法
      - 不同的开关组合对电容进行充放电
    - 软件控制算法

图23　多电平逆变器技术分解

四、多电平逆变器的专利技术发展分析

随着多电平逆变器的技术发展，如何更好地节约能源，实现转化效率的最大化成为众多申请人发展多电平逆变器的原因之一，而实现多电平转化效率的最大化需要从多电平逆变器本身所消耗的能力的原因入手，一方面需要通过减小自身构成器件在电流传输中所消耗的能量；另一方面是减小从上开关管切换到下开关管过渡期间所消耗的能量，即软开关；而对于负载应用角度而言，传递给负载的信号质量是负载能否正常工作的重要指标，而信号质量一方面是减小信号传递过程中所产生的干扰信号，即中性点平衡；一方面是减小信号的峰值影响，即浪涌电压。本文将针对以上几点对多电平逆变器的专利发展做进一步详细的分析，从而确定多电平逆变器的技术发展路线。

（一）降低损耗

本节的降低损耗主要从如何减小自身构成器件在电流传输中所消耗的能量这一技术路线展开。相比于传统的两电平逆变器，多电平逆变器虽然有很多优势，但其有更多的半导体开关，而半导体开关的导通和关断瞬间会产生很高的电压，消耗能量，并且器件的增加也引起了多电平逆变器的应用成本问题，特别是当多电平逆变器应用于光伏领域时，其相比传统两电平逆变器优势就大大降低了。为了解决这一技术问题，30 多年来，很多相关的申请也围绕这一技术问题提交了很多申请，下面就针对这一技术问题分别就三电平、四电平以及五电平系统分析多电平逆变器的发展路线：

（1）三电平逆变器

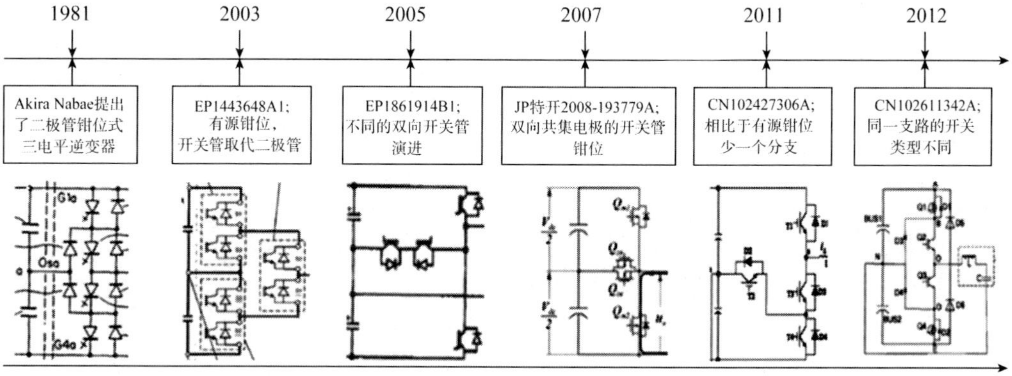

图 24　三电平逆变器技术发展

表 1　三电平逆变器器件的发展

	Akira Nabae	EP1443648A1	EP1861914B1	JP 特开 2008−193779A	CN102427306A	CN102611342A
开关管数量	4	6	4	4	4	4
二极管数量	6	6	4	2	4	6
电容数量	2	2	2	2	2	2

（2）四电平逆变器

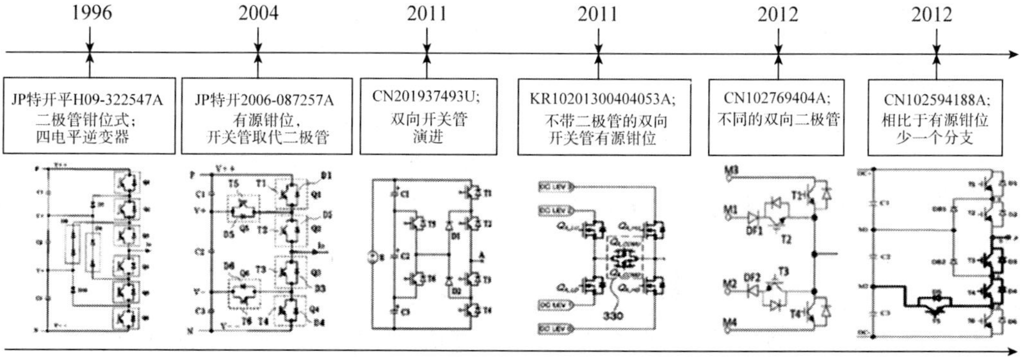

图 25　四电平逆变器技术发展

表2　四电平逆变器器件的发展

	JP特开平H09-322547A	JP特开2006-087257A	CN201937493U	KR10201300404053A	CN102769404A	CN102594188A
开关管数量	6	6	6	6	4	6
二极管数量	12	6	6	4	6	5
电容数量	3	3	3	3	3	3

（3）五电平逆变器

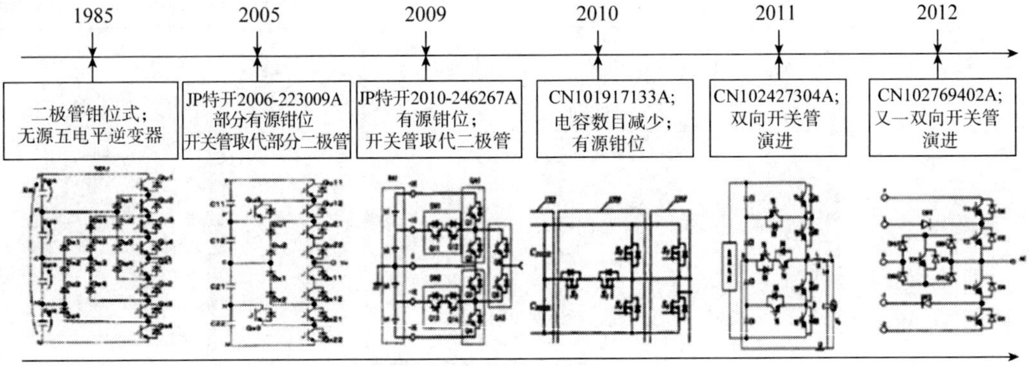

图26　五电平逆变器技术发展

表3　五电平逆变器器件的发展

	Akira Nabae	JP特开2006-223009A	JP特开2010-246267A	CN101917133A	CN102427304A	CN102769402A
开关管数量	8	10	10	8	8	5
二级管数量	20	14	10	8	8	11
电容数量	4	4	4	2	4	4

对于一个多电平电路系统而言，其由三种器件构成：①二极管；②电容；③开关。因此，功耗的产生也是在这三类器件导通时产生。

在2003年以前，多电平逆变器中实现钳位和续流功能主要通过二极管来实现，二极管钳位式多电平变化电路的特点是采用多个二极管对相应的开关器件进行钳位，同时利用不同的开关组合输出所需的不同电平。如1981年，Akira Nabae提出的二极管钳位式三电平逆变器，旨在解决功率开关耐压不足与高压大功率驱动之间的矛盾，并且可以有效减小dU/dt，降低输出电压的谐波含量；1985年，Akira Nabae在二极管钳位式三电平逆变器的基础上，改进该三电平逆变器从而产生了二极管钳位式五电平逆变器；1996年，专利JP特开平H－09322547A提出二极管钳位式四电平逆变器。然而钳位二极管需要阻断多倍电平电压，通常需要多个相同标称值的二极管串联，且二极管的导通损耗较大。从图 24、图 25、图 26 可以看出，随着逆变器输出电平数的增加，其二极管的数量也相应地从 6 增加到 12，再从 12 增加到 20。

然而，对于本领域技术人员而言，二极管的数量增多不仅增加了电路的成本，而且电路中每一个器件的存在都会消耗一定的能量，且二极管的导通损耗比较大，从而增加损耗。为了解决这一技术问题，在 2003 年之后申请人提出了通过开关管实现钳位和续流。如对于三电平而言，2003 年，在专利 EP1443648A1 中，其通过开关管取代原有的二极管实现钳位和续流；对于四电平而言，2004 年，JP 特开 2006－087257A 提出了开关管钳位式四电平逆变器，通过开关管取代二极管使得四电平逆变器中二极管的数量由原来的 12 个降低至 6 个；对于五电平而言，2005 年，JP 特开 2006－223009A 提出了开关管钳位式五电平逆变器，通过开关管取代二极管使得五电平逆变器中二极管的数量由原来的 20 个降低至 14 个；通过研究发现，开关管的导通损耗明显小于二极管的导通损耗，且开关管可以取代同一个钳位支路上多个钳位二极管。由于二极管是不可控的，开关管是可控的，因此，二极管钳位式多电平逆变器称为无源钳位式多电平逆变器，而开关管钳位式多电平逆变器称为有源钳位式多电平逆变器。

两个电容之间就需要一个二极管钳位支路实现电容与开关管之间的连通，对于奇数多电平而言，其钳位式电路有奇数个，如三电平有 1 个，五电平有 3 个。对于一个多电平逆变器而言，一个多电平逆变器的钳位支路既可以包含有源钳位支路，也可以包含无源钳位支路，如 2005 年，JP 特开 2006－223009A 提出的开关管钳位式五电平逆变器，其钳位支路中两路是有源钳位支路，一路是无源钳位支路。而 2009 年 JP 特开 2010－246267A 提出了开关管钳位的五电平逆变器，其三路钳位支路都是有源钳位支路。通过都是无源钳位支路，至部分无源钳位支路，至都是有源支路的发展，构成了多电平逆变器专利发展的趋势之一。

对于本领域技术人员而言，每个钳位支路上在一定时间内通过的电流方向是固定的，且相互独立。在 2005 年以前，每一个钳位支路结构一般是在两个电容的连接点之间通过两个分支上分别连接开关管至主开关管之间的连接点。在实现钳位支路都是有源钳位支路之后，研究者开始考虑是否可以将这两个分支根据其工作电流的时间顺序合并为一个，即通过双向开关管取代两个开关管。如对于三电平而言，2005 年，EP1861914B1 提出了一种三电平逆变器。对于四电平，2011 年，CN201937493U 公开了一种改进型的四电平逆变器；对于五电平，2011 年，CN102427304A 公开了一种五电平逆变器，它们都是通过双向开关管将钳位支路的两个分支合并，使其能在 AC 线路和 DC 链路中点之间连接的双向电流、双向开关实现为共集电极电路，用于对半桥配置产生零电压输出以减轻 DC 侧的漏电流。该双向开关具有两个必须被分开控制的控制电极，根据所产生的半周的极性对每个控制电极施加不同的控制。

由于双向开关管的种类很多，不同的双向开关管由于其自身的结构不同导致导通损耗不同。双向开关管的种类大致为以下几种。

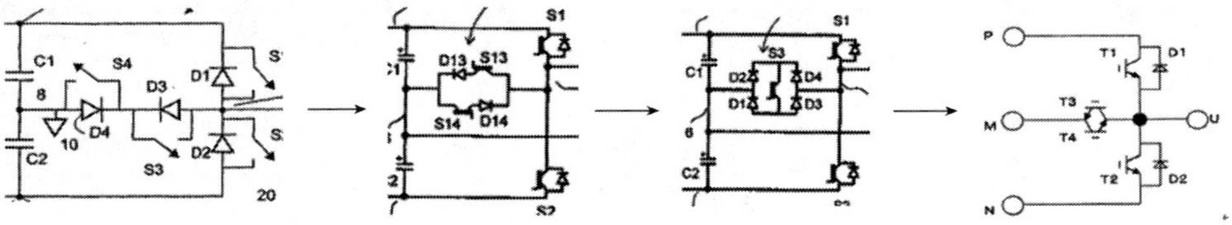

图27　双向开关管种类

在2007年以后，多电平逆变器的有些专利就是通过用不同的双向开关取代原有的双向开关实现节能。双向开关的发展主要是由于从控制的复杂难易程度以及降低损耗的角度发展，譬如，两个开关构成的双向开关由于需要两个控制器根据所产生的半周的极性对每个控制电极施加不同的控制，由此，为了使得控制实现简化，设置只需要一个控制信号来控制该双向开关，至于最后发展成不需要二极管的双向开关，主要是考虑将电压分割输入DC电源的电路的中心抽头与开关装置分离，并仅使用晶体管而不使用反平行二极管来实现双向开关装置，以降低传导损耗和控制无功功率。

如三电平，2007年，JP特开2008－193779A公开了一种通过不带二极管的双向开关管反并联取代原有的两个共集电极连接的开关管；对四电平而言，2011年，KR1020130040453A公开了一种不带二极管的双向开关管反并联实现双向开关；对五电平而言，2012年，CN102769402A公开了一种一个开关管和四个二极管的组合实现双向开关的五电平逆变器。研究发现，通过不同的双向开关管的更新，不仅能够实现节能，而且还能够减少主电路开关管的数量。如2007年，JP特开2008－019377A公开的三电平逆变器将主电路开关管的数量由原来的4个减少为2个；2011年，KR1020130040453A公开的四电平逆变器，将主电路开关管的数量由原来的6个减少为2个；2012年，CN102769402A公开的五电平逆变器，将主电路开关管数量由原来的8个减少为4个。

对于主电路开关管，其类型很多，比如可控硅、三极管、IGBT、MOSFET等，不同开关管的导通损耗是否相同呢？从图24～图26可以看出，最初出现的多电平逆变器多以可控硅或者三极管实现开关功能，然而，随着技术的发展，通过IGBT取代可控硅或者三极管，再由MOSFET管取代IGBT管，都能实现损耗的降低。2012年，针对传统的三电平逆变器中采用绝缘栅双极型晶体管作为半桥逆变器桥壁的四个开关管，但IGBT的缺点是开关速度慢、损耗大，因此PWM开关频率的提高受到限制。另外也有一些厂商的三电平逆变器采用金属氧化物场效应晶体管作为四个开关管Q1、Q2、Q3、Q4，但MOSFET内部寄生二极管的反向恢复特性非常差，在电流通过寄生二极管续流时，会导致相关的电气问题，进而影响产品的可靠性。中国的华为技术有限公司为了解决这一技术问题，提供一种三电平逆变器，其通过同一桥臂的上下开关管的类型不同实现了开关速度快、损耗小，且避免了MOSFET内部寄生二极管的反向恢复特性差导致的相关电气问题。

（二）中性点平衡

虽然二极管钳位式多电平逆变器拓扑结构中开关器件被钳位在$E/(N-1)$电压上，

但是二极管却要承受不同倍数的反向耐压，如果二极管的反向耐压与开关器件相同，则需要多管串联，当串联数目很大时，增加了实际系统实现的难度。当逆变器传输有功功率时，各个电容的充电时间不同，将形成不平衡的电容电压。对于输出功率因数为 0 的情况，各级电容在半个输出周期内自行平衡其电压；但对于有有功输出的情况，如果不对其进行平衡，将严重影响电路的工作。因此，1992 年，T. A. Maynard 和 H. Foch 提出了飞跨电容钳位式多电平逆变器，其特点是用钳位电容代替所述的钳位二极管，其工作原理与二极管钳位型逆变器相似。

但由于该结构需要大量的钳位电容，对于 N 电平的逆变器，其所需的悬浮电容需要（$N-1$）（$N-2$）/2 个，而且在运行过程中必须严格控制悬浮电容电压的平衡，以保证逆变器的运行安全，而电容器件本身存在可靠性较差、寿命较短的问题，所以导致逆变器可靠性差。因此，无论是二极管钳位型多电平逆变器还是电容钳位式多电平逆变器，都没有解决电容均衡这一技术难题。直流母线上的上下两个电容电压可能出现不平衡现象，即称中点电压不平衡。它使上下电容电压发生差异，不仅影响输出电压波形，产生谐波，也使开关器件承受的电压不等，损坏器件，因此必须采取措施使其平衡。

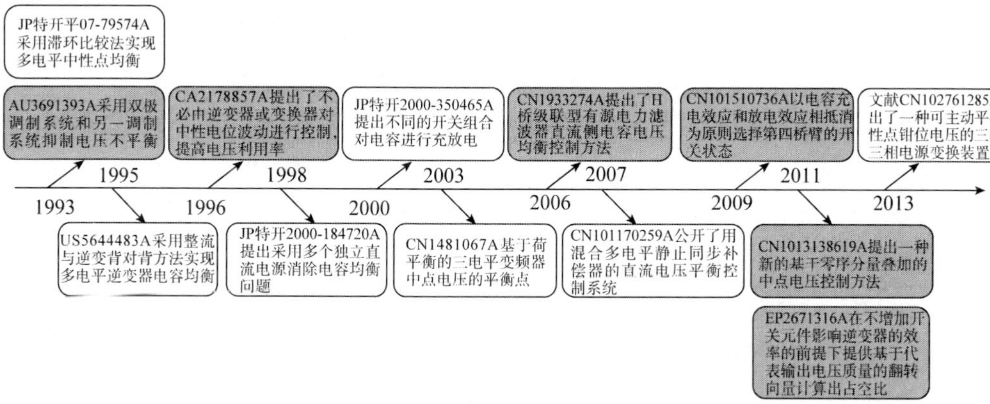

图 28 多电平逆变器关于中性点平衡的发展

多电平逆变器电容电压的不平衡包括两个方面：电容电压的波动和电容电压的偏移。电压的波动是指一个周期内电压瞬时值发生变化但平均值不变；电压偏移是指电压平均值发生变化。二者都产生于直流侧电容的充放电，通常情况下，无功电流分量使电压发生波动，有功电流分量使电压发生偏移。为了克服这一技术问题，1975 年 P. Hammond 提出了多个 H 桥采用隔离的直流电源作输入、输出端串联的结构。田纳西大学的 F. Z. Peng 等人于 1996 年系统地提出了级联型 H 桥型变流器的拓扑结构，并用于无功补偿。级联型 H 桥逆变器由若干功率单元级联而成，每个单元有其独立的直流电源。因此其不存在直流电容分压的问题，也不存在直流电容分压的均压问题，相比于钳位式多电平逆变器在控制上简单了很多。但是级联 H 桥型逆变器在需要提供有功功率的场合必须采用独立直流电源，显然，在不需要提供有功功率的场合比如静止无功补偿器、电力有源滤波器等，级联型多电平逆变器具有更大的优势；2011 年 CN102522906A 公开了一种级联型 H 桥变换器的电压平衡和功率均衡控制方法，但是级联型多电平逆变器具有体积大、成本高等缺点。

为了克服钳位式多电平逆变器电容均衡这一问题，很多发明人主要从硬件电路和控制算法两方面着手。硬件电路方面有以下几种方法：①文献 JP 特开 2000－184720A 采用多个独立直流电源；这可以采用多抽头的变压器经二极管整流获得。此方法省去了分压电容，因此不存在电压平衡问题，但缺点是变压器结构复杂，体积庞大，效率低下。②文献 CN101170259A 根据各点电位的偏移情况，改变电流通路来控制电容电压。这种方法对于三电平以上的逆变器，由于其需要检测的支路较多，因此需要增加较多的设备，控制复杂，很难实用。③文献 US5644483A 采用整流与逆变背对背方法，控制复杂，可控开关器件数目多。④文献 JP 特开平 07－79574A 采用多边滞环比较器，通过实际各相电流与给定值的误差来确定变频器输出状态，测量难以精确，要求采样频率高。⑤文献 JP 特开 2000－350465A 提出了不同的开关组合对电容进行充放电；这些方法都不同程度地在实际中得到应用，但都存在如上所述各自的问题。⑥文献 JP 特开平 32－49380A 提供一种三相中性点钳位式 PWM 逆变器装置，可以高效率地抑制中性点电压的变动，并且三相中性点钳位式 PWM 逆变器装置可以按照正常开关信号模式控制，无须为抑制中性点电压波动而改变电压矢量比率。⑦文献 CN102761285A 提出了一种可主动平衡中性点钳位电压的三电平三相电源变换装置，抑制中性点电压偏移，防止中性点电位变动，提高输出电压的质量。

而控制算法方法是通过选择合适的冗余矢量，在一个采样周期内使流入或流出某电容的平均电流为零。有以下几种方法：①目前比较成熟的是适用于三电平逆变器的基于虚拟空间矢量的方法。这种方法的缺点是：对于高于三电平的逆变器几乎很难找到有效实用的算法。更重要的是，控制算法方法对于近似假设和计算误差所造成的累积效应无法消除，长期运行依然会产生电容电压偏移。单纯依靠控制算法来平衡电容电压，无法保证系统运行的可靠性。②一种基于电荷平衡的三电平变频器中点电压平衡方法，以空间电压矢量调制为基础，在电机启动时，特别在空间矢量第一扇区内，对三个小电压矢量的施加时间进行重新分配，使它们在一个周期内对电容充放电的电荷相等，从而保证电容电压在一个周期内不变，保持中点电压平衡（参见文献 CN1481067A）；该方法具有以下优点：根据一个开关周期内对电机施加的电压小矢量产生的对直流电容充放电时间相等原理（充放电量相等），决定施加的时间长短，从而使一个周期内电容上的电荷增量为零，进而保持中点电压平衡不变；该电压矢量组合方式仅在电机启动时的空间电压图中第一个大扇区内使用，而一旦电机反电势建立起来后，即可使用常规的空间电压矢量进行控制，因此本发明方法简单可靠；用以数字信号处理器（DSP）为基础的控制系统作为本发明方法的执行系统，DSP 具有高的运算速度和强大的扩展功能，从而可以快速地实现控制。③文献 CN101510736A 将三相四桥臂三电平逆变器的 SVPWM 矢量从传统的三维空间降维至平面，前三桥臂和第四桥臂的开关状态分开选取，充分利用前三桥臂三电平空间矢量表，选取零矢量，长矢量，成对使用小矢量，不直接使用中矢量，利用相邻长矢量合成中矢量，以电容充电效应和放电效应相抵消为原则选择第四桥臂的开关状态；该算法简单易实现，不仅可带不对称负载，且在任何负载功率因数和调制比下流过直流侧电容中点的电流在一个周期内平均值严格为零，从而有效抑制了中点电位的漂移。④文献 CN103138619A 公开了在空间电压矢量图区域划分的基础上，一种基于矢量分区概念的三电平 SVPWM 零序分量分析方法；研究结果表明对三电平 SVPWM 选择适当的冗余电压矢量可以通过对三角载波型 PWM 叠加适当的零序分量等效实现，并在此基础上提出了一种新的基于零序分量叠加的中点电压控制方法，所提出的零序分量分析方法直观有效，物理意义清晰，实现方法简单，不需要增加额外的硬件电路。文献 EP2671316A（20110201）公开了针对电容不平衡问题，在不增加开关元件影响逆变器的效率的前提下提供基于代表输出电压质量的翻转向量计算出占空比，消除谐波以及解决各个电容之间潜在的不平衡问题，降低成本。

（三）其他技术问题的专利发展

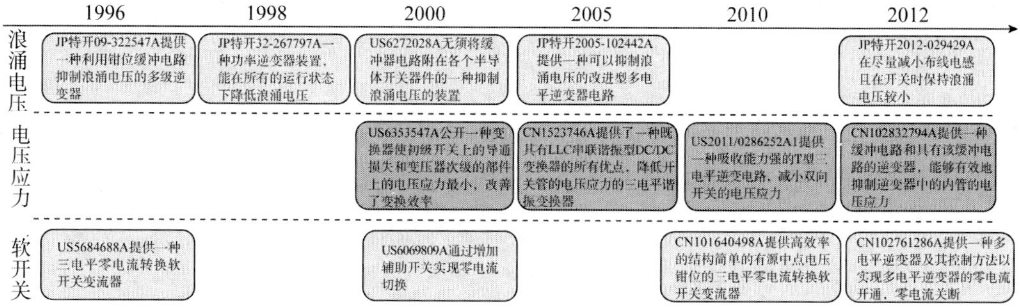

图 29　多电平逆变器关于其他技术问题的发展

（1）浪涌电压

在通过利用半导体开关元件构成的功率逆变器装置中，在半导体开关元件的转换过程中会引起尖峰脉冲浪涌电压。假设该装置的输电母线本身的杂散寄生电感为 L，以及电流变化率为 $\mathrm{d}i/\mathrm{d}t$，在其中就会感应产生幅值为 $-L\cdot \mathrm{d}i/\mathrm{d}t$ 的浪涌电压。近年来，半导体开关元件的开关速度增加，电流变化率也在增加，因此，感应的浪涌电压的数值势必增加。基于这种原因，为了保护半导体开关元件不致因这种浪涌电压而破坏，需采取很多技术措施来降低输电母线的电感。在较大容量的功率逆变器装置中，装置的尺寸加大，输电母线的电感增加，因此，通常为每一功率逆变器装置装设用于滤波的 DC 电容器组。例如，逆变器分别装有用于滤波的 DC 电容器组。当逆变器装有这些用于各相的滤波电容器组时，在其中的开关元件转换过程中引起的浪涌电压的幅值是由滤波用电容器组和逆变器中的开关元件之间的电感数值确定的。因此，防止了受具有大电感的 DC 母线影响的高电压浪涌的产生。然而，当利用快速开关元件例如 IGBT 作为半导体开关元件时，变化电流的变化速率也大，因此，即使在逆变器内部也需要尽可能多地降低输电母线的电感。然而，当将上述常规技术措施应用于中性点钳位的三电平式逆变器时，会出现如下的问题：在中性点钳位的三电平式逆变器中，使用 6 条输电母线条。然而，对于中性点钳位的三电平式逆变器，输电所需的导电板必须按六层层叠，这就产生了结构复杂的问题。例如，当将一电气元件的端部连接到某一输电母线条上时，对于其余的五个输电母线条需要形成对应的贯穿孔，以防止与该连接部分电接触。因此，使制造成本增加。除了由于需要6个相同尺寸的导电板引起的上述问题之外，用于输电的输电母线条的重量增加，从而带来了装置的机械性能不稳定的问题。为此，1996年，文献JP特开平09-322547A公开了一种多级逆变器，提供一种利用钳位缓冲电路的、能够抑制浪涌电压、因而能够抑制多级逆变器中缓冲电路损失的四级或更多级输出的多级逆变器；1997年，文献JP特开32-267797A提供一种功率逆变器装置，能在所有的运行状态下降低浪涌电压并具有简单的结构；2000年，在采用高速半导体开关器件的大容量类型电源转换器中，任一个充电和放电缓冲器电路或紧缩的缓冲器电路是与各个半导体开关器件相连，电源转换器尺寸变大且费用增高。由此，需要配置一种装置，通过唯一的紧缩的缓冲器电路按采用小耐压容量的半导体开关器件的电源转换器的相同方式连接到直流电源。也就是说，需要配置无须将缓冲器电路附在各个半导体开关器件的一种抑制浪涌电压的装置。由此，文献US6272028A提供一种电源转换器装置，该装置可以降低在开关控制半导体开关器件时产生的浪涌电压，并且保护半导体开关器件免遭浪涌电压的损坏；2005年，文献JP特开2005-102442A提供一种可以抑制浪涌电压的改进型多电平逆变器电路；2011年，因电感的增加而在开关时产生高浪涌电压，因此有必要采用具有高耐压的模块、连接缓冲电路等，从而产生尺寸增大以及器件价格提高的问题。特别是在三电平逆变器的情况下，由于需要在两个部位连接熔断器，因此其问题显著；2012年，文献JP特开2012-029429A提出了提供一种在尽量减小布线电感且在开关时保持浪涌电压较小的同时，实现可靠的保护动作的保护电路。

（2）电压应力

实现高电压应用的高效率是一个主要设计的挑战，这需要通过仔细选择变换器布局和切换元件特性来使导通和切换损失最佳化。也就是说，较高额定电压的半导体开关，比如，MOSFET（金属氧化物半导体场效应晶体管）、IGBT（绝缘栅双极晶体管）和BJT（双极面结型晶体管）与它们的具有较低额定电压对应物相比，展现了较大的导通损失。此外，在高电压应用中，切换损失也要增加。一般来说，采用各种谐振或软切换布局可以减少甚至消除切换损失。然而，减少导通损失的方案是非常有限的。实际上，一旦选择了具有用于所需额定电压的最低导通损失的布局和开关，可以进一步减小导通损失的方法就只能是使用一个可以利用具有较低额定电压，并因此具有较低导通损失的开关的布局。在称之为多级变换器的电路类别中，由于初级开关以比输入电压低得多的电压应力工作，因此多级变换器是高电压应用的一个自然选择。为了实现高效率的多电平逆变器，2000年，文献US6353547A公开了一种由于在轻负载的情况下生成ZVS条件的能量不存储在变压器的漏感中，因此可以使变压器的漏感最小，从而也可以使变压器次级上的占空比因数损失最小。结果是本发明的变换器可以工作于最大可能的占空因数，从而使初级开关上的导通损失和变压器次级的部件上的电压应力最小，改善了变换效率。2003年，文献CN1523746A针对高压的场合每个开关的电压应力等于最高输入电压就不是很适用这一技术问题，提供一种既具有LLC串联谐振型DC/DC变换器的所有优点，同时降低开关管的电压应力以适应高电压输入场合的三电平LLC串联谐振DC/DC变换器。2010年，文献CN101783611A为了保证电流通路切换的安全性，可以将谐波电流频谱集中，可以方便地扩展至带中线的三相四线制三相并网逆变器结构，在单极性PWM调制方式下工作时不产生高频漏电流，适合非隔离光伏并网逆变器应用，不存在桥臂直通危险，所有功率开关管和二极管的电压应力均等于或小于输入电压的一半，适合较高电压输入场合的应用。2011年，文献US2011/0286252A1针对RC吸收方案的缺点是吸收能力不够强，双向开关的电压应力较大，必须选用高耐压的管子，而高耐压的管子不易做到高频化，损耗会相对增加等问题，提供一种吸收能力强的T型三电平逆变电路。2012年，文献CN102832794A针对NPC（Neutral point clamped，中性点钳位）三电平逆变器之类的逆变器而言，内管电压应力过高是影响逆变器安全运行的问题之一。为解决该问题，逆变器可以设置缓冲电路。针对该缓冲电路需要外接的与主电路电气隔离的电源时，将会增大逆变器的体积和重量，并且使得控制变得相对复杂等问题，提供一种缓冲电路和具有该缓冲电路的逆变器，能够有效地抑制逆变器中的内管的电压应力，而不需要外接的与主电路电气隔离的电源。

（3）软开关

为了防止多电平逆变器桥臂中的所有开关同时导通，即为了避免电源短路，必须保证开关不会同时闭合。鉴别器就是在这里得到应用的，其目的是在闭合相应开关时引入一个延时，从而总是可以保证当闭合某一开关的指令下达时，另一开关已经断开。这就意味着在断开某一开关和闭合另一开关的两个时刻中间存在一个小的延时，此延时被称为“死区时间”。这样，断开某一开关和闭合另一开关这两个操作就决不会同时发生。这就造成了不希望有的谐波的出现，尤其是出现在电机电流中的5次和7次谐波，从而在供电一方和驱动力矩一方产生了6次谐波。另一个问题在于：各个开关不能在瞬间由零电压（电流流通，对应于开关闭合）切换到正电压（电流断开，对应于开关闭合），反之亦然。这就意味着在一段时间内，非零电压和非零电流同时存在，因而每当开关切换发生时，就会观察到功率损耗，当各个部件不能承受这种功率损耗时，为了解决这一技术问题，1996年，美国文献US5684688A提供一种三电平零电流转换软开关变流器；1999年，文献US6069809A通过增加辅助开关实现零电流切换；2009年，文献CN101640498A提供一种高效率的、结构简单的有源中点电压钳位的三电平零电流转换软开关变流器。2012年，文献CN102594191A提供了一种新型的基于使用耦合电感的有源钳位三电平零电压软开关变流器，该有源钳位三电平零电压软开关变流器具有结构以及控制简单、易于模块化设计、可靠性更高、更易于实用化等优点。文献CN102761286A为了克服现有技术多电平开关管的功率开关管工作在硬开关状态，在主开关管两端存在较高的电压应力，无法实现零电流开通，零电流关断，在限制了系统效率的进一步提高的基础上提供一种多电平逆变器及其控制方法，以实现多电平逆变器的零电流开通、零电流关断。

五、多电平逆变器前景分析

在上面的内容中，通过多电平逆变器的各国申请中所解决的技术问题对多电平逆变器过去30年的发展做了详细的介绍，从中可以了解到，多电平逆变器的发展主要围绕两个问题讨论，一个是如何才能降低损耗，一个是直流侧各个电容均衡的问题。然而，从节约能源的角度考虑，降低损耗成为众多发明人研究的方面。

在上面的内容中降低损耗主要通过减少器件的数量，包括二极管的数量、开关管的数量以及电容的数量来实现。而目前的专利文件中大都是通过减少器件的个数实现某一单一电平的逆变电路，譬如，对于三电平而言，大多数发明人都是通过对传统三电平逆变器的结构改造从而得到新的结构三电平逆变器。然而，随着工业的不断发展，负载端的需求量的不断变化，如何能够使得一个电路在面对不同的负载需求时不需要带来繁重的替换掉整个电路的工作，譬如负载需求变化时需要在三电平和五电平之间切换，如果只是简单地在用五电平逆变器时就用五电平逆变器换上三电平逆变器，这不仅带来了复杂的更换工作，也给一些无法直接更换的场合带来了不必要的麻烦，譬如变换器安装于海底。

为此，2012年，中国的华为技术有限公司申请了一种逆变器和供电设备，该逆变器为三电平逆变器和五电平逆变器混合电路，不仅可以应对不同负载的需求，还能克服传统的五电平逆变器的功率开关管一般工作在电压和（或）电流较高的状态，对功率器件的通态损耗较大，如对功率管的损耗将较大，在一定程度上限制了系统效率的提高等缺点。

六、结　语

本文以德温特世界专利索引数据库（DWPI）以及中国专利全文数据库（CNTXT）收录的专利为样本，分析了国内外多电平逆变器的专利申请趋势，以及主要申请人等，并对多电平逆变器发展所解决的技术问题为技术分支的技术发展做了进一步分析。通过上述分析，可以对多电平逆变器技术领域的现有技术发展水平有更进一步的认识。

就目前而言，关于多电平逆变器的研究和发展，其申请量主要分布于JP、CN、US以及EP，可以针对某一具体的技术问题有针对性地去各个专利库检索。比如，从解决的技术问题出发，如果本申请涉及的是空间矢量调制算法或者闭环控制解决中点漂移问题，可以先在CNTXT和CNABS中检索中国申请文献；而如果是有源钳位式多电平逆变器的结构变化，且变化并不能看出其背景技术，一般而言可以在中国的高校申请，譬如南航的相关申请；或者在JP/EP的专利库中查找，EP和中国高校申请的申请量居多；如果是减少器件的数量，且处于两篇已公开文献的中间状态的申请，比如其钳位电路既有二极管钳位又有开关管钳位，一般而言，该电路在CN专利库中的居多；如果涉及的是开关管的零电流或者零电压，就目前而言，中国的华为技术有限公司以及日本专利库研究这些方面占据一定的优势；如果涉及的是结构的改造或者说是对多电平的封装，目前日本在这方面占据一定的优势。总而言之，不同的技术问题需要有针对性地去不同的数据库中检索。

另外，从国外多电平逆变器的专利技术发展来看，该技术领域的技术已相当成熟，对于国内的申请人来说，如果只是单纯地对具体单个电平数的逆变器进行改造，譬如只是简单地减少开关管或者二极管的数量，想要绕开国外公司的专利壁垒，开辟新的途径是比较困难的。就目前的申请专利而言，对于开关管的类型，由于开关管本身的类型不多，况且开关管的类型的具体特性已是本领域技术人员的常识，如果从这方面想要取得一定的效果，想必也有一定的难度，至于电容的数量，众所周知，三电平逆变器只需要两个电容，其电容数量无法降低，而对于大于三的电平数逆变器，这方面的研究也已经是一个极限，比如五电平逆变器已经可以用两个电容实现。随着市场国际化的发展，势必会有大量的国外申请进入中国市场，对于国内申请人来说，应该跳出减少数量、降低开关损耗的思维，针对目前一些技术问题申请量比较少，但是对多电平逆变器应用领域有良好效果的技术进行研究，比如开关管的零电流和零电压，其也能降低开关管的损耗；或者研究一些对该领域的专利有重大改进的专利，研究这些专利的不足，从中找到解决的办法，发现别人没有发现的成熟技术的缺陷，这也可以作为国内申请人研究的重点。

参考文献

[1] 刘凤君. 多电平逆变技术及其应用 [M]. 北京：机械工业出版社，2007.

[2] 王广柱. 二极管钳位式多电平逆变器直流侧电容电压不平衡机理的研究 [J]. 中国电机工程学报，2002 (12).

[3] 薛高飞，胡安，马伟明，李立栋. 基于载波控制三电平逆变器中点电压平衡的调制策略研究 [J]. 船电技术，2014 (07).

[4] 林继亮，何英杰，杜思行，刘进军. 基波开断下的单相 NPC 中点不平衡精确控制研究 [J]. 电力电子技术，2013 (05).

[5] 沈书林，陈劲操. 新型混合级联逆变器在无功补偿中的应用 [J]. 电测与仪表，2013 (01).

[6] 洪春梅，王广柱. 五电平逆变器直流侧电容电压的平衡与控制. 电机与控制学报，2003 (03).

电话会议专利技术分析

陈　思

一、引　言

为了提高沟通效率，避免信息失真，电话会议市场近年来迅速兴起，在各种类型的企业中被广泛使用。所谓电话会议，通俗地说就是利用电话机作为工具，利用电话线作为载体来开会的新型会议模式。与传统会议相比较，具有会议安排迅速，没有时间、地域限制，费用低廉等特点。与传统点对点电话业务相比较，从功能上讲，打破通话只能局限于两方的界限，可以满足3方以上（根据不同提供商的产品，最高可实现300方）同时通话，具有电话无法实现的沟通更加顺畅、信息更加真实、范围更加广泛等特点。受到资费的限制，多数应用于企业日常工作中[1]。

如图1所示为采用IP PBX实现电话会议的一个示例，通过IP PBX可实现固话、IP电话、SIP电话、USB电话等多种终端接入电话会议进行无障碍沟通。电话会议的主要优势在于：电话会议打破了传统的集中式会议在空间上和时间上的局限性；电话会议系统在召开会议的时效性方面具有传统会议无法比拟的优势，特别是对于一些突发事情需要召开紧急会议时，运用电话系统就能及时地把有关人员召集起来，迅速做出正确的决策；电话会议系统通常具有录音功能，保证了会议的准确性和完整性。

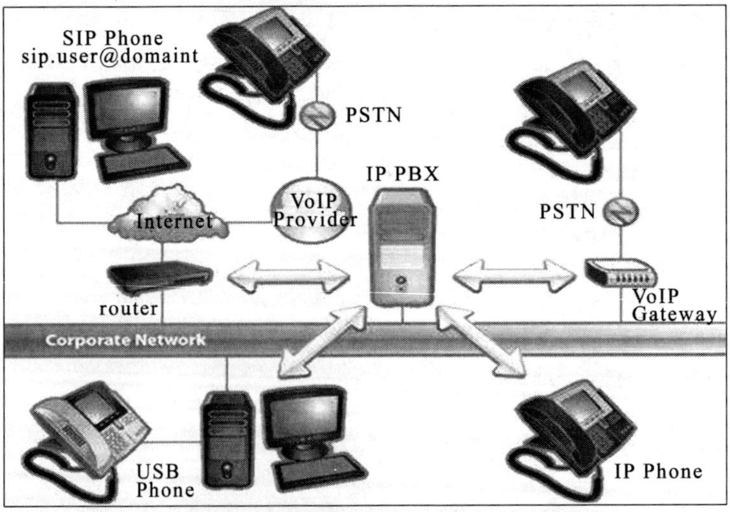

图1　电话会议的示意图

电话会议领域的重要技术分支简介如下。

(1) 连接控制

连接控制涉及电话会议的召开、维护以及结束的相关基础性功能。包括连接建立、连接维护和连接断开，分别对应于电话会议的召开、维护以及结束[2][3]。

由于电话会议支持多种不同类型的终端接入，因此按照接入终端的类型，对连接建立进一步细分为：

固话接入：通过固定电话、电话线、PSTN 等方式接入；

移动接入：通过手机、2G/3G/4G 网络等方式接入；

Web 接入：通过 Skype 电话、电脑、有线或无线 IP 网络等方式接入；

近距离接入：通过 NFC、蓝牙等方式接入；

混合接入：以上接入方式的组合。

根据召开电话会议的方式，连接建立还可以进一步细分为：

与会者自行拨入方式：每个会议参加者无论身在何处，只要拨打一个特定的电话号码，然后输入会议密码，即可加入会议。

召集者拨出方式：由会议召集人逐个拨通与会者号码，再经会议召集人证实与会者身份后加入会议。

混合方式：即用户可选择一部分与会者自行拨入，一部分与会者则由会议召集者逐个拨出召集。

群呼方式：由系统自动呼叫主持人和所有成员参加会议。

(2) 音频控制

音频控制目的是为与会人员提供自然、清晰、准确的语音，包括[4]：

降噪：减少噪音对音频传输的影响；

混音：涉及混音时辅助提高音频质量的产品及方法；

回声抑制/消除：在多人同时说话时消除回音，使与会人员接听到自然、清晰的声音；

信号音消除：模拟电话线上任意一方挂机，系统自动识别拆线而不影响会议其他方的进行；

双音多频信号 DTMF 消除：使参加会议任意一方的按键操作，不会被其他参加会议者听到。

(3) 与会者控制

与会者控制涉及根据电话会议的与会者类型进行相应处理的功能[5]。

所有使用电话终端参加电话会议的人统称与会者，与会者又可以分为三类：主持人、发言人和听众。申请和发起电话会议的用户，被称为主持人。通常，主持人可以在会议有效期内作为主控用户召开电话会议，如以召集者拨出方式召开的电话会议中，主持人借助系统自动呼出预先登记的其他参与者来参加会议。主持人可以对会议进行管理，如释放指定的参与者，定制参与人和旁听者名单并可以随时改变。一般情况下，由主持人通过电话流程确认会议结束。会议中具有发言权但不具备管理权的与会者称为发言人。发言人可以切换成听众，该切换可以在主持人控制下，也可以是自由切换。

（4）会议控制

会议控制涉及电话会议中除连接、音频、与会者类型之外的其他控制，主要包括：

会场/会议室控制：包括会议室预定、会场控制；

会议记录：包括会议录音，如实时性、存储管理等；

安全鉴权：包括整个电话会议过程中的安全鉴权[6]；

资源分配：包括电话会议中的资源（如媒体服务器、会议服务器等）的分配；

其他：除上述技术分支之外的会议控制。

（5）服务控制

服务控制涉及电话会议中提升用户体验的功能，主要包括：

1）可视化：以图形界面的方式显示电话会议相关的状态信息（如虚拟化的会议室、会议桌、电话图标、图形化表示共享数据文件、与会者的详细信息），辅助与会者了解会议进程；进一步，还可以将发言人的屏幕信息发送给其他与会者显示，在电话会议的同时辅助以文档内容展示进行说明，类似于视频会议的雏形；

2）多路并发：同时进行多个会议，体现强大的会议能力；

3）会中会：会议之间可以进行级连，组成更大规模的会议；

4）密谈：在会议过程中支持不公开的私人电话，适合呼叫中心等多种形式的应用系统；

5）IVR 语音引导：引导呼入用户选择进入会议。

二、专利申请现状分析

为了全面分析电话会议技术领域的现状，本文是在尽可能做了详尽检索的基础上得出的。其中，主要检索的数据库包括中文数据库 CNABS、CPRSABS 和外文数据库 VEN，采用关键词（如电话会议、音频会议、teleconference、audio conference、voice conference 等）结合分类号的方式来获得进行统计分析的专利申请样本 226 篇，检索的截止日期是 2014 年 8 月 1 日。

需要声明的是，由于未申请提前公开的发明专利申请通常在申请日之后 18 个月才公开，由此将导致部分的专利申请（如 2013 年 2 月之后申请的发明专利申请）由于未公开而不在本次文献采集之列。

电话会议各年度在中国的申请量、授权量分布如图 2 所示，其中发明专利申请占 90% 左右。从图中可以看出，从 2003 年左右开始，申请量平稳上升，这也体现出随着通信手段、电子设备的陆续升级更新，电话会议领域也有不断升级更新、适应新发展的需求。可以说，专利申请数量就是电话会议领域投资、市场、技术综合影响的结果，申请量从某一角度可以被看作电话会议经济的晴雨表。

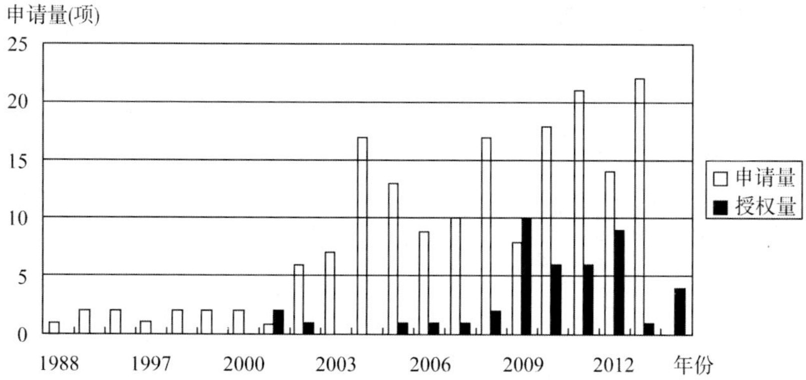

图 2　电话会议技术各年度申请量、授权量分布

电话会议专利申请的申请人以公司申请为主，占 91%，如图 3 所示，其中中国公司的申请量占一半以上，欧美公司紧随其后。

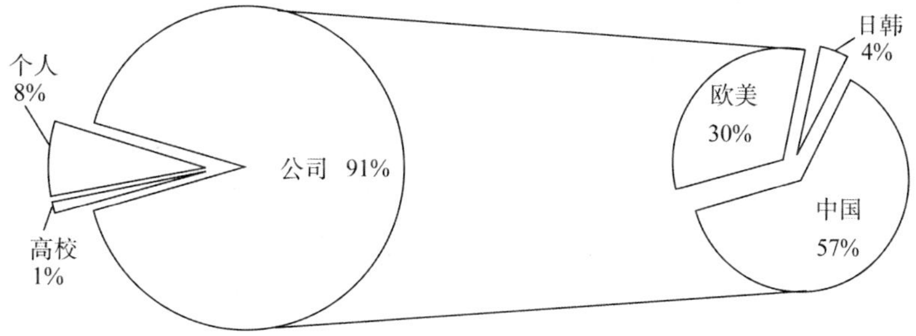

图 3　电话会议专利申请人类别情况

表 1 显示了申请人排名情况，从表中可以看出，排名前 3 位的公司依次为：华为、中兴和 IBM，且其申请数量远远超过其他申请人。这说明这三家公司在连接控制、会议控制、音频控制等多个领域占据了较强的技术优势。其他申请人在该领域的申请数量比较接近，而且都是国外 IT 公司的在华申请。

表 1　申请人及其相关申请量

申请人名称（缩写）	申请量（件）
华为	68
中兴	46
IBM	32
宝利通	18
爱立信	14
西门子	12
阿尔卡特朗讯	11

三、重点技术的代表专利分析

下面针对作为电话会议领域的重点技术进行代表专利分析，根据对电话会议背景的了解以及专利文献的解读，确定本文主要研究的技术分支为：连接控制、音频控制、与会者控制、会议控制和服务控制，如表2所示。鉴于时间和人员所限，该部分的统计样本仅限于中国申请。

表2　电话会议的三级技术分支

一级技术分支	二级技术分支	三级技术分支
连接控制	连接建立	固话接入
		移动接入
		Web 接入
		近距离接入
		混合接入
		快速建立
		接入限呼
	连接维护	
	连接断开	
会议控制	会场/会议室控制	
	会议记录	
	安全鉴权	
	资源分配	
	其他	
音频控制	降噪	
	混音	
	回声抑制/消除	
	信号音消除	
	DTMF 消除	
与会者控制	发言人	
	主持人	
	多类别	
服务控制	可视化	
	多路并发	
	会中会	
	密谈	
	IVR 语音引导	

由于截至目前，统计的样本中并没有对召开电话会议的方式进行改进的相关专利，因

此本文中并未将以召开电话会议的方式进行细分的技术分支作为本文中分析的技术分支。

此外，考虑到在连接建立相关的专利中有较大比重是基于用户需求而产生的，因此在三级技术分支中还设有“快速建立”和“接入限呼”两个技术分支，前者基于用户希望缩短电话会议的接入时间的需求，后者则基于安全考虑或提高特定用户的接入几率的需求。

由于与会者的不同类型对应于其在电话会议中所具备的不同功能，因此简单有效地区分不同类型的与会者并控制相应的功能也是电话会议技术中较为关键的一个技术分支。

其二级技术分支中的“发言人”“主持人”和“多类别”分别是指：识别发言人并执行发言人相关的控制；识别主持人并执行主持人相关的控制；识别多种类型的与会者并分别执行相应控制或操作。

笔者注意到，会议控制属于电话会议技术中的主要技术分支，其申请量仅次于连接控制这一技术分支，其中的技术问题与方案也非常繁杂，体现出随着技术的不断发展进步，电话会议技术与新技术相融合而持续更新。

图 4 为各技术分支历年的专利申请量情况，可以反映出各个技术分支的技术演进历程。从申请数量来看，考虑 2012—2013 年的部分发明专利申请尚未公开，在申请量上基本呈现平稳增长的态势，同时各技术分支的申请数量有一定的差距，其中连接控制、会议控制的申请量最多，音频控制的申请量次之。

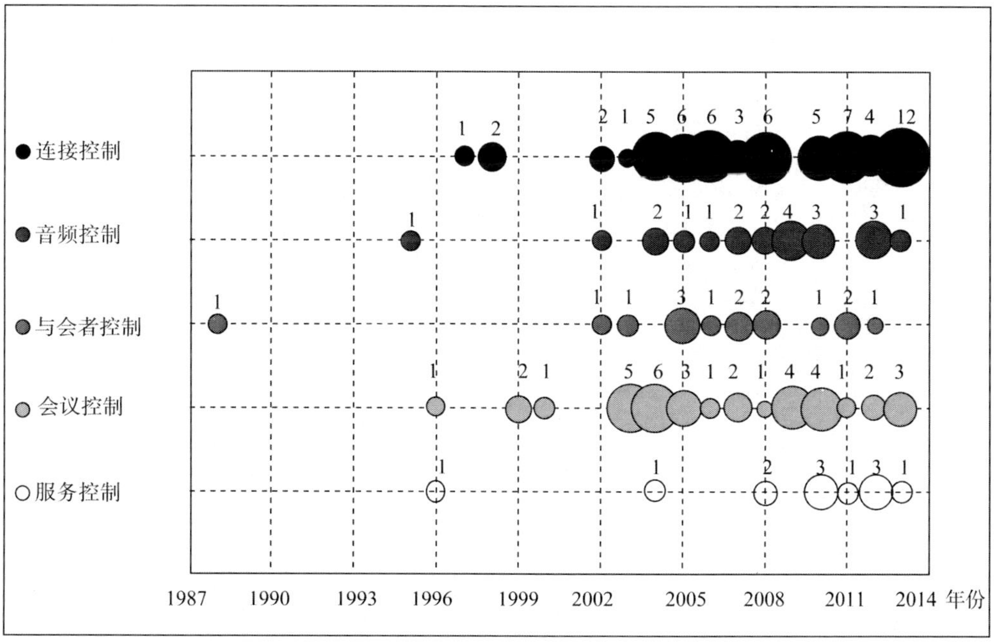

图 4　电话会议各技术分支专利申请量情况

（一）连接控制

图 5 为连接控制中的主要分支连接建立中按接入终端类型进一步细分的各技术分支历年的专利申请量情况，从图中可以看出电话会议的连接建立的发展趋势，早期各种接入方

式百家争鸣，后期还是以移动接入和 Web 接入为主，混合接入也是以移动用户与固话用户、网络用户与电话用户混合为主，这反映出由于现今用户的移动性越来越高，随时随地接入的需求越来越多，导致了电话会议的用户基本是手机用户和网络用户，如何保证这类用户能够快速接入电话会议并持续稳定通话是电话会议中的主要技术问题。移动接入具有灵活性，除了常见的以通话的方式实现电话会议接入之外，还可以由手机的常见功能实现电话会议接入，如短信、彩信、邮件等。也可以根据移动终端的位置信息快速地与周围人建立电话会议。另外，原有的电话会议系统升级和兼容性主要在“混合接入”这一技术分支中有所体现，主流的技术方案是由一个具备融合多种接入方式功能的服务器实现无缝连接。近距离接入的专利申请量虽然不多，但这也是通信技术发展的体现，随着近场通信的逐步发展，其应用场景也将越来越广。

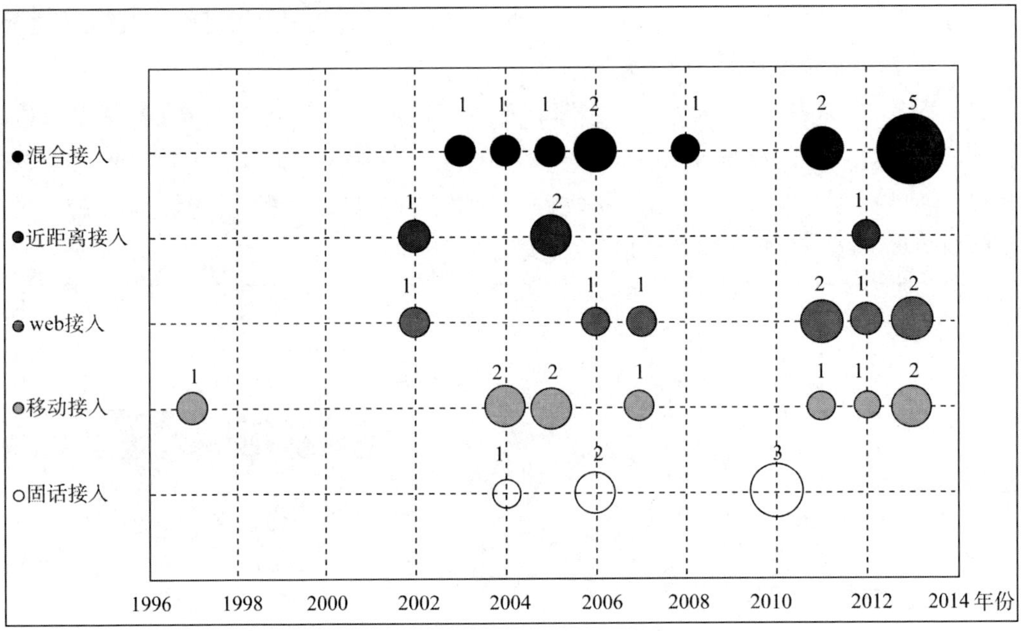

图 5　连接建立各技术分支专利申请量情况

华为公司申请号为 CN200710073422 的申请提供一种创建电话会议的方法及 MSC，并具体公开如下技术方案：移动交换中心 MSC 接收到会议发起者发送的创建电话会议的请求，根据所述的会议发起者输入的创建电话会议信息分配会议资源，创建电话会议，并将所述的会议发起者加入所述的电话会议。本发明利用无线网络的交换机来实现电话会议系统，不需要依赖专门的电话会议平台，与现有的 CC 业务相比，克服了 CC 业务的不足，更贴近用户使用会议电话的习惯，更好地满足了用户需求。

中兴通讯申请号为 CN200810126090 的申请提供基于智能网的会议电话实现装置、建立方法，并具体公开如下技术方案：上述装置包括会议电话业务模块；计算机支持的电信应用服务模块即 CSTA 模块，用于与会议电话业务模块交互完成会议电话控制；Parlay 网关，连接至会议电话业务模块，用于进行 Parlay 与智能网应用协议的映射；协议转换模块，连接于会议电话业务模块和CSTA模块之间，用于进行Parlay与CSTA协议的映射。通过上述技术方案，开发人员能够方便地使用Parlay接口来完成电话会议业务，并且具有良好的网络兼容性。

IBM公司申请号为CN200710186625的申请提供用于联系电话会议参与者的方法和设备，并具体公开如下技术方案：预期的电话会议参与者（例如，主持者和/或受邀者）将在最初提供用户简表。参与者的简表将包括可以借此联系到该参与者的一组联系号码。此后，对将要举行的电话会议的主持者和一组受邀者进行标识。这通常基于与用于发送和接受电话会议的邀请的日历应用的同步来完成。当所述主持者稍后发起所述电话会议时，本发明将访问接受了所述邀请的每个受邀者的简表，并且以其中所列出的相应联系号码呼叫所述受邀者。当与受邀者实现联系时，会将所述呼叫合并到与所述主持者的电话会议中。

（二）会议控制

思科公司申请号为CN03804197的申请提供进行带可选语音到文本转换的电话会议的方法和系统，并具体公开如下技术方案：从参与者（16）接收文本请求的指示。该方法还包括响应于所述指示，将所述电话会议的其他参与者的任何语音转换成文本。所述方法还包括将所述文本发送到与请求文本的所述参与者相关联的设备。所述设备可操作来显示所述文本。

爱立信公司申请号为CN96197775的申请提供电话会议召集电路及其方法，并具体公开如下技术方案：一种自动将电话通信网（10）的多个用户单元（12－1至12－n）召集在一起开会的会议召集电路（16）。一个分别与需召集的这些用户单元（12－1至12－n）一一对应的电话号码的表存储在存储装置（26）内。当一个发起用户启动形成电话会议时，这个发起用户只要通过发起用户单元（12－1）输入一个会议召集代码。会议召集电路（16）检测到这个会议召集代码后就自动将与所读表中的电话号码对应的这些用户单元（12－1至12－n）召集在一起开会。

华为公司申请号为CN200410042913的申请提供实现电话会议的方法，并具体公开如下技术方案：会议召集流程，召集者通过电话与多点控制单元建立呼叫连接，且多点控制单元通过提取电话按键信息获得输入用户信息和会议信息并转发给多点资源管理中心，多点资源管理中心根据用户信息认证并结合会议信息判断会议资源，且当会议资源充足时则允许会议召开并分配会议接入号码及与会密码给召集者；会议控制流程，会议过程中，多点控制单元通过提取与会电话的按键信息进行会议控制；会议安全流程，会议过程中，通过多点资源管理中心设置的鉴权方式及会议锁定决定是否允许电话呼叫接入该会议。

阿尔卡特朗讯公司申请号为CN201080015489的申请提供用于有效传输电话会议的多媒体流的方法和装置，并具体公开如下技术方案：一种电话会议系统，电话会议控制器使用与将要参与电话会议的远程节点的网络拓扑布局有关的信息，接着根据节点的能力和网络链路，指导视频和（或）音频流从源节点到所识别的远程节点的子集的传输。这些节点首先接收视频和（或）音频流，然后使用对等网络连接性技术，依次将视频和/或音频流转发到其附近的其他节点。用作对等转发节点的节点子集的识别可基于节点活动性、节点服务能力、对节点与请求者之间的网络链路的影响、节点与请求者之间的距离和（或）延迟，以及节点满足包括视频代码转换请求的能力。

（三）音频控制

音频控制以“混音”和“回声抑制/消除”两类为主，混音的技术方案分为两类：①判断哪些是正在讲话的音频，仅对正在讲话的音频进行混音，这从技术效果而言也起到了降噪和回声抑制的效果；②通过设计合适的参数、经验公式以及音频处理手段的组合提高混音的效果。“回声抑制/消除”的技术方案较为复杂，主要还是从音频处理的角度来考虑，如减去可能造成回声的音频等。

AT&T公司申请号为CN95102484的申请提供适合用于分组话音信号网络的会议桥的装置和方法，并具体公开如下技术方案：会议桥路接收数据分组形式的话音数据并以同一形式发送数据，该电话会议桥路不变换数据。本发明的电话会议桥路包括检测话音数据存在的话音检测器的多个输入端。话音检测器向控制器报告话音存在。控制器复制各检测话音的输入端之一的数据分组，用于所有输出端。如果同时在一个以上的输入端存在话音，则根据谁是声音最大的讲话者判决复制哪个输入。被复制的数据不发送到发话者的输出端，以避回音。

华为公司申请号为CN02147424的申请提供电话会议混音方法，并具体公开如下技术方案：本发明涉及一种电话会议混音方法，包括以下步骤：对每一通道的每一个样点数据进行高通滤波，计算出样点的滤波输出值S（i）；根据连续第一预定数值C1个小于固定噪音门限N的样点值S（i），计算自适应噪音门限NV，同时根据连续第二预定数值C2个样点值S（i）计算时域能量Eny（i）；然后用Eny（i）减去当前的自适应噪音门限NV，得到该通道的一个中间能量差值D；从各个通道的中间能量差值D中至少选出两个能量最大的通道，同时将每个通道的时域能量Eny（i）清零；如果所选出的通道与之前参与混音的通道不相同，则由之前参与混音的通道平滑切换到所选出的通道，最终将所选出的通道的混音结果发送到其他通道。

西门子公司申请号为CN200480010831的申请提供对电话会议出席者的自动大声讲话指示，并具体包括如下技术方案：本发明涉及电话会议装置、会议设备、会议单元和管理电话会议的方法。会议设备可以是具有大声讲话指示器的扬声器电话。只要电话会议出席者讲话的声音对远程参与者来说不够大声，会议单元就向相应的会议设备发送大声讲话指示。当所接收的语音信号与周围的噪音电平之比低于用户定义的或预定的阈值时，激活大声讲话指示器。该大声讲话指示器是可见的（LED）或可听见的指示器。

爱立信公司申请号为CN200780053043的申请提供用于群组声音远程通信的方法和装置，并具体公开如下技术方案：提出一种远程电话会议或者其他群组声音远程通信中的音频场景管理的方法，在该远程电话会议中至少第一发射方、第二发射方和接收方参与。该方法包括接收（210）表示第一发射方的声音和第二发射方的声音的信号。该方法还包括分别获取（212）第一和第二发射方的声音活跃性的量度，并基于所获取的声音活跃性的量度选择（214）第一角度和（或）第二角度。该方法更进一步包括将接收到的信号处理（216）成处理过的信号，这样致使来自第一发射方的声音感觉好像是从第一角度发出的，而来自第二发射方的声音感觉上好像是从相对于接收方的第二角度发出的。最后，输出（218）表示处理过的信号的信号。

四、技术发展趋势预测

事实上，电话会议领域的专利申请还有很多，所涉及的技术内容也包括更多方面，由于篇幅所限，在此无法一一列举，仅通过上述分析，表明作为该领域重点技术的连接控制、会议控制和音频控制所取得的一些创新性的发展，并从中揭示该行业未来的技术发展趋势。

（1）随着通信连接方式的多样化和便利化发展，与新兴连接方式相适应或者前后兼容的连接控制方法将是变革的一个方向，这也使得用户能够更为方便、快捷地加入到电话会议当中来。

（2）随着远程办公的普及以及安全加密的进一步发展，增强电话会议的安全性与私密性也将是会议控制的一个发展方向，如密钥管理、身份授权等。

（3）随着语音信号处理的进一步增强，相应地增强电话会议中音频控制方法也将是变革的方向之一，如消噪。

（4）进一步提高用户体验也将是电话会议领域的变革方向之一，如在图形显示方面、结合工作中的常用办公软件（如即时通信软件、邮件等）实现电话会议等。

参考文献

[1] 交互式电话会议系统 [J]. 世界电信，2000 (7).

[2] 王天杰. 基于移动智能网的无线会议电话系统业务 [J]. 现代通信，2003 (2).

[3] 陈舜儿，等. 基于包转发的电话会议系统的研究与实现 [J]. 计算机工程与设计，2008，29 (1) 2.

[4] 谢胜利，王杰. 电话会议系统的合成立体声和声学回波消除 [J]. 华南理工大学学报（自然科学版），2004 (2).

[5] 梁广德. 中兴 ZXMCS 多方通信系统的会议电话解决方案及应用 [J]. 中国数据通信，2004 (3).

[6] 李红勇. IP 电话会议系统在金融机构中的应用 [J]. 中国金融电脑，2010 (3).

单点登录专利技术分析

苏星晔

一、单点登录技术简介

在企业信息化初期，用户使用的系统较少，仅需记住一两个系统验证信息即可。而随着企业信息化建设的不断深入，用户接触的应用系统越来越多。由于每个应用系统都有各自独立的身份认证机制，用户需要针对每个应用系统单独进行注册后才能登录。于是，用户需要记忆与不同应用系统对应的用户名和密码来进行身份认证，这无疑增加了用户的负担，影响执行效率。而为了便于记忆，用户经常会为多个应用系统选择相同的密码，但这样很容易造成攻击者的破坏，增加了系统的安全隐患。同时，频繁输入用户名和密码也增大了密码被破解的可能性。因此，为了方便用户也为了便于管理，提出了单点登录（Single Sign On，SSO）的概念，即在多个应用系统中，用户只需要验证登录一个应用子系统，登录成功后，就可以以同一身份访问所有相互信任的应用系统，而不需要重复登录，也就是“一次验证，多次登录”。

二、单点登录专利申请数据分析

单点登录领域的主要分类号为 H04L 9/32，包括用于检验系统用户的身份或凭据的装置，为了研究单点登录领域专利技术的发展情况，本文使用上述分类号与单点登录相关关键词（如“单点登录”“一次登录”“single sign on”“SSO”）结合，在 CNABS 数据库和 VEN 数据库中进行检索，获得 356 篇专利申请样本。

在此基础上，本文主要对全球和国内专利申请状况的趋势以及全球和国内专利重要申请人进行分析，从中得到相关的单点登录技术发展趋势，以及重要申请人的历年专利申请状况。

（一）全球专利申请状况

1. 单点登录全球历年专利申请量分布

图 1 示出了单点登录领域在全球历年专利申请量的分布情况，由图 1 可见，对单点登录领域的专利申请最早出现于 1997 年，其发展过程大致可以分为两个时期：1997 年至 2001 年，该阶段的专利申请量呈现出相对较为平稳的趋势，属于该项技术的发展初期。随着人们对快速登录需求的日趋强烈，单点登录技术受到人们越来越多的重视，越来越多

的企业和科研院所加入到这一领域的研究，从2002年至2012年，增长率较高，属于该项技术的快速发展阶段，不断出现新的单点登录认证方法。虽然图中2013年的申请量有所下降，但这是由于2013年的部分发明专利申请尚未公开还无法统计，所以预计2013年及2014年的申请量仍将呈现出增长趋势。

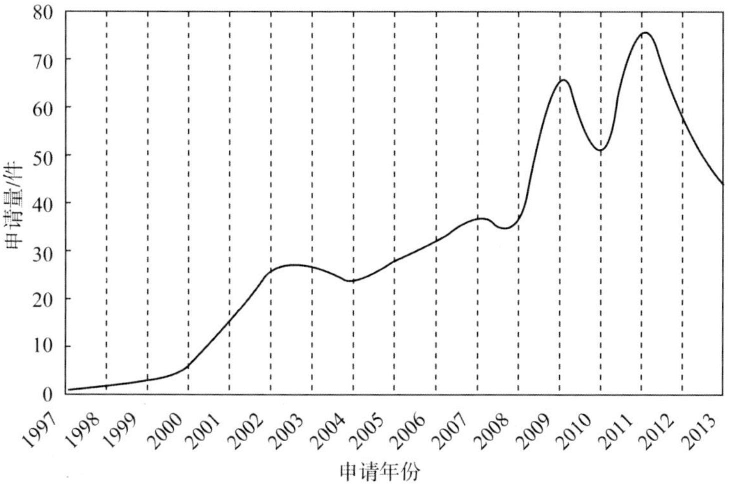

图1 单点登录全球历年专利申请量分布

2. 全球主要申请人申请量分析

图2中给出了全球范围内单点登录技术相关专利申请量排名前9位的申请人，其中国际商业机器公司和微软的申请总量就占据了全球申请量的40%，国际商业机器公司的申请量高居榜首，为该技术领域中的主导企业；其次，微软、诺基亚西门子和摩根大通银行的申请量紧随其后，在全球范围内都具备一定的竞争实力，这几家公司的专利申请量比较接近，技术实力相对均衡。其中，排在前9名的申请人主要集中在美国，说明美国在单点登录领域的技术水平较为先进，对单点登录的发展也比较重视。

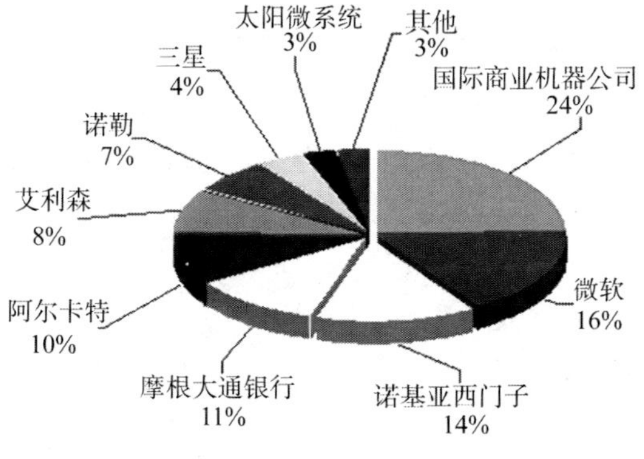

图2 全球申请人申请量分布

（二）中国专利申请状况

1. 单点登录中国历年专利申请量分布

图3示出了单点登录领域在中国历年专利申请量的分布情况，从图3可以看出单点登录技术在2006年之前，刚刚引入我国，处于萌芽阶段。从2009年至2012年，国内申请量迅速提升，可见我国在单点登录方面的研究逐步加大。虽然从2012年至2013年的增长趋势偏缓，但这是由于2013年的部分申请尚未公开，所以预计2013年及2014年的申请量仍将大幅增长。

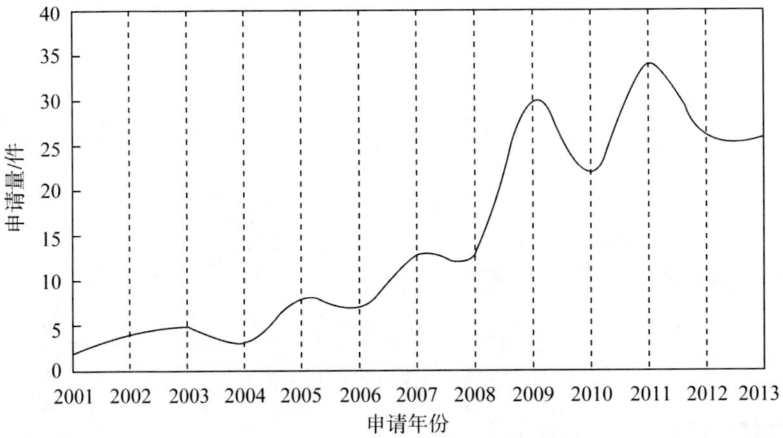

图3 单点登录中国历年专利申请量分布

2. 国内主要申请人申请量分析

本小节从国内专利申请重要申请人方面对单点登录领域的专利申请做了进一步的分析，主要对申请人历年的申请总量进行排名，取前10名申请人进行分析。

从图4中可以看出，在单点登录领域申请量排名在前10名中的中国国内企业较多，并且没有出现高校、科研院所，申请量排名在前3位的分别是中兴通讯股份有限公司、中国移动通信集团公司、金蝶软件（中国）有限公司，单点登录的研究主要集中在我国的各通信企业，可见，单点登录技术已经得到国内各大通信公司的高度重视。此外，申请量排名在前10名的企业还包括国外申请人国际商业机器公司、阿尔卡特公司、艾利森电话股份有限公司，也充分说明国外通信企业对于中国市场的重视度较高。而值得关注的是，由于单点登录属于应用性较强的技术领域，与更加注重理论性研究的高校、科研院所相比，企业申请人往往会投入更多的精力来对该领域进行研究，因而该领域重要申请人存在企业申请人远超高校、科研院所申请人的特点。

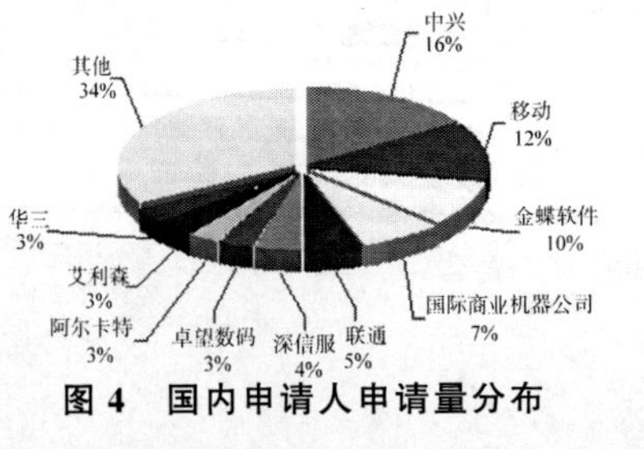

图4 国内申请人申请量分布

三、单点登录专利技术分支及其发展路线

通过梳理单点登录技术的各个技术手段下的基础专利，可以获得单点登录领域的技术发展路线，如图 5 所示。

（一）基于 cookie 实现

1999 年，First Data 公司提出了一种基于 cookie 的最简单、最直接的单点登录实现方法，由应用服务器根据用户名和会话信息生成会话标识，作为 Web 浏览器的 cookie 返回浏览器，用来标识用户的终端，以后用户访问不同的网络应用系统时，该应用服务器根据这个 cookie 中的信息获知用户名等信息（公告号：US6421768B1）。

目前，cookie 已广泛应用于 Web 中，如 Microsoft 的 Passport 单点登录服务就是借助于 cookie 完成的。但该技术要求客户允许在自己的计算机上存放 cookie，而 cookie 包含了一些敏感信息：用户名、密码、计算机名、使用的浏览器和曾经访问的网站等，用户往往不希望这些内容泄露出去，尤其是当其中还包含私人信息的时候。将其放在客户端时，用户本地的其他程序也可以读取 cookie 数据，这些为 cookie 的使用留下了许多安全隐患。

为了克服 cookie 只能应用于接受 cookie 的浏览器上的局限性，上海市高级人民法院于 2003 年提出了一种基于数字证书的单点登录方法，通过在应用服务器存放数字证书及公/私钥对，利用服务器公/私钥，对用户的登录信息进行加密，使加密后的信息在应用系统之间有效安全地传递（公开号：CN1547343A）。此外，针对 cookie 固有的不安全性，广东省电信有限公司科学技术研究院于 2005 年提出了一种跨管理域实现身份认证的单点登录方法，通过将存放在 cookie 中的信息进行数字签名来保证安全（公开号：CN1812403A）。

（二）基于票据实现

美国麻省理工学院于 1993 年推出了基于票据的单点登录认证协议 kerberos，关于 Kerberos 的更多信息可在 Kohl 等人的“Kerberos 网络认证服务（版本 5）”（The Kerberos Network Authentication Service（V5））[1]，因特网工程任务组（IETF）征求意见稿（RFC）1510，09/1993 中查找到，该协议的特点就是，有一个管理用户账号的认证服务器，认证服务器扮演着经纪人的角色，所有的认证都是由它完成，并在成功认证操作之后生成票据、凭证、令牌。

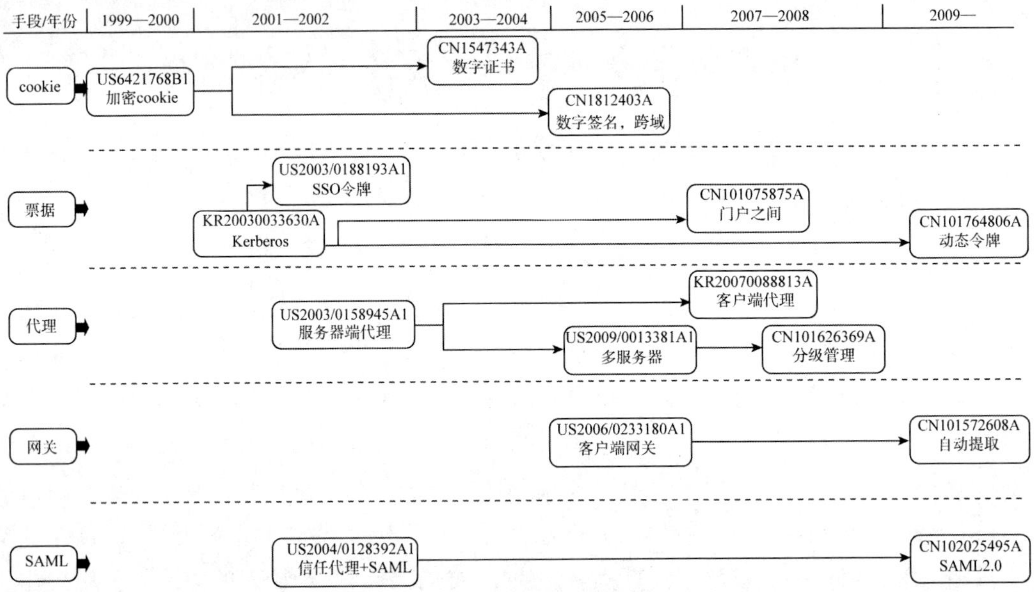

图5　单点登录技术发展路线

相关方面的专利首次出现在2001年，由韩国的ONE SYSTEM公司提出了一种使用基于kerberos协议的认证代理的单点登录系统（公开号：KR20030033630A），其技术方案为所有的客户端在访问系统资源之前向认证服务器进行身份验证，当用户通过身份验证后，认证服务器为用户产生一张票据，并返回给用户，用户可以凭借这张票据来访问所有授权的应用服务器。该单点登录实现机制类似于旅游景点的“通票”形式，游客一次购票即可进入多个独立的景点。采用所述技术的示例性系统如图6所示。

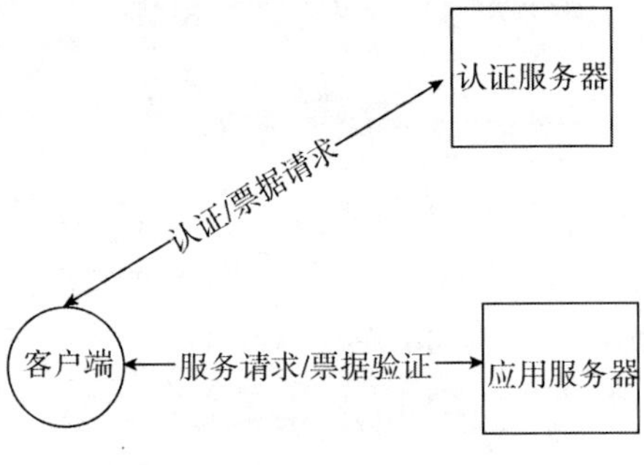

图6　基于票据的单点登录系统

基于票据的单点登录方式的主要优点有以下几点：①具有一个核心用户数据库，易于对用户数据进行集中管理和信息的维护；②无须应用服务器参与认证过程，而是由认证服务器负责认证，平衡了工作量；③认证实体可以是用户或者用户服务，这种认证不依赖主机的操作系统或主机的IP地址，不需要保证网络上所有主机的物理安全性，并且假定数据包在传输中可被随机窃取篡改。

但是，它也存在着一定的局限性，主要表现为以下几点：①客户端必须能够使用

kerberos 协议进行通信，然而大多数 Web 浏览器不具备这样的能力；②由于 kerberos 协议中的消息无法穿透防火墙，然而，许多门户、系统是提供给公共网络上的广大用户进行访问的，这其中必然涉及防火墙，如果在利用 kerberos 协议进行单点登录的过程中无法穿透防火墙，则其应用的范围必然明显受到限制；③由于客户端在申请到令牌后在一定时间段内可以使用多次，一旦令牌被非法窃取，就会造成用户授信的应用系统被非法侵入。

针对问题①：国际商业机器公司于 2002 年提出了一种在客户端针对第一服务器进行初始注册的过程中，由第一服务器代表客户端向认证服务器进行身份验证，并且在第一服务器存储器中保存认证服务器发送的票据，第一服务器基于票据为客户端产生一个 SSO 单点登录令牌，并发送给客户端，而不是将票据直接发送给客户端，从而使不支持 kerberos 协议的客户端能够访问使用 kerberos 认证方式的多个服务器（公开号：US2003/0188193A1）。

针对问题②：中国电信股份有限公司于 2007 年提出了一种在门户间实现单点登录的方法，通过第一门户验证的用户在第一门户中点击对第二门户的访问链接，由第一门户将包含用户身份认证信息的消息传递给第二门户，以由第二门户确定用户已经被验证并允许用户访问（公开号：CN101075875A）。

针对问题③：卓望数码技术（深圳）有限公司于 2009 年提出了一种安全快速的单点登录的方法，客户端在从认证服务器获取初始令牌后，会根据该初始令牌生成动态的用户令牌并用来访问应用服务器，该用户令牌失效时间短，且仅能使用一次，实现了安全 SSO 访问，增强了用户体验（公开号：CN101764806A）。

（三）基于代理实现

台湾半导体公司于 2002 年提出了一种基于代理 agent 的单点登录方法，通过在服务器端部署一个进行代理认证的统一认证服务器，具体操作流程如图 7 所示，当客户端向应用服务器发送登录请求时，统一认证服务器从应用服务器接收的会话请求中提取用户 ID 和时间戳记，如果统一认证服务器判断出提取的用户 ID 与其预先存储的 ID 不匹配或者时间戳记超过 3 秒则拒绝用户访问应用服务器，从而，统一认证服务器充当了服务器的认证系统和客户端认证方法之间的“翻译”（公开号：US2003/0158945A1）。

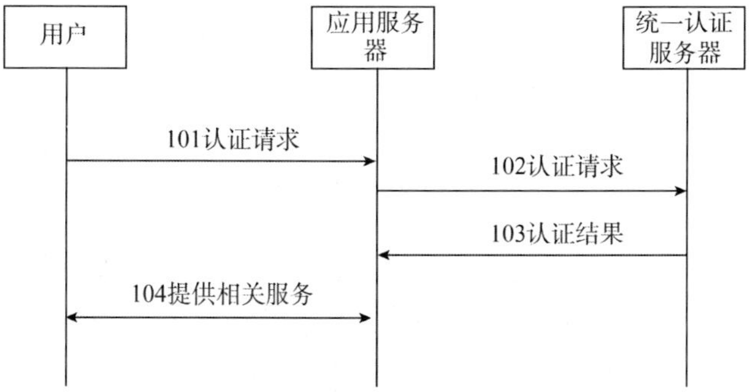

图 7 基于代理的单点登录流程

但是，这种集中设置的代理服务器在用户量激增的情况下，需要不断提高系统处理能力才能满足需求，因此，当用户量达到一定数量时，公共认证中心的处理能力将消耗殆尽，甚至出现系统瘫痪。针对此，艾利森电话股份有限公司于2005年提出了一种Web应用服务器单点登录的方法，通过取消原进行集中认证的统一认证服务器，将其单点登录认证的功能置于各服务器中（公开号：US2009/0013381A1）。中国移动通信集团公司于2008年，通过部署多个代理服务器，对认证进行分级管理，分流用户单点登录时的数据流，从而有效分散系统压力（公开号：CN101626369A）。

与将代理agent部署在服务器端不同，韩国TONESOL公司于2007年提出了一个将agent部署在客户端的单点登录方法，在Web浏览器处提供一个代理，作为用户和应用服务器之间的通信中转站，它能装载获得用户名/口令列表，自动替用户完成登录过程，从而减轻客户端程序的认证负担（公开号：KR20070088813A）。

(四) 基于网关实现

基于安全网关的单点登录，就是采用一个实现安全控制功能的Web反向代理作为用户访问部署在其后面的不同信息系统、应用系统的关卡（即网关），只有在安全网关完成身份鉴别的用户才能通过安全网关访问部署在其后面的系统[2]。

阿尔卡特公司于2005年提出了一种利用客户端网关实现单点登录的方法，通过客户端网关上的策略执行模块，进行客户端认证，从而解除了客户端每次进行服务认证的负担（公开号：US2006/0233180A1）。实现过程如图8所示，用户在登录VPN网关后，在访问内网中其他网站时，将不再需要重新输入用户名和密码，在用户访问内部网站时，通过VPN网关代替用户填写内部网站的用户名和密码，向内部网站提交认证信息，并将认证通过后网站返回的用户登录成功的Web页面转发给远程用户。该项技术也称为“二次填表技术”，然而，以代理网关为中心，要求所有的应用系统必须通过代理网关实现单点登录，容易造成代理网关的性能瓶颈和单点失败。

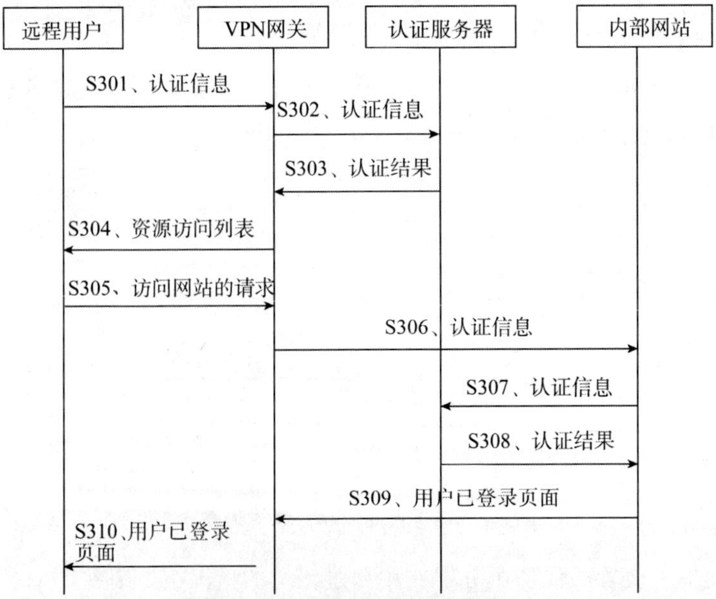

图8 基于网关的单点登录流程

由于VPN网关和内网的服务器毕竟是彼此独立的系统，所以一个用户登录VPN系统后，在访问内网其他服务器的时候，仍然需要再次进行认证。杭州华三通信技术有限公司于2009年提出了一种单点登录参数的获取方法，可以在http请求中自动提取登录参数，使得用户只需要一次操作，就可以轻松获取所需要的登录参数（公开号：CN101572608A）。

（五）基于SAML安全断言标记语言实现

目前主要有C/S（客户端/服务器）架构系统与B/S（浏览器/服务器）架构系统用于实现单点登录，C/S架构系统与B/S架构系统采用不同的平台、不同的信息交互模式，而且业界厂商实现SSO方式多样，存在各种使用场景的限制，难以兼容，因此很难实现统一的单点登录功能。而在互联网的情境中，用户开始期望这样的能力，即从与一个因特网域上的应用的交互跳转到与另一域上的另一应用的交互，而极少关心每一特定域之间的信息屏障。

国际商业机器公司于2002年提出了一种在异构联合环境中实现单点登录的方法，具体为在一个域中提供一个信任代理，由该信任代理管理该域与联合环境中其他域之间的信任关系，并在必要时解释来自其他联合域的SAML，从而使联合中的各域能够为其他联合域上的用户启动联合单次登录操作（公开号：US2004/0128392A1）。其中，SAML是一种与协议和平台无关的XML（可扩展标记语言），在不同的系统间交换认证信息和授权信息，SAML支持可扩展机制，允许开发者对其中一些元素进行扩展。

由于认证流程依赖于SAML，需要信息门户和其中整合的应用系统都能够理解基于SAML的认证信息，其本身负载度过高，使用并不易。针对此，成都康赛电子科大信息技术有限责任公司于2009年提出了一种基于SAML2.0的身份认证和管理方法，基于工厂流水线原理，将SAML断言的构造、解析、加密、签名等功能拆分成串行的步骤，再结合多线程机制构造出一个专门负责处理SAML相关操作的模块，通过对目前系统的集成，实现和目前已有系统的无缝结合，充分利用已有投资（公开号：CN102025495A）。

四、结　语

本文基于对专利申请和本领域相关技术的分析，对单点登录专利技术进行了国内外单点登录的专利申请趋势，以及主要申请人分析，并进一步分析了技术发展路线，梳理了各个主要技术分支及相关技术分支下的代表专利技术。

参考文献

[1] CLIFFORD NEUMAN, JOHN KOHL, TOM YU, SAM HARTMAN, KEN RAEBURN. RFC1510 - The Kerberos Network Authentication Service (V5), 1993.

[2] 淡艳，尹谦. 单点登录系统模型分析 [J]. 成都大学学报（自然科学报），2008 (2): 123-126.

物联网技术专利技术分析

张倩茹

一、概　述

（一）物联网的起源

物联网，顾名思义就是物物相连的互联网，其概念最初来源于美国麻省理工学院（MIT）在1999年建立的自动识别中心（Auto-ID Labs）提出的网络无线射频识别（RFID）系统——把所有物品通过射频识别等信息传感设备与互联网连接起来，实现智能化识别和管理。

随后，ITU于2005年在突尼斯举行的信息社会世界峰会（WSIS）上正式确定了“物联网”的概念，并随后发布了《ITU Internet Reports 2005—the Internet of Things》，介绍了物联网的特征、相关的技术、面临的挑战和未来的市场机遇。ITU在报告中指出，我们正站在一个新的通信时代的边缘，信息与通信技术（ICT）的目标已经从满足人与人之间的沟通，发展到实现人与物、物与物之间的连接，无所不在的物联网通信时代即将来临[1][2]。

（二）物联网的基本定义

一种具有代表性的物联网定义如下：物联网指通过信息传感设备，按照约定的协议，把任何物品与互联网连接起来，进行信息交换和通信，以实现智能化识别、定位、跟踪、监控和管理的一种网络，它是在互联网基础上延伸和扩展的网络。

（三）物联网的基本特征

从通信对象和过程来看，物联网的核心是物与物以及人与物之间的信息交互。物联网的基本特征可概括为全面感知、可靠传送和智能处理。

全面感知，为利用射频识别、二维码、传感器等感知、捕获、测量技术随时随地对物体进行信息采集和获取；可靠传送，为通过将物体接入信息网络，依托各种通信网络，随时随地进行可靠的信息交互和共享；智能处理，为利用各种智能计算技术，对海量的感知数据和信息进行分析并处理，实现智能化的决策和控制。为了更清晰地描述物联网的关键环节，围绕信息的流动过程，抽象出物联网的信息功能模型，如图1所示。

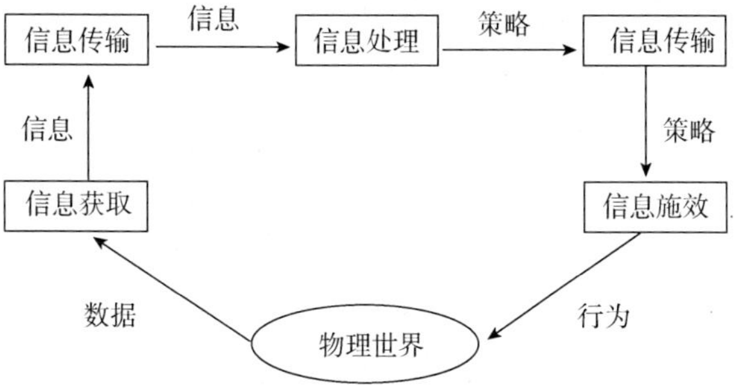

图 1　物联网信息功能模型

(1) 信息获取功能，包括信息的感知和信息的识别，信息感知指对事物状态及其变化方式的敏感和直觉；信息识别指能把所感受到的事物运动状态及其变化方式表示出来。

(2) 信息传输功能，包括信息发送、传输和接收等环节，最终完成把事物状态及其变化方式从空间（或时间）上的一点传送到另一点的任务，也就是一般意义上的通信过程。

(3) 信息处理功能，指对信息的加工过程，其目的是获取知识，实现对事物的认知以及利用已有的信息产生新的信息，即制定决策的过程。

(4) 信息施效功能，指信息最终发回效用的过程，具有很多不同的表现形式，其中最重要的就是通过调节对象事物的状态及其变换方式，使对象处于预期的运动状态。

(四) 物联网技术在国内外的发展现状[3][4]

ITU 报告的推出，使得物联网的发展被看作信息领域一次重大的发展和变革机遇，在全球范围内得到了重视，许多国家纷纷将物联网作为新兴产业，并出台战略措施予以落实。

在美国，IBM 首席执行官于 2009 年 1 月提出“智慧地球”概念，即把传感器放到电网、铁路、桥梁和公路等物体中，运用极其强大的计算机群对整个网络内部人员和物体实施管理和控制，从而更加精确地利用动态实施的方式管理生产活动和生活方式，“智慧地球”想要达到的效果是利用物联网技术改变政府、公司和人们之间的交互方式，实现更透彻的感知，更广泛的互联互通和更深入的智能化。

在欧洲，2009 年 6 月欧盟执委会发表了《欧盟物联网行动计划》，描述了物联网的发展前景，在世界范围内首次系统地提出了物联网发展和管理设想，并提出了 12 项行动保障物联网加速发展。除此之外，欧洲多个组织致力于物联网项目的研究，欧洲各大运营商和企业在物联网领域也纷纷采取行动，加强物联网应用领域的部署。

在日本，2004 年总务省（MIC）提出“U-Japan”战略，目的是通过无所不在的泛在网络技术实现随时、随地、任何物体、任何人均和互联网连接的社会，受到日本政府和索尼、三菱、日立等大公司的通力支持。

在韩国，2009 年 10 月韩国通信委员会通过了《物联网基础设施构建基本规划》，将物联网市场确定为新增长动力，提出了“通过构建世界最先进的物联网基础设施，打造未来广播通信融合领域超一流信息通信技术强国”的目标，并确定了构建物联网基础设施、发展物联网服务、研发物联网技术、营造物联网扩散环境4大领域和12项详细课题。

在我国，2009年8月，时任总理温家宝视察无锡时提出“感知中国”概念，由此推动了物联网概念在国内的重视，成为继计算机、互联网和移动通信之后引发的新一轮信息产业浪潮的核心领域。政府目前为物联网的发展营造了良好的政策环境，物联网的发展受到了国家各大部委和地方政府的大力支持。同时，我国各大电信运营商也纷纷将物联网作为未来移动互联网的重点发展方向，高度重视物联网业务的发展。此外，国内很多科研机构也积极致力于物联网技术的研发，诸如清华大学、北京邮电大学、东南大学、南京邮电大学等科研单位已在无锡成立物联网研究中心。

二、物联网技术中国专利申请的总体情况

（一）数据来源

中国专利文摘数据库（CNABS）是对中国专利初加工文摘数据库（CPPA）、中国专利深加工文摘数据库（CPDI）、中国专利检索系统文摘数据库、中国专利英文文摘数据库（CPEA）、DWPI数据库中的中国数据、SIPOABS数据库中的中国数据进行错误清理、格式规范、数据整合后形成的一套完整的、标准的中国专利数据集合，其数据覆盖全面，数据格式规范，涵盖了自1985年至今的所有中国专利文摘数据。

物联网技术的应用领域较为广泛，在《国际专利分类表》分类体系中，将技术上主要涉及物联网技术的专利文献分类在分类号H04L29/08下，本文中进行统计分析的样本均为截止本文的检索时间2014年8月，采用上述分类号H04L29/08与物联网、传感器、RFID等关键词相结合的方式检索自CNABS数据库的中国专利文献。

（二）分布情况

截止本文的检索时间，在CNABS数据库中检索到的涉及物联网技术的中国专利申请共计1 160篇，其中国内申请人的申请共1 102篇，国外申请人的申请共58篇，单从数量上看，国内申请人的申请占据了全部申请量的绝大部分，占有明显优势，这与政府近年来对物联网技术的关注和投入有很大关系。

而在本次检索中，为了将检索结果限定在可供阅读的合理范围，出于检索策略的限制，导致检索到的国外申请人申请量较少；另外，国外申请人申请量较少的原因也可能在于其并未在物联网技术领域的中国专利申请中投入较大精力，而主要投向了本国专利申请的方向。

在国外申请人所申请的58篇与物联网技术相关的中国专利申请中，其区域分布如图2所示，由该图可以看出，该58篇专利申请的申请人分布在14个国家，除美国以外，其余13个国家的申请量较为均衡。

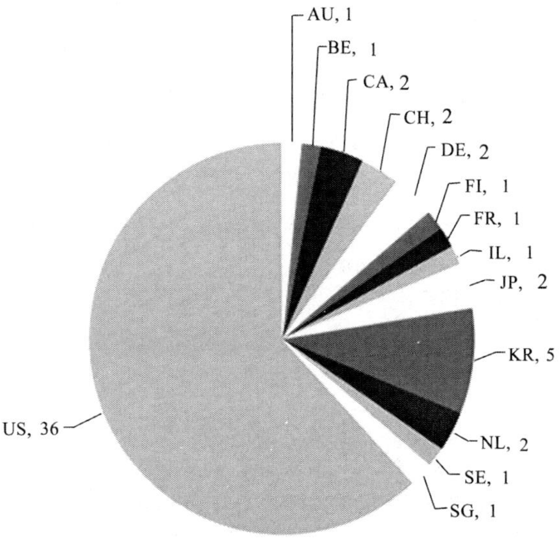

图 2 国外申请人的区域分布图

进一步对国内申请人进行统计分析，依据企业、高校及科研院所、个人这三种类别对申请人进行分类，得到如图 3 所示的国内申请人类别分布，其中 59%的申请来自企业，共涉及 500 多家公司，其中不乏中兴、中国移动、中国联通等国内通信领域著名的大型企业，也有不少不知名的小微企业；25%的申请来自高校及科研机构，涉及 170 多所高校或科研机构；此外，个人的申请量也占到了国内申请人申请总量的 16%。

图 3 国内申请人类别分布图

由于物联网技术的特点，其原理并不复杂，应用领域较为广泛，各申请人在申请量上都较为均衡，并没有出现申请量特别大、贡献特别突出的代表性申请人。企业方面，申请量排名在前 3 位的分别是无锡津天阳激光电子有限公司，中兴通讯股份有限公司、国家电网、许继集团（并列），无锡市崇安区科技创业服务中心。高校方面，申请量排名在前 3 位的分别是南京邮电大学，复旦大学、华北电力大学（并列），华南理工大学。

依据地域对国内申请人进行分析，得到如图 4 所示的国内申请人地域分布，其中申请量排在前 5 位的省份分别是江苏、广东、北京、上海和山东，上述地区经济相对发达，对新兴技术的认知程度相对较高，产生了较高的申请量。以排名第一的江苏省为例，物联网技术从时任温家宝总理在视察无锡时提出的“感知中国”概念而受到推动，许多企业和科研院所在无锡、苏州等地设立了物联网研究中心，进而推动了江苏省内关于物联网技术的专利申请量。

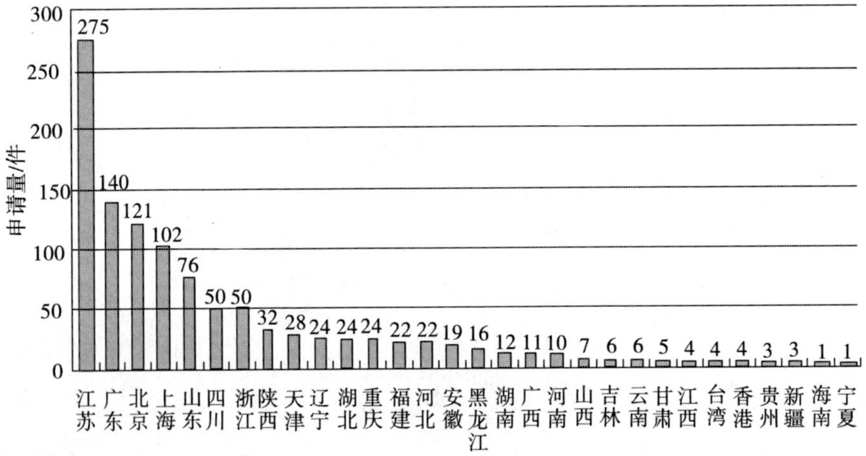

图4　国内申请人地域分布图

通过上述针对国内申请人的统计分析，可见物联网技术发展迅速，应用领域广泛，与日常的生产、生活有较大联系，企业已经能够将其较好地投入到实际应用中，而企业、科研院所及个人对于物联网技术中的热点、难点的研究与探索也仍未停止。

（三）发展趋势

图5和图6是物联网技术中国专利申请量的发展趋势图，由图5可见，可检索到的与物联网技术相关的中国专利申请最早出现在1993年，申请人为株式会社PFU，其提出设置一种识别卡片，产品在生产线上传递时，各工位可以通过该识别卡片来匹配产品的资料，该申请被认为是较早期的一种物品标识与识别技术；从2005年起，物联网技术的中国专利申请量保持每年20件左右的申请量；从2010年起，申请量增长极为迅速，2010年至2012年每年有100件左右的增长量；而由于专利公开期限的限制，能够检索到的2013年以后的数据并不完整，但从图中可以看到，2014年第一季度也已有60件申请，可见物联网技术的中国专利申请仍将保持较为稳定的增长率。这些数据表明我国对物联网技术的关注与发展正在持续升温，这与自2009年起，我国开始全面推动物联网技术的发展有密不可分的联系。而从图6示出的国内各类别申请人专利申请量的发展趋势来看，企业申请量的增长与高校及科研机构和个人相比较为迅速，企业仍然是我国物联网技术研究与应用的主要力量。

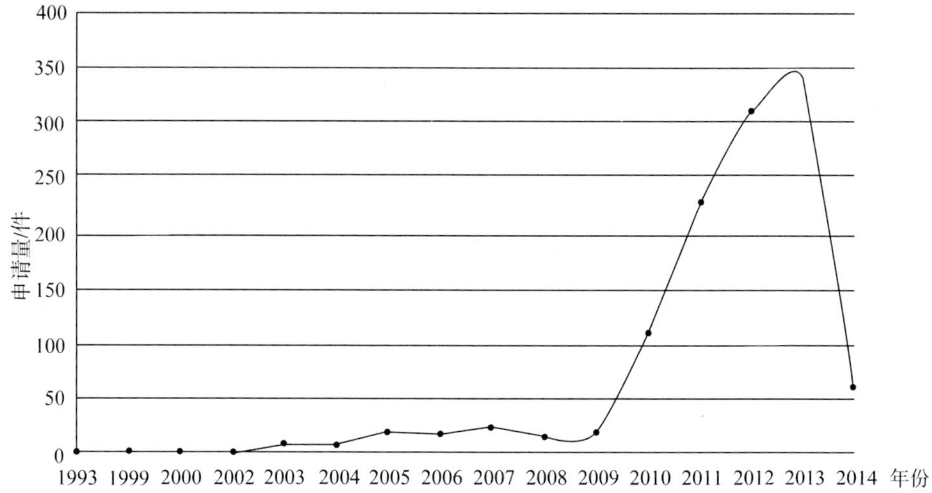

图 5 物联网技术中国专利申请量发展趋势图

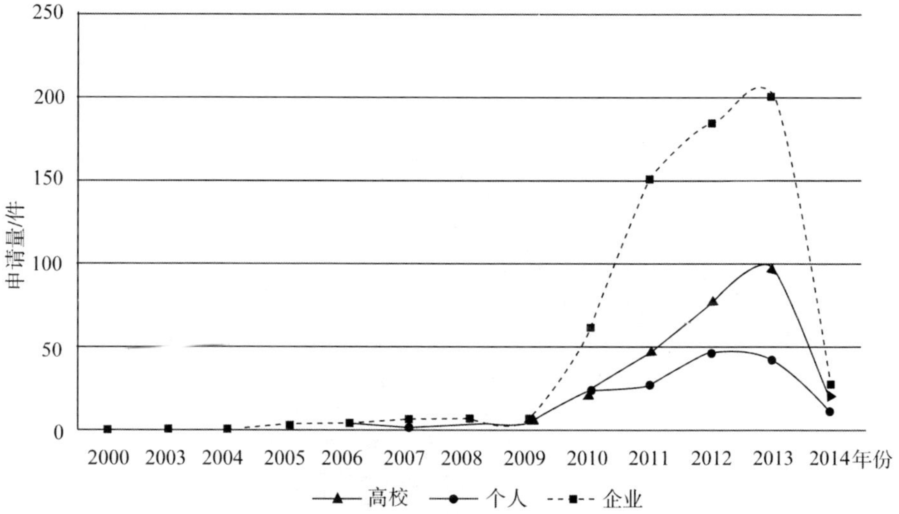

图 6 国内各类别申请人专利申请量发展趋势图

三、物联网技术中国专利申请的技术分析

（一）物联网技术中国专利申请的应用分布

物联网技术的应用系统一般包括传感设备、数据传输模块和远程数据中心。其中传感设备安装在被控设备上，并与数据传输模块相连接，数据传输模块通过网络与数据中心相连接。系统工作时，传感设备采集被控设备的相关参数和工作状态数据，并通过数据传输模块经由网络传递给远程数据中心，远程数据中心对采集的数据进行分析处理，从而实现对被控设备进行实时监控、管理、预测及诊断等。

通过对检索到的物联网技术的中国专利申请进行分析，其应用分布如图7、图8所示。

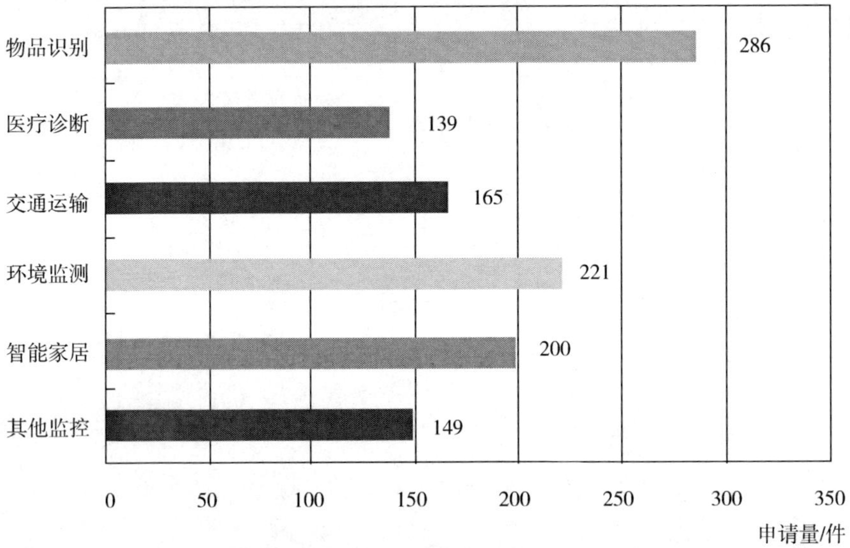

图7　物联网技术中国专利申请的应用分布（数量）

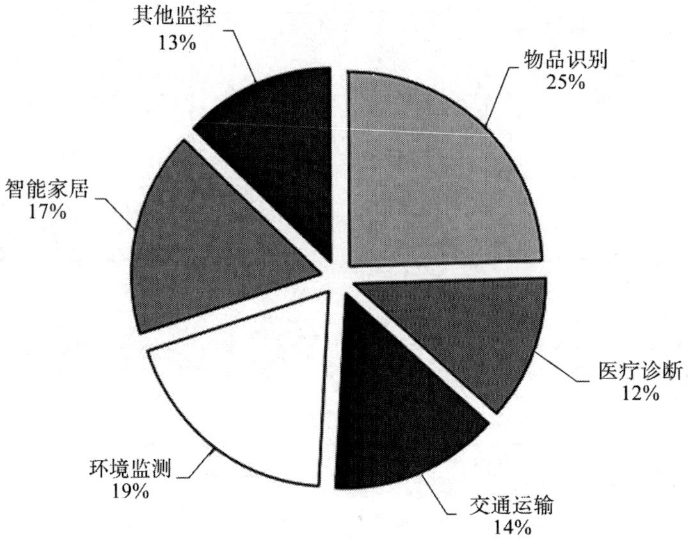

图8　物联网技术中国专利申请的应用分布（百分比）

上述应用类别中，物品识别主要涉及仓储管理、物流、食品溯源等方面，其他监控主要涉及工业、消防、电力等领域中的人员及设备的监控，可见物联网技术应用广泛，遍及交通、环境、公共安全、家居、消防、工业监测、医疗、水利、食品溯源等多个领域，可以对生产、生活等现实中各个行业领域中的设备、设施、人员进行监控、管理，而从图7、图8中也可以看出，物联网技术在各个领域中的科研应用较为均衡。

如图9所示，从技术发展上看，早期的物联网技术的专利集中在物品识别方面，1993年11月，株式会社PFU提出设置一种识别卡片，产品在生产线上传递时，各工位可以通过该识别卡片来匹配产品的资料，该申请被认为是较早期的一种物品标识与识别技术；2000年8月，上海普德科技发展有限公司提出一种电子智能标签，将中央数据库生成的加密代码写入电子智能标签，然后通过识别电子智能标签内的密码信息来达到识别商品真假的目的，保证了商品防伪的可靠性；2002年9月，斯科特实验室公司提出用质量保证组件标记医疗产品，从而能够跟踪上述医疗产品的使用时间，从而防止使用或再使用被感染、召回或未经识别的医疗产品；2004年7月，美国邮政管理局提出利用射频识别标签追踪物品的运输，该申请被认为是较早的物联网技术在交通运输领域的应用；2006年8月，刘宁辉提出一种多功能网络声像监控防盗报警器和用该报警器的自动门窗，使多功能网络声像监控防盗报警控制器与多种传感器、摄像头关联，由监控安全报警器控制自动门窗的开启、关闭，并能实时发出报警信息，实现了物联网技术在智能家居领域的应用；2009年10月，南京邮电大学提出了一种基于物联网的医疗健康关怀系统的实现方法，通过设置医疗传感节点、无线传感器网络网关、移动终端设备、系统软件和终端软件，实现通过移动终端设备监测患者的病理信息，从而便捷地实现对患者的远程监控；2010年2月，南京邮电大学提出了一种基于物联网的能耗监控系统，其由安装在被监控用电设备上的用电功率检测装置、安装在被监控用电设备所在楼层或房间的数据采集和控制装置以及安装在总控制室的数据采集、分析、控制用总控装置组成，能够实现能耗监控，实现了物联网技术在环境监控方面的应用；2010年5月，四川大学提出一种基于云计算的射频识别和移动通信设备构建地理信息物联网系统，物联网和云计算这两种新技术被结合在了一起。

随着时间的推移，物联网技术中国专利申请从最初集中于简单的物品识别，向更广泛的应用领域铺开，基于物联网的环境监控、医疗诊断、智能家居等方面的专利申请日益增多，而申请人也开始深入到物联网技术中的接入与组网、物联网技术中的频段管理、物联网技术中的数据存储、云计算与物联网技术的结合等方面。

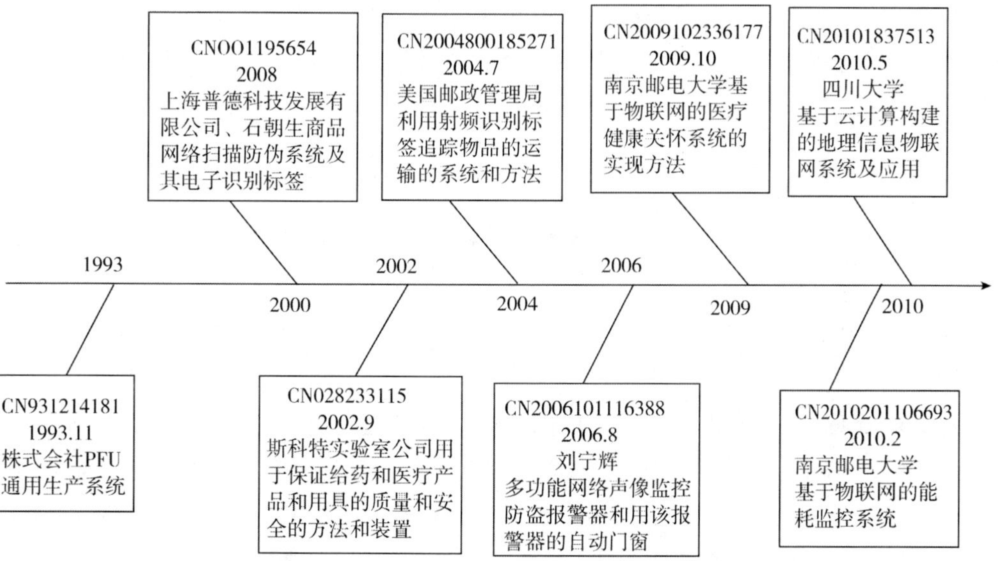

图9 物联网技术中国专利申请发展过程

（二）物联网技术中国专利申请中的技术热点

1. 感知与识别技术

感知和识别技术是物联网的基础，负责采集物理世界中发生的物理事件和数据，实现外部世界信息的感知和识别，包括多种发展成熟度差异性很大的技术，如传感器、RFID、二维码等。传感设备、感知设备是否设置恰当及其感知性能的好坏，直接决定了基于物联网技术的应用系统的性能优劣。

（1）传感技术

传感技术利用传感器和多跳自组织传感器网络，协作感知、采集网络覆盖区域中被感知对象的信息。目前，传感器在被检测量类型和精度、稳定性、可靠性、低成本、低功耗方面还没有达到规模应用水平，是物联网产业化发展的重要瓶颈之一。

发明专利申请CN2011100983108公开了一种单极式电流电压一体化传感器，涉及智能电网领域中的电子传感器，包括电流传感器、电压测量传感器、电压校正传感器、信号调理电路、A/D转换电路、FPGA单元、无线传输扩展单元、高压取电装置，通过三个传感器采集输电线电流信号并对信号进行处理，计算出被测电流电压值后通过无线通信网来传输检测信息，高压取电装置采用电流互感器能和锂电池协同供电，可长期为在线监测设备提供电能，该发明能快速、完整、准确地将电流电压信息传送给计算机进行数据处理，不会产生高电压、大电流和铁磁谐振，可方便地与电子式仪表、微机测控保护设备接口，简化了系统结构，节省空间，功耗极小，提高了整个系统的稳定性和准确度。

（2）识别技术

识别技术涵盖物体识别、位置识别和地理识别，对物理世界的识别是实现全面感知的基础。物联网技术是以二维码、RFID标识为基础的，对象标识体系是物联网的一个重要的技术点。

发明专利申请CN2012103038618提出一种用于RFID系统的多标签防碰撞方法。该方法以16个时隙的识别为基础，采用轮询和随机接入相结合的思想，将整个标签的响应过程分为16个时隙；阅读器不断发送清点请求指令，要求在其阅读范围内的标签给予响应；当有标签进入读写器的阅读范围时，接收到阅读器发出的射频信号后发送自身携带的信息，阅读器检测收到的信息，若对信号解析成功，表示没有碰撞发生，清点完毕，完成对标签的读取；若没有成功解析出标签发送的信息，则表示标签发生碰撞。该方法避免了大规模轮询，提高了RFID标签的识别效率，同时还能够有效地防止攻击者利用伪造的假冒标签进行阅读器攻击。

2. 接入与组网

物联网的网络技术涵盖接入和骨干传输等多个层面的内容，以传感器网络为代表的末梢网络在规模化应用后，面临与骨干网络的接入问题，并且其网络技术需要与骨干网络进行充分协同，需要研究固定、无线和移动网及Ad－hoc网技术、自治计算与联网技术等，物联网的接入与组网是目前所研究的与物联网相关的技术热点之一。

发明专利申请CN2014101359420提出一种多频段无线传感器网数据路由器及系统。其网络处理模块与3G接入、433M收发器和蓝牙4.0收发器模块建立通信连接，网络处理模块内置有无线路由器和有线局域网路由器。该发明的多频段无线传感器网数据路由器系统，设有下发模块和上送模块。与现有技术相比，可以将多个频率和多种通信协议的传感器接入物联网，物联网感知层的多频率多通信协议的传感器被接入物联网的网络层，实现物联网感知区域多频率多通信协议节点传感器与外部网络直接通信，传感器的接入方式可以根据实际应用需求添加或删除，接入方式灵活多样，使用方便，系统稳定可靠。

发明专利申请CN2011100019540提出一种物联网运营系统及用户提供服务的方法。该物联网运营系统包括：物联网终端设备提供商、感知网络服务提供商、物联网监测内容提供商、网络服务及设备提供商、传统互联网服务提供商、物联网服务提供商、统一业务提供门户和云计算服务提供商。该运营系统，通过按区域部署边缘服务器，将内容信息进行初步处理，再提交给服务提供中心，来分担服务提供中心的负载；通过边缘服务器直接为用户提供高实时性的服务，来避免现有服务方式中服务提供中心提供服务时所带来的高延时；通过将感知网络的监测信息提供给传统服务，增强服务方式扩展性。该发明能够有效地减小服务提供中心的负载，加快实时性服务的响应速度，增强物联网服务方式的扩展性。

发明专利申请CN2010101339274提出一种无线路由物联网的自组方法。该方法包括自动组网、路径修复和问题路由节点上报，以及跳频扛干扰步骤，其中自动组网分为网络中心协调点建网和路由节点入网两个过程。解决了现有点对点传输只能组成星状结构，其传输范围限于模块的有效通信范围之内，其距离比较有限的问题；以及人工指定路径的路由方法在无线信号变化或者节点损坏的情况下，路径不能及时更新，其通信效果在稳定性和可靠性方面较为不足的问题。

3. 通信与频段管理

物联网需要综合各种有线及无线通信技术，其中近距离无线通信技术是物联网的研究重点。由于物联网终端一般使用工业科学医疗频段进行通信，频段内包括大量的物联网设备以及现有的WiFi、超宽带UWB、ZigBee、蓝牙等设备，频谱空间将极其拥挤，制约物联网的实际大规模应用。为了提升频谱资源的利用率，让更多物联网业务能实现空间并存，应当研究如何提高物联网规模化应用的频谱保障能力，保证异种物联网的共存，并实现其互联、互通、互操作。

发明专利申请CN2014100937442提出一种避免医用物联网频段干扰的方法。按照医疗频段上已知干扰预先划分信道等级；根据信道能量检测的结果，将医疗无线通信信道进行等级划分，然后生成可用信道集，并规定工作信道及备选信道，根据当前工作信道及备选信道不同的等级，选择不同的信道维护方案；当协调器检测到干扰时，使用备选信道替换被干扰信道，并更新备选信道。该发明能够在很大程度上提高信道的可靠性，有效避免信道存在的干扰。

4. 数据的存储、分析和管理

云计算是近年来发展起来的网络技术，其通过互联网来提供动态易扩展且虚拟化的资源，使计算分布在大量的分布式计算机上，而非本地计算机或远程服务器中。如今，物联网技术与云计算技术的结合得到了飞速的发展和广泛的应用，物联网以物品识别为基础，能够采集各物品的信息，通过各种网络把信息送到数据中心，数据中心根据需要提取相关信息供用户使用。与云计算技术的结合，大大提高了物联网应用系统的可靠性，降低了成本。

发明专利申请CN2012105529760提出一种自主式物品云管理系统。该系统包括物品自动识别模块、物品轮廓分析模块、若干智能搬运机器人、物品自主管理控制模块、云管理中心和智能手机平台。其中，智能手机平台操纵云管理中心，云管理中心通过物品自主管理控制模块控制智能搬运机器人，智能搬运机器人通过物品自动识别模块和物品轮廓分析模块进行物品识别，并进行物品存取，物品自主管理控制模块将智能搬运机器人的状态实时反馈给云管理中心和智能手机平台。该发明将WiFi技术、云计算技术、机器人技术和物品管理相结合，利用现有计算机网络，实现对物品自主化管理，降低成本，同时方便联网管理。

发明专利申请CN2013103625429提出一种多域异构云通信平台装置。包括设置在广域网层的中央服务器，设置在传感器网络层的多个物联网主节点和与每个主节点匹配的多个从节点，以及设置在广域网层与传感器网络层之间的应用层，且作为广域网层和传感器网络层之间通信平台的多域异构云通信平台；该多域异构云通信平台与中央服务器之间通过广域网连接，多域异构云通信平台与多个物联网主节点之间通过局域网连接。该发明中的多域异构云通信平台装置，可以克服现有技术中监测难度大、可靠性低和运输损失大等缺陷，以实现监测难度小、可靠性高和运输损失小的优点。

四、总结与展望

物联网技术涉及感知识别、接入组网、频段管理、数据存储与分析管理等多项技术，其研究将带动整个产业链或者推动产业链的共同发展。物联网技术具有广阔的市场前景，可以应用于交通、环境、公共安全、家居、消防、工业监测、医疗、水利、食品溯源等各个领域中，各个领域的企业在物联网技术的专利申请方面竞争激烈，因此确定合理的研发目标和采取适当的专利策略尤为关键。

目前国内高校和科研机构针对物联网技术都已经做了大量的研究工作，具有一定的技术积累和研究成果，企业应增强与相关科研院所之间的联系，实现理论与实际的结合、科学技术与经济利益的结合；同时，国内企业也可以通过对国内外同类企业的专利信息进行检索和分析研究，来进行技术改进和技术创新，并通过申请新的专利来保护自己的创新技术，提升企业的核心竞争力。

参考文献

[1] 宁焕生，徐群玉．全球物联网发展及中国物联网建设若干思考 [J]．电子学报，2010，38 (11)．

[2] 沈苏彬，范曲立，宗平，等．物联网的体系结构与相关技术研究 [J]．南京邮电大学学报（自然科学版)，2009，29 (6)．

[3] 孙其博，刘杰，黎彝，等．物联网：概念、架构与关键技术研究综述 [J]．北京邮电大学学报，2010，33 (6)．

[4] 王保云．物联网技术研究综述 [J]．电子测量与仪器学报，2009，23 (12)．

基于视觉的火焰火灾探测专利技术分析

李　莉

一、概　述

GNASA在2014年1月公布了2001—2013年全球火灾分布卫星统计数据，从中可以看到火灾在气候变暖的大背景下有不断加剧的趋势，我国是北半球火灾多发地区之一。众所周知，火在人类文明发展史中具有不可替代的重要作用，而失去控制的火带给人类的却往往是巨大的生命财产损失。减小火灾损失的关键在于及早发现火情，一方面火灾在初发阶段面积小、温度低、扩散慢，易于扑灭；另一方面可以为疏散人员、转移重要财产提供更多宝贵时间。因此，火灾探测技术研发始终是科研院所、高校、企业及相关行业组织的研究热点，同时也是各国政府主管部门的重点资助对象。

火灾探测主要涉及对燃烧现象的物理特征进行检测识别（如表1所示）。根据我国火灾探测报警系统系列产品强制性国家标准[1]，可将火灾探测技术归纳为气敏型、感温型、感烟型、感光型、感声型五大类。一般而言，还可依据探测器与探测对象之间的空间位置关系，分为接触式和非接触式火灾探测器。

除去上述五种传统的火灾探测器，基于视觉的火灾非接触监控技术是火灾探测的一个重要发展方向，视觉型火灾探测技术的突出特征为不局限于传统五大类探测手段[2,3]，通过将燃烧现象伴生的温度场分布、火焰形态、烟雾形态等火况信息转换为数字图像传递给计算机，进而对火情进行快速准确的分析判断，这是对传统技术的突破，将成为新一代火灾探测系统的关键技术，具有巨大的市场前景。

表1　火灾的物理特征与探测的实质

类型	质量流					能量流				
物理特征	燃烧气体、烟颗粒、气溶胶					火焰			燃烧音	
观测对象	气体浓度	气电	烟雾	电荷	光效应	离子效应	辐射光强	辐射光波	声波	
探测原理	气电效应	热胀冷缩	热电效应	电荷效应	散射效应	离子电流	热电效应	光电效应	压电效应	电磁
类型	气敏型	感温型		感烟型		感光型			感声型	

二、火灾探测技术专利分析

(一) 火灾探测器专利申请概况

本文使用国家知识产权局专利局的专利检索与服务系统——S 系统，其中 VEN 数据库和 CNABS 数据库作为主要的数据来源库，通过使用 IPC 分类号 G08B17 和关键词对国内外火灾探测技术的专利申请进行了联合检索。为更高效地分析火灾探测器的专利申请情况，使本分析的结论更具时效性，同时避免专利申请公开滞后性（专利申请至专利公开有一定的时间间隔）带来的统计误差，检索的专利申请的时间区间选为 2003—2012 年。

早在 19 世纪末，在奥地利就出现了火灾探测方面的专利申请（AT 1207B），在这一个多世纪的时间里，随着社会经济和工业的快速发展，火灾探测技术也得到较好的发展。图 1 示出了 2003—2012 年火灾探测器专利申请量的年度发展趋势，该 10 年可大致分为以下两个时期。

（1）快速增长期（2003—2008 年）

2003—2008 年，火灾探测器全球申请量处于快速增长阶段，2008 年达到一个较高的峰值。主要原因大致为：随着计算机技术、控制技术、集成电路技术、传感技术、通信技术的发展，火灾探测器的智能化程度不断提高，大量的公司致力于研发准确度、实时性更高的火灾探测器以及火灾报警系统。而且，随着城市化的不断推进，大量的大型商场、写字楼、企业、仓库等高大建筑物不断建立，促使人们更加关注这些区域的火灾隐患，增加了人们对于高性能火灾探测器的需求，继而刺激了研究者对于火灾报警技术的研究热情。

（2）成熟期（2009—2012 年）

2009 年开始，专利申请出现下滑和波动，2011 年出现短暂的增长后，2012 年申请量出现较大幅度下降。这主要是由于作为火灾识别主要技术的感温技术、感烟技术发展遭遇瓶颈，研究人员很难研发出成本低且准确度高的火灾探测器；另外，需要进行火灾识别的区域面积不断增大，所需的传统火灾探测器的数量不断提高，火灾探测系统越发庞大，如何保证复杂的火灾探测系统进行大面积的火灾识别成为亟待解决的问题。因此，人们需要从新技术进行突破。

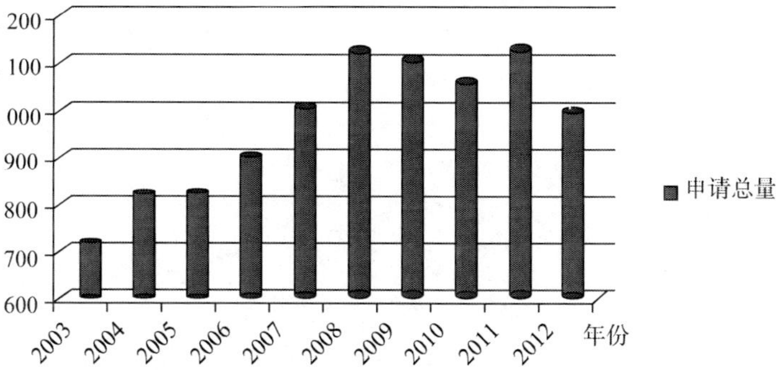

图 1 火灾探测器专利申请量的年度发展趋势

（二）不同类型火灾探测器专利申请概况

不同类型的火灾探测器的专利申请情况是各不相同的，从图1不同类型火灾探测器申请量发展趋势图以及图2不同类型火灾探测器申请量比例发展趋势图可以看出，感烟型火灾探测器、感温型火灾探测器一直是两种最主要的火灾探测器。感烟型火灾探测器申请量以及所占比例一直处于较稳定的状态。从2003年起，感烟型火灾探测器进入较稳定的发展阶段。感温型火灾探测器除2009年之外，申请量一直保持稳定的增长，其原因为分布式感温型线缆、光纤光栅感温技术应用到了火灾探测系统中，引起了感温型火灾探测器的研究热潮。而气敏型火灾探测器仅对石油气、天然气、煤气等火灾较为有效，而且其准确率也较低，这限制了气敏型火灾探测器的使用范围，使得气敏型火灾探测器的申请量从2009年起逐步下降，所占比例也大幅下降。感光型火灾探测器主要检测火灾发生时的红外辐射和紫外辐射，其不适用检测早期火灾，且检测的准确度与火焰距离探测器的远近有很大关系，因此感光型火灾探测器一直以来都不是主流的火灾探测器。综上，从2009年起，气敏型火灾探测器申请量的下降导致了火灾探测预警技术全球申请总量的下降与波动，而由于其他类型火灾探测器申请量的稳定增长，气敏型火灾探测器对申请总量的拖累效果将逐渐减弱，因此，可以预见火灾识别预警技术的全球专利申请量未来将保持增长趋势。

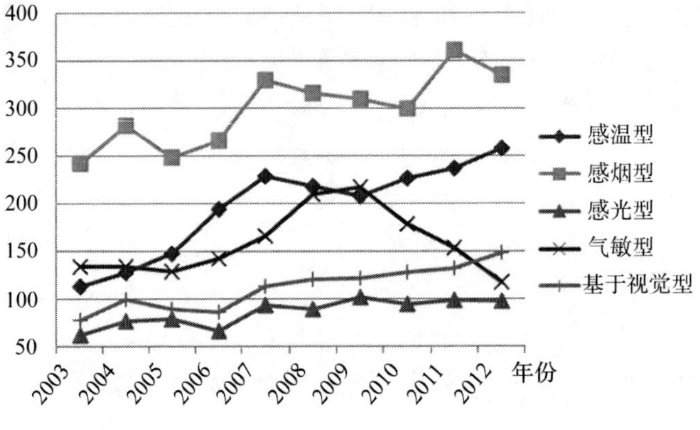

图2　不同类型火灾探测器申请量发展趋势图

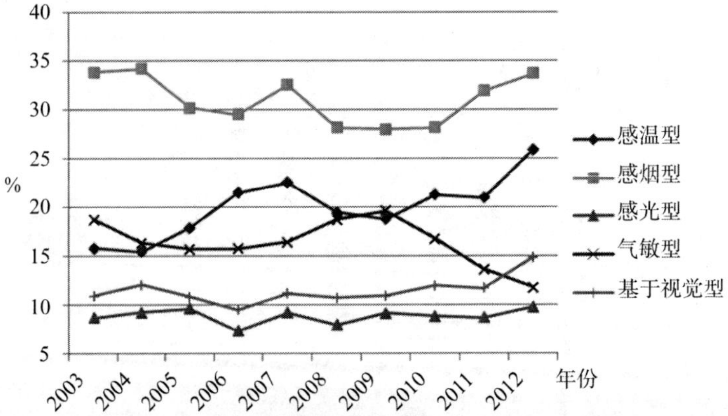

图3　不同类型火灾探测器申请量比例发展趋势图

随着计算机技术以及信息技术的快速发展，近年来视觉探测技术得到飞速发展，这类探测技术具有响应速度快、检测范围广、环境污染小等特点，这激发了人们将视觉探测技术应用到火灾识别领域的研究兴趣。因此，如图 4 所示，基于视觉的火灾探测器，除去 2006 年短暂、小幅的下降外，其申请量以及所占比例一直稳步增长，2006 年短暂的下降可能是受到金融危机的影响。基于视觉型的火灾检测系统适用于大范围的监控，可以克服多个传感器之间的协同工作的问题，降低了火灾探测系统的复杂性，而且随着图像识别技术的发展，基于视觉的大范围火灾识别变得越发简单、快捷，其检测准确度也不断提高，这正解决了传统火灾探测器的发展瓶颈。

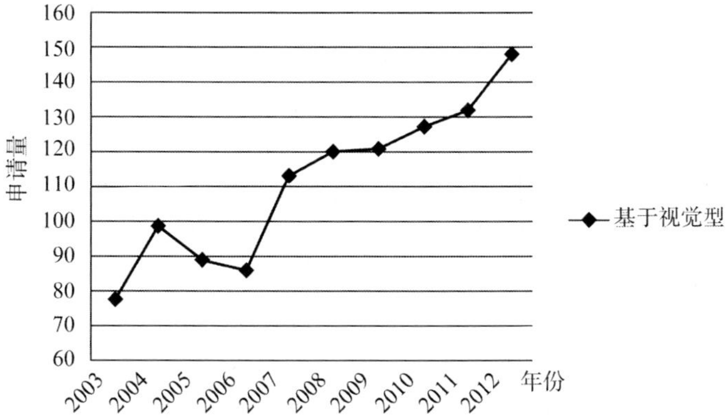

图 4　基于视觉型火灾探测器申请量发展趋势图

在此，笔者对具有良好前景的基于图像识别的火灾探测技术中的一种——基于视觉的火焰火灾探测技术进行分析，介绍其技术发展脉络以及不同国家的研究特点，以期帮助相关的国内企业和研究机构了解专利信息，把握技术动向，做好专利布局。

三、基于视觉的火焰火灾探测技术专利分析

（一）基于视觉的火焰火灾探测技术发展脉络

目前阶段，对于火灾火焰图像的识别主要是针对火焰图像所具备的红外辐射特性、可见光辐射特性、色谱特性和蔓延增长趋势等多方面的特征信息来进行的。

当基于火焰图像的红外辐射特性、可见光辐射特征进行火灾图像识别时，周围环境中的光源，如路灯、车灯、太阳光等，甚至墙壁、地板对光的反射都将构成干扰光源，上述干扰光源中的红外光、可见光、紫外光辐射将干扰火焰识别，导致误报警。因此，在基于图像的火焰识别中，如何排除环境中的干扰光源是基于火焰的火灾图像识别的重要问题。基于检索到的相关专利申请，纵观基于视觉的火焰火灾图像识别技术发展过程，可概括出排除干扰光源的技术手段主要包括：设置光学滤波器、多波长识别、设置亮度阈值、多特征融合判断，现结合图 5 对上述四种技术手段的发展脉络进行梳理。

1. 设置光学滤波器

早在 1989 年，美国的 SYSRON DONNER 提出了根据火焰的中心频率滤除干扰光，其在火焰探测器前加设一光学带宽滤波器，该滤波器能够滤除火焰中心频率之外的光辐射（US4866420A），从而防止误报警。1997 年，日本的能美防灾株式会社对红外火焰探测器

前的滤波器的材料和结构进行了改进，使用 Se、ZnSe、聚乙烯、聚丙烯、BaF_2、CaF_2 的复合材料制作厚度为 0.3 mm 的红外滤波器，以提供一个带宽合适的滤波器尽可能多地过滤干扰光（JP 特开平 11－144162A）。但是，滤波器的反射光也会对火焰成像，在专利 US4866420A 以及 JP 特开平 11－144162A 中，滤波器均与光轴垂直设置，这样滤波器反射光对火焰成的虚像在探测器的透镜系统成的实像附近，构成干扰光源。因此，能美防灾株式会社继续对滤波器的位置进行改进，将滤波器与光轴倾斜放置，使得滤波器对火焰成的虚像远离透镜系统成的实像，从而避免干扰（JP 特开 2002－245568A）。另外，根据光源频率设置滤波器主要用于滤除频率已知的人造光源，由于太阳光光谱丰富，室外、白天的火焰图像火灾识别中，太阳光也是主要的干扰光源。对此，2003 年英国的 DAVIDSON 提出了一种排除太阳光干扰的方法，该方法适用于识别碳氧化合物类物质的燃烧，碳氧化合物类物质燃烧辐射的红外光波长集中在 761 nm 附近；而大气中的氧气、水蒸气会吸收太阳辐射中 761 nm 附近的大部分红外光，因此太阳辐射在 761 nm 附近有暗线，这样，只需在火灾探测器前放置一中心波长为 761nm 的窄带滤波器即可滤除构成干扰的太阳光，从而准确识别碳氧化合物的燃烧（GB0325223A）。

可见，设置滤波器是一种简单、便捷的排除干扰源的方法，但是其适用性窄，需根据燃烧物的辐射光谱、闪烁频率以及环境中主要干扰源的特点选择合适的滤波器。

2. 多波长识别

美国国家航空和宇宙航行局早在 1996 年就提出一种双波长火灾探测技术以降低火灾误报率，研究人员根据不同照度下干扰源的频率研究的火灾探测器包括两个 CCD 摄像机，其中一个 CCD 摄像机前放置 800 nm 的滤波器以在类似多云、阴天的低照度情况下进行火灾图像识别，另外一个 CCD 摄像机前放置 1 000 nm 的滤波器以在晴天等类似的高照度情况下进行火灾探测（US5726632A）。随后，随着摄像机自身的不断完善，人们又改进了多波段的火灾图像识别。2008 年，Billy Hou 发明了一种多波段视频图像火灾探测系统，该系统使用了彩色/黑白双模式相机和彩色/近红外双模式相机，其在不同的光照条件下灵活地选择不同波长的摄像机，以避免可见光的影响，而且该系统还能够探测酒精燃烧产生的透明火焰（US2009/0315722A1）。

除根据不同的光照条件选择合适波长的摄像机外，2000 年英国的 D－TEC 公司还将红外波长、可见光波长的火焰图像探测结果进行综合比较，以给出更准确的火灾识别结果（GB2360355A）。在国内，山东省科学院自动化研究所于 2008 年提出了一种双波段图像识别火灾探测报警系统，该系统使用彩色 CCD 视频元件和近红外 CCD 视频元件分别对视频图像进行两个通道的判断，当两个通道确定的异常区域为同一区域时，即识别为火灾，从而降低了误报率（CN101195886A）。除可见光外，紫外光也是火焰的主要辐射光。公安部沈阳消防研究所于 2009 年提出了一种紫外红外复合火焰判断方法，其使用紫外、红外通道进行复合判断，提高了侦测准确度（CN101383075A）。也有研究者将火焰辐射的红外、紫外、可见三个光谱波段进行综合比较，以降低误报率（CN202929792U、KR10－2011－0091988）。

3. 设置亮度阈值

然而，不管是选择波长合适的滤波器、视频元件，还是综合火焰的多波段辐射光进行复合判断以降低误报率，其前提均是排除干扰源、从多帧视频图像中识别出火焰区域，这涉及基于图像的火焰识别的关键技术。

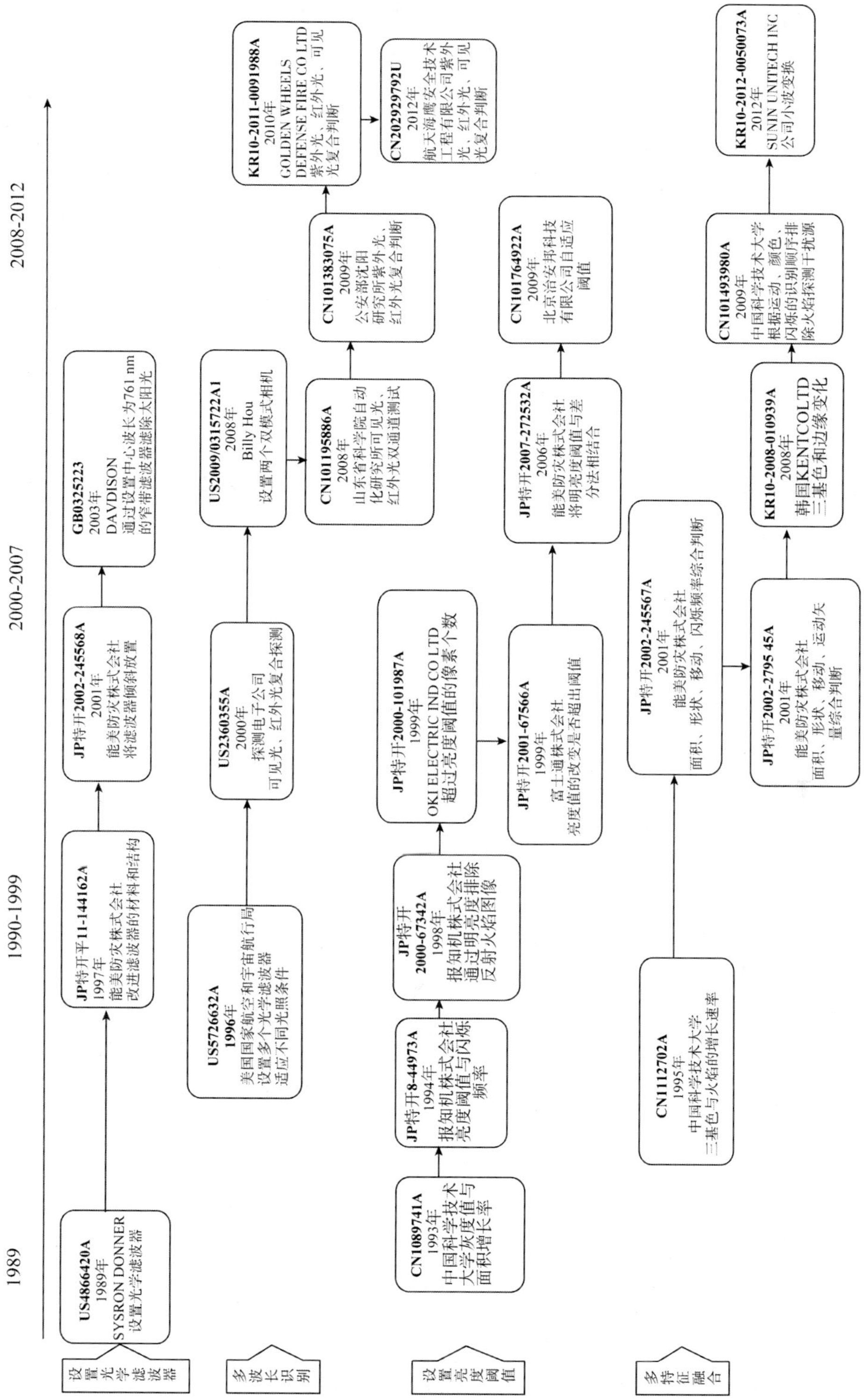

图5 基于视觉的火焰火灾探测技术重点技术发展脉络

由于火焰具有不同于背景环境的亮度特征，因而亮度值常常被用来作为火焰视频探测技术的一个简单、便捷的判据，早期的基于视觉的火焰识别多通过亮度值进行火焰图像的判断。1993年，中国科学技术大学通过设置合适的火焰判断灰度值阈值，使得火灾检测系统仅对光学探测采集的紫外、红外光敏感，一旦扫描辨别出画面上某部位灰度值达到或超过火焰识别阈值，则表明在探头的监控场所内有火焰出现，并记录该部位影像的面积，接着，计算面积增长率，以确定是否为火灾火焰（CN1089741A）。与此类似的是，日本OKI ELECTRIC IND公司还设置了像素数阈值，并判断超过亮度阈值的像素个数是否超过了像素数阈值，据此判断是否发生火灾（JP特开2000-101987A）。1994年，日本的HOCHIKI公司将火焰的亮度特征与闪烁频率特征综合进行判断，对扫描的图像的亮度进行判断，当亮度超出预设阈值时，检测图像的闪烁频率，若其闪烁频率也超出阈值，则确定采集的图像中存在火焰（JP特开平8-44973A）。该公司又于1998年在摄像元件前设置一个线性的偏振片，旋转该偏振片，如果采集的图像的亮度随着偏振片的旋转而变化，则为火焰图像，如果旋转偏振片时图像的亮度不变，则图像为墙壁、地面等反射体反射的火焰图像，从而排除反射的干扰光源（JP特开2000-67342A）。日本富士通株式会社也于1999年根据前后两帧图像明亮度的改变是否超出阈值来判断视频摄像机采集的图像中是否存在火焰（JP特开2001-67566A）。上述基于明亮度的火焰视觉识别属于固定阈值（类似专利还有CN1044524A、CN1979576A、CN1576839A、US2002/0021221A1、JP特开2000-101987A、JP特开2001-67566A），这种方式选取的亮度阈值提取出的区域稳定，提取过程简单，但对环境的适应能力不够。2006年，能美防灾株式会社又将亮度阈值与差分法相结合识别火焰区域（JP特开2007-272532A）。2009年，北京智安邦科技有限公司提出了一种确定亮度阈值的自适应生成的方法，根据不同的环境确定相应的最佳亮度阈值，然后基于最佳亮度阈值对是否是火焰做出判断，因此能够适应复杂的环境，降低误报率（CN101764922A）。

4. 多特征融合

基于亮度阈值的火焰识别方法简单、便捷，计算量小，但是其考虑的火焰特征较为单一，准确度欠佳。火焰信号特征还包括颜色变化、辐射面积增长、边缘变化、闪烁、形体变化、分层变化、整体移动以及燃烧音，其均为基于视觉的火灾探测算法的依据，那么，如何选择合适的火灾探测算法的依据、如何根据所选择的依据选择合适的算法进行火灾识别，近年来成为人们研究的热点。

早在1995年，中国科学技术大学就展开了初步的多特征融合的火焰视觉识别的研究，其利用彩色影像三基色对早期火焰的不同反应，利用红基色影像自动差分技术实现火焰与图像的自动分离，该方法无须添加滤波设备，并通过火灾的增长速率判断火灾的发展、存在与否（CN1112702A）。2001年，能美防灾株式会社根据面积、形状、移动、闪烁频率综合判断疑似区域是否为火焰（JP特开2002-245567A）。同年，能美防灾株式会社还提出了根据面积、形状、移动、运动矢量的火焰综合识别方法（JP特开2002-279545A）。

2008年，韩国KENT公司也根据RGB三基色对疑似火焰区域进行分离，并结合边缘变化进行了进一步的识别（KR10－2008－010939A）。2009年，中国科技大学又提出了一种多特征融合的快速视频火焰探测方法，对火焰的颜色特征、运动特征及火焰区域的闪烁特征进行建模，根据运动、颜色、闪烁的识别顺序排除了火焰探测干扰源（CN101493980A）。2012年，韩国SUNIN UNITECH INC公司使用小波变化进行了火焰图像识别，大大提高了识别准确度（KR10－2012－0050073A）。可见，随着计算机计算能力的提升，人们可通过更多的火焰信号特征进行火焰的精确识别，但是，基于效率与成本的考虑，还是应该根据燃烧物的特点选取最为合适的火焰信号特征。

纵观技术的发展可知，近几年，基于图像的火焰识别的研究热点为选择多个合适的火焰判据以及图像识别技术，进行多特征融合判断的火焰识别以企图兼顾准确度与效率。

（二）基于视觉的火焰火灾探测技术日中韩专利申请情况分析

重要市场主体通常会在目标市场进行专利布局以提高自身在目标市场的占有率和竞争力，对专利区域布局进行分析，能够宏观地反映出各个国家和地区、各市场主体的技术水平及专利布局情况，对于了解海外市场以及寻求区域合作有着重要的意义。图6示出了基于视觉的火焰火灾探测技术专利申请所属国家、地区申请量分布情况，通过图6可知，基于视觉的火焰火灾探测技术专利申请量排名前三位的国家依次为日本、中国（包括中国大陆和中国台湾地区）、韩国。

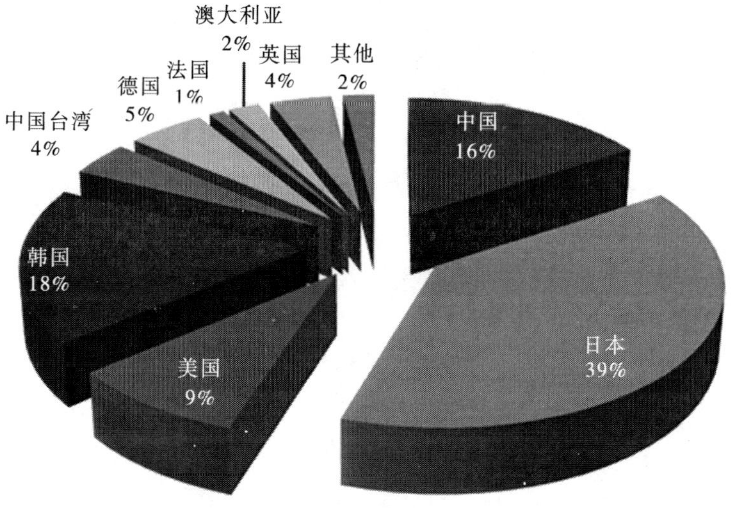

图6　基于视觉的火焰火灾探测技术专利申请量的区域分布情况

1. 日本

日本火灾探测器领域的主要企业是能美防灾株式会社和报知机株式会社，其中，报知机株式会社是日本第一家从事火灾报警技术研究的企业。能美防灾株式会社基于视觉的火焰火灾探测技术专利申请量占日本基于视觉的火焰火灾探测技术专利申请总量的59.5%，报知机株式会社基于视觉的火焰火灾探测技术专利申请量占日本基于视觉的火焰火灾探测技术专利申请总量的29.2%。可见两家企业基本上垄断了日本基于视觉的火灾探测器的市场，而两家企业中，能美防灾株式会社又占有非常关键的位置。

通过发明人的角度对基于视觉的火焰火灾图像识别技术的研发主力能美防灾株式会社进行关注和研究，从中发现能美防灾株式会社不同时期的研发重点，从而有助于掌握整个行业的发展潜力和未来方向等重要信息。表2简要示出了能美防灾株式会社重要发明人的代表性专利的相关信息。能美防灾株式会社基于图像的火焰识别的早期重要发明人为本岸美笑，其专利申请量占到了能美防灾株式会社基于视觉的火焰识别专利申请总量的48%，其主要发明多用二值化对疑似火焰区域进行简单的提取，再通过面积增长率、小波变换等手段进行进一步的确认。申请量位于第二名的发明人是中野主久，其专利申请均晚于本岸美笑的专利申请，占到了能美防灾株式会社基于视觉的火焰识别专利申请总量的24%。从表2中对中野主久代表性专利的分析可知，中野主久侧重于使用差分法对火焰的多个特征进行融合判断，本岸美笑和中野主久的发明申请恰恰与基于视觉的火焰识别的发展脉络吻合。

表2 能美防灾株式会社主要发明人代表性专利

发明人	与发明人相关的代表性专利申请号	代表性专利附图	技术要点
本岸美笑	JP特开平8-323901	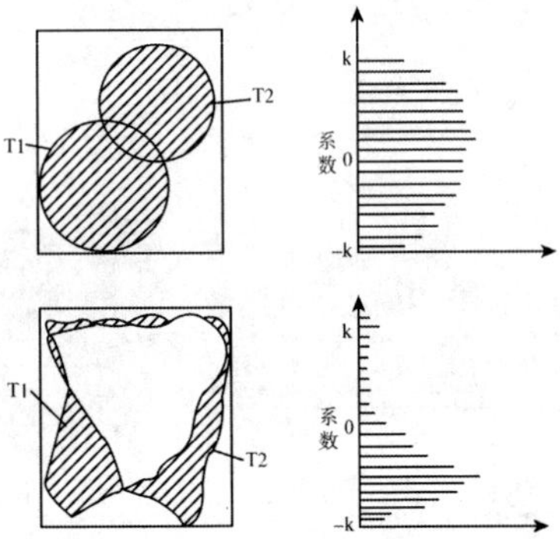	二值化后根据外接矩形计算面积，然后计算面积变化率，判断是否为火焰
本岸美笑	JP特开平8-348301	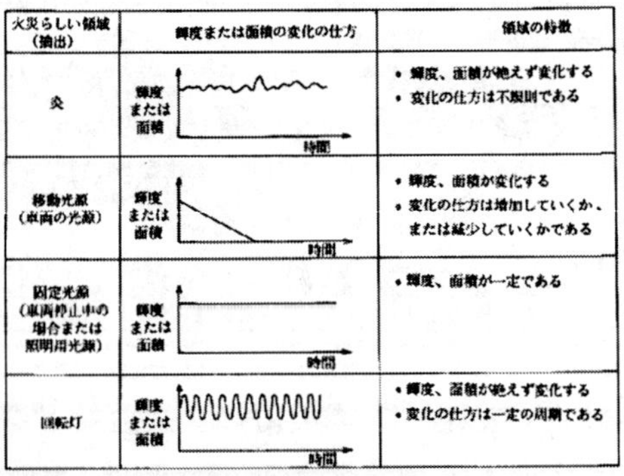	二值化后根据明亮度、面积随时间的变化区分火焰、固定光源、移动光源

续表

发明人	与发明人相关的代表性专利申请号	代表性专利附图	技术要点
本岸美笑	JP 特开平 9－80272	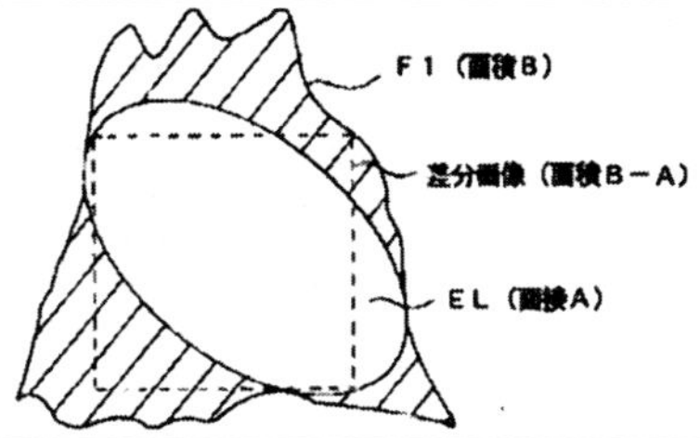	二值化后通过内接椭圆形计算面积，并根据面积变化率判断是否为火灾
本岸美笑	JP 特开平 9－304680	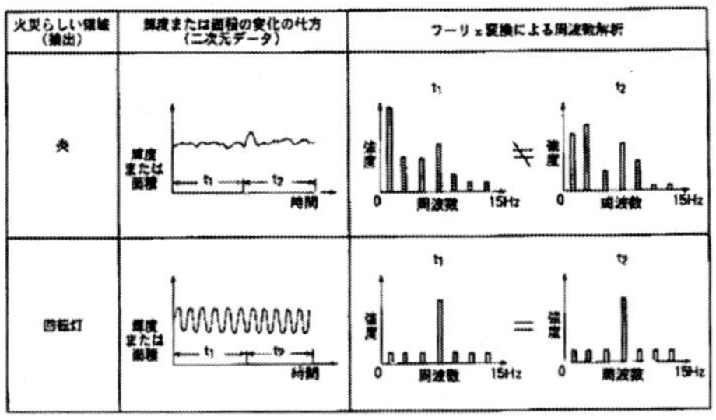	二值化后运用小波变化提取疑似火焰区域特征量，并计算频率分布以确定疑似区域是否为火灾
中野主久	特开 2001－40375	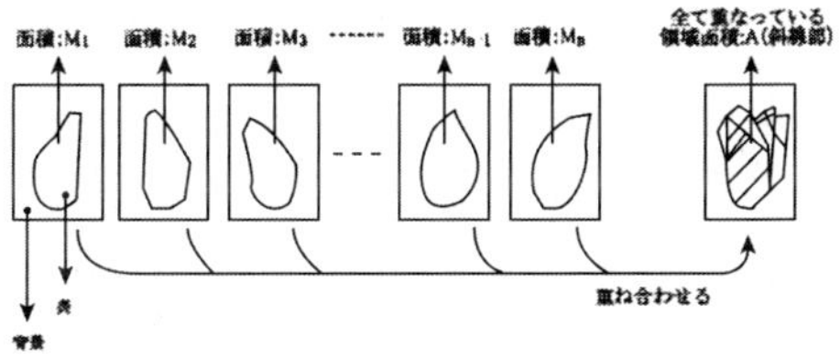	结合面积、形状、移动判据从采集的图像中提取高温区域，再根据高温区域的闪烁频率进一步确认是否为火灾
中野主久	JP 特开 2005－105490	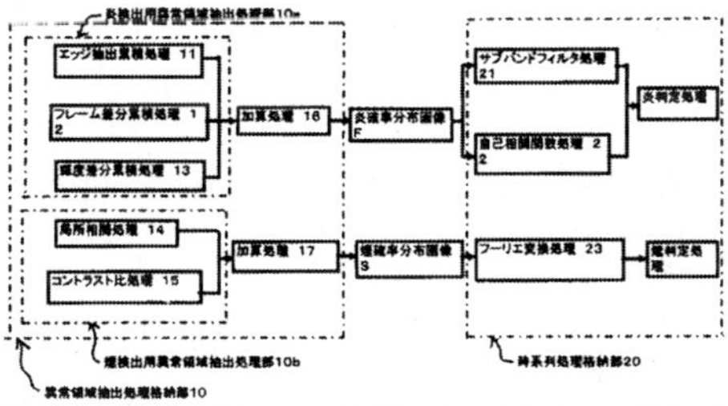	根据边缘差分计算、帧间差分计算、亮度差分计算得出火焰分布概率图像，继而得出火焰判定结果
中野主久	JP 特开 2006－96911	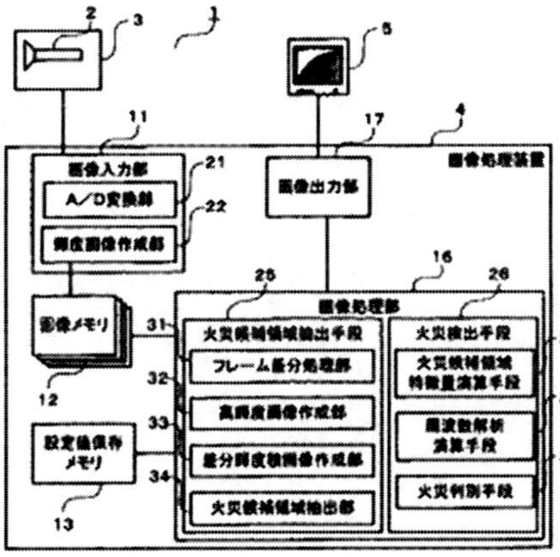	通过明亮度差分法识别火焰

2. 中国

基于视觉的火焰识别专利申请量位于前四位的中国申请人为镇江石鼓文智能化系统开发有限公司、北京智安邦科技有限公司、丁国锋、中国科学技术大学，其占中国基于视觉的火焰识别申请量的比例分别为9.4%、5.9%、4.7%、4%。

镇江石鼓文智能化系统开发有限公司主要从事监控领域的智能化系统工程设计与施工，其基于视觉的火焰识别的相关专利申请均为2012年11月15日的申请，上述专利申请的核心为将采集的视频图像从RGB颜色空间转换为CIE xyY颜色空间，通过和标定的标准火焰颜色在CIE xyY色度图上的分布特征对比以及设置虚拟摄像头和真实摄像头提高识别精确度。

北京智安邦科技有限公司的产品主要涉及智能图像处理器、智能视频监控系统、图像型火灾探测器。在图像型火灾探测方面，其专利申请除上文提到的CN101984451A进行火焰遮挡检测、CN101764922A亮度自适应阈值外，还涉足了火焰图像获取设备领域（CN101764928 A、CN101764999 A）。

丁国锋也是基于图像火灾识别的国内主要申请人，其为北京首安工业消防股份有限公司长沙分公司的法人代表，北京首安工业消防股份有限公司是我国从事工业消防的高新技术公司。在基于图像火灾识别方面，主要研究了多特征融合的火焰图像识别。

中国科学技术大学的火灾科学国家重点实验室是我国火灾科学基础研究领域唯一的国家级科研机构，在火灾科学研究领域已成为国际知名的研究基地和学术中心。中国科学技术大学基于视觉的火焰识别起步早，1994年、1995年，中国科学技术大学就相继提出了根据灰度值以及面积增长率（CN1089741A）、三基色以及直接线性变换的火焰图像识别（CN1112702A）。随后，于2009年提出了一种多特征融合的快速视频火焰探测方法，依据运动、颜色、闪烁的识别顺序逐步地排除了火焰探测干扰源（CN101493980A）。于2011年提出一种通过双目摄像火焰探测的火灾定位方法，在通过图像识别火焰的同时，实现了火灾定位（CN102298818A）。

市场调查表明，中国消防产品市场近五年来销售增长率达到17%，同时，未来几年内预计消防产业仍将呈现快速增长态势[4]。图7示出了中国不同类型申请人的申请量所占比例，企业申请量占到了44.7%。可见，中国申请虽占据世界基于视觉的火焰识别专利申请总量的20%，但是业内企业规模大多属于中小型，重要企业申请量所占比例偏低，仍然存在企业规模整体偏小、企业水准总体偏低、发展基础薄弱的问题。中国科学技术大学作为国家重点实验室是申请量位于前四位的重要申请人，但是其专利申请量与日本的能美防灾株式会社和报知机株式会社相比仍有较大差距，可见其对于研究成果的产品化以及专利布局方面重视程度还不够。因此，加强中小企业的竞争力与技术创新能力，实现产、学、研联合，培养一批龙头企业以满足我国消防产业的需求已成为当务之急。

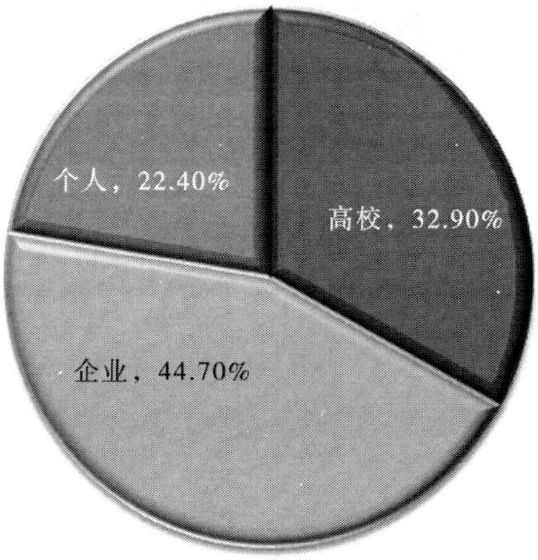

图 7 中国不同类型申请人基于视觉的火焰火灾识别专利申请所占比例

3. 韩国

韩国的专利申请量占到了全球申请总量的 18%，多为 2010 年之后的申请，可见韩国在基于视觉的火焰火灾探测方面起步较晚。韩国的申请多关注通过火焰的多个视觉特征融合来排除干扰光源，例如将增长率与闪烁频率相结合（KR101070664B1），将颜色与纹理分析结合（KR2013121344A），将颜色分布、闪烁频率与平均增长率相结合（KR1070664B）等。可见，虽然其起步较晚，但是，在排除干扰光源方面韩国的研究者能够把握研究热点。另外，通过分析韩国的申请人不难发现，申请量位于前两位的 FLAT-DIS CO LTD、BT CONSULTANTS CO LTD 所占比例均仅占韩国总申请量的 14.3%，与中国类似，韩国缺少重要的企业申请人，这不利于其进行系统、持续的研发，也制约了韩国的火灾报警技术的发展。

四、总 结

本文讨论了视觉型火焰火灾探测技术的主要技术特征、发展路线、专利申请状况等内容。作为火灾探测识别领域的新兴技术，视觉型火焰火灾探测技术为火灾探测研究注入新的活力。更进一步，通过对视觉型火焰火灾探测技术研究领域的分析，可以看到我国在相关前沿技术研究和知识产权保护领域面临的不利形势。传统技术强国如日本等在该领域的研究不仅起步早、实力雄厚，并且已经形成以能美防灾株式会社、报知机株式会社等大型企业为中心的产业链，这几家企业拥有数量众多的专利技术，在市场上获得了巨大的不对称优势；同时韩国等也在加大相关领域的研发力度，相关专利申请近年来呈快速增长的态势，而我国在相关领域与发达国家相比仍具有不小的差距，尤其是缺少大型龙头企业，研发力量分散，学术研究与产业化脱节。因此，我国应掌握火灾探测技术领域的热点、难点以及未来发展方向，积极推进学术研究成果产业化，提高科技创新水平，增强市场竞争力，形成我国自有的龙头企业与有利的专利布局，有效规避专利纠纷和经营风险。尤为重要的是，通过火灾探测技术的创新与应用，有效防治火灾，降低因火灾所造成的生命财产损失。

参考文献

[1] 公安部沈阳消防研究所. 火灾探测报警系统系列产品强制性国家标准 [M]. 北京：中国标准出版社，2006.

[2] 沈海峰. 图像通信与处理技术在林火检测中的应用研究 [D]. 哈尔滨，东北林业大学，2003.

[3] MOUTINHO J N，MESQUITA F D，MARTINS N，et al. Progresses on the Design of a surveillance System to Protect Forests from Fire [J]. IEEE Conference on Emerging Technologies and Factory Automation，2003，12：191 - 194.

[4] 2013—2017年中国消防行业发展研究咨询报告. 中研普发管理咨询公司，2013.

第三部分

化学领域

儿茶素在发用化妆品中的专利技术分析

李小晶

一、引　言

儿茶素又称儿茶精、茶单宁，是茶多酚的主要组成成分，为无色结晶型固体，易溶于水，作为化妆品中的天然植物活性成分，其相对分子质量小，具有较好的透皮吸收功能。儿茶素的活性极为稳定，为无毒、无刺激性物质，符合日化产品质量标准。儿茶素在化妆品中的作用概括起来有以下几个方面：抗氧化、抗衰老、抗辐射、防晒、祛斑、抗炎、杀菌、保湿、促进皮肤微循环等。此外，儿茶素还具有解除重金属对皮肤的毒害作用等功效。

目前对于儿茶素在皮肤用化妆品中的技术已经广泛报道，而将儿茶素用在毛发用化妆品中是近年来研究的热点，儿茶素中的酚羟基对头发及头皮中的角蛋白有极强的亲和性和凝固作用，具有美发、护发等作用，但儿茶素在发用化妆品中的应用还略显不足，研究儿茶素在发用化妆品中的使用符合技术发展和消费者的需求方向。本文通过专利信息的分析对儿茶素在发用化妆品中的应用进行了梳理和总结。

二、儿茶素在发用化妆品中的专利技术现状

（一）数据库的选择和检索策略

根据数据库收集的文献量及分布特点对中文专利数据库和外文专利数据库进行选择，其中中文专利数据库选用 CNABS 数据库，外文专利数据库选择 DWPI 和 SIPOABS 数据库。

检索主要选择关键词儿茶素、毛发、头发、角蛋白、护发、养发、护理、毛发生长、染发、染色等进行组合检索，分类号 A61Q、A61K8 作为辅助性检索。检索日期截至 2014 年 6 月 15 日，共检索到中外文专利文献 167 篇。

（二）儿茶素在发用化妆品中的技术发展趋势

1. 儿茶素在发用化妆品中的专利申请数量趋势分析

统计检索到的 167 件专利申请文献，并对不同时期的专利申请数量进行分析。结果表明，在 20 世纪 80—90 年代，涉及儿茶素在发用化妆品中应用的专利申请数量极少，而涉及皮肤护理的专利申请数量较多。进入 21 世纪后，其申请数量逐渐增多，在 2000 年至

2014 年的增长趋势如图 1 所示。

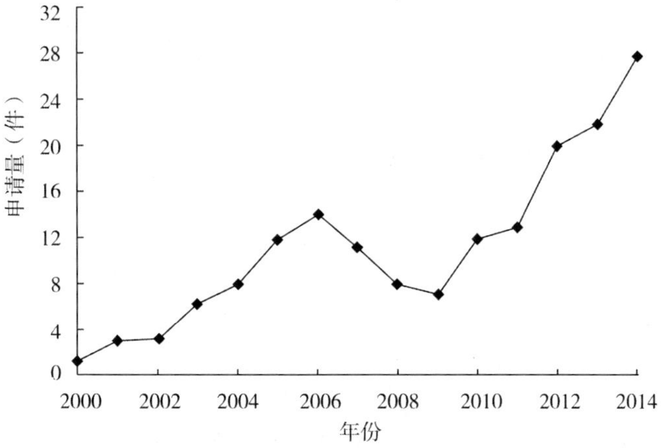

图 1　2000—2014 年儿茶素在发用化妆品中应用的专利申请数量增长趋势

根据图 1 可知，在 2000 年至 2003 年，儿茶素在发用化妆品中应用的专利申请数量较少，从 2003 年到 2006 年申请数量逐渐增多，而在 2006 年至 2009 年专利申请量并未上升，反而下降，可能与当时的全球经济危机有关；2009 年后，专利申请数量增长较为迅速，预计在未来几年，该技术领域的专利申请数量还会保持稳定的上升趋势。

2. 不同国家的专利申请数量及申请人类别对比分析

（1）不同国家的专利申请数量对比分析

根据图 2 可知，不同国家专利申请数量按百分比由多至少的排序依次为：美国、英国、法国、日本、韩国、中国以及其他国家。中国在化妆品领域的技术研究相对薄弱，在该技术领域的专利申请数量相对较少，而国外许多化妆品公司的技术水平、研发能力均处于化妆品行业的前沿，如宝洁、联合利华、欧莱雅等公司，它们在中国的化妆品市场份额明显高于本土企业，并且呈垄断状态，中国的化妆品行业在未来的发展中还需要不断创新进取，研发新技术、新产品，打破目前的国外企业占主导地位的局势。

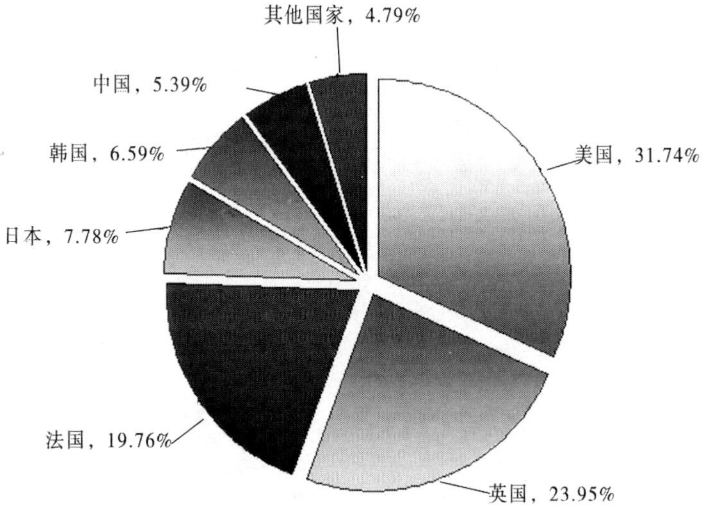

图 2　不同国家的专利申请数量占统计专利总量的百分比

（2）不同国家的申请人类别对比分析

针对中国不同类别的申请人，它们的专利申请数量比率如图3所示。

根据图3可知，在中国的专利申请中，涉及儿茶素在发用化妆品中应用的专利申请人主要包括企业、科研院校和个人，它们的专利申请量百分比分别为：企业44%，科研院校33%，个人23%。未发现相关企业、科研院校或个人针对儿茶素类化合物在发用化妆品中的应用开展系统、长期的研究。

国外的专利申请中，90%以上以公司企业为主，代表的知名公司包括美国的宝洁公司、强生公司，英国的联合利华公司、帝斯曼公司，法国的欧莱雅公司，韩国的株式会社太平洋、株式会社爱茉莉等。

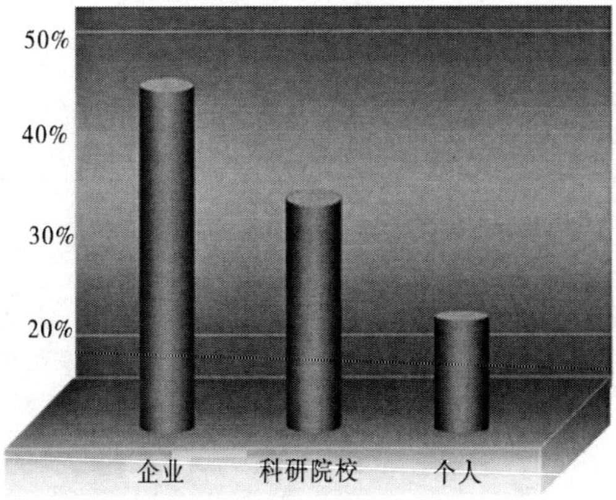

图3　中国申请人类别及专利申请数量比率

3. 儿茶素在发用化妆品专利中技术主题分析

（1）儿茶素在发用化妆品中的技术主题分类

对检索到的专利申请初步阅读分类，发现儿茶素在发用化妆品中的技术主题分为以下三个方面：

1）调理、养发、护发：主要涉及改善因头部皮脂分泌过多导致的头发油腻感，提高毛发的光泽度、顺滑度、柔软性等。

2）调节毛发生长：主要分为促进毛发生长、防止脱发等；抑制毛发过度生长等。

3）染发：主要包括对毛发的半持久性的染色和均匀持久的染色，赋予毛发彩色的外观等。

儿茶素在发用化妆品中应用的专利技术主题分别占统计专利申请数量的百分比如图4所示。

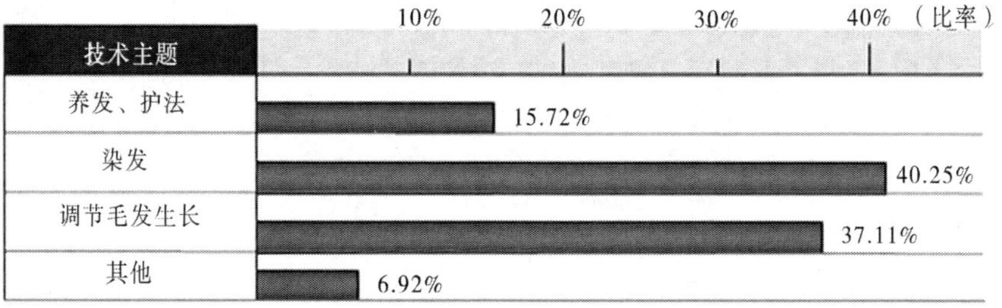

图 4 不同的专利技术主题占统计专利申请数量的百分比

根据图 4 可知，涉及养发及护发、染发和调节毛发生长的申请分别占统计专利申请数量的 15.72％、40.25％和 37.11％，其他申请占统计专利申请总量的 6.92％。其中，涉及染发、调节毛发生长的专利申请在 2000 年之后逐渐增多，其相对于养发、护发的专利申请在技术层面上更具创新性。

（2）国内专利申请的技术主题分析

国内专利申请主要集中在染发方面，已有多个企业、科研院校申请了相关的专利。对于儿茶素用于促进毛发生长的技术，国内研究起步较晚，仅有 1 篇专利申请涉及将儿茶素用于促进毛发生长，其为祥茂生活科技股份有限公司（PN－CN103445971A，APD－20120531）申请的一种涉及用于促进毛发生长的组成物和方法的专利，所述的组成物包含类黄酮衍生物和腺苷化合物。

（3）国外专利申请的技术主题分析

外国专利申请涉及的技术主题较为广泛，在养发、护发、调节毛发生长、染发的发用化妆品中均涉及了儿茶素的使用。

在养发、护发方面，美国强生消费者公司（PN - WO2008019212A2，PR - 20060804）公开了一种治疗头皮出油或毛孔粗大状况中的组合物，包含儿茶素。意大利朱利亚尼股份公司（PN - EP1720515A1，PR - 20040302）公开了一种用于调节毛囊营养作用的组合物，其中选取了儿茶素黄烷醇作为活性成分。韩国株式会社太平洋（PN - KR100581215B B1，PR - 20031118）公开了将类黄酮如表没食子儿茶素没食子酸酯沉积并固定在多孔聚合物粒子的大表面上，使由外界刺激物如氧和光引起的类黄酮分子变性最小化，从而应用于各种皮肤用化妆品或毛发用化妆品制剂中。该公司还申请了（PN - KR100551989B1，PR - 20030617）含有儿茶素的自聚集聚合物纳米颗粒和含有该纳米颗粒的外用搽剂用于各类角蛋白中。

在调节毛发生长方面，阿奇发展公司（PN - EP0827401A2，PR - 19950516）公开了一种抑制 5α -还原酶活性的方法和组合物，其中包含儿茶素，可将其用于防止脱发的化妆品中。纽约市哥伦比亚大学托管会（WO2012061537 A2，PR - 20111102）提供通过给予 JAK/STAT 抑制剂治疗对象中毛发脱落疾病的方法，采用表没食子儿茶素- 3 -没食子酸酯作为小分子抑制剂。日本 KYOWA HAKKO 公司（PN - JP2005170927A，PR - 20060630）公开了一种含有原花青素的生发剂，主要以表儿茶素作为主要结构单元。

在染发方面，日本天野酶株式会社（PN－US2014068875A1，PR－20110511）公开了用儿茶素染发的方法。日本株式会社科思美（PN－JP3309221B1，PR－20010427）向该染色性美发组合物中加入天然色素如儿茶素、芦丁等，该天然色素在渗透到头发内时与头发中存在的金属反应而引起着色，达到固定头发颜色的效果。联合利华、欧莱雅公司也申请了大量相关的专利。

（三）化妆品领域若干企业专利技术分析

宝洁公司、联合利华公司和欧莱雅公司对儿茶素在发用化妆品中的研究较为广泛，作为儿茶素技术领域重要申请人，它们申请了大量的专利，在技术主题方面既有相同之处，也各有侧重点，本文主要对这三家企业的专利技术进行分析、对比和总结。

1. 宝洁（P & G）公司

宝洁公司对儿茶素在发用化妆品中的研究较为广泛，将儿茶素用于护理毛发、调节毛发生长的专利申请均有所涉及，专利申请年份集中在2000年后，分别在促进毛发的生长、抑制毛发的过度生长及护理毛发方面申请了专利。宝洁公司不同时期申请的具体的专利技术如图5所示。

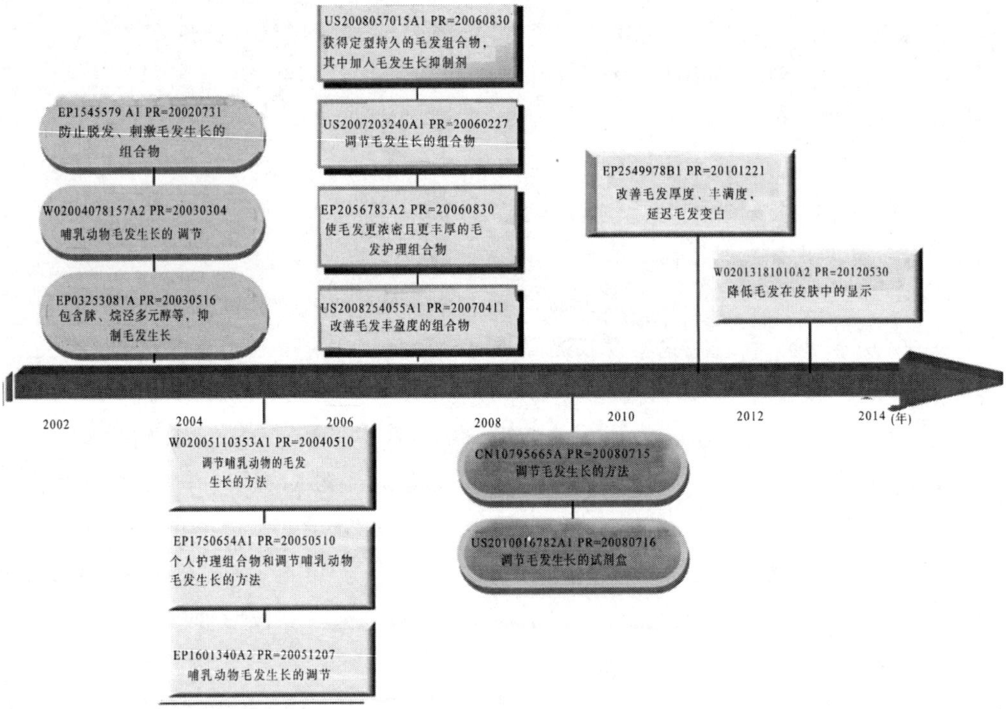

图5　不同时期宝洁公司专利技术分析

儿茶素具有促进毛发生长、减少脱发的作用，儿茶素可以剂量相依的方式促进体外培养的人类毛囊毛乳突细胞的生长，因为儿茶素不但可以增进毛囊毛乳突细胞的增殖，也可以延缓细胞的凋亡，从而延长毛发的生长期[1]。2002—2008年，宝洁公司申请大量的涉及儿茶素促进毛发生长的专利，例如，专利EP1545579 A1，PR＝20020731、WO2004078157A2，

PR＝20030304、CN101795665A，PR＝20080715 等，上述专利申请的技术方案中，均采用儿茶素作为刺激毛发生长的活性剂，使毛发密度增加，改善毛发的丰盈度；同时，宝洁公司也将儿茶素类化合物作为抑制毛发过度生长的组分，用于控制毛发过度增殖，并申请了相关的专利。此外，宝洁在近年来开始关注对毛发护理技术方面的研究，例如 EP2549978B1，PR＝20101221 提供了一种毛发护理组合物，用于获得具有健康外观的毛发，其不仅能够增加毛发的厚度，还能够有效地延迟毛发变白，其中使用了儿茶素类化合物作为活性成分。

2. 联合利华（Unilever）公司

作为全球第二大消费用品制造商，联合利华的年营业额超过 400 亿美金，是全世界获利最佳的公司之一。该公司涉及的专利技术内容如图 6 所示：

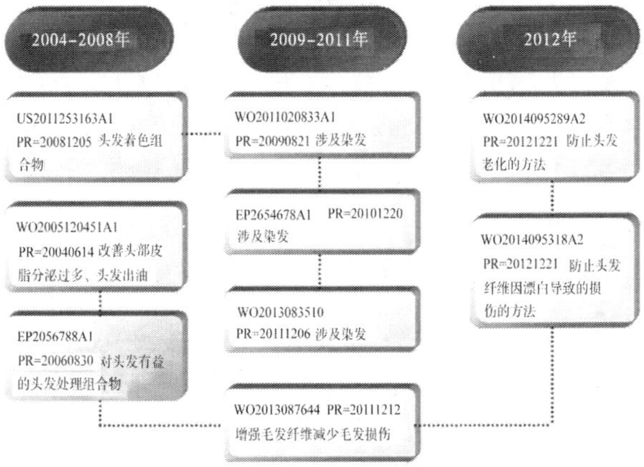

图 6 联合利华公司相关专利技术分析

联合利华的技术研究主要涉及毛发的修复、调理、染发等，在 2004 年，其发明了 PN - WO2005120451A1，PR＝20040614 一种改善因头部皮脂分泌过多导致的头发过分油腻的方法，其中加入了儿茶素。在 2008—2011 年，该公司着重研究儿茶素在染发化妆品中的应用，并申请了多个专利，主要涉及儿茶素在均匀染色、颜色调控、色牢度保持力等方面的应用，例如：PN - WO2011020833A1，PR ＝ 20090821、PN - EP2654678A1，PR ＝ 20101220、PN - WO2013083510A1，PR＝20111206、WO2013087644 PR＝20111212 等。在 2011—2012 年，联合利华公司也关注儿茶素对毛发的护理性，并申请了相关的专利，例如 PN - WO2014095289A2，PR＝20121221 提供了一种防止毛发老化的方法，加入儿茶素类化合物能够有效地防止毛发的老化、头发稀疏、失去光泽等；另外，还发明了 WO2014095318 A2，PR＝20121221 修复因毛发漂白导致的损伤的方法，加入黄烷酮类化合物如儿茶素、表儿茶素等。

3. 欧莱雅（L'ORÉAL）公司

法国欧莱雅公司是世界上最大的化妆品公司，是世界化妆品行业中的领导者。进入 21 世纪后，全球染发剂市场需求强劲，每年的销售额达 70 亿美元，且每年仍以 10％ 的速度增长，而儿茶素化合物可作为其中一种重要的天然染发剂[2]。欧莱雅公司针对目前染发化妆品领域存在的问题，研发了一系列相关的染发化妆品配方，提供染色效果良好、性能稳定的染发化妆品，具体专利申请技术分类举例如图7所示。

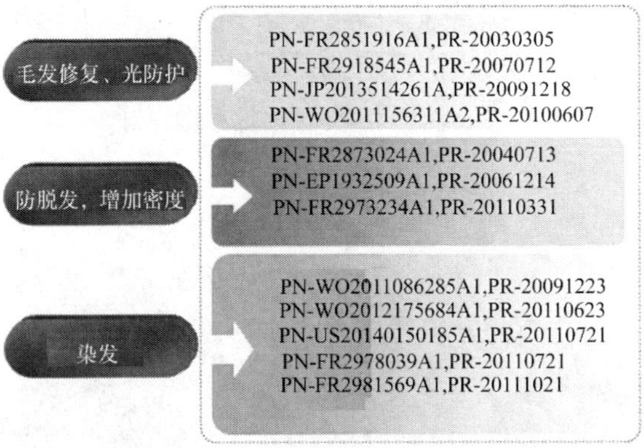

图7　欧莱雅公司专利申请技术分类

欧莱雅公司将包含儿茶素的发用化妆品用于半持久性染发、永久性染发，起初是将儿茶素与其他有机染色化合物配合使用，提供不同的彩色外观。近年来，考虑到产品的天然、安全性，降低对环境的影响，逐渐在配方中省略有机染色化合物，而仅采用天然植物染料，例如儿茶素、表儿茶素，从而获得色彩均匀、持久稳定的染发化妆品。

此外，欧莱雅公司还对保护、修复毛发纤维，防脱发等技术领域进行了研究。对于保护、修复毛发的技术方面，将儿茶素类化合物作为天然的修复剂、丝氨酸蛋白酶抑制剂，从光防护、修复角蛋白纤维方面均申请了相关专利，其中PN－RR2851916 A1，PR－20030305涉及将茶多酚例如儿茶素、表儿茶素及其盐或酯用于防止头发变白或减少白发。PN－FR2918545，PR－20070712公开了一种含有儿茶素的化妆品试剂盒，用于调理角蛋白材料，能够起到抗老化和防晒的作用。PN－JP2013514261A，PR－20091218涉及一种处理角蛋白纤维的组合物，其中包含无色的疏水的分子表儿茶素，能够有效地修复损伤的角蛋白纤维。PN－WO2011156311A2，PR－20100607请求保护一种光防护性组合物，用于保护角蛋白材料以防止因环境、化学因素导致的损伤，其中使用了多酚化合物如儿茶素等；对于防脱发、增加毛发密度技术的方面，欧莱雅公司申请了PN－FR2873024A1，PR－20040713一种用于防止或减少毛发或眉毛脱落的化妆品组合物，其中包含儿茶素。另外，PN－FR2973234A1，PR－20110331使用丝氨酸蛋白酶抑制剂防止脱发，其中包含儿茶素类化合物。

4．宝洁、联合利华、欧莱雅公司的专利技术对比和总结

通过分析可知，宝洁公司、联合利华公司和欧莱雅公司研究儿茶素应用的技术上各有特点，宝洁公司一直致力于调节毛发的生长、外观等；联合利华公司申请了涉及儿茶素改善头发的油腻感、修复毛发损伤、防止毛发老化以及染发的专利；欧莱雅公司的申请主要在角蛋白纤维的染色、保护、修复以及防脱发技术领域。

比较3家公司的专利申请数量可知，宝洁公司＞欧莱雅公司＞联合利华公司。欧莱雅公司的专利申请涉及的技术领域更为宽泛，而涉及儿茶素用于染发化妆品中的专利技术中，联合利华公司与欧莱雅公司的研究思路较为相似，均是将儿茶素作为天然染料制备染发化妆品，染色机理存在相似之处。

三、结束语

本文就儿茶素在发用化妆品中的应用进展，结合不同国家、地区、申请人的专利申请数量、申请案件的技术主题、若干公司的专利技术进行了综合分析，结果表明美国、英国、法国、日本和韩国对儿茶素应用在毛发中的专利申请数量较多，而中国的申请数量相对较少。涉及的技术主题主要包括养发、护发、调节毛发生长、染发方面；化妆品领域的企业如宝洁、联合利华和欧莱雅公司对儿茶素在养发、护发、调节毛发生长、染发等技术方面申请了专利，并各具侧重点。

在化妆品领域的未来发展中，儿茶素的应用新趋势、新进展还有待于科研人员的进一步深入开发。

本文通过对儿茶素在发用化妆品专利中的技术进展进行了初步的梳理，希望在审查实践、企业发展、科研选题中对准确把握此类专利技术所处的发展阶段、专利技术发展侧重点等有所帮助。

参考文献

［1］KWON OS，HAN J H，YOO HG，et al．Human Hair Growth Enhancement in Vitro by Green Tea Epigallocatechin-3-galate（EGCG）［J］．Phytomedicine，2006，6：1425-1429.

［2］高海燕，等．植物染料儿茶素在染发剂中的应用［J］．应用化工，2009，38（6）：806-808.

四氢噻吩并吡啶类抗血栓剂结构改造专利技术分析

吕世华

一、引 言

随着人口老龄化时代的到来，心脑血管疾病发生率日益增加，已经成为导致人口死亡的重要因素之一，其中，很大一部分属于血栓相关疾病，如脑血栓、心肌梗死等。据统计，全球每年脑血栓、脑梗塞、心肌梗塞、冠心病、动脉硬化等血栓相关疾病夺走1 200万人的生命，接近世界总死亡人数的1/4，因此市场上对于预防与治疗血栓性疾病的药物需求量也是十分巨大的。经临床研究证明，四氢噻吩并吡啶类药物口服吸收好，在体内经过代谢生成有效化合物，进而抑制血小板的聚集，且毒性低，有较好稳定性，因此针对该类化合物的研究是目前药物化学领域的研究热点，也出现了诸如噻氯匹定、氯吡格雷和普拉格雷的重磅炸弹式药物，四氢噻吩并吡啶类药物自上市以来，其销量均排在全球单品销量的前几位，引起了全球医药界的广泛关注。

（一）已上市的四氢噻吩并吡啶类抗血栓药物

目前已上市了三代四氢噻吩并吡啶类抗血栓药物：以噻氯匹定为代表的第一代四氢噻吩并吡啶类抗血栓药、以氯吡格雷为代表的第二代四氢噻吩并吡啶类抗血栓药和以普拉格雷为代表的第三代四氢噻吩并吡啶类抗血栓药。

噻氯匹定是由赛诺菲公司于20世纪70年代所研发的一种四氢噻吩并吡啶类抗血栓剂，1973年法国专利申请FR2215948A1中第一次以通式化合物和具体化合物的形式记载了噻氯匹定（即5-（2-氯苄基）-4，5，6，7-四氢噻吩[3，2-c]吡啶），并对其要求了保护，此后在不同国家进行专利布局，并于1977年申请专利IT1082336B开始对噻氯匹定的制备方法予以保护。噻氯匹定商品名为抵克利得（Ticlid），临床上使用其盐酸盐，于1978年首次在法国上市，1991年美国FDA批准在美国上市。噻氯匹定具有比阿司匹林更强的抗血小板聚集活性，在预防缺血性脑卒中、治疗心绞痛、防治心肌梗死和改善周围血管闭塞性疾病等方面疗效显著。但噻氯匹定可以引起中性粒细胞减少、血小板减少、血栓性血小板减少性紫癜（TTP）等不良反应[1]。

氯吡格雷同样是由赛诺菲公司于20世纪80年代研究开发成功的四氢噻吩并吡啶类抗血栓剂，1982年的法国专利申请FR2530247A1中首次记载了通式化合物和外消旋具体化合物形式的氯吡格雷，并于1987年申请的专利申请FR2623810A2中要求保护单一立体构型的氯吡格雷（即（S）-α-（2-氯苯基）-6，7-二氢噻吩并[3，2-c]吡啶-5（4H）

乙酸甲酯）及其盐。氯吡格雷商品名为波利维（Plavix），临床上使用的是其硫酸盐，从结构上来看，氯吡格雷是由噻氯匹定的亚甲基碳原子被甲氧羰基取代所得到的，氯吡格雷的作用强度和耐受性均高于噻氯匹定。

普拉格雷是由美国礼来公司和日本第一制药三共公司共同研制的一种四氢噻吩并吡啶类抗血栓剂，其与氯吡格雷具有相同的作用机制，都是一种前体药物，在体内发挥作用前均需要转化成活性代谢产物，但与氯吡格雷在肝脏内代谢不同，普拉格雷在血浆内代谢，所以普拉格雷比氯吡格雷具有更快速、持续和强劲的血小板抑制作用，而且见效快，疗效好，具有良好的耐药性和生物利用度，毒性也较低，但是其具有较高的出血风险[2]。普拉格雷的化合物专利已于 2012 年 9 月 8 日到期，但是其盐酸盐、马来酸盐及其常规制剂被保护于中国专利 CN1214031B 中，2021 年 7 月 3 日才会到期。

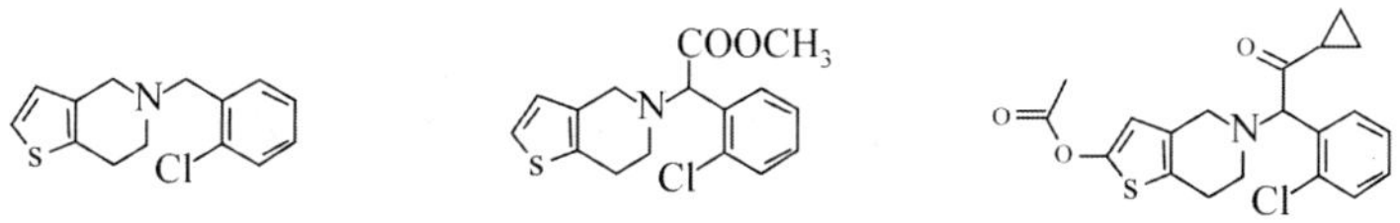

噻氯匹定　　氯吡格雷　　普拉格雷

图 1　噻氯匹定、氯吡格雷和普拉格雷的结构

（二）四氢噻吩并吡啶类抗血栓剂的作用机制

四氢噻吩并吡啶类抗血栓剂属于 ADP P2Y12 受体拮抗剂。ADP 受体有三种——P2Y1、P2Y12 和 P2X1，其中 P2X1 是配体门控离子通道，P2Y1 和 P2Y12 是两种不同的 G 蛋白偶联受体，它们都是 ADP 作用的受体，也是 ADP 受体阻滞剂作用靶点。P2Y1 存在于血小板和血管内皮细胞中，而 P2Y12 则仅存在于血小板膜上，因此 P2Y12 受体拮抗剂可以抑制血小板聚集而不会影响到 ADP 介导的血管反应。

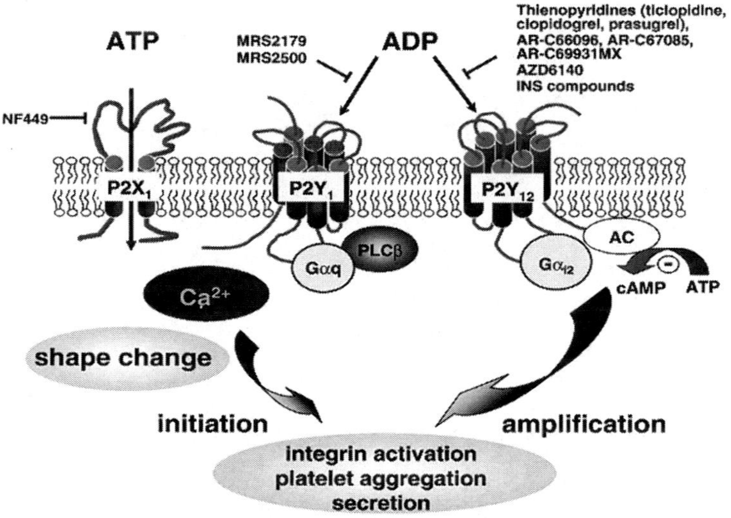

图 2　四氢噻吩并吡啶类抗血栓剂的作用机制

噻吩并吡啶类药物均为前药，需在体内经两步代谢为具有生物活性的硫醇类代谢产物才能发挥药效。噻氯匹定和氯吡格雷在体内先由细胞色素 P450 同工酶氧化形成 2-氧基-氯吡格雷，然后再经过水解形成具有活性的硫醇衍生物。相比而言，普拉格雷的代谢则较为简单，其先在肠内酯酶的水解作用下生成无活性代谢产物，然后再经细胞色素 P450 酶系代谢成活性产物[3]。

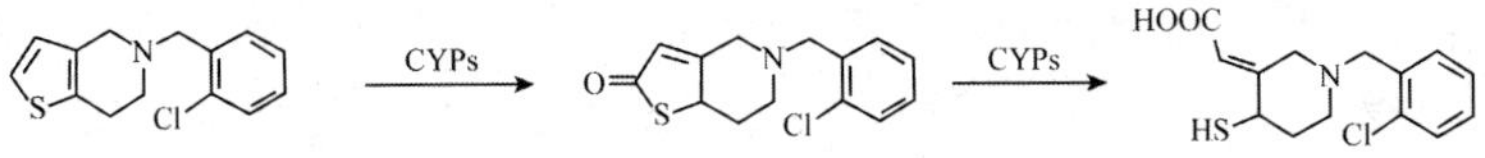

图3 噻氯匹定的代谢途径

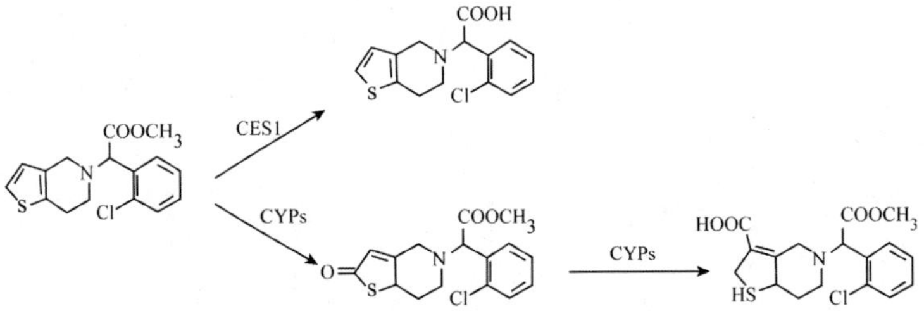

图4 氯吡格雷的代谢途径

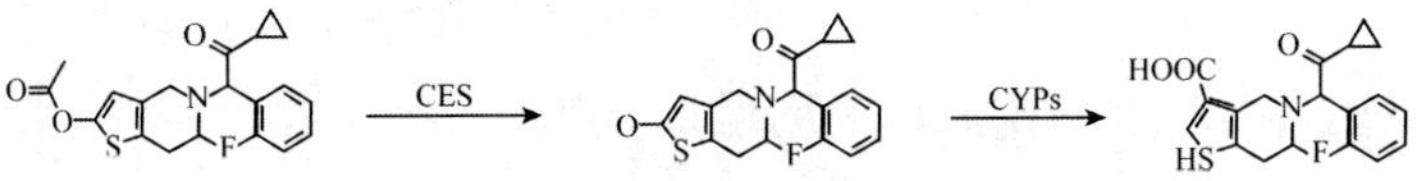

图5 普拉格雷的代谢途径

可见四氢噻吩并吡啶类化合物生物活性的表达依赖于体内 CYPs 酶系的作用，然而，由于不同个体肝脏内 CYPs 酶系的表达具有差异，使得依赖 CPYs 酶系代谢起效的四氢噻吩并吡啶类化合物在临床治疗效果上产生了较大的个体差异，并且在亚洲人群中 CPY2C19 遗传突变率较高，导致酶活性的丧失。因此开发 CPYs 酶系依赖性较低的四氢噻吩并吡啶类药物具有一定的临床价值。

二、数据库的选择和检索

所使用的检索系统为中国专利检索与服务系统，检索的数据库包括中国专利文摘数据库、德温特世界专利索引数据库和世界专利文摘数据库。检索的时间范围是 2014 年 5 月 26 日之前所公开的中外文专利文献，检索中采用了噻吩、吡啶、血栓、血小板、thieno、pyridine、thromb、platelet 等中英文关键词和 C07D495/04（涉及邻位稠合的，在稠环系中含有两个杂原子的且在稠环系中至少有 1 个杂环具有硫原子作为仅有的杂环原子的杂环化合物）、A61P7/02（涉及抗血栓形成剂、抗凝血药、血小板凝聚抑制剂）等 IPC 分类号。共检索到中外文专利文献 574 篇，经仔细阅读和筛查得到涉及四氢噻吩并吡啶类抗血栓药的结构改造的中外文专利申请共计 142 篇，并以此为样本进行专利分析。根据我国专利法规定，专利申请经初步审查合格后，自申请日起满 18 个月即行公布（申请人请求提前公布的除外），因此，部分自 2012 年 11 月 26 日之后的中国专利申请在本文撰写时可能尚未公开。

三、专利分析

（一）四氢噻吩并吡啶类抗血栓剂结构改造的专利技术演进

自1973年法国专利申请FR2215948A1公开了噻氯匹定后，对于四氢噻吩并吡啶类化合物的结构改造一直延续至今。

1976年，专利申请US3983125A公开了四氢噻吩并［3，2-c］吡啶衍生物和四氢噻吩并［2，3-c］吡啶衍生物，相比于噻氯匹定，上述两种化合物的吡啶氮原子裸露无取代基，而吡啶环的4位和7位则被羟基或烷基所取代，经上述改造，其保留了较高的抗血小板聚集效果（抗血小板聚集率高于90%），而且同时具备抗炎和镇痛的作用。1978年专利申请US7076819A在US3983125A的基础上对取代基进一步进行改造，吡啶氮原子上增加了甲基、硝基苯基、甲氧基苄基等取代基，同时在吡啶环原羟基上增加了乙酰基或低级烷胺基甲酰基，依然保留了抗炎和抗血小板聚集的作用。此后的专利申请US4104390A在此基础上进一步对取代基进行了改造。1979年专利申请FR2400518A1中首次使用苯环稠合四氢噻吩并吡啶环中的噻吩环，保留了抗炎和抗血小板聚集活性，在此基础上专利申请FR2423494A1对该母核的取代基进一步改造获得了一系列稠合有苯环的四氢噻吩并吡啶衍生物。

1977年专利申请FR2336932A1和1978年专利申请US4097482A保留了专利申请FR4097482A1所述化合物的基本结构，尝试采用更多种类的取代基对原有取代位置进行替换，并在吡啶环的碳原子上增加了卤素、羟基、低级烷基、低级烷氧基硝基和氨基等取代基，改造后的化合物依然具有较高的抗血小板聚集活性（抗血小板聚集率高于95%），进一步扩大了四氢噻吩并吡啶类化合物的修饰位点。

此外对于噻氯匹定的改造还有1982年的专利申请US4321266A，其将噻氯匹定中的氯原子替换为氰基，获得了较好的抗血小板聚集效果；1993年，专利申请EP0573975A1中，噻氯匹定中的噻吩2位被烷氧羰基所取代；1995年，专利申请JPH0753561A中，噻氯匹定中的苯环被替换为吡啶环。

1982年的专利申请FR2495158A1，1984年的专利申请US4424356A、US4458074A，以及1985年的专利申请US4515951A在噻氯匹定的基础上开始尝试将噻吩环2位氧化为羰基，活性同样得以保留，且毒性降低，后期研究表明，四氢噻吩并吡啶类化合物在体内先被代谢为2-氧基化合物，而后再被代谢为硫醇化合物而发挥活性，因此噻吩2位被氧化后的化合物能够具有相似的药理活性。在此基础上，1985年的专利申请US4500534A将噻氯匹定中的噻吩环3位再次氧化为羟基。

1985年赛诺菲公司于专利申请US4529596A中首次在噻氯匹定的基础上对其吡啶环和苯环之间的亚甲基进行修饰，采用羧基或烷氧羰基等基团进行修饰，并由此获得了作用强度和耐受性均高于噻氯匹定的氯吡格雷。与之前的FR2495158A1等专利申请的设计思路相同，US4740510A1在此基础上对噻吩环的2位进行修饰，将噻吩环的2位氧化为羰基，FR2596392A1则进一步将噻吩环的3位氧化为羟基。此外针对氯吡格雷的结构修饰位点还包括亚甲基上的取代基（HU226038B1、US5288726A）以及噻吩环和苯环上的取代基团（US5288726A）。其中US5288726A在氯吡格雷的基础上采用乙酰氧基取代氯吡格雷的噻吩环的2位，用环丙基羰基替换氯吡格雷中的甲氧羰基，并用氟原子替换氯吡格雷苯环上的氯原子，由此获得了普拉格雷。

此后对于氯吡格雷和普拉格雷的结构修饰大多并行，国外对于该类化合物的结构修饰基本停滞，主要申请为该类化合物的组合物和晶型以及制备方法，而与噻氯匹定的结构修饰多为国外专利所不同的是，2005年以后出现了大批对氯吡格雷和普拉格雷进行结构修饰的国内专利申请。

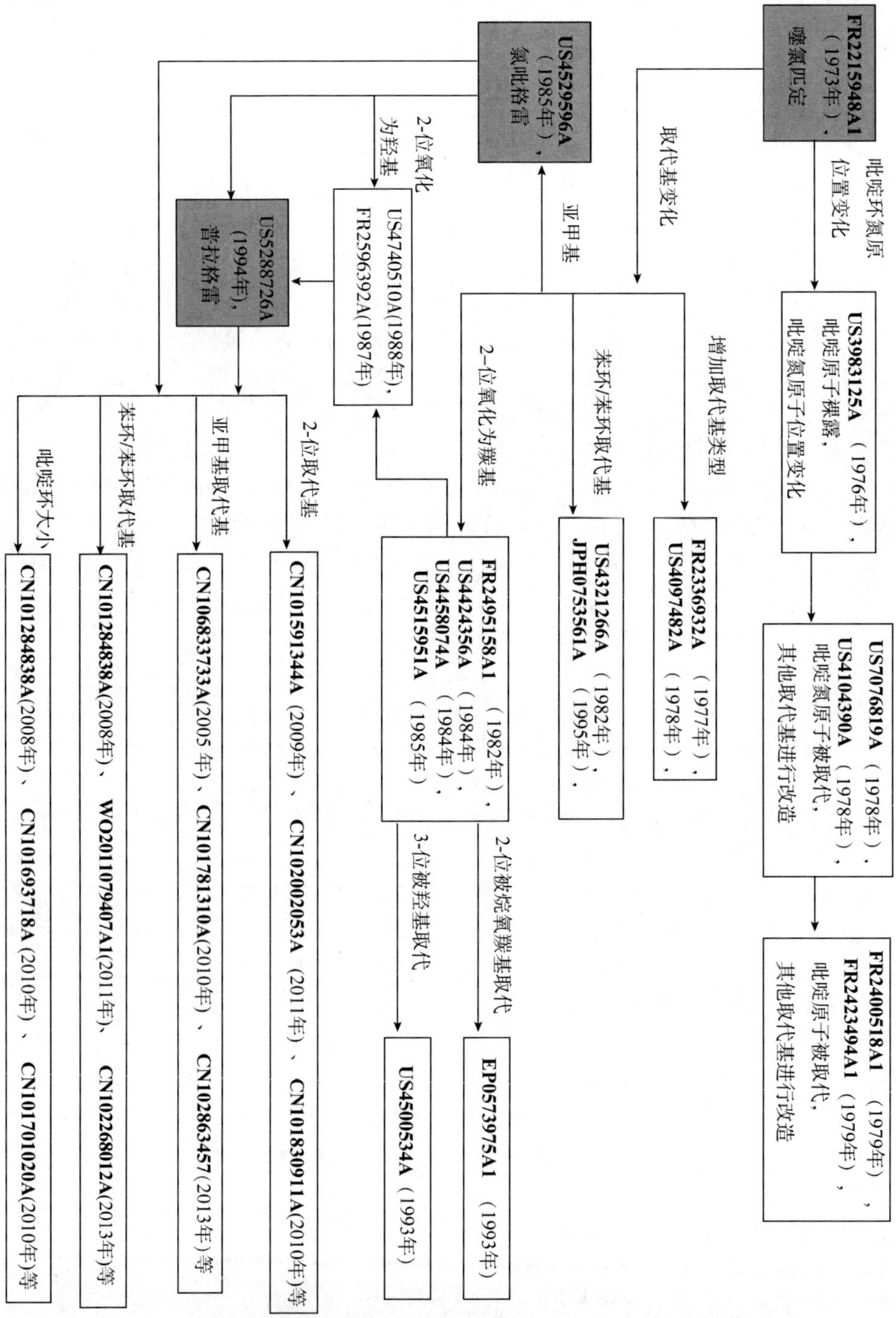

图6 四氢噻吩并吡啶类抗血栓剂结构改造的专利技术演进

（二）四氢噻吩并吡啶类抗血栓剂结构改造专利申请概况

1. 四氢噻吩并吡啶类抗血栓剂不同改造位点专利申请分布

基于噻氯匹定、氯吡格雷和普拉格雷所取得的良好疗效和商业成功，人们对这三种药物进行了大量的结构修饰尝试，总结四氢噻吩并吡啶类化合物的主要结构改造位点可以发现，该类化合物的结构改造方式主要有以下四种：A. 改变吡啶环中氮原子的位置；B. 苯环上进行取代基修饰或采用其他环替换苯环；C. 四氢噻吩并吡啶环与另一环之间的连接链改造；D. 四氢噻吩并吡啶环上的取代基修饰。

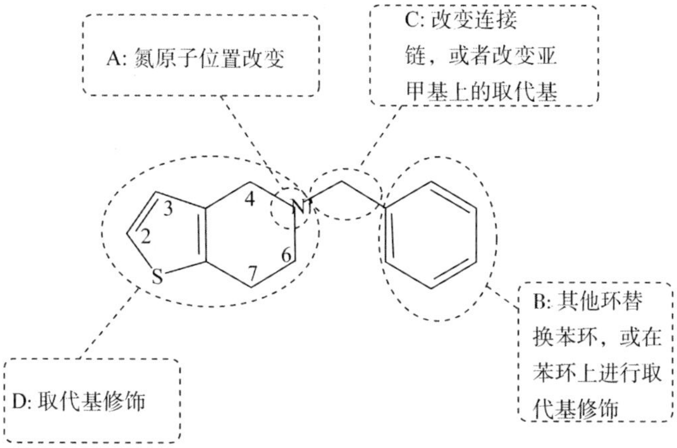

图 7 四氢噻吩并吡啶类抗血栓剂的主要改造位点

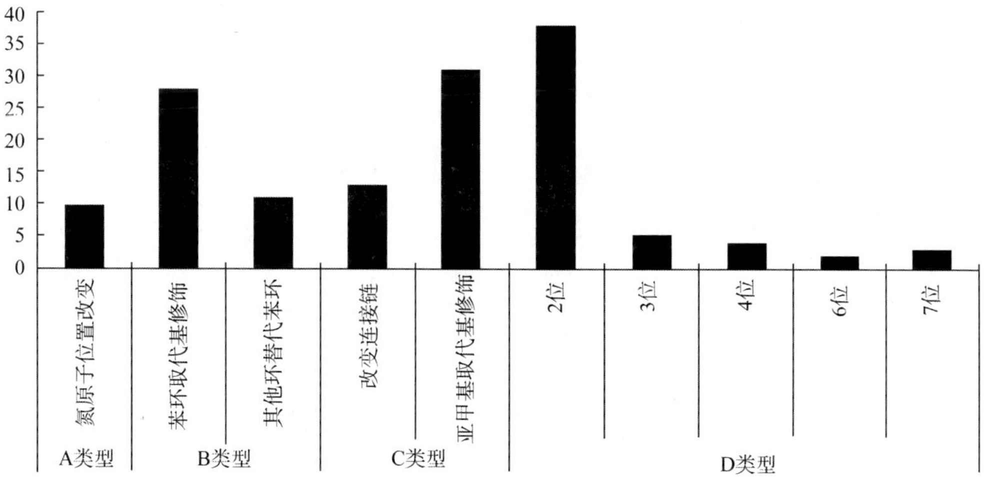

图 8 四氢噻吩并吡啶类抗血栓剂结构改造位点申请量分布

统计分析四氢噻吩并吡啶类抗血栓剂各主要修饰位点的专利申请量可以发现，四氢噻吩并吡啶类抗血栓剂的结构改造最为集中的三个位点分别是四氢噻吩环并吡啶环的 2 位、亚甲基和苯环。其中苯环上的结构修饰相对常规，取代基种类多为一些小分子量惰性基团，属于一种保守改造方式；对于四氢噻吩并吡啶环 2 位的修饰方面，主要是将其修饰为羰基或者酯基，根据前述四氢噻吩并吡啶类抗血栓剂的作用机理可知，该类药物实质上均为前药，其在体内需要经噻吩环的2位氧化和开环形成硫醇类代谢产物才能发挥药效，将噻吩环的2位修饰为羰基的方式，实质上是为了加速该类化合物的体内代谢过程，增强药效，而将其修饰为酯，则可以改变其在体内的分布和代谢，可以说，将四氢噻吩并吡啶环的2位修饰为羰基或不同酯基的结构改造方式实质上均是基于前药原理，该位点的改造主要是对化合物的ADME有所影响；对于亚甲基上的结构修饰方式，目前尚未发现关于该位置构效关系的报道，修饰基团种类也较为分散。

2. 专利申请量趋势分析

图9显示了1973年以来国内外四氢噻吩并吡啶类抗血栓剂结构改造类专利申请的申请量，从中可以看出，国外针对该类化合物的结构改造主要出现在20世纪70—90年代，21世纪以来国外对该类化合物结构改造的专利申请量出现明显萎缩。相比而言，我国在该领域起步较晚，但是2005年之后出现了爆发性的增长。

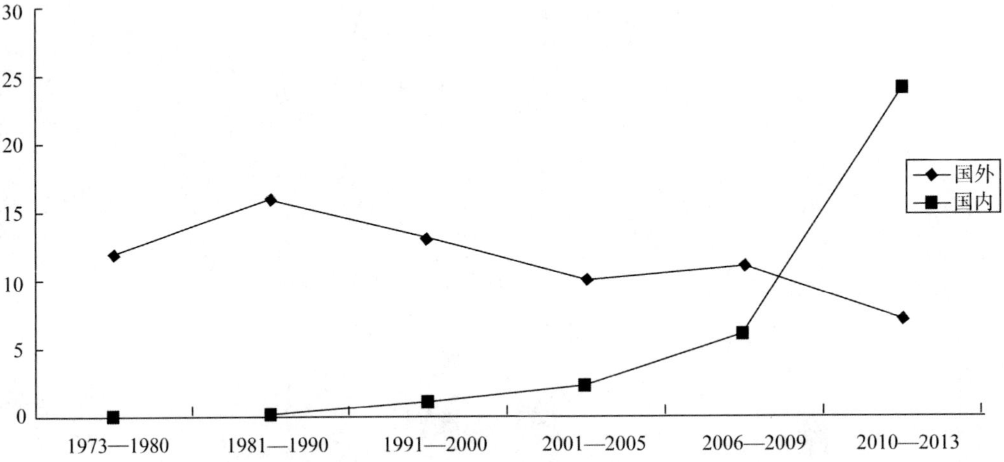

图9　四氢噻吩并吡啶类抗血栓剂结构改造国内外专利申请量趋势

3. 主要国内申请人分析

与国外在该领域的专利申请人分布比较分散有所不同的是，国内申请人分布相对集中，在近年来的国内申请人中，天津药物研究院在该领域的申请量最大，其对于氯吡格雷和普拉格雷的结构改造进行了大胆的尝试，所申请专利中的化合物相比于氯吡格雷和普拉格雷的结构有较大变化，主要修饰位点在于亚甲基连接结构、吡啶环的大小、苯环的替换以及苯环上取代基的变化。通过上述改造，获得了部分活性较好的新型四氢噻吩并吡啶类化合物，并且在解决亚洲人群"氯吡格雷抵抗"问题和降低药物毒性方面取得了一定进展。

表1　国内主要申请人排序

排序	申请人	申请量
1	天津药物研究院	17
2	江苏威尔医药科技有限公司	2
3	连云港恒邦医药科技有限公司	2
4	刘桂坤	2

(三) 四氢噻吩并吡啶类抗血栓剂各位点结构修饰专利技术发展分析

1. 四氢噻吩并吡啶环上的取代基修饰

四氢噻吩并吡啶环上存在多个裸露的环原子，同样成为人们对其进行结构修饰的修饰位点。尤其是噻吩环的 2 -位，研究发现，噻氯匹定和氯吡格雷在体内均是先历经噻吩环 2 -位的氧化，再经噻吩环开环形成硫醇类化合物而发挥药效[3]，因此四氢噻吩并吡啶类化合物实质上均是前药。基于对噻氯匹定和氯吡格雷的代谢研究，人们将噻吩环的 2 -位氧化为羟基，然后与乙酰基成酯，成功研发出了新一代抗血栓剂普拉格雷，由于普拉格雷在体内无须历经噻吩环 2 -位的氧化可以快速地转化为活性化合物，因此其具有相对于第一代抗血栓剂噻氯匹定和第二代抗血栓剂氯吡格雷更快速和强劲的药效，同时毒性也更低，基于相同的研发思路，近年来许多专利文献公开了在噻吩 2 -位引入酯键的四氢噻吩并吡啶类化合物。令人鼓舞的是，通过上述结构修饰，获得了部分药效强于普拉格雷的化合物，例如，CN101591344A 所公开的化合物对 ADP 所诱导的血小板聚集具有相对于普拉格雷明显更强的抑制效果；CN101684124A 所公开的化合物经大鼠体内实验证实，其抗血栓效率明显强于普拉格雷。WO2014043895A1 则通过在噻吩环的 2 -位引入磷酸酯基团，在体内代谢过程中不再依赖于 CYP2C19 酶的活性，解决了亚洲人群中比较普遍的“氯吡格雷抵抗”问题。

表 2 在噻吩环 2 -位进行取代基修饰的专利文献

公开号	通式结构	示例化合物
CN101591344A	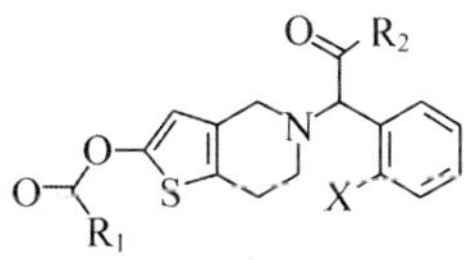	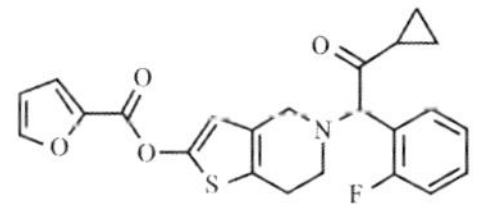
CN101684124A	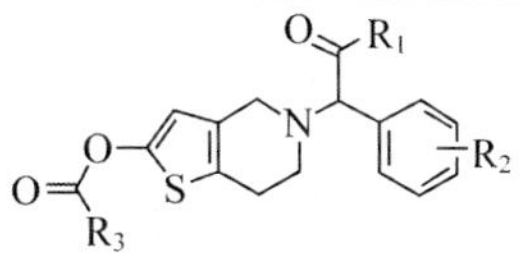	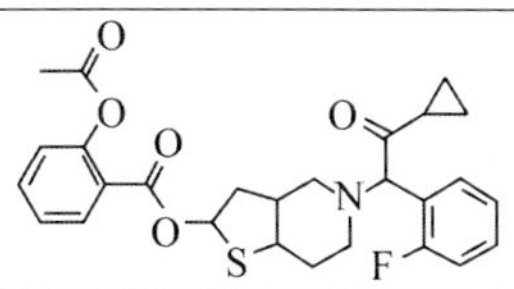
CN102002053A	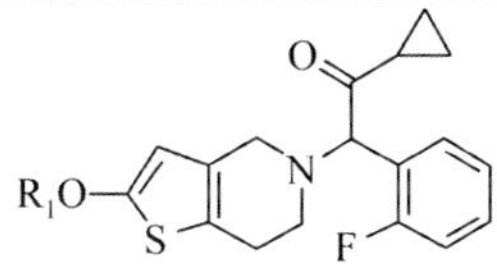	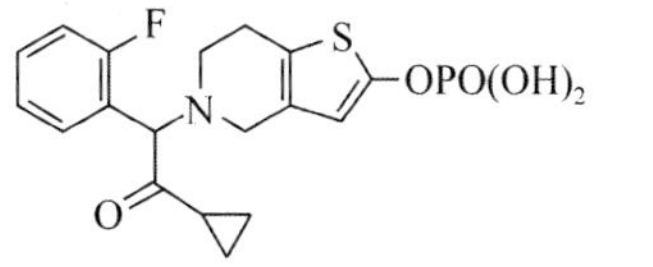
WO2014043895A1	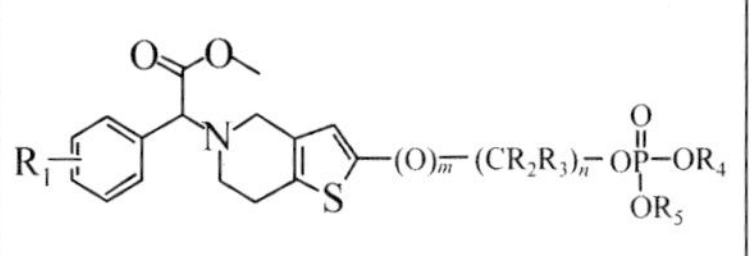	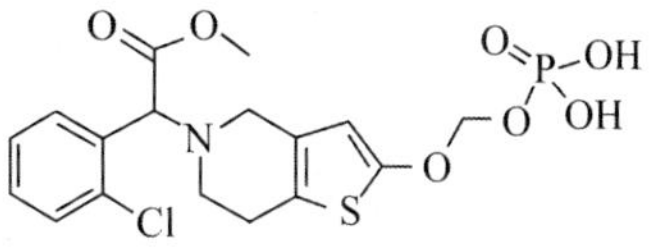

2. 亚甲基上的取代基修饰

基于氯吡格雷和普拉格雷的研发成功，人们积极地将目光转向了在亚甲基上进行取代基修饰的改造方式，并取得了一定进展。常规的修饰方式是基于氯吡格雷和普拉格雷的成功研发经验，在该位置的亚甲基上进行烷基、酯键或酰基等小基团的修饰，而近几年的研究表明，此位置的亚甲基还可被酰胺键、酰肼键取代，甚至可以被修饰为肟类基团。值得一提的是，CN101402641A 通过在亚甲基上形成肟类结构，获得了部分抗血栓活性与氯吡格雷相当的化合物，而且其中化合物 I－5 和 I－8 的 LD50 值还稍高于氯吡格雷，显示其具有略低的毒性。

表 3　在亚甲基上进行取代基修饰的专利文献

公开号	通式结构	示例化合物
EP0542411A2	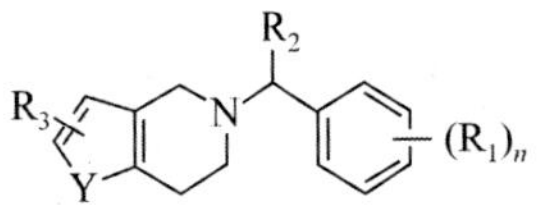	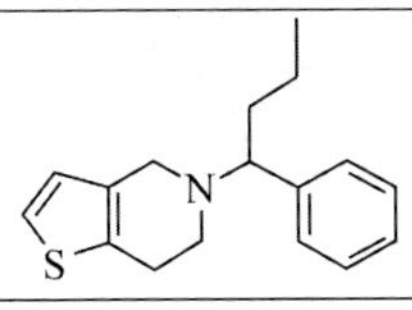
WO02059128A1	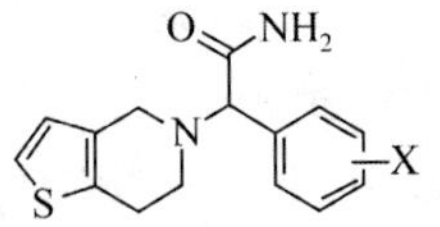	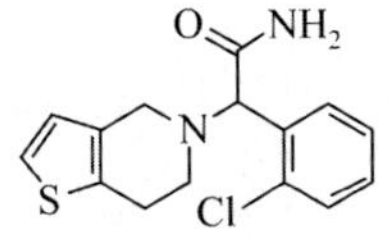
CN1683373A	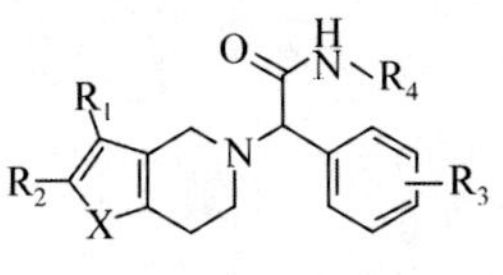	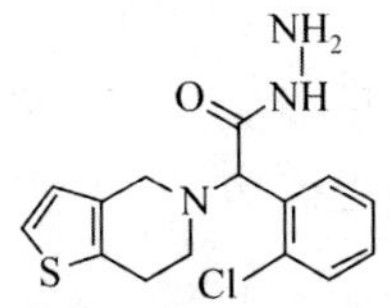
CN101402641A	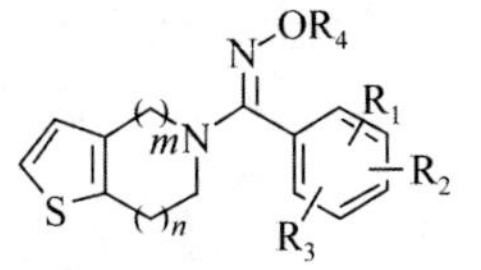	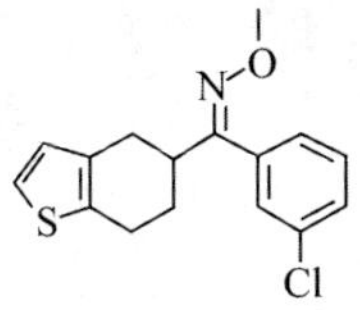 I－5 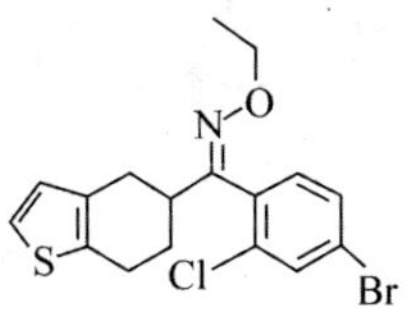 I－8
CN101693718A	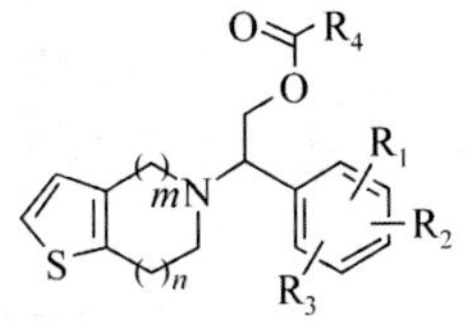	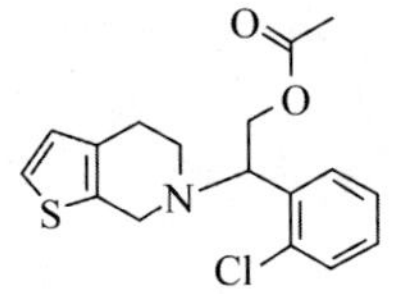
CN102351877A	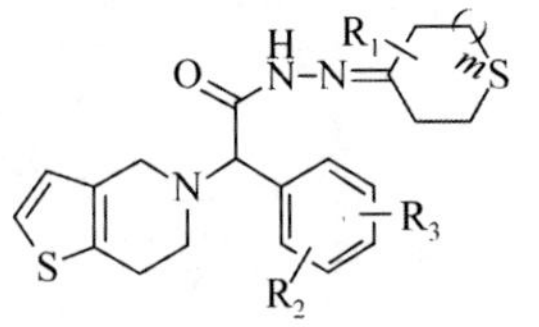	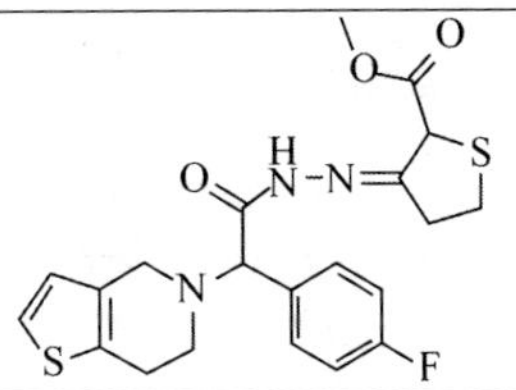
HU226038B1	未公开通式化合物	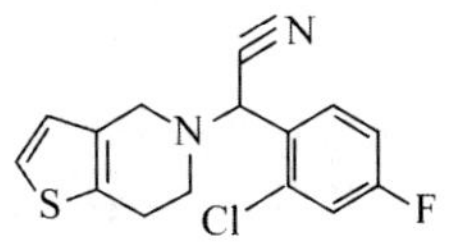

3. 苯环上进行取代基修饰

对苯环进行取代基修饰是四氢噻吩并吡啶类化合物的一种十分常见的修饰方式，大量专利文献报道了这种修饰方式，大多数文献所报道的修饰方式为卤素取代或其他如硝基、三氟甲基的吸电子基团取代，然而部分化合物通过采用给电子基团，如甲氧基等进行修饰后，化合物的活性依然得以保持。虽然所得化合物活性参差不齐，但是基本上都具有一定的抗血栓活性，这显示对苯环上的取代基进行改变并不会明显影响药物与受体的结合，因此对该位置进行小基团的修饰所获得的化合物往往具有抗血栓活性。虽然针对该位置的结构改造尚未获得突破性进展，但是其在丰富四氢噻吩并吡啶类抗血栓剂种类方面具有一定意义。

表 4　苯环上进行取代基修饰的专利文献

公开号	通式结构	示例化合物
EP0542411A2	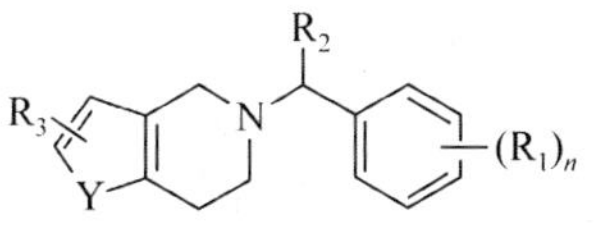	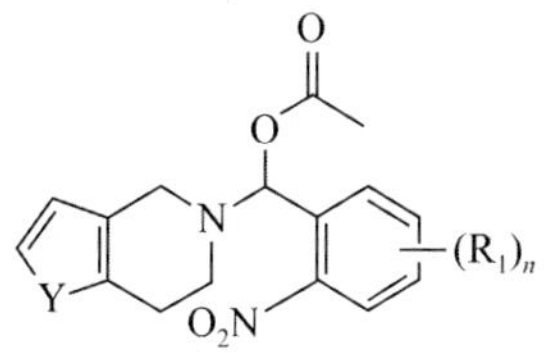
CN101402641A	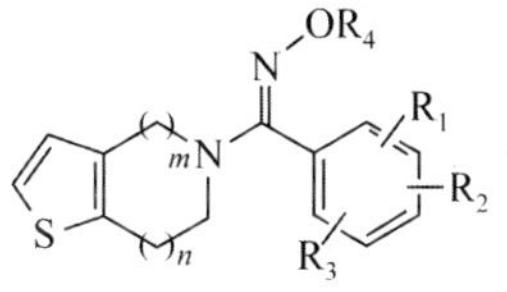	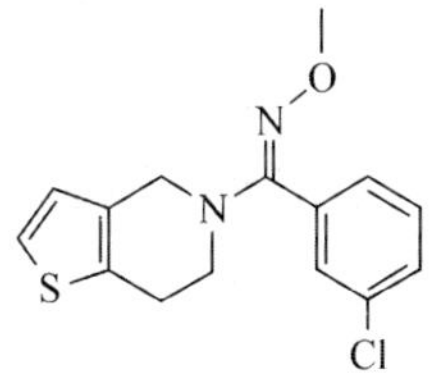
CN101781310A	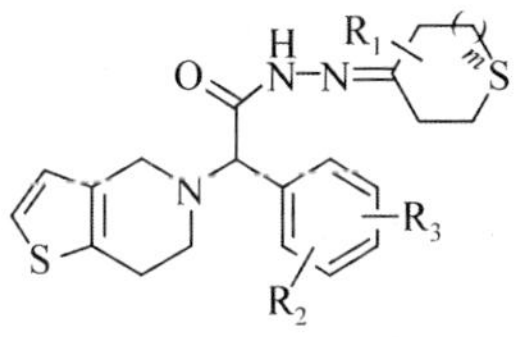	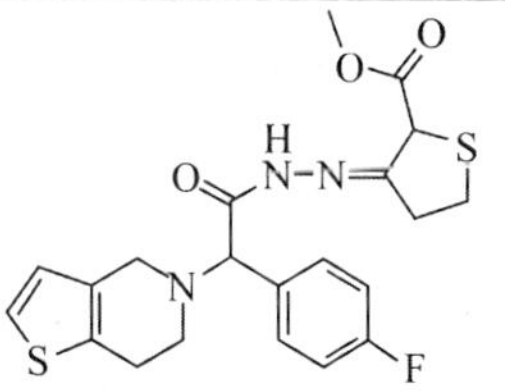
CN101974015A	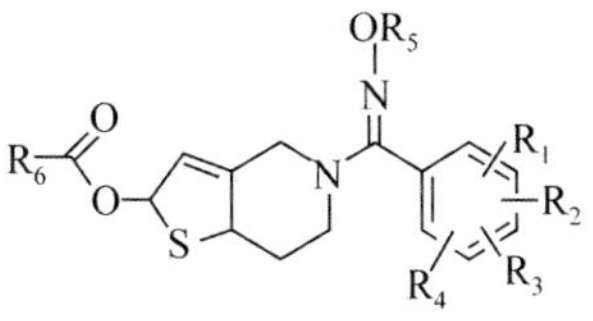	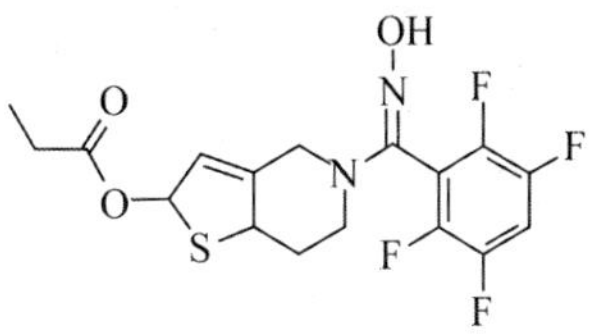

4. 改造四氢噻吩并吡啶环与另一环之间的连接链结构

早在 1987 年，普拉格雷被公开前，美国专利申请 US4681888A 即首次公开了将四氢噻吩并吡啶类化合物的四氢噻吩环与苯环之间的亚甲基替换为长链的烷胺基结构，所得到的化合物除了保持了抗人类血小板聚集作用，药理实验还显示这些化合物具有钙拮抗活性。在之后的 20 年左右的时间里，该种修饰方式并不常见，可能是氯吡格雷和普拉格雷的相继研发成功，使得人们将目光转向了在亚甲基上进行取代基修饰，以及直接在四氢噻吩并吡啶环上进行取代基修饰的改造方式。直到本世纪，由于上述修饰方式已经被大量研究，且无明显突破，人们转而进行两环系之间的连接链替换，所报道的主要替换链有烷基酰基链和烷基酰胺基链，部分所获得的化合物在保持（或者稍微降低）了抗血栓活性的情况下，具有相对于氯吡格雷较低的毒性，同时，通过上述修饰方式也解决了“氯吡格雷抵抗”问题。

表 5　改造四氢噻吩并吡啶环与另一环之间的连接链结构的专利文献

公开号	通式结构	示例化合物
US4681888A	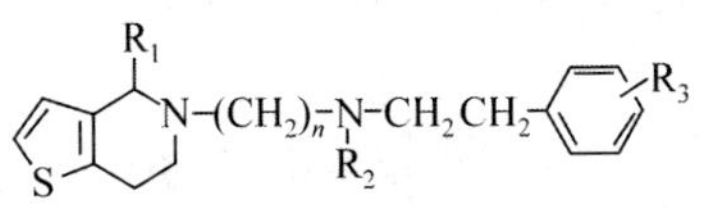	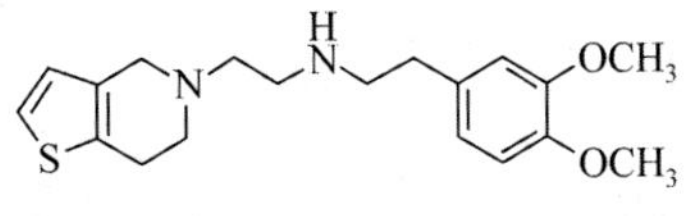
CN101284838A	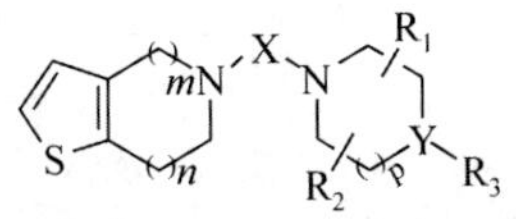	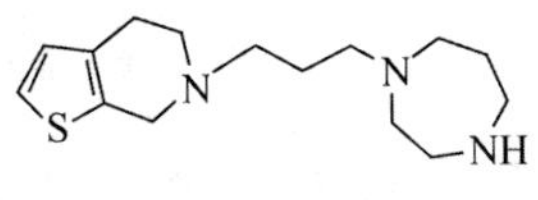
CN101701020A	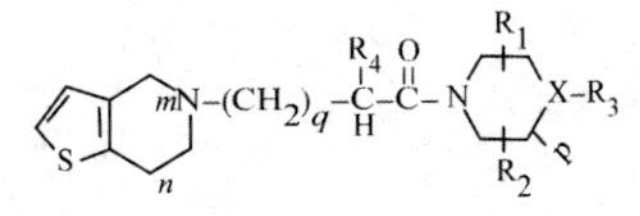	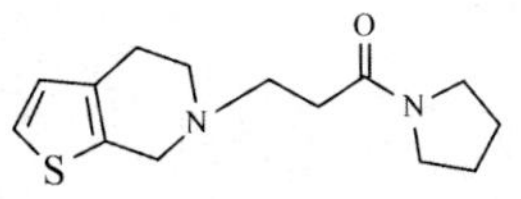
CN101830911A	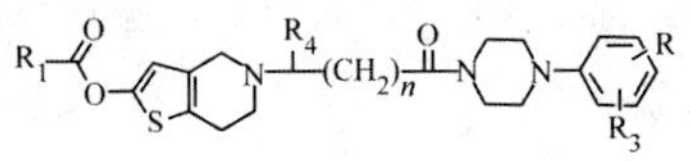	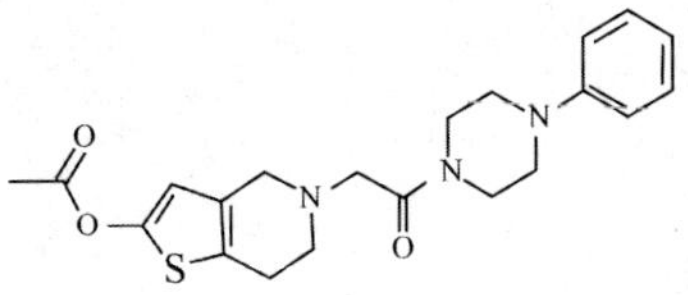
CN102268012A	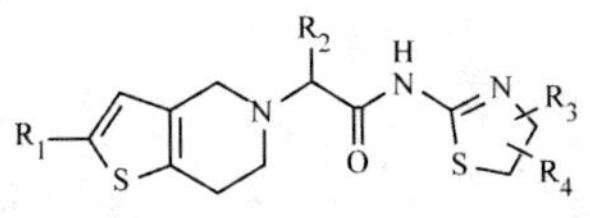	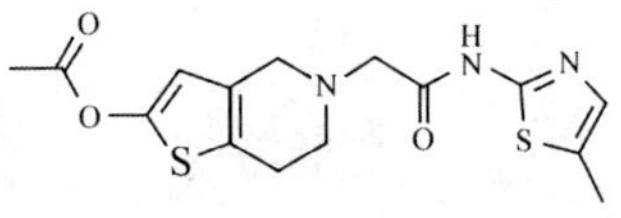
CN102351877A	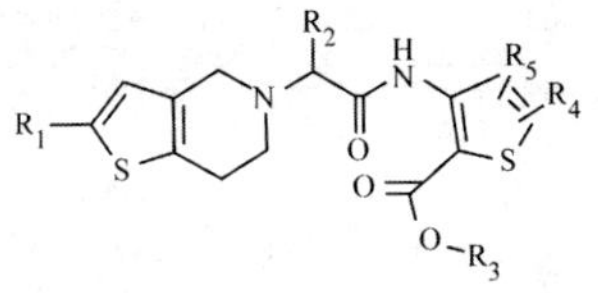	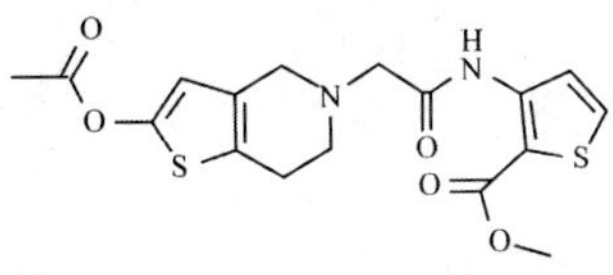
CN102351878A	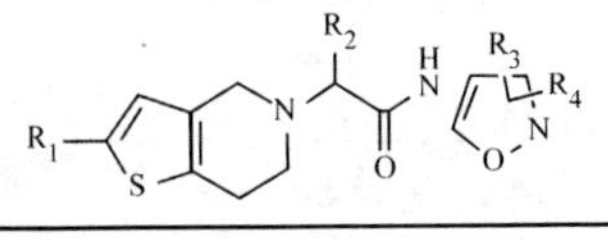	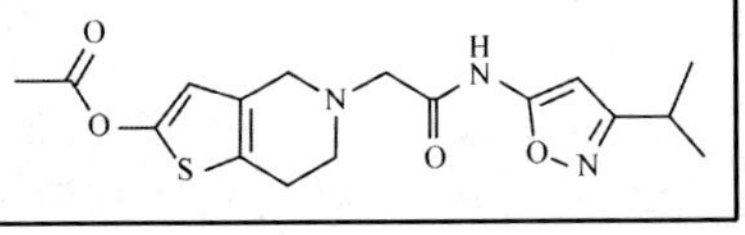

5. 采用其他环替换苯环

早期针对四氢噻吩并吡啶类化合物进行结构修饰时，对苯环的替换通常十分谨慎，直到 1995 年，JP 特开平 7－53561A 将苯环替换为吡啶环，获得了比盐酸氯吡格雷抗凝血作用更强的化合物。2008 年后，以天津药物研究院和军事医学科学院毒物药物研究所为代表的国内科研机构对苯环的替换进行了大胆尝试，包括使用噻唑环、噻二唑环、噻吩环和异恶唑环等芳杂环，以及四氢吡咯环等饱和杂环替换苯环。上述替换后的化合物依然保持了抗血栓活性，虽然 CN101284838A、CN101701020A、CN102268012A 等文献显示其替换后的化合物并没有达到氯吡格雷的抑制率，但是其开辟了新的四氢噻吩并吡啶类化合物的修饰位点，由于该位点的修饰方式十分灵活，所以通过大胆尝试极可能有所突破。

表 6　采用其他环替换苯环的专利文献

公开号	通式结构	示例化合物
JP 特开平 7－53561A	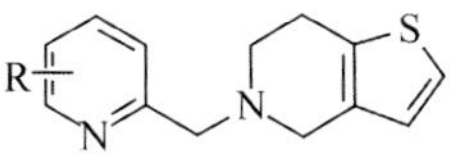	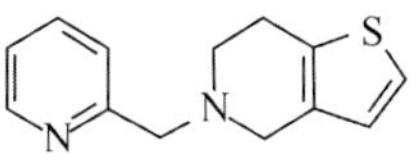
CN101284838A	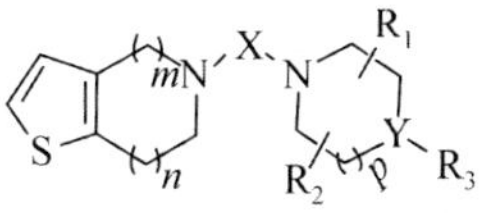	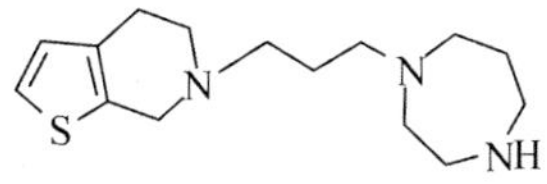
CN101701020A	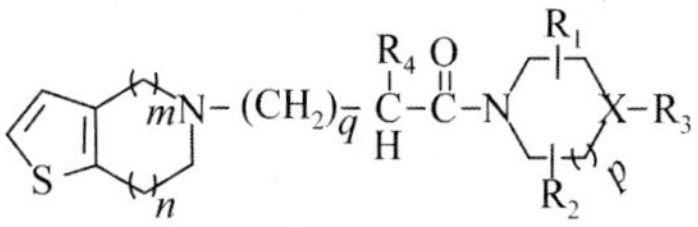	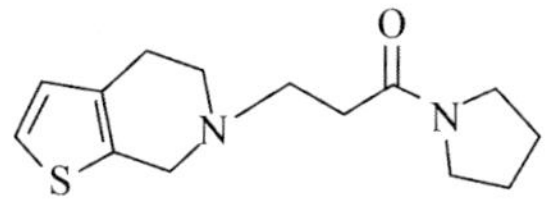
CN102268012A	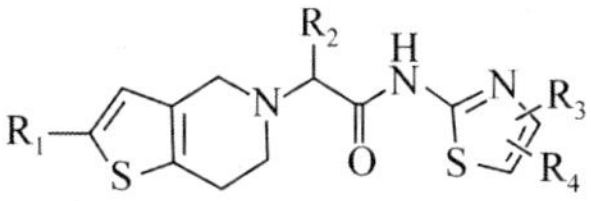	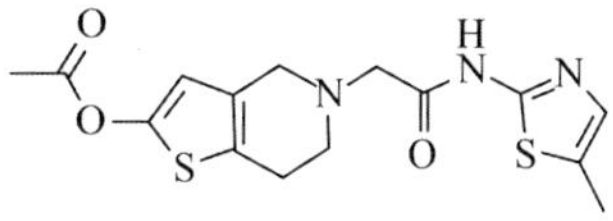
CN102268013A	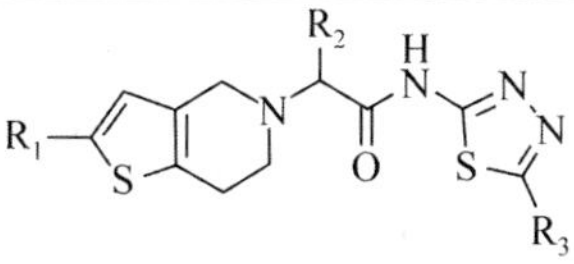	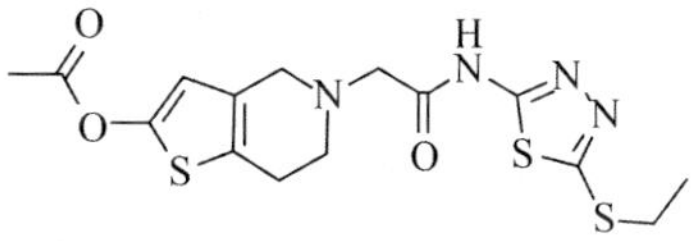
CN102351877A	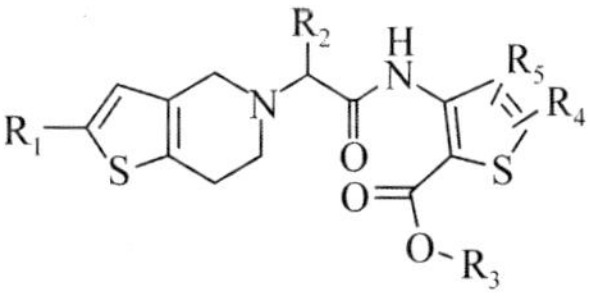	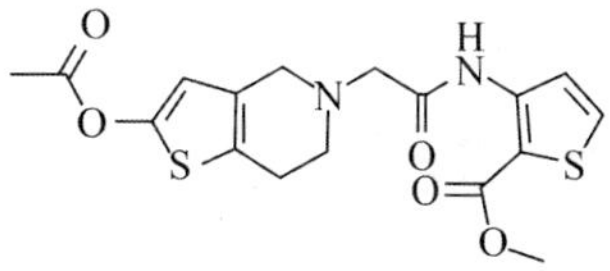
CN102351878A	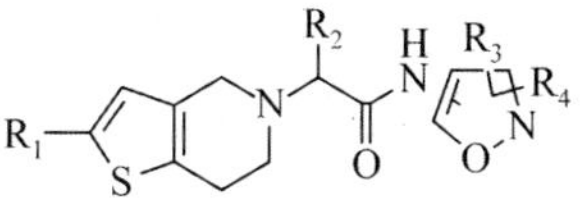	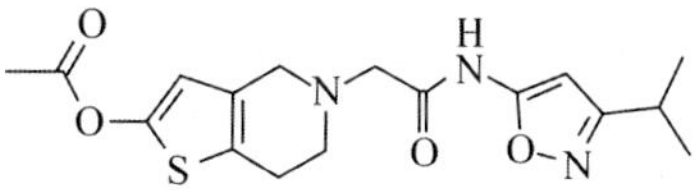
CN103360408A	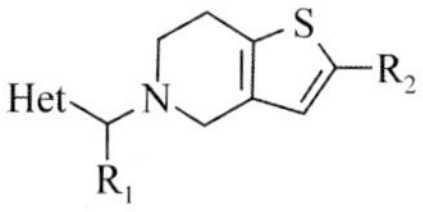	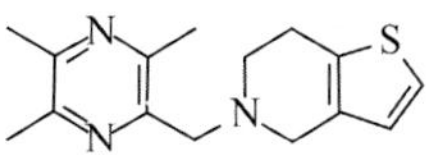

6. 改变吡啶环中氮原子的位置

四氢噻吩并吡啶类抗血栓剂的结构母核即为四氢噻吩并吡啶环，目前专利文献所报道的针对母核结构的修饰通常为改变吡啶环中氮原子的位置，且报道该类修饰方式的文献并不多见，主要为近年来天津药物研究院所公开的专利申请，其中 CN101284838A、CN101402641A、CN101693718A、CN101701020A 报道了多个改变吡啶环中氮原子位置的化合物，药理实验显示，这些化合物在对 ADP 诱导的血小板聚集的抑制方面尚未取得明显改善。

表 7　吡啶环中氮原子位置改变的专利文献

公开号	通式结构	示例化合物
CN101284838A	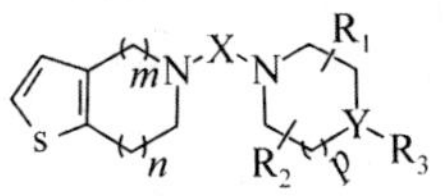	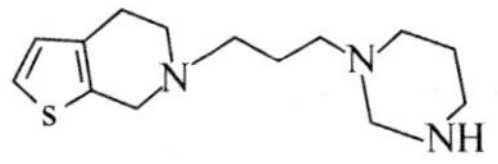
CN101402641A	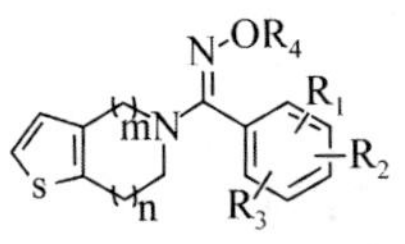	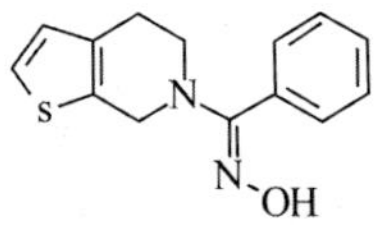
CN101693718A	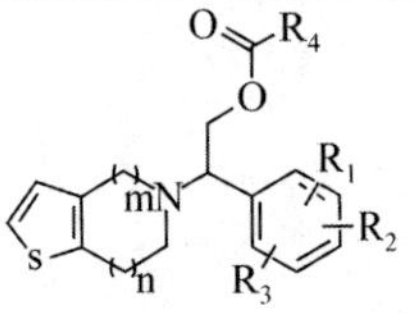	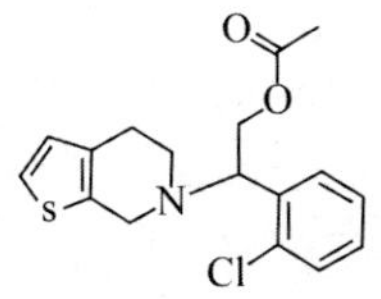
CN101701020A	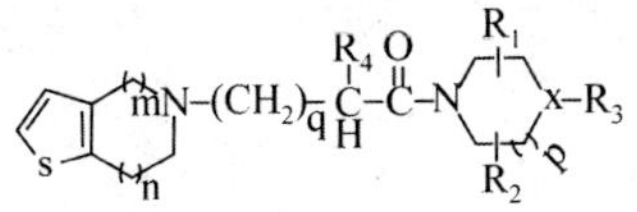	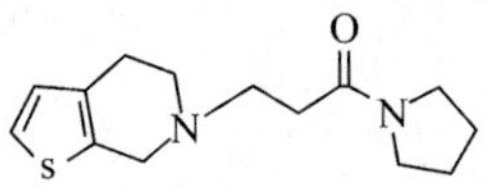

四、四氢噻吩并吡啶类抗血栓剂的开发前景

噻吩并吡啶类药物是现今临床上应用最为广泛、有效的抗血小板、抗血栓药物。自从噻氯匹定上市以来，噻吩并吡啶类药物已经经历了 30 多年的发展，各方面的研究已相当成熟，疗效和安全方面显著提高。然而作为临床一线用药，噻吩并吡啶类药物还有许多不尽如人意的地方，如氯吡格雷的个体差异和普拉格雷的出血风险等。研究者还在继续寻找疗效更好、风险更低的新药。从近年来抗血小板药物的研发进展上来看，主要工作还是集中在上市药物的改造上。氯吡格雷和普拉格雷的相继成功提示：在现有药物基础上进一步修饰与改进，研发出更为高效、安全的新型噻吩并吡啶类药物将成为新的机遇与挑战。

相比于国外大型医药企业，我国企业在研制新药方面的实力还比较薄弱，虽然对于制药企业，开发创新药物是一个漫长而艰难的过程，周期长、投入大，回报周期长且有很强的不确定性，但是，只有不断地增强自身研发能力，同时提高知识产权保护意识，才是企业长足发展的必经之路。

令人振奋的是，近年来，我国制药企业逐步开始重视新药的创制研发，以天津药物研究院为代表的国内药企在氯吡格雷和普拉格雷的基础上，进行了大量的研发工作，取得了一定的成果，建议这些企业在新药研发过程中，一旦发现具有开发前景的新化合物，可以

大胆尝试、深入研究，并重视知识产权保护。对于已有的药物，可以尝试改进其晶型和组合物，阻止原研公司的肆意扩张，为今后可能的市场争取足够的研究时间。

参考文献

[1] 张青山，邹江，赵丹，陆宝萍. 新型抗血小板药氯吡格雷研究进展 [J]. 化工进展，2003 (7)：689-693.

[2] 陈本川，陈历胜. 心血管疾病治疗药物（续三）[J]. 医药导报，2010 (9)：1254-1255.

[3] 王希冉，刘巍，刘鹏，徐为人. 噻吩并吡啶类药物代谢的研究进展 [J]. 现代药物与临床，2013 (6)：1000-1005.

作用于非结构蛋白的抗 HCV 药物专利技术分析

刘　慧

一、背　景

丙型肝炎是一种由丙型肝炎病毒（hepatitis C virus，HCV）引起的病毒性肝炎，在世界范围内导致慢性肝炎、肝硬化、肝细胞癌等多种疾病发生。据统计，全球现今约有1.7亿人感染了丙型肝炎病毒，并且 HCV 感染发病率还在逐年递增。2011年 Nature 杂志发文对科研热点进行预测，明确指出丙型肝炎治疗将成为今后生物学研究新热点之一[1]。

丙型肝炎病毒是一种 RNA 病毒，属于黄病毒家族，为带包膜的单股正链 RNA 病毒，其基因组含有约9 600个碱基，编码一条长约3 000个氨基酸的多聚蛋白前体，该蛋白在宿主信号肽酶和自身编码蛋白酶的作用下生成3种结构蛋白（p7、核心蛋白、包膜蛋白 E1 和 E2）和6种非结构蛋白（NS2、NS3、NS4A、NS4B、NS5A、NS5B），使病毒在宿主细胞内复制并组装成成熟的病毒颗粒。研究表明，非结构蛋白 NS2、NS3、NS4A、NS4B、NS5A、NS5B 或其相关酶构成了特定靶向抗 HCV 治疗过程中的重要靶点[2-8]。

5′UTR	structural proteins	NS2	NS3	NS4A	NS4B	NS5A	NS5B	3′UTR

图1　HCV 基因组结构

（1）NS3 蛋白酶和 NS3 解旋酶

非结构蛋白 NS3 是个多功能蛋白，其 N 末端丝氨酸蛋白酶区域在水解多聚蛋白过程中发挥着重要作用，而 C 末端 RNA 解旋酶/核苷水解酶区域则参与了病毒 RNA 的复制过程，因此，抑制其蛋白酶活性可阻碍 HCV 的复制和扩散。

NS3 解旋酶通过 ATP 水解作用分离 DNA/RNA 杂化双链，是 HCV 复制所必需的酶，因此是一个有价值的抗 HCV 靶标。

（2）非结构蛋白 NS4A

NS4A 是由54个氨基酸构成的丝氨酸蛋白酶辅因子，它与 NS3 形成 NS3－NS4A 异质二聚体复合物，加强了丝氨酸蛋白的酶促活性，并使得复合物能稳固地固定在内质网上。此外，NS4A 还能够催化裂解 NS4A /4B、NS4B /5A 和 NS5A /5B，为 HCV 的复制过程提供必不可少的辅助功能。

（3）非结构蛋白 NS4B

NS4B 是由261个氨基酸构成的保守性内质网膜相关疏水性蛋白，其 N 末端具有 AH1 和 AH2 两个两性的螺旋结构，可插入膜中的中央跨膜区域，与膜表面相互作用；其

C末端暴露在内质网表面，组成不可分割的膜蛋白。NS4主要是诱导内质网膜改变并形成新的类膜网状结构而发挥效用，同时在装配其他NS蛋白过程中也发挥一些必需的功能，从而为HCV复制和感染提供了必需的支持。

（4）非结构蛋白NS5A

NS5A是一种高度磷酸化的非结构蛋白，分子量为56～58 kDa，包含一个N末端两性α-螺旋结构和Ⅰ、Ⅱ、Ⅲ三个结构域。其中，结构域I为一完全对称二聚体，在HCV的RNA复制过程中发挥至关重要的作用，也是药物设计关注的重点。与此同时，结构域Ⅱ、结构域Ⅲ，以及NS5A的磷酸化水平也在HCV病毒繁殖过程中起着重要作用。NS5A可能还参与病毒微粒体的形成。

（5）非结构蛋白NS5B

非结构蛋白NS5B的构象与右手相似，具有类似大拇指、其他手指和手掌区域。手掌区有可与核苷类抑制剂结合的保守活性位点，拇指域则有多个可与非核苷类抑制剂选择性结合的变构结合位点，在HCV RNA互补负链的合成中有着决定性的作用。核苷类抑制剂可插入正在合成的RNA中，以阻止RNA的合成。而非核苷类抑制剂则是在RNA合成开始前，改变NS5B蛋白的构象，以终止RNA的合成。此外，NS5B还有可能参与调节其他HCV酶的功能。

目前临床上慢性HCV的标准治疗方案是干扰素α（IFN－α）与利巴韦林（ribavirin）的联合治疗，该疗程至少需要6个月。IFN－α属于具有如抗病毒活性、免疫调节活性和抗肿瘤活性等特征生物效应的天然存在小蛋白家族，这些蛋白是由大多数动物有核细胞响应若干疾病（尤其为病毒感染）而产生和分泌的。IFN－α是影响细胞通信和免疫学控制的生长和分化的重要调节器。用干扰素治疗HCV常常引起不良副作用，如疲劳、发烧、发冷、头痛、肌痛、关节痛、轻微秃头症以及甲状腺功能障碍等。利巴韦林是一种肌苷5'-单磷酸脱氢酶（IMPDH）抑制剂，增强IFN－α在治疗HCV中的功效。尽管引入了利巴韦林，但是超过50%的患者不能用干扰素-α（IFN）和利巴韦林的当前标准疗法消除病毒。至今，慢性C型肝炎的标准疗法已变成聚乙二醇化IFN－α加利巴韦林的组合。然而，许多患者仍具有主要与利巴韦林有关的显著副作用。利巴韦林在以当前推荐剂量治疗的10%～20%的患者中引起显著溶血作用，并且所述药物具有致畸性和胚胎毒性。因此，近年来，HCV特定靶向抗病毒治疗成为抗HCV治疗的重要研究方向。

二、作用于非结构蛋白的抗HCV药物专利技术整体情况

（一）专利申请量趋势分析

本文所指专利申请的检索截止时间为2014年4月18日。图2是作用于非结构蛋白的抗HCV药物专利申请趋势图。从图上可以看出，1992年开始已经有作用于非结构蛋白的抗HCV药物专利申请出现，此后总体而言，这类药物的申请量呈上升趋势，在2005—

2006年申请量出现显著增长，2007年又一次迎来大幅上涨；2013年后专利申请量有所下降，可能是由于近两年申请的专利还未公开。

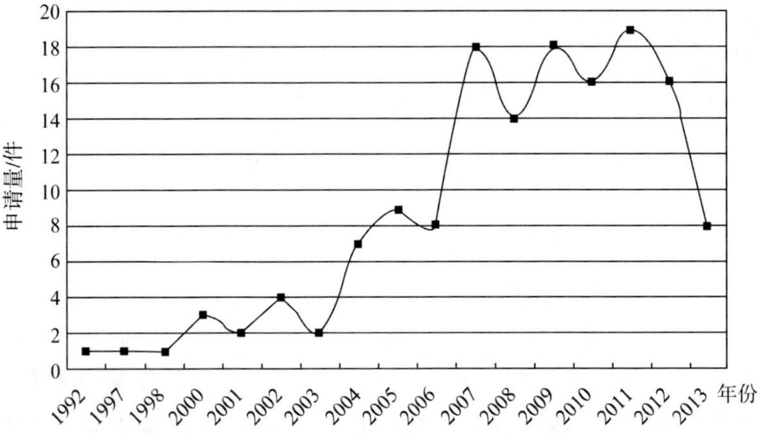

图2　作用于非结构蛋白的抗HCV药物专利申请趋势图

相对以干扰素为靶点的抗HCV药物，作用于非结构蛋白的抗HCV药物起步较晚，但是由于干扰素疗法的疗效无法令人满意，且不良反应严重，因此，慢性丙型肝炎的治疗亟须更加有效的抗病毒治疗方案。作用于非结构蛋白的抗HCV药物的出现为慢性丙型肝炎的治疗带来了转机，从图2可以看出，对该领域技术的研究将保持持续的热度，随着这类药物中部分药物的上市，巨大的市场前景将促使该领域的专利申请量保持稳步增长的态势。

（二）主要技术分支

作用于非结构蛋白的抗HCV药物的研究主要集中在以下几个方面：第一是所占比例最大的化合物药物，占了整体比例的89%，其结构主要可以分为核苷类和非核苷类两大类，其中，2009年10月2日，夏洛特-梅克伦堡医院管理局D/B/A卡罗莱纳医学中心在其提交的申请WO2010040063A1中公开了一种以NS5A为靶点的金属卟啉类化合物，用于治疗HCV，这为作用于非结构蛋白的抗HCV药物化合物开辟了新的结构类型；第二是核酸序列药物，核酸序列能够在感染病毒的细胞中合成反应毒素，从而杀死被HCV病毒感染的细胞；第三是疫苗药物，通过HCV治疗性疫苗，激活慢性HCV感染者体内特异性免疫反应，从而清除病毒，而目前以HCV结构基因表达产生的HCV疫苗，其诱导的免疫反应较弱，适用人群范围窄，因此，HCV非结构基因为制备更有效的HCV疫苗提供了可能的备选基因。

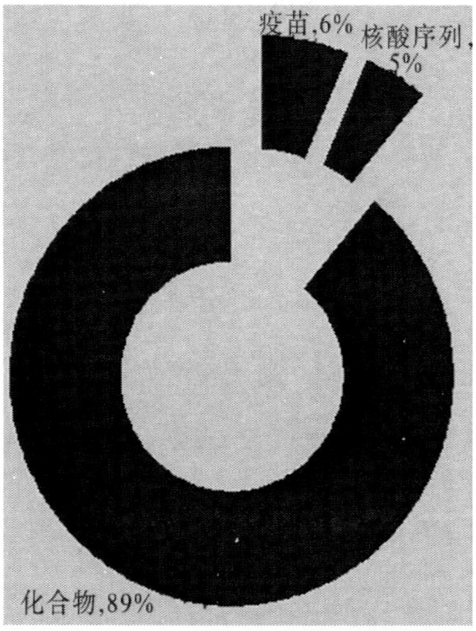

图 3 主要技术分支申请量分布图

(三) 专利申请产出国和申请人分布

专利申请产出国一般是指一项技术的原创技术国，一般而言，一个国家拥有的原创技术越多，说明其在该技术领域的研发能力和技术实力越强。

通过对所检索到的专利文献产出国进行统计分析，如图 4 所示。申请量最多的是美国，占这一领域申请的 59%，美国一贯在医药行业处于领先地位，拥有全球绝大多数的医药企业巨头，在作用于非结构蛋白的抗 HCV 药物研究中也不例外，占有绝对优势；其次是欧洲各国，而我国申请人对这类药物的专利申请量较少。

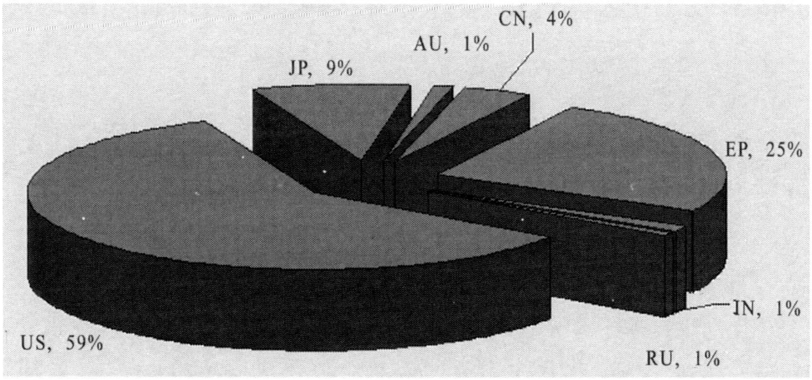

图 4 专利申请产出国分析

进一步对外国主要申请人和我国本国申请人进行统计分析发现（如图 5 和图 6），国外申请的主要申请人绝大多数是医药企业，如百时美施贵宝公司、吉利德科学公司、葛兰素史克公司、默克公司、诺华公司、贝林格尔·英格海姆公司等，而国外的研究机构，包括大学和研究所，如斯坦福大学、埃默里大学等，其申请所占比例较低。对我国的本国申请人而言，企业和学校、科研单位在这一领域的申请量基本持平，总体而言，我国国内对作用于非结构蛋白的抗 HCV 药物研究力量较薄弱，尚处于起步阶段，未能有效转化为生产力。

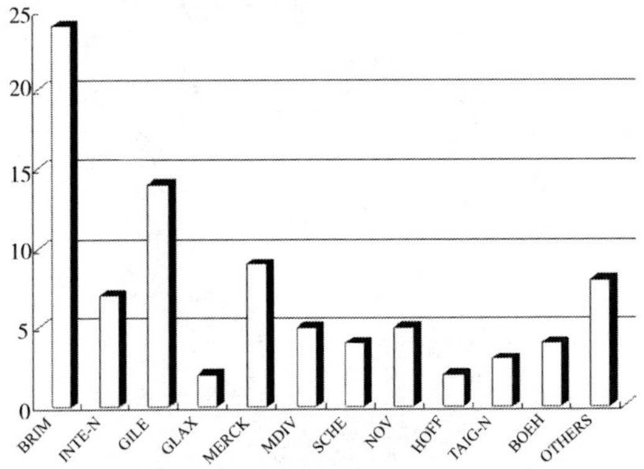

图5　国外主要申请人

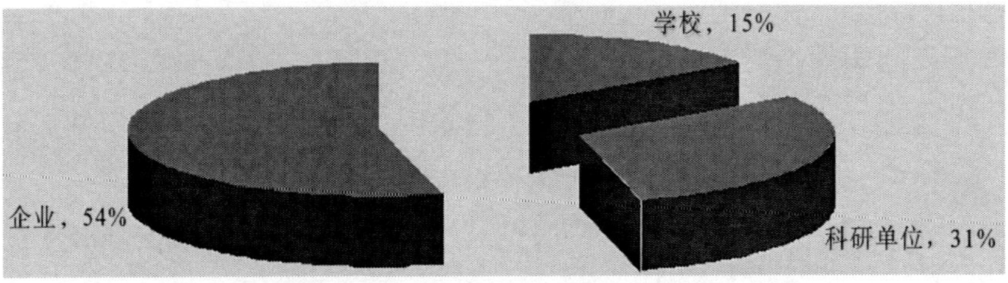

图6　国内申请人类型分布

通过上述统计数据可以看出，百时美施贵宝公司的申请量在本次统计中最高，其在抗 HCV 药物研发领域投入了较大的研究力量，因此进一步选择对百时美施贵宝公司的一系列涉及作用于非结构蛋白的重要抗 HCV 药物的专利技术进行分析。

三、百时美施贵宝公司作用于非结构蛋白的抗 HCV 药物的技术演进和发展

百时美施贵宝公司针对作用于非结构蛋白的抗 HCV 药物主要集中在化合物类药物，涉及的结构主要有以下几类（图7），其中具有联苯结构的化合物目前已经被证实具有良好的开发前景，属于这类结构的化合物 Daclatasvir（BMS－790052），以其为基础的治疗方案在 2014 年 2 月第二次获得 FDA 突破性治疗药物资格，市场潜力巨大。

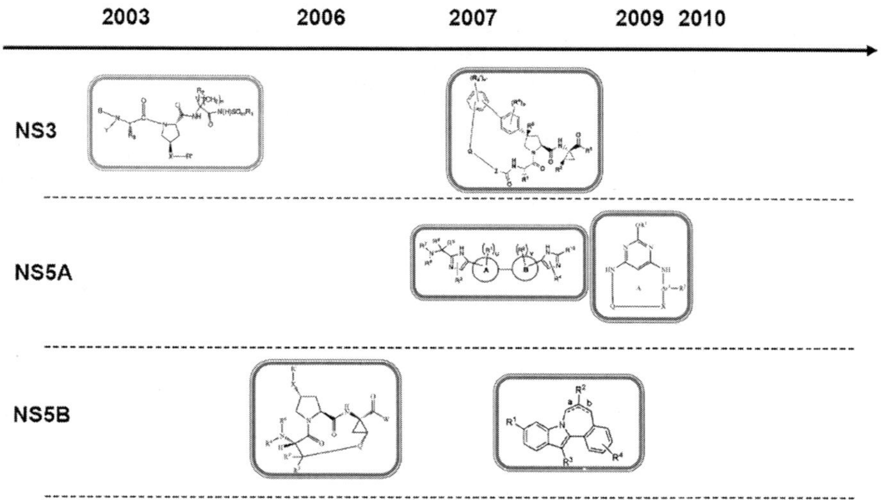

图 7　百时美施贵宝公司作用于非结构蛋白的抗 HCV 药物化合物主要结构类型

从图 8 中可以看出，百时美施贵宝公司最早在 2007 年开始提交了这一系列的化合物申请，WO2008021927A1、WO2008021928A1、WO2008021936A1 为 2007 年 8 月 9 日同一天提交的原始申请，其中要求保护的通式化合物虽然形式上有所不同，但是主要变量的定义是有一定规律的，总体而言，通式为较对称的结构，通式定义中 A、B 部分，与 A、B 部分相连的结构 D、E，与 D、E 分别相连的部分为可变的，变化遵循的规律为，A、B 部分为苯基或 6 元杂芳环等，与苯相连的 D 和 E 部分为咪唑或五元杂芳环等，与 D、E 相连部分为含氮杂环或含氮链结构。从 2008 年提交的一系列申请可以看出，要求保护的结构仍在最初的通式结构框架下，并无太大的改变。到 2009 年提交的一系列申请，其对结构的修饰发生了较大的改变，首先是对通式结构中 A、B 的连接键部分，在 2009 年提交的申请 WO2010017401A1 中，A、B 部分的连接键被定义为可变的，可以为炔键、苯基、呋喃基等，WO2010039793A1 中则明确 A、B 之间的连接键为炔键；其次是 A、B 部分的结构，WO2010017401A1 中 A、B 部分不再是苯环或六元杂环这样的单环，而是苯并咪唑环这样的稠环，2009 年提交的申请中对其他位点并没有重大改变，仅对这两个位点进行了衍生修饰。2010 年提交的申请，在 2009 年提交的申请基础上，进一步对 D、E 部分及与之相连的部分进行衍生修饰。WO2010117704A1 中，首先对 A、B 部分其中的任一个将其衍生为饱和环烃，其次，D、E 部分的咪唑环衍生为噁唑环，与之相连的部分衍生为吡咯稠环；WO2011082077A1 中连接键衍生为五元杂环，D、E 部分衍生为酰胺结构，与之相连的部分为含氮单环、含氮稠环或含氮链烷基；WO2011060000A1、WO2011075439A1 和 WO2010117977A1 仍在最初通式结构的框架下，对各部分进行衍生修饰；到 2010 年为止，在最初的通式结构基础上，百时美施贵宝公司已经对该通式结构的各部分均进行了衍生修饰。2011 年以后，该公司提交的申请中，通式结构的定义更为宽泛，在具有最初通式结构的骨架基础上，对各部分进行变换衍生，以得到更多的化合物。

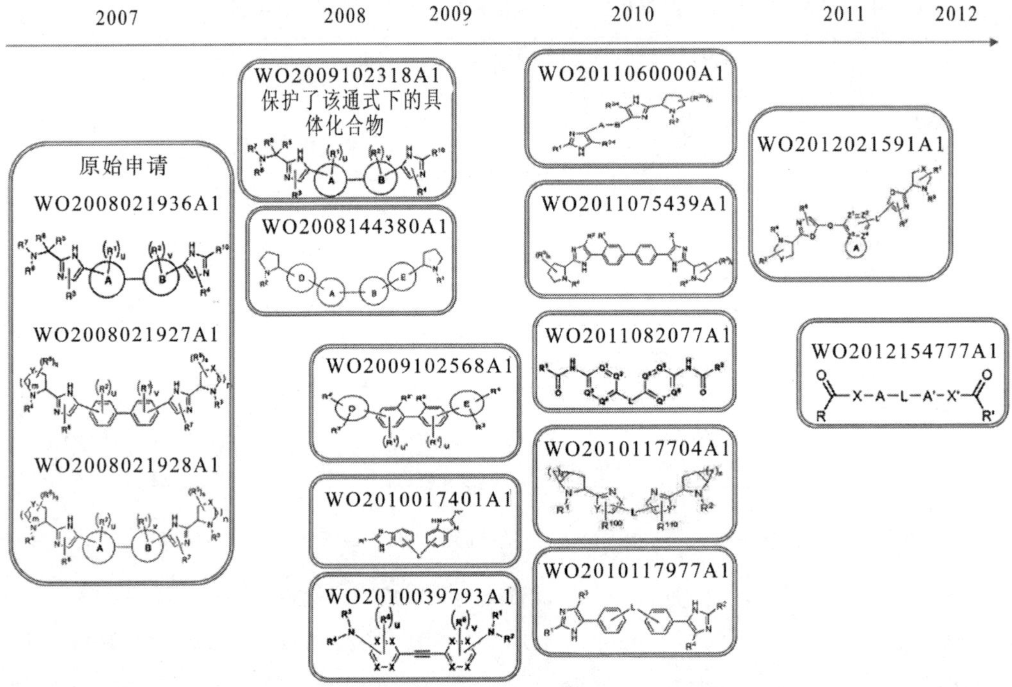

图 8　百时美施贵宝公司联苯结构类型化合物的技术演进过程图

对这一系列的化合物进行分析，可以看出，百时美施贵宝公司开发的这类化合物通常具有较对称的结构，可分为四个主要结构区域：区域一是相连的两个苯基部分，区域二是咪唑部分，区域三是脯氨酸部分，区域四是氨基酸部分，以 BMS－790052 为例阐释该类化合物中主要的四个结构区域（见图 9）[9]。从最初的通式结构定义上（参见图 8），对于这几个部分，该公司已经采用了变量的模式进行定义，并在变量的定义上预期了一定范围内的化合物具有抗 HCV 活性，后续对于这一系列化合物的结构改造主要是在最初的框架下，采用电子等排等结构改造手段对这四部分进行改造，从而获得一系列化合物。

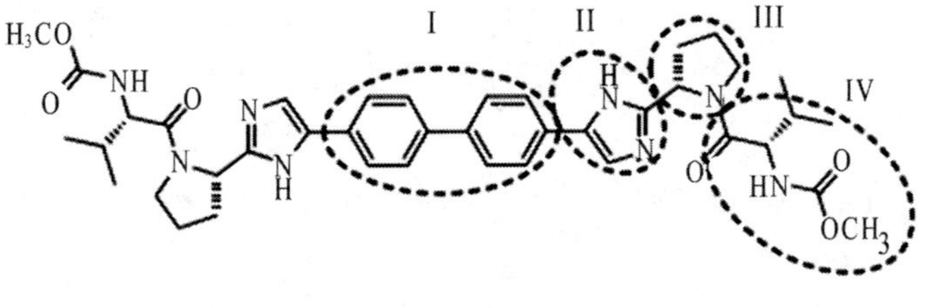

图 9　以 BMS－790052 为代表的联苯结构类型化合物结构区域图

这一类具有联苯结构的化合物作用位点为 NS5A，其通过与 RNA 竞争性结合在 NS5A 的结构域 I，从而抑制丙型肝炎病毒的复制（图 10）[10]。

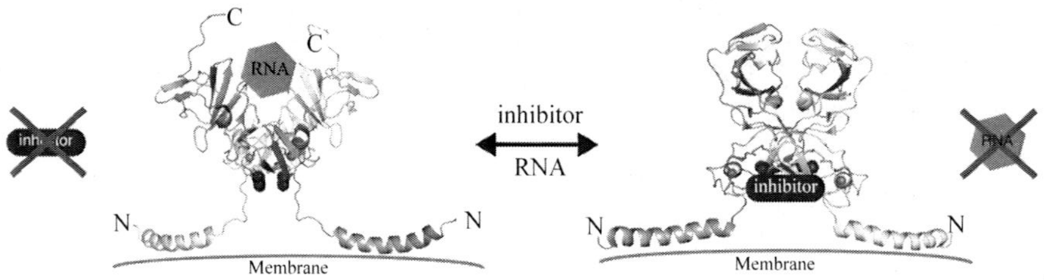

图 10 化合物与 RNA 竞争性结合 NS5A 蛋白的示意图

这一类化合物的结构改造目的主要集中于改善化合物与 NS5A 蛋白的结合特性，从而提高化合物的抗 HCV 活性，降低毒副作用。对这类化合物的改造主要集中在以下几个方面：

（1）对区域 I 的改造

区域 I 是这类对称结构的化合物的中心结构，是一个连接结构，该中心结构具有 π 电子，可以与 NS5A 蛋白相互作用从而结合。对这部分的改造主要在于改变连接结构的长度和（或）几何学性质，从而改变其与 NS5A 的结合特性，改善化合物的活性。以下区域 I 的连接部分用 A—B 进行表示。WO2008021927A1 公开了连接部分为联苯结构的通式化合物，WO2008021928A1 和 WO2008021936 中对连接部分 A—B 的定义进行了扩展，其 A、B 为独自选自苯基或含有 1，2，3 个氮原子的 6 元杂芳环；WO2010039793A1 和 WO2010117704A1 对连接部分的修饰改造程度不高，WO2010039793A1 仅增加了连接部分的长度，WO2010117704A1 没有改变连接部分的长度，仅采用苯环以外的其他六元环作为连接键形成连接部分；WO2010117977A1 对连接部分的长度进行了改变，在苯环间增加了连接键；WO2010091413A1、WO2010017401A1 对化合物的改造方式类似，均对连接部分改变了其长度和几何性质，在两个苯类似结构中间增加了连接键，并将苯结构替换为苯环稠合结构，WO2010017401A1 在 WO2010091413A1 基础上做了进一步选择；WO2011082077A1 对连接部分改变了长度及几何学性质，采用电子等排将苯环替换为可含氮的杂芳环，并且苯环间的连接键没有用烷基链进行连接，而是采用杂芳环进行连接；到后期，对连接部分的定义更加宽泛，如 WO2012154777A1 以 A，A′表示对称的苯基部分，L 表示连接键，同时改变了连接部分的长度及几何学性质，又如 WO2012021591A1，其连接部分已经不是严格的对称形式了，其以杂芳环作为中心进行连接。上述专利中公开了对区域 I 较为典型的修饰方式（参见表 1），其余对区域 I 的类似改造，在此不一一赘述。

表1 区域Ⅰ结构改造示意列表

申请号	通式结构	连接结构示意
WO2010039793A1	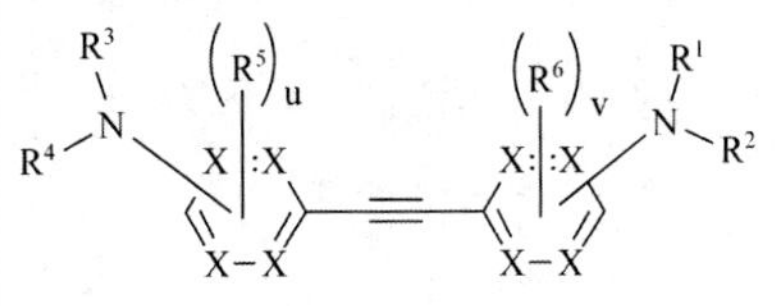	炔基
WO2010117704A1	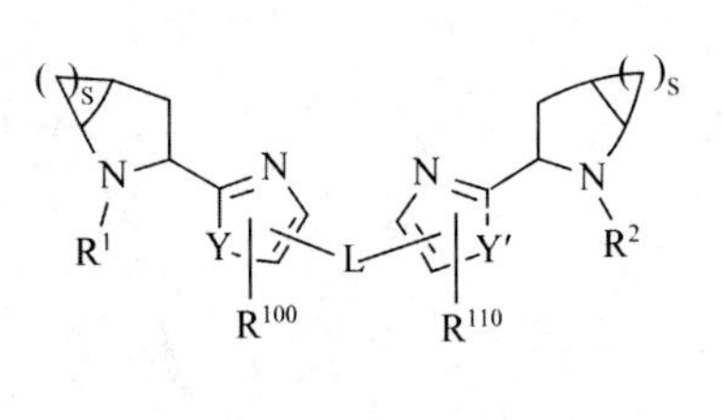	L为-L^1-L^2-,其中L^1和L^2独立地选自：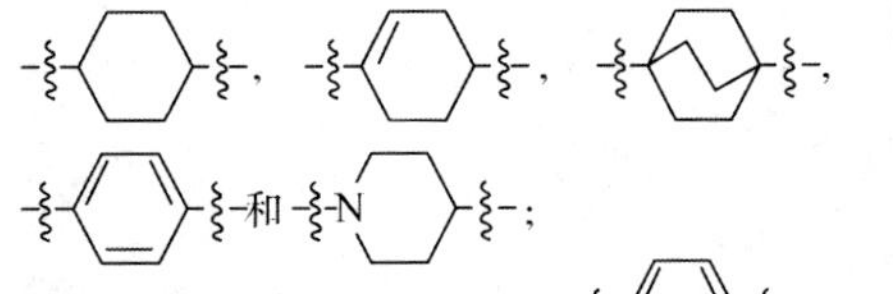条件是，L^1和L^2中至少一个不为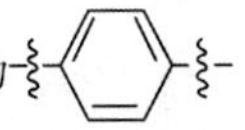
WO2010117977A1	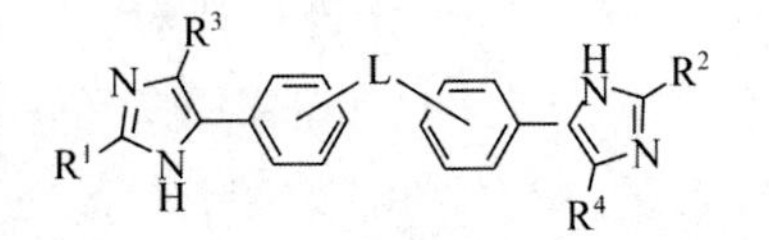	L选自键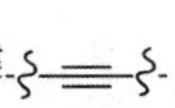、-HC = CH- 及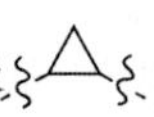
WO2010091413A1	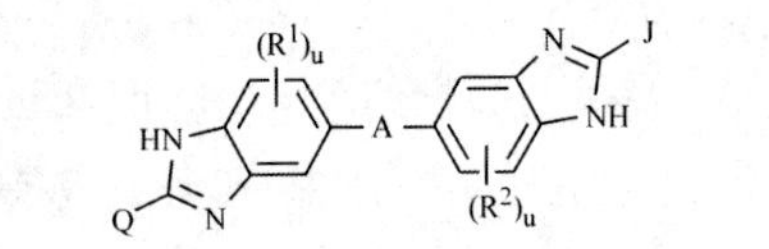	A是任意芳基、杂芳基、杂环基、链烷基、环烷基等
WO2010017401A1	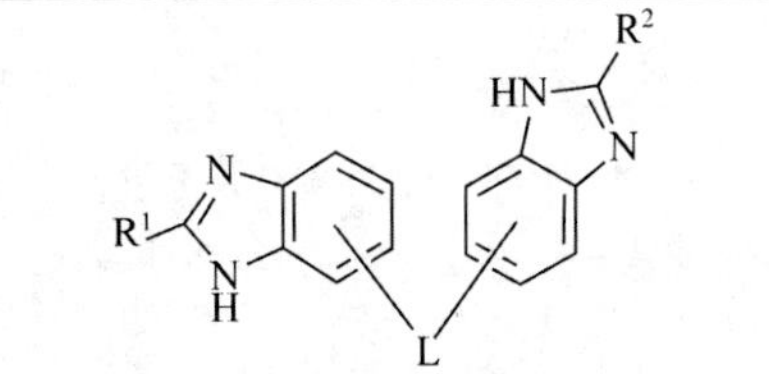	L是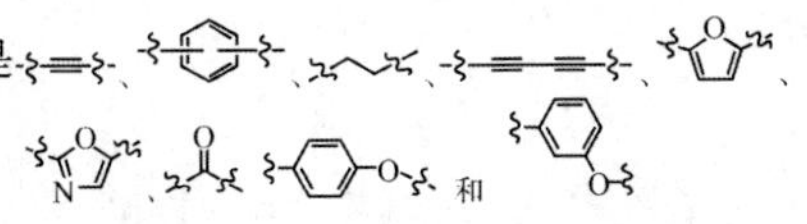
WO2011060000A1	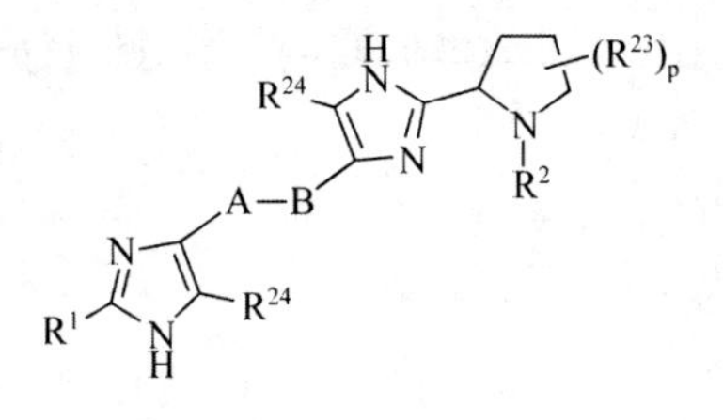	A和B独立选自：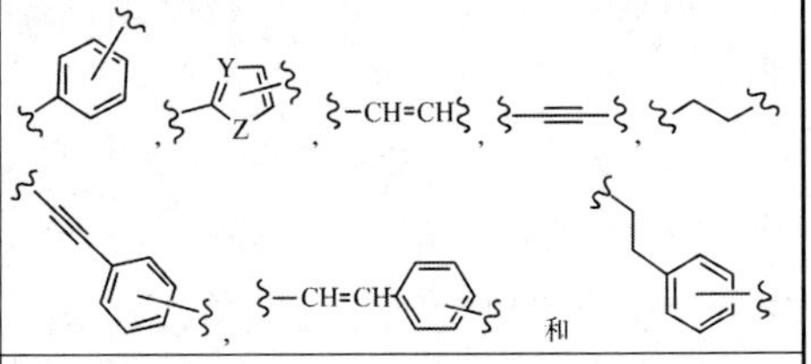
WO2011082077A1	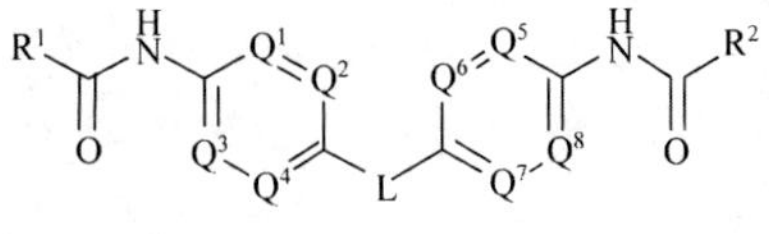	L为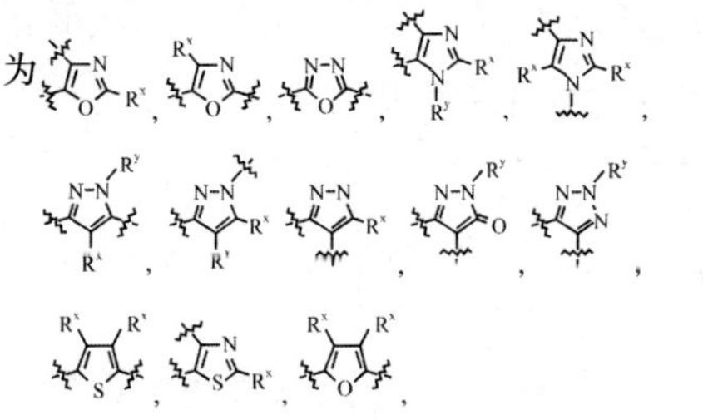

续表

申请号	通式结构	连接结构示意
WO2012154777A1	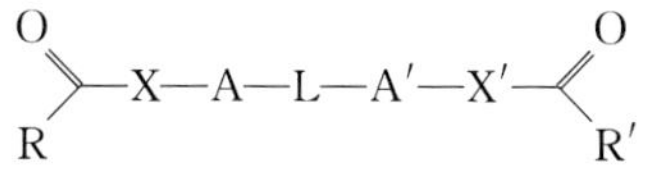	L 为单键、三键、环丙基、苯氧基等
WO2012021591A1	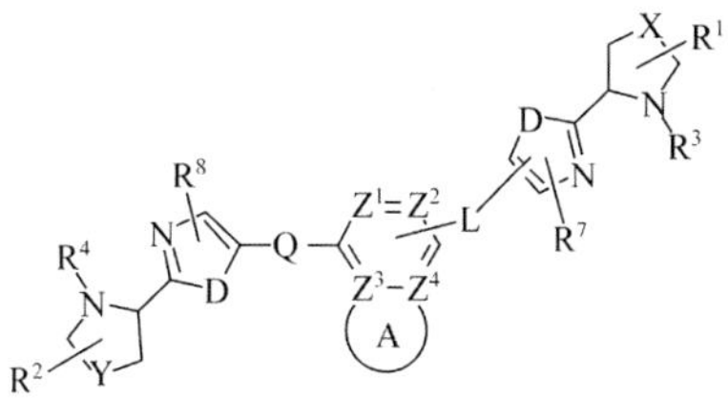	L 为键或苯基，Q 为苯基或含 1、2 或 3 个氮原子的 6 元杂芳环

（2）对区域Ⅱ的改造

区域Ⅱ是一个以咪唑环为起始结构的部分，对这部分的改造主要在于改变咪唑环上的取代基和（或）替换为其他杂环。对这一部分的结构改造修饰较少，原始申请WO2008021927A1、WO2008021928A1 和 WO2008021936 中从一开始公开了咪唑结构，咪唑环上仅有一个取代基，后续修饰过程中，如 WO2010117977A1、WO2011060000A1 等，并未对这部分进行改造修饰；WO2009102568A1 通过将咪唑环通过电子等排的方式，替换为类似的五元芳杂环，WO2010117704A1、WO2012021591A1 具体限定为噁唑环；WO2010039793A1、WO2011082077A1 和 WO2012154777A1 将咪唑环替换为酰胺结构；比较 WO2010017401A1 与原始申请可以发现，WO2010017401A1 的修饰方式是将咪唑环与苯环稠合，即将原本的区域Ⅰ和区域Ⅱ进行了合并。总之，对这一部分的结构改造变化并不大（参见表 2），对这部分的研究不如对区域Ⅰ的研究深入，这一部分有待进一步研究。

表 2　区域Ⅱ结构改造示意列表

申请号	通式结构	修饰方式示意
WO2009102568A1	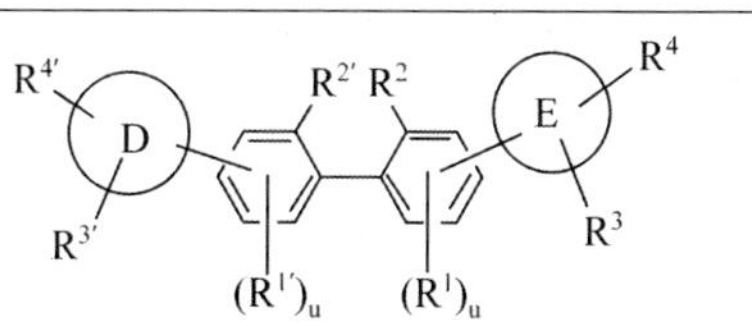	D、E 为包含 1、2、3 个独立选自氧、硫、氮的五元芳杂环，即替换为电子等排的五元杂环
WO2010039793A1	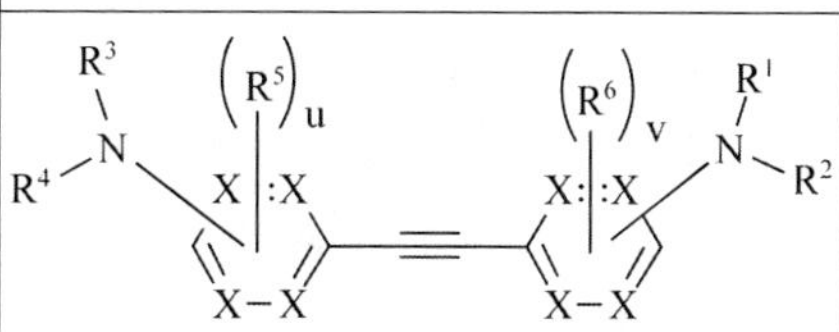	形成酰胺结构

续表

申请号	通式结构	修饰方式示意
WO2010117704A1	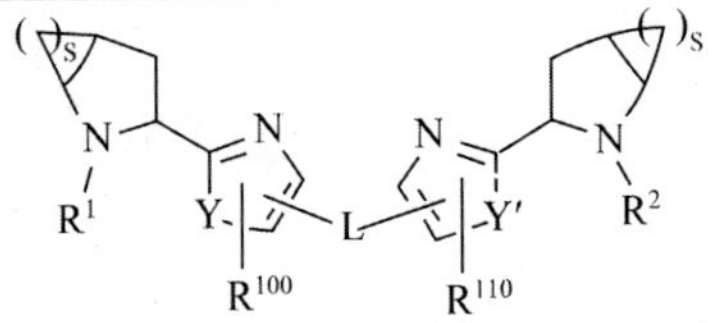	Y为O或NH，即替换为电子等排的五元杂环
WO2010117977A1	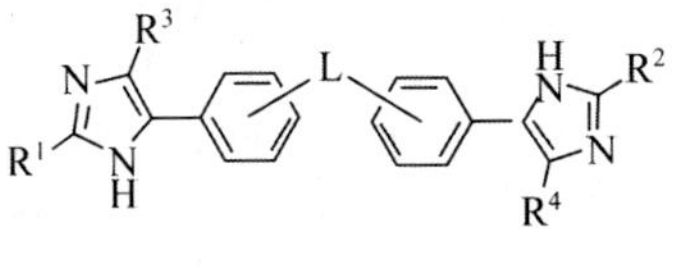	咪唑环上取代基的变化
WO2010017401A1	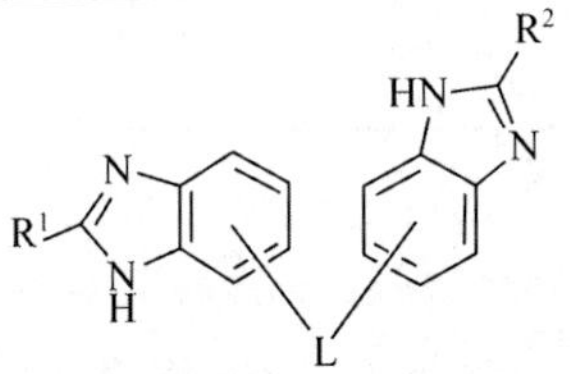	将咪唑环与苯环稠合
WO2011060000A1	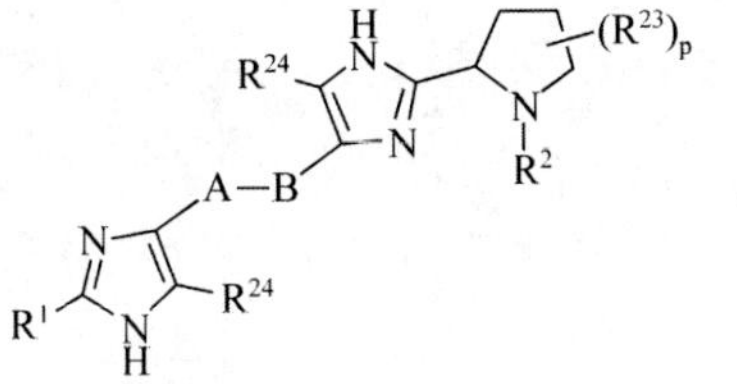	咪唑环上取代基的变化
WO2011082077A1	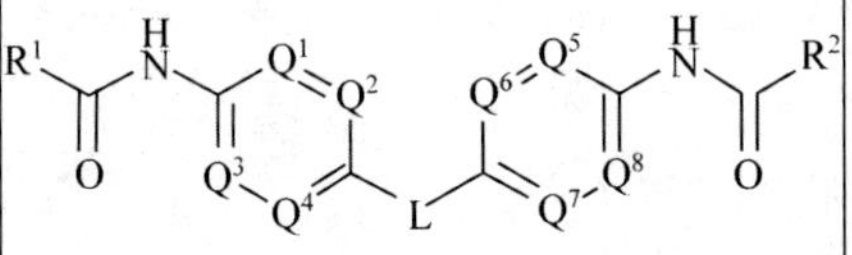	形成酰胺结构
WO2012154777A1	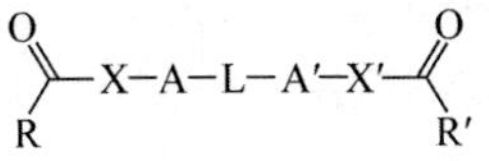	替换为其他杂环或形成酰胺结构
WO2012021591A1	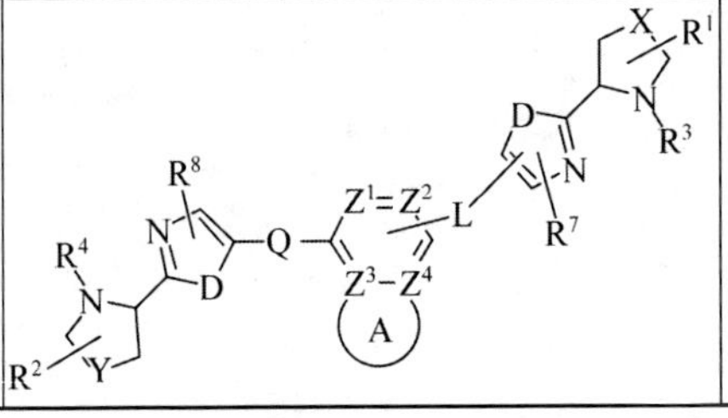	D为O或NH，即替换为电子等排的杂环

（3）对区域Ⅲ的改造

区域Ⅲ是一个以脯氨酸为起始结构的部分，对这部分的改造主要在于改变其上的取代基以及环丙烷化。与区域Ⅱ一样，对这一部分的修饰改造也较少，WO2009102568A1、WO2010039793A1等多篇专利中均仍为脯氨酸结构，未有变化，WO2010117977A1采用电子等排的五元含氮环进行了替换，WO2010117704A1、WO2011082077A1等在实施例部分仍主要为脯氨酸结构，但是在通式定义中，对其结构进行了衍生，替换为其他杂环或进行环丙烷化得到稠环。对这一部分的研究同样尚不深入（参见表3），有待进一步的研究。

表3　区域Ⅲ结构改造示意列表

申请号	通式结构	修饰方式示意
WO2009102568A1	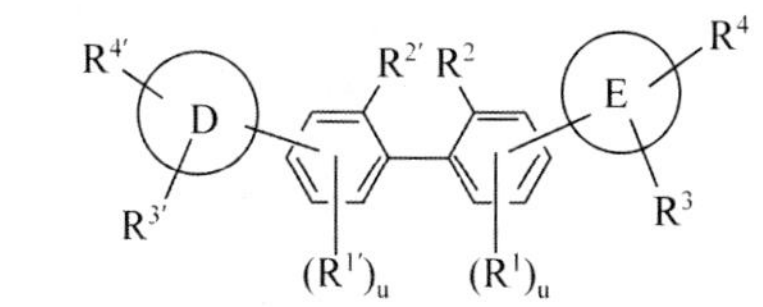	仍为脯氨酸结构
WO2010039793A1	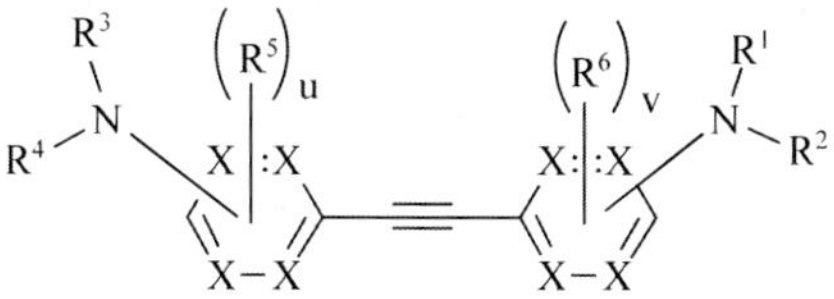	仍为脯氨酸结构
WO2010117704A1	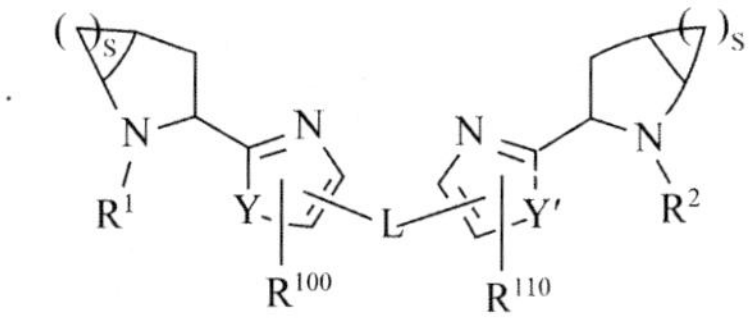	环丙烷化
WO2010117977A1	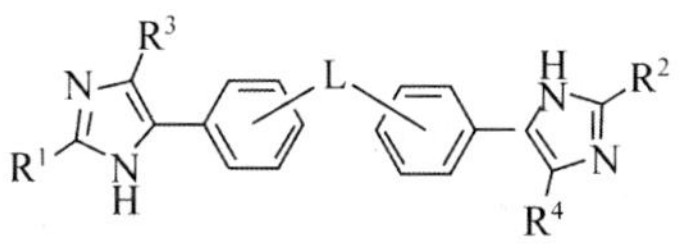	替换为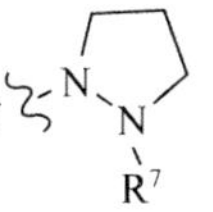
WO2010017401A1	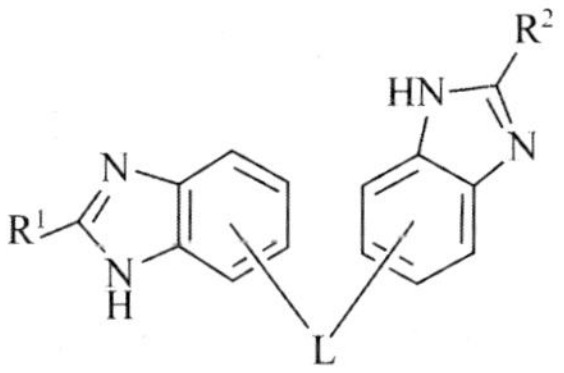	仍为脯氨酸结构
WO2011060000A1	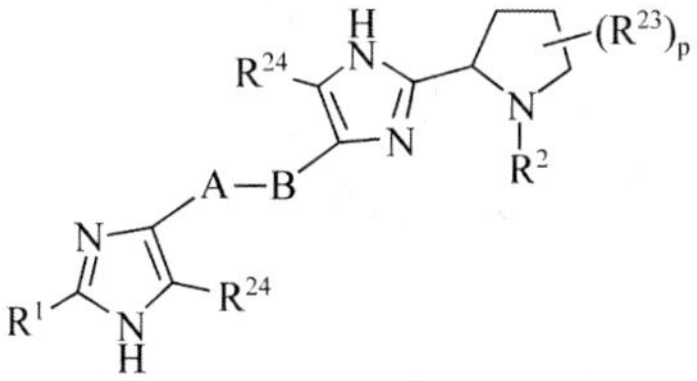	仍为脯氨酸结构

续表

申请号	通式结构	修饰方式示意
WO2011082077A1	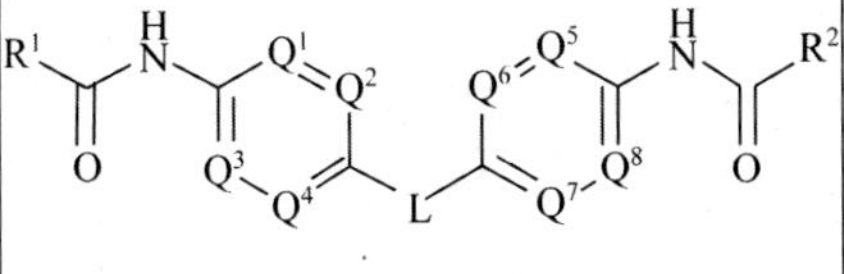	主要仍为脯氨酸结构，通式定义为 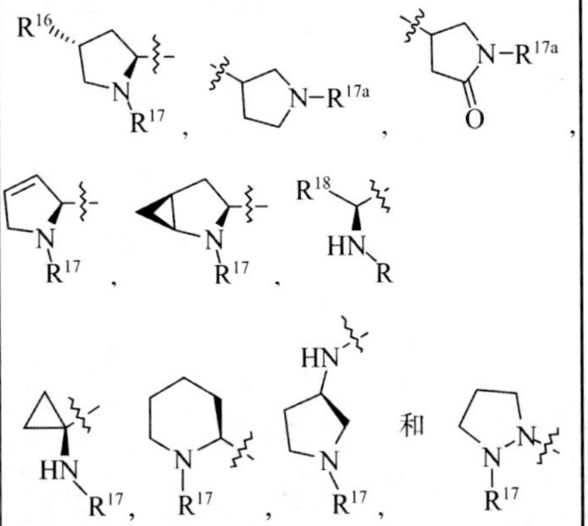
WO2012154777A1	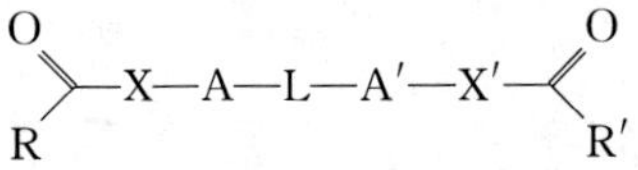	仍为脯氨酸结构
WO2012021591A1	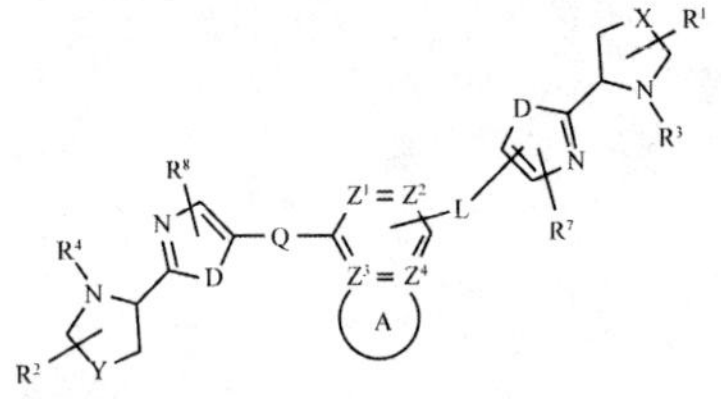	主要仍为脯氨酸结构，Y还可以为O、S、N等

（4）对区域Ⅳ的改造

区域Ⅳ是氨基酸帽子部分，对这一部分改造的非常多，在保持氨基酸的基本骨架的基础上，对骨架上的取代基进行替换，从而得到结构各异的化合物。对该位点的修饰方式众多，究其原因可能在于，区域Ⅰ、区域Ⅱ和区域Ⅲ的结构已经构成了这类分子的核心，其对化合物分子的拓扑学性质影响较大，保持该核心区域的结构所得的化合物能够与NS5A蛋白结合，从而具有一定的抗HCV活性，从图11的BMS-790052分子与NS5A蛋白的结合示意图也可以说明这一点，具有这一类联苯结构的化合物，其核心部分的结构决定了该分子能够嵌入NS5A的横沟中，从而实现与RNA的竞争性结合，发挥抗HCV作用。而在此基础上对区域Ⅳ氨基酸帽子结构部分的修饰目的在于提高化合物活性，降低毒副作用。鉴于对区域Ⅳ结构的修饰方式众多，且欠缺规律性，在此无法以列表形式进行示意，因此不再赘述。

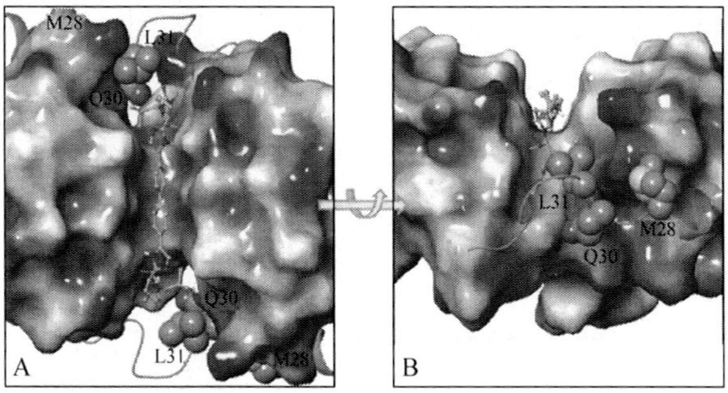

图 11 BMS－790052 化合物分子与 NS5A 蛋白结合示意图，A 为俯视图，B 为侧视图[11]

四、总结与展望

根据最新的报道，百时美施贵宝公司于 2015 年 3 月 12 日宣布，FDA 已经受理了 Daclatasvir的新药申请。在如百时美施贵宝这样的医药公司不断开发作用于非结构蛋白的新的抗 HCV 化合物同时，我国对这方面药物的研发显得相对薄弱，专利申请量远低于欧美国家。

在我国现有的专利申请中，广东东阳光药业有限公司申请了一系列作用于非结构蛋白的抗 HCV 化合物专利，是我国在这一领域较重要的申请人。

广东东阳光药业有限公司从 2012 年开始提交了一系列抑制 NS5A 功能从而实现抗 HCV 的化合物申请。其初始申请 CN102863428A 中要求保护的通式化合物结构为

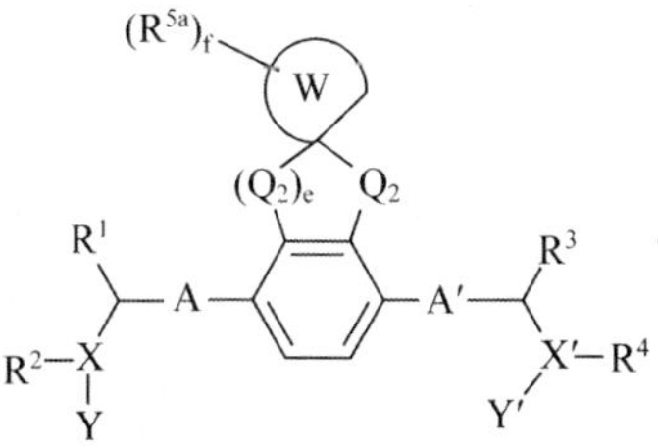

。从该初始申请的结构可以看出，该公司开发的这一系列药物与百时美施贵宝公司源出一脉，分析其通式结构不难发现，该申请的通式化合物同样是一个较为对称的结构，取代基的定义与百时美施贵宝公司的一系列申请并无实质差别，该公司在现有化合物基础上，主要是对该类结构的连接键进行衍生变换，即对结构区域Ⅰ进行改造，以螺环结构作为连接键。该公司后续申请的一系列申请，CN103709151A（结构 A）、CN103570693A（结构 B）、CN103420991A（结构 C）（见图 12），同样主要集中在连接键上，通过螺环或稠环的不同位置，改变连接键以获得更多这一类型的化合物。从这一系列申请可以看出，我国本国药物企业的研发实力较弱，研发水平依然停留在对国外公司原研药物的结构改造层面，与外国发达国家的药物研发水平还有一定的差距。

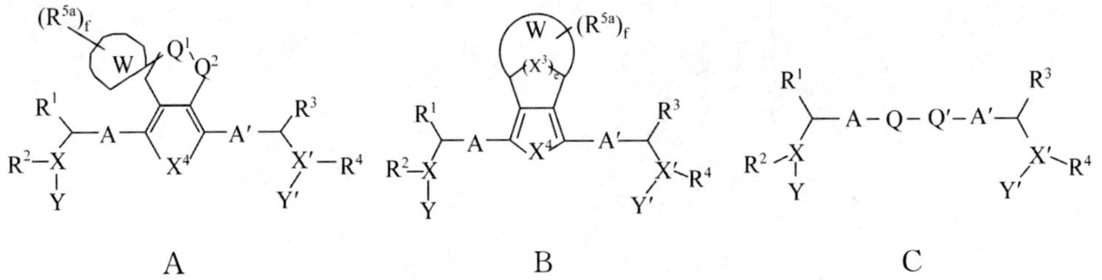

图 12

随着由 Daclatasvir 为基础的治疗方案在 2014 年 2 月第二次获得 FDA 突破性治疗药物资格，作用于非结构蛋白的抗 HCV 药物在市场上占有越来越重要的地位，相信在不久的将来，我国对这一类药物的研究会愈发深入，仿制药等的研究会逐渐成为热点。对这一领域的相关技术进行分析，能够给我国在这一领域的研究人员提供一定的参考，帮助相关技术人员借鉴其他国家的先进技术，促进我国这一领域药物化合物的研究与发展。

参考文献

[1] RICHARD VAN NOORDEN，HEIDI LEDFORD，et al. New Year，New Science：Nature Looks at Key Findings and Events that Could Emerge from the Research World in 2011 [J]. Nature，2011，469 (12).

[2] 田军，郝博济. 抗丙肝病毒药物靶标计量分析及趋势研究 [J]. 中国新药与临床杂志，2013，32 (3)：159－162.

[3] 朱仕平，张万年，盛春泉. 抗丙型肝炎病毒药物作用靶标和小分子抑制剂研究进展 [J]. 中国药物化学杂志，2013，4：016.

[4] 聂爱华. 丙型肝炎病毒 NS5B RNA 聚合酶抑制剂研究进展 [J]. 国际药学研究杂志 ISTIC，2012，39 (2).

[5] 雷创，蒋孝华. 丙型肝炎病毒非结构蛋白 4B 研究新进展 [J]. 现代医药卫生，2010，24：051.

[6] 陈庆美，唐霓. 丙型肝炎病毒非结构蛋白 5A 的研究进展 [J]. 临床肝胆病杂志，2012，28 (5)：398－401.

[7] 李琪，徐可树. 丙型肝炎病毒非结构蛋白 NS3 致肝癌机制的研究进展 [J]. 临床肝胆病杂志，2005，4：036.

[8] 苏海滨. 直接抗病毒药物抗 HCV 治疗进展 [J]. 传染病信息，2013 (2)：126－130.

[9] ZHANG H，ZHOU L，AMBLARD F，et al. Synthesis and Evaluation of Novel Potent HCV NS5A inhibitors [J]. Bioorganic & Medicinal Chemistry Letters，2012，22 (14)：4864－4868.

[10] DAVID B. ASCHER，JEROME WIELENS，et al. Potent Hepatitis C Inhibitors Bind Directly to NS5A and Reduce its Affinity for RNA [J]. Scientific Reports，2014，4：4765.

[11] SEBASTIAN M. LAMBERT，DAVID R. LANGLEY，et al. The Crystal Structure of NS5A Domain 1 from Genotype 1a Reveals New Clues to the Mechanism of Action for Dimeric HCV inhibitors [J]. Protein Science，2014，23：723－734.

Tau 蛋白专利技术分析

陈 瑞 王 岩❶

一、前 言

Tau蛋白，又称为微管相关蛋白 Tau、神经原纤维缠结蛋白、配对螺旋丝-Tau (Paired helical filament - Tau，PHF - Tau)，是主要位于轴突中的神经元微管相关蛋白，其功能是促进微管蛋白聚合并稳定微管。配对螺旋丝（PHF）是阿尔茨海默病（Alzheimer's disease，AD）等 Tau 蛋白病患者脑中神经原纤维损伤的结构单元，其中处于超磷酸化形式的 Tau 则是配对螺旋丝（PHF）的主要成分。Tau 可在其丝氨酸或苏氨酸残基被数种不同的激酶（包括 GSK3β，cdk5，MARK 和 MAP 激酶家族的成员）磷酸化。以 Tau 的异常超磷酸化为特征的疾病可以统称为 Tau 病（Tauopathies）。抗磷酸化的 Tau 的抗体对于解除超磷酸化导致的配对螺旋丝具有重要的诊断和治疗作用。

正常生理条件下 Tau 蛋白主要分布在轴突。Tau 蛋白参与调节神经元（可能是神经胶质）细胞体中的微管（MT）装配、空间结构和特性[1-3]。人 Tau 蛋白由位于第 17 染色体上的单一基因编码，且在来自成人大脑的组织提取物中存在多个同种型（isoform）。Tau 蛋白的这种异质性是由于可选剪接所导致的，从而在成人大脑中产生 6 个同种型。这些不同的同种型的区别在于在氨基末端区上存在或不存在 29 -或 58 -氨基酸插入片段，以及在称作微管结合结构域的 Tau 羧基末端区上添加或缺失衔接重复（可以重复 3 或 4 次）。该区由不完全重复的 31 或 32 个氨基酸残基组成。在人体中，最小的 Tau 同种型在 MT 结合结构域上含有带有三个衔接重复的 352 个氨基酸残基，且不含氨基末端插入片段，而最长同种型含有 441 个残基，带 4 个重复片段和两氨基末端插入片段。

除上述阿尔茨海默病，其他的病症，如进行性核上麻痹、皮质基底的变性、皮克病、带有与第 17 染色体相关的帕金森综合征的额颞痴呆的一组相关疾病、肌萎缩性侧索硬化、克罗伊茨费尔特-雅各布病、拳击性痴呆、格施沙病，均会涉及微管结合蛋白 Tau 的丝状细胞包涵体。

因此确定导致 Tau 病中 Tau 蛋白病理化改变的因素，是有效改善疾病症状的基础，从而可以开发干预致病因素的试剂，尤其是开发构象上不同于正常 Tau 的 Tau 蛋白异常形式具有特异性的抗体（单克隆或多克隆），或者靶向 Tau 超磷酸化形式的抗体。

现有的非专利文献中，公开了一些能够识别异常磷酸化的单克隆抗体，如 SMI34，靶向识别阿尔茨海默 Tau 蛋白或神经原纤维蛋白共同的磷酸化表位[4]；其他还有如 SMI31、SMI33 或 Tau1、AT - 8[5]、TG3（识别磷酸化 THr231）、TG4、Alz50[6]。

❶ 等同于第一作者。

二、国内外专利申请概况

国内外针对Tau蛋白设计的抗体，通常利用异常Tau蛋白作为免疫靶标，期望筛选或已经筛选出抗Tau蛋白抗体的申请人以非中国申请居多。申请人为国内申请人或进入了中国的国际申请仅为16件（截至2014年7月），其中国内申请人进行的申请仅有5件，涉及的申请分别为中南大学、中国科学院生物物理研究所、广州益善生物技术有限公司、南京川博生物技术有限公司以及中国疾病预防控制中心病毒病预防控制所。这些申请人涉及的为制备和筛选难度相对较低的多克隆抗体，且申请时间较晚，如中南大学，专利申请200410045033，于2006年公开，其利用Tau蛋白异型6D进行兔免疫，纯化分离制备血清多克隆抗体。再如中国科学院生物物理研究所专利申请20051001185.0，利用蚯蚓E-Tau蛋白作为抗原免疫制备多克隆抗体。国内对于Tau蛋白抗体的制备和筛选通常不涉及抗原表位确定和具体抗体序列，技术难度较低。而反观非中国申请人，其申请占该领域的绝大多数，共筛选出73篇，其中进入中国的申请有11篇。这些申请时间开始较早，最早公开Tau蛋白和其抗体用于阿尔茨海默病的早期诊断的是1991年7月3日提交的法国专利申请FR9108321A，其涉及的是结合鼠Tau的29～46位点或人Tau的40～57位点的多克隆抗体。在此之后，针对Tau磷酸化表位抗体的筛选的专利陆续涌现。如PCT申请WO1992EP02829，其对来自阿尔茨海默螺旋配对丝的Tau蛋白磷酸化表位进行了筛选，并以这些表位筛选确定了当时非专利中已有的磷酸化Tau蛋白抗体，如SMI31、SMI33、SMI34、Tau1和AT-8等对所筛选出的表位具有特异性识别效果。首次披露针对人磷酸化Tau蛋白的单克隆抗体为专利申请WO9308302A1，申请日为19921017，其以保藏的杂交瘤形式进行公开：ECACC No. 91100806，在申请中其称为杂交瘤AT120，其分泌的抗体被称为单克隆抗体AT120，但是该抗体同时结合正常或非正常磷酸化人Tau蛋白表位而起作用。

该领域全球申请数量随时间（以最早公开日计）的变化趋势如图1所示。国内外申请占比可见图2（以是否进入中国计）和图3（以申请人计）。

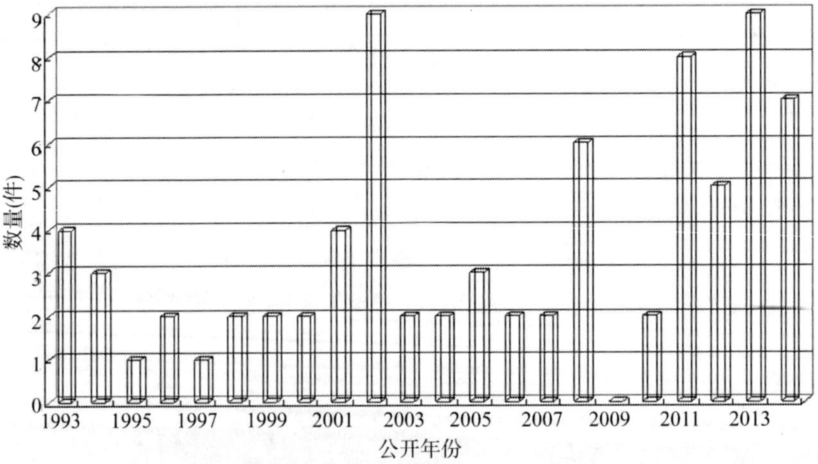

图1 Tau蛋白相关抗体全球申请量变化

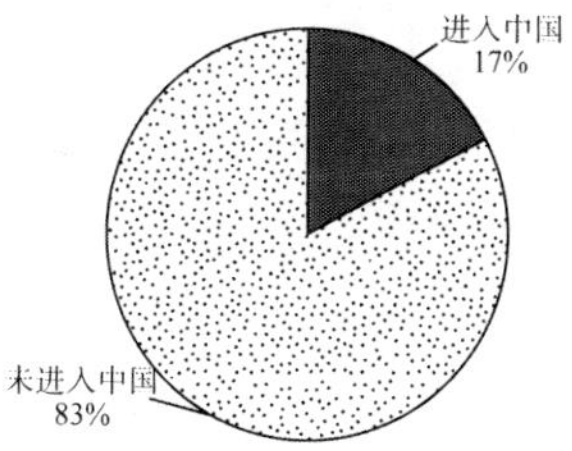

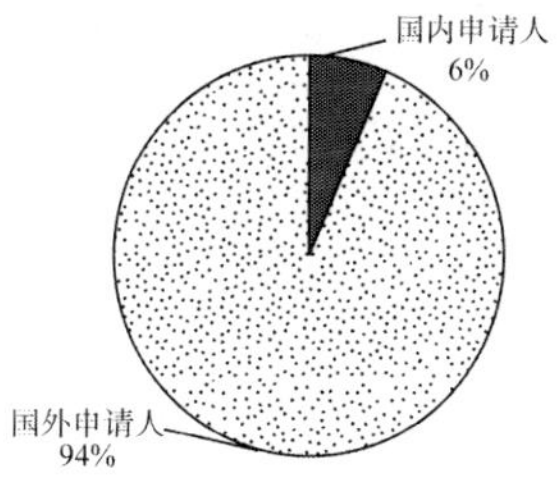

图 2 进入中国申请占比 **图 3 国内申请人申请比例**

在所有申请中，第一申请人所在国家有美国、奥地利、比利时、丹麦、英国、瑞士、日本、中国、斯洛伐克、希腊等，以美国申请人申请数量最多，数量达到 33 件，以第一申请人所在国家的分布见图 4 所示。同时根据对第一申请人的分析，本领域中数量较多的申请人有 INNOGENETICS NV（6 件）、AC IMMUNE SA（4 件）、HOFFMANN LA ROCHE（4 件）、AXON NEUROSCIENCE（4 件）、UNIV NEW YORK STATE（3 件），MAX PLANCK GESELLSCHAFT、TEIJIN LTD、UNIV PENNSYLVANIA、UNIV CINCINNATI、MAYO FOUNDATION、MITSUBISHI CHEM CORP、MOLECULAR GERIATRICS CORP、BETH ISRAEL HOSPITAL 各有 2 件，其余申请人申请均只有 1 件。具体可见图 5。由此可以确定本领域中 INNOGENETICS NV，AC IMMUNE SA，HOFFMANN LA ROCHE 等为重点申请人。

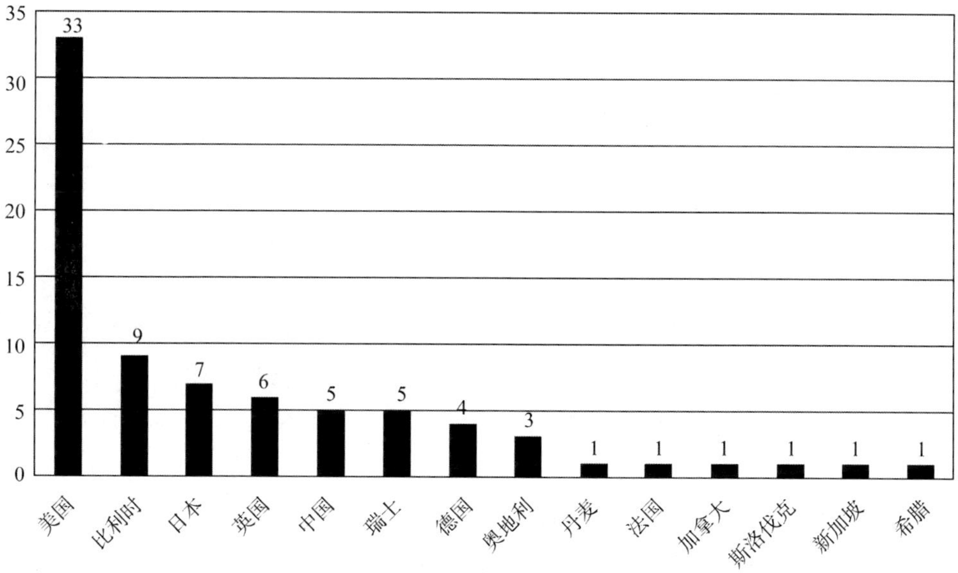

图 4 第一申请人所在国家分布

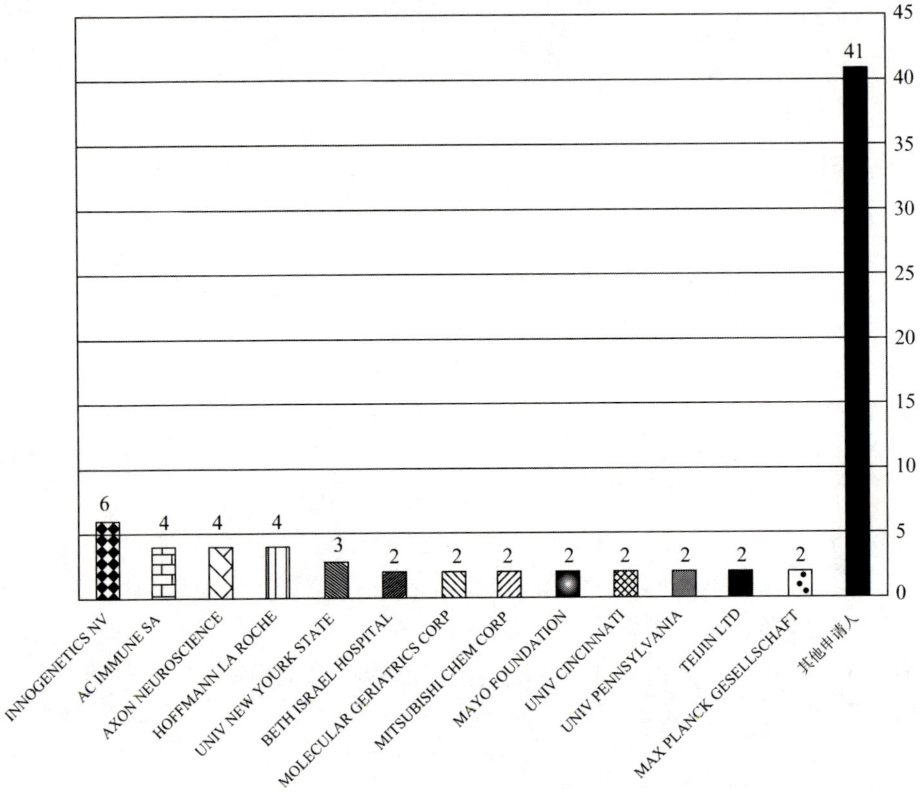

图 5　Tau 蛋白抗体相关专利申请人申请数量统计

三、专利申请中的 Tau 蛋白抗体产品分析

多克隆产品：多克隆产品由于其制备方式较为简单，国内申请人近些年还有涉及，具体如上述的中南大学、中国科学院生物物理研究所、广州益善生物技术有限公司、南京川博生物技术有限公司以及中国疾病预防控制中心病毒病预防控制所均以不同的 Tau 蛋白进行了动物免疫，并收获血清多克隆抗体，另外，国外早期申请 FR2678638A1 或 JPH06239899A 也针对不同 Tau 蛋白抗原制备了多克隆抗体。这些多克隆产品，通常也区分 Tau 蛋白磷酸化是正常磷酸化还是病理特征的磷酸化（也称为非正常磷酸化），比如 WO9311231A1 在 1993 年时就公开了利用 AD 患者的非正常磷酸化 Tau 蛋白表位进行抗体制备。

单克隆产品：对于 Tau 蛋白单克隆产品。根据其靶位点不同分为以下几种：

① 靶位点仅为非磷酸化的 Tau 蛋白：具体的，如 WO9418560A1 识别人 Tau 蛋白的 251～441 位点，其靶位点不涉及磷酸化位点。且涉及该抗体的检测同样能够实现阿尔茨海默病的早期诊断；再如日本申请 JPH06239899A，公开了类似的内容，针对的是人 Tau 蛋白 251～419 位点，制备抗体可用于进行检测阿尔茨海默病。

② 靶位点仅为正常磷酸化 Tau 蛋白：未涉及有结合该种表位的 Tau 单克隆抗体，这可能是因为此种磷酸化通常为非病理状态，针对其设计抗体的治疗行业诊断意义并不显著。

③ 靶位点仅为非正常磷酸化 Tau 蛋白：WO9517429A1 涉及识别非正常磷酸化 Tau，表位 143～254 位点，具体的有单克隆抗体 AT180（杂交瘤保藏号 ECACC No：92122204）；AT270（杂交瘤保藏号 ECACC No：93070774），针对的具体靶表位：Val－Arg－Thr－Pro－Pro（Thr 磷酸化）以及 Pro－Lys－Thr－Pro－Pro（Thr 磷酸化）；WO9604309A1 涉及识别阿尔茨海默特异性的磷酸化表位 146～251，尤其是 198～251，具体的为单克隆抗体 AT100（杂交瘤 ECACC No：94042117）。

④ 靶位点为正常和非正常磷酸化 Tau 蛋白：例如 WO9308302A1 涉及杂交瘤 ECACC No：91100806，WO9413795A1 涉及单克隆抗体 AT120，以杂交瘤限定 ECACC No. 92100853。

⑤ 靶位点为 Tau 蛋白的聚集体：早期的有 EP1234835 A2，公开日 20020828，其筛选确定了当时技术中已有的、出现在非专利中的单克隆抗体 AT180 或 4G5 可以实现该种识别。代表专利为 WO2008140639A2，公开日 20081120。在专利中首次披露的识别此种靶标的代表专利 WO2013007839 A1，公开日 20130117，其具体涉及结合磷酸化 Tau 聚集体的单克隆抗体，限定了具体的 CDR 序列，或者杂交瘤 ADx210（保藏号 LMBP 8347CB），杂交瘤 ADx211（保藏号 LMBP 8348CB），杂交瘤 ADx215（保藏号 LMBP 9697CB），并用于诊断或治疗涉及磷酸化 Tau 聚集的疾病。

最新的抗体产品还涉及 Tau 蛋白的单链抗体，比如 WO2014059442A2 公开了单链抗体或其片段 ScFvs 结合寡聚的 Tau 蛋白（聚合数 2～12），但是不结合单体 Tau、纤维内 Tau 或非病理相关 Tau，且所述的寡聚 Tau 为磷酸化非依赖的（可利用单克隆抗体进行 HT－7 捕获），并具体公开了所述单链抗体的具体序列。

此外，本领域中虽然将人 Tau 蛋白通常作为 Tau 蛋白相关疾病的靶向标志物进行研究，其他种属的 Tau 蛋白，同样也有涉及。进而用于产生相关抗体。比如中国科学院生物物理研究所，就利用蚯蚓 Tau 蛋白作为免疫原，进行多克隆抗体的制备，并期望获得在治疗人阿尔茨海默病中有治疗效果的抗体；以及最早的专利 FR2678638A1，其涉及鼠源的 Tau 蛋白第 29～46 位点。

四、Tau 蛋白相关抗体发展脉络分析

在 Tau 蛋白抗体的制备或生产过程中，贯穿其中的最基本思路是针对不同病理特征下的 Tau 抗原进行制备。按照时间顺序，大体上具有以下发展顺序：

时间上较早（1994 年以前）的专利不涉及 Tau 蛋白的磷酸化或者聚集体，这可能是由于对病理 的 Tau 蛋白认识不够充分。比如早期的专利 FR2678638A1 或 WO9303369A1。

后续出现了许多针对不同的Tau磷酸化的表位（全长或不同肽段、异常磷酸化为主）进行的抗体制备。最早的有INNOGENETICS NV公司针对磷酸化非依赖的正常和非正常的磷酸化表位进行的单克隆抗体，其以杂交瘤ECACC 91100806的形式进行公开，公开文献为WO9308302A1。

与此同时，出现了针对Tau蛋白截断形式从而导致构象不同的病理Tau蛋白作为抗原进行的抗体制备，具体的有以AXON NEUROSCIENCE公司为代表的专利WO02062851A1，公开了对构象上不同于正常Tau的Tau蛋白的异常形式具有特异性的抗体，涉及人、猪、牛、在构象上不同于正常Tau且不与正常Tau蛋白结合的异常截断形式的Tau蛋白具有特异性的抗体，此时靶标为非正常截断的Tau，所述抗体由具有保藏号ECACC 00082215和ECACC 00082216的杂交瘤细胞系DC－11和DC－11/I产生。

且在这一时间段，有许多申请开始利用现有技术中已有的抗体进行各种检测方法的实施，如EP1234835A2公开了利用ELISA技术检测Tau－beta淀粉样复合物聚集，进而可以筛选抑制所述复合物形成的物质，其利用的人Tau的部分肽段作为靶标，具体的抗体可以为AT180或4G5。再如WO0204949A2公开了检测能够影响或干扰Tau蛋白的磷酸化Thr231片段和其结合物结合能力的结合剂，这些结合剂可以是以下抗体：AT180，TG3，CP9，CP10，CP16，CP17，GF1或GF25。

最后阶段（2007年以后）出现的是聚集化Tau蛋白作为抗原制备相应的Tau蛋白抗体。一开始，针对该种抗原进行的是利用现有技术中已有的抗体产品进行相关的检测或诊断，之后出现了针对该种抗原进行的新抗体制备，这些专利出现得较晚，如WO2012149365 A2，其在2014年才公开，其公开的抗体特异结合原纤维Tau聚集体或至少3聚化的Tau寡聚体，并公开了具体的单克隆抗体TOC－1及其序列。再如WO2014031694A2，则公开了利用Tau 2～18或Tau382～v418肽段，或其100～150、150～200、200～250 、300～350 、350～400，即Tau的N－或C－区域，制备能够结合六种Tau异构体以及聚集的Tau的抗体以及Tau的聚集重复区段的抗体。

2012年以后的专利开始重点涉及制备的抗体的序列分析，不同于之前仅仅公开至杂交瘤，而是公开详细的序列以及CDR序列分析。其中值得一提的是专利WO2014059442A3，利用biopanning－噬菌体展示技术来进行抗体单联可变区的分离，得到了7种scFvs片段（即单链抗体片段，single chain antibody fragment，single chain variable fragment，或称为unanobody）（序列1、9、11、13、15、17、19）的序列，这些单链抗体或其片段ScFvs，结合寡聚的Tau蛋白（2～12），但是不结合单体Tau、纤维内Tau或非病理相关Tau。使得到的Tau单体和所述抗体片段接触，可以抑制Tau聚集，进而对诸如阿尔茨海默病、额颞痴呆以及其他Tau病以及脑外伤创伤后的神经退行性症状均有治疗作用。这种筛选可制备方法，以及最终得到的抗体均是之前未曾使用的。

图6以相关的代表专利（结合某些重点申请人）按照时间顺序展示了上述发展过程。

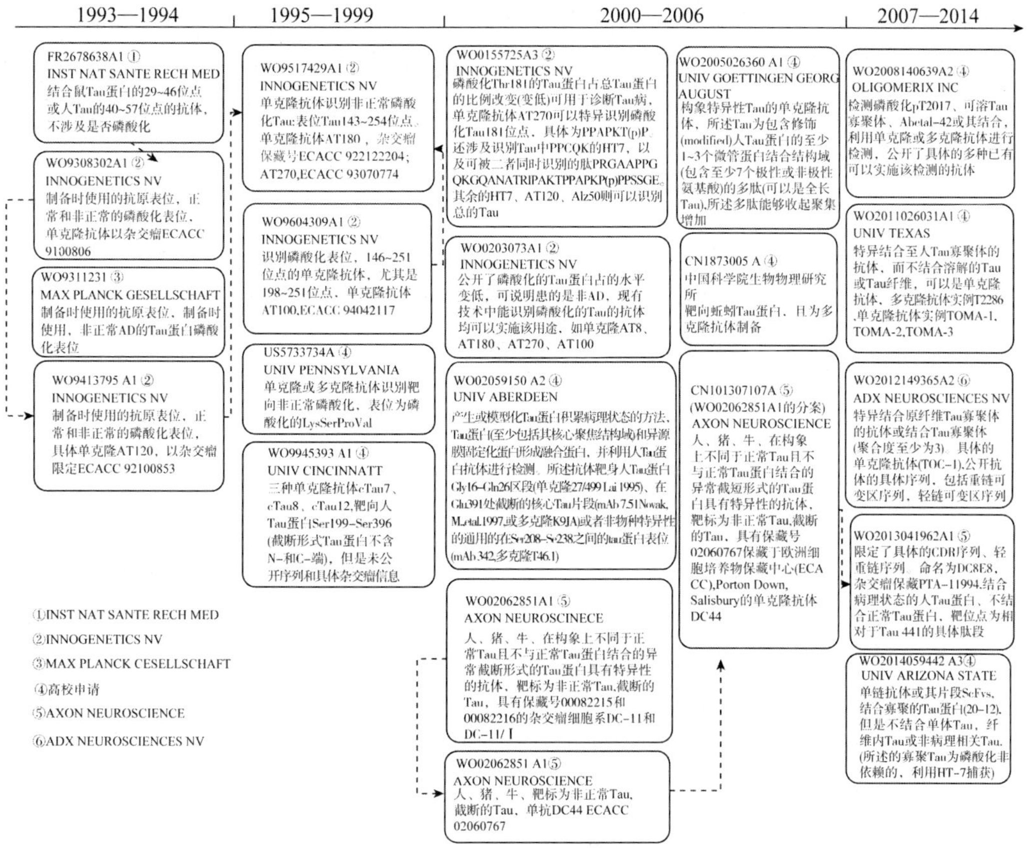

图6　Tau蛋白抗体相关的代表专利（结合某些重点申请人）在时间顺序上的发展过程

五、Tau蛋白抗体的应用分析（适用疾病、检测用途以及制药用途分析）

对于Tau蛋白抗体所适用的病症，最常见的是Tau蛋白异常磷酸化、聚集、PHF形成或与A-beta淀粉样聚集相关的疾病，最为典型的是阿尔茨海默病，其余的还有皮质基底核退化症（corticobasal degeneration），进行性核上性麻痹（progressive supranuclear palsy），皮克病（Pick's disease），嗜银颗粒病（argentaffin-granules disease），痴呆性多系统Tau病（multiple system Tauopathy with dementia），17号染色体相关的额颞痴呆和帕金森症（frontotemporal dementia and parkinsonism linked to chromosome 17），神经原纤维变化型痴呆（neurofibrillary change type dementia），钙矿化的神经原纤维缠结（diffuse neurofibrillary tangles with calcification with mineralization），具有球状胶质包含物的白质Tau病（white matter Tauopathy with globular glial inclusions）以及Tau蛋白相关的额颞叶退化（frontotemporal lobar degeneration with Tau protein）（如专利WO2013180238A1中所涉及）。

少部分专利涉及适用Tau蛋白抗体检测外伤型中枢神经系统损伤中涉及的轴突损伤，无论Tau蛋白是否磷酸化均可，如专利US6589746B1，利用的是三种单克隆抗体cTau7、cTau8、cTau12，靶向人Tau蛋白Ser199～Ser396或者Tau中不含N-和C-端的肽段，以及同样利用这三种抗体退行性疾病（如AD）、脑外伤等与轴突损伤有关的疾病，所述截断形式的Tau相比于正常组织，损伤组织者脑脊液中含量显著提高，如专利WO9945393A1。

另外对于特异性结合磷酸化Tau蛋白的抗体，可以利用这一性质检测或鉴定具有蛋白磷酸化酶活性的蛋白的磷酸化酶活性大小，或检测、鉴定其他能够影响或干扰Tau蛋白的磷酸化Thr231片段与其结合物结合能力的结合剂。比如WO0227017A2，公开了用于检测具有磷酸化酶活性的蛋白的磷酸化酶活性的方法或应用，利用具有磷酸化酶活性的蛋白将Tau蛋白磷酸化（优选821Thr），利用能结合磷酸化蛋白的抗体检测磷酸化后的蛋白，并以参考文献的形式公开了可实现所述检测作用的抗体，具体有专利US Patent 5601985、US Patent 5843779、US Patent5733734、US Patent 6066462中涉及的一些磷酸化Tau抗体。美国专利US2001052137A1则公开了单抗PHF-1识别磷酸化Tau，可用于检测肽抑制GSK对Tau磷酸化的作用。WO0204949A2公开了用于检测影响或干扰Tau蛋白的磷酸化Thr231片段和其结合物结合能力的抗体的方法，并具体鉴定出了针对Tau蛋白的磷酸化Thr231片段为biotin-KKVAVVR（phospho）TPPKSPSS的抗体，具体抗体可以是AT180，TG3，CP9，CP10，CP16，CP17，GF1或GF25，且实现上述检测方法的抗体通常可以实现对AD等疾病的治疗或诊断。

六、Tau蛋白抗体技术的发展前景

Tau蛋白因为与多种神经系统疾病相关而日益受到研究人员的关注。在Tau蛋白及其抗体制备的研究中，对具体疾病与病理Tau蛋白形式的关系依然是本领域的研究焦点，虽然目前已经筛选出与多种神经系统疾病相关的病理Tau蛋白形式，但是由于在病理情况下Tau蛋白的病理形式过于多元和复杂，今后相当长时间内针对Tau蛋白的抗体设计依旧会集中在发现和筛选特异化程度高的病理化Tau蛋白形式上，具体的如不同的拓扑结构、病理截断形式、病理聚集体，尤其是在超磷酸化表位的筛选上，而且由于测序技术的发展，对于鉴选出的相应抗体在其序列表征上的公开会成为常态化。同时，随着发现的病理Tau蛋白表位的形式越来越多样，使得病理化Tau蛋白形式积累到足够的样本量，能够预期本领域会对这些不同的病理化形式（结合现有技术中已经存在的多种病理Tau蛋白形式及其抗体）和不同的疾病进行统计学上的分析，获得对应关系，从而进行特异的Tau蛋白单抗制备，必要时可能会进行抗体的多联或融合使用，以实现不同的检测或药物制备目的，因此这可能会成为Tau蛋白领域专利申请的一个重点。

此外，在抗体的制备和应用时，一直存在的研究重点之一是抗体的人源化嵌合，这源于人源化的抗体，人源化抗体能够保留异源抗体的亲和性，同时又能够降低异源性，有利于施用于人体。而在目前的 Tau 蛋白抗体领域，人源化嵌合并不常见，这可能是由于异源化抗体本身在检测或治疗上的效果以及特异性上并不是特别显著，进而导致人源化的 Tau 抗体的必要性不是很高。但是随着更多的病理 Tau 蛋白形式的发掘和筛选，以及与相应疾病关系研究得更为透彻，必然会产生在诊断和治疗上效果优异的 Tau 蛋白抗体，进而会推动 Tau 抗体的人源化的研究以及相应的专利申请。

同时，由于病理 Tau 蛋白和其相应抗体之间的亲和性或结合能力的存在，通过对该亲和性或结合能力的竞争，能够发现或筛选在 Tau 相关疾病的病理途径中与 Tau 蛋白有关的其他靶向分子。因此今后可能会出现利用该亲和性或结合能力进行不同病理 Tau 蛋白的非抗体类靶标分子或通路的筛选研究和专利申请，并且这些相关靶分子或通路的发现很可能会成为推动 Tau 相关疾病诊断和治疗的新突破口。

参考文献

[1] DREWES G, EBNETH A, MANDELKOW. EMMAPs MARKs and Microtubule Dynamics [J]. Trends Biochem Sci, 1998, 23: 307 - 311.

[2] DRUBIN DG, KIRSCHNER. MWTau Protein Function in Living Cells [J]. J Cell Biol, 1986, 03: 2739 - 2746.

[3] LOPRESTI P, SZUCHET S, PAPASOZOMENOS SC, ZINKOWSKI PR, BINDER LI. Functional Implications for the Microtubule - Associated Protein Tau: Localization in OligodenDrocytes [J]. Proc. Natl. Acad. Sci. USA, 1995, 92: 10369 - 10373.

[4] LA STERNBERG, J UIRICH. Abberant Neurofilament Phosphorylation in Alzheimer's Disease [J]. Proc. Natl. Acad. Sci. USA, 1985, 82: 4274 - 4276.

[5] MERCKEN M, VANDERMEEREN M, MLANDELKOW E. The Switch of Tau Protein to an Alzheimer - Like State Includes the Phosphorylation of Two Serine - Proline Motifs Upstream of the Microtubule Binding Region [J]. EMBO J, 1992, 11: 1593 - 1597.

[6] CARMEL G, MAGER EM, BINDER LI, & KURET J. The Structural Basis of Monoclonal Antibody Alz50's Selectivity for Alzheimer's Disease Pathology [J]. J Biol Chem, 1996, 271 (51): 32789 - 32795, 1996.

鱼类的低温保鲜方法专利技术分析

丛文蓉

一、概　述

鱼类容易腐败变质，其一旦失活后，体内进行着一系列的物理、化学和生理上的变化。在开始阶段，肝糖元无氧降解，生成肌酸，肌磷酸也分解成磷酸，肌肉变成酸性，pH下降，同时肌肉中的三磷酸腺苷（ATP）分解释放出能量而使体温上升，这样将导致蛋白质酸性凝固和肌肉收缩，使肌肉失去伸展性而变硬。接着，在ATP分解完后，肌肉又逐渐软化而解硬，并进入自溶作用阶段，蛋白质分解成一系列的中间产物及氨基酸和可溶性含氮物，而失去固有弹性，而又由于多酚氧化酶的作用生成黑色素物质，出现黑斑，包括腐败微生物在内的各种微生物会浸入肌肉组织，在自溶后期，微生物在体内迅速繁殖，将肌肉组织中的蛋白质、氨基酸以及其他含氮物进一步分解成NH_3、三甲胺、硫化氢、硫醇、尸胺以及组胺等，使鱼类不堪食用。总之，由于鱼类组织柔嫩，蛋白质和水分的含量较高，若任其自然放置，很快就会变质腐败，失去食用价值，因此，必须加强鱼类的保鲜工作[1]。目前，用于鱼类的保鲜技术主要有：物理保鲜法、化学保鲜法、生物保鲜法以及复合保鲜法。由于鱼体内的微生物生长繁殖和酶的活动是导致肉质腐败的关键，而物理保鲜方法中的低温保鲜技术的原理就是通过降低温度，以抑制微生物的生长繁殖和酶的活性，因此低温保鲜是最常用的保鲜方法。

实际上，从文献记载可知，人类祖先很早就利用天然冰或冬季的寒冷来冷却和冻结鱼类，防止鲜鱼的腐败。1861年埃偌克·派珀提出了以冰与食盐进行冻结的保鲜方法，1900年人工冻结保藏鲜鱼已成为美国的一项重要事业，1911年丹麦麦奥特生发现了鲜鱼的浸渍冻结法，1923年美国建立了速冻工业，苏联于1980年将微冻保鲜新工艺推荐应用于生产，这种方法一直应用到现在[1]。在中国，沿海地区使用的冰鲜船也有数百年的历史。

低温保鲜从最原始的冰藏，冷海水保鲜，发展到冷冻、速冻保鲜，再到微冻保鲜、超冷保鲜等，经过了漫长的技术衍化，保鲜手段越来越科学和精细化，保鲜效果也越来越好。目前，低温保鲜技术通常可以分为：冰藏保鲜、冷海水保鲜、微冻保鲜、超冷保鲜技术、无水保鲜技术等。

冰藏保鲜是目前渔船作业最常用的保鲜技术，历史最悠久的传统保鲜方法，也是使渔获物的质量最为接近鲜活品生物特性的方法。20世纪70年代末期，我国制冷业获得了比较大的进展，沿海建立起了占全国冷冻能力90%的制冰冷库用于渔船的出海作业。冰藏保鲜的对象最好是刚刚捕获的或者鲜度较好的渔获物。一层冰一层鱼交替平铺，渔获物可被冷却到 0～1 ℃，一般在 7～10 天之内鲜度能够保持得很好。

冷海水保鲜主要应用于渔船或罐头工厂内，是将渔获物装入隔热舱内，同时加冰和盐，使得冰点下降、温度降低，注入海水，最终使温度保持在－1～0 ℃。其冷却速度快，在短时间内可处理大量鱼，特别适用于品种单一、渔获量高度集中的围网作业。缺点是鱼体在冷海水中浸泡，因渗盐吸水使鱼体膨胀，鱼肉略带咸味，表面稍有变色，鱼肉蛋白质也容易损失，在以后的流通环节中会提早腐烂。

微冻是目前鱼类保鲜比较常用的方法，也称为过冷却或部分冷却。鱼品微冻处理，就是先把新鲜渔获物放入低于鱼肉的冰点 2 ℃ 以下的冷冻海水中进行快速冷却，然后再把鱼体保存在－2～0 ℃之间的微冻温度区域内保鲜，这种“微冻保鲜”方法，能有效地保持鱼肉的鲜度和本色[2]，还能够抑制细菌繁殖，减缓脂肪氧化，延长了保鲜期，并且解冻时汁液流失少，鱼体表面色泽好，所需降温耗能少等。其缺点是制冷系统的操作和调整较复杂等。

超级快速冷却（super quick chilling，SC）是一种新型保鲜技术，也称超冷保鲜技术。是把捕获后的鱼立即用－10 ℃的盐水作吊水处理，根据鱼体大小的不同，可在 10～30 min之内使鱼体表面冻结而急速冷却，这样缓慢致死后的鱼处于鱼仓或集装箱内的冷水中，其体表解冻时要吸收热量，从而使得鱼体内部初步冷却，然后再根据不同保藏目的及用途确定贮藏温度。超冷是将鱼立即杀死和初期的急速冷却同时实现，它可以最大限度地保持鱼体原本的鲜度和鱼肉品质，原因是它能抑制鱼体死后的生物化学变化。

无冰保鲜技术是采用－5～3 ℃的冷媒（深冷海水），通过喷淋、浸泡等剧烈冷却清洗方式，使水产品在最短时间内快速冷却至－2～－1 ℃的微冷状态，再通过舱内保温、保湿系统对水产品进行保温，从而达到最佳保鲜效果和理想保鲜成本的保鲜技术[3]。

近年来，随着复合保鲜技术的发展，鱼类的保鲜已经不限于只采用单一方法，而是多种方法结合使用，但低温保鲜一直作为主流保鲜方法，同时配以化学保鲜剂、生物保鲜剂，或者同时采用气调保鲜等，成为一种越来越成熟的鱼类保鲜手段。

二、鱼类低温保鲜专利技术的整体情况

（一） 专利申请量的趋势分析

在中国专利数据库和德温特专利数据库中针对鱼类低温保鲜技术进行检索，检索截止时间为 2014 年 4 月，由于一部分 2012 年或 2013 年申请的专利可能还未公开，因而可能导致数据不准确，另外由于检索不可能做到完全，因此也可能有所遗漏，但是整体趋势是较清晰的。

统计结果显示，鱼类低温保鲜领域最早的专利申请出现在 1910 年（GB191030221A），之后缓慢发展起来。其中在 20 世纪 40 年代，申请量增长有所停滞，可能是由于第二次世

界大战的影响。在“二战”结束之后，随着科技的日益发展，全球申请量开始迅速增加，尤其是19世纪七八十年代之后，增长迅猛。

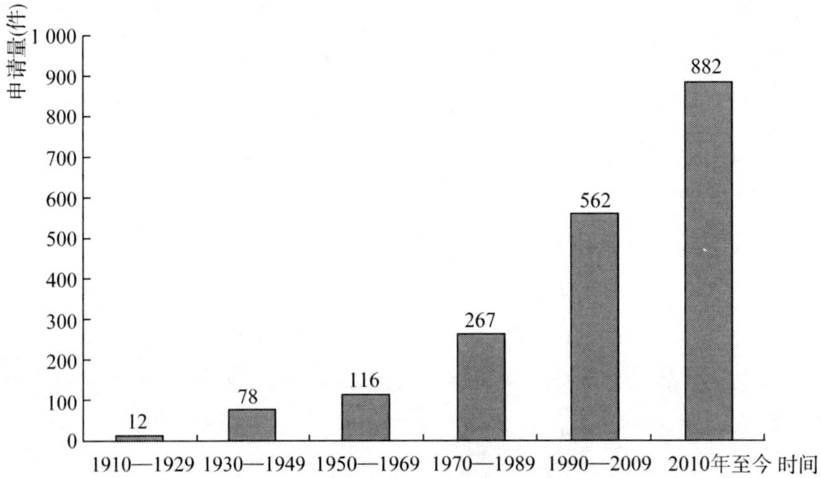

图1 鱼类低温保鲜全球专利申请趋势

中文专利数据库中检索结果显示，国内自1987年才开始出现有关鱼类低温保鲜的专利申请[3]，经过非专利文献检索与阅读可知，国内在20世纪80年代以前，很少有该方面的研究，只出现少数翻译和报道国外研究情况的文献，可见，我国对于鱼类低温保鲜的研究起步较晚，2000年以前，申请量较少，增长较慢，自2000年开始申请量迅速增长，呈持续快速增长趋势，十年间增长至近90件。

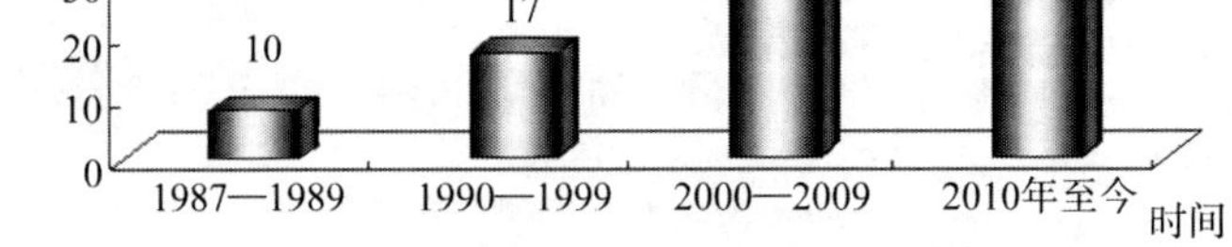

图2 国内专利申请量趋势

进一步分析发现，国内有关研究的申请量在2008—2009年两年间达到最高峰，其原因可能是这两年正值北京主办奥运会期间，由于国内外合作与交流的加强，以及对于食品问题的更加关注，促进了有关研究的迅速发展。在2010年以后，虽然申请量仍然较大，但是从图3每两年的申请量之和情况可以看出，申请量出现了波动，可能是因有关技术人员开始研究其他新兴保鲜方法如气调保鲜、化学保鲜。

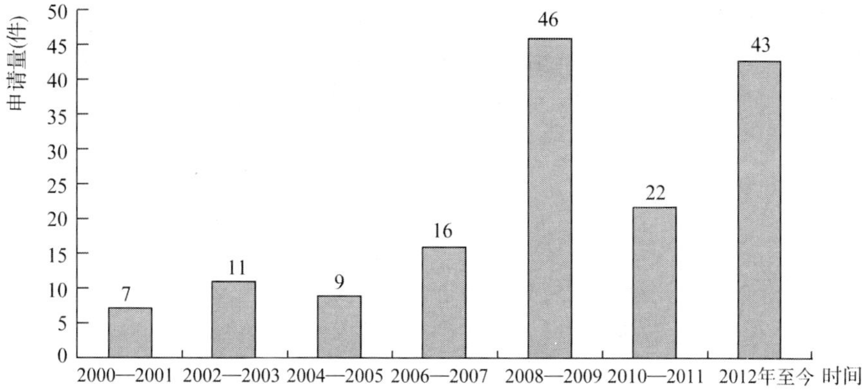

图 3　国内 2000 年以后的专利申请量情况

(二)　专利申请产出国和申请人分布

经过统计分析，该领域专利申请总量排名靠前的国家依次是：美国、英国、日本、澳大利亚，排名第一的美国比其他国家申请量高很多，而中国的申请量只占全球很小的比例。通过进一步阅读分析专利申请文献，可以看出，英国是鱼类低温保鲜领域专利申请方面开始最早的国家，其早在 1910 年就出现了有关专利申请（申请号 GB191030221A），主要技术方案是将鱼类置于 35 ℉（约 1.7 ℃）容器中冷却，然后用含有 15%食盐的海水浸泡至 15 ℉（约−9.4 ℃），从而起到保鲜鱼类的效果。可见，英国早在 1910 年就使用了预冷然后采用冷海水冻结的技术手段。在之后的数十年间，英国的申请量依然非常高，并且增长迅速。分析其原因，可能与英国的地理环境有关，其属于岛屿国家，四面环海，鱼类产量和食用量都较大，鱼类占据饮食总量的很大比例，并且英国自 1860 年第一次工业革命以来，工业发展较快，经济水平上升很快，因此人们对于鱼类的鲜度质量要求也随生活水平的升高而提高，从而促进了人们对于鱼类保鲜的研究。因此，英国的首先发展应当是由地理环境和经济水平决定的。另外，也有可能其他国家早于英国开始研究，但是由于专利事业起步较晚，没有通过申请专利的方式保护该技术，因此，在专利数据库中没有体现出来而已。

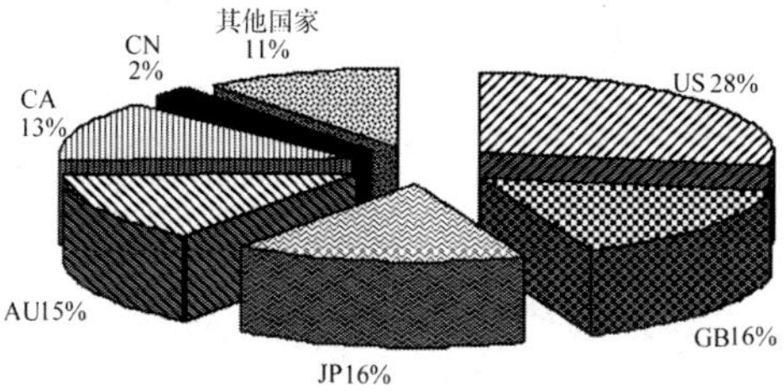

图 4　专利申请产出国分布

此后，美国、德国、法国相继开始出现有关研究，主要侧重于对于提供低温或者进行冷冻所用的冷却介质的改进，如水或者海水中添加食盐、甘油、碳水化合物，以及低温保鲜温度的调节，如迅速预冷至 0 ℃，然后再进行冷冻等。美国的申请从 1920 年开始出现，此后缓慢增长，并在 20 世纪七八十年代出现了申请量增长的高峰期。而中国虽然起步较晚，总量上较少，但是发展速度较快。

进一步，对全球申请人进行统计发现，鱼类低温保鲜领域的申请人比较分散，没有申请量较突出的申请人。在国外，主要申请人为企业，研究重点集中于实际生产应用相关的工艺改进以及设备的改进，如通过向海水中加入食盐而进一步降低冰点，从提供更低的保鲜温度或对运输设备上有关的保存容器进行改进，保证运输过程中长时间保持低温环境进行保鲜等。

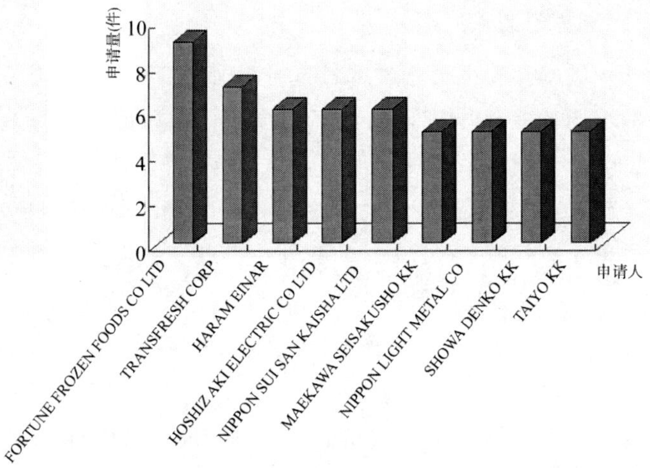

图 5　国外申请人分布情况

而国内申请人主要是高校或科研院所，如图 6 所示，海洋院校或院所的研究比较多，主要针对低温保鲜使用的保鲜剂的改良，采用的改良手段通常成本较高，如通过使用含有壳聚糖、茶多酚、中草药提取液等成分的保鲜剂在低温下浸泡等，起到防腐保鲜的效果。对比国内外主要发明人情况可看出，国外有关鱼类低温保鲜的研究大多是由企业进行的，其改良手段大多针对大规模生产，有利于进行工业化应用，而国内主要是科研院所进行相关学术性研究，侧重于保鲜效果提升，但是在应用到生产中时可能成本投入较高。

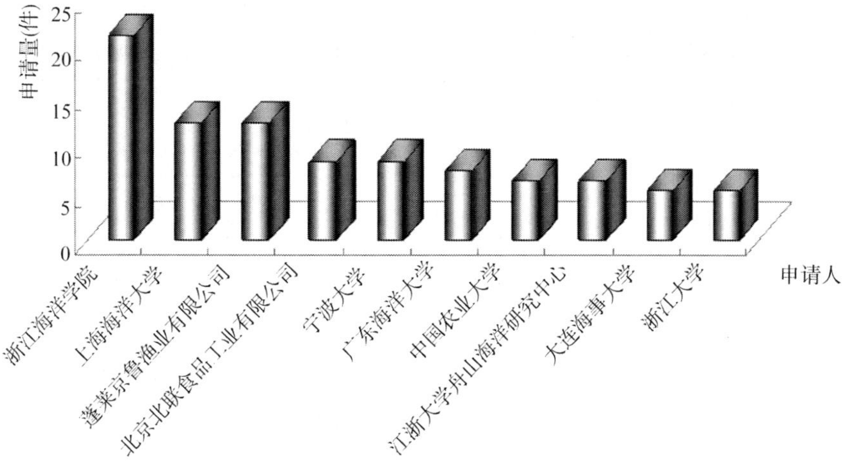

图6　国内申请人排名

(三)　主要技术分支

有关低温保鲜鱼类的主要技术分为两大类，一类主要是涉及低温保鲜工艺条件的改进，如调整冷却温度、速冻以及冻结温度和速度，还包括实现该工艺的设备等；第二类是关于提供低温的溶剂或介质的改进，如通过添加盐类降低溶剂的冰点，或者通过向冷冻介质中加入化学保鲜剂从而达到防腐的目的等。

由图7可以看出，在全球范围内，多数研究是针对低温保鲜工艺的改进，也有同时改进工艺和溶剂的，这与我国主要研究方向不同，原因可能是国外该领域研究起步较早，而早期的研究主要都是针对低温条件的改进，而后来低温条件日益成熟，慢慢开始转向于对于低温介质的改进，而我国的有关研究正是此时开始发展起来的，因此，几乎跳过了前期关于低温条件的探索。

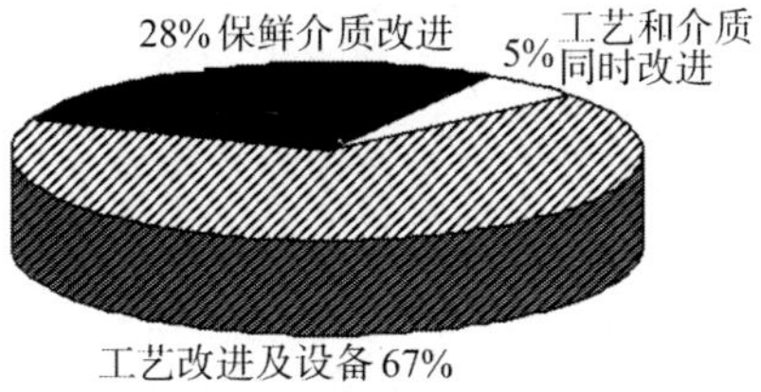

图7　全球技术分支申请量分布图

三、鱼类低温保鲜的技术发展趋势分析

通过阅览专利数据库中有关鱼类低温保鲜领域申请文件，可以看出，该领域发展具有明显的时间特点，技术发展趋势较清晰，如图8所示。其中低温工艺研究主要侧重于低温工艺尤其是保藏温度的变化，而低温介质研究路线是侧重于对使用的冷却介质或保鲜剂的改良。

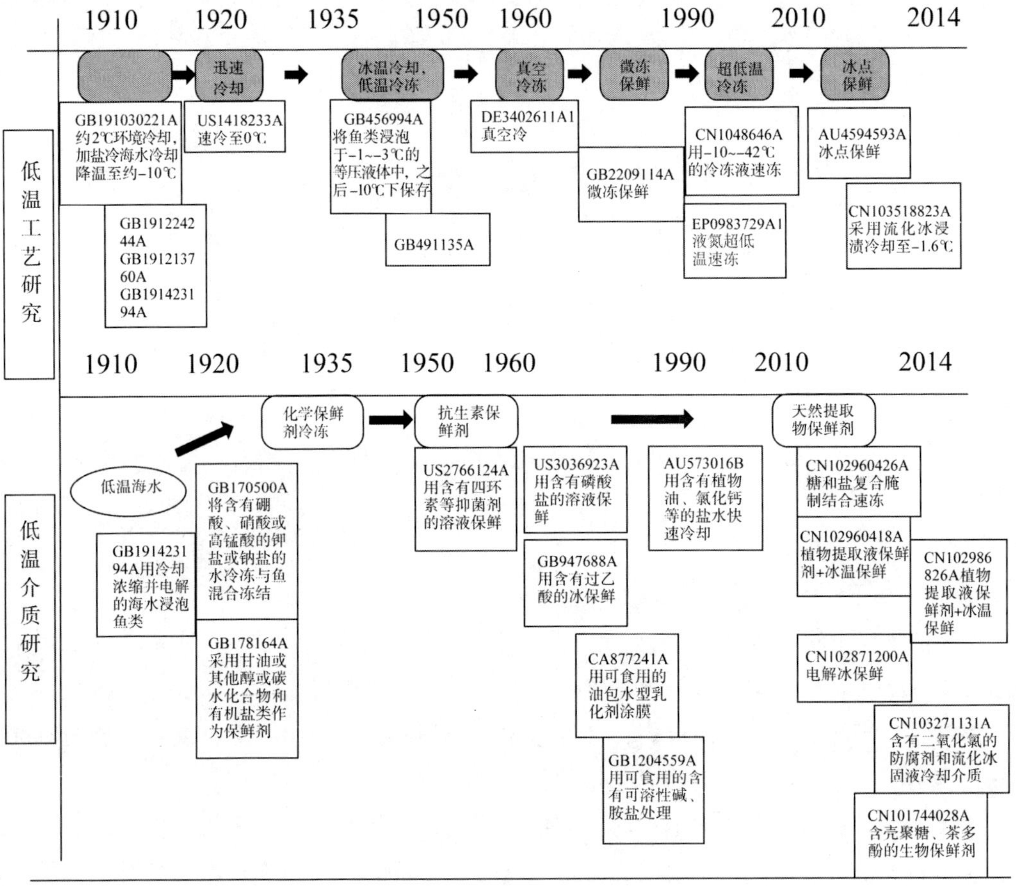

图 8　技术发展趋势图

与非专利文献记载的技术发展情况有所不同的是，专利文献中没有出现最原始的简单冰藏保鲜的技术，而是直接从低温海水保鲜技术起步，即以冷海水作为主要的介质，提供低温环境，以保藏或冻藏鱼类，并且，为了使得海水降低冰点，保持更低温度环境，还需要向海水中加入一定量的食盐。早在 1910 年，专利文献 GB191030221A 就涉及一种首先采用 35 ℉（约 1.7 ℃）的环境冷却新鲜鱼类，然后用含有 15％食盐的冷海水进一步冷却，使鱼体温度降至 15 ℉（约－9.4 ℃），在使用冷海水进一步冷却的过程中，鱼体完成了结冰，达到冷冻的效果。此专利中既涉及了鱼类的低温的冷却温度、冷冻温度等低温保鲜工艺，又涉及了低温介质的改进（即通过向海水中加入盐来进一步降低海水冰点，降低海水的温度）。之后，在依旧采用冷海水保鲜或冷冻的基础上，人们开始逐渐分别改进工艺以及冷冻介质。

在工艺方面，自 19 世纪初的简单的过冷海水浸渍冷冻，人们开始慢慢改进海水保鲜的工艺和设备，逐渐发明了喷淋盐水保鲜的工艺及设备，并发明了汽车或船上运输的冷冻保鲜仓。到了 19 世纪 20 年代，出现了速冷技术，即通过使鱼类迅速冷却至 0 ℃，之后再根据需要采用适当的温度冻藏，从而起到保鲜的效果，如美国专利 US1418233A，可见，此时，人们已经发现了冷冻速度对于鱼类的保鲜效果的影响，即采用迅速降温冷冻的方法，可以更好地保持鱼类的新鲜程度。

20 世纪 30 年代后，进一步发展到了冰温冷却，然后低温冻存的工艺阶段，如 GB456994A，采用－3～－1 ℃的等压液体介质浸泡进行冷却，然后在－10 ℃下冻存。在之后的很长一段时间里，人们都延续使用着这些先降温，然后冻藏的工艺。

直到五六十年代以后，出现了真空冷冻技术（DE3402611A1），通过真空条件下进行冷冻，隔绝氧气，从而有效地防止鱼类的脂肪氧化等的发生，起到了很好的保鲜效果，但真空冷冻成本较高，在工业上一直难以大规模应用。

到 20 世纪 80 年代后，微冻技术（GB2209114A）出现，人们将其应用到鱼类保鲜上，并发现其达到了很好的效果，由于微冻技术的良好应用性，使其获得快速发展，各国都出现了有关微冻的专利申请。同时，八九十年代还出现了液氮、干冰等冷冻方法（JPS5672647A，JPH03254632A），液氮和干冰具有超低温的特性，如液氮可以达到－196 ℃的低温，干冰则在－78.5 ℃，如此低的温度下，可以使得鱼类迅速冻结，再加上液氮和干冰造成的无氧环境，阻止了鱼体内几乎所有的化学变化，具有很好的保鲜效果。但由于液氮和干冰成本较高，工业生产的规模化进行仍然受到阻碍，只能应用于小范围高价值的鱼类。在此基础上，人们进一步发明了相对较易操作的超级快速冷却技术，即将捕获的鲜活鱼类用－10 ℃左右的盐水作吊水处理，使鱼体表面迅速结冰，使鱼的杀死和冻结同步进行，然后根据保藏目的确定贮藏温度。与此同时，速冻技术也有所发展，出现了应用性更强的速冻方法，即采用－42～－10 ℃的冷冻液速冻（JPH04360642A），尤其是在－40～30 ℃的冷冻液中，使得鱼体从里至外都迅速冻结，之后再采用－18 ℃左右的温度冻藏即可，这种方法也成为现在较常规使用的冷冻保鲜方法。

到 21 世纪初，又针对鱼类的保鲜保活出现了冰点保鲜的方法，使鲜活鱼在冰点温度下储藏，模仿鱼的冬眠，使鱼几乎不进行代谢活动，但是仍然可以保持活性和新鲜度。

在保鲜剂的发展上，技术脉络相对比较简单，该方面研究从原始的冷海水保鲜，到通过加盐来降低海水的冰点，进一步降低海水的温度，从而实现鱼类的冻结，达到保鲜的效果，也有采用电解的浓缩海水进行保鲜的。

20 世纪 20 年代，人们开始添加除食盐以外的其他有机或无机化学试剂，从而降低海水冰点（US1404352A），或者通过化学试剂的防腐效果而实现低温保藏的保鲜效果（GB170500A，GB178164A）。对于化学试剂的使用，人们推出了层出不穷的发明，50 年代，各种广谱性抗生素四环素、土霉素、阿莫西林、金霉素被作为抑菌剂加入冷冻保鲜液中（US2766124A），这无疑可以促进保鲜的效果，但是在鱼虾中出现了抗菌素的残留量和细菌的耐药性问题，从而从公共卫生学的角度降低了它的应用价值[4]，因此，化学保鲜剂方面仍然在蓬勃发展。而随着人们生活水平的提高，对于化学添加剂的使用越来越谨慎，对于食品及添加剂的安全性要求越来越高，因此，化学保鲜剂开始朝着天然、安全方向发展，更多的专利使用了可食用的保鲜剂成分，如可食用的乳化剂、防腐剂、抗氧化剂（如维生素 C）等（CA877241A，CN1087785A），而天然来源的保鲜剂成分更是成为研究的热点，天然成分的化学保鲜剂研究热衷于天然植物提取物、微生物代谢物等。壳聚糖、甲壳素、乳酸链球菌素、茶多酚等天然提取物或者生物成分纷纷出现在保鲜剂中（CN103222500A，CN101507447A）。此外，人们还发现，通过糖类腌制后再冷冻保存，也可以起到较好的保鲜效果。总之，低温保鲜用的保鲜剂从原始、简单，朝着健康、安全、天然的方向发展。

实际上，有关鱼类低温保鲜的研究自始至终也没有将工艺和保鲜介质完全分离，而是常将二者有机结合，共同改进，例如，近年来采用流化冰作为介质进行冰温保鲜（CN103518823A），以及20世纪80年代用含有植物油、氯化钙等的盐水作为介质以使得鱼体快速冷却保鲜（AU573016B），再例如国内近几年比较流行的采用含有甘草提取液、八角茴香提取液等多种植物提取成分的保鲜剂浸泡鱼体然后采用冰温保鲜（CN102986826A）等研究，这些研究实际上都是将低温保鲜工艺与低温保鲜介质有机结合起来进行的，二者结合才能起到相应的保鲜效果。此外，随着保鲜技术的发展，鱼类低温保鲜研究也与其他保鲜方法联系了起来，出现了将低温保鲜与其他保鲜手段结合使用的有关研究，如CN101744028A中就将生物保鲜剂与气调包装手段结合起来，起到了更好的保鲜效果，在此不一一介绍。

四、总　结

鱼类低温保鲜是水产领域最重要的研究点之一，与人们生活息息相关。通过梳理和分析鱼类低温保鲜的专利申请情况，我们更加清晰地了解了该领域的申请趋势和发展进程，鱼类低温保鲜历经了利用自然冰等天然原料和天然方法保鲜，到利用人造试剂和设备进行保鲜，再回归于用天然成分及方法进行保鲜，其中既体现了低温保鲜技术的衍变，也体现了人类对于食品的品质要求的变化以及安全性意识的提升，同时也与社会经济发展总趋势相适应。鱼类低温保鲜领域相对于计算机或通信领域等前沿技术领域而言，其发展速度和技术更新较慢，但是其发展衍变的历史悠久，作为民生科学的食品领域分支，与人们生活更加贴近，对于人类生活品质的改善也起到更加直接的作用。虽然在检索和归纳过程中不免会出现纰漏，也可能结果与专利文献发展概况有所不同，但是对该领域的技术发展进行整理归纳，让我们了解了过去的历史，也为未来为相关研究和工作提供了一定的参考资料。

参考文献

[1] 张慜，等. 国内外水产品保鲜和保活技术研究进展 [J]. 食品与生物技术，2002，21 (1)：104 - 107.

[2] 马继安，等. 鱼类和水产品保鲜保活技术的进展 [J]. 现代渔业信息，2000，15 (9)：12 - 14.

[3] 王玮，等. 水产品保鲜技术研究进展 [J]. 现代农业科技. 2009 (24)：322 - 324.

[4] SM ITH P，HINEY M P，SAMUELSON O B. Bacterial Resistance to Antimicrobial Agents Used in Fish Farming：A Critical Evalationof Method and Meaning [J]. Annual Review of Fish Disease，1994 (4)：273 - 313.

聚丙烯酸类高吸水性树脂的专利技术分析

李玲娟

一、聚丙烯酸类高吸水性树脂概述

高吸水性树脂（Super Absorbent Resin，SAR）是一种典型的功能高分子材料，能吸收并保持自身重量数百倍乃至数千倍的水分或者数十倍的盐水，通常又被称为"高吸水性聚合物""吸水性高分子材料""吸水性高分子树脂"或者"超强吸水剂"等[1]。高吸水性树脂与普通吸水或吸湿材料相比，具有吸水量大、吸水速度快、保水能力强等特点，广泛应用于农业、林业、工业和日常生活等领域中。

高吸水性树脂的种类很多，一般按照原料来源分类可分为天然高分子高吸水性树脂、合成高分子高吸水性树脂、高吸水性树脂共混物及复合物[2-4]。

高吸水性树脂研究与开发的历史，最早始于20世纪60年代后期，1969年美国农业部北方研究所以柿盐作引发剂，使淀粉与丙烯腈接枝共聚得到淀粉接枝丙烯腈共聚物，1975年美国谷物加工公司G. F. Fanta把淀粉接枝丙烯腈共聚物皂化水解得到高吸水性树脂，并由Henkel. Co实现工业化。同年，日本三洋化学研究所，研究淀粉接枝丙烯酸共聚物，1978年以Sanwer IM－300、IM－1000出售，其吸水能力分别为700 g/g和1 000 g/g，1978年实现工业化，日本住友公司、花王石碱等工业公司等也研究了高吸水性树脂。1978年美国用水溶性的聚丙烯酸，经不同的交联方法制成交联聚丙烯酸钠高吸水树脂，70年代中期，日本开展以纤维素为原料制备高吸水性树脂的研究，开发出片状、粉末状和丝状的纤维素接枝丙烯腈、接枝丙烯酰胺、接枝丙烯酸产品。之后聚丙烯酸类作为高吸水性树脂的一种，对其的研究越来越丰富，发展极其迅速[5]。

本文所述的聚丙烯酸类高吸水性树脂属于合成高分子高吸水性树脂。其聚合原料中一定含有丙烯酸或其盐单体，丙烯酸可以来自于石油，或者来自于植物，一般通过丙烯或丙烷的气相催化氧化得到。该树脂的用途非常广泛，应用领域主要为卫生用品、园艺农业、建筑和工业等方面。吸水树脂的吸水和吸盐水性能的提高是该领域的研究重点，此外，树脂的高安全性也是该领域的追求目标。

二、数据库的选择和检索

根据数据库收集的文献量及分布特点，选择中文和外文摘要数据库进行检索。考虑到本文所分析主题的特点，采用以关键词为主、分类号为辅的检索方式，检索时间截止到2014年6月30日。关键词表达有丙烯酸、吸水、吸湿、树脂、聚合、acrylic acid、methacrylic acid、AA、MAA、water、moisture、absorb、absorption、resin、polymerization、polymerisation，分类号涉及C08F220/06丙烯酸共聚物、C08F120/06丙烯酸共聚物或均聚物、C08F20/06丙烯酸均聚物、C08F2聚合工艺、A61L15/60超级吸收剂等。

三、专利分析

（一） 全球专利申请概况

1. 申请量变化趋势

图1给出了1960—2014年间聚丙烯酸类高吸水性树脂全球专利申请量随时间的变化趋势。从中可以看出聚丙烯酸类高吸水性树脂全球专利申请量变化趋势可以分为三个阶段：①萌芽期（1960—1971年），申请量较少，该领域技术刚刚起步；②平稳增长期（1971—1990年），这一时期的专利申请量平稳增长，从1971年的28项增长至1990年的175项，说明该时期聚丙烯酸类高吸水性树脂的研发逐渐变得热门，其优良的性能逐渐被发现，用途逐渐变得广泛；③快速增长期（1990年之后），申请量迅速增加，2007年为326件，差不多比1990年的175件翻了一番，这意味着经过40多年的技术积累和进步，进入20世纪90年代后，聚丙烯酸类高吸水性树脂的性能日益优越，应用范围日益广泛，同时对其更优性能的追求引发了大量研发工作，相关专利申请增加快速。值得注意的是，图中2013年申请量为256项，2014年为36项，可以发现该数据比2012年的312项明显减少，究其原因，主要是因为专利的公开比申请晚，2013年和2014年的部分申请，尤其是2014年的大部分申请在检索截止日期2014年6月30日时还未公开，因此未统计在内。

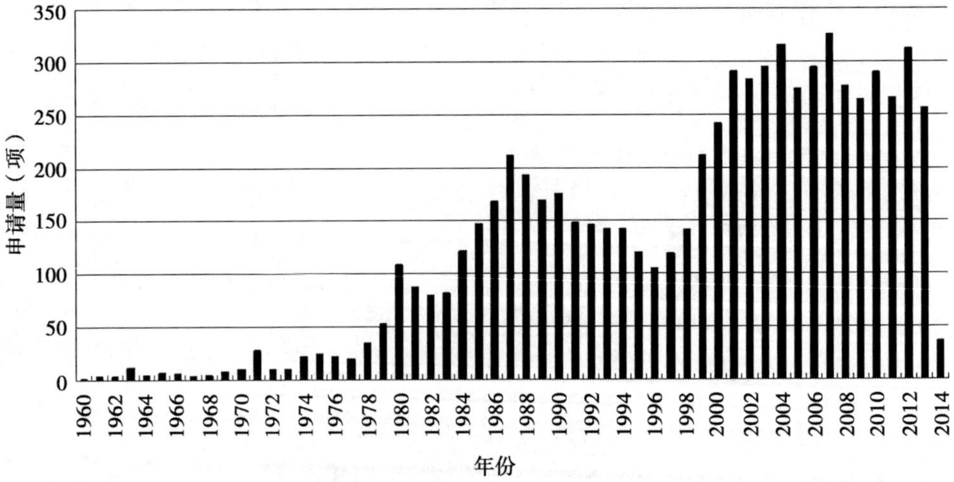

图1 聚丙烯酸类高吸水性树脂全球专利申请量变化趋势

2. 申请国别分析

在图 2 中，列出了聚丙烯酸类高吸水性树脂专利申请量前十名的申请国及地区。申请国及地区是以专利公开号字段中提取的，其中欧洲、德国分别由公开号 EP、DE 提取，该分析可以发现行业中主要技术集中的目标市场，以及关注该目标市场的主要国家和地区。从图中可以看出，日本、中国、美国、欧洲和德国排名前五，其中日本的申请量 4 100 项远远超过中国的 1 477 项，的确，日本在该技术领域的创新能力非常强，研发非常活跃，也拥有着许多大公司如日本触媒、三洋化成、花王、旭化成等。

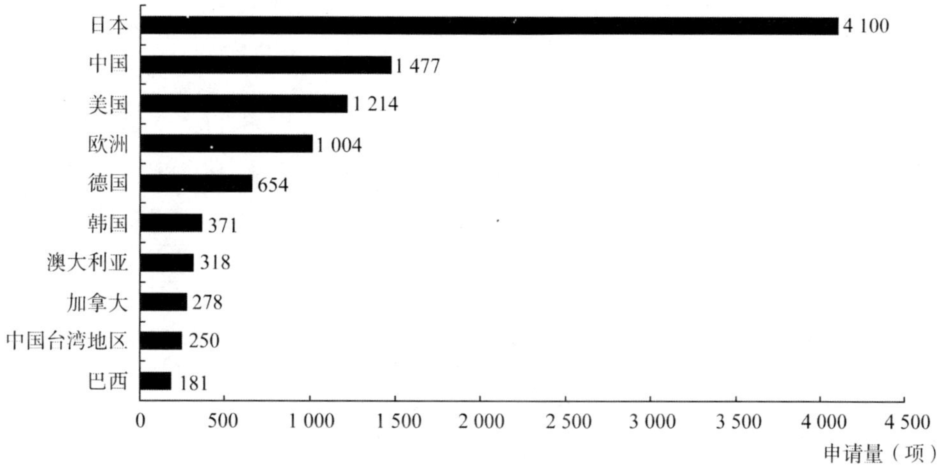

图 2 聚丙烯酸类高吸水性树脂全球专利申请量前十名的申请国及地区

3. 全球重点申请人

本节统计了聚丙烯酸类高吸水性树脂全球重点申请人，申请人是相关领域技术研发的主体。针对申请人的统计分析能够明确在相关领域中占据主要地位的研发主体。

图 3 为该领域专利申请量排名前十位的申请人，其中 9 位为日本的公司，仅有排名第二的巴斯夫为德国公司，这一方面与前述的日本在该领域专利申请量全球排名第一相呼应；另一方面说明日本在该领域的研发主体实力均较强，该国家的专利申请量集中掌握在这些大公司手中。排名前十位的申请人中，并没有中国、美国的申请人，说明中国、美国在该领域的专利申请量虽然排名靠前，但是没有突出的申请人，在该领域的研发较为分散。此外，从申请量来看，排名第一和第二的日本触媒和巴斯夫分别为 374、277 项，远高于其他申请人，说明了这两个申请人在该领域技术的突出地位。

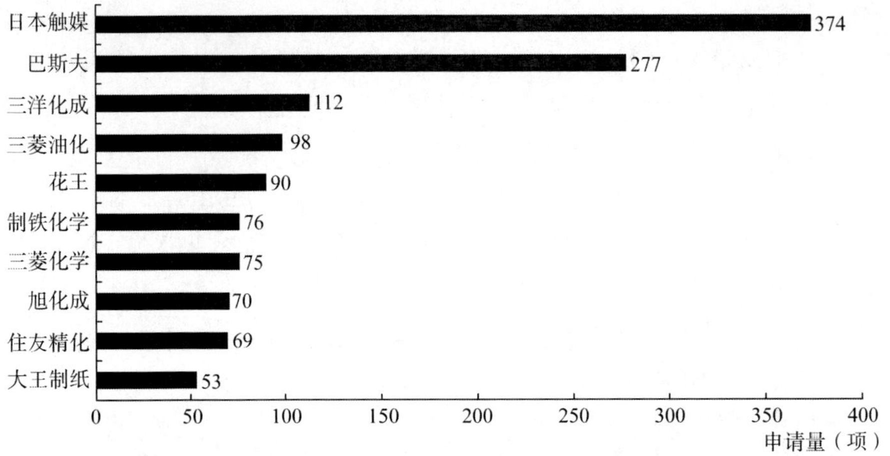

图 3　聚丙烯酸类高吸水性树脂全球专利申请量排名前十位的申请人

（二）　中国专利申请概况

1. 申请量变化趋势

图 4 给出了 1985 年以来聚丙烯酸类高吸水性树脂中国专利申请量随时间的变化趋势。可以看出，20 世纪该领域中国专利申请量非常少，刚开始仅个位数字，到 1999 年也仅 19 件，进入 21 世纪后，该领域来华申请量保持增长态势，从 2000 年的 22 件增长至 2013 年的 134 件。同样地，虽然图中 2014 年的申请量陡然降至 17 件，但主要原因是 2014 年的绝大部分申请还未公开。

中国专利制度在 20 世纪 80 年代才成立，起步非常晚，在此之前没有专利申请，起步的 80 年代，该领域的申请量远远小于前述的全球申请量，一方面该领域的技术起源于国外，当时中国技术较为落后，较少人对此进行研发；另一方面，80 年代为改革开放初期，国内市场没有完全开放，国外申请人没有重视中国产品市场，因此几乎不在中国进行专利布局。

而进入 21 世纪之后，聚丙烯酸类高吸水性树脂由于其产品用途的广泛性，日益引起国内研发主体的研发热度，带来申请量的增加；此外，中国广大的开放市场吸引了全球其他国家和地区的目光，它们非常重视在中国的专利布局，带来了大量的 PCT 或者巴黎公约等来华申请，进一步造成来华申请量的迅速增加。

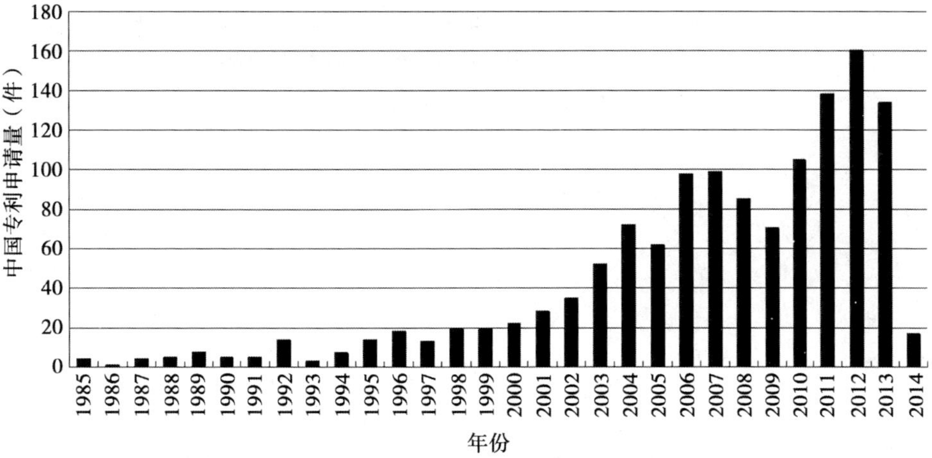

图 4　聚丙烯酸类高吸水性树脂中国专利申请量变化趋势

2. 中国专利申请申请人所属国家及地区

图 5 显示了聚丙烯酸类高吸水性树脂中国专利申请申请人所属国家及地区的构成比例。可以看出，中国籍申请人占据绝对优势，比例高达 80%，除此之外，在华专利申请中日本、欧洲、美国等国家和地区也占有一定份额，其他国家占据非常少。

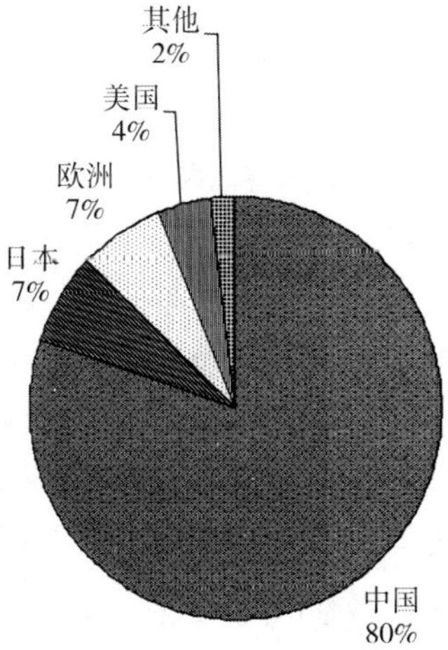

图 5　聚丙烯酸类高吸水性树脂中国专利申请申请人所属国家及地区构成比例

3. 中国专利申请重点申请人

图 6 为聚丙烯酸类高吸水性树脂中国专利申请量排名前十位的申请人。其中，德国巴斯夫公司以 171 件位列第一，其次是日本触媒 158 件，二者申请量均远多于第三名内蒙古大学。由上面的分析可知，巴斯夫和日本触媒在全球专利申请中也排名前二，可见二者在该领域强大的研发实力，以及二者重视中国的专利布局。排名前十的申请人中，国外申请人还有第四位的日本申请人住友精化株式会社，第六位的德国申请人德固赛施托克豪森公司。剩下的六位均为国内申请人，其中仅台湾塑胶工业有限公司一家企业，其他五位均为国内高校、科研所，说明在该技术领域国内企业的研发热度比高校、科研所低。

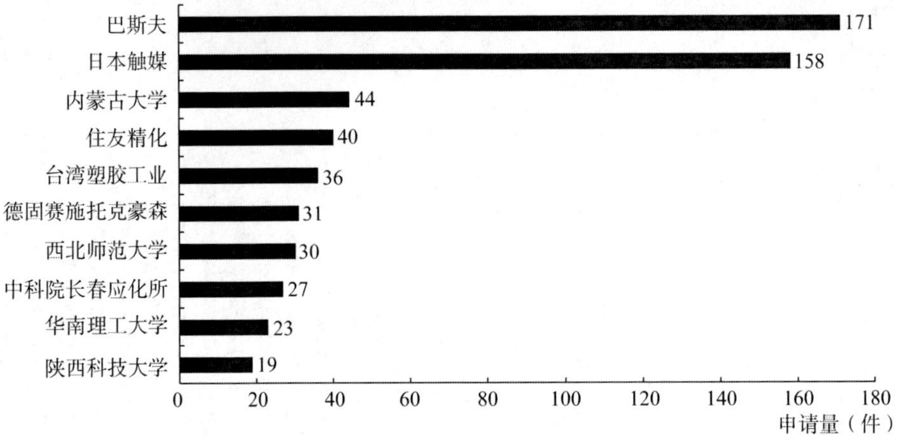

图6　聚丙烯酸类高吸水性树脂中国专利申请量排名前十位的申请人

四、聚丙烯酸类高吸水性树脂的专利技术

（一）专利技术分支分析

为研究聚丙烯酸类高吸水性树脂各技术分支专利申请量的分布情况，本节分别在中文专利数据库和外文专利数据库中针对各技术分支对应的IPC分类号进行了检索统计和分析。其中各分类号代表的含义如下：C08F220——具有1个或更多个不饱和脂族基化合物的共聚物，每个不饱和脂族基只有1个碳碳双键，并且只有1个是仅以羧基或它的盐、酐、酯、酰胺、酰亚胺或腈为终端；C08F20——基本同上，是共聚物或均聚物；C08F120——均聚物，其他同上；C08F2——聚合工艺过程；C08L33——上述均聚物或共聚物的组合物；A61L15——吸收垫材料；C08J3——高分子物质的处理或配料的工艺过程；C08K3——使用无机配料；C08F251——由单体接到多糖或其衍生物上聚合而得到的高分子化合物；C05G3——肥料混合物。从图7中可以看出，无论是中文专利数据库还是外文专利数据库中，统计得到与分类号C08F（代表聚合技术分支）对应的专利申请量明显处于优势地位，说明与聚合工艺相关的技术领域最受研发主体关注。

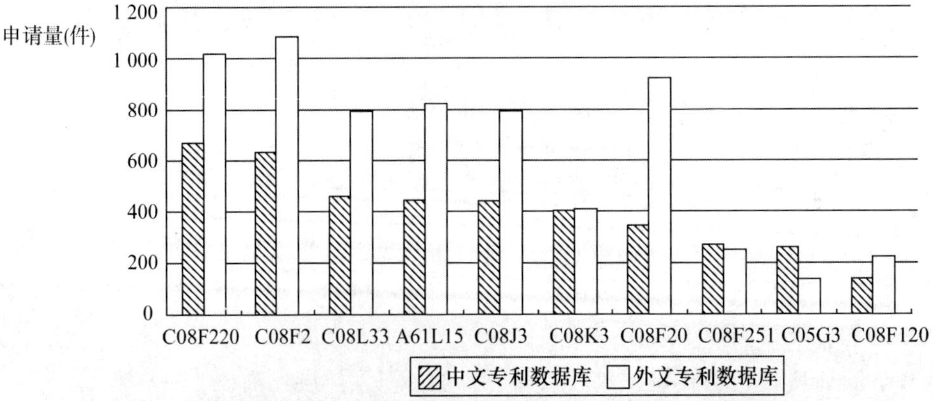

图7　聚丙烯酸类高吸水性树脂各专利技术分支专利申请量分布

(二) 聚合工艺总体介绍

聚丙烯酸类高吸水性树脂的主要聚合单体为丙烯酸和（或）其盐，也可以再加入其他不饱和共聚单体，例如丙烯酰胺类等，单体在引发剂的存在下，或者同时在交联剂的存在下，发生聚合形成高分子，然后经过滤、干燥、粉碎等后处理步骤得到吸水性树脂。后处理还可以包括表面后交联、涂覆等，以改善其综合性能。不同的聚合工艺得到的树脂的性能不同，下面从具体的工艺影响因素进行分析。

1. 共聚单体

常用的共聚单体为丙烯酰胺及其衍生物、丙烯腈、乙烯基吡咯烷酮、乙烯基内酰胺、丙烯酸羟基酯等，也可以为淀粉、纤维素等天然高分子。另外，采用离子型的共聚单体可以提高产品的抗盐性能，例如西北师范大学的公开专利 CN103012682A、南通科益化工有限公司的公开专利 CN103102443A。

此外，通过加入特殊的共聚单体，可以赋予吸水树脂特殊的性能。例如申请人为仲恺农业技术学院的公开专利 CN1670047A，采用长链铵盐阳离子性共聚单体可以赋予树脂抗菌性。再如申请人为广东工业大学的公开专利 CN101134794A，采用亚甲基取代的杂环化合物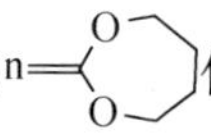作为共聚单体，合成的高吸水性树脂可完全生物降解。

2. 交联剂

交联剂通常具有多个不饱和键或者多个官能团，例如 N，N′-亚甲基双丙烯酰胺、双或多（甲基）丙烯酸酯类、多烯丙化合物等。

此外，国内的高校和科研院所还会采用其他特殊种类的交联剂如矿物等物理交联剂。例如申请人为成都理工大学的公开专利 CN101289526A，采用高岭土作为物理交联剂，深加工的超细活性高岭土的表面存在许多羟基和活性点，可与有机树脂反应形成网络结构，有益于吸水倍率和吸水后凝胶强度的提高。该申请人的另一公开专利 CN101880351A 采用微晶白云母作为物理交联剂。此外，还有采用坡缕石的公开专利 CN103755897A。

交联剂的使用对聚合产物的网络结构具有较大影响，进而影响其吸水能力和速度。通过选择合适的交联剂，可以控制聚合产物的性能，以应用于不同用途中。

当聚丙烯酸高吸水性树脂用于卫生材料、农业保水等传统领域时，需要其具有高吸液倍率和吸液速度，但作为混凝土内养护饮水材料应用时，需要其具有较慢的吸液速率，希望其吸液能力会随着放置于液体介质时间的延长而增加，申请人为江苏博特新材料有限公司等的公开专利 CN103113508A 发现在丙烯酸高吸水树脂的聚合体系中选择适当的交联剂可以达到上述目的，当交联剂同时含有酯类交联剂如（聚）乙二醇二（甲基）丙烯酸酯等，非酯类交联剂如 N，N′-亚甲基双（甲基）丙烯酰胺、乙二醇二缩水甘油醚或聚乙二醇二缩水甘油醚等时，高吸水树脂的吸液速率会随着时间的延长而增加。

3. 聚合方法

主要为溶液聚合和反相悬浮聚合。

溶液聚合为把单体配成水溶液后直接聚合，再经切碎、干燥、粉碎、后处理制得无定型吸水树脂。该生产原料成本低，不需要分散剂和有机分散介质；一般采用碱中和工艺路线，可以充分利用中和热和聚合热，能耗较低。典型的工艺如中国林业科学研究院林产化学工业研究所的公开专利 CN1544494A 中所述。其中碱液可以为离子膜碱，如申请人为上海华谊丙烯酸有限公司的公开专利 CN101100493A 中所述。

反相悬浮聚合是指在分散剂存在下，把单体分散在有机溶剂中聚合，得到珠状吸水树脂。例如申请人为中国科学院长春应用化学研究所的公开专利 CN101215354A、申请人为成都理工大学的公开专利 CN101486781A、申请人为西北工业大学的公开专利 CN101550214A、申请人为潍坊中石科技有限公司的公开专利 CN101481434A 等即为典型的反相悬浮聚合体系。

4. 聚合引发方式

为了实现多种单体共聚，制备得到粒度规整、交联均匀、残余单体含量少的高吸水树脂，专利 CN103102443A 采用三段复合引发体系，包括高、中、低三种引发活性的引发剂，高活性引发剂是氧化还原引发剂，能够在室温甚至更低温度下引发聚合，中低活性的引发剂是偶氮类等热分解引发剂。

当采用传统的热引发聚合体系时，反应时间较长、产品纯度不高、后处理较复杂和有机分散相的处理不可避免地带来废液排放及产品污染。而辐射聚合是单体分子借辐射能引发活化成自由基或离子而进行的连锁聚合，可用的能源有日光、紫外光、γ射线和电子束等，可以在一定程度上克服上述缺陷。采用日光的有公开专利 CN1693313A、CN101117422A、CN101289526A，紫外光的有公开专利 CN101289526A、CN101747466A，微波辐射聚合的有公开专利 CN1392168A、CN102504110A、CN102731802A，结合紫外光和γ射线辐射电离技术的有公开专利 CN103224630A。

五、重要申请人重点研发技术分析

（一） 巴斯夫公司

巴斯夫公司在聚丙烯酸类高吸水性树脂全球专利申请中排名第二，来华申请中排名第一，充分体现了其在该领域的优势。对于聚丙烯酸类高吸水性树脂的生产工艺，通常涉及丙烯酸单体的制备和纯化、单体的聚合、聚合物的后处理和制备含有聚合物的组合物等技术分支。在每个技术分支上采用特定的技术手段均可以解决该领域的特定技术问题，实现特定的技术功效。

图 8 展示了 2000 年之后巴斯夫公司在该领域的重点专利技术，图 9 分析了采用不同技术手段的重点专利实现的技术功效。从图中可以看出，巴斯夫公司在该领域的专利技术主要涉及聚丙烯酸类制备时的原料如单体、引发剂、交联剂以及其他物质，制备聚丙烯酸类聚合物的聚合工艺，以及之后对聚合物进行后交联、后表面处理工艺，此外，近年来又

重视了对整个生产工艺的改进，在生产工艺上申请了相当数量的专利。最后，聚丙烯酸类高吸水性树脂除了聚丙烯酸类聚合物之外，还会涉及其他组分，对组合物组分的改进也可以实现吸水剂性能的改善，巴斯夫公司也在组合物方面进行了研发，以制备性能优良的吸水产品。

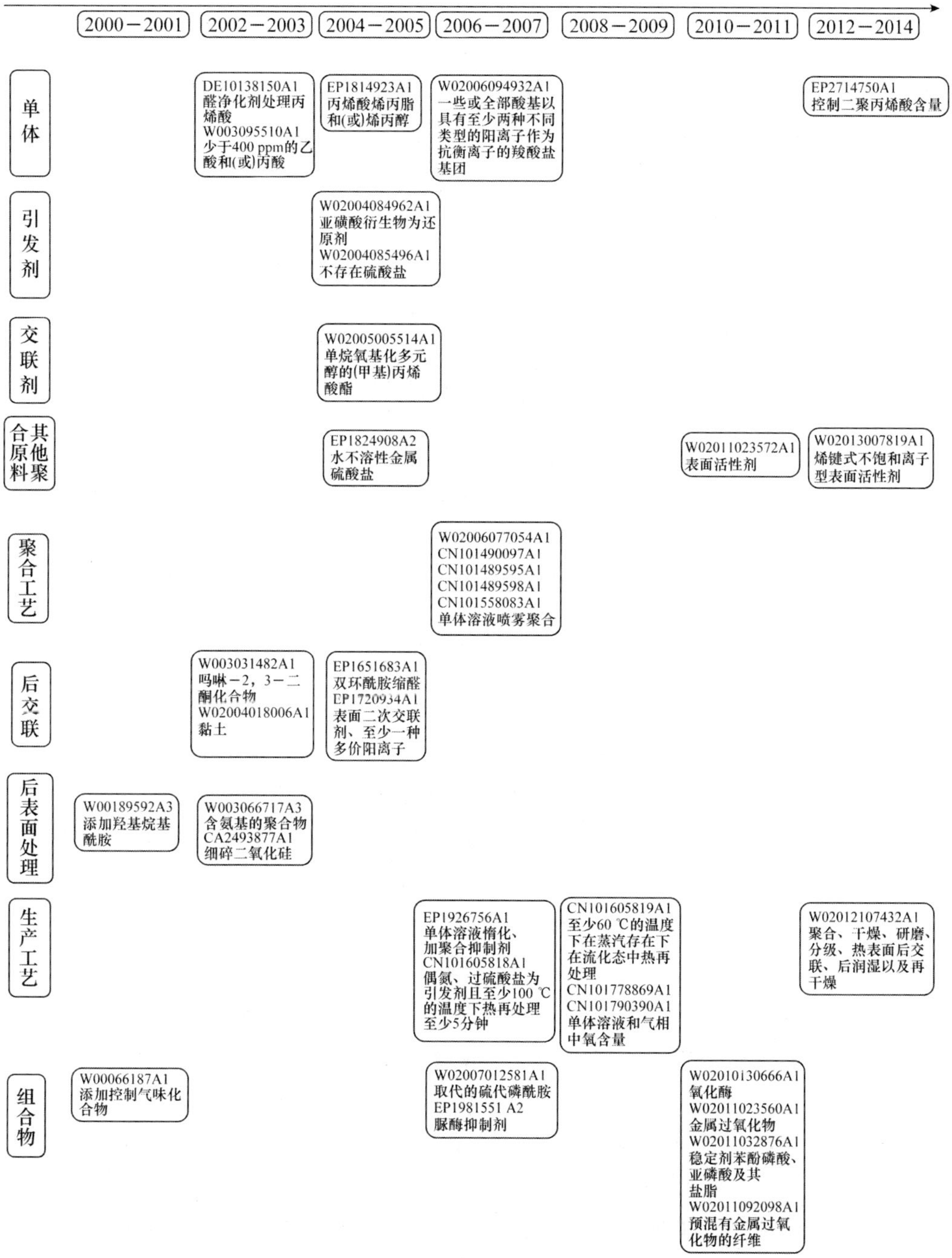

图 8　巴斯夫公司聚丙烯酸类高吸水性树脂重点专利技术展示图

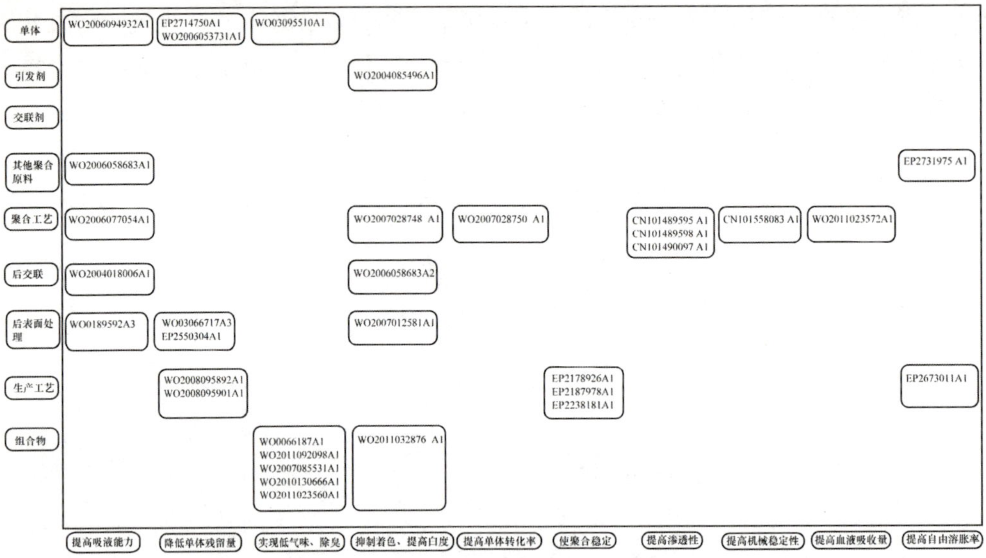

图9　巴斯夫公司聚丙烯酸类高吸水性树脂专利技术功效图

巴斯夫通过对聚丙烯酸类树脂进行后交联来改善其吸水性能，例如早在2001年的专利WO0189592A3中采用酸吸水性树脂例如聚丙烯酸类树脂和羟基烷基酰胺混合，使其在树脂表面上与聚合物链交联，提高树脂的吸水性能，进而替代淀粉-丙烯腈接枝聚合物的水解产物。再如WO2004018006A1采用黏土作为后交联剂，树脂具有优异的流体渗透率，在吸收流体后还能保持干爽感觉。

另外，对酸类单体聚合体系的改进也能改进吸水性能，例如专利WO2006058683A2在聚合之前或聚合过程中加入至少一种水不溶性金属硫酸盐，来提高聚合物的离心保留容量值、负载下的吸收率值、盐水导流率。

除了吸水性能之外，血液吸收量的提高也是卫生领域产品追求的目标。巴斯夫公开专利WO2011023572A1采用含有至少一种表面活性剂的单体溶液，在环境气相中进行单体溶液液滴聚合，来提高血液吸收量。

对于聚合产物溶胀速率的提高，巴斯夫一方面改进聚合体系组成，一方面改进生产工艺。前者例如公开专利EP2731975A1，后者例如公开专利WO2012107432A1。

为了解决体液产生不良气味，巴斯夫改变传统的环糊精控制恶臭的技术手段，采用吸水性聚合物颗粒和氧化酶或者金属过氧化物混合来实现除臭（WO2012107432A1、WO2011023560A2）。还通过对聚合单体原料进行改进，以形成低气味的吸水聚合物颗粒，例如WO2011092098A1通过控制丙烯酸中含有少于400 ppm的乙酸和（或）丙酸来实现产品的低气味。

为了解决树脂的着色问题，专利WO2004084962A1采用亚磺酸衍生物作为丙烯酸聚合引发剂中的还原剂，使单体混合物基本不包含生色氧化剂如过硫酸盐，和任选的（c）对由聚合得到的SAP水凝胶进行低剂量UV辐射。此外，还能通过聚合工艺的改进来实现产品的着色问题，例如专利WO2007028748A1中单体溶液包含重量百分比为0.001%～0.016%至少一种聚合抑制剂，并将至少体积百分比为50%用于使单体溶液惰化的惰性气体与惰化的单体溶液一起转移至聚合反应器，如此使得聚合物颗粒低脱色，并且能够抑制体系过早聚合。

为了降低聚合物中的可萃取物和未转化单体，WO2006053731A1采用基于丙烯酸不超过重量百分比为0.002%的丙烯酸烯丙酯和（或）烯丙醇的单体溶液进行聚合，WO2012163930A1采用连续供应的丙烯酸具有至少重量百分比为0.02%的二聚丙烯酸含量且二聚丙烯酸含量保持基本恒定来降低单体残留量。此外，还可以在引发剂、后处理工艺上采用特定手段，例如WO2007028750A1、WO2008095892A1、CN101605819A、CN102906124A、WO03066717A3。

为了提高产品的渗透性，巴斯夫采用气相环境中单体溶液液滴聚合，并且单体溶液中悬浮有水不溶性无机盐以及所述聚合物颗粒具有至少150 μm的平均直径（CN101489598A1）；或者单体溶液包含三价阳离子以及所述聚合物颗粒具有至少150 μm的平均直径（CN101490097A1）；或者单体溶液基于单体（a）包含至少重量百分比为0.5%的交联剂（b）以及所述聚合物颗粒具有至少150 μm的平均直径（CN101489595A1）。

总之，巴斯夫对聚丙烯酸类高吸水性树脂的各个技术分支进行了大量研发，也掌握了大量相应专利技术，以实现聚丙烯酸类高吸水性树脂产品优异的综合性能、高效的生产等。

（二）　日本触媒公司

日本触媒株式会社在聚丙烯酸类高吸水性树脂全球专利申请中排名第一，来华申请中排名第二，与前述的巴斯夫一样，在聚丙烯酸类高吸水性树脂领域有着举足轻重的地位。图10展示了该公司在该领域的重要专利技术，可以看出日本触媒在单体尤其是其中杂质含量方面研发很多，此外，聚合物的后交联和后处理也涉及多种多样的技术手段，也同样改进生产工艺来实现产品的高性能、生产的高效等。但与巴斯夫明显不同的是，日本触媒的诸多专利中的技术手段，并不仅达到一个技术效果，通常是采用特定的技术手段来实现不同技术效果之间的平衡，实现产品优异的综合性能，因此，在此没有分析技术手段和技术功效之间的关系，在下面的技术介绍中将一并说明其实现的技术效果。

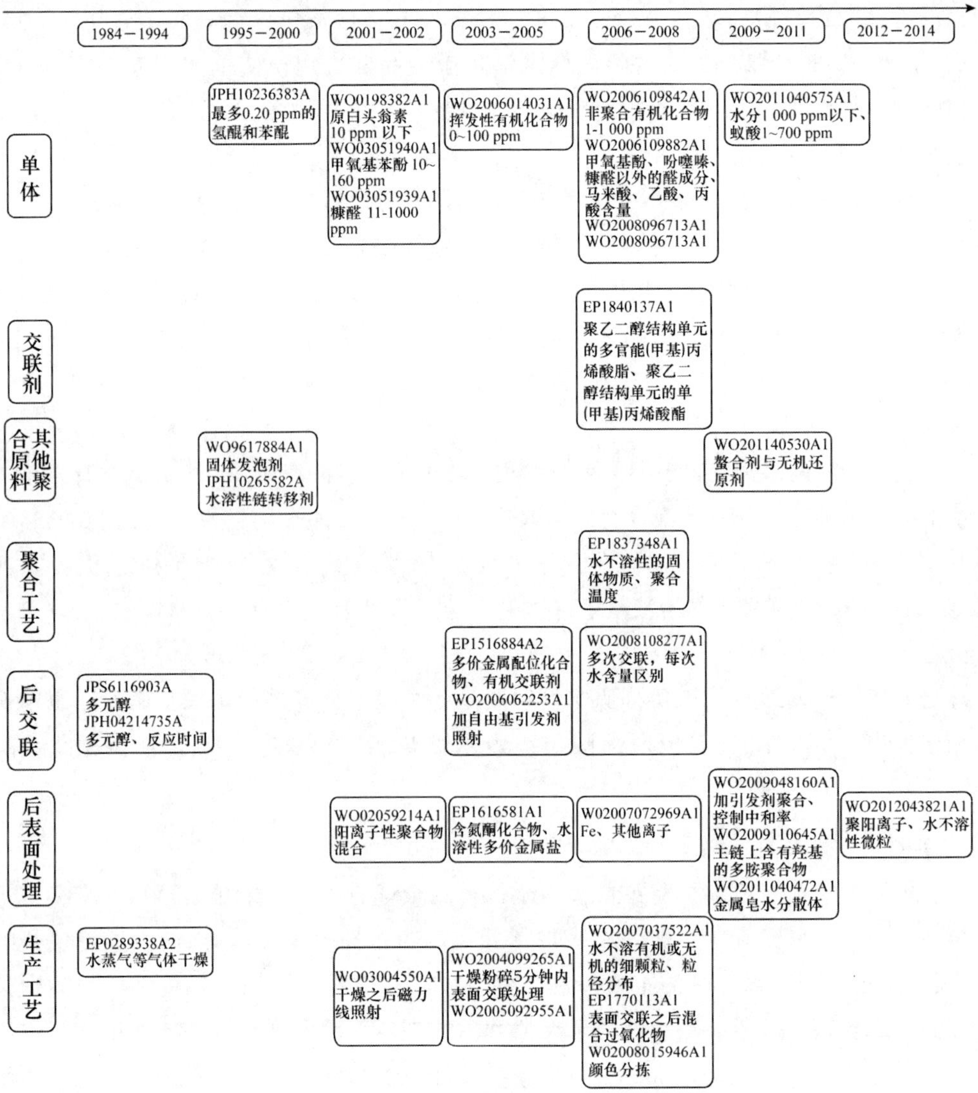

图10　日本触媒株式会社聚丙烯酸类高吸水性树脂重点专利技术展示图

日本触媒重点关注的技术问题和巴斯夫类似，也是产品的一些性能，例如无压力下的吸水吸液能力，加压下的吸液能力、渗透性、凝胶堵塞性能、着色、单体残留量、吸液后的稳定性等，但是该公司更关注产品同时实现多个性能，例如高吸液性能和高加压下的吸收性能、高吸收能力和低残留单体含量、高吸液能力和经时颜色稳定性、低单体含量和不着色等。

为了提高产品的吸水速度，日本触媒公司的JPS6116903A采用聚丙烯酸类吸水性树脂和多元醇、亲水有机溶剂以及水进行加热反应，WO9617884A1采用在含有不饱和单体和交联剂的单体水溶液中，分散平均粒径1～100 μm的固体发泡剂。

对于吸液能力的提高，JPH10265582A在链转移剂的存在下聚合吸水剂树脂，之后用亲水溶液处理和表面交联，WO02059214A1将100重量份吸水性树脂粒子（A）与0.01～

10 重量份阳离子性高分子化合物（B）混合。

日本触媒还在生产工艺上进行研发，进而提高产品的吸收能力。例如 WO03004550A1 采用在干燥工序之后的制造工序中使吸水性树脂粉末通过磁通密度在 0.05 韦/米^2 以上的磁场的磁力线照射工序。WO2004099265A1 采用聚合、干燥和粉碎、添加表面交联处理剂等常规生产工艺，但控制干燥和粉碎步骤之后 5 分钟以内进行表面交联处理。二者均可以改善吸水性能。

产品的吸水性能良好，不代表着在压力下同样吸水性能好，为了提高压力下的吸液性能，防止吸水产品的凝胶堵塞，EP1516884A2 先将以多价金属原子作为中心原子的配位化合物及有机二次交联剂在水性液体中混合，再用其对树脂进行表面交联。EP1616581A1 采用含氮但不含有羧基的酮化合物和 2 价和（或）3 价和（或）4 价的水溶性多价金属盐对吸水树脂进行处理，使得金属化合物不但在吸水树脂表面分布，也深入到树脂内部。WO2006062253A1 将吸水性树脂，至少一种选自由过硫酸盐、过氧化氢和偶氮化合物组成的组中的自由基聚合引发剂以及自由基聚合化合物混合，之后用活性能量射线照射所得的混合物。

对于单体残留量的降低，专利 WO0198382A1 中日本触媒发现当丙烯酸是由丙烯和（或）丙烷的气相催化氧化制得，丙烯酸中的原白头翁素含量在 10 ppm 以下时，可以实现上述目的。除了常规的聚合工序、表面交联、后表面处理等工序之外，也可以通过干燥工序来实现，例如 1988 年公开的 EP0289338A2 中采用至少含有水蒸气，露点在 50～100 ℃范围，温度在 80～250 ℃范围的气体与水合凝胶聚合物接触，使之干燥，就可以降低单体残留量。

此外，日本触媒更加重视低单体残留量和其他性能的平衡，例如 WO03051940A1 中将丙烯酸组合物包括未中和的丙烯酸和甲氧基苯酚，甲氧基苯酚的含量为 10～160 重量 ppm（基于未中和丙烯酸），可以实现低单体残留量和抑制着色的协同。EP1770113A1 中采用表面交联之后，再在反应体系混合过氧化物；EP1837348A1 将水不溶性的固体物质添加并分散到含酸基不饱和单体的水溶液中的步骤，在上述步骤后，在水不溶性固体物质存在的情况下进行静置聚合，并且控制聚合起始温度为 40 ℃以上或聚合时的最高温度为 100 ℃以上的步骤；二者均可以实现低单体残留量和吸液能力的平衡。

对于吸水产品的着色问题，JPH10236383A 对单体组成进行了研发，发现当单体组分包括主要量的丙烯酸及其盐中的一种或两种，其总共仅含有最多 0.20 ppm 的氢醌和苯醌时，产品着色极少。WO2006109842A1 指出丙烯酸组合物具有以重量计含量为 1～1 000 ppm 的不可聚合的有机化合物，其中不可聚合的有机化合物具有（1.0－2.5）$\times 10^4$ $(Jm^{-3})^{1/2}$ 的溶解参数时可以实现吸水树脂的着色以及吸收性能的平衡，还能提高生产率。除了在聚合原料上控制之外，还可以采用 WO2008015946A1 中公开的在干燥步骤之后，进行颜色分拣，将着色的异物从吸水树脂中部分或完全除去。

对于抑制着色和提高吸收性能的平衡，可以采用多种技术手段，通常涉及单体水溶液组分的改进、聚合树脂的后表面处理等。例如 WO2006109882A1、WO2007072969A1、WO2008026772A1、WO2008090961A1、WO2008096713A1、WO2008096713A1、WO2011040530A1、WO2011040575A1。

六、总结和展望

虽然目前国内也已经有许多聚丙烯酸类高吸水性树脂的专利申请，但是其专利技术主要涉及体系共聚单体、其他原料和聚合工艺等，一般仅关注高吸水性树脂的吸水性能，对于其他如渗透、着色、安全等综合性能的研究较少，因此猜测相应的聚丙烯酸类高吸水性树脂的产品性能不够优异，在市场上可能竞争力不强。而国外的大公司尤其是巴斯夫欧洲公司和日本触媒株式会社等，对聚丙烯酸类高吸水性树脂的研究较为深入，关注的也是产品的整个综合性能，针对特定技术问题采用的技术手段也与国内申请明显不同。对此，国内企业应当向国外这些企业看齐和学习。

参考文献

[1] 崔英德，郭建维，廖列文，等. 二元共聚高吸水性树脂的合成与溶涨性能. 化工学报，2001，52（7）：601-605.

[2] 郭建维，崔英德，康正等. 反相悬浮合成高吸水性树脂的研究. 精细化工，2001，18（6）：348-350.

[3] JACEK K，DUTKIEW ICZ. Journa l of Biomedical Material，2002，63（3）：373-381.

[4] 邱海霞，于九皋，林通. 三元共聚合成高吸水性树脂的研究. 化学通报，2003，(9)：598-605.

[5] 王晓东，王仁远. 高吸水性树脂. 化学工程师，2001，(4)：1-3.

锍盐阳离子光引发剂的专利技术分析

吴姗姗

一、概 述

紫外光（UV）固化是20世纪60年代出现的一种新型绿色技术。该技术利用紫外光引发具有光化学活性的液体树脂快速聚合交联，在较短时间内可以成型固态材料，其具有高效、适应性广、产品性能优异、经济、节能和环境友好的特点[1-3]。近30年来得到了迅速发展，在光固化涂料、光固化石墨、光固化胶黏剂、光固化电子封装材料、光固化牙科材料等多个领域都有广泛应用。

光固化体系主要由光引发剂、活性稀释剂、低聚物和各种添加剂组成。尽管光引发剂在光固化体系中所占比例极低，仅为百分之几的比例，但是光引发剂是光固化体系的关键组分，它对光固化速度和程度起决定性作用，而且它影响到光固化的效率和成膜质量。因此，光引发剂的发展在一定程度上决定着光固化产品的发展。

光引发剂是一种可以吸收辐射能量，经过激发发生化学变化后，产生具有引发聚合反应能力的活性中间体（自由基或者阳离子）的物质。光引发剂按其产生的活性中间体的不同可以分为自由基型光引发剂、阳离子型光引发剂和自由基—阳离子混合型光引发剂。

阳离子光引发剂是指在紫外光照下发生光化学反应，产生质子酸或路易斯酸，形成正离子活性中心，引发阳离子开环聚合的引发剂。阳离子引发剂组成的固化体系具有以下优点：固化后涂层的体积收缩率小；固化速度快，深度固化好；氧阻聚作用小，在空气中可获得快速而完全的聚合；低毒性，附着力强，机械性能好；适用的单体范围广等。阳离子光引发剂是热稳定的物质，不仅在光照下，即使在无光照的条件下，仍可以在单体中溶解并与单体形成均匀体系，这些优点使阳离子型光引发剂的研发在近年来得到了迅猛发展。

阳离子光引发剂主要包括芳香重氮盐、芳茂铁盐、碘鎓盐和硫鎓盐[4-6]等几大类，其中又以鎓盐类最具代表性，商业应用较为广泛。三芳基锍鎓盐是阳离子光引发剂的最重要代表之一。

三芳基锍鎓盐的光引发机理为：

$$Ar_3S^+X^- \xrightarrow[RH]{UV} Ar_2S + ArR + HX$$

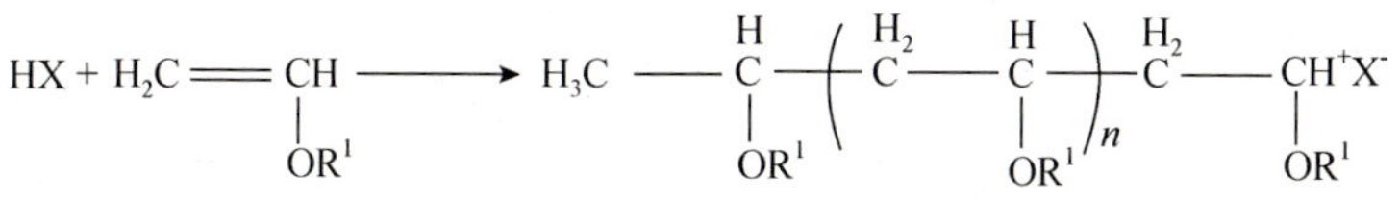

三芳基锍鎓盐在常用单体中溶解性、对紫外光的吸收波长、热稳定性和光稳定性更强，且其氧阻聚小、适用范围广，具有很好的开发前景。虽然锍鎓盐优点很多，但是其价格偏高，而且还存在吸收波长偏远紫外区，与辐射光源不匹配等问题，因此，对锍盐阳离子光引发剂的技术演进路线进行研究，有助于了解锍盐阳离子光引发剂的发展历程及其改进趋势。

二、锍盐阳离子光引发剂专利技术整体情况

（一）数据库的选择和检索

为了能全面、准确地反映锍盐阳离子光引发剂的专利技术现状及其发展趋势，根据数据库收录的文献量和分布特点选择中英文专利相关数据库进行检索。考虑到本文所涉及主题的类型，检索方式主要以关键词为主，分类号为辅（C07C 381/12 • 锍化物），检索截止时间为 2014 年 6 月 30 日，文中对于 2013 年之后专利申请量的统计可能存在未公开而导致数据不完全的情况。

（二）专利申请量趋势分析

图 1 为锍盐阳离子光引发剂国内外专利申请趋势图。由此图可见，国外对于锍盐阳离子光引发剂的研究相对较早，早在 20 世纪 50 年代，已开始出现对锍盐阳离子光引发剂的专利申请。2001 年开始，国内外相关申请量出现持续增长的势头。相对于其他光引发剂，阳离子光引发剂在紫外光固化涂料、油墨、胶黏剂等多个领域发展较快。随着锍盐阳离子光引发剂性能的不断改善，对该类光引发剂的技术研发还将继续，该领域的专利申请量也将稳步增长。

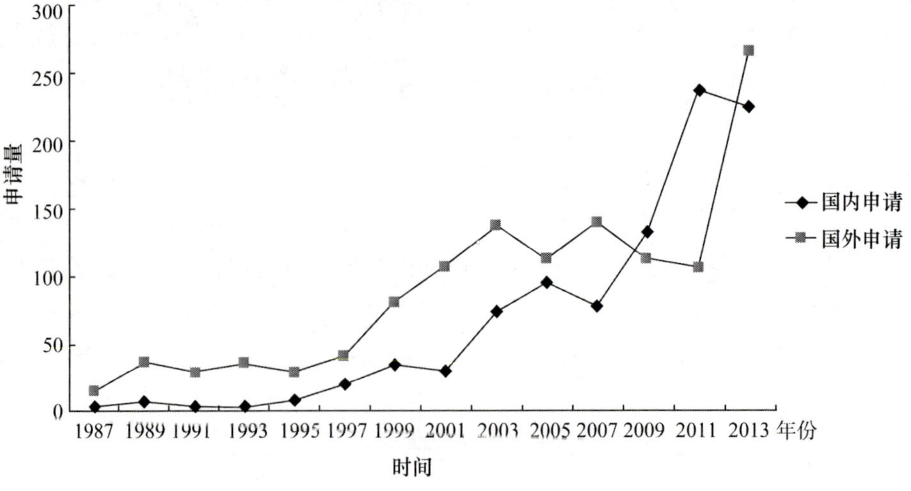

图 1　锍盐阳离子光引发剂国内外专利申请趋势图

（三）申请人分布分析

通过对锍盐阳离子光引发剂的专利申请产出国分析，发现其中研究相对较早的专利申

请在美国，早在1959年，杜邦公司在US2994687中提到锍盐光引发剂。由图2可知，大部分锍盐阳离子光引发剂的专利申请集中在日本，说明日本对于锍盐阳离子光引发剂的研发能力和技术实力相对较强，美国和德国的专利申请量则紧随其后。

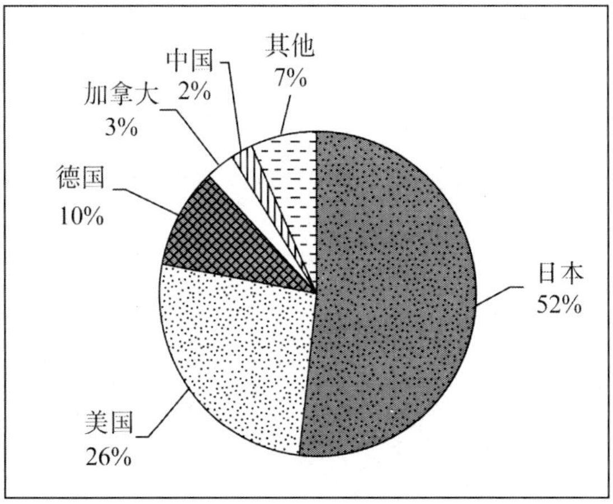

图2 主要申请产出国专利申请量分布

经过梳理发现该技术领域中专利申请人分布相对分散，其中关于锍盐阳离子光引发剂的改进方面，申请人主要集中在日本化药株式会社（NIPPON KAYAKU KK）、巴斯夫欧洲公司（BASF SE/AG）、美国3M公司（MINNESOTA MINING & MFG）、国际商业机器公司（IBM）、西巴特殊化学品控股有限公司（CIBA GEIGY AG）和光纯药工业株式会社（WAKO PURE CHEM IND LTD）。图3为锍盐阳离子光引发剂主要申请人专利申请量所占的比例，由图3可知，日本化药株式会社在锍盐引发剂领域比较活跃。

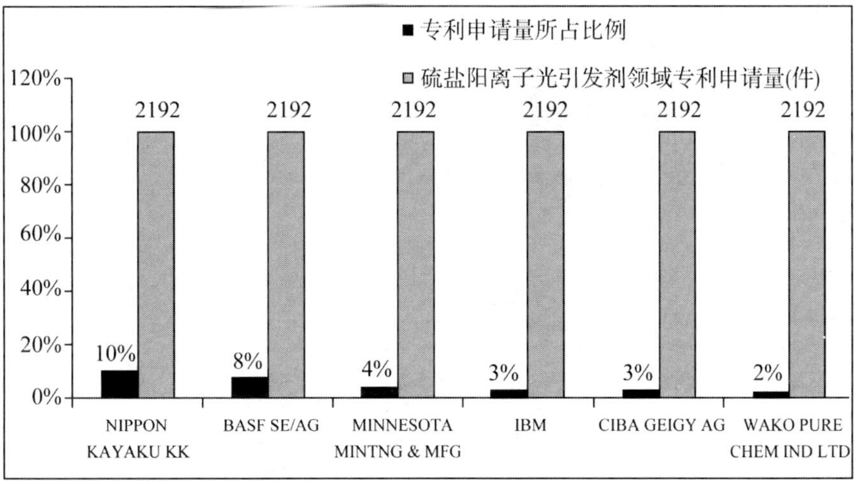

图3 主要申请人专利申请量所占比例

三、锍盐阳离子光引发剂发展历程专利技术分析

通过对涉及锍盐阳离子光引发剂结构及应用领域的国内外专利申请进行梳理，发现国内自主研发锍盐阳离子光引发剂相对较少，而国外对于锍盐阳离子光引发剂的研发则相对较早，近年来申请量增长势头较为明显。

现对锍盐阳离子光引发剂的技术演进路线进行分析，如图 4 所示。

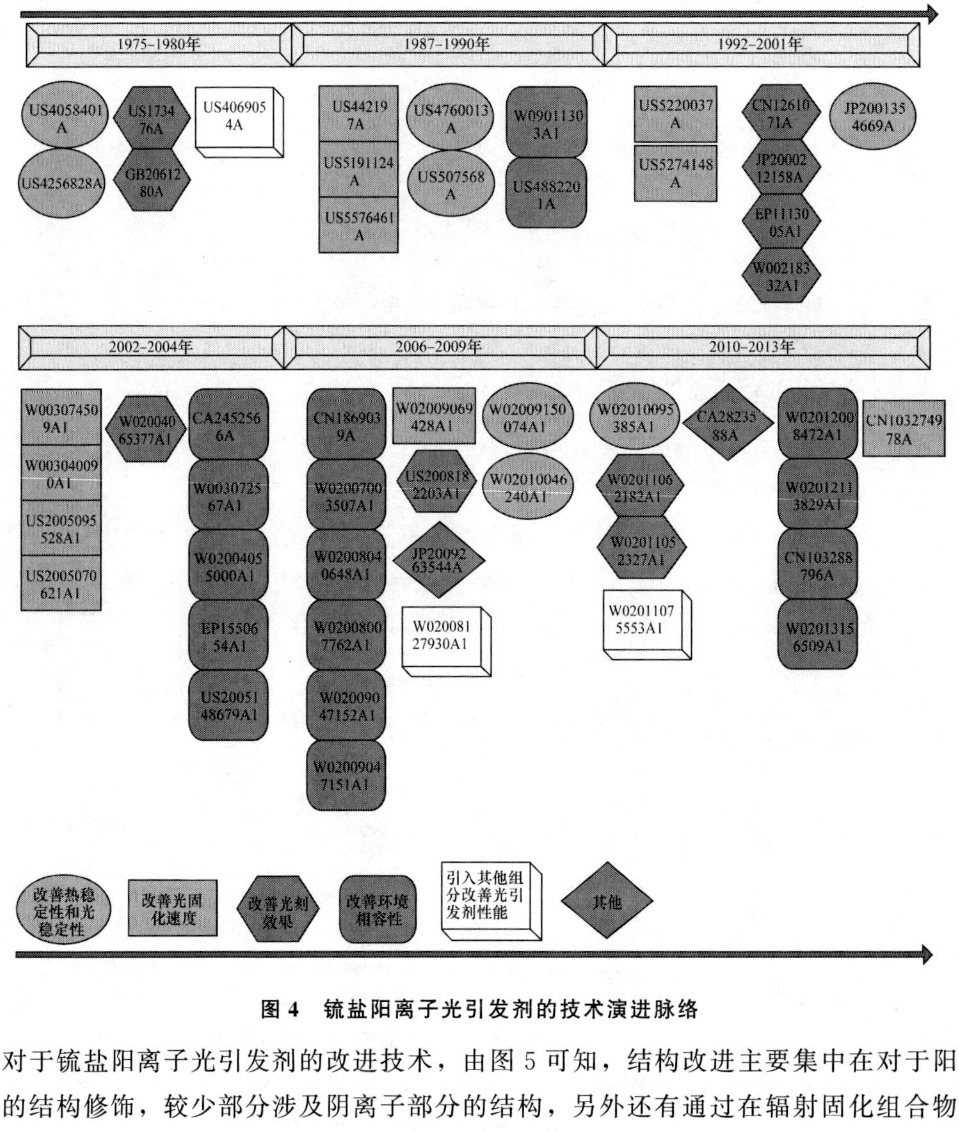

图 4　锍盐阳离子光引发剂的技术演进脉络

对于锍盐阳离子光引发剂的改进技术，由图 5 可知，结构改进主要集中在对于阳离子部分的结构修饰，较少部分涉及阴离子部分的结构，另外还有通过在辐射固化组合物中引入其他组分以改善光引发剂的性能。

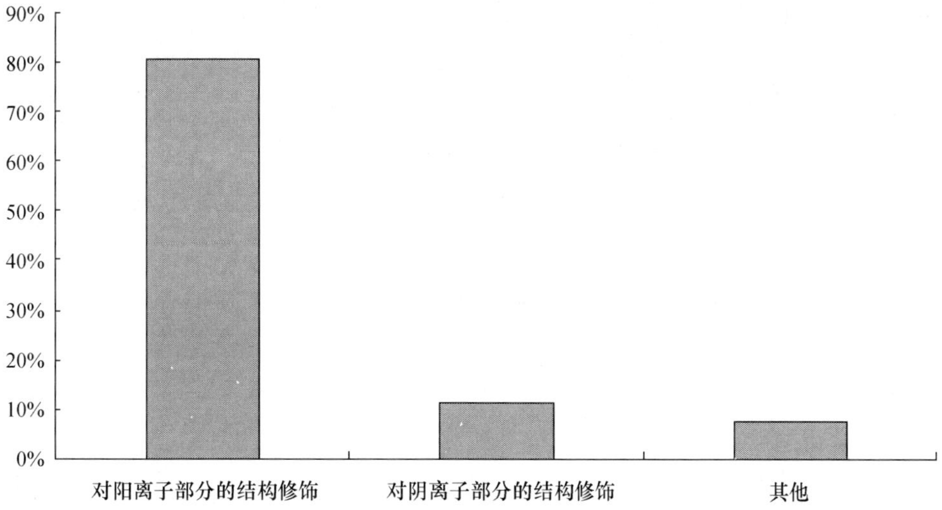

图 5　锍盐阳离子光引发剂改进技术专利申请量分布

现从锍盐阳离子光引发剂自身结构改进和引入其他组分改善光引发剂性能两个方面梳理锍盐阳离子光引发剂的技术发展脉络。

(一) 锍盐阳离子光引发剂自身结构改进的趋势

对于锍盐阳离子光引发剂性能的改进较多的是对其自身结构的修饰，尤其是对阳离子部分的侧链进行选择优化，以改善其热、光稳定性，环境相容性以及提高光敏感度，实现较好的固化效果。图 6 显示了锍盐阳离子光引发剂的结构改进的效果很大程度上是为了改善其环境相容性，这也是当下全球环保意识的加强，各国政府纷纷建立和实施更为严格的环保法律法规，对锍盐阳离子光引发剂提出的挑战；对于光固化速度、光刻效果以及热稳定性和光稳定性的改进可以使锍盐阳离子光引发剂应用更为广泛。

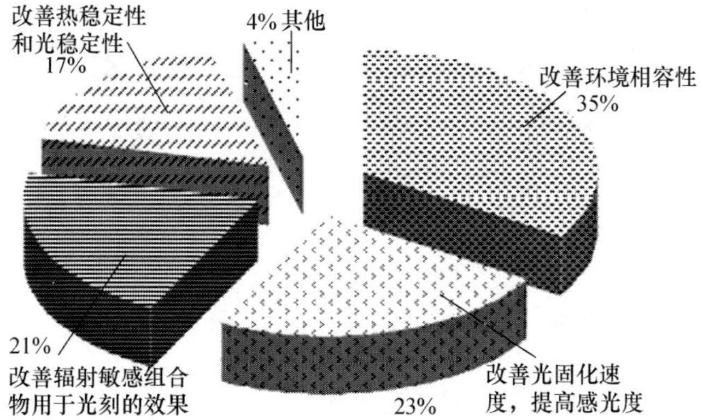

图6　锍盐阳离子光引发剂自身结构改进效果的专利申请量分布

1. 改善锍盐阳离子光引发剂的环境相容性

(1) 对于阳离子部分的结构改进

锍盐阳离子引发剂存在引发温度高，在单体混合物中低溶解性以及形成恶臭的分解产物的问题。为了提高光引发剂的环境相容性，通用电气公司于1988年，在US4882201A中，公开了光引发剂1－1。该类烷氧基取代的芳香锍盐，通过在苯基上引入长链取代烷基，使得其在光照射条件下，可以释放无毒物。

威尔·贝克尔有限公司于1990年在WO9011303A1中公开了光引发剂1－2。由于激活过程中，引发剂分子并没有形成小分子碎片，因此没有含硫的分解产物逸出或是从聚合物中迁移出，从而不会产生恶臭。

蓝宝迪有限公司于2002年在CA2452566A中公开了光引发剂1－3。其具有优良的溶解性，析出苯含量小于1 ppm。

太阳化学公司于2003年，在WO03072567A1中公开了光引发剂1－4。稠环的引入使得该类光引发剂在辐射照射过程中不产生恶臭和有毒副产品，同时具有良好可溶性、固化性能、与底材附着良好，成本适当，并且具有良好的固化效果，在涂料配方中具有良好可溶性，无毒。该公司在WO2004055000A1中，公开了光引发剂1－5。由于辐射固化时不产生恶臭或有毒副产物，可用于印刷可能接触到食物的包装，该类光引发剂具有通常的聚合性质；得到的化合物倾向于为液体或低熔点，从而有助于其在涂料组合物中的分散，具有良好的溶解性、固化性能、对承印物的良好粘合和低成本。

奇钛科技股份有限公司于2003年在US2005148679A1中公开了光引发剂1－6。通过具有至少一个连接在每个苯基上的烷基或环烷基，此苯基与对应的硫邻接，从而使得光引发剂作用时，不会释放苯。

北京英力科技发展有限公司于2006年在CN1869039A中公开了光引发剂1－7。引入长链烷基，提供了一种气味低，价格便宜的锍鎓盐。

西巴控股有限公司于2006年在WO2007003507A1中公开了光引发剂1－8。通过在苯环上引入羧基，实现了低泛黄、无毒、无色的效果。

2007年，西巴控股有限公司在WO2008040648A1中，公开了光引发剂1－9。通过对取代基进行变换，达到了低黄变、低气味、溶解性好，不释放苯、噻吨酮的效果。

巴斯夫欧洲公司于2008年在WO2009047152A1中公开了光引发剂1－10。其同样实现了无毒且无气味的低分解产物，低黄化现象，避免产生类似二苯基硫醚噻吨酮或苯的毒性和（或）有气味的产物。

同年，巴斯夫欧洲公司在WO2009047151A1中，公开了光引发剂1－11。其实现了良好的反应性、低黄化、低气味，良好的溶解性，没有苯的释放。

为了解决锍盐实际应用中低溶解性、辐射时C—S键断裂形成小分子的问题，山西大学于2013年在CN103288796A中公开光引发剂1－12。通过将硫原子嵌入分子环中，可以有效控制光解后的二苯基硫醚的臭味以及苯、联苯等的副产物，固化速度、硬度、附着力综合性能好。

（2）对于阴离子部分的结构改进

由于阴离子Sb具有高毒性，为了实现光引发剂高度的环境相容性，日本化药株式会社于 2007 年在 WO2008007762A1 中公开了光引发剂 1—13。通过替换阴离子中 Sb，可以实现高敏感度以及低毒性。

2012 年，日本化药株式会社在 WO2012008472A1 中公开光引发剂 1—14。通过变换阴离子，实现无毒高活性。

巴斯夫欧洲公司于 2012 年在 WO2012113829A1 中公开了光引发剂 1—15。Y 为硫酸盐，该类光引发剂具有良好的固化活性，无毒。

2013 年，巴斯夫欧洲公司在 WO2013156509A2 中，公开光引发剂 1—16。通过引入硫酸盐，实现了无毒高活性的效果。

表 1　改善锍盐光引发剂环境相容性的文献

公开号	编号	通式结构	示例化合物
US4882201A	1—1	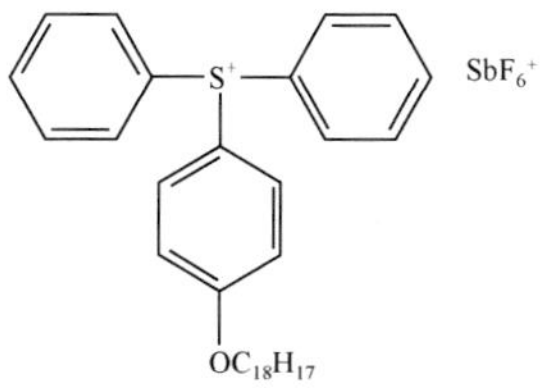	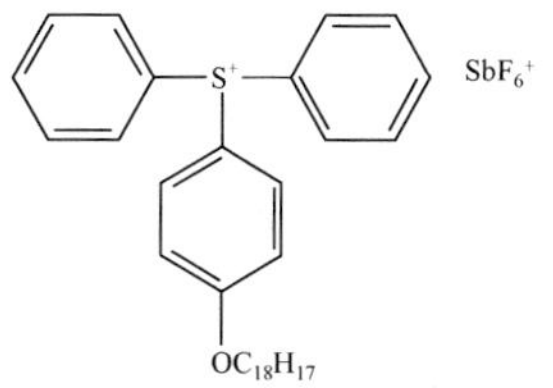
WO9011303A1	1—2	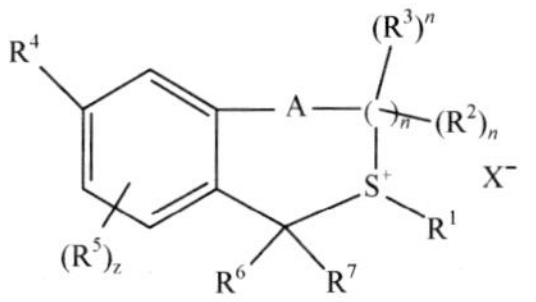	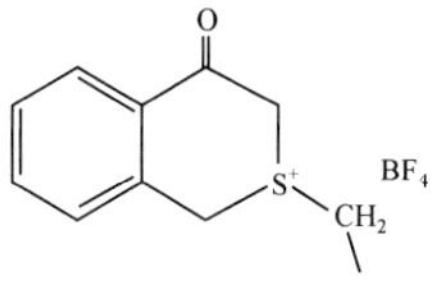
CA2452566A	1—3	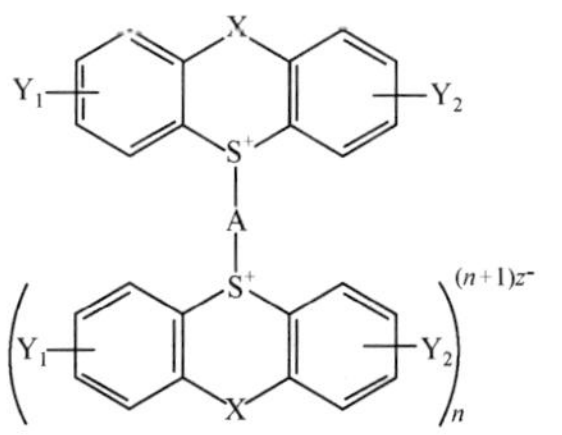	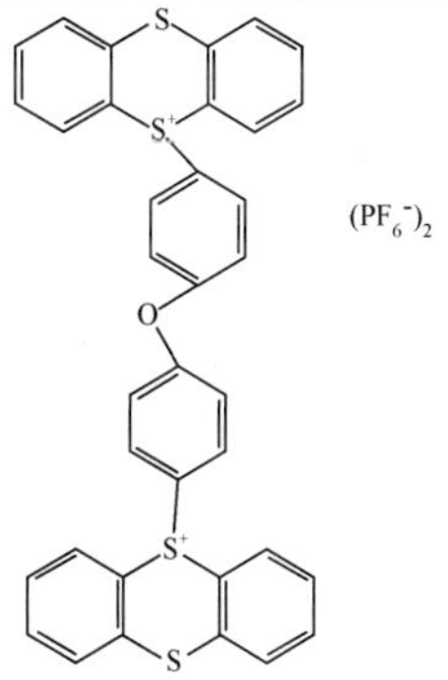
WO03072567A1	1—4	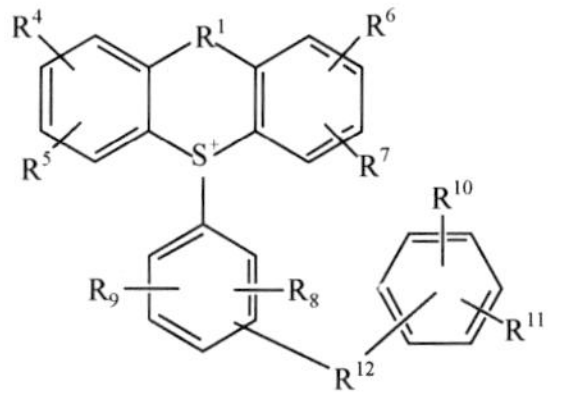	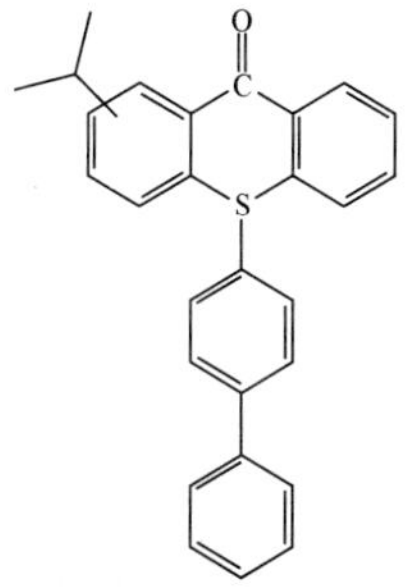

续表

公开号	编号	通式结构	示例化合物
WO2004055000A1	1—5	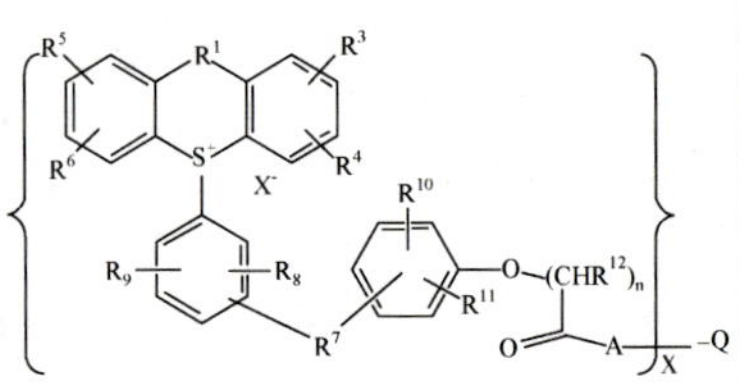	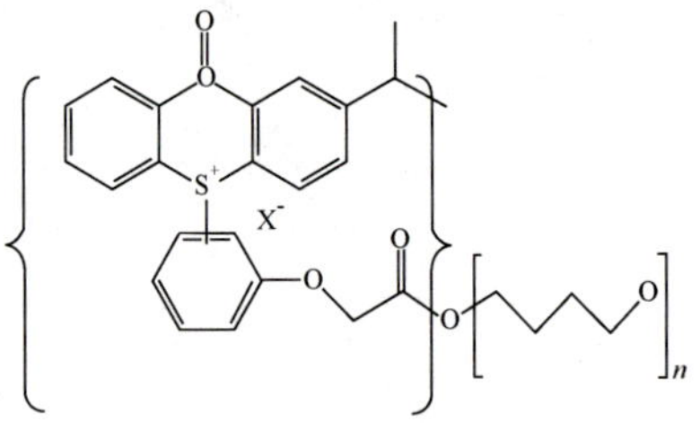
US2005148679A1	1—6	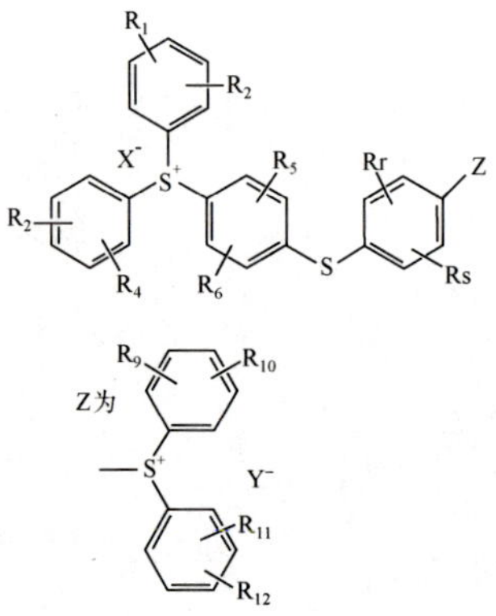	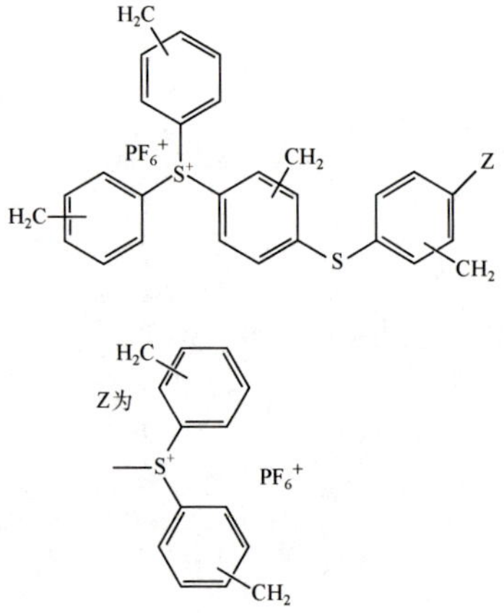
CN1869039A	1—7	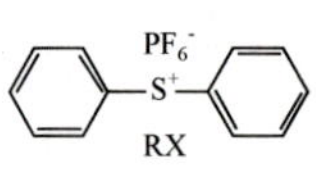 R=C_{1-6}X=卤素	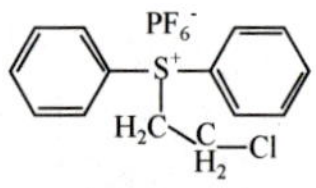
WO2007003507A1	1—8	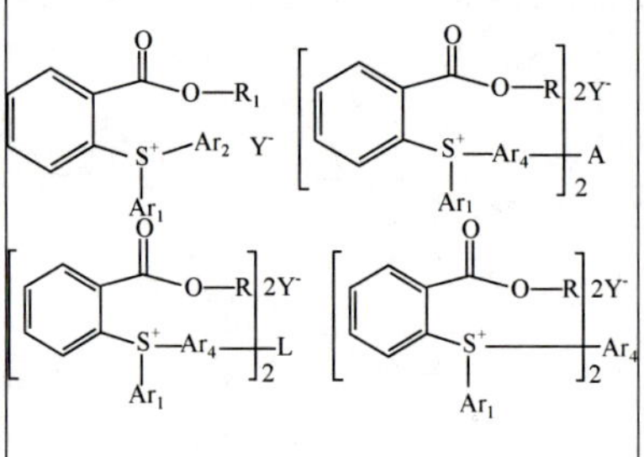	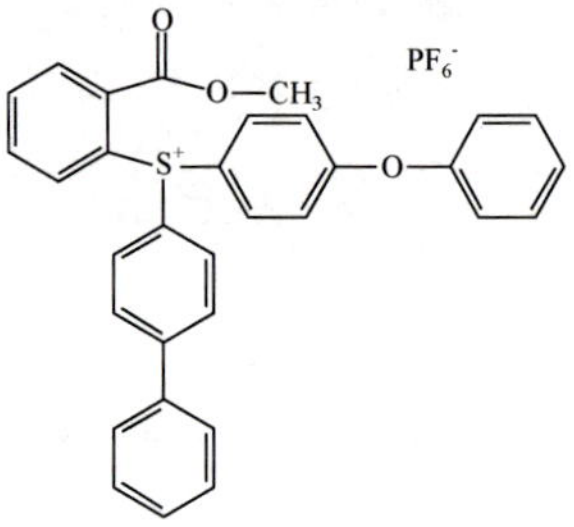
WO2008040648A1	1—9	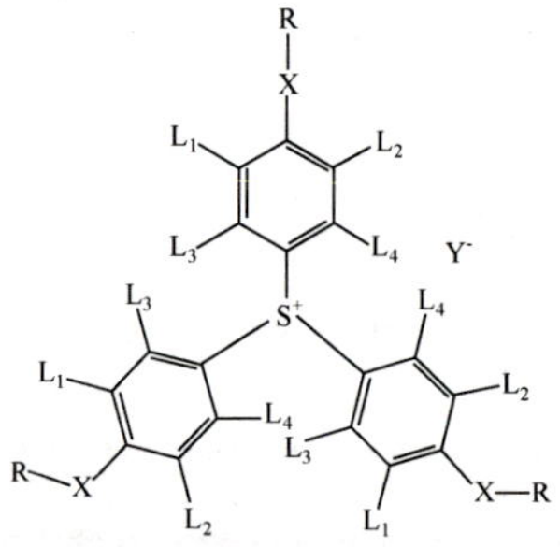	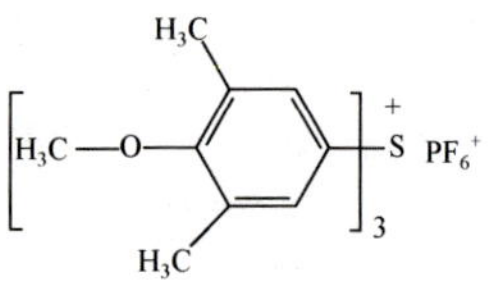

续表

公开号	编号	通式结构	示例化合物
WO2009047152A1	1—10	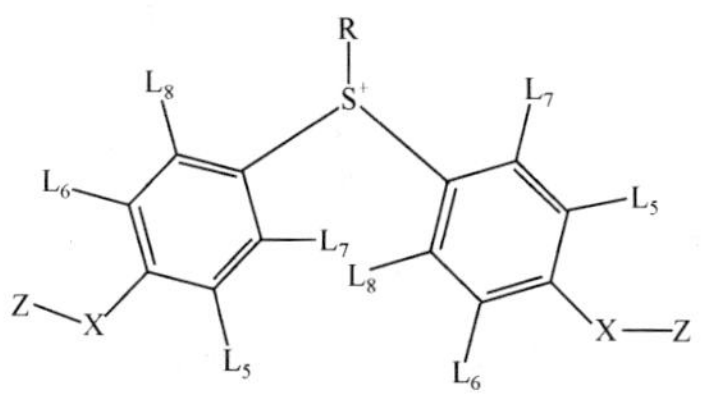	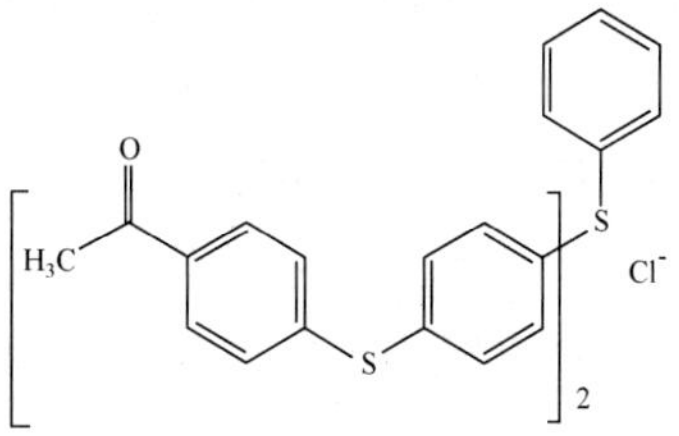
WO2009047151A1	1—11	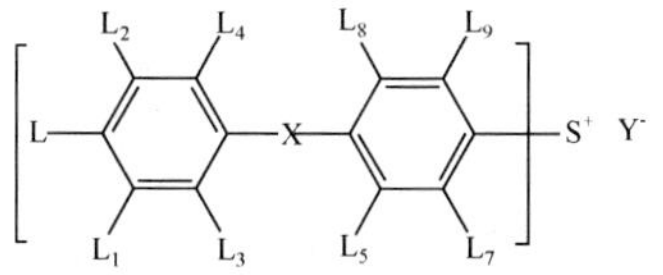	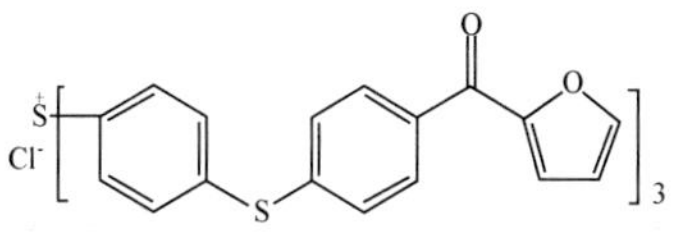
CN103288796A	1—12	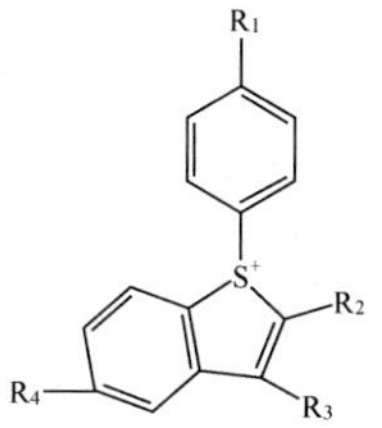	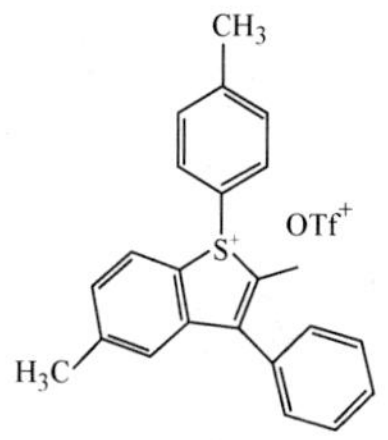
WO2008007762A1	1—13	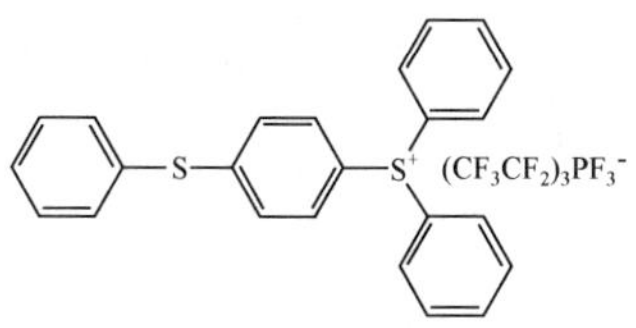	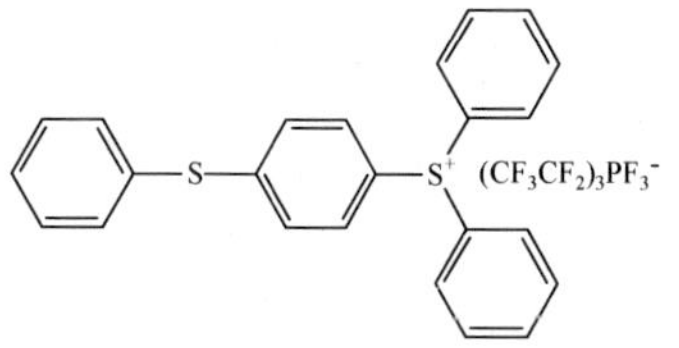
WO2012008472A1	1—14	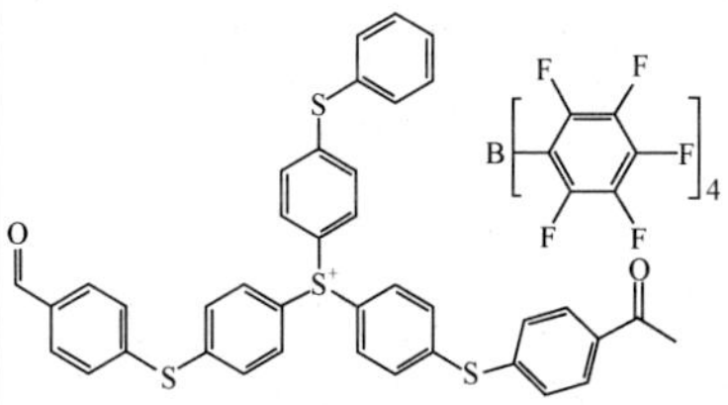	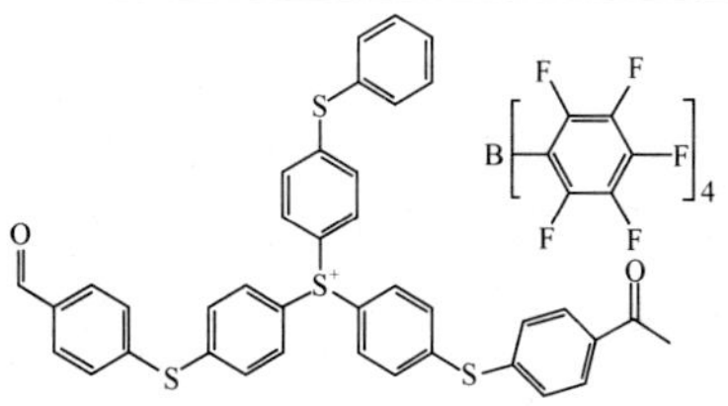
WO2012113829A1	1—15	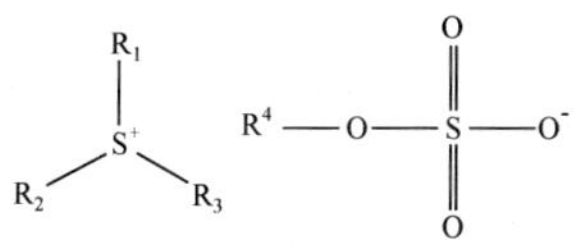	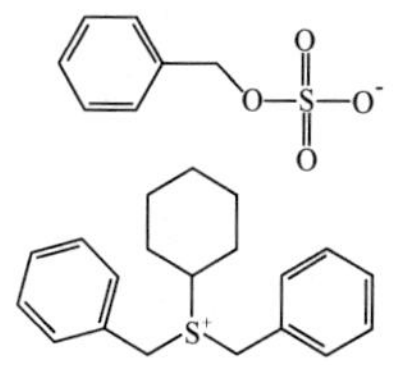
WO2013156509A2	1—16	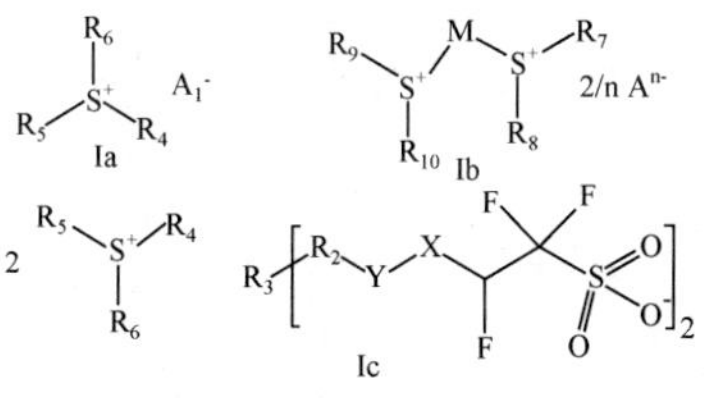	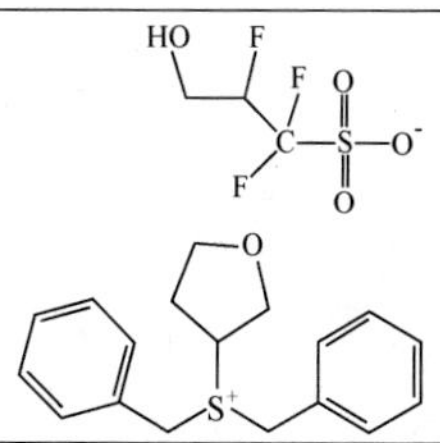

2. 改善锍盐阳离子光引发剂的光固化速度，提高感光度

通用电气公司于1982年在US4442197A中公开了光引发剂2－1。即二烷基苯甲酰基甲基锍盐以及有效量的多核芳香烃、吩噻嗪、羟基芳基二烷基锍盐与有效量的酮，可以减少光刻时间，提高固化速度。

巴斯夫欧洲公司于1988年在US5191124A中公开了光引发剂2－2。其中取代基中含有杂原子，由于现有技术的锍盐都不含有光照后易产酸基团，在锍盐中引入产酸基团，从而使其具有高感光性，在宽范围的光波谱内有效，显著地改变曝光时的溶解性。

瑞士汽巴－嘉基有限公司于1990年在US5576461A中公开了光引发剂2－3。亚砜基的引入使得该类锍盐可以单独使用或者与光敏剂合用以增加固化速度。

1992年，巴斯夫欧洲公司在US5220037A中，公开了光引发剂2－4。引入苯酚保护的基团，使得宽波长下具有高感光性，改变曝光时溶解性；室温时不会在涂覆组合物中结晶出来。

ISP投资股份有限公司于同年在US5274148A中公开了光引发剂2－5。通过在苯基上引入杂原子氧，显著地提高室温下在长链烃和醚中的溶解度。

为了解决酸发生率低，难以生成具有高硬度的聚合物的问题，和光纯药工业株式会社于2002年在WO03074509A1中公开了光引发剂2－6。通过引入杂环，在可见光区域具有良好的透明性，充分固化。为了改善酸效率低，溶解性低，图案本身受破坏的现状，该公司在WO03040090A1中，公开了光引发剂2－7。通过引入多个阴离子对，提高了酸发生效率，生成高硬度的聚合物，溶解性良好，可以配制高灵敏度的保护膜组合物，光固化不会显著降低，溶解性高。

美国3M创新有限公司于2003年在US2005070621A1中公开了含有芳基亚磺酸根阴离子和阳离子组成的芳基亚磺酸盐光引发剂，其用于自由基聚合反应的光敏引发体系组合物，可以提高固化速度，而且可见光可用于激发和活化该引发剂，从而可以使用相对便宜的光源。国家淀粉及化学投资控股公司于2003年在US2005095528A1中公开了光引发剂2－8。通过引入含有直链或支链的烷基或烷氧基的芳族酮发色团，所形成的可溶且红移的锍盐光敏引发剂溶解度高，促进有效的厚膜紫外线固化，热稳定性高，固化速度高，暗固化时间减少。

2008年，住友精化株式会社在WO2009069428A1中，公开了光引发剂2－9。该类光引发剂可以提高光反应速度，短时间紫外引发反应，二噻吩基硫醚、苯硫基噻吩基的引入，可以实现短时间近紫外照射引发反应。

山西大学于2013年在CN103274978A中公开了光引发剂2－10。在阳离子引发剂中引入二苯甲酮，可以实现低气味、低迁移率，固化速度快的效果。

表 2　改善锍盐阳离子光引发剂的光固化速度，提高感光度的文献

公开号	编号	通式结构	示例化合物
US4442197A	2—1	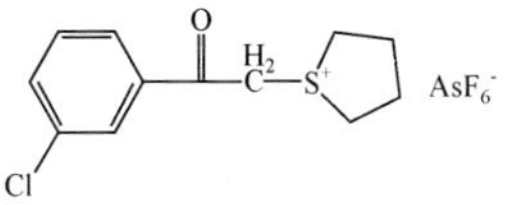	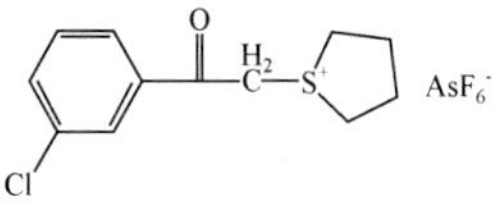
US5191124A	2—2	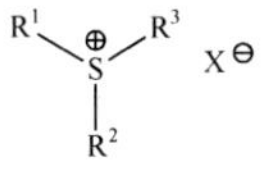	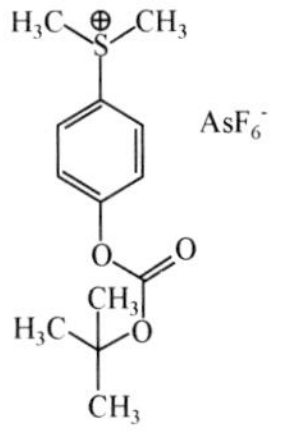
US5576461A	2—3	$R^1R^2R^3S^+{=}O\quad X^-$	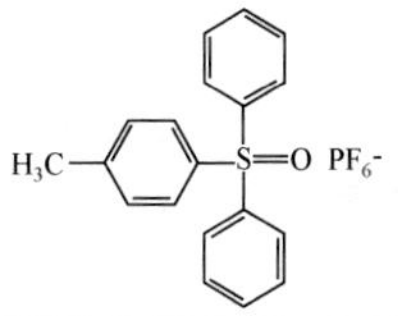
US5220037A	2—4	$R_{3-X}-\overset{\oplus}{S}-(R'-O-R'')_X\quad A^{\ominus}$	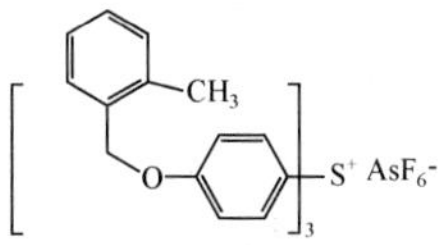
US5274148A	2—5	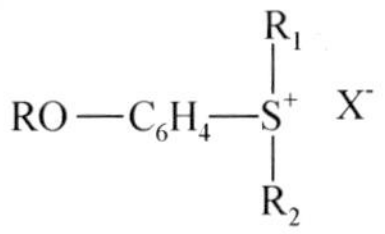	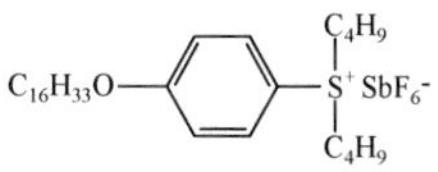
WO03074509A1	2—6	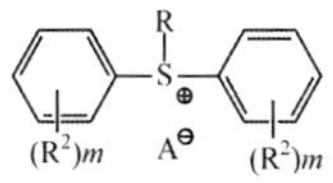	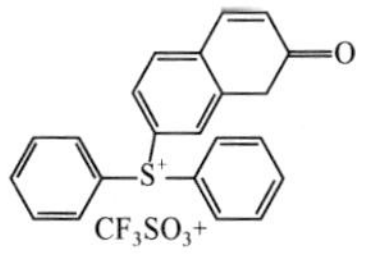
WO03040090A1	2—7	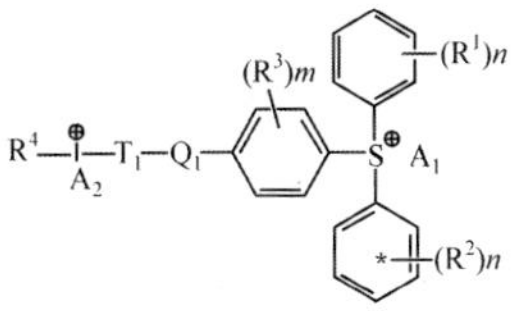	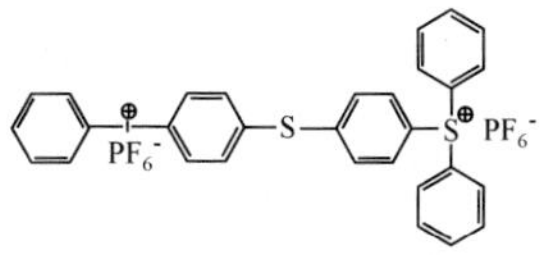
US2005095528A1	2—8	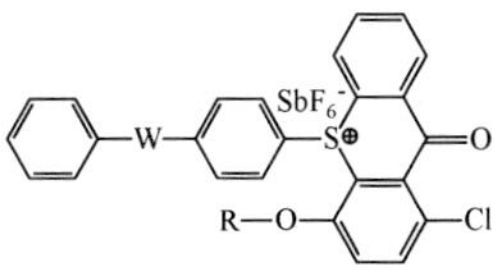	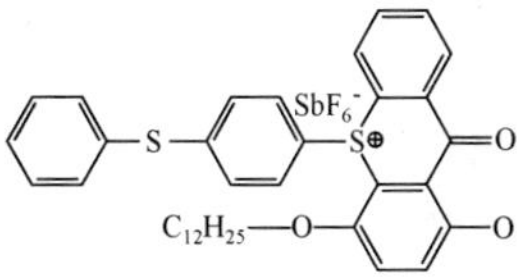

续表

公开号	编号	通式结构	示例化合物
WO2009069428A1	2—9	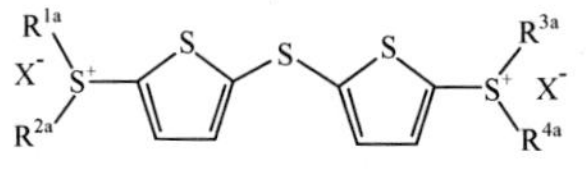	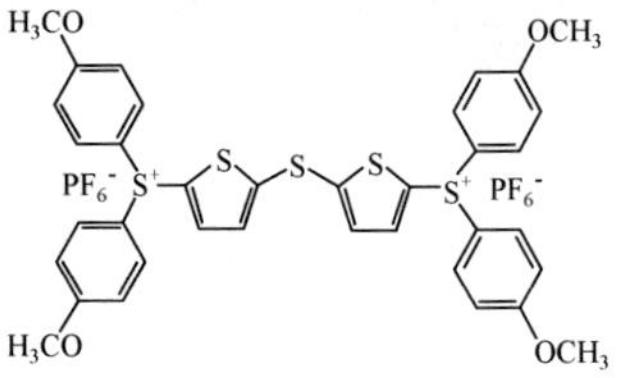
CN103274978A	2—10	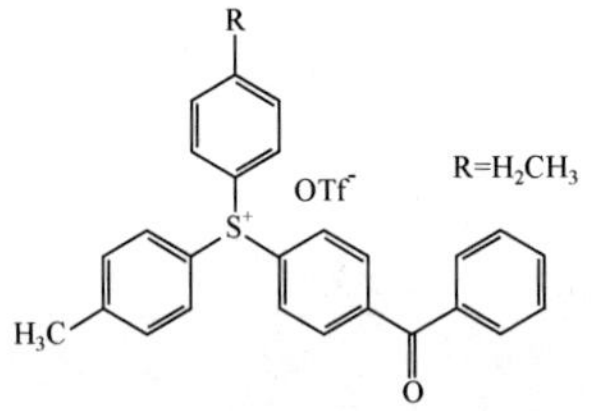	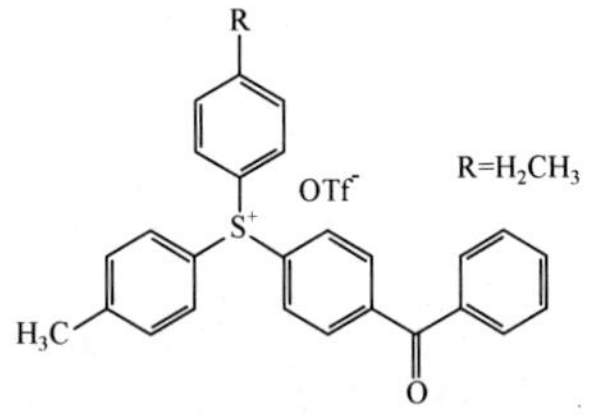

3. 改善锍盐阳离子光引发剂对于辐射敏感组合物用于光刻的效果

美国3M公司于1978年在US4173476A中公开了三芳基锍盐阳离子光引发剂3—1。通过在芳基上引入苯硫基，可以用于光刻厚膜，尤其是对于环氧单体的聚合物所形成的辐射敏感组合物。

通用电气公司于1980年在GB2061280A中公开了光引发剂3—2。通过在阳离子部分引入苯基硫或苯基砜的结构，可以增加光敏辐射组合物的光刻深度。

金湖石油化学株式会社于1999年在CN1243122A中公开了光引发剂3—3。取代基分别为烷基、芳基、烯丙基，其可以形成较佳的光阻图案。该公司在JP2000212158A中公开了光引发剂3—4。将阴离子替换为全氟磺酸根离子，实现了辐射敏感组合物可具有更超细的图案。

2000年，和光纯药工业株式会社在EP1113005A1中，公开了光引发剂3—5。在芳环的邻位和（或）间位引入取代基，照射时易于分解产生酸，易于变形，可形成超细图形轮廓并改善侧壁的粗糙度。为了改善阴离子SbF^-等产生的酸挥发性高，酸强度引起延迟时间致使尺寸变化或形状变化大的问题，该公司于2001年在WO0218332A1中公开光引发剂3—6。通过对阴离子的改进，实现了改善超微细图案的外形或侧壁的粗糙程度。

JSR株式会社于2004年在WO2004065377A1中公开了光引发剂3—7。该锍盐在220 nm以下的远紫外线的透明性优良，作为辐射敏感性酸产生剂。通过萘环的β位结合硫原子形成的锍盐化合物，可以体现感光度、分辨率、图案形状、线边粗糙度、保存稳定性等均衡性优良的性能。

三星电子株式会社于2008年在US2008182203A1中公开了光引发剂3—8，即阴离子与锍盐阳离子形成的光引发剂。通过引入亲水的锍盐阴离子，可以提供具有亲水特性并且能够分布在光致抗蚀剂膜中的光致酸生成剂，提高临界线宽极限且形成具有均匀外形的图案。

为了提供显影性高的光致产酸剂及固化性高的阳离子聚合引发剂，不容易进行细微的图案化，株式会社艾迪科于 2010 年在 WO2011062182A1 中公开了光引发剂 3－9。其显影性高，固化性优异，可以提高含有该光致产酸剂的光聚合性组合物的光致抗蚀剂，具有高敏感度和高分辨率。该公司在 WO2011052327A1 中，公开了光引发剂 3－10。通过引入特定结构的芳环，实现了光固化性高、显影性高的效果。

表 3 改善锍盐阳离子光引发剂对于辐射敏感组合物用于光刻的效果的文献

公开号	编号	通式结构	示例化合物
US4173476A	3－1	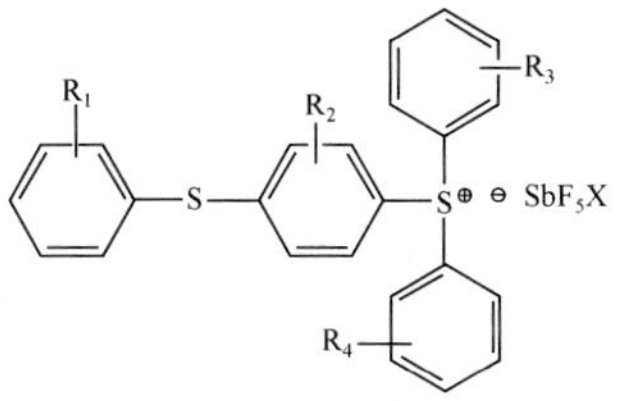	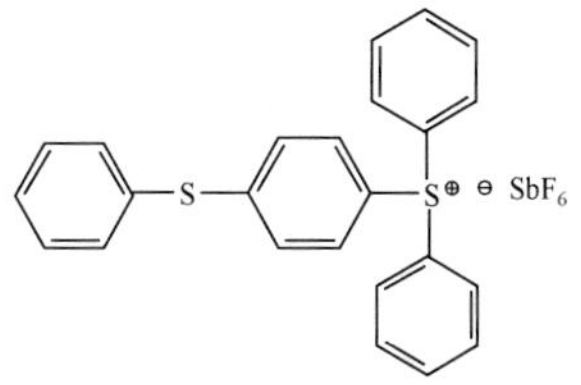
GB2061280A	3－2	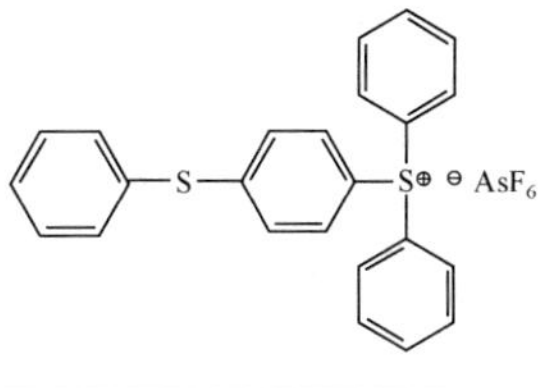	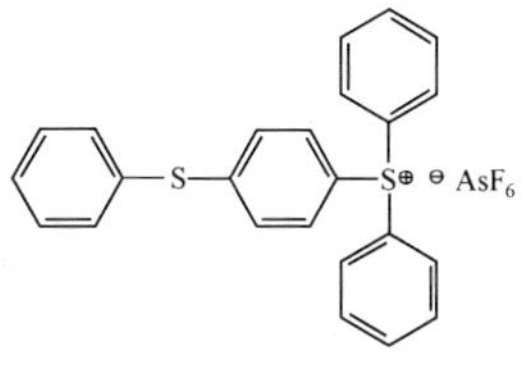
CN1243122A	3－3	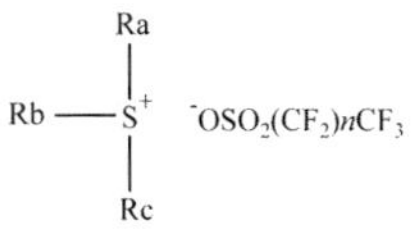	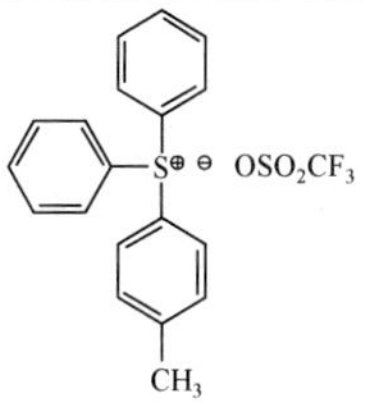
JP2000212158A	3－4	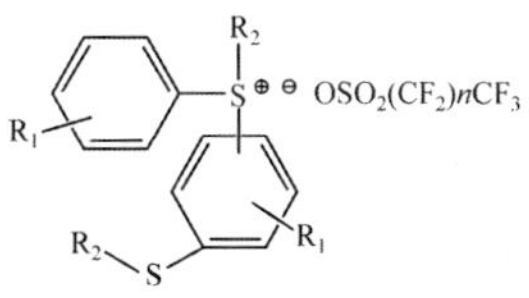	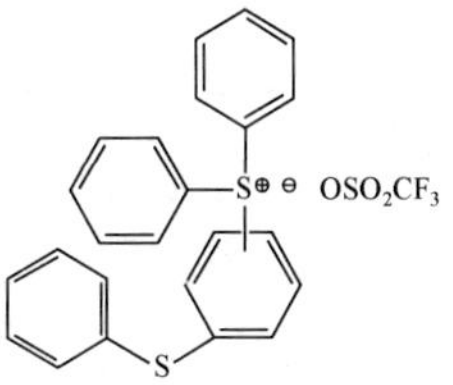
EP1113005A1	3－5	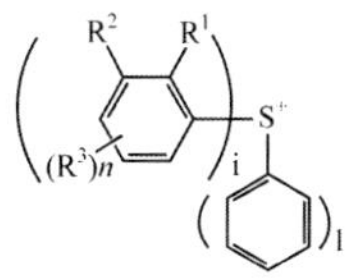	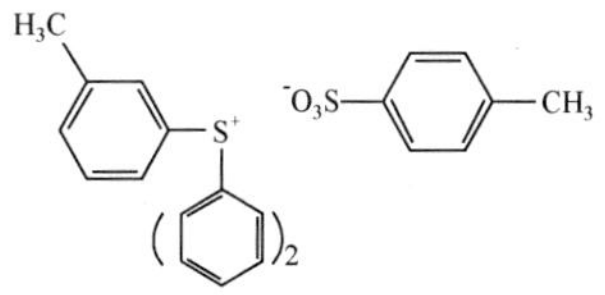
WO0218332A1	3－6	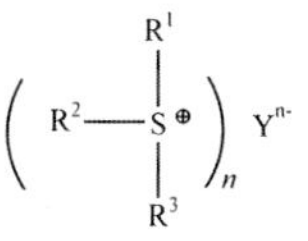	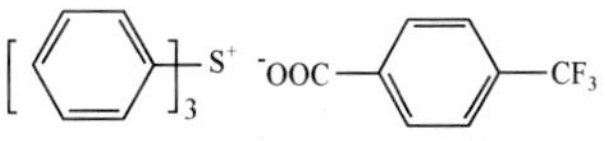

续表

公开号	编号	通式结构	示例化合物
WO2004065377A1	3—7	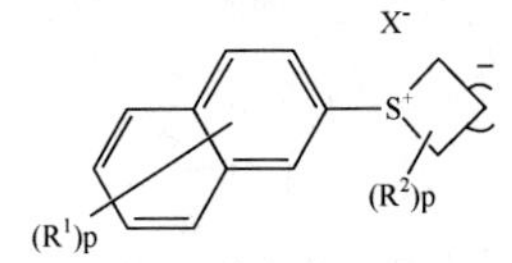	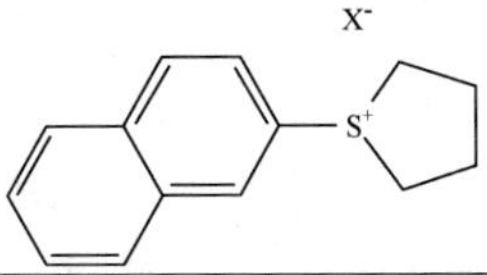
US2008182203A1	3—8	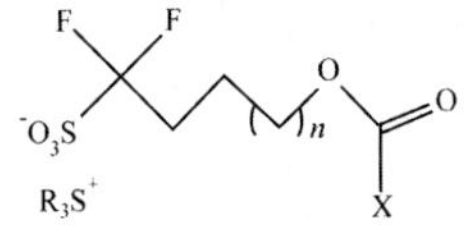	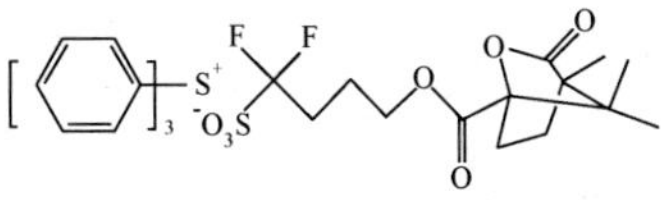
WO2011062182A1	3—9	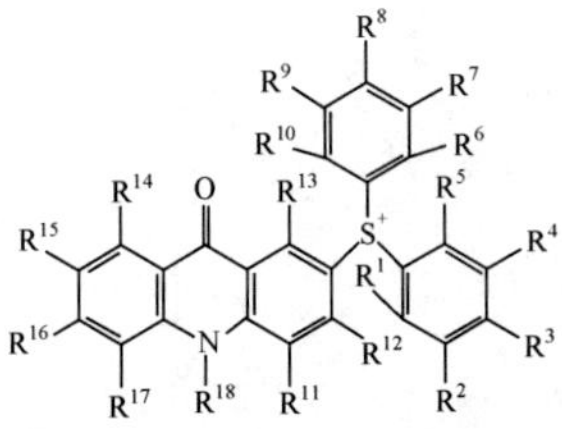	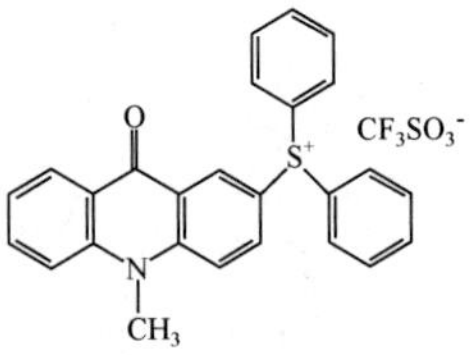
WO2011052327A1	3—10	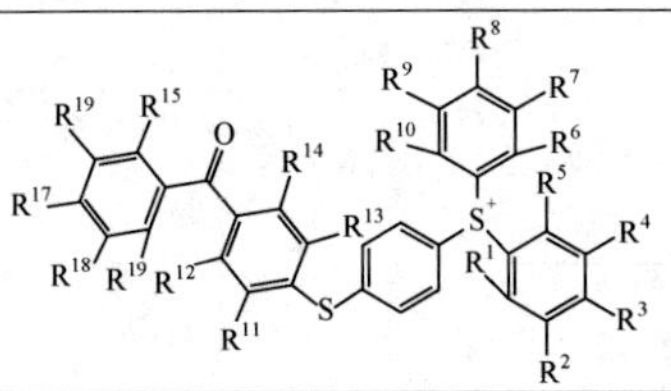	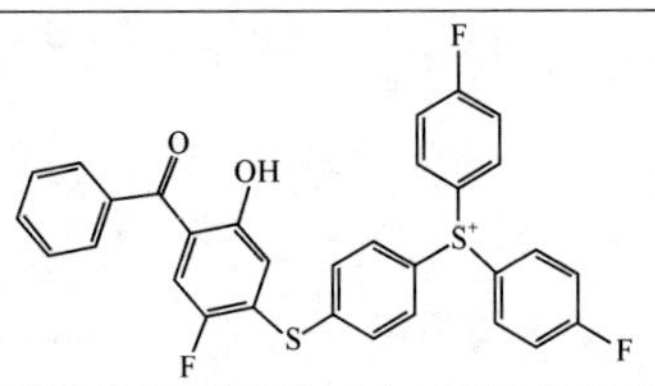

4. 改善锍盐阳离子光引发剂热稳定性和光稳定性

为了改善重氮盐的热不稳定性，通用电气公司于 1975 年在 US4058401A 中公开了化合物 4—1。通过在烷基链中引入苯甲酰基，实现了光引发剂的存储稳定性，无须加入稳定剂，克服了重氮盐的热不稳定以及易分解的缺陷。

同年，美国 3M 公司在 US4256828A 中，公开了化合物 4—2。其中 Z 可以是砜基、亚砜基、羰基，通过对取代基进行选择，发现三芳基锍盐的热稳定性远大于单芳基锍盐和二芳基锍盐。

为了改善三芳基锍盐热力学、反应性稳定，以及烷基锍盐热不稳定，近紫外吸收以及两者对于长波长的光引发反应性不好，国际商业机器公司于 1987 年在 US4760013A 中公开了化合物 4—3。该类烷基二芳基锍盐的开发使得光引发剂用量减少，热稳定性相对较好，减少了曝光时间。该公司于 1988 年，在 US5047568A 中，公开了锍盐引发剂 4—4。R_1 为有机桥梁；R_{2-3} 不能同时为烷基，通过引入二价亚烷基或者含氧的亚烷基基团，实现了汞灯下吸收增强，减少曝光时间，高熔点以及热稳定性提高。

日本电气株式会社于 2000 年在 JP2001354669A 中公开了烷基锍盐 4—5。环状结构的引入使其在远紫外光具有高透明度以及热稳定性，并可以作为产酸剂。

巴斯夫欧洲公司于 2009 年在 WO2009150074A1 中公开了光引发剂 4—6。聚合物的引入可以提高锍盐的热稳定性和化学稳定性，在宽波长范围内具有高稳定性、高敏感性以及高分辨率；锍盐经发色团结构部分与锍盐连接的聚合物是稳定的，且对宽范围光源具有高活性；由于非除气性质，因此适于 EUV 及 EB 光刻术、高光速以及高分辨率。同年，该公司在 WO2010046240A1 中，公开了光引发剂 4－7。在三芳基锍盐的一个芳环上羰基官能团被取代且它们具有三磺酰基甲基化物阴离子作为抗衡阴离子，对宽范围光源稳定且具有高活性，在无敏化剂的条件下得到高灵敏度，提高了分辨率。

2010 年，三亚普罗股份有限公司在 WO2010095385A1 中，公开了光引发剂 4－8。该类光引发剂在环氧化合物等阳离子聚合性化合物中相溶性高、存储稳定性优异，灵敏度高、存储稳定性好。

表 4　改善锍盐阳离子光引发剂热稳定性和光稳定性的文献

公开号	编号	通式结构	示例化合物
US4058401A	4－1	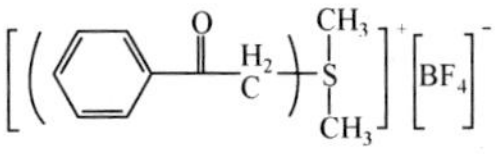	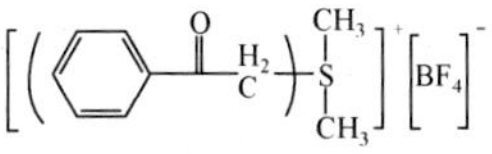
US4256828A	4－2	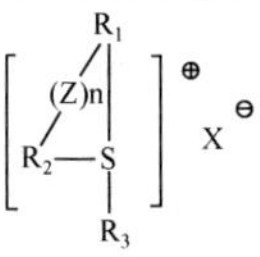	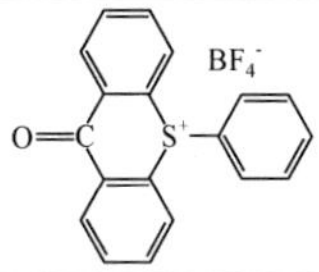
US4760013A	4－3	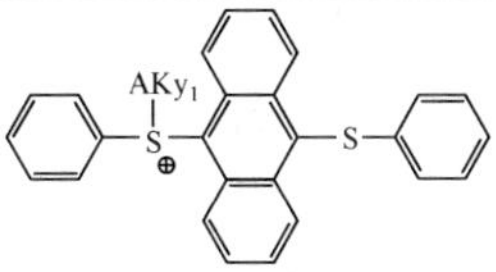	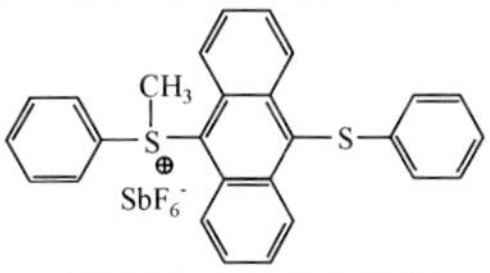
US5047568A	4－4	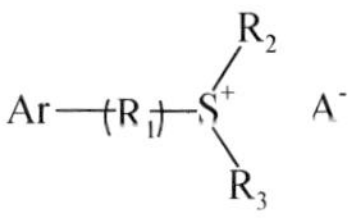	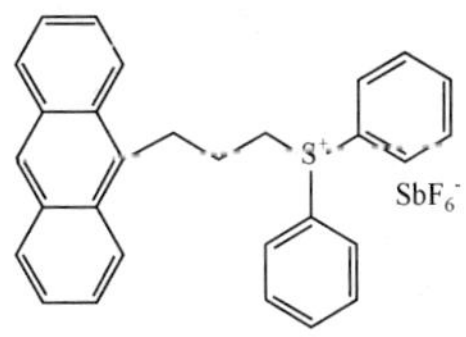
JP2001354669A	4－5	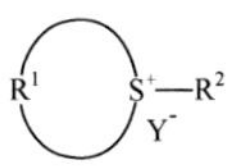	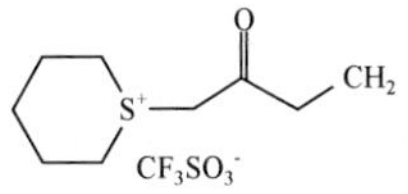
WO2009150074A1	4－6	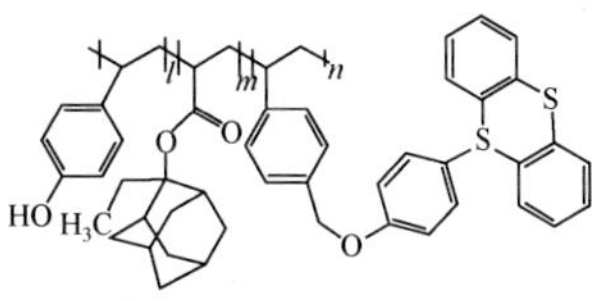	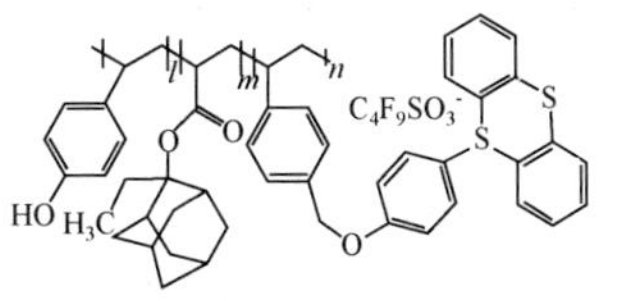
WO2010046240A1	4－7	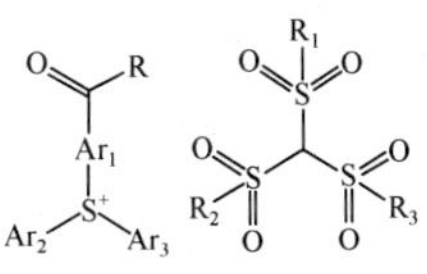	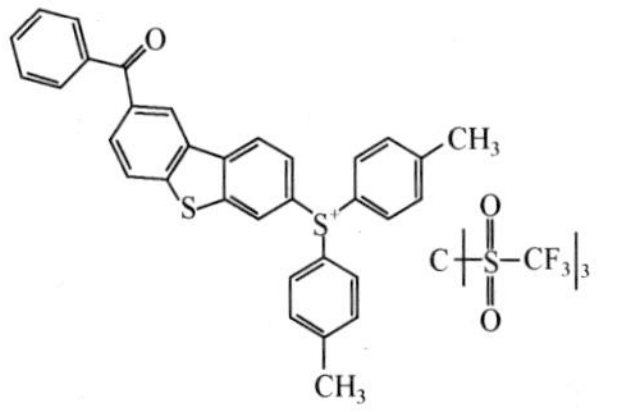

续表

公开号	编号	通式结构	示例化合物
WO2010095385A1	4—8	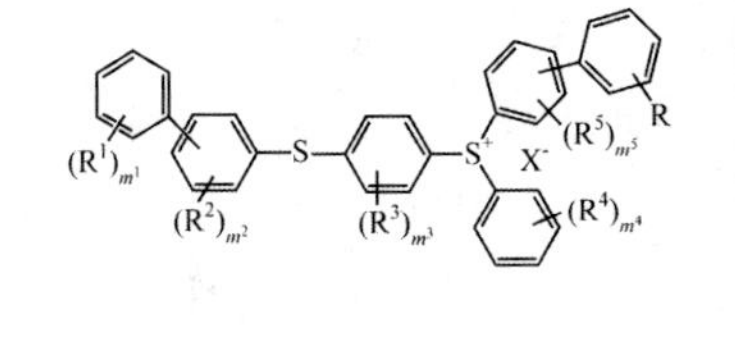	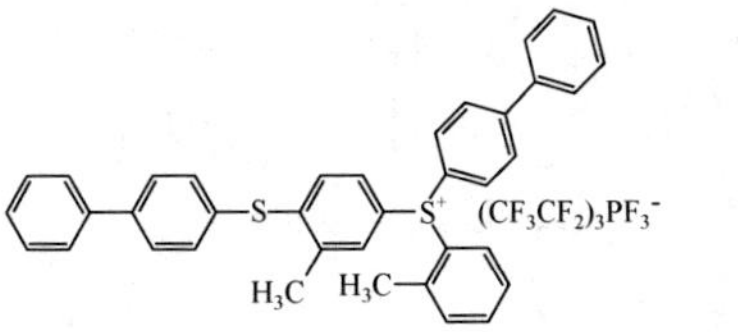

5. 其他

日本化药株式会社于 2008 年在 JP2009263544A 中公开了光引发剂 5—1。提高了光引发剂的溶解性、热稳定性和感光性，并有着基材附着性好的效果。

为了抑制水解三烷氧基硅烷制备 UV 固化透明硬涂层的黏度的增加，埃西勒国际通用光学公司于 2011 年在 CA2823588A 中公开了光引发剂 5—2。使用在 UV 固化前不会水解的环氧硅烷单体，可以得到优异抗静电性能的最终硬涂层。

表 5　对锍盐阳离子光引发剂结构改进的文献

公开号	编号	通式结构	示例化合物
JP2009263544A	5—1	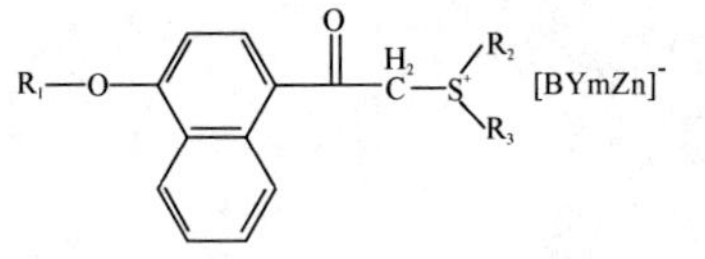	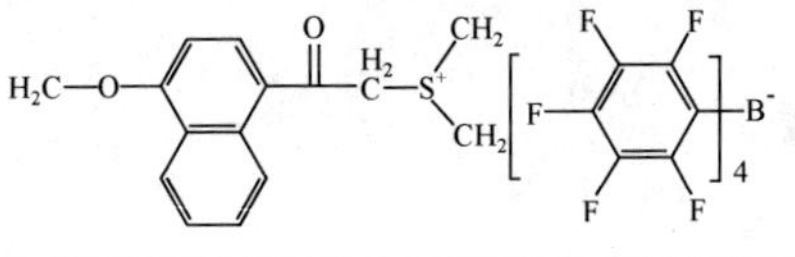
CA2823588A	5—2	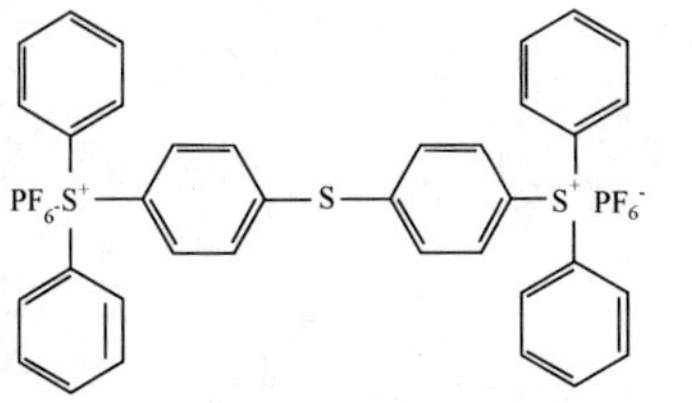	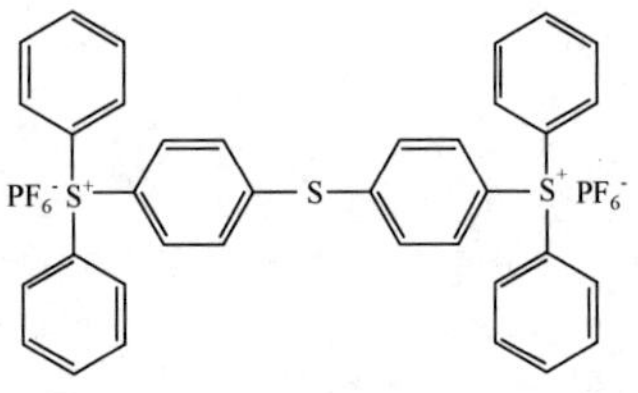

（二）引入其他组分以改善光引发剂性能

美国 3M 公司于 1975 年提出了锍盐光引发技术，在 US4069054A 中公开了通过在辐射敏感组合物中引入芳香叔胺类化合物，不仅可以增加光固化的速度，还可以拓宽光敏组合物的反应波长。

UCB 公司于 2002 年在 WO03018663A1 中公开了二烷基苯甲酰甲基锍盐、二烷基-4-羟基苯基锍盐、苯甲基锍盐、双锍盐、三芳基锍盐，为了减少含硫引发剂光分解气味，通过使用除臭剂自由基抑制剂或酚类化合物，实现了降低气味，除臭剂不影响固化速率、耐摩擦性和其他物理性能。亨斯迈先进材料美国有限责任公司于 2008 年，在 WO2008127930 A1 中，公开了通过在辐射固化组合物中引入至少两种具有不同热稳定性的阳离子光引发剂，可以兼顾液体组合物的热稳定性和固化后树脂的力学性能。

帝斯曼知识产权资产管理有限公司于 2010 年在 WO2011075553A1 中公开了取代的芳

族硫醚三芳基锍四（五氟苯基）硼酸盐阳离子光引发剂。通过向可辐射固化组合物中加入纳米颗粒的二氧化硅，实现了热稳定性以及光稳定性，可用于三维固体打印。

四、小结

迄今为止，关于锍盐阳离子光引发剂的研究仍在继续，其主线还是以三取代的锍盐为主体结构，在此基础上，对阳离子取代基进行变换，以及对阴离子进行选择调整，以期改善其溶解性、光敏感度，实现光固化速率快，形成较优图案的光引发剂。阳离子光引发剂已经由过去单一提高光引发效率向满足不同客户的需求发展，在提高光引发效率、与单体相容性以及光热稳定性等方面取得了一定进展，但仍有一些改善的空间。

随着时代的发展，绿色环保意识的提升，对锍盐阳离子光引发剂的环境相容性提出了更高的挑战。可以在阳离子结构的苯环中引入其他长链基团，避免光引发过程中苯自由基的产生所带来的毒性；将阴离子部分替换为不含重金属离子的基团，避免重金属所产生的不良影响。通过上述改进，以实现该类光引发剂的环保性能，适应性更广。

参考文献

[1] 杨永源，等. 辐射固化材料的现状和某些进展 [J]. 感光科学玉光化学，2002，3 (20)：230-238.

[2] 王德海，等. 紫外光固化材料 [M]. 北京：科学出版社，2001.

[3] 邓素彤. UV 固化技术在涂料中的发展前景 [J]. 广西化工，2001，2 (30)：25-27.

[4] SELVARAJU C. Excited State Reactions of Acridinedione Dyes with Onium Salts：Mechanistic Details [J]. Photochem. Potobiol. A：Chem.，2001，138：213.

[5] CRIVELLO JV，JANG M. Anthracene Electron—Transfer Photosensitizer for Onium Salt Induced Cationic Photopolymerizations [J]. Photochem. Potobiol. A：Chem.，2003，159：173.

[6] EVERETT JP. Synthesis of Some Onimn Salts and Their Comparison as Cationic Photoinitiators in all Epoxy Resist [J]. Polymer，1997，38：1719.